Veröffentlichungen des Instituts für Deutsches, Europäisches und Internationales Medizinrecht, Gesundheitsrecht und Bioethik der Universitäten Heidelberg und Mannheim

Band 48

Reihe herausgegeben von

Peter Axer, Heidelberg, Deutschland
Oliver Brand, Mannheim, Deutschland
Gerhard Dannecker, Heidelberg, Deutschland
Ralf Müller-Terpitz, Mannheim, Deutschland
Jan C. Schuhr, Heidelberg, Deutschland
Jochen Taupitz, Mannheim, Deutschland

Weitere Bände in dieser Reihe: http://www.springer.com/series/4333

Sara Gerke • Jochen Taupitz
Claudia Wiesemann • Christian Kopetzki
Heiko Zimmermann
Hrsg.

Die klinische Anwendung von humanen induzierten pluripotenten Stammzellen

Ein Stakeholder-Sammelband

 Springer

Hrsg.
Sara Gerke
The Petrie-Flom Center for Health Law
Policy, Biotechnology, and Bioethics at
Harvard Law School
Harvard University
Cambridge, USA

Claudia Wiesemann
Institut für Ethik und Geschichte der
Medizin
Universitätsmedizin Göttingen
Göttingen, Deutschland

Heiko Zimmermann
Fraunhofer-Institut für Biomedizinische
Technik
Sulzbach, Deutschland

Jochen Taupitz
IMGB
Universität Mannheim
Mannheim, Deutschland

Christian Kopetzki
Institut für Staats- und Verwaltungsrecht
Universität Wien
Wien, Österreich

ISSN 1617-1497   ISSN 2197-859X (electronic)
Veröffentlichungen des Instituts für Deutsches, Europäisches und Internationales Medizinrecht, Gesundheitsrecht und Bioethik der Universitäten Heidelberg und Mannheim
ISBN.978-3-662-59051-5   ISBN 978-3-662-59052-2 (eBook)
https://doi.org/10.1007/978-3-662-59052-2

Die Deutsche Nationalbibliothek verzeichnet diese Publikation in der Deutschen Nationalbibliografie; detaillierte bibliografische Daten sind im Internet über http://dnb.d-nb.de abrufbar.

Lektorat: Brigitte Reschke

Springer ist ein Imprint der eingetragenen Gesellschaft Springer-Verlag GmbH, DE und ist ein Teil von Springer Nature.
Die Anschrift der Gesellschaft ist: Heidelberger Platz 3, 14197 Berlin, Germany

Vorwort

Der vorliegende Sammelband analysiert die klinische Anwendung von humanen induzierten pluripotenten Stammzellen (hiPS-Zellen) aus naturwissenschaftlicher, unternehmerischer, patientenorientierter, ethischer und rechtsvergleichender Perspektive. Die Beiträge des Bandes sind systematisch nach Stakeholdern gegliedert, also nach jenen Personen oder Organisationen, die von einem Transfer der Stammzellforschung in die klinische Medizin direkt oder indirekt betroffen sind. Dies ermöglicht eine zielgenaue Suche nach Antworten auf individuelle Fragen zur klinischen Translation der hiPS-Zell-Forschung, das heißt zur Übertragung der Ergebnisse der (Grundlagen-)Forschung in die klinische Praxis.

Des Weiteren enthält dieser Sammelband naturwissenschaftliche, ethische und rechtliche Empfehlungen des deutsch-österreichischen Forschungsverbunds ClinhiPS. In zweijähriger gemeinsamer Arbeit haben deutsche und österreichische Wissenschaftler/-innen aus Naturwissenschaft, Medizinethik und Recht die spezifischen mit der klinischen Translation von hiPS-Zellen und davon abgeleiteten Produkten verbundenen Probleme identifiziert und analysiert. Zusätzlich wurden die naturwissenschaftlichen Herausforderungen für Qualität und Sicherheit im Kontext der klinischen Anwendung am Menschen untersucht und aktuelle Lücken in der ethischen und rechtlichen Regulierung aufgedeckt. Die Empfehlungen richten sich an alle Stakeholder, insbesondere an Forscher/-innen, Kliniker/-innen, Unternehmer/-innen, Spender/-innen, Patienten/Patientinnen, Ethikkommissionen und Regulierungsbehörden sowie an Gesetzgeber. Sie sollen zu einer erfolgreichen Umsetzung der hiPS-Zell-Forschung in die klinische Praxis in Deutschland und Österreich unter Beachtung höchster Qualitäts-, Sicherheits- und Wirksamkeitsstandards beitragen.

Wir bedanken uns beim Bundesministerium für Bildung und Forschung für die Förderung des Verbundprojekts „ClinhiPS: Eine naturwissenschaftliche, ethische und rechtsvergleichende Analyse der klinischen Anwendung von humanen induzierten pluripotenten Stammzellen in Deutschland und Österreich" (FKZ

01GP1602A, 01GP1602B und 01GP1602C). Ein weiterer Dank geht an alle Autoren/Autorinnen, die einen Beitrag zu diesem Sammelband geleistet haben. Alle Artikel in diesem Sammelband geben ausschließlich die Auffassung der Autoren/Autorinnen wieder.

Cambridge, USA	Sara Gerke
Mannheim, Deutschland	Jochen Taupitz
Göttingen, Deutschland	Claudia Wiesemann
Wien, Österreich	Christian Kopetzki
Sulzbach, Deutschland	Heiko Zimmermann
Januar 2020	

Inhaltsverzeichnis

Autorenverzeichnis

Mag. Dr. Verena Christine Blum Abteilung Medizinrecht des Instituts für Staats- und Verwaltungsrecht der Universität Wien, Wien, Österreich

Dr. Stephanie Bur Fraunhofer-Institut für Biomedizinische Technik IBMT, Sulzbach, Deutschland

Dr. Jean Enno Charton Merck KGaA, Darmstadt, Deutschland

Sara Gerke, Dipl.-Jur. Univ., M. A. Medical Ethics and Law The Petrie-Flom Center for Health Law Policy, Biotechnology, and Bioethics at Harvard Law School, Harvard University, Cambridge, MA, USA

Dr. phil. Solveig Lena Hansen Universitätsmedizin Göttingen, Institut für Ethik und Geschichte der Medizin, Göttingen, Deutschland

Dr. Michael Harder corlife oHG, Hannover, Deutschland

Prof. Dr. Thomas Herget Merck KGaA, Darmstadt, Deutschland

Clemens Heyder, M.A. M.mel. Universitätsmedizin Göttingen, Institut für Ethik und Geschichte der Medizin, Göttingen, Deutschland

Prof. Dr. Steven Hildemann Merck KGaA, Darmstadt, Deutschland

Univ.-Prof. DDr. Christian Kopetzki Abteilung Medizinrecht des Instituts für Staats- und Verwaltungsrecht, Universität Wien, Wien, Österreich

Stephan Kruip Vorsitzender des Mukoviszidose e.V. Bundesverband Cystische Fibrose (CF), Bonn, Deutschland

Prof. Dr. Andreas Kurtz Charité Universitätsmedizin Berlin, Berlin, Deutschland

Dr. Ina Meiser Fraunhofer-Institut für Biomedizinische Technik IBMT, Sulzbach, Deutschland

Dr. Julia C. Neubauer Fraunhofer-Projektzentrum für Stammzellprozesstechnik, Würzburg, Deutschland

Mag. Danielle Noe Abteilung Medizinrecht des Instituts für Staats- und Verwaltungsrecht der Universität Wien, Wien, Österreich

Mag. Dr. Claudia Steinböck Abteilung Medizinrecht des Instituts für Staats- und Verwaltungsrecht der Universität Wien, Wien, Österreich

Prof. Dr. Jochen Taupitz Institut für Deutsches, Europäisches und Internationales Medizinrecht, Gesundheitsrecht und Bioethik der Universitäten Heidelberg und Mannheim, Mannheim, Deutschland

Prof. Dr. Claudia Wiesemann Institut für Ethik und Geschichte der Medizin, Universitätsmedizin Göttingen, Göttingen, Deutschland

Prof. Dr. Heiko Zimmermann Fraunhofer-Institut für Biomedizinische Technik IBMT, Sulzbach, Deutschland

Lehrstuhl für Molekulare und Zelluläre Biotechnologie/Nanotechnologie, Universität des Saarlandes, Saarbrücken, Deutschland

Facultad de Ciencias del Mar, Universidad Católica del Norte, Coquimbo, Chile

Prof. Dr. med. Wolfram-Hubertus Zimmermann Institut für Pharmakologie und Toxikologie, Universitätsmedizin Göttingen, Göttingen, Deutschland

Die klinische Anwendung von hiPS-Zellen: ein Überblick

Sara Gerke und Solveig Lena Hansen

Zusammenfassung Seit mehr als zehn Jahren können differenzierte Körperzellen, wie etwa Hautzellen, im Labor derart verändert („induziert") werden, dass humane pluripotente Stammzellen entstehen. Diese sogenannten humanen induzierten pluripotenten Stammzellen (hiPS-Zellen) besitzen – ebenso wie humane embryonale Stammzellen (hES-Zellen) – das Potenzial, jeden beliebigen Zelltyp des menschlichen Körpers zu bilden. Sie können beispielsweise in Muskel-, Nieren- oder Herzmuskelzellen differenziert werden. In diesem Kapitel wird ein Überblick über das Potential von hiPS-Zellen für die klinische Anwendung und aktuelle Herausforderungen gegeben. Darüber hinaus wird auf die Wichtigkeit der Einbindung von Stakeholdern im Translationsprozess eingegangen und unter anderem der Begriff „Stakeholder" definiert sowie ein Beispiel für ein mögliches Verfahren zur Stakeholder-Beteiligung gegeben. Den Abschluss bildet ein Überblick über die Beiträge in diesem Sammelband.

S. Gerke (✉)
The Petrie-Flom Center for Health Law Policy, Biotechnology, and Bioethics at Harvard Law School, Harvard University, Cambridge, USA
E-Mail: sgerke@law.harvard.edu

S. L. Hansen
Universitätsmedizin Göttingen, Institut für Ethik und Geschichte der Medizin, Göttingen, Deutschland
E-Mail: solveig-lena.hansen@medizin.uni-goettingen.de

© Springer-Verlag GmbH Deutschland, ein Teil von Springer Nature 2020
S. Gerke et al. (Hrsg.), *Die klinische Anwendung von humanen induzierten pluripotenten Stammzellen*, Veröffentlichungen des Instituts für Deutsches, Europäisches und Internationales Medizinrecht, Gesundheitsrecht und Bioethik der Universitäten Heidelberg und Mannheim 48,
https://doi.org/10.1007/978-3-662-59052-2_1

1   HiPS-Zell-Technologie: Potenzial und aktuelle Herausforderungen

Seit mehr als zehn Jahren können differenzierte Körperzellen, wie etwa Hautzellen, im Labor derart verändert („induziert") werden, dass humane pluripotente Stammzellen entstehen.[1] Diese sogenannten humanen induzierten pluripotenten Stammzellen (hiPS-Zellen) besitzen – ebenso wie humane embryonale Stammzellen (hES-Zellen) – das Potenzial, jeden beliebigen Zelltyp des menschlichen Körpers zu bilden. Sie können beispielsweise in Muskel-, Nieren- oder Herzmuskelzellen differenziert werden. Unter *hiPS-Zell-basierten Produkten* sind solche Produkte zu verstehen, die auf der Grundlage von hiPS-Zellen und ihren Differenzierungsderivaten hergestellt werden.

Schon heute werden hiPS-Zellen im Labor zum Zweck der Krankheitsmodellierung und des Arzneimittel-Screenings eingesetzt.[2] In Zukunft sollen sie auch klinisch zur Behandlung von Krankheiten wie Altersbedingte Makuladegeneration (AMD)[3] oder Herzmuskelschwäche[4] genutzt werden. Für eine potenziell klinische Anwendung gibt es zwei denkbare Ansätze: entweder werden die hiPS-Zellen aus *autologen* (patienteneigenen) Zellen oder aus *allogenen* (nicht vom Patienten selbst, sondern von einem Spender stammenden) Zellen generiert.[5]

In Japan wurden bereits die ersten Patienten in klinischen Studien mit hiPS-Zell-basierten Produkten behandelt. So wurde im September 2014 in Kobe die weltweit erste Patientin, die an exsudativer (feuchter) AMD litt, mit retinalen Pigmentepithelzellen (RPE-Zellen) behandelt, die aus autologen hiPS-Zellen abgeleitet wurden.[6] Die Transplantation erfolgte ohne schwerwiegende Nebenwirkungen.[7] Trotzdem wurde die Studie im März 2015 ausgesetzt, nachdem Mutationen in den autologen hiPS-Zellen eines weiteren Patienten gefunden wurden.[8] Mittlerweile wurde auch eine zweite Studie in Kobe zur Transplantation von RPE-Zellen bei Patienten mit feuchter AMD durchgeführt.[9] Diesmal wurden die RPE-Zellen aus allogenen hiPS-Zellen eines gesunden Spenders abgeleitet. Der erste Patient wurde bereits im März 2017 behandelt.[10] Im Januar 2018 geriet allerdings auch diese Stu-

---

[1] Park et al. 2008; Takahashi et al. 2007; Yu et al. 2007.

[2] Ebert et al. 2012.

[3] Netzhauterkrankung; für weitere Informationen s. Neubauer et al. 2020, Abschn. 2.3.3.1.

[4] Für weitere Informationen s. Zimmermann 2020.

[5] Die maskuline Form wird in diesem Beitrag aus Gründen der leichteren Lesbarkeit verwendet.

[6] S. dazu http://www.umin.ac.jp/ctr, UMIN000011929 (RIKEN). Zugegriffen: 16.01.2020. Näheres zur Studie s. auch Gerke und Taupitz 2018, S. 227 sowie Neubauer et al. 2020, Abschn. 2.3.3.1.

[7] Mandai et al. 2017. S. ebenfalls RIKEN 2015; RIKEN 2017a.

[8] Garber 2015, S. 890.

[9] S. dazu http://www.umin.ac.jp/ctr, UMIN000026003 (Abteilung für Ophthalmologie, Kobe City Medical Center General Hospital). Zugegriffen: 16.01.2020.

[10] RIKEN 2017b; AMED 2018.

die in die Kritik, da eine schwerwiegende – wenn auch nicht lebensbedrohliche – unerwünschte Reaktion bei einem Teilnehmer gemeldet wurde.[11]

Im Juli 2018 wurde zudem beispielsweise in Japan die erste Phase I/II-Studie mit dopaminergen Vorläuferzellen begonnen. Diese wurden aus allogenen hiPS-Zellen mit dem Ziel abgeleitet, Morbus Parkinson zu behandeln.[12] Die erste Transplantation von 2,4 Millionen Vorläuferzellen in das Gehirn eines Patienten fand Cyranoski 2018. Mittlerweile wurde allerdings auch diese Studie ausgesetzt.[13]

Im Dezember 2019 gaben die National Institutes of Health (NIH) die erste klinische Prüfung mit autologen hiPS-Zellen zur Behandlung der fortgeschrittenen „trockenen" Form der AMD in den USA bekannt.[14] Aus hiPS-Zellen sollen RPE-Zellen abgeleitet und Patienten mit einem Pflaster („Patch") transplantiert werden.[15] Im Februar 2019 hat zudem Fate Therapeutics eine klinische Prüfung mit ihrem universellen (allogenen) hiPS-Zell-basierten Produkt zur Behandlung von fortgeschrittenen soliden Tumoren in den USA begonnen.[16]

Doch nicht nur in Japan und den USA, sondern auch in anderen Ländern, einschließlich Europa, werden klinische Studien mit hiPS-Zell-basierten Produkten durchgeführt bzw. sind klinische Studien geplant. Zum Beispiel hat *Cynata Therapeutics*, ein australisches Unternehmen, bereits eine klinische Phase I-Studie in Australien und dem Vereinigten Königreich abgeschlossen.[17] In dieser Studie wurden mesenchymale Stammzellen aus allogenen hiPS-Zellen abgeleitet. Sie dienten zur Behandlung von steroid-resistenter akuter Graft-versus-Host-Reaktion (ebenfalls Graft-versus-Host-Disease, GvHD), einer Reaktion des Immunsystems, die nach einer allogenen Knochenmark- oder Stammzelltransplantation auftreten kann.[18] Eine Phase II-Studie ist ebenfalls geplant.[19] In Deutschland wird die erste klinische Prüfung mit aus hiPS-Zellen abgeleiteten Herzmuskelzellen zur Behandlung der Herzinsuffizienz ebenfalls erwartet.[20] Wie diese Beispiele zeigen, befindet sich die hiPS-Zell-Technologie in der klinischen Translation: die Ergebnisse der (Grundlagen-)Forschung werden in die klinische Praxis übertragen.

Die hiPS-Zell-Technologie birgt ein hohes Potenzial für die klinische Anwendung, doch gleichzeitig auch viele Herausforderungen. Die *International Society for Stem Cell Research (ISSCR)* hat beispielsweise 2016 Leitlinien für die

---

[11] Kyodo 2018.

[12] S. dazu http://www.umin.ac.jp/ctr, UMIN000033564 (Kyoto University Hospital). Zugegriffen: 16.01.2020.

[13] S. http://www.umin.ac.jp/ctr, UMIN000033564 (Kyoto University Hospital). Zugegriffen: 16.01.2020.

[14] NIH 2019.

[15] Vgl. Sharma et al. 2019.

[16] S. dazu https://clinicaltrials.gov, NCT03841110 (Fate Therapeutics). Zugegriffen: 16.01.2020. S. ebenfalls zurlangfristig angelegten Nachbeobachtungsstudie https://clinicaltrials.gov, NCT04106167 (Fate Therapeutics). Zugegriffen: 16.01.2020.

[17] Cynata Therapeutics 2019.

[18] Näheres zur Studie s. https://clinicaltrials.gov, NCT02923375 (Cynata Therapeutics Limited). Zugegriffen: 16.01.2020.

[19] Cynata Therapeutics 2019.

[20] Näheres dazu s. Wildermuth 2018. S. auch Zimmermann 2020.

Stammzellforschung und klinische Translation sowie 2018 praktische Hinweise für Ärzte und Ethikkommissionen bzw. institutionelle Prüfungsgremien für stammzell-basierte klinische Studien veröffentlicht.[21] Auch das *German Stem Cell Network* hat 2018 ein White Paper mit Analyse und Empfehlungen zur klinischen Translation von Stammzellforschung in Deutschland veröffentlicht.[22] Weiterer – auf hiPS-Zellen zugeschnittener – Bedarf ist gegeben: Um eine erfolgreiche klinische Trans-lation von hiPS-Zellen unter Beachtung höchster Qualitäts-, Sicherheits- und Wirk-samkeitsstandards zu sichern, sind die Herausforderungen frühzeitig und umfassend aus einer interdisziplinären Perspektive zu analysieren.

Dieser Aufgabe hat sich das vom Bundesministerium für Bildung und Forschung (BMBF) geförderte Projekt „ClinhiPS: Eine naturwissenschaftliche, ethische und rechtsvergleichende Analyse der klinischen Anwendung von humanen induzierten pluripotenten Stammzellen in Deutschland und Österreich" gewidmet.[23] In zwei-jähriger gemeinsamer Arbeit führte ein Forschungsverbund aus deutschen und öster-reichischen Wissenschaftlern aus Naturwissenschaft, Medizinethik und Recht eine umfassende Analyse zur klinischen Anwendung und Translation der Forschung mit hiPS-Zellen und davon abgeleiteten Produkten in Deutschland und Österreich durch.

Das naturwissenschaftliche Teilprojekt (s. Teil I dieses Sammelbands)[24] analy-sierte die klinische Anwendung von hiPS-Zellen am Menschen mit dem Fokus auf der Schaffung von Qualitätsstandards für eine sichere Anwendung von hiPS-Zell-basierten Therapien. Zu diesem Zweck wurde der Gesamtprozess von der Generie-rung von hiPS-Zellen über ihre Expansion und Differenzierung bis hin zur Qualitäts-kontrolle, Charakterisierung, Kryokonservierung und Lagerung eingehend untersucht.

Das ethische Teilprojekt (s. Teil V dieses Sammelbands)[25] widmete sich morali-schen Problemen, die im Zuge der klinischen Translation von hiPS-Zellen entste-hen. Es evaluierte die klinische Implementierung von hiPS-Zell-basierten Thera-pien. Bestandteil der Analyse waren unter anderem Fragen über die Einwilligung und Aufklärung von Spendern, der Studienplanung und Probandenauswahl sowie einer Risiko-/Belastung-Chancen-Bewertung.

Das juristische Teilprojekt (s. Teil VI dieses Sammelbands)[26] war für die rechts-vergleichende Analyse der klinischen Anwendung von hiPS-Zellen in Deutschland und Österreich verantwortlich. Es identifizierte die beiden Rechtslagen, die für ei-nen erfolgreichen Translationsprozess der Ergebnisse der hiPS-Zell-Forschung in die klinische Praxis zu beachten sind. Neben der Identifizierung von rechtlichen Mängeln und Lücken wurden beide Rechtslagen miteinander verglichen und die wesentlichen Unterschiede im Translationsprozess von hiPS-Zellen herausgestellt

---

[21] ISSCR 2016; ISSCR 2018

[22] GSCN 2018.

[23] Näheres zum Projekt s. www.ClinhiPS.de. Zugegriffen: 16.01.2020.

[24] Neubauer et al. 2020.

[25] Hansen et al. 2020.

[26] Gerke 2020; Kopetzki et al. 2020; Gerke et al. 2020b.

und analysiert. Die Ergebnisse sollen zu mehr Transparenz und Rechtssicherheit beitragen. Der Vergleich soll insbesondere die rechtlichen Divergenzen zwischen Deutschland und Österreich vor dem Hintergrund aufzeigen, dass beide Länder Mitgliedstaaten der Europäischen Union sind. Weiteres Ziel war es, Handlungsempfehlungen an die Gesetzgeber zu geben.

Der vorliegende Sammelband repräsentiert die Ergebnisse des ClinhiPS-Projekts und gibt abschließend naturwissenschaftliche, ethische und rechtliche Empfehlungen des Verbunds zur klinischen Translation der Forschung mit hiPS-Zellen und davon abgeleiteten Produkten (s. Teil VII dieses Sammelbands)[27]. Er richtet sich an alle Stakeholder, das heißt Individuen und Gruppen, die an der Entwicklung und Anwendung hiPS-Zell-basierter Produkte beteiligt oder von ihr betroffen sind, sowie an die Gesetzgeber. Neben den Ergebnissen der Teilprojekte enthält der Sammelband weitere Beiträge von Stakeholdern aus den Gebieten klinische Forschung, Industrie sowie Patientenvertretung. Diese ergänzenden Beiträge stammen von Referenten und Teilnehmern, die der Tagung: „Die klinische Translation humaner induzierter pluripotenter Stammzellen. Eine Stakeholder-Konferenz zur Evaluation innovativer Risikoforschung" beiwohnten. Diese Tagung fand am 20. und 21. Oktober 2017 in Göttingen statt. Eine solche Stakeholder-Beteiligung ermöglicht gerade in Bezug auf prospektive Studienvorhaben eine Einbindung unterschiedlicher Perspektiven und Interessen in der Planungsphase klinischer Studien.

Im Folgenden geben wir zunächst eine Arbeitsdefinition des Begriffs „Stakeholder" und stellen dann das auf der Konferenz in Göttingen angewandte Verfahren und seine Evaluation dar. Den Abschluss bildet ein Überblick über die Beiträge in diesem Sammelband.

2 Einbindung von Stakeholdern im Translationsprozess

2.1 *Stakeholder: Eine Arbeitsdefinition*

Der Begriff des Stakeholders bezeichnet im Kontext der Medizin Individuen oder Gruppen, die aktiv an gesundheitsbezogenen Entscheidungen beteiligt oder von ihnen betroffen sind. Aufgrund ihrer Betroffenheit haben sie einen Anspruch („stake") auf Mitbestimmung im Forschungsprozess. Dies beinhaltet zum einen Personen und Institutionen, die bereits finanzielle oder haftungsrechtliche Verantwortung tragen (sog. *primäre Stakeholder*). Sie sind für gewöhnlich von Beginn an in Entscheidungsprozesse eingebunden. Im Kontext der klinischen Forschung sind dies neben den Forschern selbst auch Auftragsunternehmen, Biobanken, Ethikkommissionen und Regulierungsbehörden. Zum anderen sind Stakeholder aber auch solche Personen und Gruppen, die von Forschungsentscheidungen objektiv betroffen sind, ohne

---

[27] Gerke et al. 2020a.

selbst Verantwortung für Entscheidungen über den Studienablauf zu tragen (sog. *sekundäre Stakeholder*). Diese objektive Betroffenheit kann direkt oder indirekt sein.[28] Direkt Betroffene der hiPS-Zell-Forschung sind sowohl die Spender von somatischen Zellen, die gegebenenfalls über Zusatzbefunde informiert werden und deren Privatsphäre gefährdet sein kann als auch Teilnehmer klinischer Studien. Indirekt Betroffene sind etwa Angehörige, die unter Umständen ebenfalls die Belastungen einer Studienteilnahme (mit-)tragen. Gerade die sekundären Stakeholder sind bislang weder in Entscheidungen über die Studiengestaltung noch den Studienverlauf in systematischer Weise involviert.[29]

Daneben gibt es vorwiegend subjektiv Betroffene, die mit Anteilnahme oder Befürchtungen auf hochinnovative und risikoreiche Forschung reagieren. Diese Form von subjektiver Betroffenheit geht im Unterschied zu primären und sekundären Stakeholdern oftmals mit einem geringeren normativen Anspruch auf Beteiligung einher. Es besteht hier allerdings durchaus ein Anspruch auf Information, auf deren Grundlage gesundheitliche Entscheidungen gefällt werden können. Normative Relevanz hat die vorwiegend subjektive Betroffenheit jedoch erst, wenn Forschungsvorhaben große Auswirkungen auf das gesellschaftliche Zusammenleben haben. An dieser Stelle setzen das „Patient and Public Involvement" sowie das „Public Engagement" an. Beide Konzepte zielen auf einen transparentes Gespräch zwischen Öffentlichkeit und Wissenschaft ab.[30] Das „Public Engagement" soll zur besseren Information über Forschung beitragen und der Öffentlichkeit tatsächliche Möglichkeiten des Dialogs eröffnen. „Patient and Public Involvement" hingegen bezeichnet konkrete Projekte, die Forschung unter aktiver Beteiligung der Öffentlichkeit durchführen bzw. Forschung für die Öffentlichkeit ermöglichen.[31]

Der Begriff „Stakeholder" sensibilisiert insbesondere dafür, dem Beteiligungsanspruch verantwortlicher Personen bzw. direkt Betroffener Beachtung zu schenken und zu untersuchen, an welchen Stellen im Translationsprozess es geboten sein kann, sie in Entscheidungen einzubinden.[32] Er sensibilisiert weiterhin für verschiedene Rollen, die in der klinischen Translation eingenommen werden, sowie für verschiedene Interessen, die aufeinandertreffen.[33] Zum Beispiel verfolgen Patienten in klinischen Studien häufig das Interesse, ihren Gesundheitszustand zu verbessern. Die meisten Angehörigen von Patienten hoffen ebenfalls auf eine schnelle Genesung ihres kranken Familienmitglieds. Hingegen sorgen sich Forschende in der Regel um das Wohlbefinden der Studienteilnehmer und zusätzlich um ihre Forschungsergebnisse und – im Bereich der Translationsmedizin – regelmäßig auch um die spätere Verbreitung und Vermarktung des Produkts. Regulierungsbehörden

---

[28] Näheres dazu s. Hansen et al. 2018.

[29] Näheres s. auch Hansen et al. 2020.

[30] Crocker et al. 2018; Lander et al. 2014; Nuffield Council on Bioethics 2012, S. 56–92. Zum Unterschied zwischen Public Involvement und Public Engagement s. auch https://www.invo.org.uk. Zugegriffen: 16.01.2020.

[31] Hansen et al. 2018, S. 290.

[32] Hansen et al. 2018, S. 298.

[33] Concannon et al. 2012.

haben zum Beispiel für gewöhnlich ein Interesse daran, dass klinische Studien nach höchsten Qualitäts- und Sicherheitsstandards durchgeführt werden. Pharmazeutische Unternehmen zielen grundsätzlich darauf ab, ihr Produkt gewinnbringend zu vermarkten. Die Interessen einzelner Stakeholder können sich decken, aber auch so konfligieren, dass ein Interessensausgleich notwendig wird.

Verfahren zur Beteiligung von Stakeholdern können unterschiedlich ausgestaltet sein und von der einfachen Information von Stakeholdern bis zu ihrer tatsächlichen Partizipation an Entscheidungsprozessen reichen.[34] Dabei sollte das jeweils gewählte Verfahren einerseits zum Thema passen, andererseits sollte es so gestaltet sein, dass es einen tatsächlichen Mehrwert für das konkrete Projekt besitzt. Für die Verbesserung eines Verfahrens sollte zudem ihr Einfluss auf die Entscheidungsfindung (z. B. unter Verwendung von qualitativen oder quantitativen Techniken) ausgewertet werden.[35]

2.2 Das Göttinger Verfahren und seine Evaluation

Ziel der Göttinger Konferenz war es, Stakeholder aus verschiedenen Phasen des Erprobungs- und Zulassungsprozesses miteinander ins Gespräch zu bringen, um sich über die Arbeitsweise anderer Beteiligter und Betroffener der klinischen Translation auszutauschen. Zur gemeinsamen Diskussion stand, wie Transparenz von Entscheidungsprozessen, eine ausgewogene und gerechte Risikobewertung und eine informierte öffentliche Debatte sichergestellt werden können. Die Konferenz gestaltete sich durch sieben Vorträge von unterschiedlichen Stakeholdern der klinischen Translation von hiPS-Zellen sowie drei Workshops, in denen die Teilnehmer zu den Themen *Kommunikation und Bewertung von Risiken, Partizipation von Patientenvertretern in der Translation,* sowie *Anforderungen an die Sicherung von Spenderrechten* intensiv diskutierten.

Im Rahmen der Stakeholder-Konferenz wurden Evaluationsbögen an alle Teilnehmenden (n = 60, Rücklauf 63 %) verteilt. Der Fragenkatalog umfasste fünf Frageblöcke: Erstens geschlossene Fragen mit Mehrfachnennungen oder Likert-Skalen (Aussagen auf einer mehrstufigen Antwortskala) zur Selbsteinschätzung, zweitens einen offenen Teil mit drei weiterführenden Fragen. Der Evaluationsbogen sollte dazu dienen, die individuellen Perspektiven auf das gewählte Format und den gemeinsamen Austausch zu erheben.

Die *geschlossenen Fragen* widmeten sich der Positionierung als Stakeholder, dem Vorwissen der Teilnehmenden und der persönlichen Einschätzung vom Konferenzformat. Die *weiterführenden Fragen* erhoben die erfüllten bzw. nicht erfüllten Erwartungen bezüglich der Konferenz, weitere Themen/Aspekte zu hiPS-Zellen bzw. zur klinischen Translation für zukünftige Veranstaltungen sowie die Bewertung des Tagungsformats.

---

[34] Luyet et al. 2012.

[35] Deverka et al. 2012; Esmail et al. 2015; Goodman und Thompson 2017.

2.2.1 Teilnehmerfeld der Stakeholder-Konferenz

Das Teilnehmerfeld setzte sich überwiegend aus Forschern (Grundlagenforschung und klinische Forschung), Ethikern und Juristen zusammen und spiegelte damit die drei Teilprojekte des ClinhiPS-Projekts wider. Die Studierenden aus unterschiedlichen Fächern (v.a. Biologie und Medizin) bildeten einen ebenso großen Anteil wie die Ethiker. Die anderen Teilnehmer waren über verschiedene Gruppen von Stakeholdern verteilt (s. Abb. 1). Im offenen Teil der Evaluation wurde diese Perspektivenvielfalt, und gerade die Einbindung von Stakeholdern wie Industrie und Patientenvertretung, sehr positiv bewertet.

Die Konferenz war vornehmlich mit Experten besetzt und hatte eine relativ geringe Teilnehmerzahl von Patienten. Erklären lässt sich dies mit dem prospektiven Zuschnitt der Konferenz und einem Thema, das bisher weniger in der Öffentlichkeit diskutiert wurde als andere biotechnologische oder medizinethische Themen wie Organtransplantation, Reproduktionsmedizin oder Entscheidungen am Lebensende.

2.2.2 Einschätzung der Workshops

In Bezug auf das Format wurden gerade die diskussionsintensiven Workshops positiv eingeschätzt (s. Abb. 2). Fast 60 % der Teilnehmer stimmten zu, dass die Workshops den Raum für eine ergebnisoffene Diskussion des jeweiligen Themas boten. Für einen kommunikativen Dialog bot sich dieses Format an und stellte eine gute Ergänzung zu den inhaltlichen Vorträgen dar.

Im offenen Teil der Evaluation wurde das Zusammenspiel von Vorträgen und Workshops sowie die konstruktive Diskussionsatmosphäre positiv betont. Zu-

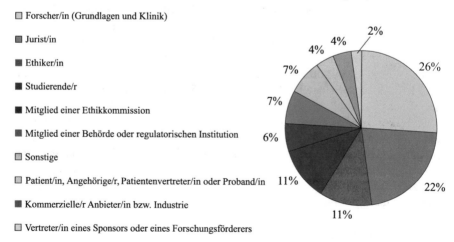

Abb. 1 Teilnehmerfeld der Göttinger Stakeholder-Konferenz im Oktober 2017

Einschätzung der Workshops, in Prozent

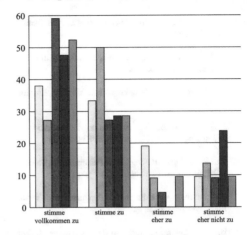

☐ Aus meiner Sicht war die Diskussion innerhalb der Workshops gut moderiert.

☐ Die gemeinsame Diskussion in den Workshops hat mir neue Perspektiven eröffnet.

■ Der Workshop bot Raum für ergebnisoffene Diskussion des Themas.

■ Mit unterschiedlichen Standpunkten wurde im Workshop konstruktiv und lösungsorientiert umgegangen.

☐ Ich habe mich gut einbringen können.

Abb. 2 Einschätzung der Workshops der Göttinger Stakeholder-Konferenz im Oktober 2017

gleich wurde aber auch noch mehr Raum für Diskussionen (insbesondere zum Thema Nutzen und Risiken) sowie eine konkrete Formulierung von Zielen, Aufgaben und Ideen als Folge der Workshops angeregt. Hier zeigt sich, dass eine solche Zusammenführung von Stakeholdern stets einer Weiterentwicklung und Reflexion bedarf. Für zukünftige Vorhaben ist von Interesse, dass die Teilnehmer folgende Aspekte als relevant für einen weiteren öffentlichen Dialog einstuften: Einbindung von Klinikern und Patienten, Gewinnerwartung der Industrie, Umgang mit schwerwiegenden unerwünschten Ereignissen, die Finanzierung von hiPS-Zell-basierten Produkten im System der gesetzlichen Krankenkassen, Gewinnbeteiligung von Spendern und die Genom-Editierung von hiPS-Zellen. Als weitere einzubindende primäre Stakeholder wurden Biobanken und Krankenkassen genannt. Darüber hinaus regten einzelne Teilnehmende an, auch vorwiegend subjektiv Betroffene einzubeziehen und Gesundheitspolitiker an der öffentlichen Diskussion zu beteiligen. Von einigen Teilnehmern wurde zudem ein stärkerer Fokus auf die praktischen und ethischen Fragen klinischer Studien mit hiPS-Zell-basierten Produkten gewünscht.

2.2.3 Gesamteinschätzung der Konferenz

Vornehmlich wurde die Veranstaltung als eine Möglichkeit zur Diskussion (28 %) und zum Informationsaustausch (23 %) betrachtet. Nur ein Prozent der Befragten hatten den Eindruck, dass auf dieser Konferenz Personen gemeinsam Entscheidungen getroffen haben. Diese Einschätzung sensibilisiert dafür, dass je mehr Perspektiven zum ersten Mal aufeinandertreffen, es desto schwieriger wird, in diesem begrenzten Zeitrahmen konkrete Entscheidungen für die Zukunft zu fällen. In einem so neuen Feld wie der klinischen Translation von hiPS-Zellen kann deshalb

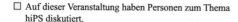

Gesamteinschätzung der Konferenz, in Prozent

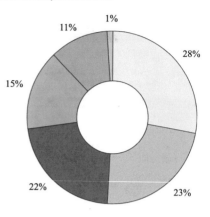

☐ Auf dieser Veranstaltung haben Personen zum Thema hiPS diskutiert.

☐ Auf dieser Veranstaltung konnten sich Personen zum Thema hiPS informieren.

■ Auf dieser Veranstaltung konnten sich Stakeholder im Bereich hiPS vernetzen.

☐ Von dieser Veranstaltung werden Impulse für die öffentliche Debatte im Bereich hiPS ausgehen.

■ Auf dieser Veranstaltung haben Personen zum Thema hiPS zusammengearbeitet.

☐ Auf dieser Veranstaltung haben Personen zum Thema hiPS Entscheidungen getroffen.

Abb. 3 Gesamteinschätzung der Göttinger Stakeholder-Konferenz im Oktober 2017

auf einer eintägigen Stakeholder-Konferenz nur ein erster Austausch über Perspektiven und einzubindende Interessen erfolgen (Abb. 3).

Ein solcher Austausch über Perspektiven und einzubindende Interessen ist allerdings essenziell, um aktuelle Probleme und Herausforderungen gemeinsam zu identifizieren und zu diskutieren, sich mit verschiedenen Stakeholdern zu vernetzen und ihre Perspektiven kennenzulernen sowie den eigenen Standpunkt zu reflektieren. So hatten 22 Prozent der Befragten den Eindruck, dass die Veranstaltung ein Forum zur Vernetzung bot. Des Weiteren gingen 15 Prozent der Befragten davon aus, dass von der Veranstaltung Impulse für die öffentliche Debatte ausgehen werden.

Die hier vorliegende schriftliche Ausarbeitung geführter Diskussionen bietet nun die Möglichkeit, das Diskutierte der wissenschaftlichen Öffentlichkeit zugänglich zu machen sowie Ergebnisse und Anregungen festzuhalten.

3 Aufbau des vorliegenden Sammelbands

Dieser Sammelband umfasst systematisch die Perspektiven von Stakeholdern auf dem Gebiet der Grundlagenforschung, klinischen Forschung, Industrie, Patientenvertretung, Ethik und des Rechts. Dies ermöglicht eine zielgenaue Suche nach Antworten auf individuelle Fragen im klinischen Translationsprozess von hiPS-Zellen und hiPS-Zell-basierten Produkten. Darüber hinaus enthält dieser Sammelband naturwissenschaftliche, ethische und rechtliche Empfehlungen des deutsch-österreichischen Forschungsverbunds ClinhiPS zur klinischen Translation der Forschung mit hiPS-Zellen und davon abgeleiteten Produkten.

Teil I: Grundlagenforschung

In Teil I werden die naturwissenschaftlichen Grundlagen im Kontext einer klinischen Anwendung von hiPS-Zellen erläutert. *Neubauer et al.* analysieren das zukünftige Potenzial von hiPS-Zellen für die regenerative Medizin. Zwischen der Reprogrammierung von differenzierten Körperzellen und der klinischen Anwendung von hiPS-Zell-basierten Produkten liegen zahlreiche, mitunter zeitintensive Prozessschritte. Neubauer et al. analysieren diese einzelnen Prozessschritte einer hiPS-Zell-basierten Therapie eingehend und systematisch, angefangen von der Generierung von hiPS-Zell-Linien über die Expansion, Differenzierung und anwendungsorientierte Applikation bis hin zur Qualitätskontrolle und Charakterisierung sowie Kryokonservierung und Lagerung.

Teil II: Klinische Forschung

Teil II dieses Sammelbands ist der klinischen Forschung gewidmet. *Zimmermann* gibt einen Einblick in die Herzreparatur mit Herzmuskelpflastern aus pluripotenten Stammzellen und die Translation eines präklinischen Konzeptes in die klinische Prüfung. Aktuelle Therapiemaßnahmen adressieren nur unzureichend die hohe Sterblichkeit und die stark eingeschränkte Lebensqualität von Patienten mit Herzmuskelschwäche. Ein vielversprechendes Verfahren ist die Implantation von Herzmuskelzellen aus hES-Zellen und hiPS-Zellen. Ein Ansatz für eine optimale Herzremuskularisierung stellt die Herzmuskelzellimplantation über im Labor gezüchtete Herzgewebe – sogenannte Herzmuskelpflaster – dar.

Teil III: Industrie

Teil III gibt einen Einblick in die Sichtweise von Unternehmen. *Herget et al.* beleuchten, wie ein Wissenschafts- und Technologieunternehmen in der Stammzellforschung und der Genom-Editierung mit bioethischen Fragen umgeht. *Merck* bietet eine breite Palette von Dienstleistungen und Produkten für die Genom-Editierung, Stammzellforschung und Reproduktionsmedizin an. Diese Geschäftsaktivitäten konfrontieren das Unternehmen mit vielfältigen bioethischen Fragestellungen. Merck hat deshalb Prozesse und Strukturen geschaffen, die einen verantwortungsvollen und regelkonformen Einsatz seiner Dienstleistungen und Produkte auf Grundlage höchster ethischer Standards sicherstellen soll. In ihrem Beitrag beschreiben *Herget et al.* diese etablierten Prozesse und Strukturen als Anregungen für andere Unternehmen und stellen dabei das *Merck Bioethics Advisory Panel* und *Stem Cell Research Oversight Committee* vor.

Harder beschäftigt sich in seinem Beitrag mit den Herausforderungen innovativer Gewebemedizin aus unternehmerischer Sicht. Er untersucht den Bedarf von hiPS-Zellen und Geweben, analysiert die Rahmenbedingungen der Weltgesundheitsorganisation, des Europarates und der Europäischen Union und stellt die Umsetzung in Deutschland dar. Harder diskutiert über Qualitäts- und Sicherheitsstandards, die Organisation der Gewebespende, Verteilungsregeln für Gewebespenden, das Handelsverbot von Geweben und den Handel mit Gewebeprodukten, Erstattungsfragen sowie Aspekte der Vigilanz bzw. Nachbeobachtung. In seinem Beitrag spricht sich Harder für eine „Kultur der Gewebespende" aus und unterbreitet konkrete Vorschläge wie ein staatliches, unternehmerisches und gesellschaftliches Engagement aussehen könnte.

Teil IV: Patientenvertretung

In Teil IV dieses Sammelbands werden hiPS-Zellen aus einer patientenorientierten Perspektive beleuchtet. *Kruip* untersucht in seinem Beitrag die Patientenvertretung in der (hiPS-Zell-)Forschung als Herausforderung für Patientenorganisationen. Am Beispiel der Erbkrankheit Mukoviszidose und der Aktivitäten des *Selbsthilfevereins Mukoviszidose e.V.* zeigt Kruip die Herausforderungen auf, vor denen Patientenorganisationen bei der effektiven Patientenvertretung stehen. Er befürwortet den Abbau von zusätzlichen Hürden, wie zum Beispiel Sprachbarrieren durch Studienunterlagen, die ausschließlich in wissenschaftlicher (d. h. nicht laienverständlicher) englischer Sprache verfügbar sind.

Teil V: Ethik

Teil V des Sammelbands beschäftigt sich mit ethischen Fragestellungen. *Hansen et al.* analysieren die klinische Forschung mit hiPS-Zellen aus ethischer Perspektive. Sie diskutieren insbesondere ethische Fragen zur Aufklärung und Einwilligung der Spender, Studienplanung, Probandenauswahl, Risiko/Belastung-Chancen-Bewertung, Aufklärung und Einwilligung der Studienteilnehmer sowie gesellschaftliche Aspekte der klinischen Translation der Stammzellforschung. Darüber hinaus wird die ethische Analyse durch die Diskussion diskursiver Verfahren des Stakeholder-Involvements ergänzt. Hansen et al. zeigen auf, welche Stakeholder Anspruch auf Beteiligung im Verfahren erheben können und wie eine bessere Berücksichtigung ihrer Interessen bei der Ausgestaltung des Forschungsprozesses aussehen sollte.

Teil VI: Recht

Teil VI dieses Sammelbands ist dem Recht gewidmet. *Gerke* analysiert in ihrem Artikel die klinische Translation von hiPS-Zellen in Deutschland mit dem Ziel, zu mehr Transparenz und Rechtsklarheit beizutragen. Hierfür untersucht sie das Arzneimittelgesetz (AMG), Transplantationsgesetz (TPG), Gentechnikgesetz (GenTG), Stammzellgesetz (StZG) und Embryonenschutzgesetz (ESchG). Gerke stuft zunächst unter anderem somatische Zellen, hiPS-Zellen und/oder hiPS-Zell-basierte Produkte im Lichte des jeweiligen Gesetzes ein und analysiert anschließend die rechtlichen Konsequenzen der Einstufung. Sie vermittelt dem Leser dabei einen systematischen Überblick über die deutsche Rechtslage zur klinischen Translation von hiPS-Zellen. Zusätzlich zur Klärung der deutschen Rechtslage zeigt sie rechtliche Mängel und Lücken auf und gibt konkrete Novellierungsvorschläge.

Kopetzki et al. analysieren die klinische Translation von hiPS-Zellen in Österreich. Sie untersuchen das österreichische Arzneimittelgesetz (öAMG), Gewebesicherheitsgesetz (GSG), Gentechnikgesetz (GTG) und Fortpflanzungsmedizingesetz (FMedG). Kopetzki et al. legen die erheblichen Auslegungsschwierigkeiten dar, die die Anwendung der einschlägigen rechtlichen Regelungen auf die konkreten Sachverhalte im Zusammenhang von hiPS-Zell-basierten Produkten nach sich zieht. Sie entwickeln in ihrem Landesbericht eine plausible und vertretbare Rechtsauffassung, zeigen rechtliche Lücken und Mängel im österreichischen Recht auf und stellen Handlungsbedarf für den Gesetzgeber fest.

Im dritten Beitrag zu Teil VI führen *Gerke et al.* eine rechtsvergleichende Analyse der klinischen Translation von hiPS-Zellen in Deutschland und Österreich durch. Sie stellen die wesentlichen Unterschiede zwischen deutschem und österreichischem Recht fest. Dabei werden das Arzneimittelrecht, Transplantations- und Geweberecht, Gentechnikrecht, Stammzellen-, Embryonenschutz- und Fortpflanzungsmedizinrecht in die Untersuchung miteinbezogen. Gerke et al. stellen insbesondere fest, dass Diskrepanzen zwischen deutscher und österreichischer Rechtslage vor allem im Hinblick auf die Regelung ethisch umstrittener Fragestellungen bestehen. So zeigen sie unter anderem auf, dass das deutsche Recht zum Umgang mit hiPS-Zell-basierten Keimzellen derzeit deutlich liberaler ausgestaltet ist als das österreichische Recht.

Teil VII: Empfehlungen des Verbunds ClinhiPS
Teil VII dieses Sammelbands enthält naturwissenschaftliche, ethische und rechtliche Empfehlungen zur klinischen Translation der Forschung mit hiPS-Zellen und davon abgeleiteten Produkten des deutsch-österreichischen Forschungsverbunds *ClinhiPS*. In zweijähriger Arbeit haben Wissenschaftler aus Naturwissenschaft, Medizinethik und Recht die konkreten mit der klinischen Translation von hiPS-Zellen und davon abgeleiteten Produkten verbundenen Probleme identifiziert und untersucht. Darüber hinaus wurden die naturwissenschaftlichen Herausforderungen für Qualität und Sicherheit im Kontext der klinischen Anwendung am Menschen analysiert sowie aktuelle Lücken in der ethischen und rechtlichen Regulierung erfasst. Als Resultat entwickelten *Gerke et al.* die in diesem Teil des Bands enthaltenen Empfehlungen, die sich an alle Stakeholder, die in die klinische Translation der hiPS-Zell-Forschung involviert sind, sowie an die Gesetzgeber richten.

Danksagung Die Autorinnen bedanken sich beim Bundesministerium für Bildung und Forschung für die Förderung des Verbundprojekts „ClinhiPS: Eine naturwissenschaftliche, ethische und rechtsvergleichende Analyse der klinischen Anwendung von humanen induzierten pluripotenten Stammzellen in Deutschland und Österreich" (FKZ 01GP1602A und 01GP1602C). Des Weiteren bedanken Sie sich bei Tim Holetzek für die Unterstützung bei der Evaluation der Göttinger Stakeholder-Konferenz. Dieser Beitrag gibt dabei ausschließlich die Auffassung der Autorinnen wieder.

Literatur

AMED = Japan Agency for Medical Research and Development (2018) The World's First Allogeneic iPS-derived Retina Cell Transplant. https://www.amed.go.jp/en/seika/fy2018-05.html. Zugegriffen am 16.01.2020
Concannon TW, Meissner P, Grunbaum JA, McElwee N, Guise J, Santa J, Conway PH, Daudelin D, Morrato EH, Leslie LK (2012) A new taxonomy for stakeholder engagement in patient-centered outcomes research. J Gen Intern Med 27:985–991

Crocker JC, Ricci-Cabello I, Parker A, Hirst JA, Chant A, Petit-Zeman S, Evans D, Rees S (2018) Impact of patient and public involvement on enrolment and retention in clinical trials: systematic review and meta-analysis. BMJ 363:k4738

Cynata Therapeutics (2019) Graft-versus-host-disease. https://www.cynata.com/graftversushostdisease. Zugegriffen am 16.01.2020

Cyranoski D (2018) ‚Reprogrammed' stem cells implanted into patient with Parkinson's disease. Nature. https://www.nature.com/articles/d41586-018-07407-9. Zugegriffen am 16.01.2020

Deverka PA, Lavallee DC, Desai PJ, Esmail LC, Ramsey SD, Veenstra DL, Tunis SR (2012) Stakeholder participation in comparative effectiveness research: defining a framework for effective engagement. J Comp Eff Res 1:181–194

Ebert AD, Liang P, Wu JC (2012) Induced pluripotent stem cells as a disease modeling and drug screening platform. J Cardiovasc Pharmacol 60:408–416

Esmail L, Moore E, Rein A (2015) Evaluating patient and stakeholder engagement in research: moving from theory to practice. J Comp Eff Res 4:133–145

Garber K (2015) RIKEN suspends first clinical trial involving induced pluripotent stem cells. Nat Biotechnol 33:890–891

Gerke S (2020) Die klinische Translation von hiPS-Zellen in Deutschland. In: Gerke S, Taupitz J, Wiesemann C, Kopetzki C, Zimmermann H (Hrsg) Die klinische Anwendung von humanen induzierten pluripotenten Stammzellen – Ein Stakeholder-Sammelband. Springer, Berlin

Gerke S, Taupitz J (2018) Rechtliche Aspekte der Stammzellforschung in Deutschland: Grenzen und Möglichkeiten der Forschung mit humanen embryonalen Stammzellen (hES-Zellen) und mit humanen induzierten pluripotenten Stammzellen (hiPS-Zellen). In: Zenke M, Marx-Stölting L, Schickl H (Hrsg) Stammzellforschung. Aktuelle wissenschaftliche und gesellschaftliche Entwicklungen. Nomos, Baden-Baden, S 209–235

Gerke S, Hansen SL, Blum VC, Bur S, Heyder C, Kopetzki C, Meiser I, Neubauer JC, Noe D, Steinböck C, Wiesemann C, Zimmermann H, Taupitz J (2020a) Naturwissenschaftliche, ethische und rechtliche Empfehlungen zur klinischen Translation der Forschung mit humanen induzierten pluripotenten Stammzellen und davon abgeleiteten Produkten. In: Gerke S, Taupitz J, Wiesemann C, Kopetzki C, Zimmermann H (Hrsg) Die klinische Anwendung von humanen induzierten pluripotenten Stammzellen – Ein Stakeholder-Sammelband. Springer, Berlin

Gerke S, Kopetzki C, Blum VC, Noe D, Steinböck C (2020b) Eine rechtsvergleichende Analyse der klinischen Translation von hiPS-Zellen in Deutschland und Österreich. In: Gerke S, Taupitz J, Wiesemann C, Kopetzki C, Zimmermann H (Hrsg) Die klinische Anwendung von humanen induzierten pluripotenten Stammzellen – Ein Stakeholder-Sammelband. Springer, Berlin

Goodman MS, Thompson VLS (2017) The science of stakeholder engagement in research: classification, implementation, and evaluation. Transl Behav Med 7:486–491

GSCN = German Stem Cell Network (2018) White paper. Translation – von der Stammzelle zur innovativen Therapie. http://gscn.org/Portals/0/Dokumente/White%20Paper/GSCN_White_Paper_Translation.pdf?ver=2018-11-19-142632-347. Zugegriffen am 16.01.2020

Hansen SL, Holetzek T, Heyder C, Wiesemann C (2018) Stakeholder-Beteiligung in der klinischen Forschung: eine ethische Analyse. Eth Med 30:289–305

Hansen SL, Heyder C, Wiesemann C (2020) Ethische Analyse der klinischen Forschung mit humanen induzierten pluripotenten Stammzellen. In: Gerke S, Taupitz J, Wiesemann C, Kopetzki C, Zimmermann H (Hrsg) Die klinische Anwendung von humanen induzierten pluripotenten Stammzellen – Ein Stakeholder-Sammelband. Springer, Berlin

ISSCR = International Society for Stem Cell Research (2016) Guidelines for Stem Cell Research and Clinical Translation. https://www.isscr.org/docs/default-source/all-isscr-guidelines/guidelines-2016/isscr-guidelines-for-stem-cell-research-and-clinical-translationd67119731dff6ddb b37cff0000940c19.pdf?sfvrsn=4. Zugegriffen am 16.01.2020

ISSCR = International Society for Stem Cell Research (2018) Stammzellbasierte klinische Studien: Praktische Hinweise für Ärzte und Ethikkommissionen/institutionelle Prüfungsgremien. https://www.isscr.org/docs/default-source/clinical-resources/isscr-brochure-german-2018-final.pdf?sfvrsn=2. Zugegriffen am 16.01.2020

Kopetzki C, Blum VC, Noe D, Steinböck C (2020) Die klinische Translation von hiPS-Zellen in Österreich. In: Gerke S, Taupitz J, Wiesemann C, Kopetzki C, Zimmermann H (Hrsg) Die klinische Anwendung von humanen induzierten pluripotenten Stammzellen – Ein Stakeholder-Sammelband. Springer, Berlin

Kyodo (2018) First serious adverse reaction to iPS-derived retinal cell transplant reported. https://www.japantimes.co.jp/news/2018/01/17/national/science-health/first-serious-reaction-ips-derived-retinal-cell-transplant-reported-kobe/#.XES_jlxKjIV. Zugegriffen am 16.01.2020

Lander J, Hainz T, Hirschberg I, Strech D (2014) Current practice of public involvement activities in biomedical research and innovation: a systematic qualitative review. PLoS One 9:e113274

Luyet V, Schlaepfer R, Parlange MB, Buttler A (2012) A framework to implement Stakeholder participation in environmental projects. J Environ Manage 111:213–219

Mandai M, Watanabe A, Kurimoto Y, Hirami Y, Morinaga C, Daimon T, Fujihara M, Akimaru H, Sakai N, Shibata Y, Terada M, Nomiya Y, Tanishima S, Nakamura M, Kamao H, Sugita S, Onishi A, Ito T, Fujita K, Kawamata S, Go MJ, Shinohara C, Hata K, Sawada M, Yamamoto M, Ohta S, Ohara Y, Yoshida K, Kuwahara J, Kitano Y, Amano N, Umekage M, Kitaoka F, Tanaka A, Okada C, Takasu N, Ogawa S, Yamanaka S, Takahashi M (2017) Autologous induced stem-cell-derived retinal cells for macular degeneration. N Engl J Med 376:1038–1046

Neubauer JC*, Bur S*, Meiser I*, Kurtz A, Zimmermann H (2020) Naturwissenschaftliche Grundlagen im Kontext einer klinischen Anwendung von humanen induzierten pluripotenten Stammzellen. In: Gerke S, Taupitz J, Wiesemann C, Kopetzki C, Zimmermann H (Hrsg) Die klinische Anwendung von humanen induzierten pluripotenten Stammzellen – Ein Stakeholder-Sammelband. Springer, Berlin* geteilte Erstautorenschaft

NIH = National Institutes of Health (2019) NIH launches first U.S. clinical trial of patient-derived stem cell therapy to replace dying cells in retina. https://www.nih.gov/news-events/news-releases/nih-launches-first-us-clinical-trial-patient-derived-stem-cell-therapy-replace-dying-cells-retina. Zugegriffen am 16.01.2020

Nuffield Council on Bioethics (2012) Emerging biotechnologies: technology, choice, and the public good. http://nuffieldbioethics.org/wp-content/uploads/2014/07/Emerging_biotechnologies_full_report_web_0.pdf. Zugegriffen am 16.01.2020

Park IH, Zhao R, West JA, Yabuuchi A, Huo H, Ince TA, Lerou PH, Lensch MW, Daley GQ (2008) Reprogramming of human somatic cells to pluripotency with defined factors. Nature 451:141–146

RIKEN (2015) Update on first transplant recipient in the „Clinical study of autologous induced pluripotent stem cell-derived retinal pigment epithelium (RPE) cell sheets for exudative age-related macular degeneration (AMD)". http://www.riken-ibri.jp/AMD/img/20151009en.pdf. Zugegriffen am 16.01.2020

RIKEN (2017a) Clinical safety study using autologous iPSC-derived retinal cell sheet for AMD. http://www.cdb.riken.jp/en/wp-content/uploads/sites/2/2017/04/pdfnews_170404_1.pdf. Zugegriffen am 16.01.2020

RIKEN (2017b) Donor iPSC-derived RPE cells transplanted into first AMD patient in new clinical study. http://www.cdb.riken.jp/en/wp-content/uploads/sites/2/2017/07/pdfnews_170404_2rev.pdf. Zugegriffen am 16.01.2020

Sharma R, Khristov V, Rising A, Jha BS, Dejene R, Hotaling N, Li Y, Stoddard J, Stankewicz C, Wan Q, Zhang C, Campos MM, Miyagishima KJ, McGaughey D, Villasmil R, Mattapallil M, Stanzel B, Qian H, Wong W, Chase L, Charles S, McGill T, Miller S, Maminishkis A, Amaral J, Bharti K (2019) Clinical-grade stem cell-derived retinal pigment epithelium patch rescues retinal degeneration in rodents and pigs. Sci Transl Med 11:eaat5580

Takahashi K, Tanabe K, Ohnuki M, Narita M, Ichisaka T, Tomoda K, Yamanaka S (2007) Induction of pluripotent stem cells from adult human fibroblasts by defined factors. Cell 131:861–872

Wildermuth V (2018) Bewegung in der Stammzellen-Therapie. https://www.deutschlandfunk.de/vom-labor-zum-patienten-bewegung-in-der-stammzellen-therapie.676.de.html?dram:article_id=422553. Zugegriffen am 16.01.2020

Yu J, Vodyanik MA, Smuga-Otto K, Antosiewicz-Bourget J, Frane JL, Tian S, Nie J, Jonsdottir
    GA, Ruotti V, Stewart R, Slukvin II, Thomson JA (2007) Induced pluripotent stem cell lines
    derived from human somatic cells. Science 318:1917–1920
Zimmermann WH (2020) Herzreparatur mit Herzmuskelpflaster aus Stammzellen – Umsetzung
    eines präklinischen Konzeptes in die klinische Prüfung. In: Gerke S, Taupitz J, Wiesemann C,
    Kopetzki C, Zimmermann H (Hrsg) Die klinische Anwendung von humanen induzierten pluri-
    potenten Stammzellen – Ein Stakeholder-Sammelband. Springer, Berlin

Sara Gerke Dipl.-Jur. Univ., M. A. Medical Ethics and Law, ist Research Fellow, Medicine, Artificial Intelligence, and Law, am Petrie-Flom Center for Health Law Policy, Biotechnology, and
Bioethics at Harvard Law School in Cambridge, USA. Bis 31. März 2018 war Frau Gerke Geschäftsführerin des Instituts für Deutsches, Europäisches und Internationales Medizinrecht, Gesundheitsrecht und Bioethik der Universitäten Heidelberg und Mannheim sowie Gesamtkoordinatorin des Projekts ClinhiPS.

Dr. phil. Solveig Lena Hansen ist wissenschaftliche Mitarbeiterin am Institut für Ethik und Geschichte der Medizin in Göttingen. 2017 erhielt sie den Nachwuchspreis der Akademie für Ethik
in der Medizin. Promoviert wurde sie 2016 als erste Doktorandin im Fach „Bioethik" an der Philosophischen Fakultät der Universität Göttingen mit einer Arbeit zum reproduktiven Klonen. Andere
Forschungsschwerpunkte sind ethische Aspekte von Gesundheitskommunikation, Narrative Ethik,
Organtransplantation und Methodenfragen der Bioethik.

Teil I
Grundlagenforschung

Naturwissenschaftliche Grundlagen im Kontext einer klinischen Anwendung von humanen induzierten pluripotenten Stammzellen

Julia C. Neubauer*, Stephanie Bur*, Ina Meiser*, Andreas Kurtz und Heiko Zimmermann

Zusammenfassung Humane induzierte pluripotente Stammzellen (hiPS-Zellen) können patienten- und krankheitsspezifisch aus nahezu jeder Zelle des Körpers erzeugt werden und besitzen Eigenschaften, die eigentlich nur Zellen aus einem Embryo besitzen. Ihre einfache Herstellung und ihre hohe Verfügbarkeit ermöglichen eine Vielzahl an neuartigen zellbasierten Therapiemethoden und therapeutischen Einsatzmöglichkeiten. Der gesamte Arbeitsablauf, der für eine klinische Anwendung von hiPS-Zellen nötig ist, lässt sich in die Gewinnung (Generierung), die Vervielfältigung (Expansion), die Spezialisierung (Differenzierung), die funktionsverlustfreie Lagerung (Kryokonservierung), die Charakterisierung (Qualitätskontrolle)

---

* Julia C. Neubauer, Stephanie Bur und Ina Meiser teilen sich die Erstautorenschaft.

J. C. Neubauer
Fraunhofer-Projektzentrum für Stammzellprozesstechnik, Würzburg, Deutschland
E-Mail: julia.neubauer@ibmt.fraunhofer.de

S. Bur · I. Meiser
Fraunhofer-Institut für Biomedizinische Technik IBMT, Sulzbach, Deutschland
E-Mail: stephanie.bur@gmx.de; ina.meiser@ibmt.fraunhofer.de

A. Kurtz
Charité Universitätsmedizin Berlin, Berlin, Deutschland
E-Mail: andreas.kurtz@charite.de

H. Zimmermann (✉)
Fraunhofer-Institut für Biomedizinische Technik, Sulzbach, Deutschland
E-Mail: Heiko.Zimmermann@ibmt.fraunhofer.de

© Springer-Verlag GmbH Deutschland, ein Teil von Springer Nature 2020
S. Gerke et al. (Hrsg.), *Die klinische Anwendung von humanen induzierten pluripotenten Stammzellen*, Veröffentlichungen des Instituts für Deutsches, Europäisches und Internationales Medizinrecht, Gesundheitsrecht und Bioethik der Universitäten Heidelberg und Mannheim 48,
https://doi.org/10.1007/978-3-662-59052-2_2

sowie die finale Applikation (Zelltherapie) der hiPS-Zellen bzw. der hiPS-Zell-basierten Produkte unterteilen. Jeder dieser Schritte besitzt einen entscheidenden Einfluss auf die Qualität und Funktionalität des resultierenden hiPS-Zell-basierten Therapieproduktes. Daher werden in diesem Beitrag die naturwissenschaftlichen Grundlagen und die Umsetzung der genannten Prozessschritte mit ihren Chancen und Risiken nach aktuellem Stand der Technik erläutert sowie Ausblicke auf zukünftige praktische Fragestellungen gegeben.

1 Einleitung: Was sind humane induzierte pluripotente Stammzellen und welches Potenzial besitzen sie für die regenerative Medizin der Zukunft?

In den letzten Jahrzehnten wurde verstärkt der Begriff der personalisierten Medizin geprägt. Dies beschreibt die Möglichkeit, maßgeschneiderte Therapien für jeden Menschen nach seinem genetischen Code und seiner Veranlagung zu entwickeln. Ein Meilenstein hierfür stellt die Entdeckung von humanen induzierten pluripotenten Stammzellen (hiPS-Zellen) durch Yamanaka im Jahr 2007 dar. Diese Zellen können durch das Einbringen spezifischer genetischer Faktoren aus fast jeder Zelle des Menschen erzeugt werden und erlangen dadurch wieder Fähigkeiten, die normalerweise ausschließlich Zellen aus einem Embryo besitzen: hiPS-Zellen sind unbegrenzt teilungsfähig und können sich in fast alle Zellen des menschlichen Körpers entwickeln (auch „differenzieren" genannt). Damit bilden hiPS-Zellen einen der vielversprechendsten Kandidaten für zukünftige Zelltherapien, um nach zellzerstörenden Unfällen (z. B. Verbrennungen) oder Krankheiten (z. B. Herzinfarkt) einen angemessenen Ersatz zu erzeugen.

Heute – 11 Jahre nach der Erzeugung der ersten hiPS-Zellen – ist eine klinische Anwendung im Rahmen der Stammzelltherapie in greifbare Nähe gerückt. Der naturwissenschaftliche Hintergrund und die noch vorhandenen technischen Probleme einer solchen Anwendung werden nachfolgend für die notwendigen Prozessschritte erläutert.

1.1 *Was sind Stammzellen und wie werden sie unterschieden*

Alle Stammzellen sind durch zwei Eigenschaften charakterisiert. Erstens besitzen sie die Fähigkeit sich unbegrenzt selbst zu *erneuern*. Das bedeutet, dass sie sich immer wieder teilen und dabei Kopien von sich erzeugen können, die auch wieder Stammzelleigenschaften besitzen. Zweitens *differenzieren* die in ihrer Funktion noch nicht festgelegten (undifferenzierten) Stammzellen unter bestimmten Voraussetzungen in spezialisierte (differenzierte) Zelltypen.

Anhand ihres Differenzierungspotenzials werden Stammzellen kategorisiert. Totipotente Zellen besitzen das größte Differenzierungspotenzial; dieses nimmt während der Embryonalentwicklung von pluripotent über multipotent bis zu unipotent stetig ab (Abb. 1). *Totipotente* (*totus* = ganz und *potentia* = Vermögen, Kraft)

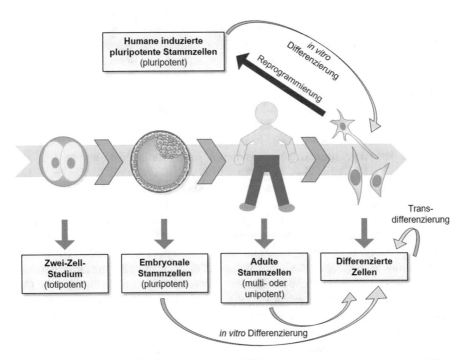

Abb. 1 Unter natürlichen Umständen nimmt das Differenzierungspotenzial von humanen Zellen mit zunehmender Spezialisierung während der Entwicklung ab: die befruchtete Eizelle und Zellen bis zum Acht-Zell-Stadium sind totipotent, die innere Zellmasse der Blastozyste ist pluripotent, während der darauffolgenden Embryonalentwicklung und im adulten Organismus sind multi- und unipotente Stammzellen vorhanden, welche in die spezialisierten Zelltypen des menschlichen Körpers differenzieren. Pluripotente, multipotente und unipotente Stammzellen können *in vitro* differenziert werden. Die direkte Umwandlung von einem differenzierten Zelltyp in einen anderen (Transdifferenzierung) ist für einzelne Zelltypen *in vitro* ebenfalls möglich (Abschn. 1.2). Differenzierte Zellen können außerdem durch Reprogrammierung in einen pluripotenten Zustand versetzt werden (hiPS-Zellen)

Stammzellen sind in der Lage, unter geeigneten Bedingungen einen vollständigen Organismus zu bilden. Beim Menschen sind lediglich die befruchtete Eizelle und die embryonalen Zellen bis zum Acht-Zell-Stadium totipotent. Sie können in der Gebärmutter einen menschlichen Organismus inklusive der dazu notwendigen extraembryonalen Gewebe, wie Plazenta und Eihäute, bilden.[1] Ab dem 16-Zell-Stadium differenzieren die Zellen in eine innere und äußere Schicht, was mit dem Verlust ihrer Totipotenz einhergeht. Die fortschreitende Differenzierung resultiert in einer Hohlkugel, der Blastozyste, an deren Innenseite eine Ansammlung pluripotenter Zellen (Embryoblast) liegt, aus der sich der Embryo entwickelt. *Pluripotente* (*plus* = mehr) Stammzellen sind dadurch charakterisiert, dass sie alle Zellen des menschlichen Körpers bilden können. In der weiteren Entwicklung kommt es zur Ausbildung der drei Keimblätter (Ektoderm, Entoderm, Mesoderm), wobei es sich um Zellschichten handelt, aus denen alle Organe des menschlichen Körpers hervor-

---

[1] Strachan und Read 2005, S. 84 ff.

gehen. Mit der Spezialisierung in Ekto-, Endo- oder Mesoderm verlieren die Zellen ihr Pluripotenz. Sie sind jedoch noch in der Lage verschiedene Zelltypen eines Keimblattes zu bilden, sie sind *multipotent* (*multus* = viel). Beim Entoderm handelt es sich um das innere (bildet z. B. die Epithelien des Verdauungstraktes, der Atemwege, der Leber) beim Mesoderm um das mittlere (bildet z. B. Skelettmuskulatur, Knochen, Niere, Herz, Blutgefäße) und beim Ektoderm um das äußere Keimblatt (bildet z. B. Haut, Nervensystem, Zähne) des Embryoblasten. Multipotente Stammzellen sind nicht nur während der Embryogenese vorhanden, sondern lassen sich auch aus dem erwachsenen Körper isolieren. Sind Stammzellen nur noch in der Lage einen Zelltyp zu bilden, bezeichnet man sie als *unipotent* (*uni* = eins). Ein Beispiel hierfür stellen die spermatogonialen Stammzellen in den Hoden dar, aus denen nur Spermien entstehen. Derzeit sind über 200 verschiedene Zelltypen im menschlichen Körper bekannt. Im Gegensatz zu Stammzellen haben spezialisierte Zellen nicht die Fähigkeit sich unbegrenzt oft zu teilen. Da die Lebenszeit der meisten Zellen zudem begrenzt ist, müssen kontinuierlich neue Körperzellen von den im Organismus vorhandenen multipotenten und unipotenten Stammzellen gebildet werden um das Gleichgewicht des Körpers (Homöostase) aufrecht zu erhalten. Dabei steuern Impulse des umgebenden Zellmilieus wie Zell-Zell-Kontakte, extrazelluläre Matrix oder Wachstumsfaktoren die Differenzierung in gewebe- oder organspezifische Zellen. Stammzellen finden sich beispielsweise in der Haut, der Leber, im Darm oder im Knochenmark. In der Regel sind nur sehr wenige Stammzellen im Gewebe vorhanden, was es schwierig macht größere Mengen zu isolieren. Eine Ausnahme stellt beispielsweise das Knochenmark dar.

Stammzellen werden nicht nur anhand ihres Differenzierungspotenzials unterschieden, sondern auch aufgrund ihrer Herkunft (Abb. 1). *Humane embryonale Stammzellen* (*human embryonic stem cell*, hES-Zellen) werden aus der inneren Zellmasse der Blastozyste isoliert, welche bei der normalen Embryonalentwicklung den Embryo bilden würde.[2] Dabei wird die Blastozyste zerstört. Embryonale Stammzellen können *in vitro* unter Beibehaltung ihres pluripotenten Status kultiviert werden. Das erfordert aber eine Anpassung der Zellen, sodass sie nicht mehr identisch mit den im Embryo vorhandenen Zellen sind.[3] Werden aus älteren Embryonen Stammzellen isoliert, bezeichnet man diese als *fetale Stammzellen*. Sie sind in der Regel multipotent, also nicht mehr in der Lage alle Zellen des Organismus zu bilden. *Adulte Stammzellen oder auch Gewebestammzellen* können nach der Geburt aus verschiedenen Organen und Geweben isoliert werden. Sie sind multi- oder unipotent und dienen der stetigen Erneuerung der Körperzellen und der Regeneration nach Verletzungen. Neben den hämatopoetischen Stammzellen (Blutstammzellen) im Knochenmark, welche den Ausgangspunkt für die Zellneubildung des Blutes und des Abwehrsystems darstellen, fanden beispielsweise die mesenchymalen Stammzellen in mehreren klinischen Studien Anwendung.[4] Eine Sonderform stellen

---

[2] Thomson et al. 1998, S. 1145 ff.
[3] Varela et al. 2011, S. 15207 ff.; Yamanaka 2012, S. 678 ff.
[4] Squillaro et al. 2016, S. 829–48.

hiPS-Zellen dar, da sie nicht natürlich vorkommen, sondern durch die künstliche Reprogrammierung von differenzierten Zellen erzeugt werden.[5]

1.2 Die Geschichte der hiPS-Zellen

Für eine lange Zeit war man davon überzeugt, dass die Differenzierung von Zellen nicht reversibel ist.[6] Man stellte sich das wie einen Ball vor, der von einer Bergspitze ins Tal rollt (Waddingtons mountain), wobei verschiedene Täler der Differenzierung in unterschiedliche Zelltypen entsprachen.[7] Eine Reihe bahnbrechender Experimente, die über Jahrzehnte stattfanden, war notwendig um das Gegenteil zu beweisen. In Folge dieser Entdeckungen entstand die iPS-Zell-Technologie.[8]

1962 führte Sir John Gurdon den ersten erfolgreichen *somatischen Zellkerntransfer* mit Fröschen durch (*somatic cell nuclear transfer*, SCNT).[9] Darunter versteht man die Übertragung des Zellkerns einer differenzierten Körperzelle (somatische Zelle) in eine entkernte Eizelle, was in der Umprogrammierung des Zellkerns resultiert. Wie man heute weiß, wird die Umprogrammierung durch Faktoren im Cytoplasma der entkernten Eizelle ausgelöst. Nach dem somatischen Zellkerntransfer entsteht aus der Eizelle ein Embryo, der genetisch identisch mit der verwendeten differenzierten Körperzelle ist. Dieser Vorgang wird auch als Klonen bezeichnet. Erst 1997, also über 30 Jahr später, konnte der SCNT mit einem Säugetier – nämlich dem Schaf Dolly – erfolgreich durchgeführt werden.[10] Kurz darauf wurde 1998 die erste Maus geklont.[11] Mittlerweile konnten verschiedene Arten wie zum Beispiel Schweine, Rinder, Katzen, Kaninchen, Wildkatzen und Kamele geklont werden, die Effizienz ist jedoch bis heute niedrig (1–3 %).[12] Diese Erfolge im Klonen bewiesen, dass differenzierte Zellen noch alle genetischen Informationen für die Entwicklung eines Organismus enthalten, dass die Differenzierung reversibel ist und, dass Eizellen unbekannte Faktoren enthalten, welche diese Reprogrammierung auslösen.

Die Entdeckung, dass bestimmte Faktoren existieren, welche als sogenannte „Master-Regulatoren" wirken und so die Zelldifferenzierung und -identität steuern können, legte nahe, dass diese auch für die Reprogrammierung in der Eizelle verantwortlich waren. 1987 konnte beispielsweise gezeigt werden, dass durch die Expression des Transkriptionsfaktors Antennapedia in *Drosophila melanogaster* Beine statt Antennen ausgebildet werden.[13] Dieser Prozess der direkten Umwandlung

---

[5] Takahashi und Yamanaka 2006, S. 663 ff; Park et al. 2008; Takahashi et al. 2007; Yu et al. 2007.

[6] Weismann et al. 1893, S. 37 ff.; Waddington 1957.

[7] Waddington 1957.

[8] Takahashi und Yamanaka 2006, S. 183 ff.

[9] Gurdon 1962, S. 622 ff.

[10] Wilmut et al. 1997, S. 810 ff.

[11] Wakayama et al. 1998, S. 369 ff.

[12] Thuan et al. 2010, S. 20 ff.

[13] Schneuwly et al. 1987, S. 816 ff.

einer differenzierten Körperzelle in einen anderen Zelltyp ohne pluripotente oder
multipotente Zwischenstufe wird als *Transdifferenzierung* bezeichnet (Abb. 1).

Die Etablierung von Kultivierungsbedingungen für pluripotente Zellen ermöglichte schließlich die Suche nach den für die Umkehrung der Differenzierung verantwortlichen Faktoren. Dazu analysierte die Arbeitsgruppe von Yamanaka systematisch, welche Gene bei der unbegrenzten Selbsterneuerung und der Pluripotenz
von embryonalen Mausstammzellen eine Rolle spielen. Andere Gruppen identifizierten parallel ebenfalls Gene, die in embryonalen Stammzellen aktiv sind, nicht
aber in differenzierten Zellen. Schließlich entstand eine Liste mit 24 möglichen
Reprogrammierungs-Faktoren. Diese wurden einzeln oder kombinatorisch mit
Hilfe eines retroviralen Transduktions-Systems (Abschn. 2.1) in embryonale Maus-
Fibroblasten (*mouse embryonic fibroblasts*, MEF) eingebracht, anschließend wurde
die mögliche Induktion der Pluripotenz untersucht. Pluripotente Zellen unterscheiden sich zum Beispiel in ihrer Morphologie (Gestalt) von Fibroblasten, da sie in
dichtgepackten, homogenen Kolonien wachsen und nicht mehr als Einzelzellen.[14]
Bei Verwendung aller 24 Faktoren entstanden pluripotente Kolonien, aber nicht bei
der Einbringung einzelner Faktoren. In weiteren Versuchen wurde die Anzahl der
Kandidaten systematisch reduziert, was schließlich zur Identifizierung einer mini-
mal notwendigen Anzahl von vier Faktoren führte (OCT3/4, SOX2, KLF4 und
MYC). Die Reprogrammierung von differenzierten Maus-Zellen mit diesen vier
Faktoren wurde 2006 publiziert und die so generierten Zellen wurden als induziert
pluripotent bezeichnet.[15] Schon ein Jahr später konnten Yamanaka und Kollegen mit
denselben Reprogrammierungsfaktoren humane Zellen reprogrammieren.[16] Bis
heute wird die Reprogrammierung stetig weiterentwickelt (unter anderem Methoden zum Einbringen der Gene, verwendete Gene, Moleküle zum Erhöhen der Effektivität). Darauf wird im Abschn. 2.1 „Generierung von hiPS-Zell-Linien" näher
eingegangen.

1.3 Vor- und Nachteile von hiPS-Zellen im Vergleich zu anderen Zellsystemen

Wie bedeutend die Reprogrammierung von differenzierten Körperzellen in pluripotente Stammzellen ist, wird daran deutlich, dass Shinya Yamanaka und John Gurdon
2012 für ihre Entdeckung den Nobelpreis in Medizin erhielten. Die Vor- und Nachteile der hiPS-Zellen im Vergleich zu anderen Zellsystemen wie hES-Zellen, adulten Stammzellen, sowie Zellen gewonnen aus somatischem Zellkerntransfer oder
einer Transdifferenzierung, werden in diesem Abschnitt erläutert.

---

[14] Takahashi und Yamanaka 2006, S. 183 ff.
[15] Takahashi und Yamanaka 2006, S. 663 ff.
[16] Takahashi et al. 2007, S. 861 ff.

Humane embryonale Stammzellen werden aus der inneren Zellmasse der Blastozyste gewonnen, somit müssen für ihre Gewinnung Embryonen zerstört werden. Dies ist ethisch stark umstritten und unterliegt in Europa keiner einheitlichen Gesetzgebung. In Deutschland verbietet das Stammzellgesetz (StZG) die Herstellung, Einfuhr und Verwendung von humanen embryonalen Stammzellen, gestattet aber nach behördlicher Genehmigung und Überprüfung durch die Ethik-Kommission deren Einfuhr für bestimmte Forschungszwecke. In anderen Ländern finden trotz der Kontroverse bereits klinische Studien mit hES-Zellen statt [https://www.clinicaltrials.gov, zugegriffen: 16. Januar 2019].[17] HiPS-Zellen scheinen auf den ersten Blick das ethische Problem zu lösen und aufgrund ihrer funktionalen Äquivalenz ähnlich geeignet für therapeutische Anwendungen zu sein wie embryonale Stammzellen. Im Gegensatz zu hES-Zellen kann das Ausgangsmaterial für die Reprogrammierung in hiPS-Zellen leicht gewonnen werden, da sie theoretisch aus allen Zellen des menschlichen Körpers generiert werden können. Am weitesten verbreitet ist die Verwendung von Fibroblasten aus Hautbiopsien oder von PBMCs (*Peripheral Blood Mononuclear Cell*) aus dem Blut. Ein weiterer großer Vorteil liegt darin, dass sich mit der hiPS-Zell-Technologie patienten- und damit auch krankheitsspezifische Stammzellen und entsprechende differenzierte Zellen herstellen lassen. Diese können in Zukunft sowohl als unerschöpfliche Zellquelle für Stammzelltherapien eingesetzt werden, wobei die benötigten Zellen vom Patienten selbst gewonnen werden können (autologe Therapien), als auch in der Grundlagenforschung und Medikamentenentwicklung, da hiPS-Zellen viele Krankheitsbilder im Labormaßstab abbilden können.[18] Im Gegensatz dazu sind mit hES-Zellen nur sogenannte allogene Therapien möglich, bei welchen Spender und Empfänger verschiedene Personen sind und entsprechend ein Leben lang Abstoßungsreaktionen durch Immunsuppression verhindert werden müssen. Jedoch hat die Forschung an hES-Zellen im Vergleich zu den hiPS-Zellen 10 Jahre Vorsprung, weswegen deren therapeutische Anwendung trotz ethischer Bedenken, rechtlicher Einschränkungen und medizinischer Hürden näher an der praktischen Umsetzung ist. HES-Zellen und hiPS-Zellen sind sich morphologisch, funktionell und genetisch sehr ähnlich, inwieweit sie identisch sind, konnte jedoch noch nicht vollständig geklärt werden und ist weiterhin Gegenstand wissenschaftlicher Untersuchungen. Es gab seit der Entdeckung der hiPS-Zellen sowohl Berichte, die keinen Unterschied zu hES-Zellen hinsichtlich Genexpression oder Desoxyribonukleinsäure-Methylierung (*deoxyribonucleic acid*, DNA) (Abschn. 2.1.1) feststellen konnten, als auch Publikationen, die das Gegenteil zeigte.[19] Erklären lässt sich dieser Umstand teilweise damit, dass in der Anfangszeit die Reprogrammierung häufig unvollständig erfolgte, obwohl die hiPS-Zellen morphologisch nicht von hES-Zellen unterschieden werden konnten. Die unvollständige Reprogrammierung äußerte sich beispielsweise darin, dass das Methylierungsmuster der Ausgangszelle erhalten blieb, was wiederum die Differen-

---

[17] Schwartz et al. 2015, S. 509 ff.

[18] Singh et al. 2015, S. 2; Verheyen et al. 2018, S. 363 ff.

[19] Yamanaka 2012, S. 678 ff.

zierung beeinflusste.[20] Das führte zur damaligen Annahme, dass sich hiPS-Zellen von hES-Zellen unterscheiden. Die Methode der Reprogrammierung wurde seit 2006 weiterentwickelt und verbessert, dennoch sind für einen direkten Vergleich beider Zellsysteme hES- und hiPS-Zellen mit dem gleichen genetischen Hintergrund, also von einem identischen Spender notwendig. Aus diesem Grund wurden in Studien hES-Zell-Linien zunächst differenziert und die differenzierten Zellen anschließend wieder in hiPS-Zellen reprogrammiert. Bei solchen isogenen Linien konnten keine Unterschiede in der Genexpression, dem Methylierungsmuster oder der Funktionalität festgestellt werden.[21] Unabhängig davon, stellen hiPS-Zellen wegen ihres vergleichbaren Potenzials, den geringeren ethischen Bedenken und aufgrund der Möglichkeit sie patientenspezifisch einzusetzen, einen vielversprechenden Kandidaten für eine therapeutische Anwendung dar.

Eine weitere Möglichkeit der Gewinnung pluripotenter Zellen aus der Blastozyste ist der *somatische Zellkerntransfer* (*somatic cell nuclear transfer*, SCNT) (Abschn. 1.2). Der mittels SCNT generierte Embryo trägt die gleiche Erbinformation wie der Spender des verwendeten Zellkerns (klonen). Aufgrund der niedrigen Effizienz und dem damit einhergehenden hohen Verbrauch an Eizellen und aufgrund der Zerstörung von Embryonen ist der somatische Zellkerntransfer ebenso ethisch fragwürdig wie die Verwendung embryonaler Stammzellen. Ein Ansatz, der diese Probleme abschwächen soll, ist der modifizierte Zellkerntransfer (*altered nuclear transfer*, ANT). Bei dieser Technik werden der somatische Zellkern und/oder die Eizelle so verändert, dass das volle embryonale Entwicklungspotenzial nach dem Kerntransfer nicht mehr vorhanden ist, der sogenannte Pseudoembryo aber immer noch pluripotente Zellen bilden kann.[22] Neben den ethischen bestehen aber auch methodische Bedenken, da klonierte Mäuse häufig genetische Defekte aufweisen. Zu diesen gehören bei Mäusen unter anderem eine fehlerhafte Genexpression in Embryonen, ein erhöhtes Risiko für Adipositas, eine Beeinträchtigung des Immunsystems, eine höhere Krebsanfälligkeit und vorzeitiger Tod, sodass eventuelle Auswirkungen beim Menschen noch weiter untersucht werden müssten.[23] Da die mitochondriale DNA (mtDNA) im Cytoplasma der Eizelle vorliegt und nicht vom Zellkern des Spenders stammt, könnte SCNT oder ANT allerdings bei Erkrankungen, die durch Mutationen in der mtDNA hervorgerufen werden, eine Möglichkeit zur Erzeugung eines gesunden Embryos darstellen. Eine weitere Besonderheit ist, dass der somatische Zellkerntransfer zurzeit die einzige Methode ist, mit der eine differenzierte Zelle *in vitro* in einen totipotenten Zustand versetzt werden kann.[24] Auf Grund der ethischen Problematik ist diese Methode allerdings in vielen Ländern, darunter auch Deutschland (nach dem Embryonenschutzgesetz, ESchG) verboten.

---

[20] Kim et al. 2010, S. 285 ff.

[21] Mallon et al. 2014, S. 376 ff.; Choi et al. 2015, S. 1173 ff.

[22] Hurlbut 2007, S. 79 ff.

[23] Thuan et al. 2010, S. 20 ff.

[24] Cieślar-Pobuda et al. 2017, S. 1359 ff.

Bei der *Transdifferenzierung* wird eine differenzierte Zelle direkt in eine andere differenzierte Zelle umgewandelt (Abschn. 1.2). Dieser Prozess ist auf den ersten Blick schneller und einfacher als die Reprogrammierung in hiPS-Zellen mit anschließender Differenzierung in den gewünschten Zelltyp.[24] Die kürzere Zeit der *in vitro* Kultivierung macht die transdifferenzierten Zellen außerdem weniger anfällig für eine Akkumulation genetischer Mutationen, welche bei hiPS-Zellen möglich ist.[25] HiPS-Zellen bergen die Gefahr, dass sie nach der Differenzierung spontan dedifferenzieren oder dass im differenzierten Zellprodukt noch undifferenzierte, pluripotente Stammzellen vorhanden sind, die aufgrund ihres unbegrenzten Vermehrungspotenzials Tumore bilden können. Dieses Risiko ist bei der Transdifferenzierung zwar nicht vorhanden, eine karzinogene Wirkung bei transdifferenzierten Zellen kann durch mögliche epigenetische Veränderungen der Zellen (Abschn. 2.1.1) und die notwendige Einbringung und Expression neuer Gene (ähnlich der Reprogrammierung, Abschn. 2.1) allerdings nicht vollständig ausgeschlossen werden.[26] Ein großer Nachteil der Transdifferenzierung ist, dass differenzierte Zellen im Gegensatz zu Stammzellen ein begrenztes Teilungspotenzial besitzen und nur für kurze Zeit expandiert werden können, sodass keine großen Zellmengen hergestellt werden können. Entsprechend kann die *in vitro* Transdifferenzierung für therapeutische Anwendungen, bei denen eine große Zellzahl benötigt wird (Abschn. 2.2), nicht verwendet werden. Zurzeit ist die Transdifferenzierung zudem nur in wenige Zelltypen möglich, was den Anwendungsbereich im Vergleich zu hiPS-Zellen stark einschränkt. Beispielsweise konnten Fibroblasten in Myozyten, Neurone, Hepatozyten oder Kardiomyozyten transdifferenziert werden. Zusammengefasst könnte die Transdifferenzierung eine schnellere und kostengünstigere Alternative für einzelne Zelltypen, die in kleinen Mengen benötigt werden, darstellen. Mit hiPS-Zellen kann jedoch ein breiteres Spektrum an Zelltypen und eine größere Zellzahl generiert werden.[27]

Adulte Stammzellen sind uni- oder multipotent und können nach der Geburt aus verschiedenen Organen und Geweben, zum Beispiel Fettgewebe oder Knochenmark, isoliert werden. Einzelne Therapien mit adulten Stammzellen werden bereits seit Jahrzehnten eingesetzt und gelten im Gegensatz zu pluripotenten Stammzelltherapien als sicher und ethisch unbedenklich. Alles begann 1969 mit der ersten von Thomas durchgeführten Knochenmarkstransplantation; seitdem wurde diese Stammzelltherapie bei ungefähr einer Million Menschen zur Behandlung von Leukämie angewandt.[28] Die hämatopoetischen Stammzellen (Blutstammzellen) im Knochenmark stellen dabei den Ausgangspunkt für die Zellneubildung des Blutes und des Abwehrsystems dar. Ebenfalls äußerst erfolgreich werden Hautstammzellen seit über 30 Jahren unter anderem zur Behandlung von Verbrennungen ange-

---

[25] Gore et al. 2011, S. 1173 ff.; Cieślar-Pobuda et al. 2017, S. 1359 ff.

[26] Cieślar-Pobuda et al. 2017, S. 1359 ff.

[27] Cieślar-Pobuda et al. 2017, S. 1359 ff.; Davis et al. 1987, S. 987 ff.; Vierbuchen et al. 2010, S. 1035 ff.; Ambasudhan et al. 2011, S. 113 ff.; Sekiya und Suzuki 2011, S. 390 ff.; Ieda et al. 2010, S. 375 ff.

[28] Storb 2012, S. 334.

wandt, da sie sich vergleichsweise einfach und schnell kultivieren lassen. Aus einer 3 cm² großen Hautbiopsie vom Patienten entsteht nach 3–4 Wochen ein vielschichtiges, epitheliales autologes Transplantat, das groß genug ist den ganzen Körper zu bedecken.[29] Mesenchymale Stammzellen (*mesenchymal stem cell*, MSC) können aus verschiedenen Geweben wie Knochenmark, Fettgewebe oder Nabelschnur isoliert werden und fanden bereits in zahlreichen klinischen Studien zur Behandlung verschiedener Erkrankungen, wie zum Beispiel Diabetes, Autoimmunerkrankungen oder Erkrankungen der Leber und Niere, Anwendung.[30] MSCs haben ihren Ursprung im Mesoderm und können beispielsweise in Osteoblasten (knochenbildende Zellen), Chondrozyten (knorpelbildende Zellen) oder Adipozyten (Fettgewebszellen) differenzieren. Es existiert allerdings auch die zuletzt dominante Hypothese, dass die Wirkung von transplantierten MSCs auf von ihnen sezernierten Stoffen beruht. Allerdings haben sie den Vorteil, dass sie immunomodulatorische, das heißt das Immunsystem beeinflussende, Eigenschaften besitzen, wodurch eine allogene Verwendung vereinfacht wird.[31] Alle bislang etablierten Therapien mit adulten Stammzellen haben gemeinsam, dass sie Zellen aus verhältnismäßig leicht zugänglichen Quellen wie Knochenmark, Blut oder Haut verwenden, die sich zudem vergleichsweise einfach kultivieren lassen. Viele adulte Stammzellen lassen sich aber nicht ohne irreparable Schädigung des Spenders in ausreichender Menge gewinnen, da nur sehr wenige Stammzellen tief verteilt im Gewebe vorhanden sind. Ein Beispiel hierfür sind Stammzellen aus dem Gehirn zur Behandlung neurologischer Erkrankungen. Folglich ist in vielen Bereichen zurzeit keine Therapie mit adulten Stammzellen möglich. Dass mit zunehmendem Alter des Patienten die Funktionalität der adulten Stammzellen abnimmt und das Krebsrisiko steigt, stellt ein weiteres Problem bei der autologen Verwendung von adulten Stammzellen dar.[32]

Im Vergleich zu den hier dargestellten Zellsystemen, gelten hiPS-Zellen mit ihrer Verfügbarkeit, sowie ihrem Selbsterneuerungs- und Differenzierungspotenzial als vielversprechendste Zellquelle für die klinische Translation Zell-basierter Therapien.

2   Prozessschritte einer hiPS-Zell-basierten Therapie

Zwischen der Reprogrammierung von Körperzellen und der klinischen Applikation des hiPS-Zellen abgeleiteten Produkts liegen zahlreiche, mitunter zeitintensive Arbeitsschritte. Der Herstellungsprozess kann unabhängig von der finalen Anwendung in einzelne Prozessschritte abstrahiert werden (Abb. 2). Zunächst müssen hiPS-Zell-Linien *generiert* werden (Abschn. 2.1; Abb. 2 Punkt 1). Dazu werden die zu reprogrammierenden Zellen aus dem gespendeten Gewebe aufgereinigt und in Kul-

---

[29] Ojeh et al. 2015, S. 25476 ff.
[30] Squillaro et al. 2016, S. 829 ff.; Stoltz et al. 2015, S. 19.
[31] Stoltz et al. 2015, S. 19.
[32] Brunet und Rando 2007, S. 288.

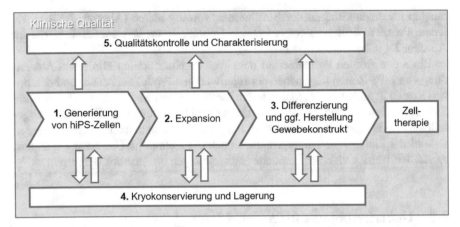

Abb. 2 Schematische Übersicht des Herstellungsprozesses von hiPS-Zellen abgeleiteten Therapieprodukten. Dieser beginnt mit der Generierung der hiPS-Zellen und endet mit dem differenzierten Zellprodukt für die klinische Anwendung

tur genommen. Nach der Reprogrammierung mit den entsprechenden Transkriptionsfaktoren bilden die erzeugten hiPS-Zellen kolonieartige Strukturen, wodurch hiPS-Zellen von den nicht reprogrammierten Zellen morphologisch unterschieden werden können. Diese Kolonien werden zunächst separiert und getrennt kultiviert, bevor eine erste Qualitätskontrolle entscheidet, welche Kolonien als hiPS-Zell-Linie weiterverwendet werden. Da für die meisten Zelltherapien eine große Zellzahl benötigt wird, muss die erzeugte hiPS-Zell-Linie im nächsten Schritt weiter *expandiert* werden (Abschn. 2.2; Abb. 2 Punkt 2). Um das bei einem Herzinfarkt verlorene Gewebe zu ersetzen, sind beispielsweise mindestens $1–2 \times 10^9$ künstlich hergestellte Kardiomyozyten notwendig.[33] Nach der Expansion ist es unerlässlich erneut die *Qualität* der hiPS-Zellen zu kontrollieren (Abschn. 2.4; Abb. 2 Punkt 5). Es wird geschätzt, dass von der Gewinnung des Ausgangsmaterials bis zur expandierten hiPS-Zell-Linie aktuell Kosten von 10.000 bis 20.000 USD entstehen bei einer Prozessdauer von vier bis sechs Monaten.[34] Die nächsten Schritte hin zur Therapie sind die *Differenzierung* der hiPS-Zellen in den benötigten Zelltyp, sowie die Herstellung des finalen Zellproduktes (Abschn. 2.3; Abb. 2 Punkt 3). Beim finalen Zellprodukt kann es es sich je nach Anwendung sowohl um Einzelzellen als auch um ein Gewebekonstrukt handeln. Zur Qualitätssicherung sowie für eine erleichterte und schnellere Bereitstellung können die Produkte während der verschiedenen Prozessschritte *eingefroren* (kryokonserviert) und bei tiefkalten Temperaturen über Jahre gelagert werden (Abschn. 2.5; Abb. 2 Punkt 4). Dies ermöglicht es zu einem späteren Zeitpunkt auf bereits generierte hiPS-Zell-Linien eines Patienten zurück zu greifen oder auch ganze Zellbanken für allogene Therapien anzulegen. Diese Zellbanken könnten in Zukunft kompatible hiPS-Zell-Linien für therapeutische Anwen-

---

[33] Storb 2012, S. 334.
[34] McKernan und Watt 2013, S. 875 ff.

dungen für einen Großteil der Bevölkerung vorrätig halten (Abschn. 2.1.3.1). Zu jedem Prozessschritt sind entsprechende *Qualitätskontrollen* unerlässlich, die im Abschn. 2.4 näher beschrieben werden (Abb. 2 Punkt 5).

Eines der größten Probleme auf dem Weg zu einer breiten klinischen Anwendung von hiPS-Zellen liegt neben der relativ langen Produktionsdauer und den hohen Kosten in fehlenden standardisierten Methoden zum Nachweis der Qualität und Sicherheit dieser Zellen. Die Prozessschritte zur Herstellung von hiPS-Zellen abgeleiteten Therapieprodukten werden im Folgenden einzeln betrachtet. Dabei werden sowohl der biologische Hintergrund als auch die technische Umsetzung erläutert. Zusätzlich werden vielversprechende Entwicklungen im Ausblick dargestellt.

2.1 Generierung von hiPS-Zell-Linien

Differenzierte Körperzellen können durch Reprogrammierung, also durch die Expression ausgewählter und in die Zellen eingebrachter Transkriptionsfaktoren, in induzierte pluripotente Stammzellen umgewandelt werden. Seit der ersten erfolgreichen Reprogrammierung 2006, wurde die Methode in den letzten 12 Jahren weiterentwickelt, um die Effizienz und die Sicherheit zu erhöhen. Im Folgenden werden sowohl der biologische Hintergrund (Abschn. 2.1.1) als auch die technische Umsetzung mit verschiedenen Vektorsystemen (Abschn. 2.1.2) erläutert. Anschließend werden im Ausblick (Abschn. 2.1.3) die verschiedenen Kategorien von Therapiemöglichkeiten erläutert und die zukunftweisende Methode der Genom-Editierung vorgestellt, wodurch das therapeutische Potenzial der hiPS-Zellen deutlich vergrößert werden könnte.

2.1.1 Biologischer Hintergrund

Für eine erfolgreiche Reprogrammierung sind die Einschleusung von bestimmten Reprogrammierungsfaktoren und deren erfolgreiche Expression über einen bestimmten Zeitraum, der abhängig vom Zelltyp und der verwendeten Methode variiert, notwendig.[35] Erfolgreich ist die Reprogrammierung dann, wenn durch diese exogenen, also von außen eingebrachten, Faktoren das endogene, zelleigene Pluripotenz-Netzwerk (zentral bedeutsam sind z. B. OCT3/4, SOX2 und NANOG) vollständig reaktiviert wird, welches wiederum embryonale Gentranskriptionskaskaden dauerhaft stabilisiert und aufrechterhält. Diese Transkriptionskaskaden sind sowohl verantwortlich für die unbegrenzte Selbsterneuerungsfähigkeit wie auch für die Pluripotenz der reprogrammierten Zellen. Die vollständige, dauerhafte Reaktivierung dieses endogenen Netzwerks findet nur statt, wenn die Stilllegung der exogenen Faktoren erfolgt.[36]

---

[35] Gonzalez et al. 2011, S. 231 ff.
[36] Gonzalez et al. 2011, S. 231 ff.

2.1.1.1   Reprogrammierungsfaktoren

Durch eine systematische Untersuchung konnte die Liste potenzieller Reprogram-mierungsfaktoren auf vier reduziert und die erste erfolgreiche Reprogrammierung von murinen Zellen mit OCT3/4 (*octamer-binding transcription factor* 3/4), SOX2 (*SRY-box-containing gene* 2), KLF4 (*Kruppel-like factor* 4) und MYC (*my-elocytomatosis oncogene*, auch bekannt als C-MYC), kurz OSKM, durchgeführt werden.[37] Ein Jahr später wurden humane Zellen zeitgleich mit Hilfe dieses und eines anderen Faktorgemischs, bei dem OCT3/4 und SOX2 in Kombination mit NANOG und LIN28 (kurz OSNL) eingesetzt wurden, reprogrammiert.[38] Bis heute wurde die Methode der Reprogrammierung weiter optimiert. Im Folgenden wird eine kurze Übersicht gegeben, eine detaillierte Zusammenfassung kann den Re-view-Artikeln von Gonzalez et al. und von Takahashi und Yamanaka entnommen werden.[39] Generell spielen drei Kategorien von Faktoren bei der Reprogrammie-rung eine Rolle: Pluripotenz-assoziierte, Zellzyklus-regulierende und die Epigene-tik-beeinflussende Faktoren, die nachfolgend erläutert werden.

Ziel der Reprogrammierung ist die Aktivierung des endogenen Pluripotenz-Netzwerks, das heißt von Genen, die früh in der Embryonalentwicklung exprimiert werden und das pluripotente Potenzial erhalten. Dafür notwendig sind Pluripotenz-assoziierte Transkriptionsfaktoren. Zu diesen zählen OCT3/4, SOX2 und NANOG. Alternativ können andere Transkriptionsfaktoren verwendet werden sofern sie die gleichen Zielgene beeinflussen. Beispielsweise kann NANOG durch KLF4, wel-ches kein Pluripotenz-Transkriptionsfaktor ist, ersetzt werden.[40] Werden zusätzlich zu OSKM weitere Pluripotenz-Transkriptionsfaktoren wie NANOG oder UTF1 (*undifferentiated embryonic cell transcription factor* 1) verwendet, verbessert dies die Effizienz der Reprogrammierung.[41] Die Effizienz gibt den prozentualen Anteil der reprogrammierten Zellen an.

Zellzyklus-Regulatoren wie die Transkriptionsfaktoren MYC oder KLF4 beein-flussen direkt oder indirekt die Regulation des Zellzyklus und damit die Zellteilung (Proliferation). Sie tragen somit dazu bei, dass die Zellen eine unbegrenzte Selbst-erneuerungsfähigkeit erlangen. Humane Fibroblasten können zwar ganz ohne MYC mit OSK reprogrammiert werden, jedoch wird die Effizienz der Reprogrammierung dadurch deutlich reduziert. Dennoch ist für therapeutische Anwendungen ein Ver-zicht auf MYC aufgrund seiner potenziell tumorigenen (tumorerzeugenden) Wir-kung (Onkogen) möglicherweise sinnvoll: Eine Studie zeigte, dass sich bei keiner von 26 Mäusen, die aus mit OSK reprogrammierten Zellen erzeugt wurden, Tumore entwickelten. Wurde zusätzlich MYC verwendet, starben sechs von 37 Mäusen auf-grund einer Tumorbildung.[42] Es ist jedoch nicht ausgeschlossen, dass es sich hierbei

---

[37] Takahashi und Yamanaka 2006, S. 663 ff.

[38] Yu et al. 2007, S. 1917 ff.

[39] Takahashi und Yamanaka 2016, S. 183 ff.; Gonzalez et al. 2011, S. 231 ff.

[40] Takahashi und Yamanaka 2016, S. 183 ff.

[41] Takahashi und Yamanaka 2016, S. 183 ff.; Gonzalez et al. 2011, S. 231 ff.

[42] Nakagawa et al. 2008, S. 101 ff.

um einen durch unvollständige Reprogrammierung hervorgerufenen Effekt handelte. Da alle Vertreter der MYC-Familie gegeneinander ausgetauscht werden können, könnten alternativ weniger tumorigene Varianten wie L-MYC verwendet werden.[43] Der Zellzyklus kann nicht nur durch Transkriptionsfaktoren beeinflusst werden, auch andere Proteine (z. B. Kinase-Inhibitoren), chemische Substanzen oder microRNAs (micro *ribonucleic acid*, micro Ribonukleinsäure) können positive Effekte auf die Proliferation und die Reprogrammierung haben, sowie die Inhibierung von Reprogrammierungs-Barrieren ermöglichen (Abschn. 2.2.1).[44]

Ebenso können die Epigenetik-beeinflussende Faktoren die Reprogrammierung beschleunigen und die Effizienz erhöhen, da die mit der Reprogrammierung einhergehenden epigenetischen Veränderungen einen limitierenden Faktor darstellen.[45] Unter Epigenetik werden alle auf die Tochterzellen vererbbaren Modifikationen der Genexpression zusammengefasst, die nicht auf einer Veränderung der DNA-Sequenz basieren.[46] Zu den bedeutendsten epigenetischen Mechanismen zählt die DNA-Methylierungen bei der Methylgruppen an Bausteine der DNA gebunden werden, was zu einer Inaktivierung der Transkription führt. Jeder Zelltyp besitzt ein spezifisches DNA-Methylierungsmuster, welches die Zelltyp-spezifische Genexpression definiert. Folglich hat der Status der DNA-Methylierung in den Ausgangszellen einen Effekt auf die Reprogrammierung.

Neben der Kombination von Reprogrammierungsfaktoren aus verschiedenen Kategorien ist der Erfolg der Reprogrammierung auch von der Stöchiometrie der verwendeten Faktoren abhängig.[47] Beispielsweise resultierten eine hohe OCT3/4 und gleichzeitig niedrige SOX2 Konzentration in der höchsten Effizienz. Häufig wird für OSKM ein Verhältnis von 3:1:1:1 verwendet.

2.1.1.2 Kultivierungsbedingungen

Neben der Kombination und Stöchiometrie der ausgewählten Reprogrammierungsfaktoren sind auch die Kultivierungsbedingungen ein ausschlaggebender Faktor für die effiziente Reprogrammierung und Qualität der generierten hiPS-Zellen. Ein chemisch definiertes Minimalmedium komplett frei von tierischen Komponenten (E8) erwies sich in Kombination mit einer Vitronektin-Beschichtung (Abschn. 2.2.1) beispielsweise als effizienter bei der lentiviralen und episomalen Reprogrammierung (Abschn. 2.1.2) als das meistverwendete, kommerzielle Medium mTeSR.[48] Weiterhin konnte gezeigt werden, dass der Zusatz von Enzymen ins Medium (z. B. 2i Medium zur Inhibierung der Kinasen MEK und Glycogensynthase-Kinase 3) sowohl die Induktion als auch den Erhalt der Pluripotenz positiv beeinflusst.[49]

---

[43] Nakagawa et al. 2008, S. 101 ff.

[44] Gonzalez et al. 2011, S. 231 ff.

[45] Takahashi und Yamanaka 2016, S. 183 ff.; Gonzalez et al. 2011, S. 231 ff.

[46] Strachan und Read 2005, S. 341 ff.

[47] Takahashi und Yamanaka 2016, S. 183 ff.

[48] Chen et al. 2011, S. 424 ff.

[49] Takahashi und Yamanaka 2016, S. 183 ff.

Neben der Zusammensetzung des Zellkulturmediums hat der Sauerstoff-Partialdruck einen Einfluss auf die Reprogrammierung. HiPS- und hES-Zellen werden standardmäßig mit normaler Luft, also 21 % Sauerstoff kultiviert. Da der Sauerstoff-Partialdruck im Embryo hypoxisch (2–6 % Sauerstoff) ist, entspricht dies nicht der physiologischen Umgebung. Passt man die Kultivierungsbedingungen der natürlichen Zellnische an und reprogrammiert unter hypoxischen Bedingungen, erhöht dies die Effizienz deutlich.[50]

2.1.1.3 Ausgangsmaterial für Reprogrammierung

Nicht zuletzt beeinflusst auch das verwendete Ausgangsmaterial für die Reprogrammierung die Effizienz und Dauer des Prozesses. HiPS-Zellen können theoretisch aus allen Zellen des menschlichen Körpers generiert werden, am weitesten verbreitet ist zurzeit aufgrund der guten Verfügbarkeit die Verwendung von Fibroblasten aus Hautbiopsien oder PBMCs aus dem Blut (*Peripheral Blood Mononuclear Cell*). Von den 1556 bei der größten Zellbank CIRM (California Institute for Regenerative Medicine) registrierten hiPS-Zell-Linien wurden 263 aus Fibroblasten und 1148 aus PBMCs gewonnen (Stand 21.01.19). Bei der europäischen Bank für induzierte pluripotente Stammzellen (EBiSC) wurden bei 78 % der Linien Fibroblasten als Ausgangsmaterial verwendet und bei den restlichen 22 % PBMCs.[51] Die Gewinnung der somatischen Ausgangszellen sollte für den Spender möglichst schonend und somit wenig invasiv erfolgen. Zum Beispiel ist die Entnahme einer geringen Menge Blutes einer Hautbiopsie vorzuziehen, sofern beide Verfahren im Hinblick auf Gewinnung und Verwendung medizinisch und naturwissenschaftlich gleichwertig sind. Wenig invasiv ist auch die Entnahme eines Haares; die daraus gewonnen primären Keratinozyten (Hautzellen) konnten im Vergleich zu humanen Fibroblasten hundertfach effizienter und zweifach schneller zu hiPS-Zellen reprogrammiert werden.[52] Bei der Auswahl des Ausgangszelltyps gilt generell: Je geringer der Differenzierungstatus der Zellen ist, umso leichter und effizienter lassen sie sich reprogrammieren, da das genetische Muster dann noch vergleichbarer zu pluripotenten Zellen ist. Beispielsweise weist das DNA-Methylierungsmuster vollständig differenzierter Zellen mehr Veränderungen auf als das wenig differenzierter Zellen. Hämatopoetische Stamm- und Vorläuferzellen konnten entsprechend mit einer Effizienz von 28 % reprogrammiert werden, damit war die gleiche Methode dreihundertfach effizienter als bei final differenzierten B- oder T-Zellen.[53]

Die Auswahl der Reprogrammierungsfaktoren ist auch abhängig vom verwendeten Ausgangszelltyp. Wenn differenzierte Zellen bereits einen Reprogrammierungsfaktor endogen exprimieren, so muss dieser nicht mehr von außen hinzugegeben werden. Neurale Vorläuferzellen exprimieren beispielsweise *sox2*, sodass hier sowohl eine Kombination aus OCT3/4 und KLF4 oder MYC als auch OCT3/4 allein

---

[50] Yoshida et al. 2009, S. 237 ff.

[51] De Sousa et al. 2017, S. 105 ff.

[52] Aasen et al. 2008, S. 1276 ff.

[53] Eminli et al. 2009, S. 968 ff.

eine erfolgreiche Reprogrammierung ermöglichte. Allerdings war die Reprogrammierungseffizienz mit nur einem Faktor zehnfach niedriger (0,014 %) als mit zwei Faktoren und Reprogrammierungdauer fast doppelt so lang (4–5 Wochen).[54]

2.1.1.4 Mechanismus der Reprogrammierung

Wie genau die Expression von eingeschleusten Transkriptionsfaktoren wie OSKM den Übergang zum pluripotenten Status einleitet ist zurzeit noch nicht vollständig bekannt. Details zu den molekularen Mechanismen wurden von Smith et al. zusammengefasst, wohingegen Takahashi und Yamanaka eine generellere Übersicht geben.[55] Die erfolgreiche Reprogrammierung hängt vom Zusammenspiel vieler Ereignisse ab und kann in eine frühe und eine späte Phase unterteilt werden. In den Ausgangszellen sind somatische Gene aktiv, wohingegen Pluripotenz-assoziierte Gene (PAG) nicht exprimiert werden. In der frühen Phase ist unter anderem die Unterdrückung der Expression somatischer Zellgene wichtig. Gleichzeitig blockieren zum Beispiel DNA-Schäden oder der programmierte Zelltod (Apoptose) den Fortschritt der Reprogrammierung. Erst in der späten Phase werden spezifische PAGs für die Reprogrammierungs-Transkriptionsfaktoren zugänglich und deren Expression initiiert, während gewebespezifische Gene und Entwicklungsgene weiterhin unterdrückt werden. Schließlich werden in hiPS-Zellen die exogenen Reprogrammierungsfaktoren und die somatischen Gene im Gegensatz zu den PAGs nicht mehr exprimiert. Nach der Aktivierung bestimmter Schlüssel-Gene wird die Pluripotenz in der späten Phase der Reprogrammierung stabilisiert und damit unabhängig von der Expression der eingeschleusten Faktoren. Die Expression der Schlüssel-Gene scheint ein vollständiges, sich selbst erhaltendes regulatorisches Netzwerk wiederherzustellen. Viele Zellen der heterogenen Ausgangs-Zellpopulation initiieren die Reprogrammierung, da der Prozess komplex ist und viele Ereignisse umfasst, schließen aber nur sehr wenige Zellen ihn erfolgreich ab. Insgesamt verläuft die Reprogrammierung nicht deterministisch, also nicht vorherbestimmt, sondern zufällig (stochastisch). Folglich erscheinen reprogrammierte Zellen nicht synchronisiert, sondern zu unterschiedlichen, zufälligen Zeiten. Um die Funktionalität und Sicherheit der hiPS-Zellen zu gewährleisten, muss darauf geachtet werden, dass es sich um vollständig reprogrammierte Zellen handelt. Unvollständig reprogrammierte Zellen weisen viele Eigenschaften von vollständig reprogrammierten Zellen auf (z. B. Selbsterneuerungsfähigkeit, Expression von Pluripotenz-Genen, Morphologie, Bildung von Teratoma) (Abschn. 2.4.1), exprimieren aber weiterhin die exogenen Reprogrammierungsfaktoren und somatische DNA-Methylierungsmuster wurden nicht vollständig gelöscht. Solch ein „epigenetisches Gedächtnis" kann dazu führen, dass einerseits die Differenzierung in die Ausgangszellen oder nahe verwandte Zelltypen begünstigt und andererseits in andere Zelltypen erschwert

---

[54] Kim et al. 2008, S. 646 ff.
[55] Takahashi und Yamanaka 2016, S. 183 ff; Smith et al. 2016, S. 139 ff.

wird.[56] Ein weiteres Merkmal vollständig reprogrammierter Zellen ist die Aktivierung des stillgelegten X-Chromosoms in weiblichen Zellen.

2.1.1.5 Zusammenfassung

Für die Durchführung einer erfolgreichen Reprogrammierung muss genau evaluiert werden welcher Zelltyp, welche Reprogrammierungsfaktoren und welche Kultivierungsbedingungen verwendet werden sollen. Generell können Vorläuferzellen oder adulte Stammzellen effizienter und oftmals mit weniger Faktoren reprogrammiert werden als vollständig differenzierte Zellen. Die Effizienz kann jedoch durch Beeinflussung des Zellzyklus und/oder epigenetischen Status ebenso verbessert werden wie durch die Beseitigung von Reprogrammierungs-Barrieren. Die zugrunde liegenden molekularen Mechanismen sind Gegenstand weiterer Untersuchungen und können dabei helfen weitere Faktoren und Wege zu identifizieren, um die Reprogrammierung zu optimieren.

2.1.2 Technische Umsetzung

Durch Verwendung verschiedener Ausgangszelltypen, Kombinationen von Transkriptions- bzw. Reprogrammierungsfaktoren und Kultivierungsbedingungen ergeben sich, wie in Abschn. 2.1.1 beschrieben, zahlreiche Optionen für eine Reprogrammierung. Allen gemeinsam ist allerdings die Grundvoraussetzung, dass zunächst Pluripotenz-assoziierte Transkriptionsfaktoren in die Ausgangszellen eingebracht werden müssen. Um dies zu erreichen, können verschiedene Techniken angewandt werden, welche sich in drei Kategorien einteilen lassen: integrative DNA-Methoden (z. B. Retroviren, Transposons), nicht-integrative DNA-Methoden (z. B. Adenoviren, episomale Plasmide) und DNA-freie Methoden (z. B. Proteine, mRNA). Die unterschiedlichen Kategorien unterscheiden sich in ihrem Risiko für Erbgutveränderungen und folglich in ihrer Sicherheit für klinische Anwendungen (Abb. 3). Bei den meisten dieser Methoden werden sogenannte Vektoren verwendet. Vektoren sind Transportvehikel, mit denen Nukleinsäuren, also die Bausteine der DNA und RNA, in Zellen eingebracht und exprimiert werden. Handelt es sich um einen viralen Vektor wird der Prozess als Transduktion bezeichnet, wohingegen man unter Transfektion die Aufnahme von Nukleinsäuren (z. B. Plasmide, mRNA) in eukaryotische Zellen versteht. Bei letzterem muss die Aufnahme künstlich herbeigeführt werden. Ob alle Reprogrammierungsfaktoren zusammen in einem Vektor oder jeder Faktor in einem separaten Vektor übertragen wird, ist vektor- und protokollabhängig. Im Folgenden werden stellvertretend die wichtigsten Beispiele aus den verschiedenen Kategorien beschrieben. Eine detailliertere Übersicht kann den Artikeln von Bernal et al. und Gonzalez et al. entnommen werden.[57]

---

[56] Kim et al. 2010, S. 285 ff.
[57] Gonzalez et al. 2011, S. 231 ff.; Bernal 2013, S. 956 ff.

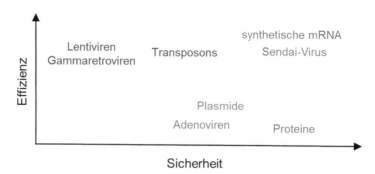

Abb. 3 Vergleich verschiedener Reprogrammierungs-Methoden hinsichtlich ihrer Effizienz und Sicherheit für eine therapeutische Anwendung. Integrative DNA-Methoden sind in rot, nichtintegrative DNA-Methoden in grün und DNA-freie Methoden in blau dargestellt. Abbildung in Anlehnung an Gonzalez et al. 2011 (Takahashi et al. 2007, S. 861 ff.)

2.1.2.1 Integrative DNA-Methoden

Bei den *integrativen DNA-Methoden* integriert der Vektor inklusive der eingeschleusten Gene in die DNA-Sequenz der Empfängerzelle. Um dies zu ermöglichen, können verschiedene Arten von Viren, zum Beispiel Retroviren verwendet werden. Retroviren sind behüllte Viren mit einzelsträngigem RNA-Genom. Unter dem Genom versteht man die Gesamtheit der vererbbaren Informationen, welche in der Nukleinsäure-Sequenz gespeichert und in Abschnitten (Genen) organisiert ist. Nach der Infektion der Empfängerzelle wird die virale RNA mit Hilfe des viralen Enzyms „Reverse Transkriptase" in doppelsträngige DNA umgeschrieben (transkribiert), welche als *complementary* DNA (cDNA) bezeichnet wird. Ein zweites virales Enzym vermittelt die Integration der cDNA in das Genom der Empfängerzelle. Nachdem das virale Genom ins Wirtsgenom integriert wurde, wird es gemeinsam mit den zelleigenen Genen exprimiert, was schließlich im Zusammenbau neuer Viruspartikel resultiert. Werden Viren als Vektor verwendet, muss die Nukleinsäuresequenz, die in den Empfängerzellen exprimiert werden soll, in das Genom der Viren eingefügt werden. Dabei werden in der Regel Teile des viralen Genoms, zum Beispiel Gene für Membranproteine, ersetzt, um vermehrungsunfähige Viruspartikel zu erzeugen. Die so generierten, nur einmalig infektiösen, vermehrungsunfähigen Viren können die Empfängerzellen infizieren, woraufhin die integrierte Nukleinsäuresequenz zusammen mit dem verbliebenen viralen Genom übertragen werden. Neben Gammaretroviren wurden auch Lentiviren aus der Familie der Retroviren verwendet. Diese haben den Vorteil, dass sie Zellen unabhängig vom Zellzyklus infizieren können, weswegen sie im Gegensatz zu Gammaretroviren auch für sich nicht teilende Zellen geeignet sind. Trotz der hohen Transduktionseffizienz lag die Effizienz der Reprogrammierung mit einem gammaretroviralen Vektor, welcher OSKM enthielt, beispielsweise bei 0,020 % (10 hiPS-Zellkolonien entwickelten sich aus 50.000 Ausgangszellen) und mit einem lentiviralen Vektor, welcher OSNL enthielt, bei 0,022 % (198 Kolonien aus 900.000 Zellen).[58] Diese Effizienzen stellen aber lediglich einen groben Anhaltspunkt dar und lassen sich nicht direkt miteinander vergleichen. Alle retroviralen Vektoren integrieren ins Genom der Wirtszelle, was ein Sicherheitsrisiko für therapeutische Anwendungen darstellt, da die Genexpression umliegender Gene der Wirtszelle beeinflusst werden kann. Zum Beispiel kann eine Integration innerhalb eines Tumorsuppresorgens dessen Expression verhindern und in der Nähe eines Onkogens dessen Expression erhöhen, was beides zu unkontrolliertem, unbegrenztem Wachstum, also zur Tumorbildung, führen kann. Yamanaka und Kollegen verwendeten beispielsweise für die Transduktion mit OSKM vier separate Vektoren und erhielten reprogrammierte Zellen, bei denen sich an 20 verschiedenen Stellen der Vektor integriert hatte.[59] Des Weiteren besteht die Gefahr, dass die retroviralen Vektoren, deren Expression in den pluripotenten Zellen unterdrückt ist, während oder nach der Differenzierung reaktiviert werden. Um diese Probleme zum Teil zu beheben, wurden induzierbare und nach er Reprogrammierung aus dem Genom entfernbare Systeme entwickelt (z. B. mit dem Cre/loxP-System). Eine weitere integrative DNA-Methode stellen Transposons dar. Transposons sind genetische Elemente, die im Genom springen können. Im Gegensatz zu retroviralen Vektoren wird beispielsweise das sogenannte *PiggyBac* Transposon nach der Integration vollständig herausgeschnitten, sodass theoretisch keine genomische Veränderung am Integrationsort vorhanden ist. Dennoch wurden in der Praxis Veränderungen an den Integrationsstellen beobachtet, weswegen die Überprüfung der präzisen Entfernung mittels Sequenzierung unbedingt notwendig ist.[60] Zudem ist diese Methode im Vergleich zu nicht-integrativen und DNA-freien Methoden sehr komplex und zeitaufwendig.

2.1.2.2   Nicht-integrative DNA-Methoden

Zu den *nicht-integrativen DNA-Methoden* zählt unter anderem die Verwendung von Adenoviren und Plasmiden. Diese Methoden haben im Hinblick auf eine Verwendung der Zellen zur Humantherapie den Vorteil, dass die Reprogrammierung theoretisch ohne permanente Modifikation des Genoms der Ausgangszellen erfolgt, dennoch besteht die Möglichkeit, dass die DNA-Vektoren ins Genom integrieren, weswegen entsprechende Kontrollen notwendig sind (Abschn. 2.4). Generell ist die Effizienz der Reprogrammierung mit nicht-integrativen DNA-Methoden deutlich niedriger als mit integrativen. Adenoviren sind unbehüllte, doppelsträngige DNA-Viren. Für die Reprogrammierung wurden vermehrungsunfähige, adenovirale Vektoren verwendet, welche zum Beispiel eine Effizienz von 0,0006 % (3 Kolonien entwickelten sich aus 500.000 Zellen) aufwiesen.[61] Dabei wurden Hepatozyten als Ausgangszellen verwendet, da sie besonders leicht mit Adenoviren infizierbar sind, sodass circa 50–60 % der

---

[58] Takahashi et al. 2007, S. 861 ff.; Yu et al. 2007, S. 1917 ff.
[59] Takahashi et al. 2007, S. 861 ff.
[60] Gonzalez et al. 2011, S. 231 ff.
[61] Stadtfeld et al. 2008, S. 945 ff.

Hepatozyten mit allen vier verwendeten Reprogrammierungsfaktoren (OSKM) gleichzeitig infiziert wurden. Da die verwendeten Vektoren nicht ins Wirtsgenom integrieren und vermehrungsunfähig sind, wird ihr Erbgut bei der Zellteilung nicht vermehrt, sondern zufällig auf die Tochterzellen verteilt. Dadurch werden die Vektoren mit jeder Zellteilung verdünnt und gehen schließlich verloren. Das gleiche Prinzip gilt für Plasmide, die auch als episomale DNA bezeichnet werden. Plasmide sind ringförmige DNA-Moleküle, die außerhalb des chromosomalen Erbgutes, also dem „Haupt"-Erbgut, in Bakterien vorkommen und mehrere Gene enthalten. Für die Reprogrammierung wurden zunächst vermehrungsunfähige Plasmide als Vektor (andere Bezeichnung: episomaler Vektor) verwendet, welche die Gene der Reprogrammierungsfaktoren enthalten und bei den Zellteilungen verloren gehen. Da die konstante Expression der Faktoren über mehrere Tage die Voraussetzung für eine erfolgreiche Reprogrammierung ist, müssen diese Plasmide immer wieder in die Zellen eingebracht werden.[62] Um diese arbeitsintensive serielle Transfektion zu umgehen und eine stabilere Expression zu erreichen, wurden vom Epstein-Barr Virus abgeleitete Plasmid-Vektoren entwickelt, wodurch eine zum Wirtsgenom synchrone Vervielfältigung stattfindet. Der Vektor wird aber zufällig und gegebenenfalls ungleichmäßig oder fehlerhaft auf die Tochterzellen verteilt, sodass circa 5 % der Plasmide pro Zellteilung verloren gehen. Dies führt dazu, das nach ungefähr 10 bis 15 Zellteilungen in einem Großteil der Zellen, aber nicht in allen Zellen, keine Plasmide mehr vorhanden sind. Folglich müssen sowohl bei episomalen als auch bei Adenovirus-Vektoren die Beibehaltung der ursprünglichen DNA-Sequenz der Ausgangszelle und die Vektorfreiheit in den entstandenen hiPS-Zellkolonien überprüft werden, um die Sicherheit für eine therapeutische Anwendung zu gewährleisten (Abschn. 2.4.1). Dennoch wurden episomale Vektoren in der ersten klinischen Studie von aus hiPS-Zellen abgeleiteten Zellen verwendet.

2.1.2.3   DNA-freie Methoden

Zu den *DNA-freien Methoden* zählen unter anderem die Verwendung von Vektoren, die auf dem Sendai-Virus basieren und von vollständig Vektor-freien Technologien (synthetische mRNA, Proteine). Eine Integration ins Wirtsgenom ist bei den DNA-freien Methoden ausgeschlossen, da im gesamten Prozess keine DNA verwendet wird. Sie gelten daher momentan als die sicherste Art der Reprogrammierung, wobei die Effizienz der DNA-freien Methoden sehr unterschiedlich ist: Sie reicht von niedrigen (Proteine) bis zu hohen Effizienzen (mRNA, Sendai-Virus). Die einzige Methode, bei der keine Nukleinsäuren in die Ausgangszellen eingebracht werden, stellt die Reprogrammierung mit Proteinen dar. Hierbei wird direkt das benötigte Produkt, also die Transkriptionsfaktoren selbst, in die Zellen eingeschleust statt wie in allen anderen Methoden die kodierenden DNA- oder RNA-Sequenzen. Die Proteine werden dazu mit kurzen Aminosäureketten fusioniert, die ihr Eindringen in eukaryotische Zellen vermitteln. Allerdings ist es technisch schwierig, große Men-

---

[62] Gonzalez et al. 2011, S. 231 ff.

gen bioaktiver Proteine, die die Zellmembran durchdringen können, zu synthetisieren. Außerdem ist die Effizienz der Protein-vermittelten Reprogrammierung sehr niedrig.[63] Im Gegensatz dazu ist die Effizienz bei der Verwendung synthetischer mRNAs sehr hoch.[64] Als mRNA wird das einzelsträngige Transkript eines zu einem Gen gehörigen Teilabschnitts der DNA bezeichnet und dient als Vorlage für die Proteinbiosynthese. Verschiedene technische Hürden mussten überwunden werden, um synthetische mRNAs für die Reprogrammierung herzustellen. Unter anderem wurde die *in vitro* Synthese optimiert, die RNA stabilisiert und die Immunogenität, also das Risiko, dass eine Abwehrreaktion des Immunsystems ausgelöst wird, reduziert.[65] Nach dem Einbringen in die Ausgangszellen ist die synthetischen mRNAs nur für ungefähr 24 h stabil, weswegen die mRNAs täglich neu in die zu reprogrammierenden Zellen eingeschleust werden müssen, um die benötigte stabile Expression über mehrere Tage zu gewährleisten. Da das angeborene Immunsystem von den synthetischen mRNAs aktiviert wird, kommt es zu einer zytotoxischen Wirkung.[65] Eine Methode um diese immunvermittelte Toxizität zu reduzieren, stellt die vollständige Substitution der natürlichen mRNA-Bausteine mit ähnlichen Bausteinen dar. In Kombination mit der Zugabe eines neutralisierenden Proteins, welches die verbliebene Immunantwort unterdrückt, konnte die Reprogrammierungs-Effizienz mit synthetischen mRNAs für OSKML auf 4 % erhöht werden.[66] Der direkte Vergleich des retroviralen Vektors mit synthetischer mRNA bei der Reprogrammierung mit OSKM zeigte, dass mRNA nicht nur effizienter (1,4 % gegen 0,04 %) sondern auch schneller funktionierte (Kolonien nach 13 Tagen statt 24 Tagen).[67] Aufgrund der Einfachheit, der hohen Effizienz und der nicht vorhandenen Gefahr einer Integration ins Genom, stellt die Reprogrammierung mit synthetischer mRNA eine vielversprechende Technik für therapeutische Anwendungen dar. Da mRNAs ebenso wie Proteine keine Vektorsysteme sind und nach einer kurzen Zeit in den Zellen abgebaut werden, besteht zudem keine Notwendigkeit die generierten hiPS-Zellen auf Vektorfreiheit zu überprüfen. Jedoch muss die synthetische mRNA aufgrund der kurzen Stabilität, ebenso wie Proteine, über mehrere Tage täglich neu in die Zellen eingeschleust werden, was arbeitsintensiv ist. Zudem werden durch die direkte Einbringung der mRNA hohe Konzentrationen an Transkriptionsfaktoren erreicht, die bei der Verwendung von MYC ein onkogenes Risiko darstellen und die Genomstabilität beeinflussen.[68] Eine weitere DNA-freie Alternative stellt die Verwendung von auf dem Sendai-Virus (SeV) basierenden Vektoren dar. Sendai-Viren sind behüllte Viren mit einzelsträngigem RNA-Genom aus der Familie der Paramyxoviridae. Seit der ersten Verwendung 1995 wurden auf SeV basierende Vektoren stetig weiterentwickelt. In aktuellen Varianten wurde beispielsweise das Gen des viralen Fusionsproteins deletiert, wodurch die Fähigkeit des Virus mit der

---

[63] Takahashi und Yamanaka 2016, S. 183 ff.; Gonzalez et al. 2011, S. 231 ff.

[64] Warren et al. 2010, S. 618 ff.

[65] Bernal et al. 2013, S. 956 ff.

[66] Mandal und Rossi 2013, S. 568 ff.

[67] Warren et al. 2010, S. 618 ff.

[68] Gonzalez et al. 2011, S. 231 ff.

Zellmembran der Wirtszelle zu verschmelzen, verloren geht. Folglich können keine neuen Zellen infiziert werden. Um dennoch eine einmalige Infektion der Ausgangszellen zu ermöglichen, werden die SeV-Vektoren in Zell-Linien produziert, die so verändert wurden, dass sie das fehlende Fusionsprotein produzieren, was zur Bildung einmalig infiziöser SeV-Vektoren führt.[69] Nach erfolgreicher Reprogrammierung mit SeV-Vektoren muss die virale RNA durch mehrere Passagen aus den Zellen eliminiert werden. Dies kann aufgrund der noch vorhandenen Vermehrungsfähigkeit der RNA schwierig und langwierig sein. Um die Effizienz zu verbessern und den Prozess zu beschleunigen, wurden Mutationen eingefügt, die zu einer Temperatursensitivität führen. Eine Temperaturerhöhung in Form einer mehrtägigen Kultivierung bei 39 °C statt 37 °C führt dann zur Inaktivierung der Genexpression.[70] Solch verbesserte SeV-Vektoren wurden bereits für die Reprogrammierung verschiedener Ausgangszellen verwendet. Je nach Bedingungen und verwendeten Reprogrammierungsfaktoren kann die Effizienz besser sein als mit retroviralen Vektoren, es wurden beispielsweise Effizienzen von bis zu 1 % mit Fibroblasten erreicht.[71] SeV-Vektoren wurden darüber hinaus zur Gentherapie verschiedener Krankheiten wie zystischer Fibrose klinisch angewandt, da sie eine effiziente Methode zur Einbringung von Genen in verschiedene Zelltypen darstellen.[72] Der Vorteil bei der Reprogrammierung ist, dass die SeV-Technologie eine hohe Effizienz aufweist, die Ausgangszellen nur einmal transfiziert werden müssen und keine Gefahr der Integration ins Genom besteht. Im Vergleich zur Reprogrammierung mit synthetischer mRNA haben SeV-Vektoren den Nachteil, dass die generierten hiPS-Zellen länger kultiviert werden müssen, um den SeV-Vektor zu eliminieren, was zur Anhäufung genetische Mutation beitragen kann.[73] Zudem müssen die entstandenen hiPS-Kolonien auf Vektorfreiheit überprüft werden (Abschn. 2.4.1).

2.1.2.4 Einschleusen der Reprogrammierungsfaktoren

Während virale Vektorsysteme in der Regel infiziös sind und folglich die Empfängerzellen ohne zusätzliche Hilfsmittel infizieren (Transduktion), müssen sowohl andere Vektorsysteme als auch mRNA (Transfektion) künstlich in die Empfängerzellen eingebracht werden. Dazu stehen unter anderem chemische Verfahren wie Lipofektion, die Verwendung kationischer Polymere und anorganischer Nanopartikel oder physikalische Methoden wie Elektroporation zur Verfügung. Bei der Elektroporation werden kurze Hochspannungsimpulse verwendet, die vorübergehend einen Bruch in der Zellmembran erzeugen, durch den die Nukleinsäure-Moleküle passieren können. Die Elektroporation ist im Allgemeinen effizient und für viele Zelltypen anwendbar, jedoch ist die hohe Mortalitätsrate der Zellen ein limitieren-

---

[69] Bernal et al. 2013, S. 956 ff.

[70] Ban et al. 2011, S. 14234 ff.

[71] Fusaki et al. 2009, S. 348 ff.

[72] Bernal et al. 2013, S. 956 ff.

[73] Gore et al. 2011, S. 63.

der Faktor. Insbesondere bei wiederholten Transfektionen, wie sie zur Verwendung von mRNA notwendig sind, kommt sie daher nicht in Frage. Die am häufigsten verwendete Methode ist die Lipofektion. Kommerziell sind Lipofektions-Systeme zur Transfektion verschiedener Nukleinsäuren in unterschiedliche Zelltypen erhältlich. Allen gemeinsam ist, dass die Nukleinsäuren in Liposomen eingeschlossen und diese durch Endozytose bzw. durch Fusion mit der Zellmembran in die zu transfizierenden Zellen aufgenommen werden. Ein Liposom ist ein Vesikel mit einer doppelschichtigen Membranhülle aus Lipiden, die sowohl einen polaren als auch unpolaren Teil aufweisen. In der wässrigen Phase im Inneren befinden sich die Nukleinsäuren. Zusammengefasst ist die Lipofektion effizient, eignet sich für eine Vielzahl von Zelltypen und ermöglicht auch wiederholte Transfektionen.

2.1.2.5 Generierung von hiPS-Zell-Linien

Bei einer erfolgreichen Reprogrammierung entstehen Kolonien im Zellrasen, die sich in ihrer Morphologie, also ihrem Erscheinungsbild, von den darum liegenden Zellen unterscheiden. Je nach der verwendeten Reprogrammierugsmethode und den –faktoren geschieht dies in einem Zeitraum von 13 (mRNA) bis 24 Tagen (Retro-Virus). Wie bereits erläutert, ist die Reprogrammierung nur bei sehr wenigen Ausgangszellen erfolgreich. Diese einzelnen, erfolgreich reprogrammierten Zellen vermehren sich aufgrund der hohen, unbegrenzten Teilungsrate pluripotenter Zellen schneller im Vergleich zu den umliegenden, nicht reprogrammierten Ausgangszellen und bilden so eine Kolonie-artige Struktur. Diese Kolonien aus reprogrammierten Zellen können zum einen visuell anhand ihrer Morphologie zum anderen über eine Lebendfärbung mit Antikörpern gegen spezifische Oberflächenproteine identifiziert werden (Abschn. 2.4). Die potenziellen hiPS-Zellkolonien werden zunächst mechanisch separiert und jeweils in ein neues Kulturgefäß überführt. Dazu wird die Kolonie mit einem geeigneten Instrument, beispielsweise einer speziellen Nadel, mechanisch von den umgebenden Zellen abgetrennt und von der Zellkulturoberfläche abgelöst. Zusätzlich wird die Kolonie in kleinere Fragmente unterteilt, die nach dem Aussäen in einem neuen Kulturgefäß wiederum neue Kolonien bilden. Lässt sich aus einer Kolonie eine permanente Kultur pluripotenter Zellen etablieren, spricht man von einer hiPS-Zell-Linie (im Folgenden wird der Begriff hiPS-Zellen analog verwendet). Wird eine hiPS-Zell-Linie aus nur einer Kolonie entwickelt, bezeichnet man diese als monoklonale Linie, werden mehrerer Kolonien verwendet spricht man von einer polyklonalen Linie.

2.1.3 Ausblick

2.1.3.1 Autologe, allogene und HLA-abgestimmte allogene Therapien

Eine Stammzelltherapie kann autolog oder allogen erfolgen. Bei der autologen Therapie sind Spender und Empfänger der Zellen die gleiche Person, was den großen Vorteil besitzt, dass es theoretisch zu keiner immunologischen Abstoßungsreaktion kommt. Allerdings ist die Generierung patientenspezifischer hiPS-Zellen aktuell noch sehr zeit- und kostenintensiv, sodass für manche Erkrankungen, die eine zeitnahe Transplantation erfordern, eine autologe hiPS-Zell-basierte Therapie nicht in Frage kommt.

Bei allogenen Therapien sind Spender und Empfänger verschiedene Personen. Die zu transplantierenden Zellen besitzen allerdings spezifische Gewebemerkmale, die vom Immunsystem des Empfängers erkannt werden und eine Abstoßungsreaktion auslösen können. Daher muss bei allogenen Transplantationen eine lebenslange medikamentöse Immunsuppression des Empfängers stattfinden. Bei den Gewebemerkmalen handelt es sich um Proteine, die an die Zellmembran gebundene sind und von Genen des sogenannten Haupthistokompatibilitätskomplexes (*Major Histocompatibility Complex*, MHC) kodiert werden. Beim Menschen werden diese Gene auch als humanes Leukozytenantigen-System (HLA-System) bezeichnet. Jeder Mensch besitzt zwei HLA-Allele – ein mütterliches und ein väterliches – pro Gen, die in gleichem Maße exprimiert werden. In seltenen Fällen sind beide HLA-Allele eines Gens identisch, dann werden sie als homozygot bezeichnet. Gewebeverträglichkeit (Histokompatibilität) bei einer Transplantation liegt dann vor, wenn die Allele der verschiedenen HLA-Genorte bei Spender und Patient übereinstimmen. Laut dem deutschen Konsensus zur immungenetischen Spenderauswahl besteht eine HLA-Kompatibilität, wenn jeweils beide Allele der Genorte HLA-A, HLA-B, HLA-C, HLA-DRB1 und HLA-DQB1 übereinstimmen.[74] Durch die Bestimmung der HLA-Ausstattung des Patienten (HLA-Typisierung) und eine entsprechende Auswahl des Spenders (HLA-Matching), können Reaktionen des Immunsystems vermindert oder vollständig vermieden werden. Der Einfluss der HLA-Merkmale auf den Erfolg einer Transplantation ist für verschiedene Organe unterschiedlich groß. Bei Knochenmark- und Blutstammzelltransplantationen ist die Übereinstimmung der HLA-Merkmale besonders bedeutsam, deswegen stellt sie hier das Hauptkriterium bei der Spenderauswahl dar. Zur weiteren Priorisierung von Spendern mit gleicher Anzahl von HLA-Differenzen werden zusätzlich Kriterien wie Blutgruppe, Geschlechtskonstellation oder das Alter des Spenders herangezogen. Die Überlebensrate nach einer allogenen Stammzelltransplantation bei Patienten mit myelodysplastischem Syndrom war beispielsweise innerhalb von 5 Jahren bei nicht verwandten jungen Spendern (jünger als 30 Jahre) deutlich höher als bei nicht verwandten oder verwandten alten Spendern (älter als 30 Jahre) (40 % vs 24 % vs 33 %, $P = 0{,}04$).[75] Die gleichen Herausforderungen an die immunologische Kompatibilität wie bei Organ- oder Knochenmarktransplantationen bestehen auch bei allogenen Therapien mit von hiPS-Zellen abgeleiteten Zellprodukten. Da eine lebenslange Immunsuppression nachteilig für die Patienten und auch teuer ist, scheint ein immunologisches Matching sinnvoll zu sein. Da die verschiedenen HLA-Kombinationen in einer Bevölkerungsgruppe mit bestimmten Häufigkeiten vorkommen, könnten mit einigen hiPS-Zell-Linien, die die häufigsten homozygoten HLA-Kombinationen aufweisen, große Teile einer Bevölke-

---

[74] Müller et al. 2014, S. 190 ff.
[75] Kröger et al. 2013, S. 604 ff.

rungsgruppe abgedeckt werden.[76] Eine Biobank mit solchen Linien wird als Haplobank bezeichnet. Im Vergleich zur autologen Therapie, bei der die Linien für jeden Patienten zunächst neu generiert und charakterisiert werden müssten, könnte mit dem Ansatz der Haplobanken Zeit und Kosten gespart werden, da hiPS-Zell-Linien für die Differenzierung und Herstellung eines Therapieproduktes für einen Großteil der Bevölkerung bereits vorab verfügbar wären. Bereits vorhandene HLA-Typisierungen aus Knochenmark- und Blutstammzellregistern wurden bereits verwendet, um die notwendige Anzahl an hiPS-Zell-Linien zur Abdeckung verschiedener Bevölkerungsgruppen abzuschätzen. Eine 90,7 % Übereinstimmung der japanischen Bevölkerung an den Genorten HLA-A, HLA-B und HLA-DR könnte mit 50 homozygoten hiPS-Zell-Linien erreicht werden. Die 50 Linien könnten durch das Screenen von ungefähr 24.000 Individuen identifiziert werden.[77] Zurzeit wird eine japanische hiPS-Zell-Bank für allogene, HLA-abgestimmte Therapien von CiRA (*Center for iPS Cell Research and Application* in Kyoto) aufgebaut.[78] Umso heterogener die Bevölkerungsgruppe, je schwieriger wird jedoch das Erstellen einer passenden Haplobank. Im Gegensatz zur genetisch homogenen japanischen Bevölkerung, würde eine Haplobank mit den 100 häufigsten HLA-Typen der nordamerikanischen Bevölkerung lediglich mit 78 % der europäischen, 63 % der asiatischen, 52 % der spanischen und 45 % der afroamerikanischen Bevölkerung übereinstimmen.[79] Homozygote hiPS-Zell-Linien der 20 häufigsten HLA-Haplotypen einer ethischen Gruppe der nordamerikanischen Bevölkerung könnten zum Beispiel durch das Screenen von 26.000 Individuen europäischer Abstammung identifiziert werden. Diese könnten dann aber nur etwas mehr als 50 % der Personen europäischer Abstammung und sogar nur ungefähr 22 % der Personen afroamerikanischer Abstammung mit passenden hiPS-Zellen versorgen.[80] Eine entsprechende Haplobank für die US-Bevölkerung befindet sich aktuell im Aufbau (www.clinicaltrials.gov, NCT03434808; Stand: 16. Januar 2019). Berechnungen für unterschiedliche Bevölkerungsgruppen stimmen darin überein, dass eine überschaubare Anzahl von 50 bis 150 HLA homozygote Linien in einer Haplobank notwendig sind, um HLA-A, HLA-B und HLA-DR kompatible Gewebe für 50 bis 90 % der jeweiligen Bevölkerungsgruppe bereit zu stellen. Für klinische Blut-, Gewebe- und Organtransplantationen sind Spenderauswahl- und Screening-Verfahren etabliert, die neben den primären Determinanten der Spenderauswahl (wie HLA-Typ, Blutgruppe) andere Kriterien wie den Gesundheitszustand des Spenders und das Risiko der Übertragung infektiöser Krankheiten auf den Patienten mit einbeziehen. Bei allogenen hiPS-Zell-basierten Therapien ist darüber hinaus zu berücksichtigen, dass beispielsweise duch Haplobanken eine hiPS-Zell-Linie über einen langen Zeitraum bei einer großen Anzahl an Patienten eingesetzt werden könnte. Aus diesem Grund muss ein erweitertes Screening in Erwägung gezogen werden, um beispielsweise das Risiko der Übertragung unerkannter genetischer Prädispositionen für Erkrankungen

---

[76]Barry et al. 2015, S. 110 ff.; Neofytou et al. 2015, S. 2551 ff.

[77]Nakatsuji et al. 2008, S. 739 ff.

[78]Garber et al. 2015, S. 890 f.

[79]Neofytou et al. 2015, S. 2551 ff.

[80]Neofytou et al. 2015, S. 2551 ff.

zu reduzieren. Darüber hinaus müssen ausreichende Langzeituntersuchungen (*Follow-Up*) geplant werden, um Langzeitrisiken identifizieren zu können. Die Entwicklung eines entsprechenden Registers wäre empfehlenswert, um kurz- und langfristige Nebenwirkungen unabhängig von der therapeutischen Anwendung und über geografische Grenzen hinweg auf eine bestimmte Zell-Linie zurückführen zu können.

Da Abstoßungsreaktionen bzw. eine Immunantwort nicht allein durch den Haupthistokompatibilitätskomplex hervorgerufen werden und unabhängig davon auch die *in vitro* Kultivierung die Zellen so verändern kann, dass der Körper auf die transplantierten Zellen reagiert (sowohl auf allogene als auch autologe Zellen), bleibt abzuwarten, welche Therapieform in Zukunft die beste Option darstellen wird.[81]

2.1.3.2   Genom-Editierung

Das menschliche Genom besteht aus geschätzt 20.000 bis 25.000 Protein-codierenden Genen, die genaue Zahl konnte bis jetzt noch nicht endgültig geklärt werden. Mutationen in 3.000 dieser Gene wurden in Zusammenhang mit monogenen Krankheitsbildern gebracht, wobei immer noch neue krankheitsspezifische Mutationen entdeckt werden.[81] Statt nur die Symptome zu behandeln, könnten mit einer sogenannten Gentherapie die Ursachen genetischer Erkrankungen, die durch die Mutation eines einzelnen Gens oder weniger Gene entstehen, beseitigt werden. Bereits erfolgreich angewandt wurde die virale Gentherapie beispielsweise bei dem schweren kombinierten Immundefekt (*severe combined immunodeficiency*, SCID).[82] Dabei wird die fehlende Genfunktion in den betroffenen Zellen, in diesem Fall Zellen des hämatopoetischen Systems, wiederhergestellt indem das funktionelle Gen mit Hilfe eines viralen Vektors eingefügt wird. Diese Insertion in das Patientenerbgut birgt jedoch ebenso wie integrative-Methoden der Reprogrammierung die Gefahr, eine ungewünschte Veränderung der Genexpression benachbarter Gene auszulösen. Im Gegensatz dazu ermöglichen es Technologien zur *Genom-Editierung,* gezielt die DNA-Sequenz zu verändern und folglich einzelne Mutationen zu korrigieren oder zu entfernen. Zur Genom-Editierung werden programmierbare Proteine, sogenannte Nukleasen, genutzt, die Nukleinsäuren partiell oder komplett abbauen können. Umgangssprachlich werden für die Nukleasen Begriffe wie „Genschere" oder „molekulares Skalpell" verwendet, um zu verdeutlichen, dass sie die DNA gezielt an einer bestimmten Stelle durchtrennen können. Beispiele sind: Meganukleasen, Zinkfinger Nukleasen (ZFN), transkriptionsaktivatorartige Effektornukleasen (*transcription activator-like effector nucleases*, TALEN) oder die *clustered regularly interspaced short palindromic repeat* (CRISPR) assoziierte Nuklease CAS9. Details zu den einzelnen Nukleasen können den entsprechenden Review-Artikeln entnommen werden. Basierend auf der Art der DNA-Erkennung lassen sich die Nukleasen grob in zwei Kategorien einteilen. ZFNs, TALENs und Meganukleasen stellen die spezifische DNA-Bindung über Protein-DNA-Interaktionen her, wohingegen CAS9 an die DNA-Zielsequenz mit Hilfe eines kurzen RNA-Leitmoleküls

---

[81] Cox et al. 2015, S. 121 ff.

bindet. Da sich die Sequenz des RNA-Leitmoleküls einfach einer neuen DNA-Zielsequenz anpassen lässt, ist die Verwendung von CRISPR/Cas9 wesentlich einfacher und schneller als die der anderen Nukleasen. Alle Nukleasen rufen an ihrer Zielsequenz spezifische DNA-Doppelstrangbrüche (DSB) hervor, welche anschließend – abhängig vom Zellzyklus und der Anwesenheit einer Reparatur-Vorlage, dem sogenannten *Template* – von den endogenen Reparaturmechanismen über nicht-homologes *Endjoining* (NHEJ) oder homologe Rekombination (HR) repariert werden. Beim NHEJ werden beide DSB-Enden ohne Reparatur-Template direkt miteinander verbunden. Obwohl dieser Prozess korrekt sein kann, führt eine wiederholte Reparatur letztlich zu kleinen Veränderungen in der DNA-Sequenz (Insertions- oder Deletionsmutationen), welche im Abbau der mRNA oder Produktion nicht-funktioneller Proteine resultieren können. Die Genexpression fände in so einem Fall also nicht mehr statt. Im Gegensatz dazu erfolgt die Reparatur bei der HR, die bei der Genom-Editierung verwendet wird, anhand eines Templates. Stellt man nach Einführung eines gezielten DSB ein exogenes Template mit einer DNA-Sequenz, die ähnlich zur Bruchstelle ist, aber gewünschte, minimale Veränderungen enthält zur Verfügung, erfolgt die Reparatur anhand der Template-Sequenz.[82] Dieses Prinzip kann unter anderem dazu verwendet werden, Genmutationen zu korrigieren. Obwohl mit allen Nukleasen in verschiedenen Modellorgansimen erfolgreiche Genom-Editierungen möglich waren, steht aktuell das CRISPR/Cas9-System aufgrund der mit Abstand einfachsten Anwendung und den damit verbundenen Möglichkeiten überall im Fokus. Allerdings wird die Zielsequenz nicht mit 100 %iger Sicherheit erkannt und da die RNA-Leitmoleküle relativ kurz sind, kann ihre Sequenz an mehreren Stellen im Genom vorkommen. Aus diesem Grund wird daran gearbeitet das CRISPR/Cas9-System für klinische Anwendungen weiter zu verbessern, um die Spezifität und Sicherheit für eine klinische Anwendung zu erhöhen.

2.2   Expansion

Bei der Generierung einer hiPS-Zell-Linie erhält man zunächst eine kleine Menge an Zellen. Um beispielsweise bei Leberinsuffizienz eine klinische Verbesserung zu erreichen, müssten aber mindestens 10 % der Lebermasse des Patienten wieder hergestellt werden, was ungefähr 10^{10} Hepatozyten entspricht.[83] Da differenzierte Zellen in der Regel nur ein begrenztes Teilungspotenzial besitzen, ist es nicht möglich solche großen Zellmengen durch Vermehrung differenzierter Zellen zu generieren. Stattdessen werden die hiPS-Zellen vermehrt, weil sie neben ihrer Pluripotenz dadurch charakterisiert sind, dass sie sich unbegrenzt oft selbst erneuern können und somit theoretisch eine unbegrenzte Quelle zur Produktion großer Zellzahlen darstellen. Diese können dann nach der Vermehrung in den gewünschten Zielzelltyp differenziert werden. Der Vermehrungs-Prozess wird als Expansion bezeichnet. Ob-

---

[82] Cox et al. 2015, S. 121 ff.
[83] Badylak et al. 2011, S. 27 ff.

wohl die für eine klinische Anwendung notwendigen definierten und GMP-kompatiblen (gute Herstellungspraxis, *Good Manufacturing Practice*) Medien und Beschichtungen in den letzten Jahren entwickelt wurden (Abschn. 2.2.1), müssen für die praktische Umsetzung im großen Maßstab noch verschiedene Probleme gelöst werden. Welche der vorhandenen Kultivierungsmethoden und -plattformen (Abschn. 2.2.2 und 2.2.3) am besten zur Expansion großer Zellmengen geeignet sind, ist beispielsweise noch unklar. Die Kosten einer effizienten und reproduzierbaren Expansion könnten durch Hochskalierung (Massenproduktion) oder Automatisierung gesenkt werden (Abschn. 2.2.3).

2.2.1 Biologischer Hintergrund

HiPS-Zellen besitzen dieselbe charakteristische Morphologie wie hES-Zellen: Die einzelnen Zellen enthalten im Verhältnis zum Kern wenig Zytoplasma und weisen markante Kernkörperchen auf. Außerdem wachsen sie *in vitro* im Gegensatz zu den meisten anderen Zelltypen in Form von Kolonien mit hoher Zelldichte (Abb. 4a).[84] Um die Expansion der hiPS-Zellen so effizient wie möglich zu gestalten, muss die

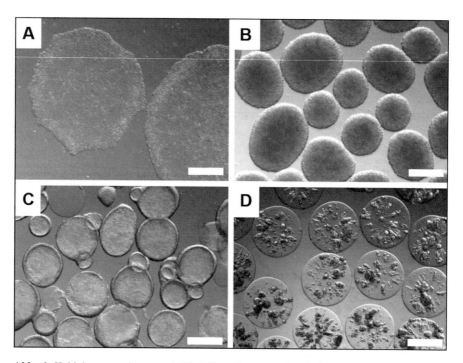

Abb. 4 Kultivierungsregime von hiPS-Zellen. Repräsentative Aufnahmen von **a**) adhärenten hiPS-Zellkolonien in einer mit Matrigel® beschichteten Kulturschale, **b**) von Sphäroiden, **c**) von mit hiPS-Zellen bewachsenen Alginat-Matrigel-Mikrocarriern und **d**) von in Alginat verkapselten hiPS-Zellen. Der Balken entspricht einer Größe von 300 μm

---

[84] Thomson et al. 1998, S. 1145 ff.

natürliche Zellnische – bei pluripotenten Zellen ist das die innere Zellmasse der Blastozyste – in der Kulturschale simuliert werden. Die Signale aus der extrazellulären Umgebung beeinflussen, steuern oder initiieren beispielsweise die Selbsterneuerung, Pluripotenz, Differenzierung (Abschn. 2.3) und Apoptose (Abschn. 2.2.1.3).[85] Nachdem 1981 erstmals embryonale Stammzellen von Mäusen *in vitro* kultiviert wurden, mussten die Kulturbedingungen entsprechend optimiert werden.[86] Gleiches galt 1998 nach der ersten erfolgreichen Kultivierung humaner embryonaler Stammzellen. Das Schicksal pluripotenter Stammzellen wird dabei besonders von den löslichen Faktoren im Medium, von Zell-Zell- und Zell-Matrix-Interaktionen, physikalischen Kräften und physikochemischen Faktoren gesteuert.[87]

2.2.1.1 Medium

Zu Beginn der Forschung an pluripotenten Stammzellen orientierte man sich an der natürlichen Zellnische und kultivierte die Zellen auf Feederzellen mit Zusatz von fetalem Kälberserum (*fetal bovine serum*, FBS). Bei den Feederzellen handelte es sich um embryonale Mäusefibroblasten (*mouse embryonic fibroblasts*, MEF), deren Teilungsfähigkeit inaktiviert wurde bevor die pluripotenten Zellen darauf ausgesät wurden. Die Feederzellen erfüllten mehrere Aufgaben. Sie produzierten die extrazelluläre Matrix, an die die pluripotenten Zellen anhaften (adhärieren) konnten, und stellten eine Wachstumsfläche dar, die den *in vivo* Bedingungen ähnlicher war als das steife Plastik der Kulturgefäße. Außerdem sekretieren sie zahlreiche Stoffe ins Medium, von welchen manche die Selbsterneuerung und Pluripotenz der Stammzellen unterstützten. Dieselbe Aufgabe hatte das FBS, ein Naturprodukt, welches die Stammzellen unter anderem mit Proteinen, Wachstumsfaktoren, Aminosäuren, Mineralstoffen und Spurenelementen versorgen sollte. Da die genaue Zusammensetzung von FBS unbekannt ist und zwischen jeder Produktionseinheit schwankt, ist es für eine standardisierte und reproduzierbare Kultur empfindlicher Stammzellen nicht verwendbar. Außerdem stellen xenogenene, also von anderen Spezies stammende Komponenten ein großes Problem für eine therapeutische Anwendung dar, da tierische Pathogene auf den Patienten übertragen und dadurch zum Beispiel Allergien ausgelöst werden können. Für hiPS-Zell-basierte Therapien war folglich die Entwicklung GMP-kompatibler, xeno-freier und definierter, das heißt Feeder- und Serum-freier, Medien und Beschichtungen notwendig. Da ihre *in vitro* Kultivierung bereits 1998 etabliert wurde begann die Weiterentwicklung zunächst für hES-Zellen. Diese Protokolle ließen sich ohne Abänderung auch für die Kultivierung von hiPS-Zellen verwenden. Um die Variationen zu minimieren wurde im Medium zunächst FBS durch das definierte und Serum-freie „KnockOut Serum Replacement" (KSR) ersetzt. Theoretisch können humane Feederzellen verwendet werden, um ein xeno-freies System zu erhalten, das Problem der fehlenden Standardisierbarkeit

---

[85] Serra et al. 2012, S. 350 ff.

[86] Smith et al. 1988, S. 688 ff.

[87] Serra et al. 2012, S. 350 ff.; Chen et al. 2014, S. 13 ff.

bleibt dann aber bestehen. Die ersten Feeder-freien Kultivierungssysteme verwendeten KSR und sogenanntes konditioniertes Medium. Um konditioniertes Medium herzustellen, wird Medium mit den Feederzellen inkubiert und anschließend für die Kultur der pluripotenten Stammzellen verwendet. So stehen den Stammzellen die sekretierten Produkte der Feederzellen ohne direkten Kontakt der Zellen zur Verfügung. In solchen Feeder-freien Systemen sind die unerwünschten Feederzellen zwar nicht mehr vorhanden, aufgrund der Verwendung des konditionierten Mediums sind solche Systeme aber weder xeno-frei noch definiert und damit schlecht standardisierbar. Die Entdeckung, dass die Zugabe des basischen Fibroblasten-Wachstumsfaktors (*basic fibroblast growth factor*, bFGF; andere Bezeichnung: FGF2) ins Medium die Konditionierung ersetzen kann,[88] ermöglichte 2005 die erstmalige Generierung und Kultivierung von hES-Zell-Linien ohne Feederzellen und ohne konditioniertes Medium, jedoch wurde eine Beschichtung tierischen Ursprungs verwendet.[89] Anhand dieser Erkenntnisse wurden bis heute mehrere chemisch definierte und xeno-freie Medien entwickelt, die auf einem Zellkultur-Grundmedium (DMEM/F12-Medium) basieren und in ihrer Zusammensetzung zwischen sieben und 52 zusätzlichen Inhaltsstoffen schwanken.[90]

2.2.1.2 Beschichtung der Wachstumsoberfläche

Pluripotente Stammzellen benötigen neben einem geeigneten Medium eine Beschichtung der Plastik-Kulturgefäße, um adhärieren und sich unter Beibehaltung ihres pluripotenten Status vermehren (proliferieren) zu können. In der Forschung wird zur Beschichtung häufig das kommerziell erhältliche Matrigel® (Corning) verwendet. Dabei handelt es sich um eine extrazelluläre Matrix, die von Engelbreth-Holm-Swarm Maus-Sarkom-Zellen produziert wird. Die extrazelluläre Matrix ist die Gesamtheit aller Makromoleküle, die den Raum zwischen den Zellen ausfüllt. Sie besteht aus einer Mixtur verschiedenster Stoffe, die zwischen den Produktionseinheiten variieren. Zum Großteil besteht Matrigel® aus Strukturproteine wie Laminin-111, Kollagen und Entactin, daneben sind beispielsweise Heparansulfat-Proteoglykane, Wachstumsfaktoren und Hormone enthalten. Matrigel® ermöglicht zwar eine Feeder- und Serum-freie Kultur, ist im Hinblick auf therapeutische Anwendungen der hiPS-Zellen aber ungeeignet, da es nicht xeno-frei ist und folglich nicht den GMP Richtlinien entspricht.

Für einzelne Proteine der extrazellulären Matrix wie Fibronektin, Laminin oder Vitronektin, wurde gezeigt, dass sie isoliert ebenfalls für die Langzeitkultur von hiPS-Zellen geeignet sind. Humanes Vitronektin ist beispielsweise ähnlich für die Kultur pluripotenter Zellen geeignet wie Matrigel®[91] und konnte in Kombination mit E8-Medium erfolgreich für die chemisch definierte und xeno-freie Kultur von

---

[88] Xu et al. 2005, S. 315 ff.

[89] Klimanskaya et al. 2005, S. 1636 ff.

[90] Ludwig et al. 2006, S. 185; Chen et al. 2011, S. 424 ff.

[91] Braam et al. 2008, S. 2257 ff.

hiPS-Zellen verwendet werden.[92] Dabei zeigte sich, dass eine verkürzte Variante von Vitronektin die Adhäsion und Überlebensrate besser förderte als das ursprüngliche Protein. Da humanes Vitronektin relativ einfach in Bakterien hergestellt und aufgereinigt werden kann, ist es kostengünstig.[93] Im Gegensatz dazu sind Laminine komplex aufgebaut und nur mit größerem Aufwand rekombinant, also mit Hilfe gentechnisch veränderter Organismen, produzierbar, wodurch sie verhältnismäßig teuer sind. Außerdem existieren gewebespezifische Laminintypen. Die Laminine Laminin-521 und Laminin-511 werden in der Blastozyste exprimiert und stellen folglich einen Bestandteil der natürlichen extrazellulären Matrix von pluripotenten Stammzellen dar. Entsprechend ist es nicht überraschend, dass pluripotente Zellen besser an Laminin-521 und an Laminin-511 adhärieren als an das in mehreren anderen Geweben vorkommende Laminin-111.[94] Um das Problem der schwierigen und teuren Massenproduktion dieser Proteine zu lösen, wurden von verschiedenen Lamininen Fragmente hergestellt, wodurch der Ertrag fünffach erhöht werden konnte. Um eine endgültige Aussage über die Eignung der Laminin-Fragmente treffen zu können sind allerdings noch weitere Untersuchungen hinsichtlich der Langzeiteffekte und des Differenzierungspotenzials notwendig.[95]

Neben der Beschichtung mit Proteinen wird auch die Verwendung synthetischer Oberflächen in Betracht gezogen, da die Modifikation der Wachstumsfläche mit einfachen Methoden eine kostengünstige Möglichkeit zur Herstellung chemisch definierter Bedingungen darstellt. Erste Versuche wurden mit UV/Ozon-Strahlung, synthetischen Peptid-Acrylat-Oberflächen, einer synthetischen Polymerbeschichtung und Arginin-Glycin-Asparaginsäure (RGD)-Peptiden durchgeführt.[96] Die RGD-Sequenz kommt in verschiedenen Proteinen der extrazellulären Matrix wie beispielsweise Vitronektin vor und wird von bestimmten Zelladhäsionsmolekülen, den Integrinen, erkannt und gebunden, was in der Adhäsion der Zelle resultiert.

2.2.1.3 Zell-Zell-Kontakte und Passage pluripotenter Zellen

HiPS-Zellen wachsen auf allen Beschichtungen adhärent als Kolonien, dabei vergrößert sich die Fläche der einzelnen Kolonien durch die ablaufenden Zellteilungen beständig, bis die Kolonien zusammenstoßen und schließlich die gesamte Wachstumsfläche bedecken, was als Konfluenz bezeichnet wird. Bevor die Konfluenz erreicht wird, müssen die Zellen passagiert, also von der Wachstumsfläche abgelöst und auf neue Kulturgefäße aufgeteilt werden, da sonst eine spontane und ungerichtete Differenzierung der Zellen ausgelöst werden kann. In der *in vitro* Kultur pluripotenter Stammzellen findet häufig eine spontane Differenzierung einiger Zellen statt. Dies wird ausgelöst durch falsche Kultivierungsbedingungen, mechanischen

---

[92] Chen et al. 2011, S. 424 ff.

[93] Chen et al. 2011, S. 424 ff.

[94] Rodin et al. 2014, S. 1 ff. and Rodin et al. 2010, S. 611 ff.; Miyazaki et al. 2012, S. 1236.

[95] Miyazaki et al. 2012, S. 1236.

[96] Chen et al. 2014, S. 13 ff.

Stress oder äußere Reize und variiert von Zelllinie zu Zelllinie. Die differenzierten Zellen sekretieren dabei Signalmoleküle ins umgebende Medium, wodurch die Differenzierung auch in den benachbarten Zellen induziert wird. Daher ist es erforderlich, den Anteil an differenzierten hiPS-Zellen in der Kultur so gering wie möglich zu halten, bzw. differenzierte Zellen beispielsweise mechanisch manuell zu entfernen. Da hiPS-Zellen als adhärente, dichtgepackte Kolonien wachsen, exprimieren sie nicht nur Adhäsionsmoleküle, welche den Kontakt zur extrazellulären Matrix bzw. zur Proteinbeschichtung des Kulturgefäßes herstellen (z. B. Integrine), sondern auch zahlreiche Adhäsionsmoleküle, die für den Kontakt zwischen zwei benachbarten Zellen verantwortlich sind (z. B. E-Cadherin). Zelladhäsionsmoleküle sind in der Regel Proteine, welche in der Zellmembran verankert sind und die Membran durchqueren. Sie ragen auf beiden Seiten über die Membran hinaus, können die Zelle mechanisch verankern und Signale von außen in die Zelle weiterleiten. Details zur Funktion der Adhäsionsmoleküle und zu den zugrunde liegenden Mechanismen können im Review von Li, Bennett und Wang nachgelesen werden.[97] Dissoziiert man hiPS-Zellen in Einzelzellen, verlieren sie die Zell-Zell-Adhäsionskontakte und der programmierte Zelltod, Apoptose genannt, wird eingeleitet. Die Apoptose wird aktiv von der betroffenen Zelle durchgeführt. Üblicherweise werden die meisten differenzierten Zelltypen als Einzelzellen passagiert. Im Gegensatz dazu werden hiPS- und hES-Zellen standardmäßig in Form kleiner Zellaggregate, die mehrere Zellen enthalten, passagiert, da der Verlust aller Zell-Zell-Adhäsionskontakte die Apoptose einleiten würde. Dieses Problem kann durch die Inhibierung der Kinase ROCK (*Rho associated coiled-coil containing protein kinase* 1) vermieden werden, da dadurch unter anderem die Zell-Zelladhäsionsmolekül-vermittelte (E-Cadherin) apoptotische Signalkaskade blockiert wird. Für hES-Zellen wurde gezeigt, dass der ROCK-Inhibitor Y-27632 die Apoptose besser unterdrückt als verschiedene andere Inhibitoren und Faktoren.[98] Für manche Anwendungen (z. B. Kryokonservierung, Abschn. 2.5) ist die Verwendung von Einzelzellen praktischer oder sogar notwendig, jedoch ist ein dauerhafter Einsatz des ROCK-Inhibitors in der Standard-Kultur umstritten. Der Stoffwechsel pluripotenter Zellen veränderte sich beispielsweise nach Inkubation mit ROCK-Inhibitor.[99] Des Weiteren kann die Anpassung an die Einzelzell-Passage zu genetischen Veränderungen wie Trisomie 12 führen.[100] Sofern es möglich ist, werden hiPS-Zellen während der Standard-Kultur folglich als kleine Zellaggregate aus wenigen Zellen passagiert. Es existieren verschiedene Verfahren um die Zellen abzulösen. Neben dem mechanischen Abkratzen einzelner Kolonien mit einem dazu geeigneten Instrument wie einer Nadel, existieren enzymatische, chemische und kombinierte enzymatisch-mechanische Methoden. Welche Methode am geeignetsten ist, ist unter anderem von der verwendeten Beschichtung, der Anwesenheit von Feederzellen, der gewünschten Aggregatgröße oder der nachfolgenden Anwendung abhängig. Beim enzymatischen Ablösen werden die

---

[97] Li et al. 2012, S. 59 ff.

[98] Watanabe et al. 2007, S. 681 ff.

[99] Vernardis et al. 2017, S. 681 ff.

[100] Assou et al. 2018, S. 814 ff.

Proteine der extrazellulären Matrix verdaut, gleichzeitig besteht aber die Gefahr, dass die Oberflächenproteine der Stammzellen angegriffen werden. Die Enzyme Collagenase und Dispase sind relativ schonend für die Zellen und generieren eher große Aggregate. Die Enzyme Trypsin, TrypLE und Accutase werden zur Zellvereinzelung eingesetzt, können bei kurzer Inkubationszeit aber auch kleinere Zellaggregate bilden. Da die Qualität der Enzyme in der Regel von der Produktionseinheit abhängig ist, ist keine gleichbleibende Funktionalität der enzymatischen Methoden gewährleistet. Zudem sind viele Enzyme tierischen Ursprungs. Diese Probleme sind bei Verwendung der Chemikalie Ethylendiamintetraessigsäure (EDTA) nicht vorhanden. EDTA bildet mit zweiwertigen Kationen stabile Komplexe. Dadurch werden den Stammzellen die für die Adhäsion benötigten Calcium- und Magnesium-Ionen entzogen, sodass sie sich ohne enzymatische Schädigung ablösen lassen. Mit EDTA können abhängig von der Inkubationszeit und den beim Ablösen eingesetzten Scherkräften sowohl Zellaggregate als auch Einzelzellen generiert werden. Studien belegen, dass die Überlebensrate von hiPS-Zellen nach EDTA-Passage beispielsweise höher ist als nach Passage mit den Enzymen TrypLE oder Dispase.[101] EDTA ist unabhängig von der verwendeten Beschichtung für die Langzeitkultur von hiPS-Zellen geeignet, chemisch definiert und im Vergleich zu Enzymen sehr günstig. Ein weiterer Vorteil von EDTA ist, dass es die meisten differenzierten Zellen nicht ablöst und somit die Reinheit der hiPS-Zellkultur erhöht, ohne dass spontan differenzierte Bereiche vor der Passage mechanisch entfernt werden müssen. Weitere chemisch definierte, xeno-freie Dissoziationsreagenzien sind kommerziell erhältlich, deren Inhaltsstoffe sind unbekannt, mutmaßlich handelt es sich aber ebenfalls um Komplexbildner.

2.2.1.4 Physikalische Faktoren

Die physikalischen und physikochemischen Faktoren sind vor allem von den für die Kultur verwendeten Plattformen abhängig. Pluripotente Zellen sind im Gegensatz zu anderen Zelltypen sensitiv gegenüber mechanischem Stress, welcher zu den physikalischen Faktoren zählt. Zentrifugalkräfte von 1000 g veränderten beispielsweise den Phänotyp und die Proliferation von ES-Zellen.[102] Hydrodynamischer Scherstress, welcher in Massenproduktions-Systemen aufgrund der notwendigen Durchmischung häufig vorhanden ist, kann hiPS-Zellen ebenfalls negativ beeinflussen. In einer Spinnerflasche mit normalem Rührelement und einer Rotationsrate von 28 rpm (*rounds per minute*, Umdrehungen pro Minute) entstehen maximale Scherkräfte von 0,108 Pa und durchschnittliche Kräfte von 0,059 Pa an der Bodenfläche, was im Vergleich zur Kultur mit 25 rpm bereits zu einer Reduktion der hiPS-Zellzahl führte.[103] Die Verwendung eines Glasballs als Rührelement reduzierte die Scherkräfte in Spinnerflaschen. Dadurch konnten höhere Rotationsgeschwindigkeiten

---

[101] Beers et al. 2012, S. 2029 ff.

[102] Serra et al. 2012, S. 350 ff.

[103] Ismadi et al. 2014, S. e106493.

von bis zu 60 rpm verwendet werden. In diesem System verschlechterte sich die Proliferation von hiPS-Zellen erst ab einer Rotationsrate von 75 rpm, wobei die höchsten Scherkräfte 0,152 Pa betrugen.[104] Neben einem nachteiligen Effekt auf die Expansionsrate, kann der Scherstress auch eine spontane Differenzierung auslösen. Interessanterweise sind nicht alle Linien gleich sensitiv gegenüber Scherstress.[105] Neue Kultivierungsprotokolle werden meist nur mit sehr wenigen hiPS-Zell-Linien etabliert (eine bis drei Linien). Um die Reproduzierbarkeit und damit die Nützlichkeit der Protokolle beurteilen zu können, ist es folglich unabdingbar, dass sie mit vielen bzw. auch mit sensitiven Linien getestet werden.

2.2.1.5 Physikochemische Faktoren

Zu den physikochemischen Faktoren, die pluripotente Zellen beeinflussen, zählen unter anderem Temperatur, pH-Wert und Sauerstoff-Partialdruck. HiPS- und hES-Zellen werden standardmäßig in Inkubatoren bei 37 °C mit 21 % Sauerstoff und einem pH von circa 7,4 kultiviert. Während Temperatur und pH-Wert der physiologischen Umgebung im Embryo entsprechen, ist dies für den Sauerstoff-Partialdruck nicht der Fall, denn dieser ist im Embryo hypoxisch (2–6 % Sauerstoff). Entsprechend überrascht es nicht, dass eine Kultivierung mit niedrigem Sauerstoff-Partialdruck vorteilhaft zu sein scheint. Die spontane Differenzierung von hES-Zellen konnte durch hypoxische Kultivierung verringert werden.[106] Ebenso traten spontane chromosomale Anomalitäten seltener auf.[107] Weitere Untersuchungen sind notwendig, um die optimale Sauerstoffkonzentration, Dauer der hypoxischen Kultivierung und den tatsächlichen Nutzen für Generierung, Expansion und Differenzierung zu bestimmen.

2.2.1.6 Zusammenfassung

Insgesamt haben sich die Kultivierungsbedingungen von hiPS-Zellen von Feeder-abhängigen Systemen über Feeder-freie bis hin zu chemisch definierten und xeno-freien Medien, Beschichtungen und Dissoziationsreagenzien entwickelt. Damit sind die Grundvoraussetzungen für GMP-kompatible, standardisierte Protokolle vorhanden. Beispielsweise ist die Kombination von E8-Medium, Vitronektin und EDTA als Dissoziationsreagenz von der Reprogrammierung bis zur Expansion geeignet, wobei die Komplexität und Variabilität der Prozessschritte maximal reduziert wurden.[108] Da die Expansion aufgrund ihrer Abhängigkeit von zahlreichen

---

[104] Wang et al. 2013, S. 1103 ff.

[105] Leung et al. 2011, S. 165 ff.

[106] Ezashi et al. 2005, S. 102 ff.

[107] Chen et al. 2014, S. 13 ff.

[108] Chen et al. 2011, S. 424 ff.

weiteren Signalen aus der extrazellulären Umgebung (z. B. physikochemische Faktoren, physikalische Faktoren) komplex ist, entstanden unabhängig von den verwendeten Medien/Beschichtungen verschiedene Typen der Kultivierung und Kultivierungsplattformen, welche in den folgenden zwei Abschnitten vorgestellt werden. Die Produktion großer Zellmassen ist immer noch eine Herausforderung, welche durch Hochskalierung, Parallelisierung und Automatisierung angegangen wird.

2.2.2 Technische Umsetzung

Während die Medien und Beschichtungen in Richtung chemisch definierter, xenofreier Zusammensetzungen weiterentwickelt wurden, entstanden parallel unterschiedliche Arten der Kultivierung. Neben der bereits in Abschn. 2.2.1 beschriebenen adhärenten Kultivierung in zweidimensionalen (2D) Kulturgefäßen, können hiPS-Zellen alternativ in Suspension, also in einer Flüssigkeit freischwebend, kultiviert werden und zwar adhärent auf Trägerpartikeln (Mikrocarrier), als dreidimensionale Zellaggregate (Sphäroide) oder als in Hydrogelen verkapselte Sphäroide (Abb. 4). Die Suspensionskultur kann ohne (statisch) oder mit Durchmischung (dynamisch) durchgeführt werden. Bevor in Abschn. 2.2.3 auf die verschiedenen Technologieplattformen eingegangen wird, werden in diesem Abschnitt zunächst die verschiedenen Kultivierungsregime erläutert. Eine Übersicht der dazugehörigen Studien inklusive Expansionsrate, maximalem Ertrag und Anzahl der Passagen ist in Tab. 1 dargestellt.

2.2.2.1 Kultur auf Mikrocarriern

Um den Zellen trotz Suspensionskultivierung eine Adhäsionsoberfläche bereit zu stellen, werden Trägerpartikel, sogenannte Mikrocarrier (MC), verwendet. Mikrocarrier sind üblicherweise kugelförmige Partikel mit einem Durchmesser von 120 bis 400 µm, deren Dichte es ermöglicht sie unter leichtem Rühren in Suspension zu halten. Die Dichte kommerziell erhältlicher Mikrocarrier für die Suspensionskultur liegt zwischen 0,9 und 1,2 g/ml, wobei die Meisten mit 1,02 g/ml ± 0,1 g/ml eine ähnliche Dichte wie Wasser aufweisen. Somit wird gewährleistet, dass sie mit minimaler Rührgeschwindigkeit in Suspension gehalten werden können. Die hiPS-Zellen wachsen wie in zweidimensionalen Kulturgefäßen adhärent als Zellrasen auf den Mikrocarriern. Im Gegensatz zur normalen adhärenten Kultur kann aber die Wachstumsfläche mit Hilfe der Mikrocarrier bei gleichbleibendem Mediumverbrauch erhöht werden (*scale-up*), was in einer höheren Zellzahl pro Milliliter Medium resultiert. Verschiedenste Materialien wie Polystyren, Dextran, Cellulose, Glas oder Alginat werden zur Herstellung von MCs verwendet, wobei diese fest, porös oder makroporös sein können. Bei Letzteren wachsen die Zellen nicht nur auf, sondern auch in den Mikrocarriern, wodurch sie vor Scherkräften geschützt werden. Obwohl zahlreiche Größen und Formen möglich sind, sind MCs meist kugelförmig. Die Größenverteilung sollte dabei möglichst homogen sein (±25 µm), um einen ungleichmäßigen Bewuchs zu ver-

Tab. 1 HiPS-Zell-Expansionstechnologien in Suspensionskultur. Die Suspensionskultur wurde unterteilt in adhärente Kultur auf Mikrocarriern, in Kultur als Sphäroide und als in Hydrogelen verkapselte Sphäroide. Bei der Anzahl der angegebenen Linien handelt es sich um humane hiPS-Zellen, außer bei Gupta et al. 2016, dort wurden murine hiPS-Zellen verwendet. Abkürzungen: d=Tage, ES=embryonale Stammzellen, EZ=Einzelzellen, FB=fed batch, MC=Mikrocarrier, MG=Matrigel®, na=nicht verfügbar, PAS=Peptid-Acrylat Oberfläche, PNIPAAm-PEG=Poly(N-Isopropylacrylamid)-Polyethylenglycol, RB=repeated batch, RI=ROCK-Inhibitor, VN=Vitronektin, ZA=Zellaggregate, ZK=Zellkonzentration

	System (Anzahl getesteter Linien)	Operationsmodus	MC und Medium	Inokulation	Expansion	MAX. Zellzahl/ml	Max. Ertrag	Max. Passagen	Volumen [ml]	Ref.
Mikrocarrier	24-Mikrowell-Suspensionsplatte (1)	statisch/RB	VN-beschichtete Polystyren-MC/E8+RI	kleine ZA (EDTA)	6,6 in 5 d	na	9,90E+5	0	na	Badenes et al. 2016
	Spinnerflasche (1)	dynamisch/RB	VN-beschichtete Polystyren-MC/E8+RI	kleine ZA (EDTA)	4,0 in 10 d	1,40E+6	7,00E+7	0	50	
	24-Mikrowell-Suspensionsplatte (1)	statisch/RB	PAS-Hydrogel MC/mTeSR1+RI	EZ (Accutase)	4,6 in 5 d	na	6,90E+5	0	na	Badenes et al. 2017
	Spinnerflasche (1)	dynamisch/RB	PAS-Hydrogel MC/mTeSR1+RI	EZ (Accutase)	4,4 in 7 d	7,33E+6	1,10E+7	0	15	
		dynamisch/RB	PAS-Hydrogel MC/mTeSR1	Start: EZ (Accutase), PASSAGE: Kein Ablösen (Zugabe neuer MC)	3,4 in 4 d	1,13E+6	1,70E+7	3	15	
	Spinnerflasche (1)	dynamisch/RB	Cytodex 3 MC/ES Medium mit DMEM und FCS	na	4,0 in 7 d	8,00E+5	4,00E+7	0	50	Gupta et al. 2016
	Spinnerflasche (1)	dynamisch/RB	PLL-beschichtete Polystyren-MC mit kovalent gebundenem synthetischen Peptid/mTeSR1+RI	EZ (Accutase)	23,3 in 6 d	1,40–1,90E+6	9,50E+7	5	50	Fan et al. 2014
	Suspensions-Kulturschale (1)	statisch/RB	MG-beschichtete DE53-MC/mTeSR1	ZA (Start: Dispase, sonst mechanisch)	7,7 in 7 d	1,30E+6	5,20E+6	10	4	Bardy et al. 2013
	Spinnerflasche (1)	dynamisch/RB	MG beschichtete DE53- MC/mTeSR1	ZA (Dispase)	20,0 in 7 d	6,10E+6	3,05E+8	0	50	

Sphäroide	Einweg-Rührkessel-Bioreaktor (DASbox) (2)	dynamisch/Perfusion	E8+RI, mTeSR1+RI	EZ (Accutase)	5,7 in 7 d	2,85E+6	2,85E+8	0	100	Kropp et al. 2016
		dynamisch/RB	mTeSR1+RI	EZ (Accutase)	3,9 in 7 d	1,94E+6	1,94E+8	0	100	
	Rotierende Gefäße ohne Impeller (BioLevitator™) (1)	dynamisch/FB	mTeSR1+RI	EZ (Accutase) (normale ZK)	4,9 in 4 d	1,47E+5	3,68E+6	10	10 Start, 25 Ende	Elanzew et al. 2015
		dynamisch/FB	E8+RI, mTeSR1+RI	EZ (Accutase) (niedrige ZK)	20,0 in 4 d	2,64E+5	6,60E+6	0	10 Start, 25 Ende	
	Suspensionsplatte (2)	statisch/RB	E8+RI	EZ (Accutase)	3,7 in 3–4 d	7,40E+5	na	13	na	Wang et al. 2013
	Spinnerflasche mit Glasball (2)	dynamisch/RB	E8+RI	EZ (Accutase)	3,5 in 3–4 d	1,75E+6	na	25	na	
	Rührkessel-Bioreaktor (Cellferm pro Parallel Bioreactor System) (1)	dynamisch/RB	mTeSR1+RI	EZ (Collagenase B)	ca. 4,0 in 7 d	1,50E+6	1,50E+8	0	100	Olmer 2012
	6-Mikrowell-Suspensionsplatte oder Erlenmeyer-Kolben für niedrige ZK (0,33E+5/ml) (2)	statisch oder dynamisch/Batch	mTeSR1+RI	EZ (Collagenase B)	3,0–6,0 in 4 d	na	na	10	3 bzw. 25	Zweigerdt et al. 2011
	Rotierende Suspensions-Kulturschale oder Spinnerflasche für hohe ZK (1,0E+6/ml) (2)	dynamisch/RB	mTeSR1+RI	EZ (Collagenase IV plus TrypLE)	2,0–3,0 in 7 d	na	na	na	10 bzw. 50	
	statisch in Kulturschale oder gerührt in Erlenmeyer-Kolben (2)	Statisch oder dynamisch/RB	CH100F medium (+RI)	ZA (CollagenaseIV, mechanisch oder Trypsin/EDTA)	ca. 25 in 10–11 d (Passage alle 5–7 d)	na	na	30	25	Amit et al. 2010
	6-Mikrowell-Suspensionsplatte (1)	statisch/na	mTeSR1+RI	EZ (Collagenase B)	6,0 in 4 d	1,56E+5	4,68E+5	20	3	Olmer et al. 2010
verkapselt	EZ oder daraus statisch generierte Zell-aggregate in PNIPAAm-PEG (2)	statisch oder dynamisch/RB	E8+RI	EZ (Accutase)	10,0–20,0 in 4–5 d	1,0–2,0 E+7 pro ml Gel	na	60	na	Lei und Schaffer 2013
	ZA in Fasern aus einer Mischung von Alginat mit wasserlöslichem Chitin (2)	statisch/RB	mTeSR1+RI	ZA (mechanisch)	ca. 10,0 in 6 d	na	na	10	na	Lu et al. 2012

meiden.[109] Die Steifigkeit der meisten physiologischen Gewebe ist mehrere Größen-ordnungen niedriger als die von Kulturgefäßen aus Plastik oder Glas. Daher werden für die Herstellung der Mikrocarrier häufig weichere Materialien verwendet, die die natürliche Zellnische hinsichtlich der mechanischen Eigenschaften besser simulieren. Tatsächlich rufen Veränderungen der Steifigkeit oder Topografie auch Reaktionen in Stammzellpopulationen hervor und sollten dementsprechend bei der Wahl des Kultur-systems berücksichtigt werden. Der Einfluss der Steifigkeit wurde für verschiedene Materialien wie Hyaluronsäuregele oder Polymer-Netzwerke (z. B. aus Polydimethyl-siloxan) gezeigt. Alginat ist ebenfalls ein vielversprechendes Material zur Simulation der natürlichen Zellnische. Alginat wird aus Braunalgen isoliert, es handelt sich dabei um unverzweigte Polymere aus β-D-Mannuronsäure und α-L-Guluronsäure, die in homogenen oder heterogenen Blöcken angeordnet sind. Protokolle für die Extraktion xeno-freier, ultra-reiner und hochviskoser Alginate sind vorhanden.[110] Aus Alginat können unter physiologischen Bedingungen durch Zugabe zweiwertiger Kationen wie Calcium-Ionen sogenannte Hydrogele hergestellt werden, deren Steifigkeit, Poro-sität und Oberflächenbeschaffenheit einstellbar sind. Diese Hydrogele sind zur immu-nisolierten Einschlussimmobilisierung geeignet,[111] da ein bidirektionaler Stoffaus-tausch durch die Alginatporen stattfinden kann. Einerseits werden die im Alginat eingeschlossenen Zellen (z. B. Langerhanssche Inseln zur Therapie von Diabtes Mel-litus Typ I) mit Nährstoffen und Sauerstoff versorgt und es können von den Zellen sekretierte Substanzen und Abfallstoffe abgegeben werden, andererseits ist es größe-ren Molekülen wie Antikörpern oder Zellen nicht möglich durch die kleinen Alginat-poren ins Innere der Alginatkapseln einzudringen.[112] Bei einer solchen Anwendung ist es von Vorteil, dass das Alginat bioinert ist, es also zu keiner biologischen Wechsel-wirkung von Zellen mit dem Material kommt. Sollen Alginat-Hydrogele als Mi-krocarrier verwendet werden, ist jedoch aus diesem Grund eine Behandlung der Ober-fläche unerlässlich, um die Zelladhäsion zu ermöglichen. Proteine binden aufgrund der hydrophilen Eigenschaften und negativ geladenen Oberfläche zwar nicht an Algi-nat, mit Hilfe chemischer Methoden können Proteine aber kovalent an Alginat gekop-pelt werden und so eine bioaktive Wachstumsfläche für Stammzellen bereit stellen.[113] Für die Kultur von pluripotenten Stammzellen ist auch bei adhäsiven Mikrocarri-er-Materialien oft eine zusätzliche Protein-Beschichtung notwendig.[114] Obwohl ver-schiedene MC-Beschichtungskombinationen die Adhäsion und anschließende Proli-feration einzelner hiPS-Zell-Linien unterstützen, ist zurzeit noch unklar welches System universell für eine größere Anzahl hiPS-Zell-Linien verwendet werden kann, da Linien-spezifische Unterschiede vorhanden sind. Für eine spätere klinische Anwendung eignen sich ebenso wie bei der zweidimensionalen Kultivierung

---

[109] Chen et al. 2013, S. 1032 ff.

[110] Fertah et al. 2014, S. 3707 ff.; Zimmermann et al. 2005, S. 491 ff.

[111] Mettler et al. 2013, S. 219 ff.

[112] Ehrhart et al. 2013, S. e73498.

[113] Gepp et al. 2017, S. 2451 ff.

[114] Bardy et al. 2013, S. 166 ff.; Fan et al. 2014, S. 588 ff.; Gupta et al. 2016, S. 45 ff.

(Abschn. 2.2.1) rekombinant hergestellte Proteine zur Beschichtung der MC. In Kombination mit E8-Medium wurden Vitronektin-beschichtete Polystyren-MC erfolgreich für die xeno-freie Expansion von hiPS-Zellen sowohl unter statischen, als auch unter dynamischen Bedingungen in Suspension verwendet.[115] Besiedelt wurden die Mikrocarrier bisher mit großen (>12 Zellen) und kleinen Zellaggregaten (3–6 Zellen) sowie mit Einzelzellen, immer unter Zugabe von ROCK-Inhibitor. In bisher nur drei Studien wurden die hiPS-Zellen auf den Mikrocarriern passagiert. Die meisten Passagen (10 Passagen, Expansionsrate 7,7 pro Passage in 7 Tagen) wurden unter statischen Bedingungen mit Matrigel®-beschichteten MCs durchgeführt. Dabei wurden die hiPS-Zellen mechanisch von den Mikrocarriern abgelöst und als Zellaggregate passagiert.[116] Wurden hiPS-Zellen mit Accutase enzymatisch abgelöst und als Einzelzellen passagiert, konnte über fünf Passagen eine maximale Expansionsrate von 23,3 innerhalb von sechs Tagen erreicht werden.[117] Die höchste Zellzahl pro Milliliter, die bisher erreicht wurde, lag bei $7,33 \times 10^6$ Zellen/ml in 15 Millilitern. In einem anderen Ansatz wurde während der exponentiellen Wachstumsphase ein Großteil der bewachsenen Mikrocarrier entnommen. Anschließend wurden frische Mikrocarrier zugegeben und unter dynamischen Bedingungen kultiviert. Die getestete hiPS-Zell-Linie konnte unter diesen Bedingungen von Mikrocarrier zu Mikrocarrier wachsen und somit ohne Ablöseprozess die frisch hinzugegebene Wachstumsfläche inokulieren, was in einer Expansionsrate von 3,4 in 4 Tagen resultierte.[118] Falls diese Technik für alle hiPS-Zell-Linien und unter xeno-freien Bedingungen funktioniert, könnte die Passage zellschonender, vereinfacht und in reduzierter Zeit durchgeführt werden.

2.2.2.2 Kultur als Sphäroide

Neben der Kultur auf Mikrocarriern ist es möglich hiPS-Zellen ganz ohne Adhäsionsoberfläche in Suspension zu kultivieren. In diesem Fall adhärieren die hiPS-Zellen mit Hilfe des Adhäsionsproteins E-Cadherin aneinander und bilden dadurch dreidimensionale (3D) Zellaggregate.[119] Diese werden auch als Sphäroide oder *Embryoid Bodies* bezeichnet. Um Verwechslungen mit den bei der Passage generierten und aus weniger Zellen bestehenden Zellaggregaten zu vermeiden, wird im Zusammenhang mit der Expansion im Folgenden der Begriff „Sphäroide" verwendet. Im Gegensatz zu Spähroiden ist bei der adhärenten 2D Kultivierung (Kulturgefäß oder Mikrocarrier) in der Regel ein Zellrasen mit Zell-Kontakten zur beschichteten Oberfläche und zu benachbarten Zellen vorhanden. Da die Zellentwicklung, wie bereits erläutert wurde, unter anderem von den extrazellulären Signalen abhängt, ist es im Allgemeinen von Vorteil *in vitro* die natürliche Zellnische möglichst exakt nachzustellen (Abschn. 2.2.1), bei pluripotenten Zellen also die innere Zellmasse

[115] Badenes et al. 2016.

[116] Bardy et al. 2013, S. 166 ff.

[117] Fan et al. 2014, S. 588 ff.

[118] Badenes et al. 2017, S. 492 ff.

[119] Kinney et al. 2011, S. 249 ff.

der Blastozyste. Die Kultivierung als Sphäroide simuliert diese Umgebung besser als die adhärente 2D-Kultur, weswegen in Sphäroiden in einem gewissen Maße die Embryonalentwicklung spontan rekapituliert wird (Abschn. 2.3.1). Dabei bilden sich Zellen aller drei Keimblätter, die späteren komplexen Ereignisse der Embryonalentwicklung finden aber nicht statt.[120] Folglich begünstigen Sphäroide die Differenzierung, deswegen werden sie als Ausgangspunkt zahlreicher Differenzierungsprotokolle verwendet (Abschn. 2.3.1). Darüber hinaus kann durch entsprechende Kulturbedingungen gezielt diese spontane Differenzierung unterdrückt und hiPS-Zellen unter Beibehaltung des pluripotenten, undifferenzierten Zustands als Sphäroide unter statischen oder dynamischen Bedingungen kultiviert werden. Dabei wurden Expansionsraten zwischen 2,0 und 20,0 erreicht (Tab. 1). In fast allen Fällen wurden Einzelzellen verwendet, welche enzymatisch mit Accutase oder Collagenase B generiert wurden. Die Tatsache, dass unter Beibehaltung des pluripotenten Zustands in sechs verschiedenen Studien zwischen 10 und 30 Passagen durchgeführt werden konnten, zeigt, dass Sphäroide auch zur Langzeitkultur geeignet sind. In diesen Versuchen waren allerdings sowohl das maximale Volumen (25 ml) als auch die maximal erreichten Zellzahlen ($3,68 \times 10^6$) eher niedrig. Die höchste mit Sphäroid-Kultur erreichte Zellzahl lag bei $2,85 \times 10^8$ in 100 ml, wobei hier gleichzeitig die höchste Zellzahl pro Milliliter erreicht wurde ($2,85 \times 10^6$ Zellen/ml).[121] Mit Mikrocarriern war es möglich mehr als doppelt so viele Zellen pro Milliliter Medium zu kultivieren, allerdings entstehen durch die Mikrocarrier zusätzliche Kosten, die einen potenziell niedrigeren Mediumverbrauch nivellieren können.[122]

Die Größe der Sphäroide stellt eines der Hauptprobleme bei dieser Kultivierungsform dar. Zahlreiche Faktoren wie beispielsweise die inokulierte Zellkonzentration, die verwendete hiPS-Zell-Linie, der vorhandene Scherstress oder die Zeit in Kultur beeinflussen die Sphäroidgröße. Ab einer bestimmten Größe können die Zellen im Inneren des Sphäroids aufgrund der limitierten Massen- und Gasdiffusion nicht mehr so gut versorgt werden wie die Zellen in den äußeren Schichten. Durch Rühren kann dieser Prozess etwas verzögert, aber nicht verhindert werden.[123] Schließlich führt die Unterversorgung mit Sauerstoff und/oder Nährstoffen im Inneren der Sphäroide zur Differenzierung oder zum Absterben, sodass die Sphäroide passagiert werden müssen bevor sie die kritische Größe erreichen. Bei der Passage werden die Sphäroide in kleine Zellaggregate oder Einzelzellen dissoziiert. Ein Diffusionsmodell, das die Größenverteilung und die ultrastrukturellen Eigenschaften von embryonalen Stammzell-Aggregaten umfasst, sagte voraus, dass in Aggregaten mit einem Durchmesser von 400 µm für 23 % aller Zellen hypoxische Bedingungen vorliegen, wohingegen bei einem Durchmesser von 200 µm im ganzen Sphäroid normoxische Bedingungen vorhanden seien.[124] Das deckt sich mit den Beobachtungen in der Praxis. Die durchschnittliche Apoptoserate von 4,8 % in Sphäroiden aus

---

[120] Hsiao und Palecek 2012, S. 266 ff.

[121] Kropp et al. 2016, S. 1289 ff.

[122] Bardy et al. 2013, S. 166 ff.

[123] Wu et al. 2014, S. e102486.

[124] Badenes et al. 2017, S. 492 ff.

humanen embryonalen Stammzellen stieg zum Beispiel ab Tag 10 stark an und erreichte 30 % an Tag 14.[125] Während des Versuchszeitraums vergrößerte sich der Durchmesser des Sphäroids signifikant. An Tag zwei lag dieser bei 200 µm, an Tag zehn bei 350 µm und an Tag 14 bei 500 µm. Bevor die Apoptose- oder Differenzierungsrate durch die inhomogenen Bedingungen in den Sphäroiden ansteigt, muss eine Passage erfolgen. Darüber hinaus ist der beste Zeitpunkt für die Passage auch davon abhängig wie einfach sich die Sphäroide dissoziieren lassen, was wiederum von zahlreichen Faktoren wie Zelllinie, Medium und Kultivierungsplattform beeinflusst wird. Beispielsweise stellten Olmer und Kollegen fest, dass die Passage bereits an Tag vier erfolgen musste, obwohl sich der Sphäroid-Durchmesser von 45 µm an Tag eins nur auf 350 µm an Tag sieben vergrößerte. In älteren Sphäroiden war die Dissoziation wahrscheinlich aufgrund der gebildeten extrazellulären Matrix erschwert.[126] Optimalerweise sollten die Kulturbedingungen so gewählt werden, dass die Größenverteilung der Sphäroide möglichst homogen ist. Obwohl das bereits eine Herausforderung darstellt, kommt erschwerend hinzu, dass die einzelnen Sphäroide zusammenwachsen und dadurch noch größere Agglomerate bilden können. In dynamischen Systemen kann dieser Prozess durch die stetige Durchmischung und Bewegung der Sphäroide im Vergleich zu statischen Systemen oftmals vermindert werden.[127] Generell besteht in der Regel eine inverse Beziehung zwischen Rührgeschwindigkeit und Sphäroidgröße, da die initiale Bindung der Zellen aneinander ebenso erschwert wird wie die Agglomeration der Sphäroide. Zusammengefasst muss die Kontrolle der Sphäroidgröße in einer hydrodynamischen Umgebung das Gleichgewicht zwischen Förderung der anfänglichen multizellulären Aggregatbildung und Unterdrückung der sekundären Sphäroid-Agglomeration halten.

2.2.2.3   Verkapselung

Neben der Suspensionskultur auf Mikrocarriern und als Sphäroide, können hiPS-Zellen in Hydrogele eingeschlossen (verkapselt) werden. Dabei werden die Zellen als Einzelzellen oder Zellaggregate homogen mit einem flüssigen Polymer gemischt und bei der anschließenden Gelbildung verkapselt. Aus dem Gel können Partikel mit verschiedenen Formen und Größen generiert werden, verbreitet sind kugelförmige und strangförmige Gelpartikel, welche theoretisch mit verschiedensten Bioreaktoren kompatibel und skalierbar sind. Die verkapselten hiPS-Zellen bilden während der Kultur in den Hydrogelen Sphäroide, weswegen generell die gleichen Vorteile wie bei der Sphäroid-Kultur vorhanden sind. Die Verkapselung verhindert zudem die sekundäre Agglomeration der Sphäroide und schützt vor Scherstress. Außerdem erlaubt sie die Kontrolle über Eigenschaften der zellulären Mikroumgebung, sodass beispielsweise biochemische und mechanische Signale denen der na-

---

[125] Amit et al. 2010, S. 248 ff.

[126] Olmer et al. 2010, S. 51 ff.

[127] Kinney et al. 2011, S. 249 ff.

türlichen extrazellulären Umgebung angepasst werden können. Zellaggregate von zwei verschiedenen hiPS-Zell-Linien wurden beispielsweise in Fasern aus einer Mischung von Alginat mit wasserlöslichem Chitin verkapselt und zeigten ähnliche Wachstumsparameter und Eigenschaften wie die herkömmlich kultivierten Kontrollen.[128] Dabei konnte eine 10-fache Expansionsrate in sechs Tagen erreicht werden. Unter Beibehaltung der Pluripotenz wurden zehn Passagen durchgeführt, wozu das Gel enzymatisch aufgelöst und die freigesetzten Sphäroide unter Zugabe von ROCK-Inhibitor mechanisch zerkleinert wurden. Die Verwendung von Poly(N-Isopropylacrylamid)-Polyethylenglycol (PNIPAAm-PEG) in Kombination mit E8-Medium und ROCK-Inhibitor ermöglichte die chemisch definierte, xeno-freie und GMP-konforme Verkapselung zweier hiPS-Zell-Linien. Bei PNIPAAm-PEG handelt es sich um ein thermoresponsives Polymer, welches bei 4 °C flüssig ist und bei 37 °C ein Hydrogel bildet. Dadurch konnten die Sphäroide bei der Passage besonders zellschonend und ohne Einsatz von Enzymen oder Chemikalien aus dem Gel isoliert werden. Hierbei war eine homogene Expression von Pluripotenz-Genen und nach fünftägiger Kultur eine circa 20-fache Expansion vorhanden. Die Durchführung von 60 Passagen demonstrierte nicht nur die Stabilität der konstant hohen Proliferationsraten, sondern auch die Beibehaltung des pluripotenten und genetischen Status und damit die Eignung des Protokolls für die Langzeitkultur von hiPS-Zellen. Mit $2,0 \times 10^7$ Zellen/ml Gel an Tag fünf wurde eine höhere Zelldichte im Gel erreicht als bei allen Suspensionskulturmethoden im Medium. Zudem konnten die hiPS-Zellen im PNIPAAm-PEG-Hydrogel nach der Langzeitkultur direkt mit Hilfe entsprechender Medien gerichtet in Zellen der drei Keimblätter differenziert werden, weswegen das System nicht nur für die Expansion sondern auch die nachfolgende Differenzierung geeignet zu sein scheint.[129]

2.2.2.4 Zusammenfassung

Die unterschiedlichen Typen der Suspensionskultur wurden für verschiedene Kultivierungsplattformen (Abschn. 2.2.3) etabliert (Abb. 5). Ein direkter Vergleich der durchgeführten Studien (Tab. 1) ist schwierig, da die Versuchsparameter (hiPS-Zell-Linien, Zellkonzentrationen, Medien) und Plattformen sehr unterschiedlich gewählt wurden. Dementsprechend ist zurzeit noch unklar, welcher Ansatz der Suspensionskultur die komplexen Anforderungen (z. B. hohe Expansionsrate, Pluripotenz, genetische Stabilität, niedrige Kosten) am ehesten erfüllt. Potentiell könnten mit der Kultur als Sphäroide die Kosten für die bereitgestellten Adhäsionsoberflächen und -proteine bzw. für das Hydrogel gespart werden. Eine Verkapselung der Sphäroide erscheint aktuell aber ebenfalls als schonende Methode, da die mechanische Belastung auf die Zellen deutlich reduziert wird und durch neue Materialien weitere Funktionalitäten hinzugefügt werden können, die den Prozess erleichtern oder verbessern. Dazu gehören schaltbare Schichten oder eine gezielte Freisetzung von

---

[128] Lu et al. 2012, S. 2419 ff.
[129] Lei und Schaffer 2013, S. E5039 ff.

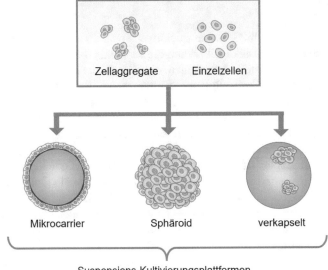

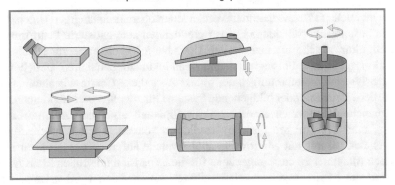

Abb. 5 Suspensionskultur von hiPS-Zellen. Zellaggregate oder Einzelzellen können zum Animpfen verwendet werden. HiPS-Zellen werden in Suspension adhärent auf Mikrocarriern, als Sphäroide oder verkapselt in einem Hydrogel kultiviert. Für alle Suspensionskulturtypen stehen verschiedene Kultivierungsplattformen zur Verfügung wie beispielsweise Suspensionskulturgefäße (z. B. Suspensionsflaschen, -schalen), Beutel, Spinnerflaschen, Erlenmeyer-Kolben oder rotierende Bioreaktoren. Abbildung in Anlehnung an Kropp et al. (2016, S. 1289 ff.)

zellaktiven Faktoren. Da in mehreren Studien unter Beibehaltung des pluripotenten Status circa 20-fache Expansionsraten in Zeiträumen von vier bis sieben Tagen erreicht und in Volumen von 100 Milliliter bereits über 10^8 Zellen kultiviert werden konnten, erscheint eine schnelle Expansion großer Zellmengen ($>10^9$) zumindest möglich zu sein.[130]

---

[130] Bardy et al. 2013, S. 166 ff.; Fan et al. 2014, S. 588 ff.; Elanzew et al. 2015, S. 1589 ff.; Lei und Schaffer 2013, S. E5039 ff.

2.2.3 Ausblick

Standardmäßig werden hiPS-Zellen zweidimensional als adhärente Zellschicht kultiviert (Abschn. 2.2.1). Dabei adhärieren die Zellen an die mit Proteinen beschichtete Oberfläche von Plastikkulturgefäßen, die in verschiedenen Größen und Formen erhältlich sind (z. B. Mikrowellplatten, Kulturschalen, Kulturflaschen). Um die für zukünftige Zelltherapien benötigten Zellmengen zu generieren, besteht die Möglichkeit die Größe bzw. die Anzahl der Kulturgefäße zu erhöhen. Außerdem wurden Flaschen mit mehrschichtigem Aufbau entwickelt, um auf gleichem Raum mehr Wachstumsfläche bereit zu stellen (z. B. *Cell Factory* von Nunc). Solche sogenannten *scale-out* Strategien (horizontale Skalierung) benötigen dennoch viel Platz und sind relativ kosten- und arbeitsintensiv.[131] Des Weiteren ist die Onlinekontrolle der wichtigsten Prozessparameter wie gelöster Sauerstoff, pH-Wert oder Zellkonzentration in der Regel nicht möglich, deswegen können keine gleichbleibenden Kulturbedingungen garantiert werden. Die Automatisierung der 2D-Kultur mit Hilfe verschiedener Robotik-Plattformen ist ein möglicher Ansatz um die Standardisierung zu erhöhen und gleichzeitig die Kosten durch Senkung der Arbeitszeit zu reduzieren. Durch Automatisierung werden nicht nur menschliche Fehler vermieden, auch die bei manuellen Prozessen immer vorhandenen operatorabhängigen Unterschiede werden beseitigt. Verschiedene Firmen produzieren automatisierte Plattformen für die Zellkultur, welche in einer sterilen Umgebung Roboterarme zur Handhabung der Kulturgefäße bzw. Flüssigkeiten und einen Inkubator beinhalten. Üblicherweise sind die Systeme modular aufgebaut, sodass zusätzliche Geräte wie automatisierte Zellsortier-, Zellzähl- oder bildgebende Systeme hinzugefügt werden können. Während manche Plattformen sowohl Mikrowellplatten als auch Zellkulturflaschen (75 cm^2 oder 175 cm^2 pro Flasche) handhaben können, arbeiten andere Systeme weniger flexibel nur mit Mikrowellplatten, welche aufgrund der geringen Fläche pro Loch (maximal 10 cm^2) ungeeignet für die Expansion im großen Maßstab sind. Während der Mediumwechsel relativ einfach automatisiert werden kann, stellen Reprogrammierung, Passage und Differenzierung größere Herausforderungen dar. Dennoch existieren auch hierfür erste erfolgreiche Protokolle. Die automatisierte Passage als Einzelzellen zeigte beispielsweise zwar eine etwas geringere Vitalität, aber einen höheren Ertrag, höhere Adhäsionsraten und eine höhere Expression der Pluripotenz-Gene als beim manuellen Prozess.[132] Paull und Kollegen gelang es sogar den gesamten Prozess von der Fibroblasten-Reprogrammierung, über die Kultur der hiPS-Zellen bis hin zu deren neuraler Differenzierung zu automatisieren. Dabei stellten sie fest, dass die manuelle Kolonie-Selektion bei der Reprogrammierung eine Hauptursache für die hohe Variabilität darstellte, welche durch Automatisierung signifikant gesenkt werden konnte.[133]

   Alle *scale-out* Strategien haben gemeinsam, dass mit der Vergrößerung der Adhäsionsoberfläche der Arbeitsaufwand und das verbrauchte Medium – und damit

---

[131] Kropp et al. 2017, S. 244 ff.
[132] Archibald et al. 2016, S. 1847 ff.
[133] Paull et al. 2015, S. 885 ff.

die Kosten – in gleichem Maße zunehmen. Im Gegensatz dazu spricht man von *scale-up* Strategien, wenn die Hochskalierung in einer optimierten Art und Weise durchgeführt wird, wodurch üblicherweise die Produktionskosten gesenkt werden. Ein Beispiel für einen simplen *scale-up* Prozess stellen Rollerflaschen dar. Diese sind in verschiedenen Größen erhältlich (Adhäsionsoberfläche von Corning-Rollerflaschen z. B. bis zu 1700 cm²). Die Zellen wachsen adhärent an der Innenwand der Flasche, welche von einem entsprechenden Gerät liegend um ihre Längsachse gedreht wird. Bei jeder Umdrehung tauchen die Zellen einmal in das Medium ein, welches sich nur am Boden der Flasche befindet. Dadurch ist der Mediumverbrauch im Vergleich zur Standard-2D-Kultur reduziert und gleichzeitig liegt aufgrund der ständigen Mischung eine bessere Versorgung mit Nährstoffen und Sauerstoff vor. Die Suspensionskultur stellt ebenfalls eine vielversprechende *scale-up* Strategie dar, wobei hiPS-Zellen auf Mikrocarriern, als Sphäroide oder verkapselt in einem Hydrogel kultiviert werden können (Abschn. 2.2.2) (Abb. 5). Alle hierfür verwendeten Kultivierungsplattformen haben gemeinsam, dass im Vergleich zur 2D-Kultur mehr Zellen pro Milliliter Medium kultiviert und somit die Mediumkosten reduziert werden. Für die einfachste Form der Suspensionskultur werden unbeschichtete Kulturgefäße verwendet. Dabei sind im kleinen Maßstab sowohl statische als auch dynamische Bedingungen möglich. Im Gegensatz dazu ist eine dynamische Kultur bei größeren Zellmengen bzw. einer hohen Zelldichte zwingend erforderlich, um eine homogene Durchmischung und Versorgung aller Zellen mit Nährstoffen und Sauerstoff zu gewährleisten. Dazu können Kulturgefäße auf Schüttelplatten gestellt werden.[134] Neben den simplen Suspensionskulturgefäßen sind zahlreiche auf Suspensionskultur spezialisierte Technologieplattformen vorhanden, die sich unter anderem in der Art der Durchmischung, der Skalierbarkeit, der Prozessüberwachung oder der Komplexität unterscheiden. Abhängig davon, ob eine externe oder interne Durchmischung stattfindet, können sie in zwei Gruppen eingeteilt werden. Beispiele für Systeme mit interner Durchmischung sind Spinnerflaschen oder Rührkessel-Bioreaktoren, wohingegen Erlenmeyer-Kolben, rotierende Bioreaktoren oder Beutel zur Gruppe der extern durchmischten Systeme zählen. Zahlreiche weitere bzw. alternative Unterteilungen der Kultivierungsplattformen sind möglich. Die interne Durchmischung wird durch ein Rührelement innerhalb des Zellkulturbehälters erreicht. Neben dem Mischen des Mediums, hält der vom Rührelement erzeugte Auftrieb die Zellen bzw. Mikrocarrier entgegen der Schwerkraft in Lösung. Im Gegensatz dazu werden bei der externen Durchmischung Geräte verwendet, um das gesamte Kulturgefäß zu bewegen und so die benötigten Strömungen zu erzeugen. Beispiele für solche Geräte sind Schüttler für Erlenmeyer-Kolben, Wippen für Beutel oder Schüttelplatten für Suspensionskulturgefäße.

Für hiPS-Zellen wurden bisher neben Suspensionskulturgefäßen am häufigsten Spinnerflaschen und Rührkessel-Bioreaktoren verwendet. Eine Spinnerflasche ist ein einfaches System, das aus einem zylindrischen Behälter und einem Rührelement an dessen Boden besteht. Das Rührelement ist in der Regel magnetisch und wird mit Hilfe eines externen Magnetrührers bewegt, auf dem die Spinnerflasche

---

[134]Zweigerdt et al. 2011, S. 689 f.

platziert wird. Seit ihrer Erfindung wurden Spinnerflaschen ständig weiterentwickelt, um die turbulente Strömung und die damit verbundenen hohen Scherkräfte während des Mischens zu verringern. Beispielsweise sind verschiedene Rührelemente erhältlich, die nicht nur die Belüftung und Homogenität des Mischens beeinflussen, sondern auch unterschiedlich hohe Scherkräfte verursachen. Da hiPS-Zellen besonders empfindlich auf Scherkräfte reagieren, muss dieser Aspekt bei der Wahl der Zellkulturplattform besonders beachtet werden (Abschn. 2.2.1). Eine große Auswahl an Spinnerflaschen ist kommerziell erhältlich. Die Größe der Spinnerflaschen reicht von 25 ml bis zu mehreren Litern, wobei unterschiedliche Formen für Flaschen und Rührelemente erhältlich sind, zudem existieren Einweg- und Mehrwegflaschen. Spinnerflaschen wurden sowohl in Kombination mit verschiedenen Mikrocarriern als auch für die Sphäroid-Kultur von hiPS-Zellen erfolgreich in mehreren Studien eingesetzt (Tab. 1). Die Verwendung von Rührkessel-Bioreaktoren hat sich in der biopharmazeutischen Industrie für die Massenproduktion von Zellen und Zellprodukten (z. B. Antikörpern) bewährt. Ebenso wie Spinnerflaschen sind sie in verschiedensten Größen (60 ml bis hunderte Liter) und Ausführungen erhältlich, wobei für die Kultur von hiPS-Zellen auch hier darauf geachtet werden muss, dass durch das Rührelement möglichst geringe Scherkräfte verursacht werden. Im Gegensatz zu Spinnerflaschen, bei denen dies seltener der Fall ist, ist bei Rührkessel-Bioreaktoren eine ständige Überprüfung der wichtigsten Prozessparameter wie Konzentration des gelösten Sauerstoffs, pH-Wert oder Konzentration von Abfallstoffen (z. B. Lactat) üblich. Dadurch wird eine standardisierte Kultivierung mit verminderter Variabilität ermöglicht. Zudem bieten sie oftmals die Möglichkeit der Begasung und des automatisierten, ständigen Austauschs des Mediums, wodurch die Bedingungen in großen Volumina optimiert und damit einhergehend Ertrag bzw. Qualität der Zellen erhöht werden können. Sauerstoff ist in wässrigen Lösungen nur in geringem Maß löslich, wobei der Gasaustausch an der Grenzfläche zwischen Wasser und Luft stattfindet. Verbrauchen die Zellen mehr Sauerstoff als dort ausgetauscht wird, muss durch zusätzliche Begasung Sauerstoff eingebracht werden, um negative Auswirkung auf den Zellzustand zu vermeiden. Bei der Verwendung von Rührkessel-Bioreaktoren aus Edelstahl oder Glas sind nach jedem Prozesszyklus aufwändige und kostenintensive Reinigungs- und Validierungsverfahren erforderlich. Diese Prozeduren können durch die Verwendung von Einweg-Reaktoren vermieden werden. Voll instrumentierte Einweg-Reaktoren wurden bereits im 100 Milliliter- bis 1000 Liter-Maßstab entwickelt und sind von großem Interesse für die klinische Translation von hiPS-Zellen, da sie zur Entwicklung GMP-konformer Expansionsprozesse durch erhöhte Produktsicherheit und verringertes Risiko von Kreuzkontaminationen beitragen können. Rührkessel-Bioreaktoren wurden bisher hauptsächlich zur Sphäroid-Kultur von hiPS-Zellen verwendet (Tab. 1). Ein Einweg-Rührkessel-Bioreaktor erreichte mit $2{,}85 \times 10^8$ Zellen in 100 ml die höchste Zellzahl und mit $2{,}85 \times 10^6$ Zellen/ml die höchste Zellzahl pro Milliliter.[135] Weitere Kultivierungsplattformen für die parallelisierte Expansion im mittelgroßen Maßstab (10 bis 50 ml) fokussieren auf die Vermeidung hoher Scherkräfte. Dazu werden

---

[135] Kropp et al. 2016, S. 1289 ff.

bis zu vier Kulturgefäße in aufrechter Position kontinuierlich oder intermittierend gedreht. Die darin integrierten Wellenbrecher garantieren eine schonende Durchmischung, ohne dass ein Rührwerk notwendig ist (z. B. CERO von OMNI Life Science). Die Vermeidung hoher Scherkräfte macht dieses System interessant für die Kultur von hiPS-Zellen (Patent US20130059376 A1). Tatsächlich konnten hiPS-Zellen über 10 Passagen erfolgreich als Sphäroide in diesem System kultiviert werden.[136] Für Kultivierungsplattformen wie Rotationswand-Bioreaktoren oder Beutel sind bisher keine Protokolle für hiPS-Zellen etabliert.

Mehrere Gründe machen in allen Kultivierungsplattform einen regelmäßigen Mediumwechsel notwendig. Die tägliche Zugabe von Wachstumsfaktoren wie bFGF ist in der Regel für den Erhalt des pluripotenten Status erforderlich (Abschn. 2.2.1). Außerdem werden Nährstoffe wie zum Beispiel Glucose verbraucht und Abfallprodukte wie Lactat im Medium angereichert, wodurch unter anderem den pH-Wert in eine ungünstige Richtung verschoben wird. Wird ein bestimmtes Volumen entnommen und anschließend die gleiche Menge frisches Medium wieder zugegeben, spricht man von *repeated batch feeding*.[137] Dies stellt zurzeit die am häufigsten verwendete Form des Mediumwechsels für hiPS-Zellen dar. Neben der herkömmlichen adhärenten Kultur in Standard-Kulturgefäßen, wird *repeated batch feeding* bei der Suspensionskultur von Mikrocarriern, Sphäroiden und verkapselten Sphäroiden verwendet (Tab. 1). Lediglich bei geringen Zelldichten ($3{,}3 \times 10^4$/ml) und einer kurzen Kultivierungsdauer wurde berichtet, dass auf einen Mediumwechsel vollständig verzichtet werden kann.[137] Werden den Zellen nur einmal zu Beginn Nährstoffe zur Verfügung gestellt, wird das als *batch feeding* bezeichnet.[138] Beim *scale-up* sollen möglichst viele Zellen pro Milliliter Medium kultiviert werden, welche einerseits viele Nährstoffe verbrauchen und andererseits entsprechend viele Stoffwechselprodukte ins Medium abgeben. Folglich kommt *batch feeding* für die Anwendung zur Massenproduktion von Zellen nicht in Frage. Alternativ zum *repeated batch feeding* kann *fed batch* durchgeführt werden. Hierbei werden einzelne Nährstoffe in konzentrierter Form zugegeben, aber kein altes Medium entnommen, weswegen eine beständige Zunahme des Kulturvolumens stattfindet. Zwar wurde dieser Operationsmodus bei der Suspensionskultur von hiPS-Zell-Sphäroiden erfolgreich angewandt, die maximale Zellzahl lag allerdings nur bei $6{,}6 \times 10^6$ Zellen in 25 ml Medium.[139] Da die Anreicherung toxischer Abfallprodukte bei dieser Fütterungsstrategie problematisch für hiPS-Zellen sein kann, ist es fraglich, ob *fed batch* für eine höhere Zellkonzentration geeignet ist. Eine sinnvolle Alternative zum etablierten *repeated batch feeding* stellt die Perfusion dar, welche bei einigen Rührkessel-Bioreaktoren möglich ist. Bei der Perfusion wird kontinuierlich Medium aus dem Bioreaktor durch frisches Medium ersetzt, wobei die Zellen über spezifische Systeme (z. B. entsprechende Filter) zurückgehalten werden. Im Gegensatz zum *repeated batch feeding* erhalten die Zellen bei der Perfusion folglich be-

---

[136] Elanzew et al. 2015, S. 1589 ff.

[137] Zweigerdt et al. 2011, S. 689 ff.

[138] Kropp et al. 2016, S. 1289 ff.

[139] Elanzew et al. 2015, S. 1589 ff.

ständig neue Nährstoffe, während sich potenziell toxische Abfallprodukte nicht ansammeln können. Die Zusammensetzung des Mediums bleibt dadurch über die Zeit homogen und stellt somit eine stabile, physiologische Umgebung für die Zellen dar. Tatsächlich konnten in einem Einweg-Rühr-Bioreaktor aufgrund des *repeated batch feeding* starke Schwankungen in der Glucose-, Lactat-, Sauerstoffkonzentration und im pH-Wert gemessen werden, die bei der Perfusionsmethode nicht vorhanden waren. Durch Perfusion wurde mit $2{,}85 \times 10^8$ Zellen pro 100 ml Medium ein 47 %ig höherer Ertrag erreicht als durch *repeated batch feeding*, wobei vor allem die Vitalität und der Sphäroid-Durchmesser in den letzten Tagen der siebentägigen Kultivierung höher waren als beim *repeated batch feeding*.[140] Bei beiden Fütterungsstrategien wurde zur besseren Vergleichbarkeit die gleiche Menge Medium pro Tag ersetzt. Ein weiterer Vorteil ist, dass der Austausch des Mediums bei Perfusion automatisiert stattfindet und keine Unterbrechung der Kultur notwendig ist. Beim *repeated batch feeding* muss der Prozess zur Durchführung des in der Regel manuellen Mediumwechsels für kurze Zeit gestoppt werden. Bei der Perfusion besteht jedoch das höchste Level der Betriebskomplexität und die größte Kontaminationsgefahr, da hier die Integration spezieller Mikrofluidiksysteme notwendig ist. Zudem ist der Mediumverbrauch üblicherweise höher als beim *repeated batch feeding*.

Zusammengefasst müssen abhängig von der benötigten Zellmenge und der Art der Kultivierung die geeignetste Kultivierungsplattform und der beste Operationsmodus ausgewählt werden, um die benötigte Zellzahl bei minimaler genetischer Veränderung zu erreichen (z. B. durch Eliminierung von Selektionseffekten, eine möglichst kurze Zeit in Kultur). (Teil-) automatisierte Systeme können dazu beitragen menschliche Einflüsse und Fehler zu reduzieren und die Effizienz zu erhöhen. Während *scale-out* Strategien für kleinere Zellmengen denkbar sind, scheint die Hochskalierung und Prozessoptimierung mittels *scale-up* für größere Zellmengen Voraussetzung zu sein, um eine kostengünstige und standardisierte Produktion zu gewährleisten.

2.3 Differenzierung und anwendungsorientierte Applikation

Unter Differenzierung versteht man die Entwicklung einer Zelle von einem weniger in einen stärker spezialisierten Zustand. Dabei entstehen aus ursprünglich gleichartigen Zellen strukturell und funktionell unterschiedliche, an bestimmte Aufgaben angepasste Zellen. Dieser Prozess ist unter natürlichen Bedingungen in der Regel nicht umkehrbar und wird von der Umgebung der Zelle gesteuert. Für verschiedene Zelltypen sind die zugrunde liegenden Mechanismen bekannt, sodass man die Differenzierung im Labor nachstellen und künstlich einleiten kann. Dies stellt eine Grundvoraussetzung für eine hiPS-Zell-basierte Zelltherapie dar, da die pluripotenten hiPS-Zellen zwar theoretisch das Potenzial besitzen in jede Körperzelle zu differenzieren, sie dies in der Praxis aber nur tun, wenn sie die entsprechenden Signale

---

[140] Kropp et al. 2016, S. 1289 ff.

erhalten. In diesem Abschnitt wird die Differenzierung sowohl allgemein beschrieben (Abschn. 2.3.1) als auch am Beispiel des retinalen Pigmentepithels (RPE) detailliert erläutert (Abschn. 2.3.2 und 2.3.3), da die weltweit erste klinische Studie mit von hiPS-Zellen abgeleitetem RPE durchgeführt wurde. Darüber hinaus werden die aktuellen Hochskalierungs- und Automatisierungstechniken für die Differenzierung vorgestellt (Abschn. 2.3.2). Schließlich wird aufgrund des öffentlichen Interesses der aktuelle Forschungsstand zur Differenzierung von hiPS-Zellen in humane Gameten beschrieben (Abschn. 2.3.3).

2.3.1 Biologischer Hintergrund

Sowohl während der Embryonalentwicklung als auch im adulten Organismus findet Differenzierung statt. Im Abschn. 2.2.1 wurde bereits erläutert, dass das Zellverhalten und damit auch die Differenzierung von Umweltfaktoren gesteuert werden, welche in der natürlichen Zellnische vorhanden sind. Dabei sind – wie auch bei der Expansion – vor allem lösliche Faktoren im Medium, Zell-Zell-Interaktionen, die extrazelluläre Matrix, räumliche Organisation (2D oder 3D), physikalische Kräfte und physikochemische Faktoren von Bedeutung.[141] Für die Differenzierung ist der zeitlich-räumliche Kontext der Signale jedoch oftmals genauso wichtig wie das Signal selbst.

Um einen bestimmten Zelltyp *in vitro* zu erzeugen, sind drei Möglichkeiten vorhanden. Eine differenzierte Zelle kann mit Hilfe von Transkriptionsfaktoren, die als „Master-Regulatoren" wirken, direkt in eine andere differenzierte Zelle umgewandelt werden ohne, dass multi- oder pluripotente Zwischenstufen notwendig sind (Abschn. 1.3). Dieser Vorgang wird als *Transdifferenzierung* bezeichnet und ist bisher nur für wenige Zelltypen möglich.[142] Des Weiteren können multipotente Stamm- oder Vorläuferzellen durch *Transdetermination* von einer Linie in eine eng verwandte Linie umgewandelt werden und dann die entsprechenden Zelltypen hervorbringen. Weitere Details zur Transdetermination können dem Review von Manohar und Lagasse entnommen werden.[143] Die dritte und letzte Möglichkeit ist die *gerichtete Differenzierung*. Bei diesem Prozess werden multi- oder pluripotente Stammzellen mit Hilfe spezifischer Kulturbedingungen schrittweise dazu gebracht, sich in einen bestimmten Zelltyp zu entwickeln. Die einzelnen Schritte ahmen dabei üblicherweise die natürliche Entwicklung zur Bildung des Zielzelltyps nach.[144] Die Veränderungen der Zelle werden dabei über Signalwege gesteuert, welche extrazelluläre Signale über Rezeptoren, eine Vielzahl von Enzymen und sekundäre Botenstoffe ins Zellinnere weiterleiten (Signalkaskaden) und zur Aktivierung von Effektorproteinen führen (Signaltransduktion). Effektorproteine lösen eine spezifische

---

[141] Serra et al. 2012, S. 350 ff.; Chen et al. 2014, S. 13 ff.
[142] Cieślar-Pobuda et al. 2017, S. 1359 ff.
[143] Manohar und Lagasse 2009, S. 936 ff.
[144] Cohen und Melton 2011, S. 243 ff.

zelluläre Antwort aus. Beispielsweise können es Transkriptionsfaktoren sein, die eine Transkription bestimmter Gene aktivieren.

Alle drei Möglichkeiten der Differenzierung haben gemeinsam, dass sich abhängig vom Zielzelltyp und dem angewandten Protokoll nur eine bestimmte Anzahl der Ausgangszellen tatsächlich in den gewünschten Zielzelltyp entwickelt. Die Effizienz steht für den prozentualen Anteil der nach der Differenzierung vorhandenen Zellen, die dem gewünschten Zielzelltyp entsprechen. Folglich müssen die differenzierten Zellen auf ihre Reinheit überprüft und gegebenenfalls aufgereinigt werden (Abschn. 2.4.1).

2.3.1.1 Gerichtete Differenzierung

Da für eine therapeutische Anwendung der hiPS-Zellen eine gerichtete Differenzierung notwendig ist, wird diese Methode im Folgenden genauer erläutert. Unerlässlich dabei ist die Zugabe von Signalproteinen (z. B. Wachstumsfaktoren) und/oder niedermolekularen Verbindungen, sogenannten *small molecules*, ins Medium. Diese Moleküle aktivieren oder hemmen spezifisch bestimmte Signalwege und leiten so die Differenzierung ein. Niedermolekulare Verbindungen können aufgrund ihrer im Gegensatz zu Proteinen niedrigen Molekülmasse in der Regel in Zellen eindringen. Die meisten Arzneimittel gehören zur Gruppe der niedermolekularen Verbindungen. Da niedermolekulare Verbindungen deutlich einfacher hergestellt werden können als rekombinant produzierte Signalproteine, sind sie kostengünstiger. Außerdem sind sie stabiler und weisen keine chargenabhängige Variabilität auf. Folglich ist es empfehlenswert, Signalproteine im Differenzierungsprotokoll durch niedermolekulare Verbindungen zu ersetzen, soweit dies möglich ist. Das Signalprotein Noggin, welches den knochenmorphogenetischen Protein-Signalweg (*bone morphogenetic protein*, BMP) inhibiert, kann beispielsweise direkt durch die niedermolekulare Verbindung LDN-193189 ersetzt werden.

Die frühesten Entwicklungsschritte während der Embryonalentwicklung resultieren in der Bildung der drei Keimblätter Entoderm, Mesoderm und Ektoderm aus den pluripotenten Zellen der inneren Zellmasse. Entsprechend werden hiPS-Zellen *in vitro* im ersten Schritt der meisten gerichteten Differenzierungsprotokolle in Zellen des Keimblatts differenziert, aus dem der gewünschte Zielzelltyp hervorgeht.[145] Dazu werden die entsprechenden Signalproteine und/oder niedermolekularen Verbindungen dem Medium zugesetzt, wobei Konzentration und Dauer entscheidend sind. Eine hohe Konzentration von Activin A, welches zur Familie des Transformierenden Wachstumsfaktors β (*Transforming Growth Factor β,* TGFβ) gehört, induziert beispielsweise die Differenzierung in Entoderm, wohingegen eine niedrige Konzentration in Kombination mit dem knochenmorphogenetischen Protein 4 (*bone morphogenetic protein 4*, BMP4) und dem Fibroblasten-Wachstumsfaktor 2 (*Fibroblast Growth Factor 2*, FGF2) zur Differenzierung in Mesendoderm führt. Die gleichzeitige Inhibierung des BMP- und WNT-Signalweges (*wingless int1*)

---

[145]Cohen und Melton 2011, S. 243 ff.

induziert eine ektodermale Differenzierung. Nach erfolgreicher Differenzierung in ein bestimmtes Keimblatt, können Signalproteine und niedermolekulare Verbindungen die Zellen weiter entlang des gewünschten Differenzierungsweges führen. Viele der Signalwege, die bei der Differenzierung in die drei Keimblätter beteiligt sind, spielen auch eine Rolle bei der Differenzierung in reifere Zelltypen.[146] Folglich kann eine große Vielfalt an Zelltypen unter Verwendung einer relativ kleinen Gruppe von Signalproteinen und niedermolekularen Verbindungen erzeugt werden, setzt aber eine sorgfältige Einhaltung der Konzentration und Dauer der Anwendung, sowie eine kombinatorische Verwendung voraus.

2.3.1.2 Faktoren, die eine gerichtete Differenzierung beeinflussen

Die Zugabe von Signalmolekülen und/oder niedermolekularen Verbindungen ist in der Regel zwar notwendig, aber alleine nicht ausreichend für eine erfolgreiche gerichtete Differenzierung in hoch spezialisierte Zelltypen. Weitere Signale aus der extrazellulären Umgebung müssen der natürlichen Zellnische ebenfalls entsprechen.

Die Zusammensetzung des Zellkulturmediums und die verwendete extrazelluläre Matrix müssen auf die jeweiligen Schritte der Differenzierung und den vorhandenen Zelltyp angepasst werden. Neben dem Proteintyp können auch die Topografie oder die Elastizität der Matrix die Differenzierung beeinflussen.[147] Beispielsweise führten steife Oberflächen, die Knochen imitieren, zu einer osteogenen Differenzierung mesenchymaler Stammzellen, wohingegen weniger steife, den Muskeln ähnliche Oberflächen myogen und weiche Oberflächen, die das Gehirn nachahmen, neurogen wirkten.[148] Wie in Abschn. 2.2.1 bereits erläutert wurde, beeinflussen physikalische und physikochemische Faktoren ebenfalls die Entwicklung pluripotenter Zellen und damit die Differenzierung, weswegen die verwendete Kultivierungsplattform sorgfältig ausgewählt werden muss. Beispielsweise kann Scherstress neben einem nachteiligen Effekt auf die Expansionsrate zelllinienabhängig die Differenzierung in alle drei Keimblätter induzieren, wohingegen die spontane Differenzierung von hES-Zellen durch hypoxische Kultivierung verringert wurde.[149] Ob eine größere Menge Medium einmal am Tag (*repeated batch feeding*, Abschn. 2.2.3) oder kleinere Mengen Medium in benutzerdefinierten Zeitintervallen (zyklische Perfusion) ausgewechselt werden, beeinflusst wie schnell und in welchem Ausmaß sich verschiedene Bestandteile des Mediums ändern. Dies ist ein weiterer physikochemischer Faktor, der die Differenzierung beeinflussen kann. Zum Beispiel wurde während der Differenzierung in Kardiomyozyten in einem gerührten Suspensionsbioreaktor vergleichend einmal am Tag 100 ml Medium gewechselt oder zyklische Perfusion angewendet. Dazu wurde alle zwei Stunden die Rührung eingestellt,

---

[146] Cohen und Melton 2011, S. 243 ff.

[147] Watt und Huck 2013, S. 467 ff.

[148] Engler et al. 2006, S. 677 ff.

[149] Leung et al. 2011, S. 165 ff.; Ezashi et al. 2005, S. 4783 ff.

sodass die Zellaggregate absinken und automatisiert 7 ml Medium an der Oberflä-che ausgetauscht werden konnten.[150] Dadurch wurde pro Tag mit beiden Methoden ungefähr gleich viel Medium ausgetauscht, allerdings waren bei der zyklischen Per-fusion homogenere Kulturbedingungen vorhanden. Dies resultierte darin, dass mit zyklischer Perfusion eine Effizienz von bis zu 85 % erreicht wurde, während die Differenzierung in Kardiomyozyten mit *repeated batch feeding* überhaupt nicht er-folgreich war.

Des Weiteren können Zell-Zell-Kontakte sowohl zwischen den zu differenzie-renden Zellen selbst als auch zu anderen Zelltypen die Differenzierung beeinflus-sen. Signalproteine bzw. niedermolekulare Verbindungen können nur dann zur Kon-trolle der Differenzierung verwendet werden, wenn bekannt ist welche Faktoren oder Kombinationen davon die gewünschte Veränderung im Zellzustand induzieren. Fehlt das Wissen, welche Signalproteine bzw. niedermolekulare Verbindungen die gewünschte Differenzierung steuern, kann ein geeignetes Ko-Kultursystems genutzt werden. Dabei werden die zu differenzierenden Zellen auf einer Schicht von Trägerzellen ausplattiert, welche die Differenzierung unter anderem über Zell-Zell-Kontakte und die Sekretion einer komplexen Mischung von Faktoren steuern. Häufig werden die Trägerzellen von dem Ort im Embryo isoliert, an dem sich der gewünschte Zelltyp entwickelt, um so die natürliche zelluläre Nische *in vitro* nach-zuahmen. Wie in Abschn. 2.3.3 erläutert wird, wurde eine solche Ko-Kultur mit neonatalen Hodenzellen in Kombination mit sequenzieller Exposition verschiede-ner Hormone verwendet, um hiPS-Zellen in funktionale Spermien-ähnliche Zellen zu differenzieren.[151] Aufgrund des undefinierten Einflusses der Trägerzellen und der Kontaminationsgefahr mit tierischen oder potenziell tumorigenen Ko-Kulturzellen, sind Ko-Kultursysteme nicht empfehlenswert für eine therapeutische Anwendung, können aber für die Erzeugung von Zellen für Forschungszwecke verwendet wer-den.[152] Erkenntnisse aus diesen Systemen tragen darüber hinaus oftmals zur Etablie-rung einer chemisch definierten Differenzierung bei.

Zell-Zell-Kontakte zwischen den zu differenzierenden Zellen können zwei- oder dreidimensional vorliegen, je nachdem ob die Zellen als einschichtiger Zellrasen oder als mehrschichtiges Zellaggregat kultiviert werden. Wie in Abschn. 2.2.1 er-läutert wurde, bilden pluripotente Zellen spontan Zellaggregate, wenn keine Adhä-sionsoberfläche vorhanden ist. In diesen Zellaggregaten, welche im Zusammenhang mit der Differenzierung auch als *Embryoid Bodies* (EB) bezeichnet werden, wird in einem gewissen Maße die Embryonalentwicklung rekapituliert. Dies kann die Effi-zienz der Differenzierung erhöhen, da in zweidimensionalen Umgebungen prinzipi-ell eine räumlich unnatürliche Interaktion mit den externen Signalen vorhanden ist, wodurch sich nicht alle Differenzierungen unter diesen Bedingungen durchführen lassen. In einer dreidimensionalen Umgebung hat die Zelle auf allen Seiten Kon-taktpunkte (z. B. zur extrazellulären Matrix), wodurch eine natürliche Verteilung der Zelladhäsionsmoleküle und der intrazellulären Signalübertragungs-Maschinerie

---

[150] Kempf et al. 2016, S. 330 ff.

[151] Zhou et al. 2016, S. 1132 ff.

[152] Cohen und Melton 2011, S. 243 ff.

erreicht wird.[153] Dabei steuern interzelluläre und autoregulatorische Signale die komplizierte und dynamische Gewebeentwicklung und Neuanordnung. Allerdings nur in einem begrenzten Maß: zwar bilden sich spontan Zellen aller drei Keimblätter, die späteren komplexen Ereignisse der Embryonalentwicklung werden aber nicht repliziert.[154] Die Bildung von EBs begünstigen die Differenzierung und stellen darum den Ausgangspunkt zahlreicher Differenzierungsprotokolle dar, bei denen dann jedoch spontane Differenzierung in alle drei Keimblätter zugunsten des Keimblatts, aus dem sich der Zielzelltyp entwickelt, unterdrückt wird. Es existieren beispielsweise EB-basierte Protokolle für die Differenzierung in kardiale, neurale oder hämatopoetische Zellen.[155] Die Größe der EBs hängt dabei von zahlreichen Faktoren ab, zum Beispiel von der Zellkonzentration oder von der Stärke des vorhandenen Scherstresses. Ein Zusammenhang zwischen der Größe der EBs und der Differenzierung in unterschiedliche Zelltypen wurde in verschiedenen Studien festgestellt. In Mikrowellplatten differenzierten beispielsweise EBs, welche aus 1000 hES-Zellen bestanden, effizienter in Kardiomyozyten als EBs aus 100 oder 4000 hES-Zellen.[156] In Hydrogel-Mikrowellplatten war die kardiale Differenzierung in großen EBs (450 µm) erhöht, wohingegen die endotheliale Differenzierung in kleinen EBs (150 µm) verbessert war.[157] Im Gegensatz dazu konnten Kempf und Kollegen keinen größenabhängigen Unterschied in der Differenzierungseffizienz zu Kardiomyozyten feststellen.[158] Diese Beispiele mit ihren scheinbar widersprüchlichen Ergebnissen verdeutlichen die Bedeutung des Kontexts bei der Interpretation der Auswirkungen eines einzelnen Einflusses auf die Differenzierung.

Neben der Größe der EBs können zudem autokrine (auf die sekretierenden Zellen wirkende) oder parakrine (auf die Zellen in der Umgebung wirkende) Effekte eine Rolle spielen. Beispielsweise konnte die hämatopoetische Differenzierung durch parakrine Effekte verbessert werden, indem mehrere EBs zusammen statt einzeln in Kavitäten von Mikrowellplatten kultiviert wurden.[159]

2.3.1.3   Herstellung von Gewebekonstrukten

In vielen Fällen werden die differenzierten Zellen nicht direkt als Zelltherapieprodukt verwendet, sondern zur Herstellung von Gewebekonstrukten mittels *Tissue Engineering* (Gewebekonstruktion) genutzt. Obwohl zweidimensionale Gewebekonstrukte für manche Zelltypen wie beispielsweise retinale Pigmentepithelzellen (Abschn. 2.3.2) sinnvoll sind, werden für die meisten Zelltypen dreidimensionale

---

[153] Kraehenbuehl et al. 2011, S. 731 ff.

[154] Hsiao und Palecek 2012, S. 266 ff.

[155] Burridge und Zambidis 2013, S. 149 ff.; Breckwoldt et al. 2017, S. 1177 ff.; Muratore et al. 2014, S. e105807; Dorn et al. 2015, S. 32 ff.

[156] Bauwens et al. 2011, S. 1901 ff.

[157] Hwang et al. 2009, S. 16978 ff.

[158] Kempf et al. 2014, S. 1132 ff.

[159] Hong et al. 2010, S. 120 ff.

Ansätze benötigt. Gewebekonstrukte können aus einem oder mehreren verschiedenen Zelltypen bestehen und neben den Zellen auch weitere Materialien, die als Gerüst dienen oder eine zusätzliche Funktion besitzen, enthalten. Aufgrund der hohen Komplexität von Geweben, die aus mehreren Zelltypen bestehen, konzentrieren sich therapeutische Anwendungen bisher hauptsächlich auf die Herstellung von Gewebekonstrukten aus einem Zelltyp wie zum Beispiel Haut oder Knorpel. Für die Generierung der Konstrukte können fertig differenzierte Zellen verwendet werden. Alternativ kann die Differenzierung aber auch ganz oder zum Teil in der dreidimensionalen Umgebung des Gewebekonstrukts durchgeführt werden, wodurch die Effizienz der Differenzierung erhöht werden kann (Abschn. 2.3.1.2).

Verschiedene natürliche und synthetische Biomaterialien wurden als Gerüstsubstanz für die 3D Differenzierung pluripotenter Stammzellen in komplexeren Konstrukten verwendet, darunter Alginat, Kollagen, Dextran, Hyaluronsäure, Polyethylenglycol oder Polyglycerinsebacat. Dazu werden die Zellen in den meisten Fällen in der Polymerlösung suspendiert bevor diese durch einen Temperaturwechsel, einen pH-Shift (Kollagen), Bestrahlung mit Licht (Hyaluronsäure) oder Zugabe von Ionen (Alginat) vernetzt wird.[160]

Zur Herstellung der Gewebekonstrukte existieren verschiedene Techniken wie Spritzgießen, Elektrospinning, die Verwendung dezellularisierter Gewebe oder Bioprinting. Bioprinting ist eine mit lebenden Zellen kompatible Form des 3D-Drucks, bei der die Zellen computergesteuert schichtweise gedruckt werden. Als Material zum Drucken, welches als *Bioink* (Biotinte) bezeichnet wird, werden beim *Tissue Engineering* neben Zellsuspensionen ohne Trägermaterial oftmals Mischungen von Zellen mit Trägermaterialien (z. B. Hydrogele, Bestandteile der dezellularisierten extrazellulären Matrix) verwendet.[161] Weitere Details zu *Bioprinting* und *Bioink* können den Übersichtsartikeln von Leberfinger und Kollegen und Ji und Guvendiren entnommen werden. Für *Bioprinting* in Frage kommende 3D-Druck-Techniken sind unter anderem das Tintenstrahldruck-Verfahren, auf Extrusion basierende Verfahren oder laserbasierte Verfahren.[162] Zwar können mittels *Bioprinting* bereits komplexe Strukturen mit definierten Eigenschaften erzeugt werden, diese unterscheiden sich in der Regel aber immer noch deutlich von der natürlichen Gewebestruktur. Des Weiteren stellt die ausreichende Vaskularisierung (Gefäßversorgung) großer Konstrukte ein noch ungelöstes Problem dar. Eine vielversprechende Alternative ist die Verwendung dezellularisierter Gewebe oder Organe. Dabei werden alle vom Spender stammenden Zellen entfernt, sodass nur die natürliche Gerüstsubstanz des Gewebes oder Organs aus der extrazellulären Matrix erhalten bleibt. Diese wird anschließend mit den *in vitro* differenzierten Zellen neu besiedelt. Um die Dezellularisierung zu erreichen, können chemische, enzymatische, physikalische oder kombinierte Methoden verwendet werden, wobei jede Strategie Vor- und Nachteile hat. Details dazu sind im Artikel von Gilpin und Yang dargestellt.[163] Die

---

[160] Kraehenbuehl et al. 2011, S. 731 ff.
[161] Ji und Guvendiren 2017, S. 23.
[162] Ji und Guvendiren 2017, S. 23; Leberfinger et al. 2017, S. 1940 ff.
[163] Gilpin und Yang 2017, S. 9831534.

Gerüststruktur sollte dabei möglichst ihre natürlichen strukturellen, biochemischen und biomechanischen Eigenschaften behalten, während alle Komponenten des Gewebes, die eine immunologische Antwort hervorrufen könnten, entfernt werden müssen. Um beides gleichzeitig zu erreichen, müssen die heutigen Methoden weiter optimiert werden.

2.3.1.4 Zusammenfassung

Die gerichtete Differenzierung pluripotenter Stammzellen und die Herstellung von Gewebekonstrukten hat in den letzten Jahren große Fortschritte gemacht. Generell kann in Zelltypen der frühen Entwicklungsstadien vergleichsweise einfach und effizient differenziert werden, wohingegen die Differenzierung mit zunehmender Spezialisierung und Reifung des Zielzelltyps typischerweise komplexer und schwieriger wird. Entsprechend ist es mit den in diesem Abschnitt beschriebenen Methoden zurzeit oftmals lediglich möglich in funktional und phänotypisch ähnliche Zellen oder in Vorstufen zu differenzieren. Da in der Regel reife Zelltypen für therapeutische Anwendungen benötigt werden, müssen die Protokolle weiter optimiert werden, beispielsweise durch eine genauere Simulation der natürlichen *in vivo* Differenzierung oder durch eine nachträgliche Reifung innerhalb verbesserter Gewebekonstrukte.

2.3.2 Technische Umsetzung

2.3.2.1 Differenzierung am Beispiel des retinalen Pigmentepithels

Da die weltweit erste klinische Studie mit von hiPS-Zellen abgeleitetem RPE durchgeführt wurde, wird an diesem Beispiel im Folgenden die Differenzierung und anschließende Herstellung eines Gewebekonstruktes im Detail erläutert.[164] Als weiteres Beispiel wurde die Differenzierung in Kardiomyozyten und deren Applikation im Buchteil „Herzreparatur mit Herzpflaster – Umsetzung eines präklinischen Konzeptes in die klinische Prüfung" von Professor Zimmermann dargestellt. Beim retinalen Pigmentepithel handelt es sich um ein hexagonal aufgebautes, einschichtiges Epithel, welches als äußerste Schicht der Netzhaut diese von der Aderhaut abgrenzt. Die Zellen des RPE enthalten viel Pigment (Melanin) und sind dadurch dunkel gefärbt, das dient der Funktion als Lichtfilter. Eine weitere Funktion ist die Versorgung der Fotorezeptorzellen. Dazu findet auf der Unterseite ein Stoffaustausch mit den Blutgefäßen der Aderhaut statt, während auf der Oberseite mikrovilläre, also fadenförmige, Fortsätze die Fotorezeptorzellen umschließen, um deren Ernährung, Abbau und die Regeneration sicher zu stellen. Ohne ein funktionsfähiges RPE sterben die Fotorezeptoren ab, was wiederum die Sehfähigkeit beeinträchtigt.

---

[164] Mandai et al. 2017, S. 1038 ff.

Die Differenzierung in RPE und die Herstellung einer stabilen RPE-Zellschicht, die keine künstliche Gerüstsubstanz enthält, wurde von Kamao und Kollegen beschrieben.[165] Deren Protokoll beginnt mit der Kultivierung von hiPS-Zellen auf mit Gelatine beschichteten Kulturschalen im ersten RPE-Differenzierungsmedium. Gelatine besteht hauptsächlich aus denaturiertem Kollagen, welches aus dem Bindegewebe von Schweinen und anderen Tierarten isoliert wird und als Anheftungspunkt für die hiPS-Zellen in der Plastik-Kulturschale fungiert (Abschn. 2.2.1). Das erste Differenzierungsmedium besteht aus *Glasgow Minimum Essential Medium* mit Standardzusätzen (Natriumpyruvat, nicht-essenzielle Aminosäuren,2-Mercaptoethanol). Des Weiteren wurde dem Medium die ersten vier Tage 20 % *KnockOut Serum Replacement* (KSR) zugesetzt. Die Menge wurde im Verlauf der Differenzierung reduziert: für die darauffolgenden sechs Tage wurden 15 % KSR und dann für zwanzig Tage 10 % KSR zugegeben. Die ersten 18 Tage wurden dem Differenzierungsmedium außerdem die drei niedermolekularen Verbindungen Y-27632 (10 µM), SB431542 (5 µM) und CKI7 (3 µM) zugesetzt, welche verschiedenen Kinasen und Rezeptoren inhibieren. Die kombinierte Wirkung dieser drei Verbindungen ist für die Differenzierung in RPE ausschlaggebend und unerlässlich. Generell wurde das Differenzierungsmedium alle zwei bis drei Tage gewechselt.

Sobald pigmentierte Zellen erschienen, wurde für sieben Tage auf das zweite RPE-Differenzierungsmedium umgestellt, welches aus einer 7:3 Mischung aus *Dulbecco's Modified Eagle Medium* mit *Nutrient Mixture* F-12 und entsprechenden Zusätzen (B27, L-glutamine VIII) besteht. Um reine Populationen zu erhalten, wurden die dunkel pigmentierten Kolonien anschließend manuell transferiert und bis zur Konfluenz kultiviert. Dazu wurden mit Laminin beschichtete Kulturschalen und das zweite Differenzierungsmedium verwendet. Diesem wurde nach dem Übertragen der Kolonien der basische Fibroblasten-Wachstumsfaktor (*Basic fibroblast growth factor*, bFGF oder FGF2) und erneut der Inhibitor SB431542 (0,5 µM) zugesetzt. Die pigmentierten Zellen wiesen im Transmissionselektronenmikroskop zu diesem Zeitpunkt bereits strukturelle Eigenschaften von RPE auf, wie beispielsweise zahlreiche Mikrovilli auf der Oberseite und vergleichbare Zell-Zell-Kontakte. Zusätzlich exprimierten die pigmentierten Zellen typische RPE-Marker, welche mit verschiedenen molekularbiologischen Methoden nachgewiesen wurden (Abschn. 2.4.1).

Um schließlich ein stabiles RPE-Gewebekonstrukt zu generieren, das ohne Gerüststruktur transplantiert werden kann, wurden die von hiPS-Zellen abgeleiteten RPE-Zellen in einem Transwell-Einsatz auf einem Kollagengel kultiviert. Transwell-Einsätze sind permeable Membranen, die in ein Standard-Kulturgefäß eingehängt werden können. Die Membran ermöglicht, dass die kultivierte Zellschicht von beiden Seiten für Medium zugänglich ist. Der Transwell-Einsatz mit Kollagengel wurde mit aus hiPS-Zellen differenzierten RPE-Zellen angeimpft (5 × 10⁵ Zellen/ Einsatz), welche bis zum Erreichen der Konfluenz (ca. zwei Wochen) in RPE-Zellschicht-Medium und danach für mindestens vier Wochen im zweiten Differenzierungsmedium mit Zusatz von bFGF und SB431542 (0,5 µM) kultiviert wur-

---

[165] Kamao et al. 2014, S. 205 ff.

den.[166] Vor der Transplantation wurden die RPE-Zellschichten charakterisiert und auf ihre Qualität kontrolliert (Abschn. 2.4.2). Außerdem wurde die Membran des Transwell-Einsatzes entfernt und das Kollagengel danach von der unteren Seite aus mit einem Enzym (Kollagenase I) aufgelöst. Schließlich wurde die RPE-Zellschicht an den Rändern aus dem Einsatz geschnitten, um ein RPE-Transplantat ohne künstliche Gerüstsubstanz zu erhalten. Dieses blieb während der für die Transplantation notwendigen Manipulationen intakt.[167] Am Tag der Operation wurde das RPE-Transplantat mit Hilfe eines Laser-Mikrodissektionssystems in 1,3 × 3 mm große Stücke geschnitten. Das chirurgische Protokoll umfasste die Entfernung der veränderten und geschädigten RPE-Bereiche im Patienten, gefolgt von der Transplantation der autologen, von hiPS-Zellen abgeleiteten RPE-Zellschicht.[168]

2.3.2.2 Automatisierung und Hochskalierung bei der Differenzierung

Wie bereits in Abschn. 2.3 erläutert wurde, stellt die kostengünstige Produktion großer Zellmengen eine große Herausforderung dar. Für die Hochskalierung der Differenzierung können generell ähnliche Strategien angewandt werden wie bei der Expansion (Abschn. 2.2.2 und 2.2.3). Die normale adhärente Kultur kann hochskaliert werden, dabei erhöht sich die Menge an benötigtem Medium und Wachstumsfaktoren aber in gleichem Maße wie die Wachstumsfläche (*scale-out*), sodass die dadurch entstehenden Kosten nicht reduziert werden. Eine Möglichkeit um die Variabilität und die benötigte Arbeitszeit zu vermindern, stellt die Implementierung von Robotiktechnologie (Abschn. 2.2.3) zur Automatisierung adhärenter Differenzierungsprotokolle dar. Die Machbarkeit wurde von verschiedenen Gruppen gezeigt. Sowohl kurze Protokolle (drei Tage) wie die Differenzierung in definitives Entoderm, als auch längere Protokolle über 30 Tage (z. B. Differenzierung in dopaminerge Neuronen) konnten erfolgreich automatisiert werden.[169]

Im Gegensatz dazu werden beim *scale-up* die Produktionskosten durch Optimierung reduziert (Abschn. 2.2.2). Analog zur Expansion kann beispielsweise durch Verwendung von Microcarriern die Wachstumsfläche bei gleichbleibendem Mediumverbrauch erhöht werden. Der Nachteil an dieser Methode ist, dass der Kontakt zu den Microcarriern die Differenzierung negativ beeinflussen kann und dass sie zusätzliche Kosten verursachen.[170] Die meisten EB-basierten Differenzierungsprotokolle zur Produktion von größeren Zellmengen ($>10^7$) sind zurzeit für die kardiale Differenzierung vorhanden und verwenden gerührte Suspensionsbioreaktoren. Breckwoldt und Kollegen differenzierten beispielsweise 6×10^7 hiPS-Zellen im Mittel in $4{,}8 \times 10^7$ Kardiomyozyten, wobei die EBs in einem 100 ml Volumen in Spinnerflaschen generiert und die anschließende Differenzierung in Suspensionsflaschen

---

[166] Kamao et al. 2014, S. 205 ff.
[167] Mandai et al. 2017, S. 1038 ff.; Kamao et al. 2014, S. 205 ff.
[168] Mandai et al. 2017, S. 1038 ff.
[169] Paull et al. 2015, S. 885 ff.
[170] Engler et al. 2006, S. 677 ff.

mit einer Effizienz von 70–97 % durchgeführt wurde.[171] Das Protokoll wurde mit acht hiPS-Zell-Linien getestet und kann theoretisch weiter hochskaliert werden, um die bei einer Zelltherapie benötigten 1–2 × 10^9 Kardiomyozyten zu produzieren.[172] Kempf und Kollegen erreichten mit einem 100 ml Rühr-Bioreaktor vergleichbare Zellmengen (4–5 × 10^7 Kardiomyozyten aus 6,25 × 10^7 hiPS-Zellen), wobei die Effizienz dreier Differenzierungen derselben hiPS-Zell-Linie zwischen 27 % und 88 % schwankte, weswegen das Protokoll von Breckwoldt robuster zu sein scheint.[173] Bei beiden Protokollen wäre eine weitere Hochskalierung auf ungefähr zwei Liter notwendig, um genügend Kardiomyozyten für eine therapeutische Anwendung zu produzieren. Für die neurale Differenzierung existieren ebenfalls erste Protokolle in skalierbaren Systemen. Miranda und Kollegen generierten beispielsweise EBs in einem Orbital-Schüttler, ließen diese bis zu drei Tage unter statischen Bedingungen wachsen und differenzierten dann in 30 ml in einer Spinner-Flasche. Mit den besten Parametern erhielten sie 3 × 10^7 neurale Vorläuferzellen, jedoch war die Effizienz mit 60 % PAX6 positiven Zellen 20 % niedriger als mit dem herkömmlichen Protokoll.[174] Zusammengefasst muss in der Praxis gezeigt werden, dass die Differenzierung in größeren Volumen von mehreren Litern genauso machbar ist wie in kleineren Volumen bis 100 ml. Außerdem müssen die Zellen im Anschluss an die Differenzierung als EBs häufig auch wieder in Einzelzellen dissoziiert werden, um sie für eine Anwendung als Zelltherapieprodukt mit exakter Zellzahl verfügbar zu machen.[175] Weitere Probleme stellen nicht nur die Übertragbarkeit der Protokolle auf verschiedene hiPS-Zell-Linien, sondern auch die Reproduzierbarkeit bei wiederholter Differenzierung derselben Linie dar. Die Protokolle müssen dahingehend optimiert werden bevor die Anwendung im Rahmen einer Zelltherapie in Frage kommt.

Bei der Massenproduktion von EBs in Suspensionskultur erhält man eine heterogene Größenverteilung, wobei die Heterogenität in dynamischen Systemen im Vergleich zu statischen Systemen in der Regel reduziert ist. Für vergleichende Anwendungen wie zum Beispiel bei der Medikamentenentwicklung oder bei Toxizitätstests benötigt man jedoch eine sehr homogene Größenverteilung. Diese wird erreicht, indem man eine definierte Anzahl Zellen in einem kleinen Volumen (10–100 µl) zu einem EB aggregieren lässt. Die Größe dieses EBs wird durch die Anzahl der verwendeten Zellen festgelegt, je mehr Zellen umso größer der EB. Dazu können Suspensions-Mikrowellplatten mit besonders kleinen Kavitäten (96-Mikrowellplatten bis 384-Mikrowellplatten) verwendet werden. Ein Kontakt zur artifiziellen Plastikoberfläche und eine daraus resultierende Beeinflussung der Zellen sind in diesem System möglich. Abhilfe schafft die Kultivierung in hängenden Tropfen (*hanging drop*, HD). Dazu wird ein kleines Volumen einer Zellsuspension mit definierter Zellzahl in den Deckel einer Petrischale pipettiert. Nach dem Umdrehen des

[171] Breckwoldt et al. 2017, S. 1177 ff.

[172] Jing et al. 2008, S. 393 ff.

[173] Kempf et al. 2015, S. 1345 ff.

[174] Miranda et al. 2016, S. 1628 ff.

[175] Fischer et al. 2018, S. 65 ff.

Deckels bildet die Flüssigkeit einen Tropfen, an dessen Boden sich die Zellen sammeln und einen EB bilden, der keinen Oberflächen-Kontakt hat. Alternativ können Lochplatten auf herkömmliche 96-Mikrowellplatten aufgelegt werden. In jedes Loch der Lochplatte kann von oben die Zellsuspension pipettiert werden, um einen hängenden Tropfen zu formen. Dadurch sind die hängenden Tropfen in Lochplatten nicht nur stabiler als im Deckel von Petrischalen, sie können außerdem automatisiert mit einem Pipettierroboter gesetzt werden. Medienwechsel und die Zugabe von Faktoren, welche bei der Differenzierung fast täglich notwendig sind, sind sowohl bei Suspensions-Mikrowellplatten als auch bei hängenden Tropfen arbeitsintensiv. Zudem sind beide Vorgehensweisen nicht skalierbar. Folglich können die Kosten zur Produktion von EBs mit homogener Größenverteilung zurzeit nur durch Automatisierung mit Robotiktechnologie (Abschn. 2.2.3) gesenkt werden. Paull und Kollegen gelang es beispielsweise EBs von zehn verschiedenen hiPS-Zell-Linien in 96-Mikrowellplatten automatisiert zu generieren und eine spontane Differenzierung durchzuführen.[176]

Eine homogene Größenverteilung ist für vergleichende Anwendungen wichtig, aber nur in eingeschränktem Maße bei der Zelltherapie von Bedeutung. Entsprechend werden bei der Differenzierung für therapeutische Anwendungen voraussichtlich eher hochskalierte Suspensionskulturen Anwendung finden. Dazu müssen die bereits vorhandenen Protokolle weiter optimiert und die Machbarkeit mit größeren Volumina demonstriert werden. Sofern die Differenzierung in Suspension und adhärent mit gleicher Effizienz möglich ist, muss anwendungsorientiert entschieden werden welche Methode besser geeignet ist, indem die Kosten für Arbeitszeit und Material (Medium, Faktoren, Beschichtung), die Effizienz und Variabilität verglichen werden.

2.3.3   Ausblick

2.3.3.1   Zelltherapie am Beispiel des retinalen Pigmentepithels

Im August 2013 wurde vom RIKEN-Institut (Kobe, Japan) die erste klinische Studie mit aus hiPS-Zellen differenzierten Zellen gestartet.[177] Ziel der Studie war es die Machbarkeit und Sicherheit einer autologen RPE-Transplantation an sechs Patienten zu zeigen. Umgesetzt wurde die Generierung autologer hiPS-Zellen von zwei Patienten mit altersbedingter Makuladegeneration (*age-related macular degeneration*, AMD). Die hiPS-Zellen wurden in RPE-Zellen differenziert, aus welchen wiederum RPE-Transplantate erzeugt wurden, von denen eines transplantiert wurde. Die altersbedingte Makuladegeneration ist eine der häufigsten Netzhauterkrankungen, die das Sehvermögen älterer Menschen in Industrieländern bedroht.[178] Neovaskuläre (oder „feuchte") AMD ist in Japan häufiger als atrophische (oder „trockene")

---

[176] Paull et al. 2015, S. 885 ff.

[177] Mandai et al. 2017, S. 1038 ff.

[178] Jager et al. 2008, S. 2606 ff.

AMD und ist mit einer abnormalen Bildung flächiger Blutgefäße (Choroidale Neo-vaskularisation) unter der Netzhaut des Retinazentrums, der sogenannten Makula (gelber Fleck) verbunden, wodurch das RPE beschädigt und in seiner Funktion eingeschränkt wird.[179] Ohne ein funktionsfähiges RPE ist der Stoffaustausch der Fotorezeptoren nicht mehr gewährleistet, was in deren Absterben resultiert. Durch die Makula verläuft die Sehachse und in ihrer Mitte ist die Sehschärfe am höchsten, folglich führt die neovaskuläre AMD meist nicht zu vollständiger Erblindung, sondern zu einer Einschränkung und später zum Verlust der Sehfähigkeit im zentralen Gesichtsfeld.

Die erste Patientin, eine 77-jährige Frau, wurde am 13. November 2013 in die Studie aufgenommen. Von ihr wurden Hautfibroblasten mit Hilfe nicht-integrierender episomaler Vektoren, welche *glis1* (*Glis family zinc finger 1*), *l-myc*, *sox2*, *klf4* und *oct3/4* enthielten, in autologe hiPS-Zellen reprogrammiert (Abschn. 2.1).[180] Es entstanden nach drei bis vier Wochen 32 Klone, von denen 29 bei der Qualitätskontrolle (Abschn. 2.4.2) durchfielen. Die restlichen drei wurden wie oben beschrieben in RPE-Zellen differenziert (hiPS-Zell-RPE-Linien). Vor der Transplantation fand eine umfangreiche Kontrolle der Qualität und Sicherheit der RPE-Linien und -Transplantate statt, bei der eine weitere Linie von der Studie ausgeschlossen wurde. Voraussetzung für eine Verwendung der Zellen war unter anderem, dass keine Integration von Plasmid-DNA in die genomische DNA und kein tumorbildendes Potenzial nachzuweisen war. Bei der genomischen Analyse wurden Einzelnukleotid-Variationen (*single nucleotide variations*, SNV) detektiert, welche nach aktuellem Wissensstand nicht im Zusammenhang mit Krebs stehen und teilweise bereits bei den Fibroblasten mit niedriger Häufigkeit nachgewiesen werden konnten. Andere Veränderungen wurden nicht festgestellt (Abschn. 2.4.2), sodass keine Bedenken hinsichtlich der Sicherheit vorlagen. Am 12. September 2014 fand schließlich die Operation statt, bei der die Neovaskularisationsmembran und das geschädigte RPE entfernt und die 1,3 × 3 mm große autologe hiPS-Zell-RPE-Zellschicht transplantiert wurde. Ein zystisches Makulaödem, welches bei der optischen Kohärenztomografie vor der Operation festgestellt wurde, verschwand unmittelbar nach der Operation, trat aber vier Wochen später wieder auf, ohne zu einer wesentlichen Verschlechterung oder nachteiligen Veränderungen des Transplantates zu führen. Nach sechs Monaten und nach einem Jahr konnten bei der Fluoreszenzangiografie, die eine Darstellung der Gefäße ermöglicht, keine auffallenden Veränderungen festgestellt werden. Aus diesem Grund schlussfolgerten Mandai und Kollegen, dass die degenerative zystische Veränderung ein Teil des andauernden Krankheitsprozesses war und nicht aufgrund einer Transplantatabstoßung oder eines Wiederauftretens der Neovaskularisationsmembran entstand. Auch ein Jahr nach der Transplantation waren keine Anzeichen einer Abstoßungsreaktion vorhanden. Des Weiteren gab es keine ernsthaften Komplikationen und keine unerwartete Proliferation oder Anzeichen einer lokalen oder systemischen malignen Erkrankung. Daraus schloss die Arbeitsgruppe, dass die autologe Transplantation der hiPS-Zell-RPE-Zellschicht

---

[179] Oshima et al. 2001, S. 1153 ff.

[180] Mandai et al. 2017, S. 1038 ff.

bei dieser Patientin sicher war. Die Wirksamkeit wurde ein Jahr nach der Transplantation durch Messung der Dicke der Fovea (Einsenkung im Zentrum des gelben Fleckes) und Beurteilung der Sehfunktion ebenfalls untersucht. Durch die Entfernung der Neovaskularisationsmembran wurde die foveale Dicke erfolgreich reduziert. Die postoperative bestkorrigierte Sehschärfe verbesserte sich nicht, blieb innerhalb eines Jahres aber stabil bei etwa 0,10 (reicht von 0,01 bis 2,00 wobei >1,00 einer normalen Sehfunktion entspricht), was bereits als Erfolg zu bewerten war: Vor der Transplantation nahm die bestkorrigierte Sehschärfe der Patientin trotz Behandlung mit 13 anti-VEGF-Injektionen innerhalb von 29 Monaten von 1,30 auf 0,09 ab. Nach der Operation fand keine anti-VEGF-Therapie mehr statt. Der VFQ-25 Wert (*Visual Functioning Questionnaire*, Werte reichen von 0 bis 100) der Patientin hatte sich geringfügig von 48,8 (vor der Operation) auf 58,3 (ein Jahr danach) verbessert. Optische Kohärenztomografie-Bilder zeigten eine gute retinale Integrität über das gesamte Transplantat. Bei der Patientin muss die Fotorezeptorfunktion des RPE-Transplantats noch evaluiert werden. Zusammengefasst erwies sich die hiPS-Zell-RPE-Transplantation bei dieser Patientin als sicher und es konnte eine Verbesserung des Krankheitsbildes festgestellt werden. Allerdings ist zurzeit noch unklar, ob die positiven Effekte auf das Transplantat zurückzuführen sind oder ob die Entfernung der Neovaskularisationsmembran alleine den gleichen Effekt gehabt hätte.

Als zweiter Patient wurde ein 68-jähriger Mann am 12. März 2014 in die Studie aufgenommen. Analog zur ersten Patientin wurden hiPS-Zellen generiert. Von den 40 entstandenen Klonen erfüllte nur einer die Kriterien der Qualitätskontrolle (Abschn. 2.4.2). Die daraus differenzierte RPE-Zell-Linie bestand die Qualitätskontrolle, wies aber drei Deletionen (Verlust von genetischem Material) auf, die wahrscheinlich die Expression von Genen beeinflussen würden. Besonders kritisch war, dass eine Deletion auf dem X-Chromosom lag. Daher wurde beschlossen, das Risiko einer Transplantation nicht einzugehen.[181]

Die Aufnahme weiterer Patienten wurde im Jahr 2015 gestoppt und die Studie mit autologen Transplantaten abgebrochen;[182] stattdessen wurde die AMD-Studie mittlerweile in überarbeiteter Form mit allogenen Zellen durchgeführt.[183] Diese Entscheidung basiert auf einem neuen regulatorischen System für Stammzell-basierte Therapien, das in Japan im November 2014 in Kraft trat. Entsprechend dem überarbeiteten Arzneimittel- und Medizinproduktegesetz (*Pharmaceutical and Medical Device Act* – PMD Act) kann ein Produkt unter Vorbehalt für die regenerative Medizin zugelassen werden, sofern es sicher ist.

Für die Herstellung des hiPS-Zell-RPE-Transplantates wurden in der Studie mit autologen Transplantaten zehn Monate von der Hautbiopsie bis zum fertigen Transplantat eingeplant, wobei sechs bis sieben Monate für die Reprogrammierung, Expansion und Qualitätskontrolle der hiPS-Zell-Linien vorgesehen waren (Original-

---

[181] Mandai et al. 2017, S. 1038 ff.

[182] Garber 2015, S. 890 f.

[183] S. dazu http://www.umin.ac.jp/ctr, UMIN000026003 (Abteilung für Ophthalmologie, Kobe City Medical Center General Hospital). Zugegriffen: 26. Januar 2019.

protokoll).[184] Die Verwendung bereits charakterisierter hiPS-Zell-Linien aus einer erneuerbaren Quelle wie einer Haplobank (Abschn. 2.1.3.1) spart entsprechend Zeit und macht eine Transplantation günstiger. Erste Tierversuche mit allogenen iPS-Zell-RPE-Transplantaten waren vielversprechend, Takahashi und Kollegen beobachteten, dass nach Abstimmung des HLA-Typs eine geringe oder keine Immunantwort hervorgerufen wurde.[185] Ob die HLA-Abstimmung für die RPE-Transplantation ausreichend ist und ob eine kurzfristige oder eine langfristige Immunsuppression notwendig sein wird, müssen weitere Untersuchungen zeigen. Die nach aktuellem Forschungsstand ideale Lösung wäre es patienteneigene Zellen ohne Immunsuppression zu verwenden, dies ist jedoch mit einem größeren Zeitaufwand und höheren Kosten verbunden, sodass aktuell auch die Verwendung von anderen Zellquellen, wie zum Beispiel hES-Zellen untersucht wird.[186]

2.3.3.2 Differenzierung in Keimzellen

Da im Gegensatz zu embryonalen Stammzellen zur Generierung von hiPS-Zellen keine Embryonen zerstört werden müssen, gelten hiPS-Zellen allgemein als ethisch unbedenkliche Alternative. Bei genauer Betrachtung wird aber deutlich, dass mit hiPS-Zellen in Zukunft Anwendungen möglich sein könnten, die neue ethische Fragen aufwerfen. Neben der Möglichkeit menschliche Klone herzustellen, stellt die Differenzierung in Keimzellen eine solche Anwendung dar. Dies kann einerseits zur Entwicklung neuartiger Infertilitätsbehandlungen für unfruchtbare oder homosexuelle Paare genutzt werden, erlaubt andererseits aber theoretisch die Herstellung von Ei- und Samenzellen und damit die potenzielle Erzeugung genetisch verwandter Nachkommen aus gespendetem Blut oder Gewebe. Die Differenzierung von Keimzellen aus hiPS-Zellen in Form einer *in vitro*-Gametogenese (IVG) (Geschlechtszellenbildung) ist von einer praktischen Umsetzung beim Menschen allerdings noch weit entfernt. Der aktuelle Forschungsstand wird in diesem Abschnitt dargestellt.

Natürliche Gametogenese
Keimzellen (Gameten) haben ihren Ursprung früh in der Embryonalentwicklung und durchlaufen einen komplexen, mehrstufigen Entwicklungsprozess, der schließlich zur Bildung von Spermien oder Eizellen führt. Urkeimzellen (*primordial germ cells*, PGC) entstehen in den ersten Wochen der Embryonalentwicklung in der Dottersackwand und wandern anschließend in die sich entwickelnden Keimdrüsen (Gonaden). Je nachdem, ob sich Hoden oder Eierstöcke entwickeln spricht man von Spermatogenese, also der Bildung von Spermien aus Spermatogonien (Ursamenzellen), oder Oogenese, der Bildung einer befruchtungsfähigen Eizelle aus Oogonien (Ureizellen). Die zeitlichen Abläufe und Details sind dabei jedoch grundverschieden. Bei der Spermatogenese ruhen die Spermatogonien bis zum Einsetzen der

---

[184] Mandai et al. 2017, S. 1038 ff.
[185] Garber 2015, S. 890 f.
[186] Da Cruz et al. 2018, S. 328 ff.

Pubertät. Von der Pubertät an teilen sich die Spermatogonien, wodurch weitere Spermatogonien hervorgebracht werden. Die Fähigkeit zur Teilung bleibt ein Leben lang bestehen, sodass ständige neue Ausgangszellen für die Spermatogenese gebildet werden. Aus diesen Spermatogonien gehen über mehrere Zwischenstadien (Spermatozyten und Spermatiden) anschließend die Spermien hervor. Während dieses Prozesses wird die Anzahl der Chromosomen und die Menge der DNA halbiert, sodass genetisch unterschiedliche, haploide Zellen entstehen. Eine haploide Keimzelle enthält 23 verschiedene Chromosomen, die jeweils nur einmal vorhanden sind. Nach der Verschmelzung zweier Keimzellen bei der Befruchtung liegen zwei homologe Chromosomensätze vor, das heißt jedes der 23 Chromosomen einmal vom Vater und einmal von der Mutter, die Zelle ist damit diploid. Aus einem diploiden Spermatogonium entstehen zusammengefasst innerhalb von circa 64 Tagen vier haploide Spermien. Im Gegensatz zu den Spermatogonien findet die Vermehrungsphase der Oogonien nur während der Embryonalentwicklung statt. Aus den Oogonien entstehen primäre Oozyten, die allerdings zunächst in der Anfangsphase arretiert werden. Dieses Stadium wird bereits vor der Geburt erreicht und kann über Jahrzehnte bestehen bleiben. Mit Beginn der Pubertät vollenden monatlich mehrere primäre Oozyten die Reifung, zum Eisprung gelangen aber nur wenige der Zellen, der Rest stirbt ab. Kurz vor dem Eisprung wird schließlich die Reifung beendet, aus welcher aufgrund der ungleichen Teilung eine sekundäre Oozyte und ein funktionsloses, kleines Polkörperchen hervorgehen. Im Gegensatz zur Spermatogenese verläuft die Oogenese über Jahrzehnte, wobei aus einem Oogonium eine befruchtungsfähige Eizelle und drei funktionslose Polkörperchen entstehen. Die hier dargestellte kurze Übersicht der Gesamtprozesse verdeutlicht bereits die hohe Komplexität der Vorgänge.

IVG bei Mäusen

Soll eine pluripotente Stammzelle in befruchtungsfähige Spermien und Eizellen differenziert werden, müssen alle Schritte der Spermatogenese und Oogenese *in vitro* nachgestellt werden. Zahlreiche Arbeitsgruppen haben in den letzten Jahren für verschiedene Organismen, vor allem Mäuse und Menschen, an der Umsetzung gearbeitet und bereits enorme Fortschritte erzielt.[187] Bei den verschiedenen Differenzierungsstrategien werden die pluripotenten Zellen in der Regel zunächst in PGCs differenziert. Da diese nicht mit den natürlichen PGCs identisch sind, werden sie als PGCLCs (PGC *like cells*) bezeichnet. Zuerst gelang die Herstellung von Spermien und kurz danach die Generierung fruchtbarer Eizellen aus Maus-ES-Zellen und Maus-iPS-Zellen via PGCLCs.[188] Die Funktionalität der Gameten wurde bewiesen, da aus ihnen fruchtbare, gesunde Nachkommen entstanden. Allerdings basierten beide Differenzierungen auf einer kombinierten *in vitro-in vivo* Strategie. Dabei entwickelten sich die PGCLCs *in vitro* zwar weiter, reiften aber erst nach Transplantation *in vivo* zu voll funktionalen Oozyten heran.[189] Analog dazu wurden PGCLCs in die Samenkanälchen von neugeborenen Mäusen, denen endogene Keimzellen

---

[187] Saitou und Miyauchi 2016, S. 721 ff.

[188] Hayashi et al. 2011, S. 519 ff.; Hayashi et al. 2012, S. 971 ff.

[189] Hayashi et al. 2012, S. 971 ff.

fehlten, transplantiert, wo sie sich in drei von sechs Hoden zu Spermien entwickelten.[190] Damit war grundsätzlich bewiesen, dass Maus-iPS-Zellen in funktionale Gameten differenziert werden können. Die Reproduktion aller für die Gametogenese notwendigen Signale, die *in vivo* vorhanden sind, gelang kürzlich auch *in vitro* im Labor.[191] Maus-iPS-Zellen wurden *in vitro* in Eizellen differenziert, aus denen sich nach *in vitro* Befruchtung in 3,5 % der Fälle lebende, gesunde Nachkommen entwickelten. Im Vergleich zu 61,7 % nach *in vivo* Oogenese ist die Erfolgsrate gering, dennoch konnten mit diesem Kultursystem erstmals funktionale Oozyten *in vitro* generiert werden.[192] Nach Ko-Kultur mit neonatalen Hodenzellen und sequenzieller Zugabe spezifischer Hormone, entwickelten sich von pluripotenten Zellen abgeleitete PGCLCs in Spermien-ähnliche Zellen (SLC), aus welchen nach intrazytoplasmatischer Spermieninjektion fruchtbare, gesunde Nachkommen hervorgingen.[193] Die Geburtsrate war mit 3,8 % bzw. 1,9 % im Vergleich zur Kontrolle (9,5 %) erniedrigt. Die Qualität der *in vitro* generierten Gameten muss folglich verbessert und die Protokolle müssen der humanen Gametogenese angepasst werden, dennoch scheint es nur eine Frage der Zeit zu sein bis auch hiPS-Zellen in humane Gameten differenziert werden können.[194]

IVG beim Menschen

Von mehreren Arbeitsgruppen wurde die Generierung humaner PGCLCs (hPGCLC) und/oder haploider Keimzellen beschrieben, aber in keiner Publikation wurde die vollständige Funktionalität oder alle im folgenden beschriebenen Schlüsselmerkmale analysiert.[195] Während der DNA-Gehalt in Spermien während der Entwicklung auf die Hälfte verringert wird, wird das mütterliche Genom erst nach der Befruchtung vollständig reduziert, sodass eine reife Eizelle eine normale DNA-Menge enthält. Während der Befruchtung findet eine Paarung der homologen Chromosomen, also eine exakte Aneinanderlagerung der zusammengehörigen Chromosomen beider Eltern statt, die sogenannte Synapsis. Der bedeutendste Nachweis für einen erfolgreichen Prozess ist neben DNA-Gehalt, Chromosomenzahl, Synapsis und Rekombination allerdings die Entstehung von gesundem, fruchtbarem Nachwuchs. Dazu sind unter anderem eine korrekte epigenetische Reprogrammierung, genetische Stabilität und ein normales Transkriptom (Gesamtheit aller zu einem Zeitpunkt produzierten RNA-Moleküle) erforderlich. Die Befruchtung und Entwicklung eines Embryos ins Zwei-Zell-Stadium erfolgt bei verschiedenen Mutanten. Embryonen mit abnormalem Chromosomengehalt können sich sogar deutlich weiter entwickeln, folglich erbringen solche Versuche allein nicht den Nachweis für die Fähigkeit gesunde, lebende Nachkommen hervorzubringen.[196]

---

[190] Hayashi et al. 2011, S. 519 ff.

[191] Zou et al. 2016, S. 330 ff.; Hikabe et al. 2016, S. 299 ff.

[192] Hikabe et al. 2016, S. 299 ff.

[193] Zou et al. 2016, S. 330 ff.

[194] Ishii 2014, S. 1064 ff.

[195] Saitou und Miyauchi 2016, S. 721 ff.

[196] Handel et al. 2014, S. 216.

Medrano und Kollegen zeigten, dass die Überexpression von zwei Keimzell-Translationsfaktoren (VASA (DDX4) und/oder DAZL) in hiPS-Zellen zur Expression früher und später Keimzell-typischer Gene führte. Im Mittel waren ungefähr 1,5 % der Zellen haploid, wobei unter den gleichen Kulturbedingungen durch spontane Differenzierung bereits 0,5 % der Zellen haploid vorlagen.[197] In einer anderen Untersuchung wurden hiPS-Zellen ohne weitere genetische Manipulation differenziert. Easley und Kollegen kultivierten hiPS-Zellen zehn Tage in Mausspermatogonialem Stammzellmedium mit entsprechenden Zusätzen. 3,9 % der Zellen lagen danach haploid vor, wobei typische Proteine von Spermatogonien, Spermatozyten und Spermatiden detektiert werden konnten.[198] In keiner dieser Arbeiten wurden alle Schlüsselmerkmale der Gametogenese analysiert, sodass unklar ist inwieweit der Prozess korrekt ablief. Unabhängig davon verdeutlicht die sehr geringe Effizienz der Differenzierung, dass ein großer Optimierungsbedarf besteht.

Zwei neuere Arbeiten geben an, hiPS-Zellen mit vergleichsweise hoher Effizienz in hPGCLCs differenziert zu haben.[199] Auch wenn noch unklar ist, inwieweit diese Zellen tatsächlich natürlichen hPGCs entsprechen, wurden zugrunde liegende Mechanismen aufgeklärt und somit ein weiterer Schritt zur Entwicklung der humanen *in vitro* Spermatogenese und Oogenese getan. Wichtig war die Erkenntnis, dass sich humane iPS-/ES-Zellen von Maus-iPS-/ES-Zellen (miPS-Zellen/mES-Zellen) unterscheiden.[200] Wie man mittlerweile weiß, kann man bei humanen Zellen verschiedene Abstufungen der Pluripotenz unterscheiden. Man bezeichnet diese als naiv und *primed*. Unter normalen Kulturbedingungen liegt der *primed* Zustand vor, welcher sich beispielsweise durch Zugabe von vier Kinase-Inhibitoren ins Medium (4i-Medium) in den naiven Zustand überführen lässt. Irie und Kollegen kultivierten darum hiPS-Zellen für zwei Wochen in 4i-Medium auf Feederzellen, um einen naiven Zustand zu erzeugen, und differenzierten dann analog zum Maus-Protokoll in hPGCLCs. Sie erreichten damit erstmals eine hohe Effizienz von 31 %.[201] Außerdem konnten weitere Erkenntnisse zum Mechanismus gewonnen werden. Eine andere Arbeitsgruppe nutzte dies und versetzte hiPS-Zellen nicht in den naiven sondern in den *primed* Zustand. Die Differenzierung dieser Zellen über eine Zwischenstufe erreichte eine Effizienz von ungefähr 60 %.[202]

Zusammenfassung

Die neueren Arbeiten zur effizienteren Generierung von hPGCLCs, legten einen wichtigen Grundstein für die weitere, schrittweise Entwicklung der *in vitro* Spermatogenese und Oogenese menschlicher Zellen. Die komplizierte Sequenz der zuvor beschriebenen *in vivo* Vorgänge muss dazu *in vitro* nachgestellt werden. Obwohl die Gametogenese von Maus und Mensch Unterschiede aufweist, werden

---

[197] Medrano et al. 2012, S. 1186 ff.

[198] Easley et al. 2012, S. 440 ff.

[199] Sasaki et al. 2015, S. 178 ff.; Irie et al. 2015, S. 253 ff.

[200] Saitou und Miyauchi 2016, S. 721 ff.

[201] Irie et al. 2015, S. 253 ff.

[202] Sasaki et al. 2015, S. 178 ff.

dabei die Erkenntnisse aus der Maus hilfreich sein. Für eine klinische Anwendung müsste außerdem sichergestellt werden, dass sich in den somatischen Zellen, aus denen die hiPS-Zellen generiert werden, keine genetischen Mutationen angesammelt haben und dass das epigenetische Profil der Gameten korrekt ist. Insgesamt scheint die Differenzierung menschlicher Keimzellen aus hiPS-Zellen nach aktuellem Wissensstand *in vitro* möglich zu sein, wobei aufgrund der weniger komplexen Vorgänge die Spermatogenese vermutlich schneller etabliert werden kann als die Oogenese.[203]

Neben der Tatsache, dass aus gespendetem Gewebe Nachkommen generiert werden könnte, sind weitere ethische Probleme vorhanden. Der finale Nachweis zur erfolgreichen Differenzierung von Gameten aus hiPS-Zellen kann beispielsweise nur erbracht werden, indem die Befruchtung durchgeführt wird, was zur Entstehung eines Embryos führt.[204] Das stellt ein prinzipielles Problem für die weitere Erforschung der humanen *in vitro*-Gametogenese dar. Des Weiteren könnte die sich schnell entwickelnde Technologie der Genom-Editierung an hiPS-Zellen angewandt werden bevor diese in Gameten differenziert werden. Dies ist insofern kritischer als eine Zelltherapie mit Genom-Editierung, da die Veränderung von Gameten nicht nur ein Individuum betrifft, sondern vererbt wird und somit in allen nachfolgenden Generationen vorhanden wäre. Außerdem werden im aktuellen Protokoll für die *in vitro*-Oogenese von Maus-iPS-Zellen auch Zellen aus Maus-Embryonen verwendet, also Embryonen verbraucht.[205] Sofern es nicht möglich wäre diese Zellen aus hiPS-Zellen zu differenzieren, wäre eine Anwendung dieses Protokolls für die humane Oogenese ebenso problematisch wie die Verwendung von hES-Zellen. Zusammengefasst sind mit einer *in vitro*-Gametogenese mehrere ethische Probleme verbunden, die diskutiert werden müssen. Daher sollte nicht zuletzt aufgrund der niedrigen Rate gesunder Nachkommen im murinen System, eine Differenzierung in humane Gameten zu Fortpflanzungszwecken nach aktueller Forschungslage noch nicht angestrebt werden.

2.4   Qualitätskontrolle und Charakterisierung

Aktuell gibt es keine allgemein gültige, umfassende Routine zum Nachweis der Qualität und Sicherheit von hiPS-Zellen und deren Produkten, obwohl dies für die klinische Translation unabdingbar ist. Die Verwendung von aus hiPS-Zellen abgeleiteten Therapieprodukten in der Klinik erfordert, dass diese entsprechend der guten Herstellungspraxis (*Good Manufacturing Practice*, GMP) produziert werden. Weltweit variieren die Vorschriften und Richtlinien für GMP je nach Land und regulatorischem Umfeld. Alle haben jedoch das gemeinsame Ziel, Mindestanforderungen zu schaffen um sicherzustellen, dass Produkte nach gewissen Qualitätsstan-

---

[203] Saitou und Miyauchi 2016, S. 721 ff.
[204] Handel et al. 2014, S. 216.
[205] Hayashi et al. 2017, S. 1733 ff.

dards produziert und kontrolliert werden, die für die jeweilige Anwendung geeignet sind. Um die Gesundheit sowohl des Spenders als auch des Empfängers zu schützen, sollte die Gewinnung von Ausgangszellen oder -geweben für die Herstellung von hiPS-Zellen den im nationalen Recht für Blut-, Zell- und Gewebespende festgelegten Standards entsprechen. Da für die einzelnen Schritte des darauffolgenden Herstellungsprozesses noch keine offiziellen Standards existieren, ist es wünschenswert, dass sich die verschiedenen internationalen und nationalen Forscher, Unternehmen und Regulierungsbehörden auf einen gemeinsamen Mindeststandard einigen. In diesem Abschnitt wird erläutert welche Merkmale von hiPS-Zellen und von daraus differenzierten Zellen zur Generierung eines solchen Standards berücksichtigt werden könnten (Abschn. 2.4.1). Entsprechende Empfehlungen zur Charakterisierung werden in Abschn. 2.4.3 gegeben. Außerdem wird die in der Praxis durchgeführte Qualitätskontrolle und Charakterisierung anhand des Beispiels der weltweit ersten klinischen Studie mit von hiPS-Zellen abgeleiteten Zellen dargestellt (Abschn. 2.4.2).

2.4.1 Biologischer Hintergrund

Sowohl die Sicherheit des Patienten als auch die Funktionalität des Zellproduktes müssen bei einer Zelltherapie gewährleistet sein. Daher sind auf Basis des aktuellen wissenschaftlichen Kenntnisstandes entsprechende Qualitätskontrollen durchzuführen. Diese müssen sowohl für die hiPS-Zellen als auch für das differenzierte Zellprodukt erfolgen. Dabei gibt es Parameter (z. B. Kontaminationsfreiheit), die für beide in identischer Art und Weise kontrolliert werden können, und andere (z. B. Funktionalität), für die unterschiedliche Methoden notwendig sind. Der geeignetste Zeitpunkt für die Überprüfung kann sich für verschiedene Parameter bzw. Methoden unterscheiden. Eine Kontrolle der Sicherheit und Funktionalität des fertigen Zellproduktes sollte auf jeden Fall ein letztes Mal zeitnah vor der Transplantation erfolgen.

2.4.1.1 Kontaminationsfreiheit

Bei der Überprüfung der Kontaminationsfreiheit wird sichergestellt, dass keine bakteriellen oder viralen Krankheitserreger enthalten sind, die bei einer späteren Transplantation übertragen werden könnten. Die Kontaminationsfreiheit wird für das Ausgangsmaterial, die hiPS-Zellen und das differenzierte Zellprodukt kontrolliert. Mikroorganismen (z. B. Bakterien) sind überall in unserer Umwelt enthalten. Darum werden für die Zellkultur alle verwendeten Gegenstände und Lösungen sterilisiert und so gehandhabt, dass sie steril, das heißt frei von vermehrungsfähigen Mikroorganismen, bleiben. Bei einem normalen Sterilitätstest werden verschiedene Nährmedien mit einem kleinen Teil der zu untersuchenden Probe angeimpft. Nach der Bebrütung zeigt sich, ob Mikroorganismen gewachsen sind. Liegt kein Wachstum vor, kann die entsprechende Kontamination ausgeschlossen werden. Mykoplasmen nehmen eine Sonderstellung ein, da diese kleinen, zellwandlosen Bakterien lichtmikroskopisch nicht erkennbar sind, daher häufig unerkannt Zellkulturen infizieren und nur auf speziellen Nährböden/-medien kultiviert werden können. Zu ihrem Nachweis hat sich die Polymerase-Kettenreaktion (*polymerase chain reaction*, PCR) etabliert. Mit dieser Technik wird das genetische Material der Mykoplasmen – sofern vorhanden – vervielfältigt, sodass es anschließend in einem Agarosegel der Größe nach aufgetrennt und sichtbar gemacht werden kann (Gelelektrophorese). Da Viren (z. B. HIV, Hepatitis C) sich nur innerhalb einer geeigneten Wirtszelle vermehren können, wird die Anwesenheit bestimmter Viren ebenfalls mit PCR-Methoden überprüft.

2.4.1.2 Identitätsfeststellung

Neben den hiPS-Zellen und dem daraus differenzierten Zellprodukt muss auch das somatische Ausgangsmaterial einer ausreichenden genomischen Charakterisierung unterzogen werden, um eine *Identitätsfeststellung* durchführen zu können. Werden viele Zellen unterschiedlicher Patienten für mehrere Monate gleichzeitig kultiviert besteht die Gefahr von Verwechslungen. Außerdem besteht die Möglichkeit von Verunreinigungen einer Linie mit Zellen einer anderen Linie. Um sicher zu stellen, dass die generierte hiPS-Zell-Linie bzw. die daraus differenzierten Zellen vom Spender des Ausgangsmaterials stammen, werden sie ähnlich wie bei einem Vaterschaftstest miteinander verglichen. Dies kann mit Hilfe einer Restriktionsanalyse der genomischen DNA zur Detektion von Restriktionsfragment-Längenpolymorphismen (RFLP) geschehen. Restriktionsenzyme sind in der Lage, doppelsträngige DNA-Moleküle an spezifischen Erkennungsstellen zu binden und zu schneiden. Die entstehenden Bruchstücke (Restriktionsfragmente) haben eine durch die Lage der Schnittstellen definierte Länge und können durch Gelektrophorese entsprechend ihrer Größe aufgetrennt werden. Da sich die Schnittstellen bei verschiedenen Individuen unterscheiden, entstehen spezifische Bandenmuster im Gel. Alternativ zum RFLP kann ein natürlich vorkommender Sequenzlängenpolymorphismus analysiert werden. Eine Möglichkeit dazu sind nicht-kodierende DNA-Sequenzen mit einer Länge von zwei bis vier Basenpaaren, die sich wiederholen und als Mikrosatelliten (oder auch *short tandem repeats*, STR) bezeichnet werden. Die Anzahl der Wiederholungen ist von Individuum zu Individuum verschieden und erlaubt folglich eine Unterscheidung.

2.4.1.3 Morphologie und Wachstumsverhalten

Die *Morphologie (Gestalt) und das Wachstumsverhalten* werden üblicherweise regelmäßig während der Kultivierung von hiPS-Zellen und differenzierten Zellen lichtmikroskopisch analysiert. Beide stellen einen ersten, leicht zu detektierenden Anhaltspunkt zur Qualität der Zellen dar.

HiPS-Zellen besitzen eine charakteristische Morphologie. Es handelt sich um kleine, runde Zellen mit wenig Cytoplasma und großen Nucleoli, die in dichtgepackten, homogenen Kolonien mit glattem Rand wachsen. Differenzierte Stellen, die in geringer Anzahl in der Kultur vorhanden sein können, sind lichtmikroskopisch anhand der abweichenden Morphologie einfach zu erkennen. Veränderungen in der Morphologie der Kolonien oder eine deutliche und dauerhafte Zunahme differenzierter Stellen weisen auf Missstände in der Kultivierung hin. Eine mögliche Ursache können spontan während der Kultur auftretende Mutationen sein. Analog zur Expansion der hiPS-Zellen wird während der Differenzierung bzw. für differenzierte Zellen ebenfalls die Zelltyp-abhängige Morphologie kontrolliert. Beim RPE handelt es sich beispielsweise um hexagonale, pigmentierte Zellen.

Neben der spezifischen Morphologie sollte das Wachstumsverhalten von differenzierten Zellen oder hiPS-Zellen unter gleichbleibenden Kulturbedingungen relativ konstant sein. Das heißt es wird beim Aussäen der gleichen Zellmenge immer ungefähr die gleiche Zeit bis zum Erreichen der Konfluenz und zur Passage benötigt. Zusätzlich kann die geerntete Zellzahl während einer Passage bestimmt und daraus im Verhältnis zur ausgesäten Zellzahl die Expansionsrate berechnet werden. Besonders häufig kann es während der Generierung einer neuen hiPS-Zell-Linie zum Beispiel durch spontane Mutationen oder einer unvollständigen Reprogrammierung zu Veränderungen des Wachstumsverhaltens kommen. In solch einem Fall werden die Zellen verworfen.

Die Morphologie und das Wachstumsverhalten können sich unabhängig voneinander verändern. Eine normale Morphologie und ein normales Wachstumsverhalten sind zwar eine Voraussetzung, aber keine Garantie für die gute Qualität der Zellen. Beispielsweise können genetische Veränderungen vorhanden sein, die sich nicht phänotypisch (Gesamtheit aller morphologischen und physiologischen Merkmale) äußern. Deswegen sind genauere genetische Untersuchungen unerlässlich, um die Sicherheit und Qualität zu garantieren.

2.4.1.4   Vektorfreiheit und vollständige Reprogrammierung

Eine Grundvoraussetzung, um die Sicherheit von hiPS-Zellen für eine therapeutische Anwendung zu gewährleisten, ist die Überprüfung auf Vektorfreiheit sowie auf vollständige Reprogrammierung (Abschn. 2.1). Unvollständig reprogrammierte Zellen besitzen das Risiko, nach der Differenzierung spontan wieder zu dedifferenzieren. Dadurch können sie ihr unbegrenztes Teilungspotenzial zurückerlangen, was zur Entstehung von Tumoren führen kann. Außerdem kann ihre Differenzierungseffizienz in bestimmte Zelltypen beeinträchtigt sein.[206] Da unvollständig reprogrammierte Zellen viele Eigenschaften von vollständig reprogrammierten Zellen aufweisen, sind sie nicht einfach erkennbar. Morphologie, Proliferationsraten, Expression von Pluripotenz-Genen und Bildung von Teratoma (Abschn. 2.4.1.5) haben sie beispielsweise mit vollständig reprogrammierten Zellen gemeinsam. Sie unterscheiden sich aber unter anderem dadurch, dass sie weiterhin die exogenen Reprogrammierungsfaktoren exprimieren und dass die somatischen DNA-

---

[206] Kim et al. 2010, S. 285 ff.

Methylierungssignaturen nicht vollständig gelöscht sind (Abschn. 2.1.1.1). Klarheit kann also die Überprüfung des Methylierungsmusters geben (Abschn. 2.4.1.10). Ebenso kann die Überprüfung der Vektorfreiheit zur Beurteilung des Reprogrammierungsstatus beitragen. Einerseits muss sichergestellt werden, dass das Zytoplasma vektorfrei ist, also keine nicht-integrierten Vektoren mehr vorhanden sind. Bei Verwendung nicht-integrierender DNA-Methoden (z. B. episomale Plasmide) ist das zum Beispiel mittels PCR möglich. Andererseits muss eine Integration ins Genom ausgeschlossen werden. Denn auch bei der Verwendung nicht-integrierender DNA-Methoden ist eine spontane, ungewollte Integration des Vektors oder Teilen davon nicht auszuschließen (Abschn. 2.4.2). Je nachdem, an welcher Stelle die Integration stattfindet, kann sie unterschiedliche Auswirkungen haben: Von keinem Effekt, über die Beeinflussung der Expression benachbarter Gene (erhöht oder erniedrigt) bis hin zur Unterbrechung von Genen ist alles möglich. Folglich ist es wichtig auch bei nicht-integrierenden Reprogrammierungsmethoden neben dem Zytoplasma das Genom zu überprüfen. Findet im Rahmen der genetischen Charakterisierung (Abschn. 2.4.1.9) des differenzierten Zellproduktes eine vollständige Genomsequenzierung statt, kann damit gleichzeitig eine Integration ins Genom ausgeschlossen werden.

2.4.1.5 Funktionalität

Die Funktionalität ist sowohl für hiPS-Zellen als auch für das daraus abgeleitete Zellprodukt zwingend erforderlich. HiPS-Zellen zeichnen sich durch ihr unbegrenztes Teilungspotenzial und ihre Pluripotenz aus. Injiziert man pluripotente hiPS-Zellen in immundefiziente Mäuse, bilden sie sogenannte Teratome. Das sind Tumore, die Zellen aus allen drei Keimblättern enthalten. Unter natürlichen Bedingungen können Teratome beispielsweise aus Keimzellen entstehen. Der Teratom-Test galt lange Zeit als Goldstandard für den Nachweis der Pluripotenz und der Tumorigenität. Problematisch ist aber, dass hierfür Tierversuche notwendig sind, die sehr aufwändig und zeitintensiv sind. Mandai und Kollegen untersuchten die Mäuse beispielsweise nach zwei Monaten, nach sechs Monaten und am Lebensende.[207] Alternativ kann die spontane Differenzierung in Zellen aller drei Keimblätter schneller *in vitro* untersucht werden. Dazu werden Sphäroide aus hiPS-Zellen in Differenzierungsmedium für in der Regel ein bis drei Wochen kultiviert und anschließend analysiert. Etwas aufwändiger sind Assays zur gerichteten Differenzierung (Abschn. 2.3.1) in Zelltypen jedes Keimblatts mit anschließender Analyse. Bevor die Pluripotenz anhand des Differenzierungspotenzials mit einer der oben beschriebenen Methode überprüft wird, kann die Expression von speziellen Genen (Pluripotenz-Marker) kontrolliert werden. Diese zeigen mit einer hohen Wahrscheinlichkeit die Pluripotenz von Zellen an, wenn mehrere von ihnen gleichzeitig exprimiert werden. Zwar ist die Expression der Pluripotenz-Marker keine Garantie für die Funktionalität, aber sie stellt eine notwendige Voraussetzung dar, sodass man

---

[207] Saitou und Miyauchi 2016, S. 721 ff.

mit dieser Analyse unnötige Arbeit vermeiden kann. Außerdem kann auf die Qualität der Zellen geschlossen werden, da in einer hiPS-Kultur die Expression der Pluripotenz-Marker möglichst hoch (>90 %) sein sollte. Beispiele für Pluripotenz-Marker sind zentrale Pluripotenz-Transkriptionsfaktoren wie OCT3/4, SOX2 und NANOG (Abschn. 2.1.1) oder auch Oberflächenproteine wie TRA1-60, dessen genaue Funktion unbekannt ist. Um die Expression zu analysieren, gibt es verschiedene Möglichkeiten. Die DNA-Sequenz von Genen ist in allen Zellen des Körpers gleich. Da die Biosynthese der dazugehörigen Proteine (Genexpression) in jeder Zelle aber immer nur für wenige Gene erfolgt, kommt es zu unterschiedlichen Phänotypen. Manche Gene werden in den meisten Zelltypen exprimiert, andere sind spezifisch für einen Zelltyp. Letztere eignen sich bei Analysen als zelltypspezifische Marker. Während der Genexpression wird die entsprechende doppelsträngige DNA-Gensequenz zunächst in eine kurze einsträngige Boten-Sequenz umgeschrieben, welche als mRNA bezeichnet wird. Die mRNA dient später als Grundlage für die Herstellung spezifischer Proteine. Um die Genexpression zu analysieren, kann entweder die mRNA oder das Protein detektiert werden. Nutzt man die mRNA, dann kann nicht nur eine Aussage darüber getroffen werden, ob eine Expression überhaupt vorhanden ist, moderne Analysemethoden wie zum Beispiel die quantitative PCR (qRT-PCR) ermöglichen auch eine Analyse der Expressionsstärke. Die Detektion von Proteinen erfolgt meist mit Hilfe von markierten Antikörpern. Die Antikörper erkennen das Protein und binden es spezifisch. Sind die Antikörper beispielsweise mit einem Fluoreszenzfarbstoff gekoppelt, werden so die gebundenen Proteine sichtbar gemacht (Immunhistochemie). Damit lässt sich nicht nur erkennen, in welchen Zellen das Protein enthalten ist, sondern auch wo in der Zelle es sich befindet. Werden Antikörper verwendet, die mit Fluoreszenzfarbstoffen markiert sind, spricht man von Immunfluoreszenz-Färbungen. Zur Analyse und Quantifizierung existieren wiederum eine Vielzahl von Detektionssystemen wie Fluoreszenz-Mikroskopie, Durchflusszytometrie oder *Enzyme-linked Immunosorbent Assays* (ELISA, antikörperbasiertes Nachweisverfahren).

Die Grundvoraussetzung für die Funktionalität von differenzierten Zellen kann, analog zu hiPS-Zellen, anhand der Expression zelltypspezifischer bzw. funktionsspezifischer Gene überprüft werden. Eine weitergehende Überprüfung der spezifischen Funktionalität muss auf den jeweiligen Zelltyp abgestimmt werden und wird durch diesen definiert. Sekretieren Zellen zum Beispiel einen bestimmten Stoff, kann dieser als Funktionalitätsnachweis detektiert werden (z. B. Insulin-sekretierende Beta-Zellen). Zellschichten, wie zum Beispiel die Blut-Hirn-Schranke, bilden aufgrund ihrer Zell-Zell-Kontakte oftmals dichte Barrieren, bei denen die Zellen auf der oberen und unteren Seite unterschiedliche Stoffe abgeben (polarisierte Sekretion), die gemessen werden können. Außerdem kann die Dichte der Barriere durch Messung des elektrischen Widerstands (*Transepithelial electrical resistance*, TER) bestimmt werden. Zur Untersuchung der Funktionalität von Muskelzellen kann die Stärke, Dauer und Amplitude der Kontraktion gemessen werden. Die Möglichkeiten sind unzählig, die ausgewählte Methode sollte aber auf jeden Fall die für die Zelltherapie wichtigen Funktionen der Zellen überprüfen.

2.4.1.6 Reinheit der differenzierten Zellpopulation

Nach erfolgreicher Differenzierung der hiPS-Zellen sollte die Reinheit der differenzierten Zellen bzw. des daraus generierten Transplantats kontrolliert werden. Ist diese
nicht ausreichend, ist gegebenenfalls eine Aufreinigung (z. B. durch Sortierung der
gewünschten Zelltypen) durchzuführen. Einerseits sollte der prozentuale Anteil des
gewünschten Zelltyps einen bestimmten Wert erreichen und eine Kontaminationen
mit anderen differenzierten Zellen vermieden werden, andererseits ist es aufgrund
ihrer Tumorigenität wichtig, dass keine pluripotenten Stammzellen mehr enthalten
sind. Um ersteres zu überprüfen, können wie oben beschrieben zelltypspezifische
Marker verwendet werden, um die Anzahl der Zellen zu bestimmen, in denen die
entsprechenden Gene exprimiert werden. Alternativ kommen zelltypspezifisch auch
andere Methoden in Frage. Mandai und Kollegen detektierten kontaminierende, also
nicht in den gewünschten Typ differenzierte Zellen beispielsweise mit einem Adhäsionstest, bei dem die adhärierenden, unerwünschten Zellen gezählt wurden.[208] In diesem Fall war der Adhäsionstest sensitiver als die Kontrolle der Funktionalität und der
zelltypspezifischen Genexpression. Dies verdeutlicht, wie wichtig die Auswahl einer
geeigneten Methode zur Überprüfung der Reinheit ist. Während Kontaminationen mit
vereinzelten, differenzierten Zellen, die nicht dem Zielzelltyp entsprechen, die Qualität des Transplantates je nach Anwendung nicht notwendigerweise beeinträchtigen,
müssen aufgrund ihres tumorigenen Potenzials auch einzelne hiPS-Zellen im Transplantat unbedingt ausgeschlossen werden. Die Auflösung mit immunhistochemischen
Methoden gegen den Stammzell-Marker TRA1-60 liegt bei 0,1 %. Würde ein Transplantat aus einer Million Zellen bestehen, könnten hiPS-Zellen mit dieser Methode
folglich erst nachgewiesen werden, wenn mehr als 1.000 Zellen enthalten wären.
Besser geeignet scheint die Kontrolle der Expression von *lin28* mittels qRT-PCR zu
sein. Mit dieser Methode konnte eine undifferenzierte Zelle in 50.000 RPE-Zellen
detektiert werden (0,002 %).[209] Die minimale Anzahl von subkutan transplantierten
hiPS-Zellen, die beim Teratom-Test einen Tumor in 50 % der Tiere hervorrief, liegt
zum Vergleich bei 132 Zellen.[210]

2.4.1.7 Gewebekonstrukte

Neben der Möglichkeit, die differenzierten Zellen als Zellsuspension für die Zelltherapie zu verwenden, können auch Gewebekonstrukte hergestellt und transplantiert
werden (Abschn. 2.3.1). Der Aufbau solch eines Konstruktes sollte ebenfalls kontrolliert werden, da qualitativ hochwertige Zellen per se keine Garantie für ein qualitativ gutes Transplantat darstellen. Die Anzahl der lebenden Zellen pro Quadrat-
millimeter bzw. Kubikmillimeter ist ein wichtiger Parameter, um eine ausreichende
Funktionalität und therapeutische Wirksamkeit zu gewährleisten. Lässt die Geome-
trie des Konstruktes keine nicht-invasive mikroskopische Kontrolle der vorhandenen

---

[208] Kamao et al. 2014, S. 205 ff.

[209] Kuroda et al. 2012, S. e37342.

[210] Kanemura et al. 2014, S. e85336.

Zellzahl zu, kann ein definiertes Stück aus einem Transplantat der gleichen Produktionseinheit geschnitten und analysiert werden.[211] Dazu werden die Zellen aus dem Konstrukt – meist enzymatisch – herausgelöst, mit einem Farbstoff die lebenden und toten Zellen markiert und gezählt. Des Weiteren ist mit geeigneten mikroskopischen Verfahren zu überprüfen, ob die zu erwartende Struktur (z. B. Aufbau der Zellschichten für ein Hauttransplantat) vorhanden ist. Letztlich muss auch die mechanische Stabilität des Transplantats gewährleistet werden, damit es den Belastungen während der Transplantation standhält.

2.4.1.8   Tumorigenität

Ein entscheidender Aspekt, um die Sicherheit des Zelltherapieproduktes (differenzierte Einzelzellen oder Gewebekonstrukt) zu gewährleisten, ist die Untersuchung der tumorigenen (tumorerzeugenden) Eigenschaft. Die Tumorigenität kann auf zwei Mechanismen beruhen: der malignen Transformation differenzierter Zellen oder der Kontamination mit tumorigenen hiPS-Zellen. Letzteres kann durch eine entsprechende Überprüfung der Reinheit (Abschn. 2.4.1.6) ausgeschlossen werden. Verschiedene Ursachen kommen für eine maligne Transformation differenzierter Zellen in Frage. Eine unvollständige Reprogrammierung (Abschn. 2.1.1) kann dazu führen, dass die Zellen spontan dedifferenzieren, darum sollte diese mit entsprechenden Analysen ausgeschlossen werden (s. Abschn. 2.4.1.4). Unabhängig davon können sich während der Kultivierung unbemerkt verschiedenste Mutationen akkumulieren. Beeinflussen diese die Genexpression von Proteinen, die beispielsweise an der Regulation des Zellzyklus beteiligt sind, kann die Wachstumsinhibition aufgehoben werden und die Zellen fangen an, sich unkontrolliert zu vermehren. Gleiches kann durch ins Genom integrierte Vektoren hervorgerufen werden (Abschn. 2.1.2). Funktionell kann die Tumorigenität des Zelltherapieproduktes mit dem bereits beschriebenen Teratom-Test überprüft werden (Abschn. 2.4.1.6). Alternativ können Mutationen, welche einen Hinweis auf potenziell maligne Veränderungen geben, mit einer vollständigen Ganzgenomanalyse (Abschn. 2.4.1.9) detektiert werden, wobei nicht bekannt ist, wie hoch das Risiko einer Tumorbildung durch die gefundene Mutation tatsächlich ist. Dieses Risiko zu ermitteln wäre die Aufgabe einer entsprechenden Datenerfassung. Ein pragmatischer Ansatz ist, Mutationen in bekannten tumorauslösenden Genen (Onkogenen, Tumorsuppressorgenen) auszuschließen. Eine hundertprozentige Sicherheit lässt sich damit allerdings nicht erreichen.

2.4.1.9   Genomintegrität

Das Genom von hiPS-Zellen ist mit dem der Ausgangszellen identisch. Enthalten diese eine Mutation, ist sie zwangsläufig auch in den daraus abgeleiteten hiPS-Zellen und in dem differenzierten Zellprodukt enthalten. Bei allogenen Spendern sollte dies der jeweiligen Anwendung entsprechend berücksichtigt werden.

---

[211] Mandai et al. 2017, S. 1038 ff.

Zusätzlich können hiPS-Zellen während der Reprogrammierung und/oder Expansion weitere genetische Anomalitäten, zum Beispiel Aneuplodien, entwickeln.[212] Darum ist es wichtig das Expansionssystem dahingehend auszuwählen, dass die benötigte Zellzahl mit minimalen genetischen Veränderungen erreicht werden kann, das heißt beispielsweise durch Eliminierung von Selektionseffekten oder durch möglichst kurze Zeit in Kultur. Da Mutationen sowohl die Sicherheit als auch Funktionalität der Zellen beeinflussen können, ist es wichtig die Genomintegrität, das heißt die Korrektheit des Genoms, zu überprüfen. Genomische Veränderungen können große oder kleine Bereiche betreffen. Große Abnormitäten, die Chromosomen oder Teile davon betreffen (z. B. Translokationen), können mittels Karyotypisierung erkannt werden. Dabei werden Chromosomen während der Zellteilung angefärbt (z. B. Giemsa-Färbung) und mit Hilfe eines Mikroskops morphologisch (z. B. Größe, Bandenmuster) beurteilt. Mikroskopisch nicht erkennbare Veränderungen können von Abweichungen der Kopienanzahl eines bestimmten DNA-Abschnittes (*copy number variation*, CNV) über Insertionen (Einbau) bzw. Deletionen (Verlust) von mehreren Basen bis hin zu Einzelnukleotid-Variationen (*single nucleotid variation*, SNV) reichen. Assou und Kollegen fassen den aktuellen Kenntnisstand zur Überprüfung der Genomintegrität in ihrem Artikel zusammen. Sie empfehlen bei einer klinischen Anwendung mindestens eine Karyotypisierung und eine Exomsequenzierung. Bei der Exomsequenzierung wird nicht das vollständige Genom, sondern nur die Gesamtheit der für Proteine kodierenden Bereiche (Exons) untersucht. Alternativ zur Exomsequenzierung kann eine aCGH (*array comparative genomic hybridization*) durchgeführt werden. Bei der aCGH wird die zu untersuchende Probe mit einer oder mehreren Referenzproben verglichen, um CNVs im gesamten Genom zu detektieren. Zusätzlich sollte eine gezielte Sequenzierung des *tp53*-Tumorsuppressor-Gens stattfinden.[213] Im Gegensatz dazu hat die vollständige Genomsequenzierung (*next generation sequencing*, NGS) den großen Vorteil, dass sie das gesamte Genom, also sowohl die kodierenden, als auch die nicht-kodierenden Bereiche, mit Einzelbasen-Auflösung darstellt und so die meisten genomischen Veränderungen detektiert. Aufgrund des Aufwands, der Kosten und der komplexen Interpretation der Ergebnisse ist sie aber noch nicht für Routineanwendungen einsetzbar. Da sich eine vorteilhafte Mutation innerhalb von fünf Passagen in der gesamten Zellkultur ausbreiten kann, muss die Überprüfung der Genomintegrität kurz vor der Verwendung stattfinden. Es gibt keinen Konsens wie häufig sie zwischen der Etablierung einer hiPS-Zell-Linie und der finalen Überprüfung kontrolliert werden sollte. Eine zusätzliche regelmäßige Testung auf häufig vorkommende Mutationen wäre ebenfalls denkbar (z. B. mit *digital droplet* PCR). Die Entwicklung eines Standards zur Überprüfung der Genomintegrität sollte auch die Klassifizierung der detektierten Veränderungen umfassen, da die Bedeutung von Kopienzahlvariationen, Insertionen, Deletionen und Einzelnukleotid-Variationen nicht immer einfach zu interpretieren ist.

---

[212] Lamm et al. 2016, S. 253 ff.

[213] Assou et al. 2018, S. 814 ff.

2.4.1.10 Epigenetik

DNA-Methylierungen und Histonmodifikationen sind Beispiele für epigenetische Mechanismen (Abschn. 2.1.1). Histone sind Proteine im Zellkern, die an der Verpackung der DNA und Expression beteiligt sind. Die Epigenetik der Zellen wird sowohl bei der Reprogrammierung als auch bei der Differenzierung verändert. In vollständig reprogrammierten hiPS-Zellen wurden beispielsweise die Zelltyp-spezifischen DNA-Methylierungsmuster gelöscht. Bei einer anschließenden Differenzierung werden sie entsprechend dem Zelltyp neu gebildet. Sowohl der Erfolg der Reprogrammierung (s. Abschn. 2.4.1.4) als auch der Differenzierung kann folglich kontrolliert werden, indem das Methylierungsmuster dargestellt und mit Kontrollen verglichen wird. Ob eine Überprüfung der Epigenetik standardmäßig durchgeführt werden sollte, ist noch nicht abschließend geklärt.[214]

2.4.2 Technische Umsetzung

Die praktische Umsetzung von Qualitätskontrollen wird anhand des Beispiels der weltweit ersten hiPS-Zell-basierten Studie im Folgenden erläutert. In dieser Studie wurden zunächst von zwei Patienten dermale Fibroblasten aus einer Hautbiopsie kultiviert, dann in hiPS-Zellen reprogrammiert und schließlich in retinale Pigmentepithelzellen (RPE) differenziert, aus welchen RPE-Transplantate generiert wurden.[215] Nach Isolation der dermalen Fibroblasten wurden diese auf Sterilität und Mykoplasmen mit Protokollen aus dem Arzneibuch des japanischen Ministeriums für Gesundheit, Arbeit und Sozialem (*Ministry of Health, Labour and Welfare*, MHLW) überprüft. Die zur Reprogrammierung in hiPS-Zellen verwendeten episomalen Plasmid-Vektoren wurden entsprechend der in Japan gültigen GMP-Standards hergestellt. Zudem fanden alle Zellarbeiten in einem GMP-qualifizierten Labor statt. 32 hiPS-Zellkolonien wurden für Patient 1 und 40 für Patient 2 isoliert, von denen während der darauffolgenden Kultivierung jeweils 20 aufgrund ihrer hiPS-Zell-typischen Morphologie und Wachstumseigenschaften für die weitere Analyse ausgewählt wurden. Im Folgenden wird der Begriff „Kolonie" als Kurzform für diese in Kultur genommenen Kolonien verwendet. Um die Vektorfreiheit der Kolonien zu beurteilen, wurde eine erste PCR zur Detektion von Plasmid-DNA durchgeführt. Zehn Kolonien von Patient 1 und acht Kolonien von Patient 2 haben dieses Screening bestanden und erschienen vektorfrei. Aufgrund verlangsamter Wachstumseigenschaften wurden weitere fünf Kolonien von jedem Patienten verworfen. Der Karyotyp der verbleibenden fünf (jedem Patienten) bzw. drei (Patient 2) Kolonien wurde nach Giemsa-Färbung (Abschn. 2.4.1) unter Befolgung der Kriterien des Internationalen Systems für humane zytogenetische Nomenklatur (*International System for Human Cytogenetic Nomenclature*, 2013) bestimmt. Dabei wurde beurteilt ob strukturelle Veränderungen oder ein Zugewinn bzw. Verlust von

---

[214] Barry et al. 2015, S. 110 ff.

[215] Mandai et al. 2017, S. 1038 ff.

Chromosomen vorlagen. Alle fünf Kolonien von Patient 1 und eine Kolonie von Patient 2 besaßen einen normalen Karyotyp. Als nächstes wurde die Integration des Plasmids ins Genom mit zwei anderen Methoden überprüft (*deep sequencing* und hoch-sensitive quantitative PCR). Eine der Kolonien von Patient 1, welche die vorherige Überprüfung bestand, wies nun bei beiden Methoden eine Plasmidintegration auf. Eine weitere Kolonie von Patient 1 zeigte zu diesem Zeitpunkt ein verlangsamtes Wachstum, weswegen sie verworfen wurde. Die Vitalität der hiPS-Zellen, also der Anteil lebender Zellen, wurde mit einer Trypanblau-Färbung von mehr als 400 Einzelzellen bestimmt. Die Expression der Pluripotenz-Marker SSEA-4, TRA-60, Oct-3/4 und Nanog wurde mittels Immunhistochemie bestätigt. Außerdem wurde ein *in vitro* Virustest durchgeführt, um virale Kontaminationen auszuschließen. Drei Kolonien von Patient 1 und eine Kolonie von Patient 2 bestanden alle der bis dahin durchgeführten hiPS-Zell-Kontrollen und wurden in retinale Pigmentepithelzellen differenziert. Diese in Kultur genommenen hiPS-Zellkolonien werden aufgrund des Bestehens der Qualitätskontrollen im Folgenden als hiPS-Zell-Linien bezeichnet.

Die Qualität der RPE-Zellen und der daraus hergestellten Transplantate wurde ebenfalls überprüft. Die Morphologie der pigmentierten RPE-Zellen wurde mit einem Phasenkontrast-Mikroskop und die Struktur der RPE-Zellschicht im Transplantat mit einem konfokalen Laser-Scanning-Mikroskop bestätigt. Dieses spezielle Mikroskop besitzt einen fokussierten Laserstrahl, mit welchem die Probe schichtweise abgerastert wird. Die einzelnen Bilder können anschließend zusammengefügt werden, sodass man ein dreidimensionales Bild der Struktur erhält. Die Expression RPE-typischer Gene (*best1, rpe65, mertk, cralbp*) wurde mittels qRT-PCR für die Transplantate gezeigt (Abschn. 2.4.1). Für einige der Analysen musste die RPE-Zellschicht in Einzelzellen dissoziiert werden, dazu wurden RPE-Transplantate der gleichen Produktionseinheit verwendet. Die Vitalität wurde mittels Trypanblaufärbung von mehr als 600 Zellen bestimmt (>90 % in allen Transplantaten). Die Zelldichte pro mm^2 lag zwischen 12.000 und 19.000 Zellen. Dazu wurde ein Stück der Zellschicht mit einem Laser ausgeschnitten. Gleichzeitig wurde festgestellt ob die Stabilität der Zellschicht für solche Manipulationen ausreicht. Um die Reinheit des RPE-Transplantates zu überprüfen wurden mehrere Tests durchgeführt. Mit Hilfe eines Adhäsionstests wurden kontaminierende Zellen detektiert, welche adhäsive Eigenschaften besitzen wie zum Beispiel mesenchymale Zellen. Dazu wurden 1×10^5 dissoziierte Zellen in einer nicht-beschichteten Kulturschale inkubiert, danach die nicht adhärenten Zellen weggewaschen und die adhärenten Zellen gezählt. Bei einer der RPE-Linien von Patient 1 war eine Adhäsion von mehr als 0,1 % der Zellen vorhanden, weswegen sie verworfen werden musste. Es blieben also zwei Linien von Patient 1 und eine Linie von Patient 2, welche für eine Transplantation in Frage kamen. Eine Kontamination mit undifferenzierten Zellen wurde ausgeschlossen indem die Expression von *lin28* mittels qRT-PCR überprüft wurde und nicht nachweisbar war (Abschn. 2.4.1).[216] Tumorigenität konnte *in vivo* unter Verwendung immundefizienter Mäuse bei keiner der RPE-Linien festgestellt werden.[217]

---

[216] Kuroda et al. 2012, S. e37342.

[217] Kanemura et al. 2014, S. e85336.

Nach verschiedenen Zeitpunkten (zwei Monate, sechs Monate, am Lebensende) wurden die injizierten RPE-Zellen mit den Kontrollen verglichen. War kein Unterschied zur Negativ-Kontrolle vorhanden und konnten außerdem keine tastbaren Tumore festgestellt werden, galt die Linie als nicht tumorigen. Die Funktionalität der RPE-Zellen wurde ebenfalls mit mehreren Methoden bestätigt. Die polarisierte Sekretion von RPE-typischen Faktoren ins Kulturmedium wurde beispielhaft für zwei Wachstumsfaktoren (*Pigment Epithelium-derived Factor* und *Vascular Endothelial Growth Factor*) mit Hilfe eines antikörperbasierten Nachweisverfahrens (ELISA) festgestellt. Die Barrierefunktion der retinalen Pigmentepithelschicht wurde durch Messung des elektrischen Widerstands über dem Epithel (*Transepithelial electrical resistance*, TER) kontrolliert. Schließlich wurde überprüft, ob die auf hiPS-Zellen basierenden RPE-Zellen phagozytotisch aktiv sind, also ob sie aktiv kleine Partikel aufnehmen. Dazu wurden sie 8 h mit von Schweinen stammenden und mit einem Fluoreszenzfarbstoff markierten Teilen von Fotorezeptoren inkubiert und anschließend mit einem konfokalen Mikroskop analysiert. Da der Fluoreszenzfarbstoff grün fluoresziert, lässt sich feststellen, welche Zellen Fotorezeptor-Teile aufgenommen haben. Des Weiteren wurde erneut getestet, ob die Transplantate frei von bakteriellen oder viralen Kontaminationen sind. Protokolle aus dem japanischen Arzneimittelbuch wurden für den Mykoplasmen- und den Endotoxintest verwendet. Bei Endotoxinen handelt es sich um Bestandteile (Lipopolysaccharide) der äußeren Zellmembran von Bakterien, welche sehr stabil sind. Aufgrund dieser Stabilität kann es auch ohne bakterielle Kontamination zu einer Verunreinigung mit Endotoxinen durch Gebrauchsgegenstände oder Mediumzusätze kommen. Das Vorhandensein verschiedener viraler Pathogene wurde mit qRT-PCR ausgeschlossen. Getestet wurde auf Herpes simplex Virus Typ 1, Typ 2, Varizella-Zoster-Virus, Epstein-Barr-Virus, Cytomegalovirus, humane Herpes Viren Typ 6, Typ 7, Typ 8, Parvovirus B19, BK Virus, JC Virus, Hepatitis B Virus, Hepatitis C Virus, humanes Immundefizienz Virus Typ 1, Typ 2 und humanes T-lymphotropes Virus Typ 1 und Typ 2. Alle oben genannten Analysen wurden mit drei RPE-Linien von Patient 1 und einer RPE-Linie von Patient 2 durchgeführt. Zusammengefasst zeigt diese Auflistung, wie wichtig die Durchführung passender und umfangreicher Analysen ist, da immer wieder Kolonien und Linien auf Grund einzelner Analyseergebnisse von der weiteren Verwendung ausgeschlossen werden mussten.

Zusätzlich zu den oben beschriebenen Analysen wurden von den für die Transplantation vorgesehenen hiPS-Zell-Linien von Patient 1 und Patient 2 verschiedene genomische Analysen durchgeführt. Für die hiPS-Zellen waren das eine SNP Array Analyse (*single nucleotide polymorphism*, Einzelnukleotid-Variationen) und eine vollständige Genom-/Exomsequenzierung. Für die daraus differenzierten RPE-Linien wurden diese Analysen erneut durchgeführt und zusätzlich noch eine DNA-Methylierungsanalyse, eine RNA-seq (dient der Analyse des Transkriptoms, also der Gesamtheit der zu einem Zeitpunkt abgelesenen Gene) und eine quantitative Einzelzell-PCR. SNPs sind wie SNVs (Abschn. 2.4.1) Mutationen einzelner Nukleotide, aber jede Variation eines SNPs kommt in einem nennenswerten Ausmaß innerhalb der Bevölkerung vor. Mit der SNP Array Analyse können folglich häufig vorkommende SNVs detektiert werden. Bei Patient 1 wurden bei den genomischen Analysen SNVs detektiert, welche nach aktuellem Wissensstand nicht im Zusammenhang mit Krebs stehen und teilweise bereits bei den Fibroblasten mit niedriger Häufigkeit nachgewiesen werden konnten. Im Gegensatz dazu wiesen die Zellen von Patient 2 neben nicht tumorigenen SNVs auch drei Deletionen auf, welche wahrscheinlich die Expression von Genen beeinflussen würden. Eine dieser Deletionen lag auf dem X-Chromosom des männlichen Patienten. Diese Tatsache war einer der Gründe für die Entscheidung, die Transplantation nur bei Patient 1 durchzuführen. Die Tatsache, dass ein RPE-Transplantat alle Kontrollen bis auf den Adhäsions- und Stabilitätstest bestand, macht deutlich wie wichtig es ist die Zuverlässigkeit, Grenzen und Sensitivität der angewandten Methoden zu kennen. Um die Sicherheit der Patienten zu garantieren wären dementsprechend festgelegte Standards für die Qualitätskontrolle wünschenswert. Für einzelne Merkmale wie die Überprüfung der Tumorigenität oder die genomische Analyse ist dies theoretisch einfacher umsetzbar als für die Analyse der Funktionalität, da diese abhängig vom Zelltyp und Art des Transplantates ist.

2.4.3 Ausblick

Für eine erfolgreiche klinische Translation von hiPS-Zellen und hiPS-Zell-basierten Produkten ist die Etablierung eines Standards für die Qualitätskontrolle entscheidend. Dazu sollten Forscher, Unternehmen und Regulierungsbehörden international und gemeinsam in enger Abstimmung auf einen Mindeststandard hinarbeiten. Im Folgenden werden nach aktuellem wissenschaftlichen Erkenntnisstand relevante Möglichkeiten der Qualitätskontrolle entlang eines Produktionsprozesses erörtert, aus denen sich Empfehlungen zur Entwicklung eines Standards ableiten lassen.

Während der gesamten Produktion des aus hiPS-Zellen abgeleiteten Therapieproduktes ist es erforderlich, entsprechend der guten Herstellungspraxis zu arbeiten und alle Arbeitsschritte über ein entsprechendes Qualitätsmanagementsystem zu kontrollieren und zu dokumentieren. Entsprechend sind alle Medien und Reagenzien GMP-konform herzustellen bzw. zu beziehen, wobei vorzugsweise chemisch-definierte und xeno-freie Bestandteile verwendet werden sollten, um unerwünschte Nebeneffekte, wie zum Beispiel Allergien zu vermeiden (Abschn. 2.2.1). Des Weiteren sollten nach Möglichkeit (teil-) automatisierte Systeme verwendet werden, um menschliche Einflüsse und Fehler zu reduzieren und die Effizienz zu erhöhen (Abschn. 2.2.3 und 2.3.3). Alle anfallenden Informationen und Daten während des Prozesses von der somatischen Zelle bis hin zum fertigen Therapieprodukt sollten lückenlos in ein Datenmanagementsystem eingetragen werden, um retrospektive Durchsichten der Prozesse zu gewährleisten und entsprechende Rückschlüsse zu ermöglichen. Des Weiteren müssen Verwechslungen von Proben verhindert werden, weswegen im gesamten Prozess einschließlich der Lagerung eindeutige Identifikationskennungen (z. B. über Barcodes) verwendet und bei allen Prozessschritten überprüft werden sollten. Dennoch ist eine zusätzliche Überprüfung der Identität von Zwischen- und Endprodukten empfehlenswert, um neben Verwechslungen auch Kontaminationen mit Zellen anderer Spender auszuschließen. Um potenziellen

Gefahren durch Fehlfunktionen des hiPS-Zell-Produkts im Körper (z. B. Tumorentwicklung, Fehlverteilung der Zellen) vorzubeugen, sollte im Vorfeld überprüft werden, ob für die geplante Anwendung ein zellbiologischer Sicherheitsmechanismus sinnvoll ist, beispielsweise durch eine Immobilisierung der Zellen (z. B. Verkapselung) oder durch den Einsatz eines Suizid-Gens (z. B. Herpes Simplex Virus Thymidinkinase-Gen).

Die Gewinnung von Ausgangszellen oder -geweben für die Herstellung von hiPS-Zellen sollte neben der GMP-konformen Durchführung den im nationalen Recht für Blut-, Zell- und Gewebespende festgelegten Standards entsprechen, um die Gesundheit sowohl des Spenders als auch des Empfängers zu schützen. Für spätere vergleichende Qualitätskontrollen (z. B. Identitätsfeststellung von Zwischen- und Endprodukten) ist eine ausreichende genomische Charakterisierung des somatischen Ausgangsmaterials vorzunehmen (Abschn. 2.4.1). Die Reprogrammierungsmethode sollte auf Basis des aktuellen wissenschaftlichen Kenntnisstandes hinsichtlich der Sicherheit der generierten hiPS-Zellen für die Transplantation ausgewählt werden. Nach heutigem Stand sind DNA-freie, nicht-integrierende Reprogrammierungsmethoden (z. B. mRNA, Proteine) zu bevorzugen, da mit diesen Methoden unter anderem eine Integration ins Genom ausgeschlossen wird (Abschn. 2.1.2). Der Reprogrammierungsmethode entsprechende Qualitätskontrollen sollten bei der Etablierung einer hiPS-Zell-Linie durchgeführt werden. Dazu gehört bei Verwendung von Vektoren der Nachweis der Vektorfreiheit im Zytosol und im Genom. Für die anschließende Expansion sollten ausschließlich geprüfte hiPS-Zell-Linien verwendet werden. Die Sicherheit der Zellen für die Transplantation darf durch die Expansion nicht beeinträchtigt werden. Daher ist nach erfolgter Expansion (Abschn. 2.2) zu prüfen, ob die Kontaminationsfreiheit, Erhaltung der Pluripotenz, genetische und phänotypische Stabilität sowie Identität mit dem Ausgangsmaterial gegeben sind. Sofern die hiPS-Zellen diese Kontrollen bestehen, können sie für die Differenzierung verwendet werden. Nach erfolgreicher Differenzierung (Abschn. 2.3) ist die Reinheit zu kontrollieren (z. B. Immunfluoreszenz und Durchflusszytometrie), um Kontaminationen mit anderen Zelltypen auszuschließen (Abschn. 2.4.1.6); gegebenenfalls ist eine Aufreinigung (z. B. durch Sortierung der gewünschten Zelltypen) durchzuführen. Die Funktionalität und Sicherheit des Zelltherapieprodukts für die Transplantation ist auf Basis des aktuellen wissenschaftlichen Kenntnisstandes zu gewährleisten. Je nach Zelltyp ergeben sich unterschiedliche Methoden zur Funktionalitätsprüfung (Abschn. 2.4.1.5). Generell gilt für das resultierende Produkt, dass neben Kontaminationsfreiheit, Funktionalität, Reinheit und Tumorigenität auch genetische, epigenetische und phänotypische Stabilität sowie die Identität zu prüfen sind (Abschn. 2.4.1). Welche dieser Kontrollen mit den differenzierten Zellen und welche mit dem gegebenenfalls daraus generierten Gewebekonstrukt durchgeführt werden, kann fallabhängig unterschiedlich sein (Beispiel in Abschn. 2.4.2), eine letzte Überprüfung der wichtigsten Merkmale des fertigen Zelltherapieproduktes sollte jedoch kurz vor der Transplantation erfolgen. Für Langzeit-Untersuchungen nach der Transplantation (*Follow-Ups*) ist Vorsorge zu treffen. Unter anderem sollten Rückstellproben der somatischen Ausgangszellen, der generierten hiPS-Zell-Linie sowie eines gegebenenfalls kryokonservierbaren

Tab. 2 Empfehlungen für die Qualitätskontrolle von hiPS-Zellen. PCR=Polymerase-Kettenreaktion, RFLP=restriktionsfragment-Längenpolymorphismus

Merkmal	Erläuterung	mögliche Methoden
Morphologie	Zellen: runde Form, wenig Cytoplasma, große Nucleoli	Lichtmikroskopie
	Kolonien: glatter Rand, homogen	Lichtmikroskopie
Wachstumsverhalten	Adhäsionsrate nach Passage	Bestimmung der Zellzahl, Lichtmikroskopie
	Expansionsrate	Bestimmung der Zellzahl
Kontaminationsfreiheit	Sterilität	Test auf Wachstum von Mikroorganismen auf/in entsprechenden Nährböden/-medien
	Mykoplasmen	PCR
	Virale Pathogene	qRT-PCR
Funktionalität	Expression von Pluripotenz-Markern (z. B. *oct3/4, nanog, sox2*)	Detektion von Proteinen (z. B. Immunhistochemie und Durchflusszytometrie) oder mRNA (z. B. qRT-PCR)
	Differenzierungspotenzial in Zellen aller drei Keimblätter	Teratom-Test, spontane oder gerichtete Differenzierung *in vitro*
	Vollständige Reprogrammierung	Methylierungsanalyse
Vektorfreiheit	Kein Vektor im Zytoplasma	PCR
	Kein Vektor/Teile des Vektors im Genom	Vollständige Genomsequenzierung
Genetische Integrität	Karyotyp: normale Chromosomeneigenschaften	Karyotypisierung mit Giemsa-Färbung
	Ausschluss von schädlichen Mutationen	Vollständige Genomsequenzierung oder Exomsequenzierung und Karyotypisierung
Identitätsfeststellung	Ausschluss von Verwechslungen	RFLP, Mikrosatelliten

Therapieproduktes für retrospektive Analysen angelegt und ausreichend lange gelagert werden. Im Fall von Genmodifikationen (z. B. durch CRISPR/Cas9) (Abschn. 2.1.3) sollten auch von den nicht genetisch veränderten Zellen Rückstellproben angelegt werden. Die Empfehlungen für die bei einer Qualitätskontrolle zu überprüfenden Merkmale mit einer Erläuterung und Beispiel-Methoden wurden in Tab. 2 für hiPS-Zellen zusammengefasst. Das gleiche ist für die aus hiPS-Zellen abgeleiteten differenzierten Zellen in Tab. 3 dargestellt.

Zur Standardisierung und verbesserten Vergleichbarkeit der Prozesse, sollten nicht nur die Qualitätskontrollen durchgeführt, sondern auch möglichst viele Informationen zum Herstellungsprozess entsprechend bereits veröffentlichter Studien (z. B. International Clinical Trials Registry Platform) zugänglich gemacht werden. Jedoch stehen in den aktuell vorhandenen Registern zurzeit meist nur sehr wenige Protokolle und Daten zur Verfügung, oft wegen (patent-) rechtlicher Bedenken und geplantem kommerziellen Nutzen. Ein europaweites Register zur Herstellung und

Tab. 3 Empfehlungen für die Qualitätskontrolle von aus hiPS-Zellen differenzierten Zellen bzw. daraus abgeleitete Gewebekonstrukte. Für die Differenzierung sollen nur hiPS-Zellen verwendet werden, deren Funktionalität und Sicherheit kontrolliert wurde. ELISA= Enzyme-linked Immunosorbent Assay, PCR=Polymerase-Kettenreaktion, RFLP=restriktionsfragment-Längenpolymorphismus, TER= Transepithelial electrical resistance

Merkmal	Erläuterung	mögliche Methoden
Morphologie	Keine atypischen Zellen	Lichtmikroskopie
Aufbau des Transplantates	Anzahl der Zellen pro mm^2/ mm^3	Bestimmung der Zellzahl
	Vitalität der Zellen	Anfärben lebender/toter Zellen und Bestimmung des prozentualen Anteils
	Struktur	konfokale Laser-Scanning-Mikroskopie
	Stabilität (vor allem bei Zellschichten)	Handhabung mit Pinzette, Kraftmessung
Reinheit	Prozentzahl gewünschter, differenzierter Zellen	Analyse von Proteinen mit Immunhistochemie und Durchflusszytometrie
	Überprüfung auf undifferenzierte Zellen	Detektion der Expression von *lin28* mit qRT-PCR
Funktionalität (stark abhängig vom Zelltyp, darum nur Beispiele möglich)	Sekretion bestimmter Proteine	Immunhistochemie und ELISA
	Barrierefunktion	Messung des elektrischen Widerstands (TER)
	Phagozytose	Detektion von ins Medium gegebenen Partikeln
Tumorigenität	Tumorigenes Potential ausschließen	Teratom-Test
Kontaminationsfreiheit	Sterilität	Test auf Wachstum von Mikroorganismen auf/in entsprechenden Nährböden/-medien
	Mykoplasmen	PCR
	Virale Pathogene	qRT-PCR
Genetische Integrität	Karyotyp: normale Chromosomeneigenschaften	Karyotypisierung mit Giemsa-Färbung
	Ausschluss von schädlichen Mutationen	Vollständige Genomsequenzierung, Exomsequenzierung und Karyotypisierung
Identitätsfeststellung	Ausschluss von Verwechslungen	RFLP, Mikrosatelliten
(Epigenetik)	(Überprüfung auf vollständige Differenzierung)	(Methylierungsanalyse)

Verwendung von GMP-konformen hiPS-Zellen ist aus wissenschaftlicher Sicht äußerst wünschenswert, um die Qualität und Sicherheit durch Transparenz und Vergleichbarkeit zu verbessern. Außerdem könnten die gesammelten Informationen zur Entwicklung von Standards verwendet werden. In einem solchen Register sollten Daten zu den hiPS-Zellen (z. B. Herstellung, Kultivierung, Qualität), den daraus abgeleiteten noch nicht zugelassenen Zellprodukten, sowie zur klinischen Anwendung von am Menschen zugelassenen Zelltherapieprodukten (z. B. Zelltyp, Differenzierung, Qualität) registriert werden.

2.5 Kryokonservierung und Lagerung

Eine effiziente und sichere Lagerung von hiPS-Zellen und von hiPS-Zellen abgeleiteten Zell- oder Therapieprodukten über einen längeren Zeitraum ist unerlässlich für die medizinische Translation, sowohl hinsichtlich der Verfügbarkeit wie auch hinsichtlich Rückstellproben für retrospektive Analysen. Durch den Prozess der Kryokonservierung, also durch das definierte Abkühlen unter Verwendung spezieller Gefrierschutzmittel sowie die nachfolgende Lagerung bei tiefkalten Temperaturen unter $-140\ °C$, lassen sich biologische Proben lebend und über theoretisch unbegrenzten Zeitraum lagern.[218] Nur mittels Kryokonservierung kann eine permanente Bereitstellung der Ausgangszellen, der hiPS-Zellen und des resultierenden Zelltherapieproduktes ohne lange Produktionszeiten sowie die sichere Lagerung von Rückstellproben für retrospektiven Analysen, die während des Produktionsprozesses anfallen, gewährleistet bzw. erreicht werden. Zur konventionellen Kryokonservierung, die eine Eisbildung (Kristallisation) innerhalb der Probe erlaubt, existieren bereits Protokolle für verschiedene biologische Systeme, zum Beispiel immortalisierte Hautzelllinien, sowie eine ausreichend etablierte Infrastruktur, zum Beispiel automatisierte Biobanken, die auch zur Vorratshaltung von hiPS-Zellen in Suspension herangezogen und verwendet werden können. Jedoch mit Anwachsraten um 30 % der eingesetzten Zellzahlen 24h nach dem Auftauen, die dazu noch stark von den verwendeten hiPS-Zell-Linien abhängen, gibt es Optimierungspotenzial dieses konventionellen Prozesses, zum Beispiel über die Zusammensetzung der verwendeten Gefrierschutzmittel oder die Anpassung nötiger Präparationsschritte, wie der Dissoziation adhärenter Zellen.[219] Um jedoch eine unmittelbare Anwendung eines hiPS-Zell-basierten Therapieproduktes zu erreichen, das unter Umständen nicht aus Zellen in Suspension besteht sondern aus einem Zellverband mit sowohl interzellulären als auch Zell-Oberflächen-Kontakten, wird aktuell im Gegensatz zu den konventionellen Kryokonservierungsmethoden mit Kristallisation auch an sogenannten eisfreien Methoden gearbeitet, die eine Kristallisation vermeiden und dadurch das Potenzial haben, auch adhärente Zellen in einem Gewebeverband zu konservieren. Letztere erreichen einen glasartigen (amorphen) Zustand der Probe und werden als

---

[218] Li und Ma 2012, S. 205 ff.
[219] Kaindl et al. 2018, S. 1 ff.

Vitrifikation (Verglasung) bezeichnet. Die Umsetzung beider Methoden in GMP-konformen Prozessen, die für die klinische Anwendung unabdingbar sind, wird im nachfolgenden Abschnitt dargestellt.

2.5.1 Biologischer Hintergrund

2.5.1.1 Schädigungsmechanismen in biologischen Proben während des Einfrierens

Das entscheidende Molekül in der Kryobiologie ist Wasser, das in biologischen Proben den größten Anteil einnimmt. Der Wassergehalt einer Zelle kann zwischen 60 % und 80 % variieren. Durch ihre spezielle chemische Struktur (Bipolarität) können Wassermoleküle Wasserstoffbrücken ausbilden, die zum Beispiel entscheidend sind für die Stabilisierung von intrazellulären Proteinen; aber auch für den intrazellulären Transport und die für die Kryokonservierung entscheidende Volumenregulation der Zelle spielen Wassermoleküle eine wichtige Rolle. Wird eine biologische Probe abgekühlt, gelangt man unterhalb des *Gleichgewichts-Gefrierpunktes* (Temperaturen <0 °C), bei dem Wasser sowohl in der flüssigen als auch in der kristallinen Struktur, als Eiskristall, koexistieren kann. Liegt Wasser noch in der flüssigen Form vor, spricht man von einer unterkühlten Lösung, in der sich spontan ein Eiskeim (Nukleationskeim) bilden kann, von dem aus sich die Kristallisation (Eisbildung) durch die Probe ausbreitet. Je niedriger die Umgebungstemperatur, desto wahrscheinlicher wird eine Nukleation stattfinden und umso langsamer breiten sich die Eiskristalle in der Probe weiter aus.

Abhängig von der angelegten Abkühlrate treten mechanische und biochemische Schädigungen der Zellen auf, die alle auf die einsetzende Eiskristallbildung zurückzuführen sind und in *Mazur's Zwei-Faktor-Hypothese* zusammengefasst werden (Abb. 6).[220] Auf Grund des höheren Anteils der Wassermoleküle in der extrazellulären Lösung, gefriert diese schneller als die intrazelluläre Lösung. Die Wahrscheinlichkeit zur Eiskeimbildung ist im extrazellulären Raum also höher, da es im Gegensatz zur intrazellulären Lösung mehr Startpunkte zur Nukleation gibt.[221] Da Eiskristalle ausschließlich aus Wassermolekülen bestehen, steigt die Konzentration der gelösten Stoffe in der extrazellulären Lösung an und es entsteht ein hydrostatischer Druck.[222] Durch das wachsende osmotische Ungleichgewicht strömt Wasser aus der intrazellulären Lösung, sprich aus der Zelle, heraus (Efflux), was unter anderem zu Schädigungen an der Zellmembran führen kann.

Die Zwei-Faktor-Hypothese unterscheidet eine zu langsame von einer zu schnellen Kühlrate und besagt, dass es eine *zellspezifische, optimale Kühlrate* gibt.[223] Die kritischen zellspezifischen Parameter für eine optimale Kühlrate, die in einer größt-

---

[220] Mazur et al. 1972, S. 345 ff.

[221] Fowler und Toner 2005, S. 124.

[222] Meryman 1974, S. 384.

[223] Mazur 1984, S. 136 ff.

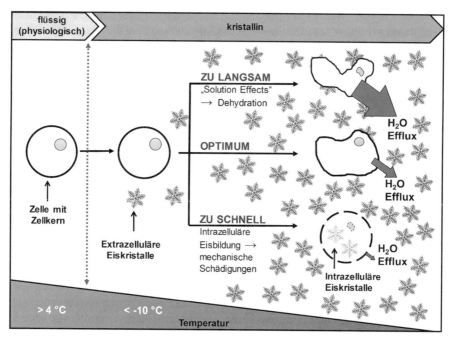

Abb. 6 Schematische Darstellung der Zwei-Faktor-Hypothese (Abbildung wurde geändert nach Mazur 1984, S. C216). Die Hypothese beschreibt, dass es eine optimale Kühlrate gibt, die sowohl einen zu starken Ausstrom an Wasser aus den Zellen sowie die Bildung von intrazellulärem Eis (IIF) vermeidet. Die optimale Kühlrate erlaubt es den Zellen, während des durch die Eiskristallisation entstehenden osmotischen Ungleichgewichts, gerade so viel Wasser aus dem intrazellulären Raum auszuschleusen, dass die Lösung dort aufgrund der tiefen Umgebungstemperaturen erstarrt und sich keine Kristalle bilden. Diese optimale Kühlrate ist zelltypspezifisch und hängt von der Zellgröße, ihrem initialen Wassergehalt sowie der hydraulischen Leitfähigkeit ab.

möglichen Überlebensrate resultieren, sind die Größe der Zelle, ihr Wassergehalt (osmotisch aktives Volumen) und die Fähigkeit Wasser über die vorhandenen Membranen zu schleusen (hydraulische Leitfähigkeit). Ist die angelegte Kühlrate zu langsam, ist der Ausstrom (Efflux) von Wassermolekülen sehr groß und Schädigungen, die unter dem Begriff *solution effects* zusammengefasst werden, treten auf, bevor die Lösung komplett durchgefroren ist.[224] Dies sind zum Beispiel der Funktionsverlust von Proteinen durch Dehydratation, ein schädlicher Anstieg des pH-Wertes und das Unterschreiten des kritischen Minimalvolumens an Wasser innerhalb einer Zelle, das zum Zelltod führt.[225] Darüber hinaus können Zellmembranen durch einen zu starken Wasserefflux mechanisch beschädigt werden. Überschreitet man die optimale Kühlrate, ist diese also zu schnell, hat intrazelluläres Wasser nicht genug Zeit, um ausgeschleust zu werden, der Efflux ist gering. Da die Umge-

[224] Fowler und Toner 2005, S. 119 ff.

[225] Meryman 1974, S. 350.

bungstemperatur weiter reduziert wird, erhöht sich die Wahrscheinlichkeit der *intrazellulären Eisbildung* (*intracellular ice formation*, IIF).[226] Folgen von IIF sind neben rein mechanischer Schädigungen der Membranstrukturen durch Scherung an den Eiskristallen, osmotische Schädigungen und starke strukturelle Änderungen an Proteinen, die zu Funktionsverlust führen. Durch eine zellspezifische, optimale Kühlrate wird eine signifikante intrazelluläre Eisbildung vermieden und die Expositionszeit von Zellen in hyperosmolarer Lösung, die zu letalem Wasserverlust führen kann, wird minimiert (s. Abb. 6).[227]

2.5.1.2 Einfluss von physikalischen und chemischen Parametern

Die zu einer erfolgreichen Kryokonservierung nötigen Abkühlungs-Protokolle beinhalten, neben den beschriebenen biologischen, auch physikalische und chemische Parameter, die aufeinander abgestimmt werden müssen. Physikalisch sind die Wärmekapazität und Wärmeleitfähigkeit der zu konservierenden biologischen Proben in den entsprechenden Probengefäßen (sogenannte Kryogefäße) zu beachten, um sicher zu stellen, dass eine möglichst gleichmäßige Kühlrate eingehalten werden kann. Daneben müssen chemische Eigenschaften von Stoffen, wie zum Beispiel Löslichkeit, im biologischen System sowie den zugehörigen Medien berücksichtigt werden. Eine besondere Rolle spielen Gefrierschutzmittel, die sogenannten *cryoprotective agents* (CPAs). CPAs sind essenziell für eine erfolgreiche Kryokonservierung von biologischen Proben und müssen vor dem Kryokonservierungsprozess zugegeben werden. Über Diffusion sollen CPAs gleichmäßig innerhalb der Probe verteilt werden, um den oben beschriebenen kryo-induzierten Schäden durch Eiskristallbildung entgegen wirken zu können.[228] Man unterscheidet niedermolekulare, *membrangängige* von hochmolekularen, *nicht-membrangängigen* CPAs. Die membrangängigen CPAs wirken unspezifisch und konzentrationsabhängig (kolligativ) dadurch, dass sie einen Teil der in der Probe vorhandenen Stoffe, zum Beispiel Salze oder Proteine, lösen. So bleiben diese Stoffe auch bei einsetzender Eiskristallisation (reine Wassermoleküle) in Lösung und es entsteht kein osmotisches Ungleichgewicht mit den daraus resultierenden, oben beschriebenen Schädigungsmechanismen, die auch als osmotischer Schock bezeichnet werden.[229] Weitere Effekte sind die Reduktion von Anteil und Größe der Eiskristalle und dass die niedermolekularen CPAs die Funktionen von Wassermolekülen ersetzen und stabilisierende Aufgaben innerhalb der Zelle übernehmen. Neben Glyzerin oder Ethylenglykol ist Dimethylsulfoxid (DMSO), das wie Wasser einen bipolaren Charakter besitzt, nach wie vor das potenteste und meistgenutzte CPA, weißt jedoch wie die meisten CPAs auch zytotoxische Effekte auf.[230] Bei Verwendung von DMSO in klinischen Appli-

---

[226] Acker und Croteau 2004, S. 131.

[227] Hunt 2017, S. 49 f.

[228] Elliott et al. 2017, S. 74 ff.

[229] Meryman 1971, S. 173 ff.

[230] Fuller 2004, S. 375 ff.

kationen sind auftretende Komplikationen, wie Übelkeit, Erbrechen Magenkrämpfen – in Einzelfällen auch neuronale Ausfälle, bekannt. Dadurch werden Waschschritte vor der eigentlichen Applikation notwendig und müssen in den Ablauf einer klinischen Translation eingeplant werden.[231] Nicht-membrangängige CPAs sind hochmolekulare Stoffe wie zum Beispiel Sucrose, Hydroxyethylenstärke oder Trehalose, die Zellmembranen nicht passieren können, sich aber dort Anlagern und diese so schützen (Wasserersatzhypothese nach Clegg).[232] Da diese CPAs intrazellulär nicht wirken können, sind sie weniger effektiv wie membrangängige CPAs, in der Regel aber auch weniger toxisch. Ansätze nicht-membrangängige CPAs, zum Beispiel durch Elektroporation oder Mikroinjektion in Zellen einzuschleusen, sind zum einen wegen der aufwändigen Präparation und zum anderen wegen nicht abschätzbarer Nebenwirkungen solch invasiver Methoden nicht zu empfehlen. Ihr Wirkmechanismus begründet sich darauf, das durch ihren Einsatz ein kontrollierbares osmotisches Ungleichgewicht induziert werden kann, wodurch die Zellen teilweise dehydratisieren und somit eine letale IIF vermieden wird.[233]

2.5.1.3 Kryokonservierung biologischer Proben durch langsames Abkühlen (konventionelles Kristallisationsverfahren)

Voraussetzung für eine erfolgreiche Kryokonservierung im Kristallisationsverfahren ist die Homogenität der Probe. Einzelzellsuspensionen aus Zellen mit den jeweils gleichen Eigenschaften (Größe, Wassergehalt und hydraulische Leitfähigkeit der Membran), können mit hohen Überlebensraten konserviert werden, zum Beispiel 75 % vitale Zellen der humanen Keratinozytenzelllinie HaCaT nach dem Auftauen.[234] Dazu werden Zellen, die bereits in Suspension vorliegen, wie einkernige Blutzellen (*peripheral blood mononuclear cells*, PBMCs) mit den sogenannten Kryomedien versetzt, die CPAs enthalten; Zellen die adhärent auf einer Oberfläche wachsen werden standardmäßig vor Zugabe der Kryomedien durch chemische, mechanische oder enzymatische Vereinzelungsschritte in Suspension gebracht. Kryomedien können neben den klassischen CPAs auch weitere Hilfsstoffe, wie zum Beispiel Eisnukleatoren beinhalten, die gezielt eine Kristallisation der Probe innerhalb eines engen Temperaturbereiches auslösen und damit den verbleibenden Wassergehalt von Zellen während des Kryokonservierungsprozesses regulierbar machen, um letalen Wasserverlust bzw. IIF zu vermeiden. Eine gezielte physikalische Manipulation an der unterkühlten Probe, zum Beispiel durch mechanische Erschütterung oder das Einbringen einer tiefkalten Nadel in die Probe, kann die Kristallisation ebenfalls künstlich in einem engen Temperaturbereich induziert werden. Dieser Prozess, der *seeding* genannt wird, wurde bislang hauptsächlich im Kontext der Reproduktionsforschung untersucht und hat sich nicht als Standardmethode etabliert. Ein typisches Kryokonservierungsproto-

---

[231] Berz et al. 2007, S. 466.

[232] Clegg et al. 1982, S. 306 ff.

[233] Muldrew und McGann 1990, S. 325 ff.

[234] Naaldijk et al. 2016, S. 1 ff.

koll im Kristallisationsverfahren für Zellsuspensionen sieht die Zusammensetzung des Kryomediums aus dem Standardkultivierungsmedium mit etwa 10–20 % Proteinanteil und 10 % DMSO bei einer Kühlrate von −1 °C/min bis −80 °C vor. Zur Einhaltung und Reproduzierbarkeit der Kühlrate und damit dem Erhalt der Probenqualität sind Einfriergeräte mit aktiver Prozesskontrolle, die die tatsächliche Kühlrate überwachen und regulieren können, im Vergleich zu passiven Systemen zu bevorzugen. Passive Systeme, zum Beispiel Mr. Frosty Einfriergefäße, können nur eine kleinere Anzahl an Kryogefäßen gleichzeitig einfrieren und sind durch die Notwendigkeit einer Konditionierung fehleranfälliger. Zudem kann die Kühlrate nicht definiert über den gesamten Einfrierprozess aufrechterhalten werden, die angestrebten −1 °C/min werden zum Prozessende unterschritten. Die eingeforene Probe, die üblicherweise 1 ml Volumen mit 1 Million Zellen umfasst, wird anschließend bei kryogenen Temperaturen gelagert. Die kritische Temperatur, die hier unterschritten werden muss, ist die Glasübergangstemperatur T_G von Wasser, die bei etwa −140 °C liegt.[235] Unterhalb dieser Temperatur sind Proben theoretisch unbegrenzt haltbar (s. auch Abschn. 2.5.1.5).

Sobald die zu konservierende Probe allerdings komplexer als eine Einzelzellsuspension ist, sich also aus verschiedenen Zelltypen mit unterschiedlichen Eigenschaften zusammensetzt, wie es bei Primärgeweben der Fall ist, oder sobald Zellen auf eine bestimmte Wachstumsoberfläche angewiesen sind, um ihre Funktionalität zu erhalten, treten Schwierigkeiten im Hinblick auf eine erfolgreiche Kryokonservierung auf.[236] Schon in kleineren Zellverbänden, die sich durch Zell-Zell- sowie Zell-Oberflächen-Kontakte auszeichnen, steigt die Wahrscheinlichkeit von IIF wegen heterogener Diffusions- und Temperaturgradienten während des Prozesses. CPAs diffundieren schon innerhalb kleinster Zellverbände verschieden stark, wodurch eine homogene Verteilung der CPAs nicht gewährleistet werden kann. Ebenso kann die Einhaltung einer konstanten Kühlrate über die Probe durch heterogene Wärmeleitfähigkeiten des Verbandes hinweg nicht erreicht werden. Durch die resultierende intra- und interzelluläre Eisbildung wird die Integrität und damit die Funktionalität der Probe durch Verlust von Zell-Zell- und Zell-Oberflächen-Kontakten häufig irreparabel schädigt.[237]

2.5.1.4 Kryokonservierung biologischer Proben durch Vitrifikation (Kristallisations-frei)

Da sämtliche Schädigungsmechanismen in der Kryokonservierung von der einsetzenden Eiskristallbildung herrühren, bedient man sich einer weiteren Methode der Kryokonservierung, der *Kristallisations- oder Eis-freien Kryokonservierung (Vitrifikation)*, die jedoch technische Hindernisse bei der Umsetzung birgt.[238] Durch das

---

[235] Chen et al. 2002, S. 301 ff.

[236] Brockbank et al. 2000, S. 1 ff.

[237] Muldrew et al. 2004, S. 67 ff.

[238] Fahy et al. 1984, S. 407 ff.

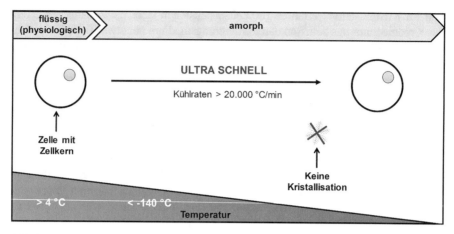

Abb. 7 Schematische Darstellung eines Vitrifikationsprozesses. Durch eine hohe Konzentration an CPAs in der Probe sowie der Verwendung größtmöglicher Kühlraten, erstarrt die Probe in einem glasartigen, amorphen Zustand, ohne dass eine Kristallisation erfolgt.

Anlegen sehr hoher Kühlraten zur schnellstmöglichen Unterschreitung von T_G kann das Erstarren einer Lösung durch Viskositätserhöhung ohne Kristallisation erfolgen, wonach in einer Probe noch die molekularen Strukturen einer Flüssigkeit vorliegen und keine Schädigung durch Eiskristalle stattfindet (Abb. 7).

Die Struktur und damit die Funktion der Probe bleibt erhalten. Für reines Wasser liegt die notwendige, nur theoretisch zu errechnende Kühlrate bei 10^7 °C/s, was technisch nicht umzusetzen ist.[239] Durch die Erhöhung der Stoffkonzentration in einer Probe, kann eine Vitrifikation allerdings auch bei niedrigeren Kühlraten erreicht werden. Da biologischer Proben bereits einen gewissen Anteil an gelösten Stoffen haben (inherenter Protein- und Salzgehalt), kann durch den Einsatz ausreichend hoch konzentrierter CPAs, Kühlraten von etwa 20.000 °C/min ausreichen.[240] Die hohe CPA-Konzentration trägt zum schnellen Erreichen der „sicheren" Lagertemperatur unterhalb T_G über die Erhöhung derselbigen sowie durch die Erniedrigung der heterogenen Nukleationstemperatur T_h bei. Dadurch wird der Zeitraum, in dem sich theoretisch Eiskristalle bilden können so gering wie möglich gehalten; die Wahrscheinlichkeit einer erfolgreichen Vitrifikation wird maximiert (Abb. 8). Kritisch bei diesem Kryokonservierungsverfahren ist die potenzielle Zytotoxizität der CPAs, die in diesem Verfahren mit teilweise über 60 Gewichtsprozent in deutlich höherer Konzentration vorliegen als im Kristallisationsverfahren (10–20 Gewichtsprozent). Allerdings ist die biologische Probe diesen hohen CPA-Konzentrationen nur für eine deutlich geringe Zeit ausgesetzt (<2 min), als es beim konventionellen langsamen Abkühlen der Fall wäre (>20 min). Um das Erreichen einer hohen Kühlrate weiter zu unterstützen, muss auch die Beschaffenheit (möglichst große Wärmeleitfähigkeit) und geometrische Form des Kryogefäßes (möglichst geringe Wär-

---

[239] Wolfe und Bryant, S. 438 ff.
[240] Vajta et al. 1998, S. 53.

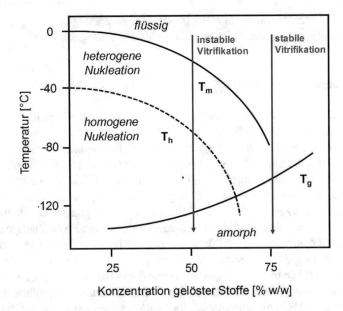

Abb. 8 Phasendiagramm einer hypothetischen biologischen Probe. Oberhalb der Schmelztemperatur liegt die Probe im flüssigen Zustand vor. Je nach angelegter Kühlrate und eingesetzter Stoffkonzentration befindet sich die Probe entweder im kristallinen Zustand, dem eine Nukleation vorangegangen ist, oder im verglasten (amorphen) Zustand. Unterhalb der Schmelztemperatur T_m und der Temperatur der homogenen Nukleation T_h kann eine Nukleation einsetzen. Die heterogene Nukleation unterscheidet sich von der homogenen Nukleation durch den Startpunkt. Während bei der homogenen Nukleation, die Eisbildung ausschließlich zwischen Wassermolekülen startet, kann bei der heterogenen Nukleation dieser Prozess an anderen Molekülen starten (z. B. Proteinen oder der Gefäßwand) und kommt deutlich häufiger vor. Durch die Erhöhung der Konzentration an gelösten Stoffen (z. B. durch die Zugabe von CPAs), wird die Glasübergangstemperatur T_G erhöht und sowohl T_m als auch T_h, reduziert. Um eine stabile Vitrifikation zu erreichen, muss der kristalline Zustand, der bei Unterschreiten der Temperatur von Tm durch schnelle Kühlraten und hohe Stoffkonzentrationen vermieden werden. Abbildung wurde geändert nach Fahy und Wowk (2015, S. 36).

mekapazität) berücksichtigt werden. Erfolgreich wurden verschiedene Zelltypen, wie zum Beispiel Oozyten oder humane embryonale Stammzellen in Suspension, in dünnen Röhrchen, sogenannten *straws* (Englisch: Strohälme), vitrifiziert, die jedoch eine geübte Handhabung voraussetzen und nur wenige Mikroliter an Probenvolumen fassen können (s. auch Abschn. 2.5.3.2).[241] Um einen osmotischen Schock mit einhergehendem schädigenden Wassereflux zu vermeiden, wird die Konzentration an CPAs schrittweise erhöht. Die größtmögliche Kühlrate in Vitrifikationsprozessen erreicht man durch das direkte Eintauchen in tiefkaltes Kühlmittel, wie zum Beispiel flüssigen Stickstoff, wobei die Sterilität der Probe entweder über die Verwendung von einem sterilen Kühlmittel oder einem geschlossenen Probengefäß

---

[241] Reubinoff et al. 2001, S. 2187 ff.

gewährleistet werden muss. Für Hochdurchsatzanwendungen zur Konservierung großer Zellmengen gilt dieser Prozess daher als nicht geeignet.

2.5.1.5   Lagerung tiefkalter biologischer Proben und Einfluss der Auftaurate

Ebenso entscheidend wie ein probenspezifisches Kryokonservierungsprotokoll zum Abkühlen der Probe auf tiefkalte Temperaturen, das die jeweiligen Bedingungen des gewählten Kryokonservierungsverfahren erfüllt, ist auch der anschließende Transport sowie die Lagerung unter Einhaltung der Kühlkette. Die kritische Temperatur, die es hier zu unterschreiten und zu halten gilt, ist $T_{G(Wasser)}$. Unterhalb dieser Temperatur, die bei etwa -140 °C liegt, erliegen sämtliche biologischen und physikalischen Prozesse.[242] Es finden keine Molekülbewegungen und dadurch auch keine schädigenden Rekristallisationsprozesse statt. Ist die Probe häufigen Temperaturfluktuationen, zum Beispiel durch häufigen Zugriff auf den Lagerort, ausgesetzt und überschreitet T_G während zahlreicher Ein-und Auslagerungsprozesse benachbarter Proben in einem Lagertank, kann die Funktion der biologischen Probe nach dem Auftauen beeinträchtigt werden.[243] Erfolgreich durchgeführte Kryokonservierungsprotokolle mit anschließender fachgerechten Lagerung bei Temperaturen unterhalb $T_{G(Wasser)}$, zum Beispiel in der Gasphase von flüssigem Stickstoff bei circa -160 °C werden im Allgemeinen als sicher erachtet und können humane Stammzellen unter Erhalt ihrer Funktionalität konservieren.[244] Allerdings gibt es Hinweise auf mögliche Langzeit-Effekte der Kryokonservierung, die nicht außer Acht gelassen werden und untersucht werden sollten.[245]

Eine hohe Auftaurate nach erfolgter Kryokonservierung minimiert die Rekristallisation von Eis in Proben, die im Kristallisationsverfahren eingefroren wurden und ist insbesondere bei Vitrifikationsprozessen wichtig, um eine Devitrifikation, also das Entstehen von Eiskristallen während des Auftauens, zu vermeiden.[246] Raten von >400 °C/min müssen hier angestrebt werden. Hohe Auftauraten erzielen ebenfalls höhere Überlebensraten als niedrigere Auftauraten. Allerdings resultiert eine reine Rekristallisation während des Auftauens nach Kryokonservierung im Kristallisationsverfahren nicht im totalen Verlust der Probe, wie das im Falle einer Devitrifikation nach eisfreier Kryokonservierung passiert.[247] Des Weiteren muss aber während des Auftauprozesses darauf geachtet werden, dass die Probe nicht überhitzt. Üblicherweise werden kryokonservierte Proben daher im Wasserbad bei 37 °C aufgetaut, wobei ein besonderes Augenmerk daraufgelegt wird, das Kryogefäß vor dem Öffnen gründlich zu desinfizieren. Um die Kontaminationsgefahr im Wasserbad zu

---

[242] Chen et al. 2002, S. 301 f.

[243] Germann et al. 2013, S. 193 ff.

[244] Martin-Ibanez et al. 2008, S. 2744 ff.

[245] Chatterjee et al. 2017, S. 1 ff.

[246] Muldrew und McGann 1994, S. 540.

[247] Mazur 2004, S. 3 ff.

vermeiden, sind elektronische Auftaugeräte mit reproduzierbaren Auftauraten in trockener Umgebung zu bevorzugen.

2.5.2 Technische Umsetzung

2.5.2.1 Besonderheiten der Kryokonservierung im Kristallisationsverfahren von hiPS-Zellen

Beachtet man die bereits erläuterten Besonderheiten der hiPS-Zellen ist es naheliegend, dass diese durch bereits etablierte Protokolle für Einzelzellsuspensionen nur schlecht zu konservieren sind. Aufgrund der hohen Ähnlichkeiten von hiPS-Zellen mit hES-Zellen wurde für die Kryokonservierung hES-Zell-Protokolle herangezogen und weiterentwickelt. Vergleichende Diskussionen über publizierte Studien bezüglich Kryokonservierung von hiPS-Zellen sind jedoch generell schwierig zu führen, da es weder Standards der verwendeten Linien, der Durchführung oder der Auswertung gibt.[248] Darüber hinaus zeigen hiPS-Zell-Linien untereinander sowie auch im Vergleich zu hES-Zellen unterschiedliche spezifische Charakteristika wie hydraulische Leitfähigkeit oder Zellgröße, die einen Einfluss auf die Kryokonservierung haben.[249] hiPS-Zellen wachsen adhärent und exprimieren Adhäsionsmoleküle, die sowohl Zell-Zell-Kontakte als auch den Kontakt zur Beschichtung oder extrazellulären Matrix herstellen (Abschn. 2.2.1). Verlieren sie diese Kontakte, wird die Apoptose eingeleitet, was durch Zugabe eines ROCK-Inhibitors verhindert werden kann (Abschn. 2.2.1). Für eine erfolgreiche Kryokonservierung im Kristallisationsverfahren ist ein Ablösen und der damit einhergehende Verlust der Zellkontakte unvermeidbar.[250] Neben der Inhibierung der Rho-Kinase wurde gezeigt, dass alleine die Bereitstellung ausreichender Zell-Zell-Kontakte durch eine hohe Einsaatdichte den Kryokonservierungserfolg deutlich verbessern konnte.[251, 252] Generell unterscheidet man zwei grundlegende Methoden für das Einfrieren von hiPS-Zellen im konventionellen Kristallisationsverfahren, die beide zum Erfolg führen können: Zum einen das Einfrieren als Zellaggregate, zum anderen das Einfrieren als Einzelzellen. Während der Fokus bei der Zellaggregat-Methode darin besteht, möglichst homogene Größen der Zellaggregate zu erreichen, die einen bestimmten Bereich weder über-, noch unterschreiten, um Diffusions- und Temperaturgradienten innerhalb der Probe zu vermeiden (Abschn. 2.5.1.1), müssen die hiPS-Zellen vor einer kompletten Vereinzelung mit ROCK-Inhibitor inkubiert werden.

Im Folgenden wird ein Arbeitsablauf zur technischen Umsetzung der Kryokonservierung von hiPS-Zellen gezeigt, mit dem nach sieben Tagen ein für eine schnelle Expansion ausreichender Grundstock an Zellen ($>3 \times 10^6$ Zellen) zur Verfügung

[248] Miyazaki und Suemori 2016, S. 58.

[249] Xu et al. 2014, S. 75 f.

[250] Chen et al. 2010, S. 240 ff.

[251] Mollamohammadi et al. 2009, S. 2468 ff.

[252] Miyazaki et al. 2014, S. 49 ff.

gestellt werden kann. Dieses Protokoll wurde im Rahmen des imi-Projektes EBiSC entwickelt und genutzt, in dem eine europäische Bank zur Bereitstellung von hochwertigen, gut charakterisierten hiPS-Zell-Linien für die Forschung aufgebaut wurde (www.ebisc.org; Zugriff: 16. Januar 2019).[253] Die Hauptbank wird von der European Collection of Authenticated Cell Cultures (ECACC) in Salisbury (Vereinigtes Königreich) geführt, während das Fraunhofer IBMT die physisch getrennte EBiSC-Spiegelbank etablierte.[254] Auch die Spiegelbank ist für die Expansion, die Qualitätskontrollen sowie den Einlagerungsprozess (Banking) qualifiziert, sämtliche Protokolle unterliegen dort als GMP-konforme Standardarbeitsanweisung dem Qualitätsmanagement nach DIN EN ISO9001-Zertifizierung. Im Rahmen des EBiSC-Projektes wurden bis dato mehr als 500 verschiedene hiPS-Zell-Linien erfolgreich kryokonserviert und die annotierten Daten in eine umfassende Datenbank eingepflegt.

2.5.2.2 Arbeitsablauf zur Kryokonservierung von hiPS-Zellen im Kristallisationsverfahren

Vor Beginn der Arbeiten wird der aktuelle Status der zu konservierenden hiPS-Zell-Kultur überprüft und dokumentiert, zum Beispiel durch Kontrolle des Differenzierungsgrades anhand der Morphologie oder der Wachstumsphase. Liegen die durchgeführten Kontrollen in den erwarteten Bereichen, eignet sich die hiPS-Zell-Kultur zur Kryokonservierung und wird zum Beispiel durch das chemische Dissiziationsreagenz EDTA vereinzelt. Durch Zugabe einer ausreichenden Menge an Standardkultivierungsmedium können die zu hiPS-Zellaggregaten dissoziierten hiPS-Zellen anschließend vorsichtig als Suspension aufgenommen werden, da sie üblicherweise sehr scherstressempfindlich sind und leicht zu Einzelzellen zerfallen. Die erzielte hiPS-Zellaggregatgröße wird mikroskopisch bestimmt und dokumentiert, sie sollte zwischen 50 und 200 µm liegen. Anschließend wird die Gesamt- sowie die Lebendzellzahl mit einem geeigneten Assay bestimmt und die hiPS-Zellaggregatsuspension wird abzentrifugiert. Der Überstand wird verworfen und eine berechnete Menge an Kryomedium wird zugegeben, um die finale Endkonzentration von 1 bis 2 Millionen Zellen/ml zu erhalten, die in Kryogefäße umgefüllt werden. Das Volumen beträgt üblicherweise 1 ml. Ohne Zeitverzögerung werden die befüllten Kryogefäße entweder in einem konditionierten, passiven Einfriergefäß über Nacht in einem −80 °C Gefrierschrank oder in einem Einfriergerät mit aktiver Prozesskontrolle und programmierbarer Kühlrate mit −1 °C/min bis −80 °C eingefroren. Zur Lagerung werden die eingefrorenen Kryovials in entsprechende Lagertanks bei Temperaturen unterhalb T_G in der Gasphase gebracht (Abschn. 2.5.2.4).

---

[253] EBiSC: www.ebisc.org. Zugegriffen: 16. Januar 2019.

[254] ECACC: www.phe-culturecollections.org.uk/products/celllines/ebisc-introduction.aspx. Zugegriffen: 16. Januar 2019.

2.5.2.3 Protokoll zum Auftauen kryokonservierter hiPS-Zellen

Für ein effizientes Auftauen von hiPS-Zellen müssen die Kryogefäße möglichst schnell aufgetaut werden, ohne dabei die physiologische Temperatur von 37 °C zu überschreiten. Dazu werden die Proben aus dem Lagertank entnommen und zügig zum Auftauen in ein 37 °C warmes Wasserbad getaucht. Der Wärmeübertrag kann durch ein Wasserbad mit Verwirbelung noch optimiert werden. Wenn sich nur noch eine kleine Restmenge an Eis im Kryogefäß befindet, dieses sorgfältig abtrocknen und von außen desinfizieren, um mögliche Kontaminationsquellen zu entfernen. Das Kryogefäß unter einer sterilen Werkbank öffnen und die hiPS-Zellaggregatsuspension in ein Zentrifugenröhrchen überführen. In diesem Röhrchen werden zu dem vorhandenen Volumen an aufgetauter Probe (in der Regel 1 ml) das 10-fache an frischem Kultivierungsmedium tropfenweise zugegeben, um den osmotischen und mechanischen Stress der Zelle durch das Verdünnen des CPAs aus dem Kryomedium zu minimieren. Die hiPS-Zellaggregatsuspension wird nun abzentrifugiert, der Überstand wird verworfen und das hiPS-Zellpellet wird in frischem Kultivierungsmedium, dem ROCK Inhibitor zugesetzt wurde vorsichtig resuspendiert. Pro 10 cm² Wachstumsfläche in einer vorbereiteten, beschichteten Zellkulturschale sollen mindestens 500.000 Zellen ausgesät werden und nach 24 h wird das Kultivierungsmedium mit zugesetztem ROCK Inhibitor durch reines Kultivierungsmedium ersetzt.

2.5.2.4 Anforderungen für anwendungsorientierte Kryokonservierung und Lagerung

Vor dem Hintergrund einer klinischen Anwendung von hiPS-Zellen müssen sowohl die Herstellung und Kultivierung wie auch die Kryokonservierung mit anschließender Lagerung nach GMP-Richtlinien gewährleistet sein. Die Ansprüche an GMP-konforme Medien sind, dass sie chemisch definiert und frei von xenogenen Substanzen sind.[255] Die Zytotoxizität des meistverwendeten CPAs DMSO sowie die mitunter schweren Nebenwirkungen nach Applikation bei Patienten wurden bereits diskutiert. Daher sollten hiPS-Zellen oder hiPS-Zell-basierte Produkte, die auf eine unmittelbare klinische Anwendung nach dem Auftauen ausgelegt sind, bei der Kryokonservierung mit DMSO-reduzierten Medien behandelt werden oder andere CPAs verwendet werden, denen geringere Nebenwirkungen attestiert werden.[256] Alternativ können kryokonservierte Zellen nach dem Auftauen keiner direkten Applikation zugeführt werden, sondern müssen multiple Waschschritte durchlaufen, um einen möglichst geringen Anteil an DMSO im Endprodukt zu enthalten.[257] Schließen sich nach dem Auftauen der hiPS-Zellen oder der hiPS-Zell-basierten Produkte

---

[255] Li und Ma 2012, S. 211.

[256] Katkov et al. 2011, S. 1 ff.

[257] Hunt 2011, S. 110 f.

weitere Prozessierungsschritte an, die zur Folge haben, dass die Kryomedien möglichst vollständig ausgewaschen werden, ist dieser Umstand vernachlässigbar.

   Kryokonservierte Proben sollten in Vakuum-isolierten Edelstahlbehältern unterhalb der $T_{G(Wasser)}$ gelagert werden. Aus den in Abschn. 2.5.1.5. ausgeführten Gründen der Rekristallisation kann die Probenlagerung in Kühlgeräten von −80 °C nicht
empfohlen werden. Diese Edelstahl-Tanks sind mit Regalsystemen versehen und
werden mit Flüssigstickstoff (−196,6 °C, LIN) gekühlt, wobei die Proben zum
Schutz vor Kontaminationen ausschließlich in der Gasphase oberhalb des LIN-
Levels gelagert werden sollten.[258]

   Für eine Lagerung von Proben, die in klinischen Therapien eingesetzt werden
sollen, ist die Gewährleistung von Qualitätsstandards essenziell: Bei jeder Neuein-
lagerung sowie nach jedem Expansions- und Banking-Zyklus, müssen die Charak-
terisierungen durchgeführt und dokumentiert werden (Abschn. 2.4). Ebenso ist es
notwendig, dass ausreichend charakterisierte Ausgangsmaterial sowie Rückstellproben von entscheidenden Zwischenprodukten während des Prozesses der klinischen Translation von hiPS-Zellen in hiPS-Zell-basierte Therapieprodukte für eventuelle retrospekive Untersuchungen gelagert werden. Eine umfassende Sammlung
der Probendaten, wie zum Beispiel Informationen zum Donormaterial (Alter, Geschlecht), der in der Kryobank abgelegten Zwischenprodukte (hiPS-Zell-Linie und
aus hiPS-Zellen differenzierte Vorläuferzellen) und der kryokonservierten Probe an
sich (Zellzahl, Kryomedium) ist von entscheidender Bedeutung. Zur Sicherstellung
der Qualität des Prozesses ist es unerlässlich diese Untersuchungen innerhalb eines
Qualitätsmanagementsystems (QMS) durchzuführen und zu dokumentieren, in dem
sämtliche genutzten Geräte und Materialien sowie Standardarbeitsanweisungen und
resultierende Daten und Reporte systematisch und verständlich abgelegt sind.[259] Die
Qualitätssicherung schließt für Biobanken mit ein, dass die Versorgung mit LIN
stets gewährleistet ist, die Lagertemperatur permanent überwacht wird und es einen
Alarmplan für Havariefälle gibt. Ein ebenfalls wichtiger Punkt, der bei einer Kryokonservierung nicht vernachlässigt werden darf, ist die ausreichende und unver-
wechselbare Etikettierung der Probe, um eine Verwechslungsgefahr auszuschließen.[260]

2.5.3 Ausblick

2.5.3.1 Automatisierte Biobanken mit Gewährleistung der Kühlkette

Moderne Biobanken sowie automatisierte Anlagen arbeiten mit Zellkulturwaren
(z. B. Kryoröhrchen) denen Barcodes aufgedruckt sind, womit dem Operator erlaubt wird einzigartige Identifikationsnummern an Proben zu vergeben. Durch die
Benutzung eines intelligenten Probenverwaltungssystems können sämtliche Informationen der Probe selbst, wie auch ihr zugehörige Daten (z. B. Ergebnisse der

---

[258] Hunt 2017, S. 66.
[259] Bruce et al. 2017, S. 79 ff.
[260] Andrews et al. 2015, S. 16.

durchgeführten Qualitätskontrollen) einer Datenbank zugewiesen werden und durch Scannen des Barcodes auf der Probe auch im tiefkalten Zustand abgerufen werden. Um die oben diskutierte Gefahr der Temperaturüberschreitung in kryokonservierten Proben zu vermeiden, wurden Kryolagertanks konzipiert und entwickelt, die eine konsequente Einhaltung der Kühlkette erlauben.[261] Durch eine mit der Gasphase von LIN kühlbare Einhausung oberhalb des eigentlichen Lagertanks können die Proben aus den einzelnen Regalen in einer kalten und trockenen Umgebung entnommen werden. Die Gefahren der Rekristallisation durch Erwärmung sowie die Eisbildung durch Kondensation außerhalb der Röhrchen, die eine potenzielle Kontaminationsgefahr darstellt, werden ausgeräumt. Diese intelligenten Kryotanks können neben dem händischen Betrieb auch in einem automatischen Modus gefahren werden, in denen Roboterarme mit an die Zellkulturwaren angepassten Greifern das Ein- und Auslagern übernehmen. Durch mehrfaches Scannen der jeweiligen Proben (einzelne Kryoröhrchen sowie Multiwellplattenformate) zu bestimmten Zeitpunkten im automatisierten Prozess ist eine Verwechslung nahezu ausgeschlossen. Durch Sensoren an verschiedenen kritischen Positionen im Gerät, zum Beispiel an der entsprechenden Lagerposition, können die Temperaturprofile der Proben lückenlos verfolgt werden. Dieses modular aufgebaute Biobankingsystem wird von der Firma Askion GmbH weiter optimiert und auf weitere Probenformate adaptiert (www.askion.com, zugegriffen: 16. Januar 2019).

2.5.3.2 GMP-konforme Vitrifikation

Es gibt bereits GMP-konforme Methoden für die meisten Arbeiten mit hiPS-Zellen, die zur Umsetzung für eine klinische Anwendung bereit wären. Nachholbedarf hat hier eindeutig die Vitrifikationsmethode zur Kryokonservierung von hiPS-Zellen. Nachteile dieser Methode sind zum Beispiel, dass sie in der Regel von der Handhabung schwierig durchzuführen sind, dadurch der Durchsatz der Methode beschränkt ist und die Temperatur nach der Kryokonservierung unbedingt $T_{G(Wasser)}$ nicht mehr überschreiten darf. Erste Untersuchungen zur Vitrifikation von hES-Zellen in offenen Röhrchen (*straws*, Abschn. 2.5.1.4.) zeigten vielversprechend höhere Überlebensraten im Vergleich zum Kristallisationsverfahren, setzten die Probe aber dem direkten Kontakt von LIN aus.[262] Das dadurch entstehende Sterilitätsproblem konnte durch den Einsatz geschlossener *straws* behoben werden, allerdings lagen die Proben als Zellaggregate vor. Das heißt, der große Vorteil dieser Methode, eine adhärente Lagerung von hiPS-Zellen oder auch von hiPS-Zell-Derivaten zu erlauben, wird durch die Vitrifikation in *straws* nicht genutzt. Durch adhärente Vitrifikation werden der enzymatische, chemische oder mechanische Verdau vor der konventionellen Kryokonservierung und gleichzeitig die zeitintensive Kultivierung nach dem Auftauen der Zellen bis zur gewünschten Zelldichte oder Form (z. B. auf einer Gerüststruktur) überflüssig. Auch für die adhärente Vitrifikation wurde sich zuerst über

---

[261] Askion C-line® hermetic storage, www.askion.com. Zugegriffen: 16. Januar 2019.

[262] Reubinoff et al. 2001, S. 2187 ff.

nicht-sterile Methoden an ein funktionierendes Protokoll herangetastet, das durch die Entwicklung von durchdachten Gefäßdesigns in eine sterile und damit GMP-konforme Methode zur Vitrifikation umgesetzt werden konnte.[263] Auch die Nutzung dieser Methode für hiPS-Zell-basierte neuronale Progenitorzellen, zeigte eine signifikant höhere Zahl an funktionalen Zellen im Vergleich zur konventionellen Kryokonservierung im Kristallisationsverfahren.[264] Jedoch ist das vorgestellte Probenformat (Zellkulturschale mit 35 mm Durchmesser) noch nicht für die Hochdurchsatzanforderungen einer Biobank angepasst. Ein aktuelles Projekt, gefördert durch das BMBF (Stabil-Ice) befasst sich mit der Entwicklung eines Zellkulturgefäßes im standardisierten Wellplattenformat, in dem hiPS-Zellen sowie von hiPS-Zellen abgeleitete neuronale Zellen kultiviert sowie auch adhärent vitrifiziert werden können, um anwendungsorientierte Zellprodukte für biomedizinische Zwecke anbieten zu können.[265]

Danksagung Das Fraunhofer-Institut für Biomedizinische Technik (IBMT) bedankt sich beim Bundesministerium für Bildung und Forschung für die Förderung des Projekts *ClinhiPS – Eine naturwissenschaftliche, ethische und rechtsvergleichende Analyse der klinischen Anwendung von humanen induzierten pluripotenten Stammzellen in Deutschland und Österreich*; FKZ 01GP1602B. Diese Empfehlungen geben dabei ausschließlich die Auffassung der Autoren wieder.

Glossar

Unter *Adhäsion* (Verb: adhärieren) versteht man die Anheftung von Zellen an andere Zellen oder an ein Substrat über Zelladhäsionsmoleküle.

Allele = Varianten eines Gens, die durch Mutationen ineinander überführt werden können. Bei diploiden Zellen liegen für jedes Gen zwei Allele vor.

Bei *allogenen Therapien* sind Spender und Empfänger verschiedene Personen.

Apoptose bezeichnet den über Genexpression von der Zelle gesteuerten Zelltod; wird auch als „programmierter Zelltod" oder „Zell-Selbstmord" bezeichnet.

Bei der *autologen Therapie* sind Spender und Empfänger die gleiche Person, was den großen Vorteil besitzt, dass es theoretisch zu keiner immunologischen Abstoßungsreaktion kommt.

Eine *Clusteranalyse* ist eine Methode zur Suche nach Ähnlichkeitsstrukturen in Datensätzen. Die gefundenen ähnlichen Daten werden in Gruppen zusammengefasst und als Cluster bezeichnet. Das *Cytoplasma* füllt das Innere jeder Zelle aus. Es besteht aus einer flüssigen Substanz (Cytosol), dem Zellskelett (Cytoskelett) und den Zellorganellen.

---

[263] Beier et al. 2011, S. 175 ff.; Heng et al. 2005, S. 77 ff.; Beier et al. 2013, S. 8 ff.

[264] Kaindl et al. 2018, S. 1 ff.

[265] Stabil-Ice: www.gesundheitsforschung-bmbf.de/de/stabil-ice.php. Zugegriffen: 16. Januar 2019.

Differenzierung (von lateinisch *differre* = sich unterscheiden) bezeichnet den Entwicklungsprozess einer Zelle von einem weniger in einen stärker spezialisierten Zustand. Dieser Prozess ist in der Regel irreversibel. Dabei entstehen strukturell und funktionell unterschiedliche, auf bestimmte Aufgaben angepasste Zellen.

Als *diploid* wird eine Zelle bezeichnet, wenn ihr Chromosomensatz doppelt vorhanden ist, das hei-ßt jedes Chromosom liegt also zweimal vor. Körperzellen des Menschen sind diploid.

DNA (deoxyribonucleic acid) = Desoxyribonukleinsäure (s. auch Genom, Expression)

Die *DNA-Methylierung* ist ein epigenetischer Mechanismus, bei dem Methylgruppen an Nukleotide gebunden werden (meist wird Cytosin in 5-Methylcytosin umgewandelt). Das DNA-Methylierungsmuster ist zelltypspezifisch und mitverantwortlich dafür, dass die Zelltyp-spezifischen Gene exprimiert werden.

Endozytose ist die Aufnahme von Flüssigkeit oder Partikeln aus der Umgebung der Zelle durch Einstülpung der Zellmembran

Unter *Epigenetik* werden alle auf Tochterzellen vererbbaren Modifikationen der Genexpression zusammengefasst, die nicht auf einer Veränderung der DNA-Sequenz basieren. Zu den bedeutendsten epigenetischen Mechanismen zählen DNA-Methylierungen und die Komposition bzw. Modifikation von Histonen.

Epithel ist das Deck- oder Drüsengewebe, das aus ein- oder mehrlagigen Zellschichten bestehen kann und die inneren und äußeren Körperoberflächen bedeckt.

Bei der *Exomsequenzierung* wird nicht das vollständige Genom, sondern nur die Gesamtheit der für Proteine kodierenden Bereiche (Exons) untersucht.

Expansion = Vermehrung von Zellen zur Produktion großer Zellmengen

Expansionsrate = bei der Passage/Ernte abgelöste Zellzahl geteilt durch ausgesäte Zellzahl

Expression (Verb: exprimieren) ist der Vorgang, bei dem die genetische Information umgesetzt wird, das heißt ein entsprechendes Protein synthetisiert wird. Zunächst wird die DNA-Sequenz des Gens in eine RNA-Sequenz (mRNA) umgeschrieben (Transkription). Anschließend wird diese in die entsprechende Aminosäuresequenz translatiert.

Die *extrazelluläre Matrix* ist die Gesamtheit aller Makromoleküle, die außerhalb der Zellen die Zwischenräume ausfüllt

Feederzellen = Fütterzellen, die in der Zellkultur eingesetzt werden, da sie Stoffe ins Medium sekretieren, welche das Wachstum anderer Zellen fördern, und eine extrazelluläre Matrix produzieren, an die andere Zellen anhaften können

Fibroblast = im Bindegewebe vorkommender Zelltyp mesenchymaler Herkunft

Gameten = Geschlechtszellen oder Keimzellen. Zwei Gameten mit haploidem Chromosomensatz vereinigen sich bei der geschlechtlichen Fortpflanzung (beim Menschen Eizelle und Spermium).

Ein *Gen* ist ein definierter Abschnitt im Genom und die kleinste Funktionseinheit des Erbgutes. Die Expression von Genen führt zur Bildung von mRNA und Proteinen.

Unter dem *Genom* versteht man die Gesamtheit der vererbbaren Informationen, welche beim Menschen in der DNA-Sequenz gespeichert und in Abschnitten (Genen) organisiert ist.

Unter der *Genomintegrität* versteht man die Makellosigkeit des Genoms, die gegeben ist, wenn keine Veränderungen der DNA-Sequenz vorliegen.

Die vollständige *Genomsequenzierung* (next generation sequencing, NGS) stellt das gesamte Genom, also sowohl die kodierenden, als auch die nicht-kodierenden Bereiche, mit Einzelbasen-Auflösung dar und detektiert folglich die meisten genomischen Veränderungen.

Hämatopoetische Stammzellen = Blutstammzellen

Als *haploid* wird eine Zelle bezeichnet, wenn ihr Genom nur einfach vorhanden ist, das heißt jedes Chromosom liegt nur einmal vor. Gameten sind haploid.

Histone sind Proteine im Zellkern, die an der Verpackung der DNA und an der Expression von Genen beteiligt sind

HLA = humanes Leukozytenantigen-System. Das HLA-System stellt Gewebemerkmale dar, die bei Transplantationen vom Immunsystem erkannt werden können. Es handelt sich um an die Zellmembran gebundene Proteine, die von Genen des sogenannten Haupthistokompatibilitätskomplexes (Major Histocompatibility Complex, MHC) auf Chromosom 6 kodiert werden.

Homozygot bedeutet, dass beide Allele eines Gens identisch sind.

Kardiomyozyt = Herzmuskelzelle

Eine *Kinase* ist ein Enzym, das einen Phosphatrest von Adenosintriphosphat (ATP) auf ein Substrat überträgt.

Ein *Klon* ist ein zu einem anderen Organismus genetisch identischer Organismus

Die *Konfluenz* bezeichnet die (fast) vollständige Bedeckung der Oberfläche eines Kulturgefäßes mit adhärenten Zellen

Unter einer *malignen Transformation* versteht man den Übergang von in ihrem Wachstum kontrollierten, normalen Zellen zu unkontrolliert wachsenden Tumorzellen

Ein *Marker* bezeichnet ein Genexpressionsprodukt (mRNA oder Protein), das zelltypspezifisch (z. B. hiPS-Zellen) oder funktionsspezifisch (z. B. Pluripotenz) exprimiert wird und bei Analysen verwendet wird.

Meiose: Zellteilung während der Geschlechtszellenbildung, bei der in zwei Schritten (Meiose I und II) die Anzahl der Chromosomen und die Menge der DNA halbiert und dadurch genetisch unterschiedliche, haploide Zellen erzeugt werden

Mitose: Zellteilung, bei der genetisch identische, diploide Tochterzellen entstehen.

Als *mRNA* (*messenger*RNA, Boten-RNA) wird die RNA-Sequenz bezeichnet, die während des Prozesses der Genexpression bei der Transkription der DNA-Gensequenz generiert wird und für ein Protein kodiert. Die mRNA wird mit Hilfe von Ribosomen und von tRNAs in die entsprechende Aminosäuresequenz translatiert.

Mykoplasmen sind kleine, zellwandlose Bakterien

Eine *Nuklease* ist ein Enzym, das Nukleinsäuren partiell oder komplett abbaut.

Nukleotid = Baustein von Nukleinsäuren (DNA und RNA)

Ein *Onkogen* ist ein Gen dessen übermäßige Aktivierung das normale Wachstumsverhalten der Zelle verändert: in der Regel führt es zu unkontrolliertem, unbegrenztem Wachstum.

Passage = Ablösen von Zellen und anschließendes Aussäen eines Teils der abgelösten Zellen in einem neuen Kulturgefäß.

PCR (polymerase chain reaction) = Polymerase-Kettenreaktion. Technik, um DNA-Sequenzen zu vervielfältigen. Anschließend werden sie meist in einem Agarosegel der Größe nach aufgetrennt und sichtbar gemacht (Gelelektrophorese).

Ein *rekombinantes* Protein ist ein Protein, das künstlich mit Hilfe gentechnisch veränderter Mikroorganismen oder Zellkulturen hergestellt wurde.

Reprogrammierung nennt man im Kontext von hiPS-Zellen den Prozess pluripotente Stammzellen aus somatische Zellen zu generieren.

Ribosomen sind makromolekulare Komplexe aus RNA und Proteinen, mit deren Hilfe die Herstellung von Proteinen stattfindet.

RNA (ribonucleic acid) = Ribonukleinsäure (s. auch mRNA, Transkription)

SCNT (somatic cell nucleus transfer)→s. somatischer Zellkerntransfer

Sekretion = Abgabe von Stoffen durch einzelne Zellen oder Gewebe

Seneszenz = Alterungsprozess. Menschliche, differenzierte Zellen sind beispielsweise nur zu einer bestimmten Anzahl an Zellteilungen in der Lage.

Somatische Zelle = Körperzelle

Unter dem *Somatischen Zellkerntransfer* versteht man die Übertragung des Zellkerns einer differenzierten Körperzelle in eine entkernte Eizelle, was in der Umprogrammierung des Zellkerns resultiert. Es entsteht ein Klon.

Als *Telomere* werden die Enden jedes Chromosoms bezeichnet. Sie bestehen aus repetitiven DNA-Sequenzen und assoziierten Proteinen. Die Telomere werden vom Enzym Telomerase erneuert. Dieses ist in menschlichen Körperzellen nicht aktiv, weswegen sich die Telomere mit jeder Zellteilung verkürzen.

Ein *Teratom* ist ein Tumor, der eine Mischung von Zellen aus allen drei Keimblättern enthält. Unter natürlichen Bedingungen können Teratome beispielsweise aus Keimzellen entstehen. Pluripotente Zellen bilden Teratome nachdem sie immunsuppremierten Mäusen injiziert wurden.

Unter *Transdifferenzierung* versteht man die Umwandlung einer differenzierten Körperzelle in einen anderen Zelltyp ohne pluripotente oder multipotente Zwischenstufe.

Ein *Transkriptionsfaktor* ist ein Protein, das für den Start der Transkription notwendig ist.

Bei der *Translation* wird die mRNA mit Hilfe von Ribosomen und von transferRNAs (Übertragungs-RNA, tRNA) in die entsprechende Aminosäuresequenz übersetzt, wobei jeweils drei Nukleotide für eine Aminosäure kodieren. Die Aminosäurekette erhält schließlich durch Faltung die native dreidimensionale Proteinstruktur.

Tumorigen = tumorerzeugend

Ein *Tumorsuppressorgen* ist ein Gen, das den Übergang vom normalen Wachstumsverhalten einer Zelle zu unkontrolliertem, unbegrenztem Wachstum verhindert.

Vitalität = Anteil lebender Zellen an der Gesamtzellzahl

Xeno-frei = ohne Inhaltsstoffe, die von einer anderen Spezies stammen

Xenogen = von anderen Spezies stammend

Literatur

Aasen T, Raya A, Barrero MJ, Garreta E, Consiglio A, Gonzalez F, Vassena R, Bilić J, Pekarik V, Tiscornia G, Edel M, Boué S, Izpisúa Belmonte JC (2008) Efficient and rapid generation of induced pluripotent stem cells from human keratinocytes. Nat Biotechnol 26:1276–1284

Acker JP, Croteau IM (2004) Pre- and post-thaw assessment of intracellular ice formation. J Microsc 215:131–138

Ambasudhan R, Talantova M, Coleman R, Yuan X, Zhu S, Lipton SA, Ding S (2011) Direct reprogramming of adult human fibroblasts to functional neurons under defined conditions. Cell Stem Cell 9:113–118

Amit M, Chebath J, Margulets V, Laevsky I, Miropolsky Y, Shariki K, Peri M, Blais I, Slutsky G, Revel M, Itskovitz-Eldor J (2010) Suspension culture of undifferentiated human embryonic and induced pluripotent stem cells. Stem Cell Rev 6:248–259

Andrews PW, Baker D, Benvinisty N, Miranda B, Bruce K, Brüstle O, Choi M, Choi YM, Crook JM, de Sousa PA, Dvorak P, Freund C, Firpo M, Furue MK, Gokhale P, Ha HY, Han E, Haupt S, Healy L, Hei DJ, Hovatta O, Hunt C, Hwang SM, Inamdar MS, Isasi RM, Jaconi M, Jekerle V, Kamthorn P, Kibbey MC, Knezevic I, Knowles BB, Koo SK, Laabi Y, Leopoldo L, Liu P, Lomax GP, Loring JF, Ludwig TE, Montgomery K, Mummery C, Nagy A, Nakamura Y, Nakatsuji N, Oh S, Oh SK, Otonkoski T, Pera M, Peschanski M, Pranke P, Rajala KM, Rao M, Ruttachuk R, Reubinoff B, Ricco L, Rooke H, Sipp D, Stacey GN, Suemori H, Takahashi TA, Takada K, Talib S, Tannenbaum S, Yuan BZ, Zeng F, Zhou Q (2015) Points to consider in the development of seed stocks of pluripotent stem cells for clinical applications: International Stem Cell Banking Initiative (ISCBI). Regen Med 10:1–44

Archibald PR, Chandra A, Thomas D, Chose O, Massouridès E, Laâbi Y, Williams DJ (2016) Comparability of automated human induced pluripotent stem cell culture: a pilot study. Bioprocess Biosyst Eng 39:1847–1858

Assou S, Bouckenheimer J, De Vos J (2018) Concise review: assessing the genome integrity of human induced pluripotent stem cells: what quality control metrics? Stem Cells 36:814–821

Badenes SM, Fernandes TG, Cordeiro CS, Boucher S, Kuninger D, Vemuri MC, Diogo MM, Cabral JM (2016) Correction: defined essential 8 medium and vitronectin efficiently support scalable xeno-free expansion of human induced pluripotent stem cells in stirred microcarrier culture systems. PLoS One 11:e0155296

Badenes SM, Fernandes TG, Miranda CC, Pusch-Klein A, Haupt S, Rodrigues CAV, Diogo MM, Brüstle O (2017) Long-term expansion of human induced pluripotent stem cells in a microcarrier-based dynamic system. J Chem Technol Biotechnol 92:492–503

Badylak SF, Taylor D, Uygun K (2011) Whole-organ tissue engineering: decellularization and recellularization of three-dimensional matrix scaffolds. Annu Rev Biomed Eng 13:27–53

Ban H, Nishishita N, Fusaki N, Tabata T, Saeki K, Shikamura M, Takada N, Inoue M, Hasegawa M, Kawamata S, Nishikawa S (2011) Efficient generation of transgene-free human induced pluripotent stem cells (iPSCs) by temperature-sensitive Sendai virus vectors. Proc Natl Acad Sci U S A 108:14234–14239

Bardy J, Chen AK, Lim YM, Wu S, Wei S, Weiping H, Chan K, Reuveny S, Oh SK (2013) Microcarrier suspension cultures for high-density expansion and differentiation of human pluripotent stem cells to neural progenitor cells. Tissue Eng Part C Methods 19:166–180

Barry J, Hyllner J, Stacey G, Taylor CJ, Turner M (2015) Setting up a haplobank: issues and solutions. Curr Stem Cell Rep 1:110–117

Bauwens CL, Song H, Thavandiran N, Ungrin M, Massé S, Nanthakumar K, Seguin C, Zandstra PW (2011) Geometric control of cardiomyogenic induction in human pluripotent stem cells. Tiss Eng Part A 17:1901–1909

Beers J, Gulbranson DR, George N, Siniscalchi LI, Jones J, Thomson JA, Chen G (2012) Passaging and colony expansion of human pluripotent stem cells by enzyme-free dissociation in chemically defined culture conditions. Nat Protoc 7:2029–2040

Beier AF, Schulz JC, Dörr D, Katsen-Globa A, Sachinidis A, Hescheler J, Zimmermann H (2011) Effective surface-based cryopreservation of human embryonic stem cells by vitrification. Cryobiology 63:175–185

Beier AF, Schulz JC, Zimmermann H (2013) Cryopreservation with a twist – towards a sterile, serum-free surface-based vitrification of hESCs. Cryobiology 66:8–16

Bernal JA (2013) RNA-Based Tools for Nuclear Reprogramming and Lineage-Conversion: Towards Clinical Applications. J Cardiovasc Transl Res 6 (6):956–968

Berz D, McCormack EM, Winer ES, Colvin GA, Quesenberry PJ (2007) Cryopreservation of hematopoietic stem cells. Am J Hematol 82:463–472

Braam SR, Zeinstra L, Litjens S, Ward-van Oostwaard D, van den Brink S, van Laake L, Lebrin F, Kats P, Hochstenbach R, Passier R, Sonnenberg A, Mummery CL (2008) Recombinant vitronectin is a functionally defined substrate that supports human embryonic stem cell self-renewal via alphavbeta5 integrin. Stem Cells 26:2257–2265

Breckwoldt K, Letuffe-Brenière D, Mannhardt I, Schulze T, Ulmer B, Werner T, Benzin A, Klampe B, Reinsch MC, Laufer S, Shibamiya A, Prondzynski M, Mearini G, Schade D, Fuchs S, Neuber C, Krämer E, Saleem U, Schulze ML, Rodriguez ML, Eschenhagen T, Hansen A (2017) Differentiation of cardiomyocytes and generation of human engineered heart tissue. Nat Protoc 12:1177–1197

Brockbank KG, Song YC, Khirabadi BS, Lightfoot FG, Boggs JM, Taylor MJ (2000) Storage of tissues by vitrification. Transplant Proc 32:3–4

Bruce KW, Campbell JD, De Sousa P (2017) Quality assured characterization of stem cells for safety in banking for clinical application. Methods Mol Biol 1590:79–98

Brunet A, Rando TA (2007) From stem to stern. Nature 449:288

Burridge PW, Zambidis ET (2013) Highly efficient directed differentiation of human induced pluripotent stem cells into cardiomyocytes. Methods Mol Biol 997:149–161

Chatterjee A, Saha D, Niemann H, Gryshkov O, Glasmacher B, Hofmann N (2017) Effects of cryopreservation on the epigenetic profile of cells. Cryobiology 74:1–7

Chen T, Bhowmick S, Sputtek A, Fowler A, Toner M (2002) The glass transition temperature of mixtures of trehalose and hydroxyethyl starch. Cryobiology 44:301–306

Chen G, Hou Z, Gulbranson DR, Thomson JA (2010) Actin-myosin contractility is responsible for the reduced viability of dissociated human embryonic stem cells. Cell Stem Cell 7:240–248

Chen G, Gulbranson DR, Hou Z, Bolin JM, Ruotti V, Probasco MD, Smuga-Otto K, Howden SE, Diol NR, Propson NE, Wagner R, Lee GO, Antosiewicz-Bourget J, Teng JM, Thomson JA (2011) Chemically defined conditions for human iPSC derivation and culture. Nat Methods 8:424–429

Chen AK, Reuveny S, Oh SK (2013) Application of human mesenchymal and pluripotent stem cell microcarrier cultures in cellular therapy: achievements and future direction. Biotechnol Adv 31:1032–1046

Chen KG, Mallon BS, McKay RD, Robey PG (2014) Human pluripotent stem cell culture: considerations for maintenance, expansion, and therapeutics. Cell Stem Cell 14:13–26

Choi J, Lee S, Mallard W, Clement K, Tagliazucchi GM, Lim H, Choi IY, Ferrari F, Tsankov AM, Pop R, Lee G, Rinn JL, Meissner A, Park PJ, Hochedlinger K (2015) A comparison of genetically matched cell lines reveals the equivalence of human iPSCs and ESCs. Nat Biotechnol 33:1173–1181

Cieślar-Pobuda A, Knoflach V, Ringh MV, Stark J, Likus W, Siemianowicz K, Ghavami S, Hudecki A, Green JL, Łos MJ (2017) Transdifferentiation and reprogramming: overview of the processes, their similarities and differences. Biochim Biophys 1864:1359–1369

Clegg JS, Seitz P, Seitz W, Hazlewood CF (1982) Cellular responses to extreme water loss: the water-replacement hypothesis. Cryobiology 19:306–316

Cohen DE, Melton D (2011) Turning straw into gold: directing cell fate for regenerative medicine. Nat Rev Genet 12:243–252

Cox DB, Platt RJ, Zhang F (2015) Therapeutic genome editing: prospects and challenges. Nat Med 21:121–131

Da Cruz L, Fynes K, Georgiadis O, Kerby J, Luo YH, Ahmado A, Vernon A, Daniels JT, Nommiste B, Hasan SM, Gooljar SB, Carr AF, Vugler A, Ramsden CM, Bictash M, Fenster M, Steer J, Harbinson T, Wilbrey A, Tufail A, Feng G, Whitlock M, Robson AG, Holder GE, Sagoo MS, Loudon PT, Whiting P, Coffey PJ (2018) Phase 1 clinical study of an embryonic stem cell-derived retinal pigment epithelium patch in age-related macular degeneration. Nat Biotechnol 4:328–337. https://doi.org/10.1038/nbt.4114. Epub 2018 Mar 19

Davis RL, Weintraub H, Lassar AB (1987) Expression of a single transfected cDNA converts fibroblasts to myoblasts. Cell 51:987–1000

De Sousa PA, Steeg R, Wachter E, Bruce K, King J, Hoeve M, Khadun S, McConnachie G, Holder J, Kurtz A, Seltmann S, Dewender J, Reimann S, Stacey G, O'Shea O, Chapman C, Healy L, Zimmermann H, Bolton B, Rawat T, Atkin I, Veiga A, Kuebler B, Serano BM, Saric T, Hescheler J, Brüstle O, Peitz M, Thiele C, Geijsen N, Holst B, Clausen C, Lako M, Armstrong L, Gupta SK, Kvist AJ, Hicks R, Jonebring A, Brolén G, Ebneth A, Cabrera-Socorro A, Foerch P, Geraerts M, Stummann TC, Harmon S, George C, Streeter I, Clarke L, Parkinson H, Harrison PW, Faulconbridge A, Cherubin L, Burdett T, Trigueros C, Patel MJ, Lucas C, Hardy B, Predan R, Dokler J, Brajnik M, Keminer O, Pless O, Gribbon P, Claussen C, Ringwald A, Kreisel B, Courtney A, Allsopp TE (2017) Rapid establishment of the European Bank for induced Pluripotent Stem Cells (EBiSC) – the Hot Start experience. Stem Cell Res 20:105–114

Dorn I, Klich K, Arauzo-Bravo MJ, Radstaak M, Santourlidis S, Ghanjati F, Radke TF, Psathaki OE, Hargus G, Kramer J, Einhaus M, Kim JB, Kögler G, Wernet P, Schöler HR, Schlenke P, Zaehres H (2015) Erythroid differentiation of human induced pluripotent stem cells is independent of donor cell type of origin. Haematologica 100:32–41

Easley CA 4th, Phillips BT, McGuire MM, Barringer JM, Valli H, Hermann BP, Simerly CR, Rajkovic A, Miki T, Orwig KE, Schatten GP (2012) Direct differentiation of human pluripotent stem cells into haploid spermatogenic cells. Cell Rep 2:440–446

Ehrhart F, Mettler E, Böse T, Weber MM, Vásquez JA, Zimmermann H (2013) Biocompatible coating of encapsulated cells using ionotropic gelation. PLoS One 8:e73498

Elanzew A, Sommer A, Pusch-Klein A, Brustle O, Haupt SA (2015) Reproducible and versatile system for the dynamic expansion of human pluripotent stem cells in suspension. Biotechnol J 10:1589–1599

Elliott GD, Wang S, Fuller BJ (2017) Cryoprotectants: a review of the actions and applications of cryoprotective solutes that modulate cell recovery from ultra-low temperatures. Cryobiology 76:74–91

Eminli S, Foudi A, Stadtfeld M, Maherali N, Ahfeldt T, Mostoslavsky G, Hock H, Hochedlinger K (2009) Differentiation stage determines potential of hematopoietic cells for reprogramming into induced pluripotent stem cells. Nat Genet 41:968–976

Engler AJ, Sen S, Sweeney HL, Discher DE (2006) Matrix elasticity directs stem cell lineage specification. Cell 126:677–689

Ezashi T, Das P, Roberts RM (2005) Low O2 tensions and the prevention of differentiation of hES cells. Proc Natl Acad Sci U S A 102:4783–4788

Fahy GM, Wowk B (2015) Principles of cryopreservation by vitrification. Methods Mol Biol 1257:21–82

Fahy GM, MacFarlane DR, Angell CA, Meryman HT (1984) Vitrification as an approach to cryo-preservation. Cryobiology 21 (4):407–426

Fan Y, Hsiung M, Cheng C, Tzanakakis ES (2014) Facile engineering of xeno-free microcarriers for the scalable cultivation of human pluripotent stem cells in stirred suspension. Tissue Eng Part A 20:588–599

Fertah M, Belfkira A, Dahmane EM, Taourirte M, Brouillette F (2014) Extraction and characterization of sodium alginate from Moroccan Laminaria digitata brown seaweed. Arab J Chem 10:3707–3714

Fischer B, Meier A, Dehne A, Salhotra A, Tran TA, Neumann S, Schmidt K, Meiser I, Neubauer JC, Zimmermann H, Gentile L (2018) A complete workflow for the differentiation and the dissociation of hiPSC-derived cardiospheres. Stem Cell Res 32:65–72. https://doi.org/10.1016/j.scr.2018.08.015

Fowler A, Toner M (2005) Cryo-injury and biopreservation. Ann N Y Acad Sci 1066:119–135

Fuller BJ (2004) Cryoprotectants: the essential antifreezes to protect life in the frozen state. Cryo Letters 25:375–388

Fusaki N, Ban H, Nishiyama A, Saeki K, Hasegawa M (2009) Efficient induction of transgene-free human pluripotent stem cells using a vector based on Sendai virus, an RNA virus that does not integrate into the host genome. Proc Jpn Acad Ser B Phys Biol Sci 85:348–362

Garber K (2015) RIKEN suspends first clinical trial involving induced pluripotent stem cells. Nat Biotechnol 33 (9):890–891

Gepp MM, Fischer B, Schulz A, Dobringer J, Gentile L, Vasquez JA, Neubauer JC, Zimmermann H (2017) Bioactive surfaces from seaweed-derived alginates for the cultivation of human stem cells. J Appl Phycol 29:2451–2461

Germann A, Oh YJ, Schmidt T, Schön U, Zimmermann H, von Briesen H (2013) Temperature fluctuations during deep temperature cryopreservation reduce PBMC recovery, viability and T-cell function. Cryobiology 67:193–200

Gilpin A, Yang Y (2017) Decellularization strategies for regenerative medicine: from processing techniques to applications. Biomed Res Int 2017:9831534

Gonzalez F, Boue S, Izpisua Belmonte JC (2011) Methods for making induced pluripotent stem cells: reprogramming a la carte. Nat Rev Genet 12:231–242

Gore A, Li Z, Fung HL, Young JE, Agarwal S, Antosiewicz-Bourget J, Canto I, Giorgetti A, Israel MA, Kiskinis E, Lee JH, Loh YH, Manos PD, Montserrat N, Panopoulos AD, Ruiz S, Wilbert ML, Yu J, Kirkness EF, Izpisua Belmonte JC, Rossi DJ, Thomson JA, Eggan K, Daley GQ, Goldstein LS, Zhang K (2011) Somatic coding mutations in human induced pluripotent stem cells. Nature 471:63

Gupta P, Ismadi MZ, Verma PJ, Fouras A, Jadhav S, Bellare J, Hourigan K (2016) Optimization of agitation speed in spinner flask for microcarrier structural integrity and expansion of induced pluripotent stem cells. Cytotechnology 68:45–59

Gurdon JB (1962) The developmental capacity of nuclei taken from intestinal epithelium cells of feeding tadpoles. J Embryol Exp Morphol 10:622–640

Handel MA, Eppig JJ, Schimenti JC (2014) Applying „gold standards" to in-vitro-derived germ cells. Cell 159:216

Hayashi K, Ohta H, Kurimoto K, Aramaki S, Saitou M (2011) Reconstitution of the mouse germ cell specification pathway in culture by pluripotent stem cells. Cell 146:519–532

Hayashi K, Ogushi S, Kurimoto K, Shimamoto S, Ohta H, Saitou M (2012) Offspring from oocytes derived from in vitro primordial germ cell-like cells in mice. Science 338:971–975

Hayashi K, Hikabe O, Obata Y, Hirao Y (2017) Reconstitution of mouse oogenesis in a dish from pluripotent stem cells. Nat Protoc 12:1733–1744

Heng BC, Bested SM, Chan SH, Cao T (2005) A proposed design for the cryopreservation of intact and adherent human embryonic stem cell colonies. In Vitro Cell Dev Biol Anim 41:77–79

Hikabe O, Hamazaki N, Nagamatsu G, Obata Y, Hirao Y, Hamada N, Shimamoto S, Imamura T, Nakashima K, Saitou M, Hayashi K (2016) Reconstitution in vitro of the entire cycle of the mouse female germ line. Nature 539:299–303

Hong SH, Werbowetski-Ogilvie T, Ramos-Mejia V, Lee JB, Bhatia M (2010) Multiparameter comparisons of embryoid body differentiation toward human stem cell applications. Stem Cell Res 5:120–130

Hsiao C, Palecek SP (2012) Microwell regulation of pluripotent stem cell self-renewal and differentiation. Bionanoscience 2:266–276

Hunt CJ (2011) Cryopreservation of human stem cells for clinical application: a review. Transfus Med Hemother 38:107–123

Hunt CJ (2017) In: Crook JM, Ludwig TE (Hrsg) Stem cell banking: concepts and protocols, Bd 1. Springer, Basingstoke, S 41–77

Hurlbut WB (2007) Ethics and embryonic stem cell research. BioDrugs 21:79–83

Hwang YS, Chung BG, Ortmann D, Hattori N, Moeller HC, Khademhosseini A (2009) Microwell-mediated control of embryoid body size regulates embryonic stem cell fate via differential expression of WNT5a and WNT11. Proc Natl Acad Sci U S A 106:16978–16983

Ieda M, Fu JD, Delgado-Olguin P, Vedantham V, Hayashi Y, Bruneau BG, Srivastava D (2010) Direct reprogramming of fibroblasts into functional cardiomyocytes by defined factors. Cell 142:375–386

Irie N, Weinberger L, Tang WW, Kobayashi T, Viukov S, Manor YS, Dietmann S, Hanna JH, Surani MA (2015) SOX17 is a critical specifier of human primordial germ cell fate. Cell 160:253–268

Ishii T (2014) Human iPS cell-derived germ cells: current status and clinical potential. J Clin Med 3:1064–1083

Ismadi MZ, Gupta P, Fouras A, Verma P, Jadhav S, Bellare J, Hourigan K (2014) Flow characterization of a spinner flask for induced pluripotent stem cell culture application. PLoS One 9:e106493

Jager RD, Mieler WF, Miller JW (2008) Age-related macular degeneration. N Engl J Med 358:2606–2617

Ji S, Guvendiren M (2017) Recent advances in bioink design for 3D bioprinting of tissues and organs. Front Bioeng Biotechnol 5:23

Jing D, Parikh A, Canty JM Jr, Tzanakakis ES (2008) Stem cells for heart cell therapies. Tissue Eng Part B Rev 14:393–406

Kaindl J, Meiser I, Majer J, Sommer A, Krach F, Katsen-Globa A, Winkler J, Zimmermann H, Neubauer JC, Winner B (2018) Zooming in on cryopreservation of hiPSCs and neural derivatives: a dual-center study using adherent vitrification. Stem Cells Transl Med. https://doi.org/10.1002/sctm.18-0121

Kamao H, Mandai M, Okamoto S, Sakai N, Suga A, Sugita S, Kiryu J, Takahashi M (2014) Characterization of human induced pluripotent stem cell-derived retinal pigment epithelium cell sheets aiming for clinical application. Stem Cell Rep 2:205–218

Kanemura H, Go MJ, Shikamura M, Nishishita N, Sakai N, Kamao H, Mandai M, Morinaga C, Takahashi M, Kawamata S (2014) Tumorigenicity studies of induced pluripotent stem cell (iPSC)-derived retinal pigment epithelium (RPE) for the treatment of age-related macular degeneration. PLoS One 9:e85336

Katkov II, Kan NG, Cimadamore F, Nelson B, Snyder EY, Terskikh AV (2011) DMSO-free programmed cryopreservation of fully dissociated and adherent human induced pluripotent stem cells. Stem Cells Int 2011:981606

Kempf H, Andree B, Zweigerdt R (2016) Large-scale production of human pluripotent stem cell derived cardiomyocytes. Adv Drug Deliv Rev 96:18–30

Kempf H, Olmer R, Kropp C, Rückert M, Jara-Avaca M, Robles-Diaz D, Franke A, Elliott DA, Wojciechowski D, Fischer M, Roa Lara A, Kensah G, Gruh I, Haverich A, Martin U, Zweigerdt R (2014) Controlling expansion and cardiomyogenic differentiation of human pluripotent stem cells in scalable suspension culture. Stem Cell Rep 3:1132–1146

Kempf H, Kropp C, Olmer R, Martin U, Zweigerdt R (2015) Cardiac differentiation of human pluripotent stem cells in scalable suspension culture. Nat Protoc 10:1345–1361

Kim JB, Zaehres H, Wu G, Gentile L, Ko K, Sebastiano V, Araúzo-Bravo MJ, Ruau D, Han DW, Zenke M, Schöler HR (2008) Pluripotent stem cells induced from adult neural stem cells by reprogramming with two factors. Nature 454:646–650

Kim K, Doi A, Wen B, Ng K, Zhao R, Cahan P, Kim J, Aryee MJ, Ji H, Ehrlich LI, Yabuuchi A, Takeuchi A, Cunniff KC, Hongguang H, McKinney-Freeman S, Naveiras O, Yoon TJ, Irizarry RA, Jung N, Seita J, Hanna J, Murakami P, Jaenisch R, Weissleder R, Orkin SH, Weissman IL, Feinberg AP, Daley GQ (2010) Epigenetic memory in induced pluripotent stem cells. Nature 467:285–290

Kinney MA, Sargent CY, McDevitt TC (2011) The multiparametric effects of hydrodynamic environments on stem cell culture. Tissue Eng Part B Rev 17:249–262

Klimanskaya I, Chung Y, Meisner L, Johnson J, West MD, Lanza R (2005) Human embryonic stem cells derived without feeder cells. Lancet 365:1636–1641

Kraehenbuehl TP, Langer R, Ferreira LS (2011) Three-dimensional biomaterials for the study of human pluripotent stem cells. Nat Methods 8:731–736

Kröger N, Zabelina T, de Wreede L, Berger J, Alchalby H, van Biezen A, Milpied N, Volin L, Mohty M, Leblond V, Blaise D, Finke J, Schaap N, Robin M, de Witte T (2013) Allogenic stem cell transplantation for older advanced MDS patients: improved survival with young unrelated donor in comparison with HLA-identical siblings. Leukemia 27:604–609

Kropp C, Kempf H, Halloin C, Robles-Diaz D, Franke A, Scheper T, Kinast K, Knorpp T, Joos TO, Haverich A, Martin U, Zweigerdt R, Olmer R (2016) Impact of feeding strategies on the scalable expansion of human pluripotent stem cells in single-use stirred tank bioreactors. Stem Cells Transl Med 5:1289–1301

Kropp C, Massai D, Zweigerdt R (2017) Progress and challenges in large-scale expansion of human pluripotent stem cells. Process Biochem 59:244–254

Kuroda T, Yasuda S, Kusakawa S, Hirata N, Kanda Y, Suzuki K, Takahashi M, Nishikawa S, Kawamata S, Sato Y (2012) Highly sensitive in vitro methods for detection of residual undifferentiated cells in retinal pigment epithelial cells derived from human iPS cells. PLoS One 7:e37342

Lamm N, Ben-David U, Golan-Lev T, Storchová Z, Benvenisty N, Kerem B (2016) Genomic Instability in Human Pluripotent Stem Cells Arises from Replicative Stress and Chromosome Condensation Defects. Cell Stem Cell 18 (2):253-261

Leberfinger AN, Ravnic DJ, Dhawan A, Ozbolat IT (2017) Concise review: bioprinting of stem cells for transplantable tissue fabrication. Stem Cells Transl Med 6:1940–1948

Lei Y, Schaffer DV (2013) A fully defined and scalable 3D culture system for human pluripotent stem cell expansion and differentiation. Proc Natl Acad Sci U S A 110:E5039–E5048

Leung HW, Chen A, Choo AB, Reuveny S, Oh SK (2011) Agitation can induce differentiation of human pluripotent stem cells in microcarrier cultures. Tissue Eng Part C Methods 17:165–172

Li Y, Ma T (2012) Bioprocessing of cryopreservation for large-scale banking of human pluripotent stem cells. BioRes Open Access 1:205–214

Li L, Bennett SA, Wang L (2012) Role of E-cadherin and other cell adhesion molecules in survival and differentiation of human pluripotent stem cells. Cell Adhes Migr 6:59–70

Lu HF, Narayanan K, Lim SX, Gao S, Leong MF, Wan AC (2012) A 3D microfibrous scaffold for long-term human pluripotent stem cell self-renewal under chemically defined conditions. Biomaterials 33:2419–2430

Ludwig TE, Levenstein ME, Jones JM, Berggren WT, Mitchen ER, Frane JL, Crandall LJ, Daigh CA, Conard KR, Piekarczyk MS, Llanas RA, Thomson JA (2006) Derivation of human embryonic stem cells in defined conditions. Nat Biotechnol 24:185

Mallon BS, Hamilton RS, Kozhich OA, Johnson KR, Fann YC, Rao MS, Robey PG (2014) Comparison of the molecular profiles of human embryonic and induced pluripotent stem cells of isogenic origin. Stem Cell Res 12:376–386

Mandai M, Watanabe A, Kurimoto Y, Hirami Y, Morinaga C, Daimon T, Fujihara M, Akimaru H, Sakai N, Shibata Y, Terada M, Nomiya Y, Tanishima S, Nakamura M, Kamao H, Sugita S, Onishi A, Ito T, Fujita K, Kawamata S, Go MJ, Shinohara C, Hata K, Sawada M, Yamamoto M, Ohta S, Ohara Y, Yoshida K, Kuwahara J, Kitano Y, Amano N, Umekage M, Kitaoka F, Tanaka A, Okada C, Takasu N, Ogawa S, Yamanaka S, Takahashi M (2017) Autologous induced stem-cell-derived retinal cells for macular degeneration. N Engl J Med 376:1038–1046

Mandai M, Kurimoto Y, Takahashi M (2017) Autologous induced stem-cell-derived retinal cells for macular degeneration. N Engl J Med 376:1038–1046

Mandal PK, Rossi DJ (2013) Reprogramming human fibroblasts to pluripotency using modified mRNA. Nat Protoc 8:568–582

Manohar R, Lagasse E (2009) Transdetermination: a new trend in cellular reprogramming. Mol Ther 17:936–938

Martin-Ibanez R, Unger C, Strömberg A, Baker D, Canals JM, Hovatta O (2008) Novel cryopreservation method for dissociated human embryonic stem cells in the presence of a ROCK inhibitor. Hum Reprod 23:2744–2754

Mazur P (1984) Freezing of living cells: mechanisms and implications. Am J Phys 247:125–142

Mazur P (2004) In: Fuller BJ, Lane N, Benson EE (Hrsg) Life in the frozen state, Bd 1. CRC Press, Boca Raton, S 3–33

Mazur P, Leibo SP, Chu EH (1972) A two-factor hypothesis of freezing injury. Evidence from Chinese hamster tissue-culture cells. Exp Cell Res 71:345–355

McKernan R, Watt FM (2013) What is the point of large-scale collections of human induced pluripotent stem cells? Nat Biotechnol 31:875–877

Medrano JV, Ramathal C, Nguyen HN, Simon C, Reijo Pera RA (2012) Divergent RNA-binding proteins, DAZL and VASA, induce meiotic progression in human germ cells derived in vitro. Stem Cells 30:441–451

Meryman HT (1971) Cryoprotective agents. Cryobiology 8:173–183

Meryman HT (1974) Freezing injury and its prevention in living cells. Annu Rev Biophys Bioeng 3:341–363

Mettler E, Trenkler A, Feilen PJ, Wiegand F, Fottner C, Ehrhart F, Zimmermann H, Hwang YH, Lee DY, Fischer S, Schreiber LM, Weber MM (2013) Magnetic separation of encapsulated islet cells labeled with superparamagnetic iron oxide nano particles. Xenotransplantation 20:219–226

Miranda CC, Fernandes TG, Diogo MM, Cabral JM (2016) Scaling up a chemically-defined aggregate-based suspension culture system for neural commitment of human pluripotent stem cells. Biotechnol J 11:1628–1638

Miyazaki T, Suemori H (2016) Slow cooling cryopreservation optimized to human pluripotent stem cells. Adv Exp Med Biol 951:57–65

Miyazaki T, Futaki S, Suemori H, Taniguchi Y, Yamada M, Kawasaki M, Hayashi M, Kumagai H, Nakatsuji N, Sekiguchi K, Kawase E (2012) Laminin E8 fragments support efficient adhesion and expansion of dissociated human pluripotent stem cells. Nat Commun 3:1236

Miyazaki T, Nakatsuji N, Suemori H (2014) Optimization of slow cooling cryopreservation for human pluripotent stem cells. Genesis 52:49–55

Mollamohammadi S, Taei A, Pakzad M, Totonchi M, Seifinejad A, Masoudi N, Baharvand H (2009) A simple and efficient cryopreservation method for feeder-free dissociated human induced pluripotent stem cells and human embryonic stem cells. Hum Reprod 24:2468–2476

Muldrew K, McGann LE (1990) Mechanisms of intracellular ice formation. Biophys J 57:525–532

Muldrew K, McGann LE (1994) The osmotic rupture hypothesis of intracellular freezing injury. Biophys J 66:532–541

Muldrew K, Acker JP, Elliott JAW, McGann LE (2004) In: Fuller BJ, Lane N, Benson EE (Hrsg) Life in the frozen state, Bd 1. CRC Press, Boca Raton, S 67–108

Müller CR, Mytilineos J, Ottinger H, Arnold R, Bader P, Beelen D, Bornhäuser M, Dreger P, Eiermann T, Einsele H, Faé I, Fischer G, Füssel M, Holler E, Holzberger G, Horn P, Kröger N, Lindemann M, Seidl C, Spriewald B, Süsal C, Blasczyk R, Finke J (2014) Deutscher Konsensus 2013 zur immungenetischen Spenderauswahl für die allogene Stammzelltransplantation. Transfusionsmedizin 4:190–196

Muratore CR, Srikanth P, Callahan DG, Young-Pearse TL (2014) Comparison and optimization of hiPSC forebrain cortical differentiation protocols. PLoS One 9:e105807

Naaldijk Y, Johnson AA, Friedrich-Stockigt A, Stolzing A (2016) Cryopreservation of dermal fibroblasts and keratinocytes in hydroxyethyl starch-based cryoprotectants. BMC Biotechnol 16:85

Nakagawa M, Koyanagi M, Tanabe K, Takahashi K, Ichisaka T, Aoi T, Okita K, Mochiduki Y, Takizawa N, Yamanaka S (2008) Generation of induced pluripotent stem cells without Myc from mouse and human fibroblasts. Nat Biotechnol 26:101–106

Nakatsuji N, Nakajima F, Tokunaga K (2008) HLA-haplotype banking and iPS cells. Nat Biotechnol 26:739–740

Neofytou E, O'Brien CG, Couture LA, Wu JC (2015) Hurdles to clinical translation of human induced pluripotent stem cells. J Clin Invest 125:2551–2557

Ojeh N, Pastar I, Tomic-Canic M, Stojadinovic O (2015) Stem cells in skin regeneration, wound healing, and their clinical applications. Int J Mol Sci 16:25476–25501

Olmer R, Haase A, Merkert S, Cui W, Palecek J, Ran C, Kirschning A, Scheper T, Glage S, Miller K, Curnow EC, Hayes ES, Martin U (2010) Long term expansion of undifferentiated human iPS and ES cells in suspension culture using a defined medium. Stem Cell Res 5:51–64

Olmer R, Lange A, Selzer S, Kasper C, Haverich A, Martin U, Zweigerdt R, (2012) Suspension Culture of Human Pluripotent Stem Cells in Controlled, Stirred Bioreactors. Tissue Eng. Part C Methods 18 (10):772–784

Oshima Y, Ishibashi T, Murata T, Tahara Y, Kiyohara Y, Kubota T (2001) Prevalence of age related maculopathy in a representative Japanese population: the Hisayama study. Br J Ophthalmol 85:1153–1157

Park IH, Zhao R, West JA, Yabuuchi A, Huo H, Ince TA, Lerou PH, Lensch MW, Daley GQ (2008) Reprogramming of human somatic cells to pluripotency with defined factors. Nature 451:141–146

Paull D, Sevilla A, Zhou H, Hahn AK, Kim H, Napolitano C, Tsankov A, Shang L, Krumholz K, Jagadeesan P, Woodard CM, Sun B, Vilboux T, Zimmer M, Forero E, Moroziewicz DN, Martinez H, Malicdan MC, Weiss KA, Vensand LB, Dusenberry CR, Polus H, Sy KT, Kahler DJ, Gahl WA, Solomon SL, Chang S, Meissner A, Eggan K, Noggle SA (2015) Automated, high-throughput derivation, characterization and differentiation of induced pluripotent stem cells. Nat Methods 12:885–892

Reubinoff BE, Pera MF, Vajta G, Trounson AO (2001) Effective cryopreservation of human embryonic stem cells by the open pulled straw vitrification method. Hum Reprod 16:2187–2194

Saitou M, Miyauchi H (2016) Gametogenesis from pluripotent stem cells. Cell Stem Cell 18:721–735

Sasaki K, Yokobayashi S, Nakamura T, Okamoto I, Yabuta Y, Kurimoto K, Ohta H, Moritoki Y, Iwatani C, Tsuchiya H, Nakamura S, Sekiguchi K, Sakuma T, Yamamoto T, Mori T, Woltjen K, Nakagawa M, Yamamoto T, Takahashi K, Yamanaka S, Saitou M (2015) Robust in vitro induction of human germ cell fate from pluripotent stem cells. Cell Stem Cell 17:178–194

Schneuwly S, Klemenz R, Gehring WJ (1987) Redesigning the body plan of Drosophila by ectopic expression of the homoeotic gene Antennapedia. Nature 325:816–818

Schwartz SD, Regillo CD, Lam BL, Eliott D, Rosenfeld PJ, Gregori NZ, Hubschman JP, Davis JL, Heilwell G, Spirn M, Maguire J, Gay R, Bateman J, Ostrick RM, Morris D, Vincent M, Anglade E, Del Priore LV, Lanza R (2015) Human embryonic stem cell-derived retinal pigment epithelium in patients with age-related macular degeneration and Stargardt's macular dystrophy: follow-up of two open-label phase 1/2 studies. Lancet 385:509–516

Sekiya S, Suzuki A (2011) Direct conversion of mouse fibroblasts to hepatocyte-like cells by defined factors. Nature 475:390–393

Serra M, Brito C, Correia C, Alves PM (2012) Process engineering of human pluripotent stem cells for clinical application. Trends Biotechnol 30:350–359

Singh VK, Kalsan M, Kumar N, Saini A, Chandra R (2015) Induced pluripotent stem cells: applications in regenerative medicine, disease modeling, and drug discovery. Front Cell Dev Biol 3:2

Smith AG, Heath JK, Donaldson DD, Wong GG, Moreau J, Stahl M, Rogers D (1988) Inhibition of pluripotential embryonic stem cell differentiation by purified polypeptides. Nature 336:688–690

Smith ZD, Sindhu C, Meissner A (2016) Molecular features of cellular reprogramming and development. Nat Rev Mol Cell Biol 17:139–154

Squillaro T, Peluso G, Galderisi U (2016) Clinical trials with mesenchymal stem cells: an update. Cell Transplant 25:829–848

Stadtfeld M, Nagaya M, Utikal J, Weir G, Hochedlinger K (2008) Induced pluripotent stem cells generated without viral integration. Science 322:945–949

Stoltz JF, de Isla N, Li YP, Bensoussan D, Zhang L, Huselstein C, Chen Y, Decot V, Magdalou J, Li N, Reppel L, He Y (2015) Stem cells and regenerative medicine: myth or reality of the 21th century. Stem Cells Int 2015:734731

Storb R (2012) Edward Donnall Thomas (1920–2012). Nature 491:334

Strachan T, Read AP (2005) Molekulare Humangenetik. Spektrum Akademischer, Heidelberg

Takahashi K, Yamanaka S (2006) Induction of pluripotent stem cells from mouse embryonic and adult fibroblast cultures by defined factors. Cell 126:663–676

Takahashi K, Yamanaka S (2016) A decade of transcription factor-mediated reprogramming to pluripotency. Nat Rev Mol Cell Biol 17:183–193

Takahashi K, Tanabe K, Ohnuki M, Narita M, Ichisaka T, Tomoda K, Yamanaka S (2007) Induction of pluripotent stem cells from adult human fibroblasts by defined factors. Cell 131:861–872

Thomson JA, Itskovitz-Eldor J, Shapiro SS, Waknitz MA, Swiergiel JJ, Marshall VS, Jones JM (1998) Embryonic stem cell lines derived from human blastocysts. Science 282:1145–1147

Thuan NV, Kishigami S, Wakayama T (2010) How to improve the success rate of mouse cloning technology. J Reprod Dev 56:20–30

Vajta G, Holm P, Kuwayama M, Booth PJ, Jacobsen H, Greve T, Callesen H (1998) Open Pulled Straw (OPS) vitrification: a new way to reduce cryoinjuries of bovine ova and embryos. Mol Reprod Dev 51:53–58

Varela E, Schneider RP, Ortega S, Blasco MA (2011) Different telomere-length dynamics at the inner cell mass versus established embryonic stem (ES) cells. Proc Natl Acad U S A 108:15207–15212

Verheyen A, Diels A, Reumers J, Van Hoorde K, Van den Wyngaert I, Van Outryve d'Ydewalle C, De Bondt A, Kuijlaars J, De Muynck L, De Hoogt R, Bretteville A, Jaensch S, Buist A, Cabrera-Socorro A, Wray S, Ebneth A, Roevens P, Royoux I, Peeters PJ (2018) Genetically engineered iPSC-derived FTDP-17 MAPT neurons display mutation-specific neurodegenerative and neurodevelopmental phenotypes. Stem Cell Rep 11(2):363–379. https://doi.org/10.1016/j.stemcr.2018.06.022

Vernardis SI, Terzoudis K, Panoskaltsis N, Mantalaris A (2017) Human embryonic and induced pluripotent stem cells maintain phenotype but alter their metabolism after exposure to ROCK inhibitor. Sci Rep 7:42138

Vierbuchen T, Ostermeier A, Pang ZP, Kokubu Y, Südhof TC, Wernig M (2010) Direct conversion of fibroblasts to functional neurons by defined factors. Nature 463:1035–1041

Waddington CH (1957) The strategy of the genes, a discussion of some aspects of theoretical biology, by C.H. Waddington, … With an appendix (Some physico-chemical aspects of biological organisation) by H. Kacser. G. Allen and Unwin, London

Wakayama T, Perry AC, Zuccotti M, Johnson KR, Yanagimachi R (1998) Full-term development of mice from enucleated oocytes injected with cumulus cell nuclei. Nature 394:369–374

Wang Y, Chou BK, Dowey S, He C, Gerecht S, Cheng L (2013) Scalable expansion of human induced pluripotent stem cells in the defined xeno-free E8 medium under adherent and suspension culture conditions. Stem Cell Res 11:1103–1116

Warren L, Manos PD, Ahfeldt T, Loh YH, Li H, Lau F, Ebina W, Mandal PK, Smith ZD, Meissner A, Daley GQ, Brack AS, Collins JJ, Cowan C, Schlaeger TM, Rossi DJ (2010) Highly efficient reprogramming to pluripotency and directed differentiation of human cells with synthetic modified mRNA. Cell Stem Cell 7:618–630

Watanabe K, Ueno M, Kamiya D, Nishiyama A, Matsumura M, Wataya T, Takahashi JB, Nishikawa S, Nishikawa S, Muguruma K, Sasai Y (2007) A ROCK inhibitor permits survival of dissociated human embryonic stem cells. Nat Biotechnol 25:681–686

Watt FM, Huck WT (2013) Role of the extracellular matrix in regulating stem cell fate. Nat Rev Mol Cell Biol 14:467–473

Weismann A, Parker WN, Rönnfeldt H (1893) The germ-plasm: a theory of heredity. Scribner's, New York

Wilmut I, Schnieke AE, McWhir J, Kind AJ, Campbell KH (1997) Viable offspring derived from fetal and adult mammalian cells. Nature 385:810–813

Wu J, Rostami MR, Cadavid Olaya DP, Tzanakakis ES (2014) Oxygen transport and stem cell aggregation in stirred-suspension bioreactor cultures. PLoS One 9:e102486

Xu C, Rosler E, Jiang J, Lebkowski JS, Gold JD, O'Sullivan C, Delavan-Boorsma K, Mok M, Bronstein A, Carpenter MK (2005) Basic fibroblast growth factor supports undifferentiated human embryonic stem cell growth without conditioned medium. Stem Cells 23:315–323

Xu Y, Zhang L, Xu J, Wei Y, Xu X (2014) Membrane permeability of the human pluripotent stem cells to Me(2)SO, glycerol and 1,2-propanediol. Arch Biochem Biophys 550–551:67–76

Yamanaka S (2012) Induced pluripotent stem cells: past, present, and future. Cell Stem Cell 10:678–684

Yoshida Y, Takahashi K, Okita K, Ichisaka T, Yamanaka S (2009) Hypoxia enhances the generation of induced pluripotent stem cells. Cell Stem Cell 5:237–241

Yu J, Vodyanik MA, Smuga-Otto K, Antosiewicz-Bourget J, Frane JL, Tian S, Nie J, Jonsdottir GA, Ruotti V, Stewart R, Slukvin II, Thomson JA (2007) Induced pluripotent stem cell lines derived from human somatic cells. Science 318:1917–1920

Zhou Q, Wang M, Yuan Y, Wang X, Fu R, Wan H, Xie M, Liu M, Guo X, Zheng Y, Feng G, Shi Q, Zhao XY, Sha J, Zhou Q (2016) Complete meiosis from embryonic stem cell-derived germ cells in vitro. Cell Stem Cell 18:330–340

Zimmermann H, Zimmermann D, Reuss R, Feilen PJ, Manz B, Katsen A, Weber M, Ihmig FR, Ehrhart F, Gessner P, Behringer M, Steinbach A, Wegner LH, Sukhorukov VL, Vásquez JA, Schneider S, Weber MM, Volke F, Wolf R, Zimmermann U (2005) Towards a medically approved technology for alginate-based microcapsules allowing long-term immunoisolated transplantation. J Mater Sci Mater Med 16:491–501

Zweigerdt R, Olmer R, Singh H, Haverich A, Martin U (2011) Scalable expansion of human pluripotent stem cells in suspension culture. Nat Protoc 6:689700

Dr. Julia C. Neubauer Diplom in Biologie, Ludwig-Maximilians-Universität Würzburg. 2012 Dissertation, Universität des Saarlandes. Seit 2007 am Fraunhofer-Institut für Biomedizinische Technik (IBMT) im Saarland, seit 2012 dort Arbeitsgruppenleiterin, seit 2014 Abteilungsleiterin mit Schwerpunkt auf der Entwicklung von Automatisierungsstrategien für Stammzellanwendungen und Kryokonservierungstechnologien für therapeutisch relevante Zellen. Seit 2017 Geschäftsführerin des Fraunhofer-Projektzentrums für Stammzellprozesstechnik in Würzburg.

Dr. Stephanie Bur studierte Human- und Molekularbiologie an der Universität des Saarlandes. Während ihrer Promotion untersuchte sie die Wirkung des extrazellulären Adhäsionsproteins von *Staphylococcus aureus* auf die Wundheilung und Internalisierung in Hautzellen. Von 2012 bis 2018 arbeitete sie am Fraunhofer IBMT als wissenschaftliche Mitarbeiterin im Bereich der Stammzellforschung, wobei ihr Fokus darauf lag, optimierte Expansions- und Differenzierungsmethoden in Suspensions-Bioreaktor-Systemen zu entwickeln.

Dr. Ina Meiser studierte Bioinformatik (B.Sc.) und Biotechnologie (M.Sc.) an der Universität des Saarlandes und absolvierte 2014 ihre Dissertation zum Thema „Untersuchungen zur Präparation komplexer Zellsysteme im Kontext neuer Therapien" am Fraunhofer IBMT. Als wissenschaftliche Mitarbeiterin arbeitet sie am IBMT an Automatisierungsstrategien in der Zellkultur sowie an neuartigen Technologien zur anwendungsorientierten Kryokonservierung, insbesondere mit humanen Stammzellen, und leitet seit 2016 die Arbeitsgruppe Kryobiotechnologie.

Prof. Dr. Andreas Kurtz Diplom in Biologie und Genetik an der Martin-Luther-Universität Halle-Wittenberg. 1990 Dr. rer.nat an der Akademie der Wissenschaften der DDR. 1995 Assistant Professor an der Georgetown und 2000 an der Harvard Universität; ab 2003 Leiter der Zulassungsstelle für Stammzellforschung am RKI. Seit 2006 am Berlin-Brandenburg Center for Regenerative Therapies in Berlin; von 2008–2016 Professor der Seoul National University; seit 2010 Koordinator von hPSCreg; seit 2017 Mitglied der European Group of Ethics.

Prof. Dr. Heiko Zimmermann Studium der Physik an der Universität Würzburg und der Humboldt-Universität zu Berlin. 2001 Promotion in experimenteller Biophysik an der Humboldt-Universität zu Berlin. 2004 Juniorprofessur an der Universität des Saarlandes, 2008 W3-Professur „Molekulare & zelluläre Biotechnologie/Nanotechnologie" (Universität des Saarlandes). Parallel seit 2001 Leitungsfunktionen am Fraunhofer-Institut für Biomedizinische Technik IBMT. Seit 2012 Institutsleiter am IBMT.

Teil II
Klinische Forschung

Herzreparatur mit Herzmuskelpflaster aus Stammzellen – Umsetzung eines präklinischen Konzeptes in die klinische Prüfung

Wolfram-Hubertus Zimmermann

Zusammenfassung Die Volkskrankheit Herzmuskelschwäche ist vor dem Hintergrund des demographischen Wandels nicht nur eine medizinische, sondern auch zunehmend eine sozioökonomische und damit gesellschaftspolitische Herausforderung. Die hohe Sterblichkeit und die stark eingeschränkte Lebensqualität von Patienten mit Herzmuskelschwäche wird durch aktuelle Therapiemaßnahmen nur unzureichend adressiert. Neue Behandlungsformen sind nötig, um den progressiven Herzmuskelverlust bei Herzmuskelschwäche auszugleichen. Ein vielversprechender Ansatz ist die Implantation von Herzmuskelzellen aus pluripotenten Stammzellen. Eine zentrale Herausforderung ist dabei die stabile Integration dieser neuen Herzmuskelzellen in das schwach pumpende Herz. Hier könnten sogenannte Herzmuskelpflaster helfen. Diese können heute im klinischen Maßstab und mit funktionellen Eigenschaften des natürlichen Herzmuskels hergestellt werden und zeigen vielversprechende Wirkungen im Tiermodell. Erste klinische Studien zur Erprobung der Remuskularisierung des Herzens über die Implantation von Herzmuskelpflastern scheinen vor dem Hintergrund einer langjährigen präklinischen Entwicklung angezeigt. In diesem Übersichtsartikel wird der Entwicklungsweg des Herzmuskelpflasteransatzes von frühen präklinischen Untersuchungen bis in die zukünftige klinische Anwendung beleuchtet.

W.-H. Zimmermann (✉)
Institut für Pharmakologie und Toxikologie, Universitätsmedizin Göttingen,
Göttingen, Deutschland
E-Mail: w.zimmermann@med.uni-goettingen.de

© Springer-Verlag GmbH Deutschland, ein Teil von Springer Nature 2020
S. Gerke et al. (Hrsg.), *Die klinische Anwendung von humanen induzierten pluripotenten Stammzellen*, Veröffentlichungen des Instituts für Deutsches, Europäisches und Internationales Medizinrecht, Gesundheitsrecht und Bioethik der Universitäten Heidelberg und Mannheim 48,
https://doi.org/10.1007/978-3-662-59052-2_3

1 Einleitung

Bei Erreichen des 40. Lebensjahres lässt sich die Wahrscheinlichkeit, an einer Herz-muskelschwäche zu erkranken, an einer Hand abzählen – einer von fünf wird im weiteren Verlauf des Lebens eine Herzmuskelschwäche erleiden und vermutlich daran sterben.[1] Dabei ist die Erkrankung „Herzmuskelschwäche" nicht auf soge-nannte Wohlstandsgesellschaften begrenzt, sondern eine globale Herausforderung. Dies wird bei einem Blick in die Statistiken der Weltgesundheitsorganisation (*World Health Organization* – WHO) deutlich. Mit circa 18 Prozent aller Todesfälle welt-weit (8,7 Millionen Todesfälle/Jahr) liegt die koronare Herzerkrankung an erster Stelle.[2] Die koronare Herzerkrankung ist die Hauptursache für den Herzinfarkt. Nur fünf Prozent der Patienten mit Herzinfarkt, so sie zügig eine spezialisierte Klinik erreichen, versterben heute akut nach Hospitalisierung.[3] Durch die progressive Ver-narbung des geschädigten Herzens entwickeln diese Patienten jedoch in den Folge-jahren in der Regel eine Herzmuskelschwäche. Weltweit sind etwa 26 Millionen und in Deutschland zwei Millionen Patienten betroffen.[4] Bei Diagnosestellung be-deutet das für den Patienten, dass einer von fünf innerhalb von 12 Monaten verster-ben wird. Nach fünf Jahren sind bereits 50 Prozent der Betroffenen verstorben. Zu-sätzlich ist zu berücksichtigen, dass Patienten mit Herzmuskelschwäche eine erhebliche Einschränkung der Lebensqualität, vergleichbar mit der Lebensein-schränkung bei Patienten mit Schlaganfall, beklagen.[5] Während viele Erkrankungen und die damit assoziierten Sterblichkeiten rückläufig sind, nimmt die Häufigkeit der Herzmuskelschwäche auch aufgrund des demografischen Wandels unserer Gesell-schaft deutlich zu. Dies führt zu einer erheblichen Belastung des Gesundheitssys-tems, sodass die Wissenschaft vor dem Hintergrund nur unzureichender Behand-lungsoptionen bei Herzmuskelschwäche gefordert ist, neue Therapieverfahren zu entwickeln.

Aktuell besteht die Behandlung der Herzmuskelschwäche aus gut geprüften pharmakologischen Interventionen, die zu einer Verlängerung der Überlebenszeit führen. Eine Regeneration des erkrankten Herzens wird damit nicht erreicht. Ledig-lich eine Herztransplantation kann die Herzkreislauffunktion wieder vollständig normalisieren; sie gilt allerdings aufgrund der Schwere des Eingriffs und der Knappheit der zur Verfügung stehenden Organe nur bei Patienten mit einer schwe-ren Herzmuskelschwäche als indiziert. Bei einer Zahl von jährlich weniger als 300 Herztransplantationen in Deutschland[6] wird deutlich, dass diese Behandlungsop-tion ohnehin nur einem Tropfen auf dem heißen Stein gleicht. An dem Mangel an transplantierbaren Herzen wird sich auch in Zukunft wenig ändern. Vielmehr ist

---

[1] Lopez-Sendon und Montoro 2015.

[2] Worldlifeexpectancy 2017.

[3] Feistritzer et al. 2018.

[4] Ambrosy et al. 2014.

[5] Franzen-Dahlin et al. 2010; Nieminen et al. 2015.

[6] Statista.de 2017.

wahrscheinlich, dass sich die Schere zwischen Angebot und Bedarf weiter öffnen wird, sodass alternative Therapieverfahren für die Wiederherstellung der Herzpumpfunktion, insbesondere bei weiter fortgeschrittenen Erkrankungen, entwickelt werden müssen. Neben mechanischen Ansätzen zur Unterstützung der Pumpfunktion des Herzens, wird seit mehr als 20 Jahren an biologischen Lösungen für den Herzmuskelersatz geforscht.

Warum aber heilt das Herz nicht so wie die Haut oder die Leber von alleine? Die Antwort ist genauso ernüchternd wie einfach: Herzmuskelzellen des Erwachsenen haben ihre Fähigkeit zur Teilung fast vollständig verloren und können sich daher nicht ausreichend vermehren, um einen Gewebeschaden, z.B. nach Herzinfarkt, durch Herzmuskelzellneubildung auszugleichen. Was bleibt, ist eine Narbe aus Bindegewebe, die das Herz nur notdürftig zusammen hält, aber keine Pumpfunktion mehr aufweist. Sehr präzise Messungen haben gezeigt, dass nur 50 Prozent der Herzmuskelzellen, mit denen wir geboren werden, bis zum Lebensende ausgetauscht werden; dies geschieht vornehmlich in jungen Jahren.[7]

Es bleiben therapeutisch also nur drei Möglichkeiten: (1) Schutz der Herzmuskelzellen vor Absterben; (2) Remuskularisierung durch Steigerung der Herzmuskelzellteilung und (3) Remuskularisierung durch Implantation von Herzmuskelzellen. Während Interventionen zum Schutz des Herzens typischerweise vor oder während einer Unterversorgung mit Sauerstoff, zum Beispiel bei Herzinfarkt, erfolgen müssen, wird durch „Remuskularisierung" versucht, vernarbtes Herzgewebe zu ersetzen. Bei Remuskularisierung durch Herzmuskelzellteilung müssten sich die Muskelzellen des Herzens in Abhängigkeit von der Größe des zu regenerierenden Herzmuskeldefektes vielfach und gerichtet teilen. Dies würde den Umbau oft kompensatorisch stark kontrahierender Herzmuskelzellen in nicht-kontrahierende, sich teilende Herzmuskelzellen erfordern. Konzeptionell ist es schwer vorstellbar, dass sich das bereits geschädigte Herz durch einen endogenen Zellteilungsvorgang weiter funktionell kompromittiert. Vermutlich ist das auch der biologische Grund dafür, dass sich die Herzmuskelzellen des hoch spezialisierten Herzgewebes „im laufenden Betrieb" wenig bis gar nicht teilen. Neue spannende Ansätze zur direkten Konversion von Narbengewebe in Herzmuskelgewebe stehen vor einer ähnlichen Herausforderung und erfordern darüber hinaus auch eine gezielte Applikation von Konversionsfaktoren in Narbengewebe.[8] Naheliegender bleibt daher die direkte Applikation von Herzmuskelzellen, etwa aus pluripotenten Stammzellen.

Menschliche pluripotente Stammzellen können über verschiedene Wege gewonnen werden. Natürlich kommen pluripotente Stammzellen in der inneren Zellmasse (Embryoblast) der Blastozyste vor (ca. 5–10 Tage nach Befruchtung),[9] aus der sie isoliert und in Kultur genommen werden können. Dazu können (1) nicht benötigte Blastozysten aus In-vitro-Fertilisationen, (2) pharmakologisch induzierte nicht-embryonale parthenogenetische Blastozysten[10] oder (3) über Kerntransfer-generierte

---

[7] Bergmann et al. 2015.

[8] Ieda et al. 2010.

[9] Thomson et al. 1998.

[10] Revazova et al. 2007.

Blastozysten[11] verwendet werden. Eine spannende Alternative zu den aus embryonalen und nicht-embryonalen Blastozysten gewonnenen pluripotenten Stammzellen
sind sogenannte induzierte pluripotente Stammzellen (Takahashi und Yamanaka
2006, Takahashi 2007). Diese werden über eine (epi)genetische Manipulation von
Körperzellen (z.B. aus der Haut oder dem Blut) hergestellt. Für die Einführung
des Verfahrens für die Herstellung induzierter pluripotenter Stammzellen wurde
Shinya Yamanaka, gemeinsam mit Sir John Gurdon, in 2012 mit dem Nobelpreis ausgezeichnet. Grundsätzlich sind alle pluripotenten Stammzellen über gut
etablierte Protokolle auch in Herzmuskelzellen differenzierbar.[12]

Dass Herzmuskelzellen in das Herz implantiert werden können und sich dort
tatsächlich auch elektromechanisch integrieren, ist seit vielen Jahren bekannt.[13] Der
Ansatz für eine optimale Herzremuskularisierung ist dagegen weiterhin Gegenstand
umfangreicher Untersuchungen. Ein Ansatz ist die Herzmuskelzellimplantation
über im Labor gezüchtete Herzgewebe – sogenannte Herzmuskelpflaster oder auch
Engineered Heart Muscle.[14] Nach frühen Arbeiten in rein tierischen Modellen[15] ist
die Herstellung menschlicher Herzpflaster aus embryonalen und induzierten pluripotenten Stammzellen über klinisch translatierbare Protokolle möglich geworden.[16]

2 Präklinische Entwicklung

Die präklinische Entwicklung der Herzreparatur über Herzmuskelzellimplantation
geht auf frühe Arbeiten im Mausmodell zurück.[17] Das damals berichtete Prinzip
konnte bis heute vielfach bestätigt werden. Aus Patientensicht sind aktuelle Arbeiten im nicht-humanen Primaten von besonderer Bedeutung, da diese den klinischen
Behandlungsweg am besten widerspiegeln[18] und dabei zweifelsohne gezeigt haben,
dass Herzmuskelzellen nach Implantation in das Herz elektromechanisch eingebaut
werden können. Dies ist eine Grundvoraussetzung für die klinische Umsetzung
(Translation) des Konzepts der biologischen Herzreparatur über Remuskularisierung. Diese Arbeiten und andere Arbeiten[19] zeigten aber auch, dass nach direkter
Injektion von Herzmuskelzellen in das Herz so gut wie alle Herzmuskelzellen über
einen Zeitraum von ein bis drei Monaten durch Abstoßung, Absterben oder mangel-
haftes Anwachsen wieder verschwinden. So lange dieses Problem nicht gelöst wird,
ist eine direkte mechanische Unterstützung der Pumpleistung des Herzens durch

---

[11] Tachibana et al. 2013.
[12] Burridge et al. 2012.
[13] Soonpaa et al. 1994.
[14] Zimmermann et al. 2006.
[15] Eschenhagen et al. 1997; Zimmermann et al. 2000.
[16] Tiburcy et al. 2017.
[17] Soonpaa et al. 1994.
[18] Chong et al. 2014; Shiba et al. 2016.
[19] Zhu et al. 2018.

Herzmuskelzellimplantate unwahrscheinlich. Dass es dennoch Hinweise auf einen therapeutischen Effekt gibt, ist ermutigend und überraschend zugleich. Sogenannte parakrine Effekte über die Freisetzung therapeutisch aktiver Moleküle aus den implantierten Zellen werden als Mechanismus diskutiert.[20]

Wie kann es gelingen, therapeutisch aktive Herzmuskelzellen präzise zu applizieren und langfristig zu integrieren, um optimale Therapieeffekte zu erzielen? Es ist unbestritten, dass über Trägermaterialien eingebrachte Zellimplantate länger und zugleich in einer höheren Menge am Applikationsort verbleiben. Das damit verbundene technische Verfahren der Herstellung von sogenannten Herzpflastern wird „*Tissue Engineering*" genannt. Ein direkter Vergleich des Herzmuskelzellüberlebens nach direkter Herzmuskelzellimplantation durch Injektion und epikardialer Applikation als sogenannte *Engineered Heart Muscle* (EHM) verdeutlicht, dass der Herzpflasteransatz dazu geeignet ist, eine langfristige Integration von Herzmuskelzellen zu erreichen.[21] Dass die dabei detektierten therapeutischen Effekte über eine bloße mechanische Stabilisierung und parakrine Unterstützung hinausgehen, legen vergleichende Studien nahe, in denen die therapeutischen Effekte von kontraktilen sowie nicht-kontraktilen Gewebeimplantaten untersucht wurden.[22] Während nicht-kontraktile Gewebe die Progression des Krankheitsverlaufs aufhalten konnten, führte nur die Implantation kontraktiler Herzpflaster zu einer Steigerung der Pumpfunktion der durch Infarkt geschädigten Herzen.

Neben Hinweisen auf einen therapeutischen Effekt und vor dem Hintergrund eines klar definierten Wirkmechanismus ist die Überprüfung der Sicherheit neuer therapeutischer Interventionen in Tiermodellen für die Nutzen-Risiko Abwägung im Patienten entscheidend. Risiken bestehen vor allem hinsichtlich der Auslösung von Herzrhythmusstörungen sowie von unerwünschtem Wachstum in der Form sogenannter Teratome bei unzureichender Beseitigung von undifferenzierten Stammzellen vor Implantation. Während es bei direkter Applikation von Herzmuskelzellen in das Herz im Affenmodell in allen Versuchstieren zu Herzrhythmusstörungen gekommen ist,[23] zeigten sich bisher weder im Kleintier[24] noch im Großtiermodell[25] Hinweise auf Herzrhythmusstörungen nach Applikation von EHM. Der Unterschied im Risikopotenzial könnte sich durch die Reife der implantierten Herzmuskelzellen oder auch durch die Applikationsart erklären. Während direkt injizierte Zellen unstrukturiert im Herzen zum Liegen kommen, enthalten EHM präformierte elektrische Netzwerke aus weitestgehend terminal differenzierten Herzmuskelzellen. Das Risiko einer Teratomentwicklung scheint bei der notwendigen Prozesskontrolle für die Herstellung von Zelltherapeutika auch vor dem Hintergrund der Risiko-Nutzen-Abwägung gering zu sein. Es wird allgemein angenommen, dass der therapeutische Effekt mit der Zahl der

---

[20] Menasche et al. 2018; Zhu et al. 2018.

[21] Riegler et al. 2015.

[22] Didie et al. 2013; Zimmermann et al. 2006.

[23] Chong et al. 2014; Shiba et al. 2016.

[24] Didie et al. 2013; Zimmermann et al. 2006.

[25] Unveröffentlichte Daten.

elektromechanisch integrierten Herzmuskelzellen korreliert. Vor diesem Hintergrund ist die Applikation von Herzmuskelzellen über Herzpflaster vermutlich vorteilhaft.

Während die Wirksamkeit von EHM im Kleintiermodell im Einklang mit dem vorgeschlagenen Wirkmechanismus „Remuskularisierung" gut belegt ist,[26] stellt die Überführung der präklinischen Befunde in den Patienten über ein Großtiermodell eine besondere Herausforderung dar. Menschliche Herzmuskelzellen und Herzpflaster aus Stammzellen stehen in klinische Qualität bereits zur Verfügung. Die Testung menschlicher Zellen und Gewebe im Tier für die Bewertung der therapeutischen Wirksamkeit ist allerdings nur eingeschränkt informativ. Analog zur Entwicklung klassischer und vor allem auch moderner biologischer Arzneistoffe (Protein-, Antikörper-, RNA- oder DNA-basierte Arzneimittel) muss sichergestellt werden, dass auch zellbasierte Arzneimittel gemäß vorgeschlagenem Wirkmechanismus wirksam werden können. Bei Testung menschlicher Zellen im Tier ist das aus vielerlei Hinsicht nicht vollständig zu erwarten: (1) Werden menschliche Zellen im Tiermodelle eingesetzt, ergibt sich die Notwendigkeit der Anwendung einer dem klinischen Standard nicht entsprechenden Immunsuppression oder der Anwendung von Versuchstieren mit schwerwiegenden Immundefekten – in beiden Fällen wird das Zellimplantat schwer vorhersehbar beeinflusst; (2) die Herzmuskelzellphysiologie ist in vielen Tiermodellen hinsichtlich Herzfrequenz, Blutdruck und der Neigung, Herzrhythmusstörungen zu entwickeln, nicht mit dem Menschen vergleichbar; (3) die Annahme, dass menschliche und tierische Zellen nahtlos elektromechanisch koppeln können und sich dann als Tier-Mensch Chimäre „physiologisch" verhalten, ist aufgrund fundamentaler zellbiologischer Unterschiede vermutlich nicht haltbar. Zusammengenommen stoßen Tiermodelle an Grenzen, sodass unter vorsichtiger Risiko-Nutzen-Abwägung und im Zusammenspiel mit den zuständigen regulatorischen Behörden (im Fall von Zelltherapeutika in Deutschland ist dieses das Paul-Ehrlich-Institut) der Zeitpunkt für eine klinische Testung unter Berücksichtigung der tatsächlichen Aussagekraft von Tiermodellen sowie einer detaillierten Prozesskontrolle und Sicherheitsüberprüfung definiert werden muss.

3   Klinischer Ausblick

Erste klinische Anwendungen neuartiger Therapien müssen im Rahmen kontrollierter klinischer Studien erfolgen. Diese gliedern sich in: (1) Phase I Studien zur Überprüfung der Machbarkeit und der Dosisfindung mit besonderem Augenmerk auf einer Bewertung des Risikopotenzials; (2) Phase II Studien zur Überprüfung des Wirkmechanismus (sogenannte *Proof-of-Concept* Studien); (3) Phase III Studien zur Bestätigung von Sicherheit und Wirksamkeit in einem großen Patientenkollektiv. Bei einer besonderen klinischen Notwendigkeit (*unmet need*) sowie neuartigen Therapieverfahren aus dem Bereich der ATMPs (*Advanced Therapies Medicinal Products*) kann in Abhängigkeit der Daten aus den frühen Phasen der klinischen Prüfung ein

---

[26] Didie et al. 2013; Zimmermann et al. 2006.

beschleunigtes Zulassungsverfahren durch die zuständigen regulatorischen Behörden (z. B. das Paul-Ehrlich Institut [PEI] für Deutschland und die Europäische Arzneimittel-Agentur [EMA] für eine europäische Zulassung) geprüft werden.

Im Bereich der herzmuskelzell-basierten Behandlung der Herzmuskelschwäche folgen nach frühen Studien mit Skelettmuskelzellen[27] mittlerweile aktuelle Studien zur Anwendung von Herzmuskelzellvorläuferzellen[28] oder Herzmuskelzellen[29] aus embryonalen sowie induzierten pluripotenten Stammzellen, die über Fibrinmatrices als Trägermaterial oder in Form geschichteter Zelllagen appliziert werden. Die erste klinische Studie zur Anwendung von aus embryonalen Stammzellen abgeleiteten Herzmuskelzellvorläuferzellen[30] in Patienten mit einer schweren Herzmuskelschwäche (NYHA III/IV; Auswurffraktion ≤ 35 %) wurde kürzlich abgeschlossen. In einem Zeitraum von sechs bis 18 Monaten zeigten fünf von sechs Patienten eine Verbesserung der Symptome und der Herzfunktion.[31] Ein Patient verstarb sieben Tage nach der unauffällig verlaufenen Implantation, ohne dass Hinweise auf einen Zusammenhang mit der Gewebeimplantation festgestellt werden konnten. Aufgrund der in allen Patienten durchgeführten parallelen Herz-Bypass Operation lassen sich allerdings die potenziellen therapeutischen Effekte der experimentellen Behandlung nicht eindeutig zuschreiben. Wenn diese über das Implantat vermittelt sein sollten, wäre ein parakriner Effekt als Wirkmechanismus wahrscheinlich, da Menasche und Kollegen durch Absetzen der Immunsuppression ein bis zwei Monate nach Zellimplantation eine Abstoßung gezielt ausgelöst hatten. Zukünftige Studien mit Herzpflastern sollten daher bevorzugt im Rahmen einer gezielten chirurgischen Intervention, d.h. ohne eine parallele Herz-Bypass Operation, und analog zu einer Herzimplantation unter dauerhafter Immunsuppression durchgeführt werden. Nur so lässt sich der therapeutische Effekt (funktionelle Remuskularisierung) eines Herzmuskelzellimplantates auch langfristig beurteilen.

4 Fazit

Wir stehen vor dem Beginn einer umfangreichen klinischen Prüfung der Sicherheit und Effektivität von Herzpflaster-Verfahren für den Wiederaufbau der Herzmuskelfunktion in Patienten mit Herzmuskelschwäche.[32] Diese Arbeiten werden vornehmlich mit Herzmuskelzellen aus embryonalen, aber auch aus induzierten pluripotenten Stammzellen durchgeführt. Das Versprechen einer autologen Anwendung von Herzmuskelzellen aus induzierten pluripotenten Stammzellen wird aufgrund prozesstechnischer Schwierigkeiten (lange Herstellungsdauer mit unvorhersehbarer,

---

[27] Menasche et al. 2001; Yoshikawa et al. 2018.

[28] Menasche et al. 2018.

[29] Cyranoski 2018.

[30] Menasche et al. 2018.

[31] Menasche et al. 2018.

[32] Fujita und Zimmermann 2017a.

wahrscheinlich variabler Qualität) auf absehbare Zeit nicht erfüllt werden,[33] weshalb neben Wirkungen und Nebenwirkungen auch die Auswirkungen der notwendigen Allotransplantat-erhaltenden Immunsuppression berücksichtigt werden müssen. Herzrhythmusstörungen und Teratomentwicklung bleiben als mögliche Nebenwirkungen im Fokus erster klinischer Prüfungen. Dass eine Remuskularisierung über Herzpflaster erreicht werden kann, scheint vor dem Hintergrund vorliegender präklinischer Daten sehr wahrscheinlich. Eine Antwort auf die Frage, ob Herzpflaster zu einer Wiederherstellung der Pumpfunktion des geschädigten Herzens durch funktionelle Remuskularisierung führen, kann nur über gut kontrollierte klinische Studien geliefert werden.

Literatur

Ambrosy AP, Fonarow GC, Butler J, Chioncel O, Greene SJ, Vaduganathan M, Nodari S, Lam CSP, Sato N, Shah AN, Gheorghiade M (2014) The global health and economic burden of hospitalizations for heart failure: lessons learned from hospitalized heart failure registries. J Am Coll Cardiol 63:1123–1133

Bergmann O, Zdunek S, Felker A, Salehpour M, Alkass K, Bernard S, Sjostrom SL, Szewczykowska M, Jackowska T, Dos Remedios C, Malm T, Andrä M, Jashari R, Nyengaard JR, Possnert G, Jovinge S, Druid H, Frisén J (2015) Dynamics of cell generation and turnover in the human heart. Cell 161:1566–1575

Burridge PW, Keller G, Gold JD, Wu JC (2012) Production of de novo cardiomyocytes: human pluripotent stem cell differentiation and direct reprogramming. Cell Stem Cell 10:16–28

Chong JJ, Yang X, Don CW, Minami E, Liu YW, Weyers JJ, Mahoney WM, Van Biber B, Cook SM, Palpant NJ, Gantz JA, Fugate JA, Muskheli V, Gough GM, Vogel KW, Astley CA, Hotchkiss CE, Baldessari A, Pabon L, Reinecke H, Gill EA, Nelson V, Kiem HP, Laflamme MA, Murry CE (2014) Human embryonic-stem-cell-derived cardiomyocytes regenerate non-human primate hearts. Nature 510:273–277

Cyranoski D (2018) ,Reprogrammed' stem cells approved to mend human hearts for the first time. Nature 557:619–620

Didie M, Christalla P, Rubart M, Muppala V, Doker S, Unsold B, El-Armouche A, Rau T, Eschenhagen T, Schwoerer AP, Ehmke H, Schumacher U, Fuchs S, Lange C, Becker A, Tao W, Scherschel JA, Soonpaa MH, Yang T, Lin Q, Zenke M, Han D, Schöler HR, Rudolph C, Steinemann D, Schlegelberger B, Kattman S, Witty A, Keller G, Field LJ, Zimmermann WH (2013) Parthenogenetic stem cells for tissue-engineered heart repair. J Clin Invest 123:1285–1298

Eschenhagen T, Fink C, Remmers U, Scholz H, Wattchow J, Weil J, Zimmermann W, Dohmen HH, Schafer H, Bishopric N, Wakatsuki T, Elson EL (1997) Three-dimensional reconstitution of embryonic cardiomyocytes in a collagen matrix: a new heart muscle model system. FASEB J 11:683–694

Feistritzer HJ, Desch S, de Waha S, Jobs A, Zeymer U, Thiele H (2018) German contribution to development and innovations in the management of acute myocardial infarction and cardiogenic shock. Clin Res Cardiol 107:74–80

Franzen-Dahlin A, Karlsson MR, Mejhert M, Laska AC (2010) Quality of life in chronic disease: a comparison between patients with heart failure and patients with aphasia after stroke. J Clin Nurs 19:1855–1860

Fujita B, Zimmermann WH (2017a) Engineered heart repair. Clin Pharmacol Ther 102:197–199

---

[33] Fujita und Zimmermann 2017b.

Fujita B, Zimmermann WH (2017b) Myocardial tissue engineering for regenerative applications. Curr Cardiol Rep 19:78

Ieda M, Fu JD, Delgado-Olguin P, Vedantham V, Hayashi Y, Bruneau BG, Srivastava D (2010) Direct reprogramming of fibroblasts into functional cardiomyocytes by defined factors. Cell 142:375–386

Kazutoshi Takahashi, Shinya Yamanaka, (2006) Induction of Pluripotent Stem Cells from Mouse Embryonic and Adult Fibroblast Cultures by Defined Factors. Cell 126 (4):663-676

Kazutoshi Takahashi, Koji Tanabe, Mari Ohnuki, Megumi Narita, Tomoko Ichisaka, Kiichiro Tomoda, Shinya Yamanaka, (2007) Induction of Pluripotent Stem Cells from Adult Human Fibroblasts by Defined Factors. Cell 131 (5):861-872

Lopez-Sendon L, Montoro N (2015) The changing landscape of heart failure outcomes. Medicographia 37:125–134

Menasche P, Hagege AA, Scorsin M, Pouzet B, Desnos M, Duboc D, Schwartz K, Vilquin JT, Marolleau JP (2001) Myoblast transplantation for heart failure. Lancet 357:279–280

Menasche P, Vanneaux V, Hagege A, Bel A, Cholley B, Parouchev A, Cacciapuoti I, Al-Daccak R, Benhamouda N, Blons H, Agbulut O, Tosca L, Trouvin JH, Fabreguettes JR, Bellamy V, Charron D, Tartour E, Tachdjian G, Desnos M, Larghero J (2018) Transplantation of human embryonic stem cell-derived cardiovascular progenitors for severe ischemic left ventricular dysfunction. J Am Coll Cardiol 71:429–438

Nieminen MS, Dickstein K, Fonseca C, Serrano JM, Parissis J, Fedele F, Wikström G, Agostoni P, Atar S, Baholli L, Brito D, Colet JC, Édes I, Gómez Mesa JE, Gorjup V, Garza EH, González Juanatey JR, Karanovic N, Karavidas A, Katsytadze I, Kivikko M, Matskeplishvili S, Merkely B, Morandi F, Novoa A, Oliva F, Ostadal P, Pereira-Barretto A, Pollesello P, Rudiger A, Schwinger RH, Wieser M, Yavelov I, Zymliński R (2015) The patient perspective: quality of life in advanced heart failure with frequent hospitalisations. Int J Cardiol 191:256–264

Revazova ES, Turovets NA, Kochetkova OD, Kindarova LB, Kuzmichev LN, Janus JD, Pryzhkova MV (2007) Patient-specific stem cell lines derived from human parthenogenetic blastocysts. Cloning Stem Cells 9:432–449

Riegler J, Tiburcy M, Ebert A, Tzatzalos E, Raaz U, Abilez OJ, Shen Q, Kooreman NG, Neofytou E, Chen VC, Wang M, Meyer T, Tsao PS, Connolly AJ, Couture LA, Gold JD, Zimmermann WH, Wu JC (2015) Human engineered heart muscles engraft and survive long term in a rodent myocardial infarction model. Circ Res 117:720–730

Shiba Y, Gomibuchi T, Seto T, Wada Y, Ichimura H, Tanaka Y, Ogasawara T, Okada K, Shiba N, Sakamoto K, Ido D, Shiina T, Ohkura M, Nakai J, Uno N, Kazuki Y, Oshimura M, Minami I, Ikeda U (2016) Allogeneic transplantation of iPS cell-derived cardiomyocytes regenerates primate hearts. Nature 538:388–391

Soonpaa MH, Koh GY, Klug MG, Field LJ (1994) Formation of nascent intercalated disks between grafted fetal cardiomyocytes and host myocardium. Science 264:98–101

Statista.de (2017) Anzahl der Herztransplantationen in Deutschland in den Jahren 2002 bis 2017. https://de.statista.com/statistik/daten/studie/226641/umfrage/anzahl-der-Herztransplantationen-in-deutschland. Zugegriffen am 21.01.2019

Tachibana M, Amato P, Sparman M, Gutierrez NM, Tippner-Hedges R, Ma H, Kang E, Fulati A, Lee HS, Sritanaudomchai H (2013) Human embryonic stem cells derived by somatic cell nuclear transfer. Cell 153:1228–1238

Thomson JA, Itskovitz-Eldor J, Shapiro SS, Waknitz MA, Swiergiel JJ, Marshall VS, Jones JM (1998) Embryonic stem cell lines derived from human blastocysts. Science 282:1145–1147

Tiburcy M, Hudson JE, Balfanz P, Schlick S, Meyer T, Chang Liao ML, Levent E, Raad F, Zeidler S, Wingender E (2017) Defined engineered human myocardium with advanced maturation for applications in heart failure modeling and repair. Circulation 135:1832–1847

Worldlifeexpectancy (2017) Weltweiter Vergleich von Lebenserwartung und Todesursachen. http://www.worldlifeexpectancy.com/world-rankings-total-deaths. Zugegriffen am 21.01.2019

Yoshikawa Y, Miyagawa S, Toda K, Saito A, Sakata Y, Sawa Y (2018) Myocardial regenerative therapy using a scaffold-free skeletal-muscle-derived cell sheet in patients with dilated cardiomyopathy even under a left ventricular assist device: a safety and feasibility study. Surg Today 48:200–210

Zhu K, Wu Q, Ni C, Zhang P, Zhong Z, Wu Y, Wang Y, Xu Y, Kong M, Cheng H, Tao Z, Yang Q, Liang H, Jiang Y, Li Q, Zhao J, Huang J, Zhang F, Chen Q, Li Y, Chen J, Zhu W, Yu H, Zhang J, Yang HT, Hu X, Wang J (2018) Lack of remuscularization following transplantation of human embryonic stem cell-derived cardiovascular progenitor cells in infarcted nonhuman primates. Circ Res 122:958–969

Zimmermann WH, Fink C, Kralisch D, Remmers U, Weil J, Eschenhagen T (2000) Three-dimensional engineered heart tissue from neonatal rat cardiac myocytes. Biotechnol Bioeng 68:106–114

Zimmermann WH, Melnychenko I, Wasmeier G, Didie M, Naito H, Nixdorff U, Hess A, Budinsky L, Brune K, Michaelis B, Dhein S, Schwoerer A, Ehmke H, Eschenhagen T (2006) Engineered heart tissue grafts improve systolic and diastolic function in infarcted rat hearts. Nat Med 12:452–458

Wolfram-Hubertus Zimmermann hat Humanmedizin in Hamburg studiert. Während seines Studiums war er an den Lehrkrankenhäusern der Duke University, der Harvard Medical School und der University of Cape Town tätig. Im Jahr 2004 wurde Prof. Zimmermann zum Juniorprofessor für Kardiales Tissue Engineering berufen. Seit 2008 ist er W3-Universitätsprofessor und Direktor des Instituts für Pharmakologie und Toxikologie an der Universitätsmedizin Göttingen. Prof. Zimmermann ist Sprecher des Deutschen Zentrums für Herzkreislaufforschung am Standort Göttingen.

Teil III
Industrie

Bioethik in der Stammzellforschung und der Genom-Editierung am Beispiel eines Wissenschafts- und Technologieunternehmens

Thomas Herget, Jean Enno Charton und Steven Hildemann

Zusammenfassung Das CRISPR/Cas9-System hat die Biotechnologie revolutioniert und ermöglicht Eingriffe in das Genom mit zuvor nicht für möglich gehaltener Effizienz. Merck bietet als Wissenschafts- und Technologiekonzern eine breite Palette von Produkten und Dienstleistungen für die Genom-Editierung an, daneben auch solche für die Stammzellforschung und -therapie und für die Reproduktionsmedizin. Alle diese Geschäftsaktivitäten konfrontieren ein biopharmazeutisches Unternehmen mit vielfältigen bioethischen Fragestellungen zu praktischen Aspekten bei Herstellung, Vertrieb und gegebenenfalls Anwendung dieser Produkte, die in den einschlägigen Publikationen und Leitlinien nicht oder nur ansatzweise berücksichtigt sind. Deshalb hat Merck seit 2011 interne Strukturen und Prozesse etabliert, die einen verantwortungsvollen und regelkonformen Einsatz seiner Produkte und Dienstleistungen auf Grundlage höchster ethischer Standards gewährleisten sollen. Dieser Artikel beschreibt die Strukturen des Merck Bioethics Advisory Panels (MBAP) und Stem Cell Research Oversight Committees (SCROC) sowie wesentliche Grundsätze für die tägliche Arbeit und deren praktische Umsetzung an einigen Beispielen. Sie können auch als Anregung für andere Unternehmen dienen, die mit ähnlichen Herausforderungen konfrontiert sind.

T. Herget · J. E. Charton (✉) · S. Hildemann
Merck KGaA, Darmstadt, Deutschland
E-Mail: thomas.herget@merckgroup.com; jean-enno.charton@merckgroup.com; steven.hildemann@merckgroup.com

© Springer-Verlag GmbH Deutschland, ein Teil von Springer Nature 2020   143
S. Gerke et al. (Hrsg.), *Die klinische Anwendung von humanen induzierten pluripotenten Stammzellen*, Veröffentlichungen des Instituts für Deutsches, Europäisches und Internationales Medizinrecht, Gesundheitsrecht und Bioethik der Universitäten Heidelberg und Mannheim 48,
https://doi.org/10.1007/978-3-662-59052-2_4

1 Hintergrund

In den Biowissenschaften spielen neue Technologien zur Genom-Editierung, zum Beispiel das CRISPR/Cas9-System mit seiner einfachen Anwendung und hohen Präzision, eine immer größere Rolle. Ihr möglicher Einsatz in Forschung und Klinik umfasst unter anderem die Untersuchung der Embryonalentwicklung,[1] die Korrektur schwerer monogenetischer Erbkrankheiten[2] und die verbesserte Sicherheit von Organtransplantationen.[3] Das vielversprechende Potenzial und die aktuelle Dynamik dürfen hingegen nicht von bioethischen Fragen in Bezug auf diese Techniken ablenken.[4]

Während viele Anwendungsbereiche der Genom-Editierung keine grundsätzlich neuen ethischen Bedenken aufwerfen,[5] hat insbesondere die Möglichkeit von Eingriffen in die menschliche Keimbahn (zu Recht?) große Aufmerksamkeit in der Öffentlichkeit hervorgerufen.[6] Die aus den anschließenden Diskussionen auf generell hohem wissenschaftlichem Niveau resultierenden Ergebnisse berücksichtigen bisher allerdings kaum die mit Herstellung und Vertrieb von Produkten für die Genom-Editierung verbundenen Fragestellungen.

Der Mangel an entsprechenden Leitlinien betrifft somit alle Unternehmen, die Produkte oder Techniken für die Stammzellforschung und die Genom-Editierung herstellen, vermarkten oder selbst für Forschungszwecke einsetzen, darunter auch die Unternehmen der Merck Gruppe (nachfolgend „Merck" genannt) als einen führenden globalen Wissenschafts- und Technologiekonzern mit einer langen Tradition. Gegründet 1668 ist Merck heute als DAX-notiertes Unternehmen in 13. Generation weiter mehrheitlich im Familienbesitz und erzielte 2016 mit ca. 50.000 Mitarbeitern in 66 Ländern einen Umsatzerlös von 15 Milliarden Euro.[7] Die Aktivitäten von Merck teilen sich auf in die drei Geschäftsfelder Healthcare (mit verschreibungspflichtigen und rezeptfreien Medikamenten), Life Science (Instrumente und Labormaterialien u. a. für die Biopharmazie und -technologie) und Performance Materials (Flüssigkristalle, OLED-Materialien, Effektpigmente und Spezialchemikalien); in den Vereinigten Staaten und Kanada ist Merck als EMD Serono (Biopharma), MilliporeSigma (Life Science) und als EMD Performance Materials vertreten. Die Forschung und Entwicklung haben bei Merck einen hohen Stellenwert, was sich in Entwicklung und Vermarktung von innovativen Wirkstoffen für diverse medizinische Indikationsgebiete sowie innovativen Instrumenten und Labormateri-

---

[1] Fogarty et al. 2017.

[2] Ma et al. 2017.

[3] Niu et al. 2017.

[4] Baltimore et al. 2015; Lanphier et al. 2015.

[5] Lanphier et al. 2015.

[6] Siehe z. B. LaBarbera 2016; Deutscher Ethikrat 2016; Ormond 2017; National Academies of Sciences, Engineering, and Medicine 2017b; Reich et al. 2015; Nationale Akademie der Wissenschaften Leopoldina 2015; Bonas et al. 2017.

[7] Näheres siehe unter https://www.merckgroup.com. Zugegriffen: 13. Januar 2019.

alien (Science & Technology) für die Life Science-Industrie niederschlägt. Letztere werden nicht nur vermarktet, sondern auch für eigene Forschungszwecke genutzt, sodass Merck die Produkte und damit verbundene Fragestellungen aus der Hersteller- wie aus der Anwenderperspektive kennt.

Der explosive Wissenszuwachs und die rasanten technischen Fortschritte in der Biopharmazie haben in kurzer Zeit zu völlig neuen, vor einiger Zeit kaum denkbaren Möglichkeiten geführt, insbesondere im Bereich der Genom-Editierung mit Einführung des CRISPR/Cas9-Systems. Weitere wichtige biotechnologische Geschäftsfelder von Merck, zum Teil auch im Kontext der Genom-Editierung, sind die assistierte Reproduktionstechnik (ART) zur Behandlung der Infertilität und die Forschung und Anwendung von pluri- und multipotenten Stammzellen, zum Beispiel in der Reproduktionsmedizin und Krebsforschung. In allen genannten Bereichen sind durch rasche Fortschritte in der Forschung in den letzten Jahren grundlegende bioethische Fragestellungen zu Anwendung und Grenzen der neuen Technologien aufgekommen, die von jedem Anbieter oder Nutzer eine eindeutige Positionierung erfordern.

Um sich dieser Herausforderung zu stellen und für aktuelle und zukünftige Fragen adäquate, wissenschaftlich fundierte Antworten auf der Grundlage hoher ethischer Standards zu formulieren, wurden bei Merck Strukturen und Prozesse etabliert, bei denen das Merck Bioethics Advisory Panel (MBAP) eine wichtige Rolle spielt, wie im folgenden Beitrag beschrieben wird. Ein Schwerpunkt liegt dabei auf den praktischen Empfehlungen für Herstellung, Verkauf und Vertrieb der entsprechenden Produkte, welche Merck infolge umsetzt.

2   Das Merck Bioethics Advisory Panel

Erste interne Debatten um die embryonale Stammzellforschung im Jahr 2011 ließen bei Merck schnell die Notwendigkeit erkennen, Grundsatzentscheidungen zu bioethischen Fragestellungen künftig in einem unabhängigen multidisziplinären Fachgremium zu treffen. Zu diesem Zweck wurde im gleichen Jahr das „Merck Bioethics Advisory Panel" (MBAP) gegründet, das aus führenden externen Experten unter anderem für Bioethik, Medizin, Stammzellforschung, Jura, Philosophie und Theologie besteht. Kamen die MBAP-Mitglieder zunächst aus Deutschland und den USA, so sind seit 2017 auch Experten aus Asien und Afrika vertreten, um unterschiedliche bioethische Sichtweisen auf globaler Ebene zu berücksichtigen. Das MBAP setzt sich derzeit aus sieben ständigen Mitgliedern zusammen und wird vom Global Chief Medical Officer von Merck, Prof. Dr. Steven Hildemann, geführt.

Ständige Mitglieder des MBAP sind:[8]

- Jochen Taupitz, Professor für Bürgerliches Recht, Zivilprozessrecht, internationales Privatrecht und Rechtsvergleichung, Universität Mannheim, Deutschland

---

[8] Stand: Januar 2019.

- Nikolaus Knoepffler, Professor für Angewandte Ethik, Friedrich-Schiller-Universität Jena, Deutschland
- Christoph Rehmann-Sutter, Professor für Theorie und Ethik der Biowissenschaften, Universität zu Lübeck, Deutschland
- Jeremy Sugarman, Harvey M. Meyerhoff Professor of Bioethics and Medicine, Johns Hopkins Berman Institute of Bioethics, Baltimore, MD, USA
- Jeanne Loring, Professor of Developmental Neurobiology, Scripps Research Institute, La Jolla, CA, USA
- Yimtubezinash Mulate Woldeamanuel, Associate Professor, School of Medicine, Addis Ababa University, Äthiopien
- Daniel Fu-Chang Tsai, Professor in the Department & Graduate Institute of Medical Education & Bioethics, National Taiwan University College of Medicine, Taiwan

Die Aufgabe des MBAP ist die Beratung zu bioethischen Fragestellungen und die Erarbeitung von globalen Empfehlungen für alle Geschäftsfelder von Merck. Die Grundlage dieser Empfehlungen bilden die höchsten bioethischen Standards, der aktuelle Stand von Wissenschaft und Forschung und die Unternehmenserfordernisse. Nachdem zunächst Fragen aus der biopharmazeutischen Sparte von Merck an das MBAP herangetragen wurden, werden inzwischen Fragestellungen aus allen Geschäftsfeldern jährlich gesammelt, priorisiert und in Folge gezielt bearbeitet (Abb. 1).

Nach Beratung und Beschlussfassung im MBAP können die resultierenden Empfehlungen von Merck in verbindliche Arbeitsrichtlinien umgesetzt werden. Beispiele hierfür sind die Verabschiedung wichtiger Grundsätze wie das „Stem

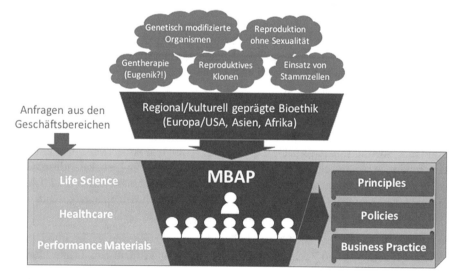

Abb. 1 Das MBAP sammelt und evaluiert Anfragen zu bioethischen Fragen aus den Geschäftsbereichen und setzt sie in global verbindliche Arbeitsrichtlinien um

Cells and Human Cloning Principle" (2011),[9] der „Fertility Research Policy" (2011)[10] sowie von Richtlinien zum Umgang mit Labortieren (Group Policy Use, Care and Welfare of Laboratory Animals, 2011),[11] dem Zugang zu Studienmedikation nach dem Ende der klinischen Prüfung (Access to IMP [investigational medicinal product] after clinical trial end, 2014)[12] und der pädiatrischen Formulierung von Praziquantel (Praziquantel new formulation for children, 2014).[13] Auf Anregung des MBAP wurde 2013 auch das „Stem Cell Research Oversight Committee" (SCROC) etabliert und 2017 in das MBAP integriert. Nach der Erweiterung des MBAP 2017 wurden überarbeitete Grundsätze zur Reproduktionsmedizin und Stammzellforschung und -therapie und erstmals auch Grundsätze zur Genom-Editierung verabschiedet. Da diese drei Aktivitätsfelder sich aktuell als die potenziell dringlichsten erwiesen haben, werden sie nachfolgend ausführlicher dargestellt.

3   Reproduktionsmedizin

In der Reproduktionsmedizin ist Merck mit einem breiten Produktportfolio Marktführer mit einem Schwerpunkt auf der assistierten Reproduktionstechnik (ART). Hierfür bietet Merck rekombinante Produkte für jede Phase des Reproduktionszyklus an, unter anderem die drei Schlüsselhormone Follitropin alpha, Lutropin alpha und Choriogonadotropin alpha sowie innovative Fertilitätstechnologien, zum Beispiel zur Inkubation und vollautomatischen Vitrifikation. Die in der letzten Dekade und aktuell laufenden Diskussionen und Forschungsaktivitäten zur Erzeugung künstlicher Gameten aus tierischen und teilweise auch aus humanen (embryonalen und induzierten pluripotenten) Stammzellen werfen viele komplexe ethische Fragen auf, die grundsätzliche Aspekte des menschlichen Lebens und Zusammenlebens berühren, wie die Möglichkeit der vollständigen Trennung der Reproduktion von Sexualität, Alter oder Geschlecht und von genetischen Eingriffen mit neuen Instrumenten wie CRISPR, eventuell über die Korrektur von Erbkrankheiten hinaus auch im Sinne einer Eugenik. Andererseits könnten künstliche Gameten ein wertvolles Instrument für die medizinische Forschung werden und die Abhängigkeit von Eizellspenden beenden.[14] Vor diesem Hintergrund, bei gleichzeitiger Verpflichtung zur Bereitstellung von innovativen, patientenorientierten Produkten und Dienstleistungen für die Behandlung der Infertilität, hat das MBAP 2017 aktualisierte Grundsätze zur Reproduktionsmedizin diskutiert und empfohlen, die Merck anschließend im „Fertility Principle" in bindende Arbeitsanweisungen umgesetzt hat.[15]

---

[9] Merck 2011c.
[10] Merck 2011a.
[11] Merck 2011b.
[12] Merck 2014a.
[13] Merck 2014b.
[14] Hendriks et al. 2015.
[15] Merck 2017a.

Diese besagen unter anderem, dass Merck jede Unterstützung von oder Beteiligung an den folgenden Aktivitäten ablehnt:

- Reproduktives Klonen von Menschen
- Erzeugung menschlicher Embryonen ausschließlich zu Forschungszwecken
- Aktivitäten aus nichtmedizinischen Gründen (z. B. genetische Diagnostik auf
  sozial erwünschte Eigenschaften wie Augen- oder Haarfarbe oder Geschlechts-
  auswahl)
- Nutzung der Genom-Editierung bei menschlichen Embryonen
- Erzeugung und Nutzung künstlicher menschlicher Gameten zu Reproduktions-
  zwecken.[16]

Die Grundsätze zur Reproduktionsmedizin verbieten die Unterstützung oder Finanzierung von und die Zusammenarbeit mit Dritten, die solche Aktivitäten verfolgen.[17] Ebenso sind zum Beispiel das Halten von Anteilen oder Vorstandssitzen von
Unternehmen, die an den beschriebenen Zielen arbeiten, untersagt.[18]

4 Genom-Editierung

Das im Jahr 2012 entdeckte CRISPR/Cas9-System erlaubt die gezielte Veränderung
(Editierung) definierter DNA-Abschnitte, zum Beispiel einzelner Gene bei Pflanzen, Tieren und Menschen mit bisher unerreichter Präzision. Die Technik stellt die
größte Revolution in der Biotechnologie seit der Polymerase-Kettenreaktion (PCR)
dar und hat in akademischer und industrieller Forschung schnell weltweite Verbreitung gefunden.[19] Die erstmalige Zulassung einer Gentransfer-basierten adoptiven
Immuntherapie in Form der CAR-T-Zelltherapie (Tisagenlecleucel/CDL019, Kym-
riah®) zur Behandlung der refraktären oder wiederholt rezidivierten B-Zell-ALL
(akute lymphatischen Leukämie) im August 2017 durch die U.S. Food and Drug
Administration (FDA) verdeutlicht das therapeutische Potenzial dieser Technologie.[20]

Aufgrund der großen Chancen bejaht Merck eine verantwortungsvoll eingesetzte
Genom-Editierung in der Grundlagenforschung zur Aufklärung von Krankheitsur-
sachen und der Entwicklung neuer Therapieansätze, zum Beispiel für die gezielte
Korrektur genetisch bedingter Erkrankungen in somatischen Zellen und Geweben
wie bei der Mukoviszidose, verschiedenen Formen der Muskeldystrophie, Chorea
Huntington oder der hypertrophen obstruktiven Kardiomyopathie (HOCM). Mit
dem CRISPR/Cas9-System bzw. PROXY CRISPR und individuell synthetisierten
RNA-Leitsequenzen (gRNA) sowie Screening-Bibliotheken bietet das Unterneh-

---

[16]Merck 2017a, S. 5 f.

[17]Merck 2017a, S. 6.

[18]Merck 2017a, S. 6.

[19]Doudna und Charpentier 2014.

[20]Singh et al. 2017.

men Merck höchst effiziente und präzise Instrumente für die Genom-Editierung an. Diese Instrumente werden überwiegend von Wissenschaftlern in der Grundlagenforschung benutzt. Daneben setzt Merck die CRISPR-Technologie auch selbst ein, zum Beispiel für die Erzeugung maßgeschneiderter Zelllinien, wobei die Genom-Editierung zu spezifischen, gezielten Modifikationen von Rezeptoren und Glykoproteinen auf der Zelloberfläche genutzt wird (CAR-T-Zelltherapie) oder zur Aufklärung neuer Signalwege in der Interaktion zwischen T-Zellen und soliden Tumoren. Dabei werden alle ethischen und rechtlichen Standards, vor allem das deutsche Embryonenschutzgesetz,[21] das jede Erzeugung und Verwendung menschlicher Embryonen außer zum Zweck der Herbeiführung einer Schwangerschaft, also auch jede „verbrauchende Forschung" mit menschlichen Embryonen unter Strafe stellt, strikt beachtet.[22]

Eine weitere vielversprechende Anwendung der Genom-Editierung ist das „Gene Drive"-System, das die extrem schnelle und beinahe vollständige Verbreitung veränderter Gene in einer Population ausgehend von nur einem oder wenigen genetisch modifizierten Individuen ermöglichen soll. Die Anwendung dieser Technik, beispielsweise zur Unterbindung der Übertragung von Malariaerregern durch die Anopheles-Mücke, könnte zur Kontrolle und langfristig zur Ausrottung der Krankheit beitragen.[23] Da die Erfolgsaussichten solcher Eingriffe heute noch nicht abzuschätzen sind und auch die theoretischen Risiken, zum Beispiel im Falle der unbeabsichtigten Freisetzung derartig modifizierter Organismen erheblich sind, müssen allerdings effektive Sicherungsmechanismen eingebaut werden.[24]

Um mögliche Risiken der CRISPR-Technik zu minimieren, gleichzeitig aber vielversprechende therapeutische Ansätze nicht zu blockieren und eine verantwortungsvolle Anwendung der Genom-Editierung zu gewährleisten, hat das MBAP in 2017 erstmals Grundsätze zur Genom-Editierung verabschiedet, die dann von Merck in seinem „Genome Editing Technology Principle" umgesetzt wurden.[25]

Darin ist unter anderem festgelegt, dass Merck jede Unterstützung von oder Beteiligung an den folgenden Aktivitäten ablehnt:

- Anwendung der Genom-Editierung bei menschlichen Embryonen (in Übereinstimmung mit dem deutschen Embryonenschutzgesetz), und zwar weder durch entsprechende Forschungsunterstützung, interne Programme, externe Kooperationen noch durch die Bereitstellung von Instrumenten für die Genom-Editierung bei menschlichen Embryonen
- Erzeugung künstlicher Gameten mittels Genom-Editierung oder anderer Techniken und ihrer Nutzung zu Reproduktionszwecken

---

[21] Gesetz zum Schutz von Embryonen (Embryonenschutzgesetz – ESchG) vom 13. Dezember 1990. In: BGBl I (1990):2746–2748.

[22] Beier und Beckman 1991; Bonas et al. 2017.

[23] Dong et al. 2018.

[24] Emerson et al. 2017.

[25] Merck 2017b.

- Verkauf von Produkten/Materialien für die Genom-Editierung ohne einen Lizenzvertrag, der den genehmigten Einsatz von Mercks Produkten/Materialien festlegt
- Belieferung von Einkäufern, die mit zumutbarer Sorgfalt nicht anerkannten Institutionen und Unternehmen zugeordnet werden können.[26]

Die aktuellen Lizenzverträge zu Materialien und Reagenzien für die CRISPR-Technologie definieren diese eindeutig als Labormaterial und weisen darauf hin, dass sie weder als Arzneimittel noch als Medizinprodukt betrachtet werden können. Sie schließen generell die folgenden Aktivitäten aus:

- jeden klinischen Einsatz einschließlich aller diagnostischen oder prognostischen Verwendungen
- jeden kommerziellen Einsatz
- jedes Reverse Engineering und die Produktion von Derivaten oder Sequenzvarianten.[27]

Weiterhin verpflichten die CRISPR-Lizenzverträge den Kunden zur Einhaltung aller relevanten gesetzlichen Bestimmungen in Bezug auf die Gesundheit von Mensch und Tier.[28] Neue Kunden werden zudem einem umfangreichen Screening unterzogen, um ihre Seriosität sicherzustellen, auch vor dem Hintergrund der zunehmenden Zahl von „Do-it-yourself-Forschern".[29] Da die Kontrolle des Herstellers über den Einsatz seiner Produkte aber nicht lückenlos sein kann, muss zukünftig regelmäßig evaluiert werden, ob weitere Monitoringmaßnahmen erforderlich sein sollten.

5   Stammzellen

Stammzelltherapien bieten ein enormes Potenzial für eine effektivere Behandlung vieler Erkrankungen, darunter degenerative Veränderungen und Organ- oder Gewebsschäden. Das ist auch für Merck die Grundlage für entsprechende Forschungs- und Entwicklungsaktivitäten in Kooperation mit akademischen und industriellen Partnern. Wie bei der Genom-Editierung ist Merck bei Stammzellen und den dazugehörigen Technologien zugleich Anbieter und Nutzer. Das aktuelle Portfolio umfasst unter anderem Kultur- und Differenzierungsmedien, Wachstumsfaktoren, extrazelluläre Matrixkomponenten (ECM), Reprogrammierungs- und Charakterisierungskits für die Forschung mit humanen embryonalen Stammzellen (hES-Zellen) und humanen induzierten pluripotenten Stammzellen (hiPS-Zellen) sowie humanen mesenchymalen Stammzellen (hMS-Zellen) und humanen neuronalen Stammzellen (hNS-Zellen), daneben auch hES-Zell-Linien, hiPS-Zell-Linien

---

[26] Merck 2017b, S. 5 f.

[27] Merck 2018.

[28] Merck 2018.

[29] National Academies of Sciences, Engineering, and Medicine 2017a, S. 24.

und hNS-Zell-Linien sowie Dienstleistungen für die GMP-konforme Produktion verschiedener Stamm- und Vorläuferzelltypen.

Für unterschiedliche Arten von Stammzellen ergeben sich dabei ganz verschiedene bioethische Fragestellungen. Für die Forschung mit adulten Stammzellen und hiPS-Zellen muss zwingend eine Einwilligungserklärung des Spenders vorliegen, welche die tatsächliche Verwendung der gewonnenen Stammzellen berücksichtigt. Für die Herstellung von hiPS Zellen aus somatischen Zellen hingegen bedarf es einer spezifischen Einwilligungserklärung durch den Spender, die die Herstellung von hiPS-Zellen aus den gespendeten Zellen inkludiert.

Die größten Bedenken und juristischen sowie ethischen Probleme betreffen hES-Zellen und die daraus abgeleiteten Zelllinien. Als Voraussetzung für die Arbeit mit einer dieser Zelllinien stellt die wirksame Einwilligungserklärung ein besonderes Problem dar, da viele aktuelle Techniken und Verwendungsmöglichkeiten zum Zeitpunkt der Einwilligungserklärung weder bekannt noch absehbar waren und deshalb in der Erklärung nicht explizit aufgeführt sind. Vor dem Einsatz einer solchen hES-Zell-Linie muss also nicht nur die Existenz, sondern auch der Umfang der betreffenden Einwilligungserklärung genau geprüft werden. Vor diesem Hintergrund haben eine Reihe von Ländern (inkl. Deutschland) Regelungen zum Gebrauch von Stammzellen erlassen.[30]

Vor dem Hintergrund solcher Fragen hat das MBAP bereits 2011 neben der Formulierung erster Grundsätze zu Stammzellen und Klonierung auch die Einrichtung eines „Stem Cell Research Oversight Committee" (SCROC) empfohlen. Dieses Gremium aus fünf internen Experten verschiedener Fachrichtungen, die von den MBAP-Mitgliedern Prof. Jochen Taupitz und Prof. Jeremy Sugarman als externe Berater unterstützt werden, ist seit 2013 aktiv. Das SCROC soll sicherstellen, dass alle kommerziellen Strategien und internen Projekte zur Stammzellforschung in Einklang mit den Merck-internen ethischen Grundsätzen, wichtigen Leitlinien wie der International Society for Stem Cell Research (ISSCR)[31] und den geltenden Gesetzen, insbesondere dem deutschen Embryonenschutzgesetz und dem deutschen Stammzellgesetz, stehen. Dies schließt Forschungsprojekte mit humanen Embryonen, pluripotenten Stammzellen und Stammzelllinien ein. Das SCROC muss alle entsprechenden Projekte genehmigen, kann aber auch Modifikationen verlangen oder die Genehmigung aus bioethischen Gründen versagen. Dabei stützt sich das SCROC auf das „Stem Cell Principle",[32] welches wegen der thematischen Nähe teilweise Überschneidungen mit dem „Fertility Principle" und „Genome Editing Technology Principle" aufweist.

Merck

• setzt falls irgend möglich tierische Stammzellen, hiPS-Zellen oder humane adulte Stammzellen anstelle von hES-Zellen zu Forschungszwecken ein

---

[30] Siehe in Deutschland das Gesetz zur Sicherstellung des Embryonenschutzes im Zusammenhang mit Einfuhr und Verwendung menschlicher embryonaler Stammzellen (Stammzellgesetz – StZG) vom 28. Juni 2002. In: BGBl I (2002):2277–2280.

[31] ISSCR 2016.

[32] Merck 2017c.

- verwendet hES-Zellen ausschließlich im Rahmen der jeweils geltenden gesetzlichen Regelungen, falls Alternativen nicht in Betracht kommen
- lässt jeden Einsatz humaner Stammzellen für Forschungszwecke durch das SCROC begutachten, einschließlich entsprechender Kooperationen und Forschungsförderungen
- überprüft jedes Forschungsvorhaben mit tierischen Stammzellen unter bioethischen und regulatorischen Aspekten sowie auf die Übereinstimmung mit den eigenen Grundsätzen zum Tierschutz.[33]

Merck liefert zudem keine Produkte oder Dienstleistungen für die Stammzellforschung an Institute, die Forschung mit dem Ziel der Klonierung von Menschen betreiben.[34]

In den letzten Jahren wurden durchschnittlich jeweils drei bis vier Projektvorhaben durch das SCROC begutachtet. Die identifizierten Fragen betrafen eine nicht ausreichend klar dokumentierte Herkunft der Zellen, eine fehlende oder nicht überzeugende Einwilligungserklärung oder andere Aspekte des Projekts, die nicht in Übereinstimmung mit den Grundsätzen zur Stammzellforschung standen. Aufgrund fehlender Herkunftsdaten wurde Projektteams empfohlen, auf andere, besser dokumentierte Zelllinien mit ähnlichen Eigenschaften auszuweichen. Die beiden folgenden, stellvertretend ausgewählten Fallbeispiele sollen die an das SCROC herangetragenen Projekte und seine Entscheidungen näher illustrieren.

5.1   Beispielfall 1: Entwicklung eines skalierbaren Herstellungsprozesses für hiPS-Zellen und Vorläuferzellen im Bioreaktor

Die Anfrage betraf ein Projekt zur Entwicklung einer Plattform auf Basis eines Einwegbioreaktors für die Überführung der Herstellung von hiPS-Zellen vom Labor- in den Industriemaßstab, wobei die verfügbaren Daten ausschließlich in einem Forschungslabor für Forschungszwecke erhoben worden waren. Ziel des Projekts war es, die Realisierbarkeit der Produktion von hiPS-Zellen und daraus abgeleiteten ausdifferenzierten Zellen oder neuralen Vorläuferzellen in einem Bioreaktor zu demonstrieren. Die hiPS-Zellen wurden durch Reprogrammierung von Primärzellen erzeugt, die mittels Biopsie von Patienten bzw. gesunden Kontrollpersonen nach Einholung einer entsprechenden Einwilligungserklärung gewonnen wurden.

Das SCROC genehmigte das Projekt, da weder Tierversuche noch Studien an Menschen vorgesehen waren und eine umfassende Einwilligungserklärung der Patienten bzw. Primärzellspender vorlag.

---

[33] Merck 2017c, S. 5 f.
[34] Merck 2017c, S. 7.

5.2   Beispielfall 2: Untersuchung und Isolierung eines Oberflächen-Glykoproteins aus einer hES-Zell-Linie

HES-Zell-Linien sind pluripotent und können zu Zelltypen aller drei Keimschichten ausdifferenzieren; zudem haben sie viele Gemeinsamkeiten mit Tumorzellen und exprimieren das gewünschte Glykoprotein in hoher Dichte. Ziel des Projekts war es, zunächst die hohe Expression des Glykoproteins auf der Zelloberfläche zu verifizieren und seine Rolle bei verschiedenen Transduktionswegen näher zu untersuchen. Anschließend sollte das Glykoprotein isoliert und für die Herstellung monoklonaler Antikörper genutzt werden. Als Material wurden Zellpellets oder -lysate benötigt, die aus den USA eingeführt werden sollten.

Das SCROC hatte keine ethischen oder juristischen Bedenken gegen die Einfuhr, da Import und Einsatz von Zellpellets oder -lysaten einer etablierten hES-Zell-Linie im Einklang mit dem deutschen Stammzellgesetz und dem deutschen Embryonenschutzgesetz stehen. Nachdem der Ursprung (Embryo) der Stammzell-Linie verifiziert und sichergestellt war, dass die Spender eine ausreichende Einwilligungserklärung abgegeben hatten, genehmigte das SCROC den Einsatz der hES-Zell-Linie.

6   Konklusion

Neue Technologien wie CRISPR haben einfache, schnelle, präzise und zugleich preiswerte Wege zu einer höchst effizienten Genom-Editierung eröffnet und die Biotechnologie revolutioniert. Den faszinierenden neuen Therapieoptionen stehen noch nicht überschaubare Risiken bei missbräuchlicher Anwendung gegenüber, nicht nur bei der Anwendung in der Keimbahn. Das Nutzen-Risiko-Verhältnis der Technik kann durch verantwortliches Handeln aller Beteiligten und Beachtung bioethischer Standards über die rein gesetzlichen und regulatorischen Vorgaben hinaus optimiert werden. Eine breite Akzeptanz ist nur zu erwarten, wenn die zahlreichen Stakeholder frühzeitig einbezogen und die Diskussionen um Chancen und Risiken dieser Technologien fair und transparent geführt werden. Dieser Diskussionsprozess berücksichtigt bisher zwar medizinische Forscher, Patienten, Aufsichtsbehörden, Fachexperten wie Bioethiker und Juristen, die Öffentlichkeit und teilweise auch Stammzellspender, aber kaum die Unternehmen mit einem entsprechenden Produktportfolio. Diese haben jedoch eine Mitverantwortung für die Art und Weise, wie und für welche Zwecke ihre Produkte und Dienstleistungen verwendet werden.

Obwohl zahlreiche Leitlinien zum verantwortungsvollen Einsatz der Genom-Editierung auf hohem wissenschaftlichem Niveau vorliegen, bestehen im Bereich von Herstellung, Verkauf und Vertrieb deutliche Lücken. Merck hat sich deshalb bereits 2011 entschieden, diese Lücken intern durch die Etablierung des MBAP und die Erarbeitung bindender Arbeitsanweisungen, deren Einhaltung im Bereich der Stammzellen durch das SCROC überprüft wird, zu schließen. Damit soll sichergestellt werden, dass Instrumente und Materialien für die Genom-Editierung, ob bei Stammzellen oder in anderen Anwendungsbereichen, ausschließlich im Rahmen der gesetzlichen Bestimmungen und unter Beachtung höchster bioethischer Standards entwickelt, vertrieben oder auch für eigene Forschungszwecke eingesetzt werden. Die geschilderten Strukturen und Prozesse können beispielhaft als Anregungen für die biopharmazeutische Industrie dienen, die sich ebenfalls diesen aktuellen und zukünftigen Herausforderungen zu stellen hat. Sie sollen auch als Beitrag zur fortgesetzten Diskussion um Chancen und Risiken der Genom-Editierung mit Forschern, Aufsichtsbehörden, der Politik und anderen Betroffenen verstanden werden mit dem Ziel, das medizinische Potenzial dieser Technologie möglichst auszuschöpfen, ihre zweifellos vorhandenen Risiken dabei aber durch sinnvolle, wirksame und praktikable Maßnahmen zu minimieren.

Literatur

Baltimore D, Berg P, Botchan M, Carroll D, Charo RA, Church G, Corn JE, Daley GQ, Doudna JA, Fenner M, Greely HT, Jinek M, Martin GS, Penhoet E, Puck J, Sternberg SH, Weissman JS, Yamamoto KR (2015) A prudent path forward for genomic engineering and germline gene modification. Science 348:36–38. https://doi.org/10.1126/science.aab1028

Beier HM, Beckman JO (1991) Implications and consequences of the German Embryo Protection Act. Hum Reprod 6:607–608

Bonas U, Friedrich B, Fritsch J, Müller A, Schöne-Seifert B, Steinicke H, Tanner K, Taupitz J, Vogel J, Weber M, Winnacker EL (2017) Ethische und rechtliche Beurteilung des *genome editing* in der Forschung an humanen Zellen. https://www.leopoldina.org/uploads/tx_leopublication/2017_Diskussionspapier_GenomeEditing_01.pdf. Zugegriffen am 13.01.2019

Deutscher Ethikrat (2016) Zugriff auf das menschliche Erbgut. Neue Möglichkeiten und ihre ethische Beurteilung. https://www.ethikrat.org/fileadmin/PDF-Dateien/Veranstaltungen/Jt-22-06-2016-Simultanmitschrift.pdf. Zugegriffen am 13.01.2019

Dong Y, Simões ML, Marois E, Dimopoulos G (2018) CRISPR/Cas9 -mediated gene knockout of *Anopheles gambiae* FREP1 suppresses malaria parasite infection. PLOS Pathogens 14(3):e1006898. https://doi.org/10.1371/journal.ppat.1006898

Doudna JA, Charpentier E (2014) The new frontier of genome engineering with CRISPR-Cas9. Science 346:1258096. https://doi.org/10.1126/science.1258096

Emerson C, James S, Littler K, Randazzo FF (2017) Principles for gene drive research. Science 358:1135–1136. https://doi.org/10.1126/science.aap9026

Fogarty NME, McCarthy A, Snijders KE, Powell BE, Kubikova N, Blakeley P, Lea R, Elder K, Wamaitha SE, Kim D, Maciulyte V, Kleinjung J, Kim JS, Wells D, Vallier L, Bertero A, Turner JMA, Niakan KK (2017) Genome editing reveals a role for OCT4 in human embryogenesis. Nature 550:67–73. https://doi.org/10.1038/nature24033

Hendriks S, Dancet EA, van Pelt AM, Hamer G, Repping S (2015) Artificial gametes: a systematic review of biological progress towards clinical application. Hum Reprod Update 21:285–296. https://doi.org/10.1093/humupd/dmv001

ISSCR = International Society for Stem Cell Research (2016) Guidelines for stem cell research and clinical translation. http://www.isscr.org/docs/default-source/all-isscr-guidelines/guidelines-2016/isscr-guidelines-for-stem-cell-research-and-clinical-translation.pdf?sfvrsn=4. Zugegriffen am 13.01.2019

LaBarbera AR (2016) Proceedings of the International Summit on Human Gene Editing: a global discussion – Washington, D.C., December 1–3, 2015. J Assist Reprod Genet 33:1123–1127. https://doi.org/10.1007/s10815-016-0753-x

Lanphier E, Urnov F, Haecker SE, Werner M, Smolenski J (2015) Don't edit the human germ line. Nature 519:410–411. https://doi.org/10.1038/519410a

Ma H, Marti-Guiterrez N, Park SW, Wu J, Lee Y, Suzuki K, Koski A, Ji D, Hayama T, Ahmed R, Darby H, Van Dyken C, Li Y, Kang E, Park AR, Kim D, Kim ST, Gong J, Gu Y, Xu X, Battaglia D, Krieg SA, Lee DM, Wu DH, Wolf DP, Heitner SB, Belmonte JCI, Amato P, Kim JS, Kaul S, Mitalipov S (2017) Correction of a pathogenic gene mutation in human embryos. Nature 548:413–419. https://doi.org/10.1038/nature23305

Merck (2011a) Fertility Research Policy. https://www.merckgroup.com/content/dam/web/corporate/non-images/company/responsibility/en/regulations-and-guidelines/fertility-research-policy.pdf. Zugegriffen am 13.01.2019

Merck (2011b) Group policy use, care and welfare of laboratory animals. https://www.merckgroup.com/content/dam/web/corporate/non-images/company/responsibility/en/regulations-and-guidelines/merck-animal-welfare.pdf. Zugegriffen am 13.01.2019

Merck (2011c) Stem cells and human cloning principle. https://www.merckgroup.com/content/dam/web/corporate/non-images/company/responsibility/en/regulations-and-guidelines/stem-cell-principle_EN.pdf. Zugegriffen am 13.01.2019

Merck (2014a) Access to IMP after clinical trial end. https://www.merckgroup.com/content/dam/web/corporate/non-images/research/healthcare/Merck_Serono_Statement_on_Early_Access_Experimental_Medicines.pdf. Zugegriffen am 13.01.2019

Merck (2014b) Praziquantel new formulation for children. https://www.merckgroup.com/content/dam/web/corporate/non-images/company/responsibility/en/regulations-and-guidelines/randd-for-ntds-diseases.pdf. Zugegriffen am 13.01.2019

Merck (2017a) Fertility principle. https://www.merckgroup.com/content/dam/web/corporate/non-images/company/responsibility/en/regulations-and-guidelines/fertility-principle_EN.pdf. Zugegriffen am 13.01.2019

Merck (2017b) Genome editing technology principle. https://www.merckgroup.com/content/dam/web/corporate/non-images/company/responsibility/en/regulations-and-guidelines/genome-editing-principle-EN.pdf. Zugegriffen am 13.01.2019

Merck (2017c) Stem cell principle. https://www.merckgroup.com/content/dam/web/corporate/non-images/company/responsibility/en/regulations-and-guidelines/stem-cell-principle_EN.pdf. Zugegriffen am 13.01.2019

Merck (2018) CRISPR Use License Agreement. https://www.sigmaaldrich.com/technical-documents/articles/biology/crispr-use-license-agreement.html. Zugegriffen am 13.01.2019

National Academies of Sciences, Engineering, and Medicine (2017a) Dual use research of concern in the life sciences. Current issues and controversies. The National Academies Press, Washington, DC

National Academies of Sciences, Engineering, and Medicine (2017b) Human genome editing: science, ethics, and governance. The National Academies Press, Washington, DC

Nationale Akademie der Wissenschaften Leopoldina (2015) Chancen und Grenzen des genome editing. https://www.leopoldina.org/uploads/tx_leopublication/2015_3Akad_Stellungnahme_Genome_Editing.pdf. Zugegriffen am 13.01.2019

Niu D, Wei HJ, Lin L, George J, Wang T, Lee IH, Zhao HY, Wang Y, Kan Y, Shrock E, Lesha E, Wang G, Luo Y, Qing Y, Jiao D, Zhao H, Zhou X, Wang S, Wei H, Güell M, Gm C, Yang L (2017) Inactivation of porcine endogenous retrovirus in pigs using CRISPR-Cas9. Science 357:1301–1307. https://doi.org/10.1126/science.aan4187

Ormond KE, Mortlock DP, Scholes DT, Bombard Y, Brody LC, Faucett WA, Garrison NA, Hercher L, Isasi R, Middleton A, Musunuru K, Shriner D, Virani A, Young CE (2017) Human germline genome editing. Am J Hum Genet 101:167–176. https://doi.org/10.1016/j.ajhg.2017.06.012

Reich J, Fangerau H, Fehse B, Hampel J, Hucho F, Köchy K, Korte M, Müller-Röber B, Taupitz J, Walter J, Zenke M (2015) Genomchirurgie beim Menschen – Zur verantwortlichen Bewertung einer neuen Technologie. Analyse der interdisziplinären Arbeitsgruppe Gentechnologiebericht. http://www.gentechnologiebericht.de/bilder/BBAW_Genomchirurgie-beim-Menschen_PDF-A1b.pdf. Zugegriffen am 13.01.2019

Singh N, Shi J, June CH, Ruella M (2017) Genome-editing technologies in adoptive T cell immunotherapy for cancer. Curr Hematol Malig Rep 12:522–529. https://doi.org/10.1007/s11899-017-0417-7

Prof. Dr. Thomas Herget leitet bei der Merck KGaA den Innovation Hub im Silicon Valley, um neue Technologien, Trends und Innovationsfelder für Merck nutzbar zu machen. Seit 2004 ist er bei Merck verantwortlich für frühe Forschungsprojekte im Life Science Bereich. Er hat in Konstanz, Köln, Philadelphia und London Biologie studiert und in Mainz habilitiert (Medizin). Thomas Herget publizierte über 70 Artikel und 25 Patente und erhielt mehrere Preise. Er ist darüber hinaus als außerplanmäßiger Professor an der TU Darmstadt aktiv.

Dr. Jean Enno Charton ist Chief of Staff des Global Chief Medical Officers der Merck KGaA.
   Er hat an der Universität Tübingen Biochemie studiert und an der Université de Lausanne in der Schweiz bei Jürg Tschopp und Margot Thome in der immun-onkologischen Forschung promoviert. Seine Expertise liegt im biochemischen Bereich der Virologie und Tumorimmunologie, mit Forschungsaufenthalten an der *Harvard Medical School* und dem *Canadian Science Centre for Human and Animal Health*. Jean Enno ist seit 2014 bei der Merck KGaA tätig.

Prof. Dr. Steven Hildemann ist Global Chief Medical Officer und Senior Vice President der Merck KGaA und Bereichsleiter der globalen Arzneimittelsicherheit. Als ausgebildeter Facharzt für Innere Medizin und Kardiologie ist er nunmehr seit 1998 in der pharmazeutischen Industrie tätig, unter anderem in den Bereichen Medical Affairs, Clinical Operations und der Arzneimittelsicherheit. Steven Hildemann ist darüber hinaus als außerplanmäßiger Professor der medizinischen Fakultät der Universität Freiburg in der klinischen Lehre aktiv.

Herausforderungen innovativer Gewebemedizin aus unternehmerischer Sicht

Michael Harder

Zusammenfassung Die regenerative Medizin ist ein weiterer Schritt hin zur nebenwirkungsarmen, kurativen Therapie. Die Therapie mit humanen induzierten pluripotenten Stammzellen (hiPS-Zellen) baut auf Gewebespenden auf, die industriell aufwändig verarbeitet werden. Die bisherige Gewebemedizin spielt bei der Behandlung von Krankheiten eine untergeordnete Rolle, da für nur wenige Indikationen Gewebespenden verwendbar sind. Die restriktiven gesetzlichen Grundlagen und die Organisation der Gewebespende in Deutschland entstammen aus einem Kontext, in dem die Dynamik der aktuellen Entwicklung nicht absehbar war und stellen auf die Verwendung der entnommenen Gewebe in wenig manipulierter Form ab. Für einen Erfolg der hiPS-Zell-Technologie müssen daher nicht nur große technische Schwierigkeiten überwunden, sondern auch politische Maßnahmen ergriffen werden. Diese Maßnahmen sollen ein höheres Spendenaufkommen und eine effizientere Verteilung von Geweben gewährleisten, Chancengleichheit der beteiligten Gewebeeinrichtungen ermöglichen und vor allem mehr Transparenz gegenüber der allgemeinen Öffentlichkeit, insbesondere gegenüber den Spendern und Patienten schaffen. An die Spende und den Schutz der Spender sind dabei hohe technische und ethische Maßstäbe anzulegen.

Die Originalversion dieses Kapitels wurde korrigiert. Ein Erratum finden Sie unter https://doi.org/10.1007/978-3-662-59052-2_12

M. Harder (✉)
corlife oHG, Hannover, Deutschland
E-Mail: m.harder@corlife.eu

S. Gerke et al. (Hrsg.), *Die klinische Anwendung von humanen induzierten pluripotenten Stammzellen*, Veröffentlichungen des Instituts für Deutsches, Europäisches und Internationales Medizinrecht, Gesundheitsrecht und Bioethik der Universitäten Heidelberg und Mannheim 48, https://doi.org/10.1007/978-3-662-59052-2_5

1 Einführung

Die Medizin kennt nur wenige kurative Ansätze, wie zum Beispiel die Heilung eines Knochenbruchs oder einer Infektion. Die meisten medizinischen Ansätze stellen auf die Symptome und nicht auf die Ursache ab. Das ändert sich mit der regenerativen Medizin. Aus humanen pluripotenten Stammzellen können zum Beispiel Herzmuskelzellen entstehen, die nach einem Herzinfarkt den betroffenen Ventrikel regenerieren.[1] Diabetiker hoffen auf Insulin-produzierende Betazellen. Manches klingt noch wie *Science Fiction*, aber bereits heute sind schon zellbasierte Produkte zur Therapie zugelassen (z. B. Strimvelis oder Holoclar). Humane induzierte pluripotente Stammzellen (hiPS-Zellen) gelten in diesem Zusammenhang als eine Schlüsseltechnologie.

Jedes allogene Gewebeprodukt beginnt mit einer Spende von Blut oder Gewebe.[2] Das gilt auch für hiPS-Zell-basierte Produkte. Die Spende von Körpermaterialien verpflichtet die handelnden Personen, ob natürlich oder juristisch, das Beste aus jeder einzelnen Spende zu machen. Die Gewebespende muss darüber hinaus Rücksicht nehmen auf die Spender und ihre Angehörigen, insbesondere im Zusammenhang mit dem fortwirkenden Persönlichkeitsrecht des Spenders. Diese Rücksichtnahme gewinnt an Bedeutung, je weniger eigenständig der Spender ist und je invasiver sich die Spende auf den Spender auswirkt. Die Spende von einem gesunden, mental gefestigten Spender, dem Blut abgenommen wird, kann gegebenenfalls anders bewertet werden als eine postmortale, invasiv entnommene Gewebespende, in die Angehörige in einer belastenden Situation einwilligen.[3] Die Besonderheiten der Spende von Keimbahnzellen sollen in diesem Aufsatz außen vor gelassen werden. Die autologe Spende, die weit weniger problembeladen ist, soll nur am Rande erwähnt werden.

Die Abgabe von Geweben an Dritte ist ein gesetzlich und ethisch komplexes Feld.[4] Daraus erwachsen erhebliche wirtschaftliche Risiken. Auf den ersten Blick scheint die Aufgabe einfach: die gespendeten Gewebe sollten die Einrichtungen erreichen, die medizinisch nachgefragte Produkte herstellen.[5] In einer idealen Welt sind Gewebespenden unbegrenzt verfügbar und ungehindert verteilbar. In der Realität sind viele Gewebe rare Güter, deren Entnahmen, Abgabe an Dritte und deren Austausch in der Europäischen Union durch in nationales Recht umgesetzte europäische Normen eingeschränkt wird.

Die Be- und Verarbeitung von Geweben ist also in einem hohen Maße durch gesetzliche und technische Standards reguliert. Die hohen Standards dienen dem

---

[1] Näheres dazu siehe Teil II dieses Sammelbands.

[2] Die wissenschaftliche und die juristische Definition von Zellen und Gewebe unterscheiden sich. Hier wird grundsätzlich die Definition nach § 1a Nr. 4 TPG zugrunde gelegt. Danach sind „Gewebe alle aus Zellen bestehenden Bestandteile des menschlichen Körpers, die keine Organe nach Nummer 1 sind, einschließlich einzelner menschlicher Zellen".

[3] Hoppe 2009, S. 13 ff.

[4] Hoppe 2013.

[5] Klarstellend sei hier angemerkt, dass der Begriff „Produkt" im Sinne eines verkehrstauglichen Therapeutikums verwendet wird und nicht als eine Herabwürdigung einer Spende menschlicher Gewebe interpretiert werden sollte.

Schutz der Spender, die durch die Spende keine Nachteile erfahren sollen, der Sicherheit der Mitarbeiter, die mit potenziell infektiösem Material arbeiten und der Patienten, die mit sicheren Gewebeprodukten behandelt werden sollen. Die Verfahren müssen so ausgelegt sein, dass mit den Spenden nur die eingewilligten Ziele verfolgt werden. Der hohe Organisationsgrad in pharmazeutischen Unternehmen, detaillierte Normen und die ständige interne und externe Auditierung lässt bei der Be- und Verarbeitung kaum Spielraum, der zu ethischen Konflikten führen könnte, sofern Normen und Gesetze eingehalten werden. Fragestellungen, die sich aus der Be- und Verarbeitung ergeben könnten, werden daher hier nicht diskutiert. Auch Fragestellungen zu gewerblichen Schutzrechten bleiben außen vor, die ein eigenes komplexes Thema sind, über welches bereits vielfach publiziert wurde.[6]

Der EU-Gesetzgeber unterscheidet zwischen einer substanziellen und nicht-substanziellen Be- und Verarbeitung von Geweben.[7] Produkte, die mit nicht-substanziell verändernden Methoden hergestellt wurden, wie zum Beispiel Zellen, aus denen hiPS-Zell-Linien entstehen sollen, bleiben Gewebe, für die ein sehr weitgehendes Handelsverbot gilt. Produkte, die mit substanziell verändernden Methoden hergestellt wurden, wie zum Beispiel hiPS-Zell-basierte-Produkte, transformieren zu Arzneimitteln für neuartige Therapien (auch Advanced Therapy Medicinal Products, ATMP), die vom Handelsverbot ausgeschlossen sind.

Die öffentliche Hand investiert hohe Summen in die Stammzell-Technologie: Allein das Bundesministerium für Bildung und Forschung fördert jährlich Projekte in Höhe von circa 25 Millionen Euro.[8] Hinzu kommen Investitionen aus der Europäischen Union und von Unternehmen. Diesem Kapitaleinsatz steht eine Gewinnerwartung gegenüber, sei es um die eingegangenen Risiken zu kompensieren oder um Steuereinnahmen zu generieren, die wiederum in neue Ansätze der Zukunftssicherung investiert werden können. In diesem Zusammenhang stellt sich die Frage, wie hoch ein Gewinn ausfallen darf, um den altruistischen Gedanken der Gewebespende nicht zu kompromittieren, oder ob überhaupt Gewinn gemacht werden darf.[9]

2 Der Bedarf von hiPS-Zellen und Geweben

Der medizinische Bedarf an hiPS-Zellen ist wahrscheinlich so mannigfaltig wie es Krankheiten gibt, die auf zellulären Fehlfunktionen basieren. Für jedes einzelne hiPS-Zell-basierte Therapeutikum gelten hohe Qualitätsansprüche. Das stellt Behörden und Unternehmen vor große Herausforderungen. Ein chemisch

---

[6]Z. B. Simitis 2004.

[7]Art. 2 Abs. 1 lit. c Verordnung (EG) Nr. 1394/2007 des Europäischen Parlaments und des Rates vom 13. November 2007 über Arzneimittel für neuartige Therapien und zur Änderung der Richtlinie 2001/83/EG und der Verordnung (EG) Nr. 726/2004. In: ABIEU Nr. L 324 v. 10.12.2007, S. 121.

[8]Martin et al. 2016, S. 14.

[9]Lenk und Beier 2012.

definiertes Medikament kann sehr genau auf Zusammensetzung, Reinheit, Sterilität etc. geprüft werden. Lebende Zellen sind nur unzureichend mit chemisch-physikalischen Methoden beschreibbar. Bei diesen Produkten erhalten die Herkunft und die angewandten Methoden eine besondere Bedeutung bei der Beurteilung der Qualität.

Bereits die Stammzell-Linien, auf denen hiPS-Zellen aufbauen, müssen in einem sehr hohen Maße charakterisiert sein. Die Qualitätsansprüche umfassen die Prüfung auf Immunogenität, Kanzerogenität und andere Parameter. Um die Problematik der Immunogenität zu umgehen, könnten autologe Zellen verwendet werden. Die Verwendung von autologen Zellen ist immer dann sinnvoll, wenn diese nicht modifiziert, sondern lediglich expandiert werden müssen. Dieser Ansatz ist für bestimmte Zelltherapien, zum Beispiel dem Knorpelersatz, bereits etabliert. Bei hiPS-Zell-Linien ist die Situation anders. Für jeden Patienten müsste innerhalb eines therapeutischen Zeitfensters zunächst eine individuelle hiPS-Zell-Linie etabliert und charakterisiert werden. Die hiPS-Zell-Linie wird dann in die therapeutischen Zellen, zum Beispiel Kardiomyozyten, differenziert und gegebenenfalls expandiert. Die etablierten Standards, mit denen die geforderte Qualität für die hiPS-Zell-Linien und die Kardiomyozyten nachgewiesen wird und die aufwändige Begutachtung der Qualitätsnachweise sind weder schnell noch effektiv und binden neben Zeit auch große Mengen Kapital.

Daher liegt der Gedanke nahe, eine hinreichend große Zahl von hiPS-Zell-Linien zu etablieren und zu charakterisieren, die der immunologischen Variabilität möglichst vieler Patienten Rechnung trägt. Hochrechnungen, die auf der Untersuchung embryonaler Stammzellen basieren, zeigen, dass wenige hundert Stammzell-Linien ausreichen könnten, um einen Großteil der Patienten immunologisch verträglich zu therapieren.[10]

Voll charakterisierte und freigegebene hiPS-Zell-Linien werden als *Master Cell Banks* in geeigneter Form gelagert, zumeist bei sehr tiefen Temperaturen verglast. Aus den *Master Cell Banks* werden *Working Cell Banks* angelegt, die schließlich in die gewünschten Zellen differenziert werden. Die Zellbanken werden also verbraucht und müssen von Zeit zu Zeit erneuert, also wieder aus Gewebespenden gewonnen werden. Stammzell-Linien, die unbegrenzt vermehrt werden können, stellen im therapeutischen Zusammenhang eher ein Risiko dar, da diese Stammzell-Linien auf ein kanzerogenes Potenzial hinweisen.

Sollte sich die allogene hiPS-Zell-Technologie durchsetzen, wird es einen Bedarf an Gewebespenden geben, um das immunologische Spektrum bei allen Herstellern von hiPS-Zell-Linien zu gewährleisten und um die verbrauchten Stammzell-Linien regelmäßig zu ersetzen. Nachfolgend sollen die bestehenden Ansätze dargestellt und abschließend die Herausforderungen aus unternehmerischer Sicht benannt werden.

---

[10] Lee et al. 2012.

3 Rahmenbedingungen der WHO, des Europarates und der Europäischen Union

3.1 WHO Guiding Principles

Die Weltgesundheitsorganisation (WHO) hat in 2010 insgesamt elf *Guiding Principles* für die Gewebe- und Organspende formuliert, von denen sechs direkte Auswirkungen auf unternehmerisches Handeln haben können.[11] Die relevanten WHO Guiding Principles werden nachfolgend wortgetreu wiedergegeben und erläutert.

Guiding Principle 5: „Cells, tissues and organs should only be donated freely, without any monetary payment or other reward of monetary value. Purchasing, or offering to purchase, cells, tissues or organs for transplantation, or their sale by living persons or by the next of kin for deceased persons, should be banned. The prohibition on sale or purchase of cells, tissues and organs does not preclude reimbursing reasonable and verifiable expenses incurred by the donor, including loss of income, or paying the costs of recovering, processing, preserving and supplying human cells, tissues or organs for transplantation".[12]

Danach ist es verboten, für die Spende an sich, also das Gewebe oder das Organ, eine Bezahlung zu leisten. Die größten Gefahren sieht die WHO bei der Ausbeutung der Ärmsten, die zu einer Ressource für die Organspende degradiert werden können. Die WHO sieht aber auch Gefahren, wenn Zahlungen für Gewebe und Organe an Angehörige verstorbener Personen, an Verkäufer, Makler oder Institutionen mit Zugang zu Leichen geleistet werden. Davon grenzt die WHO die Entschädigungen für die Kosten der Spende ab sowie die Kosten, die entstehen, um die Sicherheit, Qualität und Wirksamkeit von menschlichen Zell- und Gewebeprodukten und Organen für die Transplantation zu gewährleisten. Diese Kosten sind legitim, solange der menschliche Körper und seine Teile als solche nicht zu einem finanziellen Gewinn führen. Hier orientiert sich der weitgehende supranationale Konsens an den Maßgaben einer Kantischen Ethik, die den Menschen stets als Zweck, und nie als Mittel zum Zweck sehen will.

Guiding Principle 6: „Promotion of altruistic donation of human cells, tissues or organs by means of advertisement or public appeal may be undertaken in accordance with domestic regulation. Advertising the need for or availability of cells, tissues or organs, with a view to offering or seeking payment to individuals for their cells, tissues or organs, or, to the next of kin, where the individual is deceased, should be prohibited. Brokering that involves payment to such individuals or to third parties should also be prohibited".[13]

Das Verbot betrifft jegliche Werbung, die potenziellen Spendern, deren Angehörigen oder anderen im Besitz befindlichen Personen (z. B. Bestattern) für die Beschaffung von Geweben oder Organen Vorteile versprechen.

---

[11] WHO 2010.

[12] WHO 2010, S. 141.

[13] WHO 2010, S. 142.

Guiding Principle 8: „All health-care facilities and professionals involved in cell, tissue or organ procurement and transplantation procedures should be prohibited from receiving any payment that exceeds the justifiable fee for the services rendered".[14]

Diese Bestimmung stärkt vorherige Leitsätze, indem sie ungerechtfertigte Entgelte bei der Gewinnung und Implantation von Geweben und Organen verbietet. Die WHO spricht in dem erklärenden Kommentar von „profiteering", also von Wucher.[15] Die Entgelte sollten sich an vergleichbaren Dienstleistungen orientieren und staatlich überwacht werden.

Guiding Principle 9: „The allocation of organs, cells and tissues should be guided by clinical criteria and ethical norms, not financial or other considerations. Allocation rules, defined by appropriately constituted committees, should be equitable, externally justified, and transparent".[16]

Die WHO beschreibt sehr konkret, wie die Zuteilung gesteuert werden soll: Entsprechen die Spendenquoten nicht der klinischen Nachfrage, so sollten die Zuteilungskriterien auf nationaler oder subregionaler Ebene von einem Ausschuss festgelegt werden, dem Experten der relevanten medizinischen Fachrichtungen, der Bioethik und der öffentlichen Gesundheit angehören. Eine solche Interdisziplinarität ist wichtig, um sicherzustellen, dass bei der Zuteilung nicht nur medizinische Faktoren, sondern auch gemeinschaftliche Werte und allgemeine ethische Regeln berücksichtigt werden. Die Kriterien für die Verteilung von Zellen, Geweben und Organen sollten im Einklang mit den Menschenrechten stehen und insbesondere nicht auf Geschlecht, Rasse, Religion oder wirtschaftlicher Lage des Empfängers beruhen. Dieser Grundsatz bedeutet auch, dass kein Empfänger allein aus finanziellen Gründen ausgeschlossen werden sollte.

Guiding Principle 10: „High-quality, safe and efficacious procedures are essential for donors and recipients alike. The long-term outcomes of cell, tissue and organ donation and transplantation should be assessed for the living donor as well as the recipient in order to document benefit and harm. The level of safety, efficacy and quality of human cells, tissues and organs for transplantation, as health products of an exceptional nature, must be maintained and optimized on an ongoing basis. This requires implementation of quality systems including traceability and vigilance, with adverse events and reactions reported, both nationally and for exported human products".[17]

Die WHO fordert immer da, wo es sinnvoll ist, eine systematische und rationale Nachverfolgung von Spendern und Patienten, um eine fundierte Risiko-Nutzen-Abwägung treffen zu können.

---

[14] WHO 2010, S. 143.
[15] WHO 2010, S. 143.
[16] WHO 2010, S. 143.
[17] WHO 2010, S. 143.

Guiding Principle 11: „The organization and execution of donation and transplantation activities, as well as their clinical results, must be transparent and open to scrutiny, while ensuring that the personal anonymity and privacy of donors and recipients are always protected".[18]

Die geforderte Transparenz umfasst barrierefreie, aktuelle und aussagekräftige Informationen zu relevanten Prozessen, insbesondere zur Allokation, zu Transplantationstätigkeiten und -ergebnissen sowie zur Organisation einschließlich finanzieller Informationen. Die Informationen dienen der wissenschaftlichen Auswertung, der staatlichen Kontrolle und dem Risikomanagement, um Spender und Patienten vor Schäden zu bewahren.

3.2 Europarat

Der Europarat (nicht zu verwechseln mit dem Europäischen Rat oder dem Rat der Europäischen Union), ist eine 1949 gegründete Organisation, die zurzeit 47 Mitgliedsstaaten zählt und sich zur Aufgabe gemacht hat, einen engeren Zusammenschluss unter seinen Mitgliedern zu verwirklichen.[19] Deutschland ist seit 1951 Vollmitglied des Europarates. Der Europarat äußert sich regelmäßig zur Verwendung von menschlichen Zellen und Geweben.[20] Grundlegende ethische Fragestellungen werden in dem *Übereinkommen zum Schutz der Menschenrechte und der Menschenwürde im Hinblick auf die Anwendung von Biologie und Medizin: Übereinkommen über Menschenrechte und Biomedizin* (die Oviedo-Konvention)[21] erörtert. Dort heißt es kurz und bündig in Artikel 21, Verbot finanziellen Gewinns:

„The human body and its parts shall not, as such, give rise to financial gain".

Der Europarat erklärt in einem erläuternden Bericht diesen Grundsatz:

„(…) Nach dieser Bestimmung sollten Organe und Gewebe als solche, darunter auch Blut, weder gekauft noch verkauft werden, noch der Person, der sie entnommen worden sind, noch einem Dritten, (…), zu finanziellen Gewinnen verhelfen können. Dagegen können technische Handlungen (wie Probenahme, Durchführung von Tests, Konservierung, Ansatz von Kulturen, Transport … etc.), die mit diesen Körperteilen vorgenommen werden, rechtmäßigerweise Gegenstand einer angemessenen Vergütung sein. So untersagt dieser Artikel z. B. nicht den Verkauf von Gewebeteilen, die Bestandteil einer medizinischen Vorrichtung sind oder Herstellungsprozessen unterlagen, solange das Gewebe nicht als solches verkauft wird."[22]

---

[18] WHO 2010, S. 144.

[19] Art. 1 Satzung des Europarates vom 5. Mai 1949.

[20] Keitel 2012.

[21] SEV Nr. 164.

[22] Europarat 1997, Art. 21 Rn. 132.

Die Oviedo-Konvention ist sowohl von Deutschland als auch von einer ganzen Reihe anderer führender europäischer Mitgliedsstaaten schlussendlich nicht ratifiziert worden und entfaltet somit in diesen Staaten auch keine direkt bindende rechtliche Wirkung. Gleichzeitig ist es naheliegend, dass bei der Interpretation von grundsätzlichen menschenrechtlichen Fragen auf Basis der Konvention zum Schutz der Menschenrechte und Grundfreiheiten (Europäischen Menschenrechtskonvention) die Erwägungen der Oviedo-Konvention Einfluss auf die Interpretation durch den Europäischen Gerichtshof für Menschenrechte hat. Das *European Directorate for the Quality in Medicine* (EDQM), eine Organisation des Europarates, ist Herausgeberin der *Europäischen Pharmakopöe*, dem europäischen Referenzwerk für die Qualität pharmazeutischer Produkte.[23] Das EDQM ist auch Herausgeberin des *Guide to the quality and safety of tissues and cells for human application* (nachfolgend „Leitfaden" genannt), welcher regelmäßig überarbeitet und erweitert wird.[24] Jeder Neuauflage des Leitfadens geht eine *Public Consultation Phase* voraus, in der zu konstruktiven Änderungen am Text eingeladen wird.[25] Mit der dritten Auflage wurde der Leitfaden um das Kapitel „Developing Applications" erweitert, welches auf die ATMP eingeht. Es darf erwartet werden, dass dieses Kapitel in den nächsten Jahren deutlich detaillierter ausgestaltet wird, da hier die größte Dynamik zu erwarten ist.

Der Leitfaden formuliert konkrete technische Empfehlungen. Er hat keine Gesetzeskraft und wird daher in einigen Staaten, wie zum Beispiel in Deutschland, eher als ein Diskussionsbeitrag ohne bindende Wirkung gesehen. Andere Staaten, wie zum Beispiel Österreich, betrachten die technischen Spezifikationen als normativ weisend. Diese Entwicklung hat für Unternehmen, die Gewebeprodukte in Europa vertreiben möchten, praktische Auswirkungen. Bei der Frage, wie die Motivation zu spenden erhöht und die Leistungen bei der Be- und Verarbeitung der Gewebespenden erstattet werden können, verweist der Leitfaden auf die Oviedo-Konvention:

> „(…) Nevertheless, it is essential to recall the Oviedo Convention which, in Article 21, clearly states that the human body and its parts must not, as such, give rise to financial gain. This notion is reiterated in the Additional Protocol to that Convention, which also clearly states in its Article 21 that the human body and its parts must not, as such, give rise to financial gain or comparable advantage. The aforementioned provision does not prevent payments that do not constitute a financial gain or a comparable advantage, in particular: (a) compensation of living donors for loss of earnings and any other justifiable expenses caused by the removal or by the related medical examinations; (b) payment of a justifiable fee for legitimate medical or related technical services rendered in connection with transplantation; (c) compensation in cases of undue damage resulting from the removal of tissues or cells from living persons. In the donation of any tissue or cell, removal of barriers to donation must not render a decision to donate non-altruistic."[26]

Der Leitfaden belässt es bei der Diskussion der Allokationskriterien beim allgemeinen Appell, dass diese „(…) equitable, externally justified and transparent" sein

---

[23] Europarat 2017.

[24] Keitel 2017.

[25] Näheres dazu siehe https://www.edqm.eu. Zugegriffen: 13. Januar 2019.

[26] Keitel 2017, S. 38, Kap. 1.9.3.

sollen.[27] Teil B des Leitfadens diskutiert sehr detailliert die praktische Anwendung der Regeln für Sicherheit und Qualität auf einzelne Gewebe. Konkrete Ausführungsbeispiele für die Allokation werden nicht ausgeführt. Das mag auch daran liegen, dass bei der Ausarbeitung des Leitfadens vor allem Regulatoren und Vertreter von Gewebebanken mitwirken, jedoch keine Patientenorganisationen, medizinische Fachgesellschaften oder Ethiker.[28]

3.3 Europäische Union

Es gibt zahlreiche Richtlinien der Europäischen Union zur Gewebespende, die umfassend technische und organisatorische Maßnahmen beschreiben, um die Qualität von Geweben und die Sicherheit für Spender und Patienten zu gewährleisten.[29] Dabei hat die Europäische Kommission zum Teil technische Anforderungen gestellt, die viele potenzielle Spender ausschließt. Grundsätzlich werden zum Beispiel Spender mit einer Tumorerkrankung, auch wenn diese abgeklungen ist, explizit von der Spende ausgeschlossen.[30] Dem liegt der nachvollziehbare Gedanke zugrunde, dass kein Patient der Gefahr einer Tumortransmission ausgesetzt werden soll. Es werden jedoch zunehmend Möglichkeiten erkannt, Tumorzellen zuverlässig abzutöten oder vom gespendeten Gewebe abzutrennen. Deren Entwicklung wird nicht offensiv vorangetrieben, da die gesetzlichen Rahmenbedingungen eine praktische Anwendung blockieren. So bleiben möglicherweise potenzielle Spender ausgeschlossen und benötigte Spenden können nicht realisiert werden. Ein weiteres Beispiel sind mikrobiell kontaminierte Gewebespenden, die oft durch geeignete Verfahren sterilisiert werden könnten, aber dennoch ausgesondert werden müssen. Hohe Verwurfquoten können zu einer geringen Bedarfsdeckung führen. Eine geringe Bedarfsdeckung führt jedoch immer dazu, dass zwischen Patienten abgewo-

---

[27] Keitel 2017, S. 136, Kap. 10.4.

[28] Keitel 2017, S. 447.

[29] Richtlinie 2004/23/EG des Europäischen Parlaments und des Rates vom 31. März 2004 zur Festlegung von Qualitäts- und Sicherheitsstandards für die Spende, Beschaffung, Testung, Verarbeitung, Konservierung, Lagerung und Verteilung von menschlichen Geweben und Zellen. In: ABlEU 102 v. 07.04.2004, S. 48; Richtlinie 2006/17/EG der Kommission vom 8. Februar 2006 zur Durchführung der Richtlinie 2004/23/EG des Europäischen Parlaments und des Rates hinsichtlich technischer Vorschriften für die Spende, Beschaffung und Testung von menschlichen Geweben und Zellen. In: ABlEU Nr. L 38 v. 09.02.2006, S. 40; Richtlinie 2006/86/EG der Kommission vom 24. Oktober 2006 zur Umsetzung der Richtlinie 2004/23/EG des Europäischen Parlaments und des Rates hinsichtlich der Anforderungen an die Rückverfolgbarkeit, der Meldung schwerwiegender Zwischenfälle und unerwünschter Reaktionen sowie bestimmter technischer Anforderungen an die Kodierung, Verarbeitung, Konservierung, Lagerung und Verteilung von menschlichen Geweben und Zellen. In: ABlEU Nr. L 294 v. 25.10.2006, S. 32; Richtlinie (EU) 2015/565 der Kommission vom 8. April 2015 zur Änderung der Richtlinie 2006/86/EG hinsichtlich bestimmter technischer Vorschriften für die Kodierung menschlicher Gewebe und Zellen. In: ABlEU Nr. L 93 v. 09.04.2015, S. 43.

[30] Anhang I RL 2006/17/EG.

gen werden muss, die das Gewebe erhalten sollen. Diese Beispiele zeigen, dass die Wirkung restriktiver gesetzlicher Vorgaben, die an der technischen Entwicklung vorbeigehen und zu einer Verknappung der Gewebespenden führen können, ethische Fragestellungen bedingen.

§ 72b AMG i.V.m Richtlinie (EU) 2015/566[31] stellt klar, dass bei der Einfuhr von Geweben und Zellen die gleichen Maßstäbe anzulegen sind, wie bei einer Gewebespende innerhalb der Mitgliedsstaaten. Das betrifft die ethischen Grundlagen ebenso wie die Anforderungen an die Qualität und Sicherheit.[32]

4 Umsetzung in Deutschland

4.1 Qualität und Sicherheit

Alle Richtlinien der Europäischen Union zur Gewebespende wurden in nationales Recht überführt, wobei es jedem Land freisteht, zusätzliche Regeln zu schaffen. In Deutschland wurden die Qualitäts- und Sicherheitsansprüche der europäischen Richtlinien unter anderem im Arzneimittel- und Transplantationsgesetz sowie in entsprechenden Verordnungen umgesetzt, deren Umsetzung und Überwachung mal Bundes- und mal Ländersache sind. Dabei kam es zu Regelungen, die schwer nachvollziehbar sind. Beispielsweise dürfen Untersuchungslabore für die Blutspende keine Gewebespender untersuchen (es sei denn, sie haben eine entsprechende Erlaubnis nach § 20b AMG),[33] obwohl vergleichbare Qualitätsstandards erfüllt werden müssen. Problematischer ist es, dass die Entnahmeeinrichtung, die das Gewebe entnimmt, alle Untersuchungsergebnisse zusammenführt und schließlich den Spender und die Spende bewertet. Das Bewertungsergebnis kann sehr unterschiedlich ausfallen: Eine Spenderin, die Augenhornhaut spendet, ist gegebenenfalls nicht als Spenderin für Zellen, aus denen hiPS-Zellen generiert werden sollen, geeignet. Ein arbeitsteiliger Prozess, bei dem eine Einrichtung den Spender anamnetisch und makroskopisch bewertet und eine zweite Einrichtung die notwendigen Laboruntersuchungen durchführt und schließlich die Gesamtheit aller Ergebnisse zusammenführt, um über die Freigabe oder Ablehnung der Gewebespende für eine ausgesuchte Anwendung zu befinden, ist nicht zulässig.[34] Das hat Auswirkungen auf die Organisation der Gewebespende, die nachfolgend diskutiert werden.

---

[31] Richtlinie (EU) 2015/566 zur Durchführung der Richtlinie 2004/23/EG hinsichtlich der Verfahren zur Prüfung der Gleichwertigkeit von Qualitäts- und Sicherheitsstandards bei eingeführten Geweben und Zellen. In: ABlEU Nr. L 93 v. 09.04.2015, S. 56.

[32] RL 2015/566, Anhang III. B. Nr. 1.

[33] Gesetz über den Verkehr mit Arzneimitteln (Arzneimittelgesetz – AMG) vom 24. August 1976, in der Fassung der Bekanntmachung vom 12. Dezember 2005. In: BGBl I (2005):3394–3469.

[34] § 5 TPG-GewV, TPG-Gewebeverordnung vom 26. März 2008 (BGBl. I S. 512), die zuletzt durch Artikel 2 der Verordnung vom 7. Juli 2017 (BGBl. I S. 2842) geändert worden ist.

4.2 Organisation der Gewebespende

Das im *Guiding Principle 6* der WHO[35] geforderte staatliche Engagement zur Aufklärung der Bevölkerung und zur Erklärung der altruistischen Organ- und Gewebespende ist im § 2 TPG[36] verankert. Danach sollen Land und Bund ergebnisoffen über die Möglichkeiten der Organ- und Gewebespende, die Voraussetzungen der Organ- und Gewebeentnahme bei toten Spendern und über die Bedeutung der Organ- und Gewebeübertragung für kranke Menschen aufklären. Eine gesetzliche Pflicht des Bundes zur Aufklärung lebender Spender oder über die Be- und Weiterverarbeitung von Gewebespenden besteht nicht.

Obwohl die gesetzliche Gleichwertigkeit gegeben ist und obwohl die Gewebespende von großer medizinischer Bedeutung ist, misst der Staat dieser in seinem Handeln eine gegenüber der Organspende untergeordnete Rolle bei, die sich in zahlreichen Beispielen zeigt. Die Einwilligung in die postmortale Gewebespende erfolgt in der Regel auf dem *Organspendeausweis*, der von der *Bundeszentrale für gesundheitliche Aufklärung* herausgegeben wird und mit dem Slogan „*Organspende. Die Entscheidung zählt*" beworben wird.[37] Der Titel dieser Einwilligungserklärung ist irreführend. Erst auf der Rückseite der Ausweisvordrucke erfährt der Spender über die Möglichkeit der postmortalen Gewebespende. Deutschland verfügt über keine nationale Organisation, welche die Gewebespende koordiniert und für gleiche Chancen bei der Gewebespende sorgt. Die Spende wird ausschließlich nicht staatlichen Initiativen überlassen. Damit geht einher, dass es keine strukturelle Förderung der Gewebespende gibt. Ganz im Gegenteil: Einrichtungen, die sich um diese Aufgabe bemühen und eine entsprechende Erlaubnis beantragen, müssen an den Staat Bearbeitungsgebühren in Höhe von bis zu 25.500 EUR leisten.[38] Hinzu kommen die Kosten für den Unterhalt der Entnahmeeinrichtung, für Personal und regelmäßige Audits.

Die Aufklärung durch die Behörden, insbesondere durch die Bundeszentrale für gesundheitliche Aufklärung, soll die gesamte Tragweite der Gewebespende umfassen.[39] Um diesen Anspruch zu erfüllen, wäre sowohl die Einbeziehung lebender Spender als auch eine Aufklärung über die Be- und Verarbeitung von Geweben, zum Beispiel zu hiPS-Zellen, wünschenswert.

Die Organspende ist ein öffentlich präsentes Thema, erreicht aber bisher nur in unzureichendem Maße die potenziellen Spender.[40] Ungleich problematischer ist die Lage bei der Gewebespende, die nicht öffentlich diskutiert und nicht beworben wird. Viele kennen diese Spendemöglichkeit gar nicht, die niedrigschwelliger sein

---

[35] Näheres dazu siehe unter Abschn. 3.1.

[36] Gesetz über die Spende, Entnahme und Übertragung von Organen und Geweben (Transplantationsgesetz – TPG) vom 4. September 2007. In: BGBl I (2007):2206–2220.

[37] Siehe https://www.organspende-info.de. Zugegriffen: 13. Januar 2019.

[38] Bezirksregierung Düsseldorf 2017.

[39] BT-Drucks. 17/9030, S. 7.

[40] Schicktanz 2016.

kann als die Organspende. Die Unkenntnis über die Möglichkeit der Gewebespende schließt viele potenzielle Spender und Spenderinnen aus.

Gewebe werden in medizinischen Einrichtungen gespendet. Diese medizinischen Einrichtungen haben aufgrund der Regelungen zur Freigabe der Spende zur weiteren Be- und Verarbeitung zwei Alternativen sich zu organisieren: (i) Sie werden entweder eine voll integrierte Entnahmeeinrichtung, die sich um den gesamten Prozess von der Ansprache der Spender/innen oder ihrer Angehörigen, der Anamnese, der Entnahme, der makroskopischen Bewertung und der Entscheidung über die Ablehnung oder Annahme zur weiteren Be- und Verarbeitung für Gewebeprodukte kümmert. Dieser Weg bindet organisatorische Kapazität, die sich nur schwer im Klinikalltag organisieren lässt; oder (ii), die medizinische Einrichtung wird eine Betriebsstätte einer Entnahmeeinrichtung, die viele Aufgaben zentralisiert organisieren kann.[41] Die zweite Alternative ist der in der Praxis bevorzugte Weg. Die größte Entnahmeeinrichtung in Deutschland wird von vier Universitätskliniken betrieben.[42, 43] Aber auch Unternehmen können Entnahmeeinrichtung oder mit gemeinnützigen Organisation verflochten sein.[44] Dabei können die Entnahmeeinrichtungen auch unter Namen firmieren, die einen öffentlichen Auftrag suggerieren.

4.3 Verteilungsregeln für Gewebespenden

Bei der Abgabe zur Be- und Verarbeitung an Dritte beschränkt sich die gesetzliche Vorgabe darauf, dass Gewebe nur von Gewebeeinrichtungen angenommen werden dürfen, die eine Erlaubnis nach § 20b AMG haben. Ein Algorithmus für die Verteilung, insbesondere für Gewebe, deren Bedarf das Angebot übersteigt, wird nicht erwartet, erst Recht nicht ein ethisch fundierter. Es existieren weder auf supranationaler, noch auf nationaler oder regionaler Ebene konkrete Verteilungsregeln, die von Entnahmeeinrichtungen, medizinischen Fachgesellschaften, Bioethik, öffentlicher Gesundheit oder von anderen Personen ausgearbeitet wurden.

Um dem Versprechen „das Beste aus einer Spende zu machen" gerecht zu werden, sollte zumindest jede Entnahmeeinrichtung entsprechend dem *Guiding Principle 9* der WHO[45] Verteilungsregeln aufstellen und veröffentlichen. Diese Form der Transparenz und Verbindlichkeit ist wichtig, da Entnahmeeinrichtungen in einem Interessenkonflikt stehen können. Wenn eine Entnahmeeinrichtung selbst Gewebeprodukte in den Verkehr bringt, kann der Eindruck entstehen, dass die eigenen Kapazitäten bevorzugt ausgelastet werden, unabhängig davon, ob es bessere Optionen bei Dritten gibt. In der Therapie wird dann zur zweitbesten Alternative gegriffen, da die beste nicht verfügbar ist.

---

[41] § 5 TPG-GewV iVm § 20b AMG.

[42] Deutsche Gesellschaft für Gewebetransplantation gGmbH 2016.

[43] GBM-V Gewebebank 2018.

[44] Tissue Regenix 2017.

[45] Siehe dazu bereits unter Abschn. 3.1.

Der mögliche Einwand, dass gemeinnützige Einrichtungen ihre Verteilungsregeln nicht zu veröffentlichen brauchen, da sie nachweislich dem Gemeinwohl verpflichtet sind, ist irreführend. Das Kriterium der Gemeinnützigkeit wird rein fiskalisch bewertet.[46] Solange die gespendeten Gewebe den berechtigten Empfängern zur Transplantation zur Verfügung gestellt werden (und aufgrund des Mangels in der Regel auch verwendet werden) und solange Gewinne entsprechend der Abgabenordnung verwendet werden, sind die Kriterien der Gemeinnützigkeit erfüllt. Die Qualität der Verteilung von Gewebespenden „(...) *guided by clinical criteria and ethical norms (...)*" ist kein Kriterium für die Gemeinnützigkeit, wohl aber eine Forderung des WHO *Guiding Principle 9*.

4.4 Handelsverbot von Geweben

Der weitgehende supranationale Konsens des Handelsverbotes mit Geweben und Organen ist auch in der deutschen Gesetzgebung verankert. In der Gesetzesbegründung zu § 16 TPG a.F. (Verbot des Organhandels; nunmehr § 17 TPG) wird angeführt:

> „Im Hinblick auf den derzeitigen Mangel an geeigneten Spenderorganen wächst die Versuchung, aus eigensüchtigen wirtschaftlichen Motiven die gesundheitliche Notlage lebensgefährlich Erkrankter in besonders verwerflicher Weise auszunutzen. Satz 1 begegnet dieser Gefahr, indem er – als Voraussetzung für eine Strafbarkeit nach § 17 – normiert, daß der gewinnorientierte Umgang mit menschlichen Organen verboten ist. (...) Schutzobjekt ist neben der körperlichen Integrität des Lebenden auch die durch Artikel 1 Abs. 1 GG garantierte Menschenwürde, die über den Tod hinaus Schutzwirkung entfaltet, und das Pietätsgefühl der Allgemeinheit. Die Garantie der Menschenwürde wird verletzt, wenn der Mensch bzw. seine sterblichen Reste zum Objekt finanzieller Interessen werden. (...)".[47]

Das TPG übernimmt das Merkmal des Handeltreibens ausdrücklich in der weiten Interpretation der Rechtsprechung zum Betäubungsmittelrecht. Insoweit führt die Gesetzesbegründung aus:

> „Tätigkeit nach Satz 1 ist das Handeltreiben mit den bezeichneten Körpersubstanzen. Zur Auslegung des Begriffs kann auf die umfangreiche Rechtsprechung des Reichsgerichtes (...) und des Bundesgerichtshofes (...) zurückgegriffen werden, die der Gesetzgeber im Betäubungsmittelgesetz aufgegriffen hat und die seither eine weitere Differenzierung erfahren hat (...)".[48]

Nach ständiger Rechtsprechung ist der Begriff des Handeltreibens im Betäubungsmittelrecht *weitest* auszulegen. Er reicht danach von einfachen, rein tatsächlichen

---

[46] §§ 52 ff. Abgabenordnung.
[47] BT-Drucks. 13/4355, S. 29.
[48] BT-Drucks. 13/4355, S. 29 f.

Handlungen bis zu komplexen Finanztransaktionen.[49] Das Handeltreiben umfasst auch die absatzorientierte Beschaffung. Es ist daher nicht auf Tätigkeiten beschränkt, die in einem auf Entäußerung gerichteten Tun die Sache dem Erwerber näherbringen.[50]

Mit der sehr weiten Auslegung des Handelsbegriffes will der Gesetzgeber der Kommerzialisierung von Organen *per se* entgegenwirken.[51] Das Schutzziel im Betäubungsmittelrecht ist der Empfänger. Konsequenterweise werden die Mechanismen pönalisiert, die eine unkontrollierte Verbreitung von Betäubungsmitteln ermöglichen. Auf der anderen Seite beschreibt der Gesetzgeber aber auch sehr detailliert, wie Betäubungsmittel abgegeben werden dürfen.[52] Das Schutzziel der oben genannten supranationalen Organisationen und des Transplantationsgesetzes sind die Beteiligten der Organspende, die nicht ausgenutzt werden sollen. Gleichzeitig sollte es aber möglich sein, Gewebe gezielt zu gewinnen und so zu verteilen, dass eine ausreichende und gleichmäßige Versorgung von Patienten möglich ist. Dieser Verteilungsbedarf wird steigen, da mit der individualisierten Medizin die Spezialisierung bei der Be- und Verarbeitung von Geweben zunehmen wird.

Die Nähe zur Strafbarkeit bei der Verteilung von Geweben schafft dabei nicht nur rechtliche und in der Folge pragmatische Probleme, sondern wirkt insgesamt verunsichernd und lähmend, da jeder Austausch von Geweben unter dem Generalverdacht des verbotenen Handels steht. Es wäre daher angebracht, die bisherige rechtliche Einschätzung zu überdenken und stattdessen Regeln aufzustellen, unter welchen Bedingungen Gewebe verteilt werden können, um den Schutzinteressen von Spendern und Patienten gerecht zu werden.

4.5 Handel mit Gewebeprodukten

Wie bereits in Abschn. 1 erläutert, unterscheidet der EU Gesetzgeber zwischen nicht-substanziell manipulierten Geweben, wie zum Beispiel Zellen, die für die Generierung von hiPS-Zellen notwendig sind, und substanziell manipulierten Geweben, wie den hiPS-Zell-Linien oder daraus differenzierten Zellen, die therapeutisch verwendet werden. Substanziell manipulierte Gewebe sind nach § 17 Abs. 1 Nr. 2 TPG vom Handelsverbot ausgenommen.

---

[49] Weber 2017, § 29 BtMG Rn. 167 m. w. N.

[50] Weber 2017, § 29 BtMG Rn. 209.

[51] Schroth 2005, § 18 Rn. 17.

[52] §§ 12 ff. Betäubungsmittelgesetz in der Fassung der Bekanntmachung vom 1. März 1994 (BGBl. I S. 358), das zuletzt durch Artikel 1 der Verordnung vom 16. Juni 2017 (BGBl. I S. 1670) geändert worden ist; sowie Betäubungsmittel-Verschreibungsverordnung vom 20. Januar 1998 (BGBl. I S. 74, 80), die zuletzt durch Artikel 1 der Verordnung vom 22. Mai 2017 (BGBl. I S. 1275) geändert worden ist.

4.6   Erstattung

Um innovative Arzneimittel in den Verkehr zu bringen, müssen über viele Jahre Kosten für die Entwicklung, Zulassung und Markteinführung vorgestreckt werden. Diese Kapitalkosten werden aus späteren Gewinnen mit dem Produkt finanziert. Die Rendite ergibt sich dann aus dem Differenzbetrag zwischen Gewinn und Entwicklungskosten. Die zu erwartende Rendite und das Finanzierungsvolumen sind wichtige Parameter für eine Investitionsentscheidung.

Die Unterscheidung zwischen nicht-substanziell und substanziell manipulierten Geweben setzt sich bei der Frage nach der Erstattungsgrundlage fort. Bei ATMP kann für das Arzneimittel an sich eine Erstattung verlangt werden.[53] Diese richtet sich nach § 35a SGB V, wenn der pharmazeutische Charakter im Vordergrund steht (z. B. bei oraler Einnahme des Arzneimittels), und nach § 135 SGB V, wenn die Art und Weise der Verabreichung für einen erfolgreichen Therapieausgang ebenso wichtig ist wie das aktive Wirkungsprinzip des Produktes (z. B. chirurgische Implantation). Der Erstattungsbetrag wird letztlich zwischen dem pharmazeutischen Unternehmer und dem GKV-Spitzenverband verhandelt. Die Rendite entwicklungsintensiver Produkte liegt zurzeit bei ca. 3 %.[54] Die geringe Wirtschaftlichkeit hat bereits zu ersten Rückgaben von Zulassungen von ATMP geführt: Vericel Denmark ApS/Maci in 2014,[55] Dendreon/Provenge in 2015,[56] TiGenix NV/ChondoCelect in 2016[57] und uniQure NV/Glybera in 2017.[58]

Für nicht-substanziell manipulierte Gewebe darf für das Gewebe an sich kein Entgelt verlangt werden, wohl aber für die Leistungen, die erbracht werden, um eine erfolgreiche Transplantation zu ermöglichen. In der Gesetzesbegründung zu § 16 TPG a.F. (nunmehr §§ 17 TPG) wird zum Verbot des Organhandels ausgeführt:

„Nummer 1 stellt klar, daß derjenige nicht eigennützig handelt, der im Rahmen dieser Tätigkeiten ein Entgelt gewährt oder annimmt, das den angemessenen Ersatz für die zur Erreichung des Ziels der Heilbehandlung gebotenen Maßnahmen nicht übersteigt. Dies schließt ein Entgelt für das Organ, Organteil oder Gewebe selbst aus, nicht jedoch eine angemessene Vergütung für die in diesem Rahmen durchzuführenden Tätigkeiten, wie z. B. Klärung der Voraussetzungen für eine Entnahme nach den §§ 3, 4 oder § 7, Nachweis des endgültigen, nicht behebbaren Ausfalls der gesamten Hirnfunktion oder des endgültigen, nicht behebbaren Stillstands von Herz und Kreislauf nach § 5, Durchführung der in § 15 genannten Maßnahmen, Vermittlung nach § 11, ärztliche, pflegerische und sonstige Leistungen im Zusammenhang mit der Organentnahme oder -übertragung einschließlich deren Vorbereitung. (…)".[59]

---

[53] § 17 Abs. 1 Nr. 2 TPG.

[54] Hirschler 2018.

[55] European Medicines Agency 2018.

[56] European Medicines Agency 2015.

[57] European Medicines Agency 2017a.

[58] European Medicines Agency 2017b.

[59] BT-Drucks. 13/4355, S. 30.

In der Gesetzesbegründung wird ferner der Weg konkretisiert, wie das angemessene Entgelt festzulegen ist:

> „Der Begriff des Entgelts umfaßt jeden vermögensweiten Vorteil. Angemessen sind insbesondere die üblichen Vergütungen, wie sie z. B. in den Vereinbarungen mit Leistungsträgern im Sinne des § 16 des Ersten Buches Sozialgesetzbuch oder durch Gesetz oder Rechtsverordnung oder in aufgrund gesetzlicher Bestimmungen getroffenen Vereinbarungen festgesetzt sind. Eine Pauschalierung dieser Vergütungen ist zulässig".[60]

Bei der Bestimmung des angemessenen Entgelts für Dienstleistungen an nicht-substanziell manipulierten Geweben, die als Ausgangsstoffe für die hiPS-Zell-Technologie verwendet werden sollen, bietet sich beispielsweise eine Anlehnung an die *Gebührenordnung für Ärzte* an. Bei nicht-substanziell manipulierten Geweben, die in den Verkehr gebracht werden sollen, ist das Verfahren nach § 6 Abs. 2 KHEntgG[61] (Neue Untersuchungs- und Behandlungsmethoden) eine Möglichkeit, mit den genannten Leistungsträgern, also Krankenversicherungen, Unfall-, Pflege- und Rentenversicherung, oder Kassenärztlichen Vereinigungen das angemessene Entgelt zu bestimmen.

Üblicherweise kommt eine Preisbildung zwischen dem Anbieter und dem Kunden zustande. In beiden oben genannten Verfahren ergibt sich die Preisbildung zwischen zwei Dritten: zwischen den Ärzten und den Krankenkassen bzw. zwischen den Krankenhäusern und den Krankenkassen. So wird schon strukturell verhindert, dass der Anbieter von Geweben unangemessene Entgelte erhalten kann.

Beide Verfahren zur Bestimmung des angemessenen Entgelts lassen auch Spielraum für einen unternehmerischen Gewinn, der in der *Gebührenordnung für Ärzte* (GOÄ) ebenso berücksichtigt wird, wie beim Verfahren nach § 6 Abs. 2 KHEntgG (NUB). Da weder die GOÄ noch ein NUB für einen pharmazeutischen Unternehmer verhandelbar sind, kann der Gewinn nur durch sparsames Wirtschaften erzielt werden. Dabei haben gemeinnützige Einrichtungen einen großen Vorteil, weil sie keine Gewinne an Gesellschafter ausschütten. Bei der Erstattung gleichwertiger Leistungen orientieren sich die Krankenkassen am günstigsten Anbieter.[62] In diesem Fall verhindern Marktmechanismen hohe Gewinnspannen und bevorteilen gemeinnützige Einrichtungen. Aus unternehmerischer Sicht stellt sich daher eher die Frage, ob der realisierbare Gewinn die geringe Skalierbarkeit der Prozesse, die hohen technischen und regulatorischen Aufwendungen und die hohen Gebühren angemessen kompensieren kann, um auch eine Rendite zu ermöglichen. Betrachtet man die Anzahl der genehmigten Gewebezubereitungen, so fällt auf, dass weniger als 10 % von Unternehmen stammen, aber über 90 % von gemeinnützigen Einrichtungen oder Krankenhäusern, und dass über 90 % der Gewebezubereitungen, die in den letzten 5 Jahren genehmigt wurden, „me-too"-Präparate sind.[63] Monopolpositionen, die zum Beispiel durch gewerbliche Schutz-

---

[60] BT-Drucks. 13/4355, S. 30.

[61] Gesetz über die Entgelte für voll- und teilstationäre Krankenhausleistungen (Krankenhausentgeltgesetz – KHEntgG) vom 23. April 2002. In: BGBl I (2002):1412, 1422.

[62] § 12 SGB V.

[63] Siehe https://www.pei.de. Zugegriffen: 13. Januar 2019.

rechte, besondere Zulassungsrechte oder durch einen marktbeherrschenden Zugang zu Gewebespenden entstehen, können zu unwirtschaftlichem Verhalten und damit zu Verschwendung führen. Unabhängig von anderen Problemen, die Monopole mit sich bringen, begründet auch Verschwendung ein nicht gerechtfertigtes Entgelt.

4.7 Vigilanz/Nachbeobachtung

Die WHO verlangt im *Guiding Principle 10* eine Nachverfolgung von Spendern und Patienten, um fundierte Nutzen-Risiken-Abwägungen treffen zu können. Im Falle der hiPS-Zell-Technologie werden Gewebe sehr wahrscheinlich wenig risikoreich und in kleinen Mengen entnommen, zum Beispiel durch Blutentnahme, Fettabsaugung etc. Da es sich hierbei um routinierte Prozeduren handelt, steht der Aufwand für eine dezidierte Nachverfolgung der Spender möglicherweise in keinem Verhältnis zur verwertbaren Erkenntnis. Die Notwendigkeit der Spender-Vigilanz wird jedoch zurzeit kontrovers diskutiert, da es Verdachtsmomente gibt, die möglicherweise eine intensivere Nachbeobachtung der Spender verlangen.[64]

Da hiPS-Zell-basierte Produkte als ATMP eingestuft werden, sind klinische Studien Bestandteil des zentralen Zulassungsverfahrens. Mithin wird die Forderung nach Nachverfolgung der Patienten gewährleistet. Nach der Zulassung fordern zudem die allgemeinen Regeln der Vigilanz immer dann eine Nachverfolgung, wenn dem Inverkehrbringer eine schwerwiegende unerwünschte Reaktion bei einem Patienten gemeldet wird.[65] Allerdings werden in der Praxis die unerwünschten Ereignisse nur sporadisch an den Inverkehrbringer gemeldet.

Anders sieht dies bei nicht-substanziell manipulierten Geweben aus, die in den Verkehr gebracht werden. Auch hier gelten die allgemeinen Regeln der Vigilanz.[66] Klinische Beobachtungsstudien sind keine Pflicht für die Genehmigung zur Inverkehrbringung und werden daher nur sehr selten durchgeführt. Bewertungsgrundlage der klinischen Sicherheit für die Genehmigung sind wissenschaftliche Berichte. Hier greifen dann die Regeln der Krankenkassen, die regelmäßig nur dann ein angemessenes Entgelt leisten, wenn „(…) der Gemeinsame Bundesausschuss (…) Empfehlungen abgegeben hat über (…) die Anerkennung des (…) therapeutischen Nutzens der neuen Methode sowie deren medizinische Notwendigkeit und Wirtschaftlichkeit".[67] Nach Genehmigung gelten die gleichen Pflichten zur Nachverfolgen wie nach Zulassung.

---

[64] European Commission 2017.

[65] § 63c Abs. 1 AMG.

[66] § 63i AMG.

[67] § 135 Abs. 1 SGB V.

5   Ausblick

Die Deutsche Stiftung Organtransplantation hat eine „Kultur der Organspende" an-
gemahnt.[68] Wünschenswert wäre auch eine „Kultur der Gewebespende". Diese Kultur kann nur dann gelingen, wenn die Beteiligten transparent von Erfolgen, Misser-
folgen, Fehlern und den Herausforderungen berichten und strukturelle Änderungen
einleiten.

5.1   Staatliches Engagement

Viele ethische Probleme im Zusammenhang mit der Verwendung menschlicher Gewebe sind in der geringen Bedarfsdeckung begründet. Daher liegt es nahe, zunächst
einmal die Anzahl der Gewebespenden zu erhöhen, ohne Druck auf potenzielle
Spender auszuüben und ohne die Qualität der Spende zu mindern. Dies kann gelingen, wenn die Organisation der Gewebespende nachhaltig gestärkt wird. Dafür
muss diese gefördert werden. Das bedeutet nicht nur den Wegfall der Gebühren für
Erlaubnisverfahren, sondern aktive, unterstützende Beratung bei der Antragstellung
und eine nachhaltige finanzielle Unterstützung beim Aufbau und dem Erhalt einer
operativen Spendenstruktur. Der durchschnittliche Verwaltungsaufwand für die
Länder könnte durch einheitliche Antrags-, und Nachweisverfahren, Bewertungs-
kriterien und gegenseitige Anerkennungen von Teilen der Erlaubnis deutlich reduziert werden.
   Die Aufklärungs- und Einwilligungsgespräche mit Gewebespendern und Angehörigen sollen umfassend und ergebnisoffen sein. Eine staatliche Organisation kann
glaubwürdiger aufklären als medizinisches Personal, welches zuvor möglicherweise für die Genesung des Spenders gekämpft hat, oder als Vertreter von Entnahmeeinrichtungen, denen ein einseitiges Interesse an der Spende unterstellt werden
kann. In einer staatlichen Organisation wäre es zudem einfacher, allen Interessenten
die gleichen Informationen zur Verfügung zu stellen. Bei der allogenen Spende
sollte es daher als eine staatliche Aufgabe verstanden werden, diese Gespräche zu
führen. Das ist nicht als Kritik an der Arbeit der Mitarbeiter zu verstehen, die diese
Gespräche zurzeit führen, oder als Kritik an Organisationen, die sich der Aufgabe
angenommen haben, sondern als eine Kritik am Staat, der sich einer Verantwortung
entzieht, obwohl bei der Gewebespende die im Grundgesetz garantierte Würde des
Menschen unmittelbar berührt wird.
   Gewebespenden sind oft weder örtlich noch zeitlich planbar. Demgegenüber
steht der Anspruch, die Spende bestmöglich für die Therapie von Patienten zu verwenden und die wirtschaftliche Notwendigkeit, personelle und technische Kapazitäten bei der Be- und Verarbeitung möglichst gleichmäßig auszulasten, um das System finanziell nicht zu überlasten. Ein Ausgleich kann nur durch eine möglichst

---

[68] Schläfer 2018.

breit angelegte Organisation geschaffen werden, welche die Spende und deren Verwendung steuert. In den USA werden alle potenziellen Spender, sei es für Organe oder Gewebe, an zentrale Koordinierungsstellen, zum Beispiel dem United Network for Organ Sharing oder Statline, gemeldet. Diese prüfen, ob eine Spende erfolgversprechend eingeleitet werden kann und ob und wo ein Bedarf vorliegt. Erst wenn wesentliche Bedingungen erfüllt sind, wird der Spendeprozess eingeleitet, der wie in der Europäischen Union mit der Frage nach der Einwilligung beginnt.[69] Die Meldepflicht und die Vorabprüfung ermöglichen eine gezielte Ansprache und eine bedarfsorientierte Verteilung, Verarbeitung und Verwendung der Spende. Ein vergleichbarer Organisationsgrad wäre für Deutschland überlegenswert, weil so die Transparenz und Effizienz gesteigert werden könnte, ohne das Entscheidungsprinzip bei der Organ- und Gewebespende in Frage zu stellen.

Der Forderung nach gerechten, unabhängig begründeten und transparenten Allokationsregeln für Gewebe wird zurzeit nicht Rechnung getragen. Statt diese Diskussion konstruktiv, proaktiv und verbindlich zu führen, wird seitens des Gesetzgebers die Verteilung von Geweben qualitativ mit der Abgabe von Betäubungsmitteln verglichen, ohne aber gleichwertige Regelungen zur Verschreibung, Abgabe und den Nachweis des Verbleibs zu schaffen. Der Mangel an Transparenz und Regulation sind Nährboden für eine Skandalisierung des Themas. Die Angst vor öffentlicher, aber auch privater Stigmatisierung belastet Mitarbeiter und Investoren und führt eher zu einem Rückzug als zu Offenheit.

5.2 Unternehmerisches Engagement

Gewebeeinrichtungen, gleich ob gemeinnützig oder nicht, sollten über Tätigkeiten mit Spenden berichten. Spender oder deren Angehörige bringen diesen Einrichtungen Vertrauen entgegen. Dieses Vertrauen kann auf Dauer nur durch Transparenz gerechtfertigt werden. Keinem anderem Ziel dient auch der Jahresbericht von Aktiengesellschaften, der den Aktionären über das dem Unternehmen anvertraute Kapital berichtet.

Die Art und Weise wie Gewebe oder Gewebezubereitungen angedient werden, sollten Unternehmen kritisch hinterfragen. Die Aufforderung zur Transparenz gebietet möglichst große Offenheit. Ein freier Bestellzugang, zum Beispiel über das Internet, kann jedoch als Herabwürdigung zur „Ware Mensch" verstanden werden und sollte vermieden werden.[70]

Der Dank an die Spender wird zurzeit mündlich oder schriftlich ausgedrückt. Es ist auch ein Ausdruck von Dank und Anerkennung, sich materiell erkenntlich zu

---

[69] Die Organ- und Gewebespende wird bundesstaatlich geregelt: z. B. New York Anatomical Gift Law, Kap. 52, Abschn. 2.9.

[70] Stellungnahme der Deutschen Krankenhausgesellschaft (DKG) zur Versorgung von Patienten mit Gewebe und Gewebezubereitungen für die Erstellung des Erfahrungsberichtes der Bundesregierung nach Artikel 7a des Gewebegesetzes. 27.02.2014.

zeigen. Die direkte Zuwendung an Spender oder deren Angehörige käme einer Bezahlung nahe, die aus bekannten Gründen weder vertretbar noch erlaubt ist. Es könnte aber eine Überlegung sein, Zuwendungen an einen Fond zu richten, der die Gewebespende fördert, Menschen, die die schwierigen Aufklärungsgespräche führen, unterstützt, Spender und deren Angehörige begleitet oder Patienten, die eine Spende erhalten haben, im Alltag hilft.[71] Die Aufzählung ist nicht abschließend und soll lediglich den Personenkreis eingrenzen, denen Dank und Fürsorge im Rahmen der Gewebespende gebührt und die möglicherweise Unterstützung benötigen. Diese materielle Anerkennung könnte sich in einem Anteil vom Umsatz oder Gewinn ausdrücken, welche Einrichtungen, die Gewebeprodukte in den Verkehr bringen, an den Fond überweisen.

5.3 Gesellschaftliches Engagement

Die Forderung der WHO, dass Zuteilungskriterien auf nationaler oder subregionaler Ebene von einem Ausschuss festgelegt werden, dem Experten der relevanten medizinischen Fachrichtungen, der Bioethik und der öffentlichen Gesundheit angehören, ist bisher ungehört verhallt.

Ersatzweise können die Gewebeeinrichtungen Beiräte bilden, welche diese Forderung umsetzen. Vertreter der öffentlichen Gesundheit werden nur dann in entsprechenden Ausschüssen teilnehmen, wenn diese einen gesetzlichen Auftrag erhalten, der zurzeit nicht existent ist. Für die medizinischen Kriterien können medizinische Fachgesellschaften befragt werden. Bei Vertretern der Bioethik wird die Frage schon schwieriger. Nur wenige Personen beschäftigen sich mit diesen Fragestellungen. Zudem besteht bei diesen wenigen Personen wenig Bereitschaft in einen Unternehmensbeirat als *Governance Council* einzutreten, da um die akademische Unabhängigkeit und Glaubwürdigkeit gefürchtet wird.[72] Gegebenenfalls könnten Patientenorganisationen diesen Platz einnehmen, wobei diese naturgemäß eher Anwälte der Spendenempfänger wären. Spenderorganisationen, die Spender vertreten und nicht um Spenden bemüht sind, sind nicht bekannt. Hier könnten möglicherweise Laienvertreter begeistert werden, die Vertretung in einem Beirat wahrzunehmen. Am Ende kommt es also wahrscheinlich auf das gesellschaftliche Engagement von Patienten- und Laienvertretern an, die Erwartung der WHO zu erfüllen.

Danksagung Der Autor bedankt sich beim Bundesministerium für Bildung und Forschung und beim Projektträger Deutsches Zentrum für Luft- und Raumfahrt e. V. für die Förderung des Projekts *Induzierte pluripotente Stammzellen für die zelluläre Therapie von Herzerkrankungen: Entwicklung von Vermarktungsstrategien für iCARE aus ethischer und rechtlicher Sicht*, FKZ 01EK1601B.

---

[71] Siehe dazu auch Teil V dieses Sammelbands.
[72] Eigene Erfahrung des Autors 2017.

Literatur

Bezirksregierung Düsseldorf (2017) Gewebe und Gewebezubereitungen. http://www.brd.nrw.de/gesundheit_soziales/pharmazeutische_angelegenheiten/AMG_Gewebe_und_Gewebezuberei-tungen.html. Zugegriffen am 13.01.2019

Deutsche Gesellschaft für Gewebetransplantation gGmbH (2016) Jahresbericht 2015. http://www.gewe-benetzwerk.de/wp-content/uploads/2015/12/Jahresbericht_2015.pdf. Zugegriffen am 13.01.2019

Europarat (1997) Erläuternder Bericht zu dem Übereinkommen zum Schutz der Menschenrechte und der Menschenwürde im Hinblick auf die Anwendung von Biologie und Medizin: Über-einkommen über Menschenrechte und Biomedizin. https://www.coe.int/t/dg3/healthbioethic/texts_and_documents/DIRJUR(97)5_German.pdf. Zugegriffen am 13.01.2019

Europarat (2017) European Pharmacopoeia. Published by Directorate for the Quality of Medicines & HealthCare of the Council of Europe (EDQM), Stuttgart

European Commission (2017) Summary of the blood, tissues and cells stakeholder event. 20th September 2017. https://ec.europa.eu/health/sites/health/files/blood_tissues_organs/docs/ev_20170920_sr_en.pdf. Zugegriffen am 13.01.2019

European Medicines Agency (2015) Provenge. https://www.ema.europa.eu/en/medicines/human/EPAR/provenge. Zugegriffen am 24.01.2019

European Medicines Agency (2017a) ChondroSelect. https://www.ema.europa.eu/en/medicines/human/EPAR/chondrocelect. Zugegriffen am 24.01.2019

European Medicines Agency (2017b) Glybera. https://www.ema.europa.eu/en/medicines/human/EPAR/glybera. Zugegriffen am 24.01.2019

European Medicines Agency (2018) Maci. https://www.ema.europa.eu/en/medicines/human/re-ferrals/maci. Zugegriffen am 24.01.2019

GBM-V (2018) Impressum. https://www.gbm-v.de. Zugegriffen am 24.01.2019

Hirschler B (2018) Zulassungsboom in der Pharmabranche – Renditen unter Druck, Reuters vom 02.01.2018. https://de.reuters.com/article/pharmaindustrie-neuzulassungen-idDEKB-N1ER0Y3. Zugegriffen am 24.01.2019

Hoppe N (2009) Bioequity – property and the human body. Ashgate Publishing, Farnham

Hoppe N (2013) The issue with tissue: why making human biomaterials available for research purposes is still controversial. Diagn Histopathol 19(9):315–321

Keitel S (2012) Organs, tissues and cells – safety, quality and ethical matters concerning procure-ment, storage and transplantation (Council of Europe Convention, Recommendations, Reso-lutions and Reports) is published by the Directorate for the Quality of Medicines & Health-Care of the Council of Europe (EDQM), Straßbourg. https://www.edqm.eu/medias/fichiers/organ_tissue_and_cells_free_publication.pdf. Zugegriffen am 13.01.2019

Keitel S (2017) The Guide to the quality and safety of tissues and cells for human application is published by the European Directorate for the Quality of Medicines & HealthCare of the Coun-cil of Europe (EDQM), Straßbourg. https://www.edqm.eu/sites/default/files/foreword_list_of_contents_tissues_cell_guide_2nd_edition_2015.pdf. Zugegriffen am 13.01.2019

Lee JE, Kang MS, Lee DR (2012) Human embryonic stem cell bank: implication of human leu-kocyte antigens and ABO blood group antigens for cell transplantation. In: Hayat MA (Hrsg) Stem cells and cancer stem cells, Bd 6. Springer/Dordrecht/Heidelberg, London/New York, S 35–46

Lenk C, Beier K (2012) Is the commercialisation of human tissue and body material forbidden in the countries of the European Union? J Med Ethics 38:342–346

Martin U, Müller A, Besser D (2016) White Paper: Öffentliche Förderung der Stammzellforschung – Deutschland im internationalen Vergleich. German Stem Cell Network (GSCN) e.V. (Hrsg), GSCN-Fachgruppe „Förderprogramme und -maßnahmen" http://www.gscn.org/Portals/0/Do-kumente/Statements/White_Paper_Funding_2016GSCN.pdf?ver=2016-10-10-155403-250. Zugegriffen am 13.01.2019

Schicktanz S, Pfaller L, Hansen SL (2016) Einstellung zur Organspende: Kulturell tief verwurzelt. Dtsch Arztebl 113:37

Schläfer E (2018) „Wir brauchen eine Kultur der Organspende". http://www.faz.net/aktuell/gesellschaft/gesundheit/deutsche-stiftung-organtransplantation-ueber-spendermangel-15397816. html. Zugegriffen am 13.01.2019

Schroth U (2005) In: Schroth U, König P, Gutmann T, Oduncu F (Hrsg) Transplantationsgesetz. Kommentar. Beck, München

Simitis S (2004) Zur Patentierung biotechnologischer Erfindungen unter Verwendung biologischen Materials menschlichen Ursprungs. Nationaler Ethikrat, Berlin. https://www.ethikrat. org/fileadmin/Publikationen/Stellungnahmen/Archiv/Stellungnahme_Biopatentierung.pdf. Zugegriffen am 13.01.2019

Tissue Regenix (2017) Annual report 2017. https://s3-eu-west-1.amazonaws.com/tissue-regenix/ Tissue-Regenix-AR-2017-webready.pdf. Zugegriffen am 24.01.2019

Weber K (2017) In: Weber K (Hrsg) Betäubungsmittelgesetz. Arzneimittelgesetz. Anti-Doping-Gesetz. Neue-psychoaktive-Stoffe-Gesetz. Kommentar. Beck, München

WHO = World Health Organisation (2010) WHO guiding principles on human cell, tissue and organ transplantation. In: Sixty-Third World Health Assembly, Geneva 17–21 May 2010, WHA63/2010/ REC/1, Annex 8. http://apps.who.int/gb/ebwha/pdf_files/WHA63-REC1/WHA63_REC1-en.pdf. Zugegriffen am 13.01.2019

Michael Harder hat Biologie in Würzburg und Braunschweig studiert und 1992 in Biotechnologie promoviert. Seit 2006 ist er geschäftsführender Gesellschafter von corlife in Hannover, das unter anderem auf die Aufbereitung humaner kardiovaskulärer Transplantate spezialisiert ist. Corlife ist Sponsor von zwei europäischen Beobachtungsstudien, die vom *European Network of Centres for Pharmacoepidemiology and Pharmacovigilance*, einer Organisation der Europäischen Arzneimittel-Agentur, mit dem *ENCePP-Study-Seal* ausgezeichnet wurden.

Teil IV
Patientenvertretung

Patientenvertretung in der (hiPS-Zell-) Forschung als Herausforderung für Patientenorganisationen

Stephan Kruip

Zusammenfassung Ein wichtiger Stakeholder für die klinische Translation humaner induzierter pluripotenter Stammzellen sind die betroffenen Patienten selbst. Ihre Beiträge in Form von Patientenvertretung gewährleisten, dass die Interessen der Patienten angemessen berücksichtigt werden. Am Beispiel der Erbkrankheit Mukoviszidose und der Aktivitäten des entsprechenden Selbsthilfevereins Mukoviszidose e.V. werden die Herausforderungen aufgezeigt, vor welchen Patientenorganisationen bei der effektiven Patientenvertretung stehen, wie zum Beispiel die Rekrutierung von geeigneten Patienten oder Sprachbarrieren durch Studienunterlagen ausschließlich in wissenschaftlicher – somit nicht laienverständlicher – englischer Sprache. Weitere Herausforderungen sind die Motivation und Schulung ehrenamtlicher Patientenvertreter sowie die Finanzierung, falls Patientenvertretung nicht ehrenamtlich geleistet werden kann.

1 Einleitung

Am Beispiel der Erbkrankheit Mukoviszidose und des entsprechenden Selbsthilfevereins Mukoviszidose e.V. werden die Herausforderungen geschildert, vor denen Patientenorganisationen bei der Patientenvertretung in Projekten der medizinischen Forschung stehen. An zwei Projekten der Forschung mit humanen induzierten pluripotenten Stammzellen (hiPS-Zellen) zur Mukoviszidose zeigen sich diese Herausforderungen in besonderer Weise. Eingangs wird die Erkrankung und der Verein

S. Kruip (✉)
Mukoviszidose e.V. Bundesverband Cystische Fibrose (CF), Bonn, Deutschland
E-Mail: stephan@kruip.info

© Springer-Verlag GmbH Deutschland, ein Teil von Springer Nature 2020
S. Gerke et al. (Hrsg.), *Die klinische Anwendung von humanen induzierten pluripotenten Stammzellen*, Veröffentlichungen des Instituts für Deutsches, Europäisches und Internationales Medizinrecht, Gesundheitsrecht und Bioethik der Universitäten Heidelberg und Mannheim 48,
https://doi.org/10.1007/978-3-662-59052-2_6

vorgestellt, sowie seine Aktivitäten zur Patientenvertretung im Mukoviszidose-Patientenregister, beim Neugeborenen-Screening, in der Leitlinienarbeit und in einem Klinik-Studien-Netzwerk.

2 Mukoviszidose

Die Mukoviszidose (= zystische Fibrose, engl. CF) ist die häufigste autosomal-rezessiv vererbte Stoffwechselkrankheit in Europa.[1] Als Folge einer Mutation auf dem CFTR-Gen des 7. Chromosoms wird bei dieser Krankheit ein Chloridkanal in der Zellmembran inkorrekt ausgebildet.[2] So wird den Schleimhäuten ungenügend Flüssigkeit zugeführt und das Sekret wird zähflüssig.[3] Dies führt zu Veränderungen in den Sekret bildenden Drüsen wie Lunge, Niere, Leber, Bauchspeicheldrüse und auch den Schweißdrüsen.[4] Das charakteristische Merkmal von Mukoviszidose ist die verschleimte, mit Bakterien befallene Lunge. Diese Bakterien rufen eine chronische Immunantwort des Körpers hervor. Die permanente Entzündung der Lunge führt schließlich zu schweren Lungenveränderungen, die am Lebensende auch das Herz belasten.[5] Aus diesem Grund sind Herz-Lungen-Probleme die häufigste Todesursache bei Mukoviszidose-Patienten.[6]

2.1 *Unsichtbare Krankheit*

Mukoviszidose ist eine unsichtbare Krankheit.[7] Es sind kaum äußerliche Krankheitssymptome zu erkennen. Die lebensgefährlichen Veränderungen in der Lunge sind von außen unsichtbar. Wie bei der Tuberkulose steht im ausgeprägten Krankheitsstadium die Auszehrung des Körpers durch Verdauungsprobleme und langsam nachlassende Lungenfunktion im Vordergrund. Der Philosoph Karl Jaspers hat es folgendermaßen ausgedrückt: „Diese Erkrankung greift in den Lebensprozess selbst ein und schwächt ihn konstitutionell. Sie steht nicht als ein klar Begrenztes der Persönlichkeit gegenüber".[8] Eine Stoffwechselerkrankung wie Mukoviszidose ist somit nicht mit Symptomen wie Knieschmerzen oder Problemen mit der Bandscheibe vergleichbar.

---

[1] Hauber et al. 2001, S. 255; Ratjen und Doring 2003, S. 681.
[2] Kruip 2003, S. 229.
[3] Kruip 2003, S. 229.
[4] Kruip 2003, S. 229.
[5] Kruip 2003, S. 229.
[6] Kruip 2002, S. 9.
[7] Wissen Gesundheit 2019.
[8] Jaspers 1967, S. 131.

2.2   Seltene Krankheit („Orphan Disease")

Eine Erkrankung gilt in der Europäische Union als selten, wenn nicht mehr als 5 von 10.000 Menschen europaweit von ihr betroffen sind.[9] Sie haben sehr unterschiedliche Ausprägungsmerkmale mit meist komplexen Krankheitsbildern. Alle seltenen Erkrankungen haben gemeinsam, dass sie oft chronisch verlaufen sowie mit Invalidität und/oder einer eingeschränkten Lebenserwartung einhergehen.[10] Zudem treten die Symptome regelmäßig bereits im Kindesalter auf.[11] Die Mehrzahl der seltenen Erkrankungen (circa 80 Prozent) sind genetisch bedingt und häufig nicht heilbar.[12]

In Deutschland gibt es circa 8000 Patienten, die an Mukoviszidose leiden.[13] Rund fünf Prozent der deutschen Bevölkerung sind Merkmalsträger für Mukoviszidose, ohne es selbst zu wissen.[14] Es werden jährlich circa 150–200 Kinder mit Mukoviszidose geboren.[15]

2.3   Behandlung

Zu Beginn der 1980er-Jahre verstarb noch die Mehrzahl der Patienten in den frühen Lebensjahren an den Folgen von rezidivierenden bronchopulmonalen Infektionen.[16] Die wenigsten Patienten erreichten das Erwachsenenalter. Durch den frühzeitigen Einsatz symptom-orientierter Therapien konnte in den letzten Jahrzehnten der Gesundheitszustand von Patienten erheblich verbessert und eine starke Zunahme der Lebenserwartung erzielt werden.[17] Das bedeutet zwar für die Betroffenen die lebenslange Einnahme von Antibiotika, die Verwendung von Enzympräparaten bei jeder Nahrungsaufnahme, um die Fettverdaulichkeit zu ermöglichen, die Anwendung von Schleimlöser für die Lunge sowie Atemtherapien, Krankengymnastik und Sport. Gleichzeitig hat sich die Lebenserwartung aber dramatisch erhöht.[18] Ein hoher Therapieaufwand, der sich aber für den Patienten lohnt. Diese Entwicklungen ermöglichen es den Patienten, ihr Leben unter gewissen Voraussetzungen selbst zu gestalten und aktiv daran teilzunehmen.

---

[9] Bundesministerium für Gesundheit 2017.

[10] Bundesministerium für Gesundheit 2017.

[11] Bundesministerium für Gesundheit 2017.

[12] Bundesministerium für Gesundheit 2017.

[13] Mukoviszidose e.V. 2018e, S. 7.

[14] Mukoviszidose CF-Selbsthilfe Köln e.V. 2019.

[15] Mukoviszidose e.V. 2018e, S. 7.

[16] Hirche et al. 2005, S. 811.

[17] Hirche et al. 2005, S. 811.

[18] Nährlich 2018, S. 38.

3 Mukoviszidose e. V.

3.1 Ziele

Der Mukoviszidose e. V. wurde 1965 mit Sitz in Bonn gegründet.[19] Der Verein bündelt und vernetzt die unterschiedlichen Erfahrungen, Kompetenzen und Perspektiven der Patienten, ihrer Angehörigen, Therapeuten, Ärzte und Forscher.[20] Das Ziel ist es, jedem Betroffenen ein möglichst selbstbestimmtes Leben mit Mukoviszidose bei normaler Lebenserwartung zu ermöglichen.[21] Das Motto lautet: helfen. forschen. heilen.[22]

Helfen heißt, den Mukoviszidose-Patienten und ihren Angehörigen zur Seite zu stehen, insbesondere im Hinblick auf die Erfahrungen im Umgang mit der Erkrankung.[23] Wichtig dabei ist es auch, dieses Wissen weiterzugeben.[24] *Forschen* heißt, Forschungsprojekte auszuwählen, zu fördern und zu finanzieren.[25] Die Mukoviszidose-Therapie soll insgesamt verbessert werden.[26] Die Forschung ist der Schlüssel, dass Mukoviszidose immer besser behandelbar und hoffentlich einmal heilbar wird.[27] *Heilen* heißt, Verantwortung dafür zu übernehmen, dass die Erfahrungen und das Wissen zur Behandlung der Ursachen eingesetzt und geteilt werden, damit allen Patienten in Deutschland die beste medizinische Versorgung zur Verfügung steht.[28] Nur so kann das langfristige Ziel erreicht werden, die Mukoviszidose zu besiegen.[29]

Dabei agiert man umsichtig und nachhaltig, indem die Interessen der betroffenen Patienten mit Mukoviszidose, die im Alltag auf Unterstützung für ein selbstbestimmtes Leben angewiesen sind, mit den Interessen künftiger Betroffener in Einklang gebracht werden.[30] So profitieren alle von vorhandenen und zukünftigen Forschungserfolgen.[31]

---

[19] Mukoviszidose e. V. 2018a.

[20] Mukoviszidose e. V. 2017c.

[21] Mukoviszidose e. V. 2018a.

[22] Mukoviszidose e. V. 2018a.

[23] Mukoviszidose e. V. 2018a.

[24] Mukoviszidose e. V. 2018a.

[25] Mukoviszidose e. V. 2018a.

[26] Mukoviszidose e. V. 2018a.

[27] Mukoviszidose e. V. 2018a.

[28] Mukoviszidose e. V. 2018a.

[29] Mukoviszidose e. V. 2018a.

[30] Mukoviszidose e. V. 2017a, S. 1.

[31] Mukoviszidose e. V. 2017a, S. 1.

3.2 Forschungsförderung

Mittels gezielter und bedachter Finanzierung bestimmter Forschungsprojekte hat der Mukoviszidose e.V. die Möglichkeiten, die selbstgesetzten Ziele der Bekämpfung von Mukoviszidose zu erreichen. Durch die Spendeneinnahmen stehen für Forschungsförderung ungefähr eine halbe Million Euro jährlich zur Verfügung.[32] Damit möchte der Mukoviszidose e.V. krankheitsbezogenes Wissen schaffen, aus dem ein konkreter Patientennutzen resultiert. Gleichzeitig sollen exzellente Köpfe gefördert und für die Mukoviszidose-Forschung motiviert werden.

Alle Förderungsanträge durchlaufen ein standardisiertes, zweistufiges Evaluationsverfahren, bevor ein Projekt eines Antragsstellers vom Mukoviszidose e.V. gefördert wird.[33] Das Evaluationsverfahren ist in der Verfahrensordnung festgelegt.[34] Die Antragsteller skizzieren zunächst ihr Forschungsvorhaben.[35] Die Projektskizze wird danach vom Vorstand der Forschungsgemeinschaft Mukoviszidose (FGM) bezüglich Relevanz und Durchführbarkeit begutachtet.[36] Nur bei positiv bewerteten Projektskizzen werden die Antragsteller aufgefordert, einen detaillierten Antrag (Langantrag) einzureichen.[37] Der Langantrag wird von internationalen Gutachtern in einem externen Peer-Review-Verfahren beurteilt.[38] Auf der Grundlage der Beurteilung durch die externen Gutachter empfiehlt der FGM-Vorstand bestimmte Projekte zur Förderung an den Bundesvorstand des Mukoviszidose e.V., der schlussendlich über die Bewilligung des Antrags entscheidet.[39] Für Kleinprojekte gibt es ein verkürztes Antragsverfahren.[40]

3.3 Beiträge des Vereins zu ethischen Diskursen

Die Mukoviszidose war schon immer ein Paradebeispiel für Forschung und Anwendung neuer lebenswissenschaftlicher Methoden. Bereits in den 80er-Jahren hat sich der Mukoviszidose e.V. mit der Pränataldiagnostik befasst. Mittels des Genträger-Screenings können Paare vor einer geplanten Schwangerschaft feststellen, ob es ein Risiko für ihr Kind gibt, mit Mukoviszidose geboren zu werden. Damit kann den zukünftigen Eltern eine informierte Entscheidung über ihre Fortpflanzung angeboten

---

[32] Mukoviszidose e.V. 2018e, S. 53 ff.

[33] Mukoviszidose e.V. 2018d.

[34] Mukoviszidose e.V. 2018d.

[35] Mukoviszidose e.V. 2018d.

[36] Mukoviszidose e.V. 2018d.

[37] Mukoviszidose e.V. 2018d.

[38] Mukoviszidose e.V. 2018d.

[39] Mukoviszidose e.V. 2018d.

[40] Mukoviszidose e.V. 2018d.

werden.[41] Wenn beide Eltern Genträger sind, wird nach den Mendel'schen Gesetzen der rezessiven Vererbung ein Viertel der Kinder mit Mukoviszidose zur Welt kommen.[42] Der Umgang mit dem Wissen über das Risiko, ein vermeintlich „krankes" Baby zu bekommen, ist nicht einfach und ethisch umstritten.[43] Neben der Pränataldiagnostik bietet der Einsatz der Präimplantationsdiagnostik (PID) eine Alternative, die ebenfalls ethisch umstritten ist.[44]

In der Zukunft könnte die Möglichkeit der Xenotransplantation bestehen. Dabei wird eine in einem Schwein gezüchtete Lunge beim menschlichen Empfänger eingesetzt.[45] Neben der technischen Umsetzung spielt auch die ethische Vertretbarkeit bei der Xenotransplantation eine wesentliche Rolle.[46] Die Xenotransplantation wirft beispielsweise neue Fragen der Allokation von Organen auf. Wer soll eine „Schweinelunge" und wer eine menschliche Lunge erhalten? Was sollen die Kriterien für die Verteilung sein?

Ethische Themen treten aber auch an anderen Stellen auf, zum Beispiel die Pflicht der Eltern zur Durchführung der dauerhaften lebenserhaltenden Therapie und die Frage, ob das Unterlassen der Therapie strafbar sei. So entschied der BGH in seinem Urteil vom 4. August 2015, dass ein Kind auch durch Unterlassen gequält werden kann, wenn die Eltern für ihr Kind keine leidensvermindernde ärztliche Hilfe in Anspruch nehmen.[47]

Gegenwärtig bestimmen insbesondere die Themen wie die Genschere CRISPR/Cas9 und die Keimbahnintervention die ethische Debatte. Durch den technischen Fortschritt werden immer wieder neue Methoden in den Fokus der Öffentlichkeit rücken. Da die Mukoviszidose monogen vererbt wird, im Vergleich zu anderen seltenen Erkrankungen häufig vorkommt und bis heute unheilbar ist, trägt der Mukoviszidose e. V. in diesen Debatten auch in Zukunft eine hohe Verantwortung.

4 Patientenvertretung

Im Mittelpunkt der Aufgaben der Patientenvertretung steht die bestmögliche Versorgung aller Patienten in Deutschland. Das deutsche Gesundheitssystem ist kompliziert und schwer verständlich. Das erschwert die politische Vertretungsarbeit zur Durchsetzung der spezifischen Bedürfnisse der Patienten mit Mukoviszidose. Zum Beispiel benötigt ein Patient, der an Mukoviszidose leidet, eine Behandlung durch einen Arzt in einer Spezialambulanz. Solche Behandlungen sind allerdings kosten-

---

[41] Kruip 2009.

[42] Näheres dazu s. z. B. Mukoviszidose e. V. 2019b.

[43] Kruip 2009.

[44] Kruip 2002, S. 9.

[45] Reardon 2015.

[46] Reardon 2015.

[47] BGH, Urt. vom 4. April 2015 – 1 StR 624/14, NJW 2015, S. 3047.

intensiv und nur schwer finanzierbar.[48] Die Schließung einer wohnortnahen Spezialklinik stellt jedenfalls eine lebensbedrohliche Gefahr für die betroffenen Mukoviszidose-Patienten dar.[49] Mitte Januar 2017 hat der Mukoviszidose e.V. reagiert und eine Petition an den Deutschen Bundestag gestartet, um auf diese Gefahr hinzuweisen und die medizinische Versorgung von Menschen mit Mukoviszidose deutschlandweit sicherzustellen.[50] Der Petitionsausschuss des Bundestages wurde so auf die prekäre Situation der ambulanten Versorgung von schwerkranken Menschen in Deutschland aufmerksam gemacht. Die Kosten der ambulanten Versorgung (ca. 2000 €/Jahr und Patient) stehen bei Mukoviszidose in einem bizarren Gegensatz zu den hochpreisigen Medikamenten, die ungefähr bei 200.000 Euro pro Patient und Jahr liegen.[51] Umso wichtiger ist es daher, dass die Interessen der Patienten durch einen finanziell transparenten und unabhängigen Selbsthilfeverein im Gesundheitswesen vertreten werden.

4.1 Patientenregister

Das im Jahr 1995 ins Leben gerufene Patientenregister „muko.web" umfasst aktuell 6100 Patienten und 91 Mukoviszidose-Einrichtungen.[52] Seit über 20 Jahren werden nunmehr medizinische Daten von Patienten, die an Mukoviszidose leiden, in diesem Register dokumentiert.[53] Das Register ist somit eine wertvolle Datenquelle, um Fragen zur Krankheit und Versorgung von Patienten mit Mukoviszidose zu beantworten.[54]

Das Patientenregister ist für alle Interessengruppen nützlich. Der Mukoviszidose e.V. verfolgt das Ziel, wissenschaftliche Aussagen zu Fragen der Versorgungsqualität und der Arzneimittelsicherheit zu treffen.[55] Hierdurch wird für den jeweiligen Patienten die größtmögliche Informationssicherheit erreicht. Auf der anderen Seite wird das Register auch von Ärzten aus verschiedenen Ambulanzen genutzt, die ihre Ergebnisse vergleichen können und so Rückschlüsse auf die Behandlungsmethode ziehen können. Da jeder Mukoviszidose-Fall einzigartig ist, sind ihre Behandlungen unterschiedlich und damit für alle Ärzte von hohem Interesse. Zudem erscheint jährlich ein Berichtsband, in dem die Versorgung in den einzelnen Ambulanzen bewertet und in Vergleich zu den anderen Ambulanzen gesetzt werden.[56] Gemäß dem

---

[48] Mukoviszidose e.V. 2017b.
[49] Mukoviszidose e.V. 2017b.
[50] Mukoviszidose e.V. 2017b.
[51] Mukoviszidose e.V. 2018g.
[52] Mukoviszidose e.V. 2018b.
[53] Mukoviszidose e.V. 2018b.
[54] Mukoviszidose e.V. 2018b.
[55] Mukoviszidose e.V. 2018b.
[56] Mukoviszidose e.V. 2018j.

Prinzip „Lernen von den Besten" (Benchmarking) kann die Versorgung in Deutschland stets kontinuierlich verbessert werden.[57]

Das Patientenregister kann darüber hinaus zur Patientenrekrutierung für Studien verwendet werden, die eine definierte Kombination von Mutationen als Eintrittsvoraussetzung haben, wie bei den neuen mutationsspezifischen Medikamenten. Der Mukoviszidose e.V. trägt damit dazu bei, dass Patienten von solchen Studien erfahren und teilnehmen können.

4.2   Neugeborenen-Screening

Am 1. September 2016 wurde das Neugeborenen-Screening auf Mukoviszidose eingeführt.[58] Nach zehnjähriger Verhandlung wurde im gemeinsamen Bundesausschuss (GBA) beschlossen, dass jedes Baby in Deutschland nach der Geburt beim Test auf angeborene Stoffwechselerkrankungen auch auf Mukoviszidose getestet wird.[59] Im Falle eines auffälligen Ergebnisses sollten sich die Eltern an eine spezialisierte Einrichtung wenden, in der die weiterführende Diagnostik vorgenommen wird.[60] Wird die Krankheit frühzeitig erkannt, kann unverzüglich mit der notwendigen Therapie begonnen werden.[61] Eine frühzeitige Behandlung wirkt sich positiv auf die körperliche Entwicklung der Kinder und auf den gesamten Krankheitsverlauf aus.[62] Der Mukoviszidose e.V. stellt Informationen über das Neugeborenen-Screening auf der Website des Vereins bereit und setzt sich so aktiv für die Aufklärung von Eltern ein.[63]

4.3   Leitlinien

Der Mukoviszidose e.V. wirkt bei der Entwicklung von Behandlungs-Leitlinien mit und setzt sich für die Entwicklung von laienverständlichen Versionen ein.[64] Gleichzeitig gibt es in vielen Ambulanzen Patientenbeiräte, in denen Mukoviszidose-Patienten Anregungen und Beschwerden von anderen Patienten aufnehmen und im Dialog mit dem Klinik-Team Verbesserungen von Missständen oder Lösungen für Probleme anstreben. Diese Patientenbeiräte werden vom Mukoviszidose e.V. durch Fortbildungen und Erfahrungsaustausch unterstützt, indem der Verein zum Beispiel die Empfehlung des Robert Koch Instituts zur Hygiene in Mukoviszidose-Zentren

---

[57] Mukoviszidose e.V. 2018j.
[58] Mukoviszidose e.V. 2018c, S. 2.
[59] GBA 2015; Mukoviszidose e.V. 2018f.
[60] Mukoviszidose e.V. 2018f.
[61] Mukoviszidose e.V. 2018f.
[62] Mukoviszidose e.V. 2018f.
[63] Mukoviszidose e.V. 2018f.
[64] Mukoviszidose e.V. 2018h.

in verständlicher Form bereitstellt.[65] Dies ist wichtig, da die Übertragung von multiresistenten Keimen für Mukoviszidose-Patienten besonders gefährlich ist.

4.4 HiPS-Zell-Forschung

Auf der Basis von hiPS-Zellen könnte in Zukunft möglicherweise eine innovative Stammzelltherapie für Mukoviszidose entwickelt werden. HiPS-Zellen lassen sich aus patienteneigenen somatischen Zellen gewinnen und beliebig vermehren.[66] Hierdurch können unter anderem das Problem der geringen Verfügbarkeit von Stammzellen sowie ethische Bedenken mit humanen embryonalen Stammzellen umgangen werden.[67] Es werden verschiedene Forschungsansätze diskutiert, die im Folgenden vorgestellt werden.

4.4.1 Personalisierte Medizin mit Hilfe von Organoiden

Da bei jedem Patienten die Funktion des Chloridkanals individuell ist, wirken die Medikamente, die auf die Verbesserung der Funktion des Chloridkanals abzielen, auch bei jedem Patienten unterschiedlich.[68] Mit Hilfe von hiPS-Organoiden, das heißt 3D-Mini-Organen, die aus hiPS-Zellen abgeleitet werden, kann die Wirkung eines Medikaments vor der Einnahme individuell getestet werden.[69] Falls das Ausmaß des Wachstums dieser Organoide bei Kontakt mit einem Medikament tatsächlich, wie vermutet, mit der klinischen Wirkung korreliert, könnten solche hiPS-Organoide das in-vitro-Testen an den Zellen eines individuellen Patienten ermöglichen. Diese Messung könnte dann als Grundlage für die Entscheidung des Arztes für oder gegen die Anwendung des Medikaments beim individuellen Patienten dienen und durch die gezieltere Allokation eventuell zu Kosteneinsparungen beitragen.

4.4.2 HiPS-Zell-Grundlagenforschung

Der Mukoviszidose e.V. hat bereits ein hiPS-Zell-Grundlagenforschungsprojekt gefördert.[70] In diesem Projekt wurden die hiPS-Zellen aus dem Blut von Patienten generiert und mittels Gentherapie korrigiert. Anschließend wurden die hiPS-Zellen in Atemwegszellen differenziert. Die Idee des Projektes besteht darin, dass man eines Tages Patienten seine eigenen – genetisch korrigierten – Zellen transplantieren kann.[71]

---

[65] RKI 2012.
[66] Mukoviszidose e.V. 2013.
[67] Mukoviszidose e.V. 2013.
[68] Düesberg 2016.
[69] Düesberg 2016.
[70] Mukoviszidose e.V. 2013.
[71] Mukoviszidose e.V. 2013.

4.4.3 „Science-Fiction": HiPS-Zellen und Lungenreparation

Im Jahr 2011 haben US-Forscher in der menschlichen Lunge Stammzellen gefunden, die nach der Injektion bei Mäusen geschädigte Areale der Lunge erneuerten.[72] Der Einsatz in der Transplantationsmedizin ermöglicht in der Zukunft vielleicht den Verzicht auf die lebenslange Einnahme von Immunsuppressiva.[73] Zunächst würden die Lungen-Transplantate von jeglichen Zellen des Spenders befreit.[74] Anschließend würde das Lungengerüst mit den Stammzellen des Organempfängers besiedelt.[75] Aus Sicht von Patienten stellt eine solche Strategie reine Science-Fiction dar. Ob dieses Vorhaben jemals gelingen wird, ist nach heutigem Stand noch völlig offen.

4.5   Cystic Fibrosis-Clinical Trial Network (CF-CTN)

Das „Cystic Fibrosis-Clinical Trial Network" (CF-CTN) ist ein Netzwerk von Behandlungszentren, die gemeinsam klinische Studien zur Mukoviszidose durchführen oder an Pharmastudien teilnehmen.[76] Dem CF-CTN gehören insgesamt 32 deutsche Mukoviszidose-Einrichtungen an.[77] Pharmaunternehmen stoßen in der Regel die Durchführung klinischer Studien an.[78] Das Netzwerk bündelt die Expertise von Patienten und Ärzten, deren Ideen bei der Durchsicht der Studienplanung (Expert Review) einfließen können.[79] Darüber hinaus gibt es ein entsprechendes Netzwerk auf europäischer Ebene, das sogenannte „ECFS-Clinical Trial Network".[80]

4.5.1   Informationen über aktuelle Studien

Auf der Internetseite des Mukoviszidose e.V. findet sich eine Übersicht über alle Studien, für die aktuell Patienten gesucht werden.[81] Da nicht jede Studie für jeden Patienten in Frage kommt, können sich Interessierte zudem direkt an eines der teilnehmenden Zentren oder an das Koordinationsteam des CF-CTN wenden.[82]

---

[72] Deutsches Ärzteblatt 2011.
[73] Deutsches Ärzteblatt 2011.
[74] Deutsches Ärzteblatt 2011.
[75] Deutsches Ärzteblatt 2011.
[76] Mukoviszidose e.V. 2019a.
[77] Mukoviszidose e.V. 2019a.
[78] Mukoviszidose e.V. 2019a.
[79] Mukoviszidose e.V. 2019a.
[80] ECFS-Clinical Trial Network 2017.
[81] Mukoviszidose e.V. 2018i.
[82] Mukoviszidose e.V. 2018i.

4.5.2 Ziele des CF-CTN

Das CF-CTN verfolgt das Ziel, Ärzten, Patienten und Angehörigen einen schnellen Zugang zu Studien zur Mukoviszidose zu verschaffen und den Standort Deutschland für die klinische Forschung zu stärken.[83] Darüber hinaus zielt das Netzwerk darauf ab, die Qualitätsstandards der teilnehmenden Zentren zu sichern und weiter auszubauen, um die Patientensicherheit und -zufriedenheit zu gewährleisten.[84]

Ein weiteres wesentliches Ziel besteht darin, die Studienplanung zu optimieren.[85] Wenn zum Beispiel während der Studienlaufzeit der Verzicht auf übliche und vom Patienten als unverzichtbar empfundene Therapien gefordert würde, kann die Patientenvertretung rechtzeitig in der Planungsphase darauf hinweisen, dass sich eine solche Forderung negativ auf die rekrutierten Patientenzahlen auswirken wird. Die notwendige Abstimmung des Studiendesigns auf die besonderen Bedürfnisse der betroffenen Patienten mit Hilfe des CF-CTN kann zum Erfolg einer Studie beitragen.

4.5.3 Teil des Expert-Review: Risikobewertung

Der Physik-Kabarettist Vince Ebert hat einmal gesagt „Zum Glück gab es in der Steinzeit noch keine Technikfolgenabschätzung: Das mit dem Feuer wäre nie genehmigt worden".[86] Es ist also notwendig, dass man Risiken eingeht, um weiterzukommen. Andererseits sind natürlich mögliche Nebenwirkungen und Gefahren durch medizinische Studien genau zu analysieren und zu bewerten. Es gibt nämlich auch Beispiele für gravierende Folgen, zum Beispiel in der Gentherapie: Der 18-jährige Jesse Gelsinger, der an einer genetisch bedingten Störung der Harnstoffsynthese (sog. Ornithincarbamylase-Defizienz) litt, gilt als erster Todesfall nach Gentherapie.[87] Mit Hilfe der Gentechnik hatten Mediziner an der Universität Pennsylvania in den USA versucht, die Störung zu heilen.[88] Im Rahmen der Phase-I-Studie wurde die Dosis der Adenoviren, die als Vehikel für das „gesunde" Gen genutzt wurden, zur Steigerung der Wirksamkeit mehrmals erhöht.[89] Insgesamt wurden dem Patienten circa 380 Billionen Adenoviruspartikel direkt ins Blut injiziert; Gelsinger verstarb an akuten Leberversagen.[90]

---

[83] Mukoviszidose e.V. 2019a.

[84] Mukoviszidose e.V. 2019a.

[85] Mukoviszidose e.V. 2019a.

[86] Ebert 2011.

[87] Stollorz 1999.

[88] Stollorz 1999.

[89] Stollorz 1999.

[90] Stollorz 1999.

5 Fazit

Die betroffenen Patienten sind ein wichtiger Stakeholder für die klinische Translation von hiPS-Zellen. Ihre Beiträge in Form von Patientenvertretung sind in allen Phasen dieser Translation sinnvoll und notwendig, denn sie gewährleistet, dass die Interessen der Patienten angemessen berücksichtigt werden. Für die Patientenorganisationen, die diese Patientenvertretung organisieren sollen, ergeben sich aber große Herausforderungen: Sie müssen Patienten zur Mitarbeit gewinnen, die noch gesund genug sind, um diese Arbeit zusätzlich zu ihrer Therapie, Beruf und Familie stemmen zu können, aber von der Krankheit so betroffen sind, dass Sie ausreichend Interesse und Kenntnisse für die Tätigkeit als Patientenvertreter mitbringen. Nützlich wäre der Abbau von zusätzlichen Hürden, wie zum Beispiel Sprachbarrieren durch Studienunterlagen ausschließlich in wissenschaftlicher – somit nicht laienverständlicher – englischer Sprache. Falls Patientenorganisationen die Patienten mangels ehrenamtlichen Betroffenen durch „sachkundige Personen" vertreten lassen, die bezahlte Mitarbeiter des Vereins sind, sollte über eine Refinanzierung nachgedacht werden, denn Patientenvertretung sollte nicht durch Fundraising aus Spendenmitteln bezahlt werden müssen. Für die Motivation ehrenamtlicher Patienten wäre es vorstellbar, eine Schulung mit anschließendem Zertifikat für Patientenvertreter anzubieten.

Literatur

Bundesministerium für Gesundheit (2017) Seltene Erkrankungen. https://www.bundesgesund-heitsministerium.de/themen/praevention/gesundheitsgefahren/seltene-erkrankungen.html. Zugegriffen am 09.01.2019

Deutsches Ärzteblatt (2011) Stammzellen regenerieren Lungen im Tiermodell. https://www.aerzteblatt.de/treffer?mode=s&wo=305&typ=1&nid=45826&jahr=2011. Zugegriffen am 12.01.2019

Düesberg Uta (2016) Organoide: Körpereigene Zellsysteme können im Labor voraussagen, ob ein Medikament wirkt. http://blog.muko.info/organoide-koerpereigene-zellsysteme-koennen-im-labor-voraussagen-ob-ein-medikament-wirkt. Zugegriffen am 09.01.2019

Ebert V (2011) Denken lohnt sich. Kabarettabend im Münchner Lustspielhaus. Der Hörverlag, München

ECFS-Clinical Trial Network (2017). https://www.ecfs.eu/ctn. Zugegriffen am 09.01.2019

GBA = Gemeinsamer Bundesausschuss (2015) Screening auf Mukoviszidose für Neugeborene beschlossen. https://www.g-ba.de/institution/presse/pressemitteilungen/585. Zugegriffen am 09.01.2019

Hauber HP, Reinhardt D, Pforte A (2001) Epidemiologie der CF-Erkrankung. In: Reinhardt D, Götz M, Kraemer R, Schöni MH (Hrsg) Cystische Fibrose. Springer, Heidelberg/Berlin, S 255–261

Hirche T, Loitsch S, Smaczny C, Wagner T (2005) Neue Konzepte zur Pathophysiologie und Therapie der Mukoviszidose. Pneumologie 59:811–818

Jaspers K (1967) In: Saner H (Hrsg) Schicksal und Wille. Autobiographische Schriften. Piper, München

Kruip S (2002) In: Nationaler Ethikrat. Wortprotokoll. Niederschrift über die Anhörung zum Thema Genetische Diagnostik vor und während der Schwangerschaft. Nationaler Ethikrat, Berlin, S 9–11

Kruip S (2003) Prädiktive genetische Tests – Eine Stellungnahme aus der Patientenperspektive In: Das genetische Wissen und die Zukunft des Menschen. Klonen in biomedizinischer Forschung und Reproduktion: wissenschaftliche Aspekte – ethische, rechtliche und gesellschaftliche Grenzen; Beiträge der internationalen Konferenz vom 14.–16. Mai 2003 in Berlin. Honnefelder L, Mieth D, Propping D, Siep L, Wiesemann C (Hrsg) Bonn University Press, Bonn, S 229–236

Kruip S (2009) Genträger-Screening: Konsens in Europa? in: muko.info Mitgliedermagazin, Ausgabe 2/2009, S 18–19

Mukoviszidose CF-Selbsthilfe Köln e.V. (2019) Muko … was??? https://www.cf-selbsthilfe-koeln.de/muko-was-1. Zugegriffen am 09.01.2019

Mukoviszidose e.V. (2013) Abschlussbericht des Projekts: Korrektur patientenspezifischer induzierter pluripotenter Stammzellen (iPS) zur kausalenTherapie von Mukoviszidose. https://www.muko.info/fileadmin/user_upload/angebote/forschungsfoerderung/abschlussberichte/Abschluss_Martin_Cathomen.pdf. Zugegriffen am 09.01.2019

Mukoviszidose e.V. (2017a) Ethische Grundsätze zu Finanzen, Spenderwerbung und Datenschutz des Mukoviszidose e.V. https://www.muko.info/fileadmin/user_upload/info/ueber_uns/ethische_grundsaetze.pdf. Zugegriffen am 09.01.2019

Mukoviszidose e.V. (2017b) Mukoviszidose e.V. startet Petition. https://www.muko.info/einzelansicht/news/News/detail/mukoviszidose-ev-startet-petition. Zugegriffen am 09.01.2019

Mukoviszidose e.V. (2017c) Unser Kind hat Mukoviszidose. Flyer. https://www.muko.info/fileadmin/user_upload/mediathek/erkrankung/flyer_neudiagnose.pdf. Zugegriffen am 09.01.2019

Mukoviszidose e.V. (2018a) Das ist der Mukoviszidose e.V. https://www.muko.info/informieren/ueber-den-verein. Zugegriffen am 09.01.2019

Mukoviszidose e.V. (2018b) Deutsches Mukoviszidose-Register. https://www.muko.info/angebote/qualitaetsmanagement/register. Zugegriffen am 09.01.2019

Mukoviszidose e.V. (2018c) Die Krankheit Mukoviszidose: Daten und Fakten. https://www.muko.info/fileadmin/user_upload/footer/presse/factsheet_mukoviszidose.pdf. Zugegriffen am 09.01.2019

Mukoviszidose e.V. (2018d) Evaluationsverfahren. https://www.muko.info/angebote/forschungsfoerderung/evaluationsverfahren. Zugegriffen am 09.01.2019

Mukoviszidose e.V. (2018e) Jahresbericht 2017. https://user-gzmyqos.cld.bz/Jahresbericht-2017-des-Mukoviszidose-e-V. Zugegriffen am 09.01.2019

Mukoviszidose e.V. (2018f) Neugeborenen-Screening. https://www.muko.info/informieren/ueber-die-erkrankung/diagnostik/neugeborenen-screening. Zugegriffen am 09.01.2019

Mukoviszidose e.V. (2018g) Medikamentenpreise – eine Frage der Gerechtigkeit. https://www.muko.info/presse/einzelansicht-der-pressemitteilungen/news/News/detail/medikamentenpreise-eine-frage-der-gerechtigkeit. Zugegriffen am 09.01.2019

Mukoviszidose e.V. (2018h) Mukoviszidose-Leitlinien in Deutschland. https://www.muko.info/angebote/qualitaetsmanagement/leitlinien. Zugegriffen am 09.01.2019

Mukoviszidose e.V. (2018i) Mukoviszidose-Studien in Deutschland finden. https://www.muko.info/angebote/klinische-studien/klinische-studien-in-deutschland. Zugegriffen am 09.01.2019

Mukoviszidose e.V. (2018j) Qualitätsmanagement Mukoviszidose. https://www.muko.info/angebote/qualitaetsmanagement. Zugegriffen am 09.01.2019

Mukoviszidose e.V. (2019a) Studiennetzwerk CF-CTN Germany – neue Behandlungsmöglichkeiten entwickeln. https://www.muko.info/angebote/klinische-studien. Zugegriffen am 09.01.2019

Mukoviszidose e.V. (2019b) Wie wird Mukoviszidose vererbt? https://mukobw.de/vererbung. Zugegriffen am 09.01.2019

Nährlich L (2018) Deutsches Mukoviszidose-Register Berichtsband 2017. https://www.muko.info/fileadmin/user_upload/angebote/qualitaetsmanagement/register/berichtsband_2017.pdf. Zugegriffen am 09.01.2019

Ratjen F, Doring G (2003) Cystic fibrosis. The Lancet 361:681–689

Reardon S (2015) Transplantation: Spenderorgane aus dem Schwein Schöne neue Welt? Gene-Editing-Technologien haben der Xenotransplantation zu neuem Schwung verholfen. http://www.spektrum.de/news/spenderorgane-aus-dem-schwein/1390458. Zugegriffen am 09.01.2019

RKI = Robert Koch Institut (2012) Anforderungen an die Hygiene bei der medizinischen Versorgung von Patienten mit Cystischer Fibrose (Mukoviszidose). https://www.muko.info/fileadmin/user_upload/angebote/qualitaetsmanagement/leitlinie_hygiene.pdf. Zugegriffen am 09.01.2019

Stollorz V (1999) Gentherapie: Nach erstem Todesfall müssen „alle Fakten auf den Tisch". Dtsch Arztebl 1999; 96(44): A-2792/B-2375/C-2229. https://www.aerzteblatt.de/archiv/19705/Gentherapie-Nach-erstem-Todesfall-muessen-alle-Fakten-auf-den-Tisch. Zugegriffen am 09.01.2019

Wissen Gesundheit (2019) Mukoviszidose – Die unsichtbare Krankheit. https://www.wissen-gesundheit.de/Krankheiten-Beschwerdebilder/Inneres/Mukoviszidose. Zugegriffen am 09.01.2019

Stephan Kruip ist von Beruf Physiker und prüft im Europäischen Patentamt Patentanmeldungen auf dem Gebiet der Steuerung elektrischer Motoren. Er lebt mit der genetischen Lungenkrankheit Mukoviszidose, arbeitet seit 30 Jahren ehrenamtlich im bundesweiten Selbsthilfeverein Mukoviszidose e.V. und ist seit 2014 dessen Vorsitzender. 2016 wurde er als Vertreter von Menschen mit genetischen Erkrankungen in den Deutschen Ethikrat berufen. Er ist verheiratet und hat drei Söhne (zwei im Alter von 17 und einen im Alter von 19 Jahren).

Teil V
Ethik

Ethische Analyse der klinischen Forschung mit humanen induzierten pluripotenten Stammzellen

Solveig Lena Hansen, Clemens Heyder und Claudia Wiesemann

Zusammenfassung Der vorliegende Beitrag befasst sich mit den ethischen Problemen der klinischen Forschung mit humanen induzierten pluripotenten Stammzellen. Wir diskutieren insbesondere solche Aspekte, die über die bei Forschungsprojekten typischerweise auftretenden und in nationalen und internationalen Gesetzen und Richtlinien geregelten ethischen Probleme der Forschung am Menschen hinausgehen. Im Einzelnen erörtern wir die bei der Spende von Körpermaterialien, bei Studienplanung, Probandenauswahl, Risiko-/Belastung-Chancen-Bewertung sowie Aufklärung und Einwilligung der Studienteilnehmer auftretenden spezifischen Probleme der translationalen Stammzellforschung und deren gesellschaftliche Auswirkungen. Ergänzt wird diese ethische Analyse durch diskursive Ansätze des Stakeholder-Involvements. Am Ende jedes Unterabschnitts erörtern wir, welche Stakeholder Anspruch auf Beteiligung im Verfahren erheben können und wie man ihre Interessen bei der Ausgestaltung des Forschungsprozesses besser berücksichtigen sollte.

1 Einleitung

Seit über zehn Jahren ist es möglich, humane induzierte pluripotente Stammzellen (hiPS-Zellen) im Labor zu erzeugen. Im Unterschied zu humanen embryonalen Stammzellen (hES-Zellen) wurden hiPS-Zellen im öffentlichen und wissenschaftlichen Diskurs oft als moralisch unproblematische Alternative zur verbrauchenden

S. L. Hansen · C. Heyder · C. Wiesemann (✉)
Institut für Ethik und Geschichte der Medizin, Universitätsmedizin Göttingen, Göttingen, Deutschland
E-Mail: solveig-lena.hansen@medizin.uni-goettingen.de;
clemens.heyder@medizin.uni-goettingen.de; cwiesem@gwdg.de

© Springer-Verlag GmbH Deutschland, ein Teil von Springer Nature 2020
S. Gerke et al. (Hrsg.), *Die klinische Anwendung von humanen induzierten pluripotenten Stammzellen*, Veröffentlichungen des Instituts für Deutsches, Europäisches und Internationales Medizinrecht, Gesundheitsrecht und Bioethik der Universitäten Heidelberg und Mannheim 48,
https://doi.org/10.1007/978-3-662-59052-2_7

Embryonenforschung dargestellt. So heißt es etwa in einem Beitrag einer Stamm-zellforschungsgruppe an der Stanford University: „Unlike embryonic stem cells (ESCs), the production and use of iPSCs are not under ethical debate".[1] Allerdings liegt einer solchen Annahme ein verkürztes Verständnis ethischer Analyse zugrunde, das die Ethik der Forschung mit hES-Zellen auf die Frage des moralischen Status des Embryos reduziert.

Zwar beansprucht diese Frage in den Diskussionen zu Recht einen zentralen Stellenwert, denn wer hES-Zellen einen besonderen moralischen Status zuspricht oder den Verbrauch von Embryonen für die Forschung ablehnt, wird sich mit den ethischen Aspekten einer Regulierung der translationalen Forschung mit hES-Zellen nicht weiter beschäftigen müssen. Doch bei einer genaueren Betrachtung wird schnell klar, dass die klinische Translation der Stammzellforschung über das Problem der verbrauchenden Forschung mit Embryonen bzw. embryonalen Stamm-zellen hinaus zahlreiche weitere ethische Probleme aufwirft, die einer eingehenden Betrachtung bedürfen. Dies gilt insbesondere für die hiPS-Zell-Forschung, deren klinische Translation unmittelbar bevorsteht.[2]

Das Ziel dieser Analyse ist es, drängende ethische Fragen der Planung und Durchführung klinischer Studien mit hiPS-Zellen zu identifizieren und Empfehlun-gen für den Umgang damit zu entwickeln. Wir widmen uns dazu ethischen Proble-men humanexperimenteller Studien, die bei der Spende von Körpermaterialien, bei der Studienplanung, Probandenauswahl, Risiko-/Belastung-Chancen-Bewertung, Aufklärung und Einwilligung der Studienteilnehmer sowie im Hinblick auf die ge-sellschaftlichen Auswirkungen der translationalen Stammzellforschung auftreten. Die darauf aufbauenden und hier im Einzelnen begründeten ethischen Empfehlun-gen des Verbunds ClinhiPS finden sich in Teil VII dieses Sammelbandes.[3]

Um der vielfältigen ethischen Herausforderungen, die bei der klinischen For-schung mit hiPS-Zellen entstehen, gerecht zu werden, kombinieren wir zwei An-sätze: erstens eine prinzipienorientierte Bewertung, die auf einer kohärentistischen Moralbegründung fußt und bei der die Geltung ethischer Normen im konkreten Anwendungskontext analysiert und begründet wird, sowie zweitens ein normativ abgeleitetes, diskursives Verfahren zur Begründung der Einbeziehung von primären und sekundären Stakeholdern in die Forschung. Diese beiden methodischen An-sätze werden zunächst im Folgenden vorgestellt.

2   Ethik der klinischen Forschung

Ein Grundproblem ethischer Normbildung ist das Verhältnis von Einzelfallurteil und ethischer Theorie. Weder induktive (bottom-up) noch deduktive (top-down) Theoriemodelle konnten dieses Verhältnis im Lichte der gelebten moralischen Pra-

---

[1] Kim et al. 2016.
[2] Barker et al. 2018; Rolfes et al. 2018.
[3] Gerke et al. 2020.

xis hinreichend überzeugend erklären. Induktive Modelle werfen Fragen der logischen Gültigkeit auf, während deduktive Modelle dem Problem der Letztbegründung ausgesetzt sind. Angesichts der gelebten moralischen Praxis haben sich in der angewandten Ethik in den letzten Jahren sogenannte Kohärenzmodelle herausgebildet. Sie haben das Ziel, ähnlich wie in der gelebten moralischen Praxis ein Gleichgewicht zwischen moralischen Intuitionen, Argumenten, Normen und ethischen Theorien herzustellen. Kohärentistische Vorgehensweisen binden so die lebenspraktische Verwendung von moralischen Regeln, wie wir sie im Forschungskontext vorfinden, sukzessive an andere medizinethische Regeln sowie die dahinterliegenden Moralprinzipien zurück.[4]

Ein solches kohärentistisches Modell stellt die Prinzipienethik von Beauchamp und Childress dar, deren weite Verbreitung sich ihrer besonderen Anschlussfähigkeit an die Probleme der Praxis der Medizin verdankt.[5] Sie stützt sich auf die vier grundlegenden Prinzipien *Autonomie, Nicht-Schaden, Wohltun* und *Gerechtigkeit,* die zwar nicht aus einer übergeordneten ethischen Theorie abgeleitet werden können, aber doch tief in unseren alltäglichen moralischen Überzeugungen verankert sind. Aus diesen Prinzipien können Prima-facie-Pflichten abgeleitet werden. Im Kollisionsfall müssen alle Pflichten hinsichtlich ihrer verschiedenen Handlungsoptionen im Rahmen des kohärentistischen Gefüges moralischen Handelns gegeneinander abgewogen werden. Die Prinzipien setzen bestimmte ärztliche Tugenden zu ihrer Einhaltung voraus. Diese sind Mitleid, Urteilskraft, Integrität, Zuverlässigkeit und Pflichtbewusstsein.[6] Erstmals wurde dieser Ansatz 1979 im sogenannten *Belmont Report* vorgestellt. Dieser befasste sich anlässlich einiger Forschungsskandale in den USA mit den *Ethical Principles and Guidelines for the Protection of Human Subjects of Research.* Der unter anderem von Beauchamp und Childress mitverfasste Bericht ist ein grundlegendes ethisches Regelwerk für die Bewertung humanexperimenteller Studien. Es fand auch Eingang in die Regulierung der US-amerikanischen Stammzellforschung.[7]

Da die moderne wissenschaftliche Medizin Forschung am Menschen voraussetzt, erzeugt sie auf den ersten Blick eine ethische Aporie. Auf der einen Seite ist es moralisch falsch, eine Therapie anzuwenden, deren Sicherheit und Wirksamkeit nicht belegt sind, auf der anderen Seite scheint es ebenso falsch, deren Sicherheit und Wirksamkeit am Menschen zu erproben.[8] Dieser Grundkonflikt lässt sich jedoch auflösen, indem die Prinzipien der Autonomie, des Nichtschadens und der Gerechtigkeit anders gewichtet werden als bei therapeutischen Entscheidungen. Das Nichtschadensgebot spielt zum Beispiel im Rahmen therapeutischer Maßnahmen eine sehr große Rolle. Grundsätzlich gilt, dass medizinische Risiken nur ethisch vertretbar sind, sofern sie durch einen entsprechenden Nutzen der Therapie aufgewogen werden. Die hierfür richtige Balance zwischen Risiko und potenziellem Nutzen zu

---

[4] Rauprich 2016.

[5] Beauchamp und Childress 2013.

[6] Lysaght 2017.

[7] Hyun 2013, S. 81 ff.

[8] Toellner 1990, S. 7 f.

finden steht letztlich dem Patienten zu, der in die Therapie einwilligen oder diese ablehnen kann. In der medizinischen Forschung hingegen ist ein therapeutischer Nutzen für die jeweiligen Probanden aus unterschiedlichen Gründen nicht immer erreichbar. Zum ersten lässt sich der Nutzen einer zu erprobenden Therapieform gar nicht vorhersagen – andernfalls wäre die Studie überflüssig. Zum zweiten muss in frühen Studienphasen zunächst die Sicherheit eines Wirkstoffs eruiert werden. Die dafür verwendeten Dosierungen sind nicht darauf ausgelegt, einen therapeutischen Nutzen zu erzielen. Zum dritten wird im Rahmen kontrollierter Studien die Wirksamkeit eines Wirkstoffs oft auch gegenüber Placebo gemessen. Besonders augenfällig ist die Problematik der Nutzen-Schaden-Abwägung, wenn sogenannte Scheineingriffe durchgeführt werden.

Da medizinische Forschung eine notwendige Voraussetzung für evidenzbasierte medizinische Versorgung darstellt und überdies gesellschaftlich erwünscht ist, kommt dem Nichtschadensgebot aber ein anderes Gewicht zu. Die ethische Rechtfertigung stützt sich in diesem Fall vorrangig auf die Prinzipien der Gerechtigkeit und der Autonomie. Demzufolge fordert das Prinzip distributiver Gerechtigkeit Personen dazu auf, ihren Anteil an der Forschung zu leisten – zumindest wenn sie selbst prinzipiell einen Nutzen aus medizinischer Forschung ziehen können und wollen.[9] Der Gleichheitsgrundsatz wiederum fordert, das Risiko durch Forschung nach Gesichtspunkten der Fairness gleich auf unterschiedliche Probandengruppen zu verteilen und möglichst solche Gruppen an Forschung zu beteiligen, die davon auch tatsächlich in Zukunft profitieren können. Zusätzlich bedarf, gemäß des Autonomieprinzips, jeder Versuch der Einwilligung des Probanden oder seines Stellvertreters. Hinsichtlich der Forschung werden die Prinzipien der Gerechtigkeit und der Autonomie also in der Regel stärker gewichtet als das Prinzip des Nichtschadens. Obwohl so das ursprüngliche Dilemma abgeschwächt werden kann, entbindet dies nicht von einer konkreten Abwägung der Prinzipien und der daraus abzuleitenden Handlungsregeln im Einzelfall.[10]

Die Geschichte des medizinischen Menschenversuchs im 20. Jahrhundert kennt eine Vielzahl von Fällen, in denen weder das Prinzip der Selbstbestimmung, noch das der Schadensminimierung beachtet wurde.[11] Insbesondere die medizinischen Verbrechen der NS-Zeit waren ausschlaggebend für die ethische Kodifizierung der medizinischen Forschung. Mittlerweile gibt es verschiedene internationale Kodizes, wie etwa die *Deklaration von Helsinki* oder die *Guidelines des Council for International Organizations of Medical Sciences* (CIOMS), deren gemeinsames (oberstes) Ziel die Verhinderung des Missbrauchs medizinischer Forschung ist. Überdies regeln nationale Gesetze die Durchführung klinischer Arzneimittel- und Medizinprodukteforschung. Einige Grundregeln gelten für alle klinischen Forschungsvorhaben, die am Menschen durchgeführt werden. Erstens sollte ein wissenschaftlicher und gesundheitlicher Wert der Forschung nachzuweisen sein. Zweitens sollte die Studie wissenschaftlich solide geplant sein. Sie ist unmoralisch, wenn sie nichts

---

[9] Beauchamp und Childress 2013, S. 254.

[10] Beauchamp und Childress 2013, S. 19 ff.

[11] Weindling 2004; Böhme et al. 2008; Lederer 1995; Rothman 1991; Pappworth 1967.

Nützliches erwarten lässt, aber die Teilnehmer einem Risiko aussetzt und dabei gegen das Prinzip des Nichtschadens verstößt. Drittens sollte gegebenenfalls *clinical equipoise* vorliegen, d. h. die therapeutischen Alternativen in verschiedenen Studienarmen sollten nach klinischem Ermessen gleichwertig sein.[12] Viertens sollte eine faire Auswahl der Probanden erfolgen.[13] Fünftens sollte ein günstiges Chance-Risiko-Verhältnis vorliegen: Je höher das Risiko, desto größer sollte auch der potenzielle Nutzen sein. Sechstens sollte der Proband über alle relevanten Aspekte der Studie hinreichend informiert sein und seine Einwilligung in die Studienteilnahme erklärt haben. Die Probanden sollten über Ziele, Vorgehensweise, erwarteten Nutzen und potenzielle Risiken, Belastungen durch die Studie, Therapiealternativen, Sponsoren, Interessenkonflikte sowie gegebenenfalls Maßnahmen nach Abschluss der Studie aufgeklärt worden sein.[14]

Trotz dieser allgemein verbindlichen Regeln muss der grundlegende ethische Konflikt zwischen dem Schutz des Individuums auf der einen und dem möglicherweise hohen kollektiven Nutzen der klinischen Forschung am Menschen auf der anderen Seite jeweils gesondert für jedes Forschungsvorhaben in den Blick genommen werden. Zur Lösung dieses Konflikts und zur Abwägung der relevanten ethischen Prinzipien im Einzelfall müssen ethisch angemessene, praktisch-diskursive Verfahren eingesetzt werden. Dies geschieht bisher üblicherweise im Rahmen einer Prüfung der Studie durch eine Ethikkommission für Forschung am Menschen. Sie soll beurteilen, ob die verschiedenen Interessen hinreichend berücksichtigt werden und für den unvermeidlichen Grundkonflikt ein angemessener Ausgleich vorgeschlagen wird. Dieses Vorgehen erweist sich aber als nicht ausreichend, wenn die Forschung mit einem hohen Risiko verbunden ist und große gesellschaftliche Bedeutung hat, wie dies etwa auf die Stammzellforschung zutrifft. In solchen Fällen müssen möglichst viele betroffene gesellschaftliche Gruppen die Chance erhalten, ihre Interessen im Bewertungsprozess systematisch einzubringen. Ergänzend zu einer Bewertung durch die Ethikkommission werden deshalb diskursive Verfahren gefordert, die den Austausch zwischen Wissenschaftlern und der Öffentlichkeit ermöglichen sollen. In den Richtlinien der International Society for Stem-Cell Research (ISSCR) heißt es etwa: „Researchers should communicate with various public groups, such as patient communities, to respond to their information needs, and should convey the scientific state of the art, including uncertainty about the safety, reliability or efficacy of potential applications".[15] Das hier zu Grunde gelegte Verständnis von Kommunikation ist jedoch einseitig, da es nur als Information der Öffentlichkeit, nicht als interaktiver Kommunikationsprozess verstanden wird.[16] Demgegenüber betonen die BEINGS Working Groups, ein interdisziplinäres und internationales Gremium aus Wissenschaftlern, Politikern, Industrievertretern und Ethikern, die Notwendigkeit eines echten Austauschs zwischen Wissenschaft und

---

[12] Hoffmann 2014.

[13] Biller-Andorno 2014.

[14] Emanuel et al. 2000.

[15] ISSCR 2016, S. 4.

[16] Allgemein dazu Hansen et al. 2018.

Gesellschaft über die Ziele und Methoden biotechnologischer Zellforschung.[17] Wissenschaftliche Fragestellungen sollten nicht losgelöst von ihren sozialen Bedingungen und den damit verbundenen Wertvorstellungen betrachtet werden:

> „The questions science asks and the choices of topics it pursues are socially and culturally mediated, and the pursuit of basic science is largely possible because of public financial support. Various disciplines over the past half century have demonstrated that science is a complex social enterprise infused with often hidden values, and have challenged our understanding of who does scientific research, what kinds of questions are asked, and who and what are used as subjects and material for research. Scientific products have impact on society, and society reciprocally influences the direction of science".[18]

Die BEINGS Working Groups fordern einen breiten, interdisziplinären wissenschaftlichen und gesellschaftlichen Diskurs, der sich den aktuellen Herausforderungen durch Biotechnologien widmet. Dies gelte gerade für diejenigen Forschungen, die durch die öffentliche Hand finanziert werden. Es werden also bereits kommunikative Verfahren gefordert, um der Bewertung von Stammzellforschung als einem Bereich riskanter Forschung von großem öffentlichem Interesse gerecht zu werden. Die Einbindung der Öffentlichkeit bei medizinischen Innovationen wird gefordert, um eine ausgewogene Risiko-Chance-Bewertung, die Transparenz von Entscheidungsprozessen und ganz allgemein eine informierte Debatte zu gewährleisten.[19] Für den Kontext der hiPS-Zellen ist dies unumgänglich, denn die erfolgreiche Etablierung eines auf der Stammzelltechnologie beruhenden ATMP setzt die Zusammenarbeit sehr unterschiedlicher gesellschaftlicher Einrichtungen und Personen voraus. Universitäre Forschungseinrichtungen, Auftragsforscher für Industrie und öffentliche Hand, kommerzielle Unternehmen, Stammzellspender, Betreiber kommerzieller oder altruistisch organisierter Stammzellbanken, Kliniken, Aufsichtsbehörden, Ethikkommissionen, Patientenorganisationen und nicht zuletzt die Probanden als Teilnehmer von klinischer Forschung erbringen dafür gemeinsam eine hoch komplexe Kooperationsleistung. Um deren jeweils unterschiedliche Interessen angemessen zur Sprache zu bringen, ist ein Stakeholder-Ansatz angemessen.[20]

Der Begriff „*Stakeholder*" bezeichnet im Kontext der Medizin Individuen oder Gruppen, die an gesundheitsbezogenen Entscheidungen beteiligt oder von ihnen betroffen sind.[21] Diese Klassifikation lässt sich weiter spezifizieren: Unter *primären Stakeholdern* versteht man jene Personen oder Institutionen, die finanzielle, haftungs- oder strafrechtliche rechtliche Verantwortung tragen. Sie sind üblicherweise von Anfang an in Entscheidungsprozesse eingebunden. Das sind im Kontext der klinischen Forschung die Forscher selbst sowie die Auftragsunternehmen,

---

[17] Näheres dazu s. http://www.beings2015.org. Zugegriffen: 9. Januar 2019.

[18] Wolpe 2017, S. 1053.

[19] Lander et al. 2014; Nuffield Council 2012, S. 56 ff.

[20] Stakeholder-Konzepte stammen ursprünglich aus der Unternehmensethik und dienen dazu, möglichst alle Personengruppen zu identifizieren, die einen Anspruch auf Beteiligung erheben können, und sie in einen Dialog zu bringen (s. Morain et al. 2017).

[21] Concannon et al. 2012; Esmail et al. 2015.

Biobanken, Regulierungsbehörden und Ethikkommissionen. *Sekundäre Stakeholder* sind dagegen jene Personen und Personengruppen, die von Forschungsentscheidungen direkt oder indirekt betroffen sind, ohne Verantwortung für Entscheidungen über den Studienablauf zu tragen. Dazu zählen einerseits *direkt* betroffene, wie etwa die Stammzellspender, die gegebenenfalls über Nebenbefunde informiert werden (müssen) oder deren Datensouveränität gefährdet sein kann, sowie Patienten, die als Probanden an klinischer Forschung teilnehmen, und *indirekt* betroffene, wie deren Angehörige, die gegebenenfalls ebenfalls einen Teil der Last einer Studienteilnahme schultern müssen.[22] Gerade die sekundären Stakeholder sind bislang nicht systematisch in Entscheidungen über die Studiengestaltung und den Studienverlauf involviert.[23]

Eine normative Rechtfertigung der Stakeholder-Beteiligung ist unumgänglich, wenn mit der Einbeziehung mehr erreicht werden soll als nur ein strategisches Forschungsmanagement auf der einen oder eine undifferenzierte Beteiligung aller Personen, die sich in irgendeiner Weise angesprochen fühlen, auf der anderen Seite. Wenn es darum geht, den Beteiligungsanspruch von *Stakeholdern* angemessen umzusetzen, dürfen weder moralische Konfliktfelder widerstreitender Interessen und Ansprüche verschleiert werden, noch darf die Beteiligung als Selbstzweck verstanden werden.[24]

Eine solche normative Begründung kann die Diskursethik beisteuern, der zufolge in einem prozedural-deliberativen Verfahren der Entscheidungsfindung nur solche Entscheidungen moralisch richtig sind, denen alle Beteiligten unter fairen Diskussionsbedingungen zustimmen können. Damit lässt sich ein kommunikatives, am Konsens orientiertes Handeln von strategischem Handeln unterscheiden, das auf die Durchsetzung der eigenen Interessen gerichtet ist. Strategisches Handeln liegt vor, wenn Personen ausschließlich die Durchsetzung ihrer eigenen Ideen verfolgen, während kommunikatives Handeln rational durch ein wechselseitiges Bemühen um Verständnis und ein Interesse an Konsensbildung motiviert ist.[25] Für Einbindung von Stakeholdern in der Wissenschaft bieten gerade jene Verfahren großes Potenzial, die Ansätze des *Public Involvement in Science* in Bezug auf einzelne Akteure und Gruppen weiterentwickeln. Sie müssen jedoch als Teil praktisch-ethischer Arbeit, eine eigene normative Begründung vorweisen.[26,27]

Im Folgenden stützen wir uns einerseits auf die etablierten Prinzipien der Forschungsethik, um offene Fragen, Herausforderungen und Besonderheiten der Forschung mit hiPS-Zellen ethisch zu analysieren, zu bewerten und darauf aufbauend Handlungsempfehlungen zu geben. Andererseits nutzen wir den Stakeholder-Ansatz, um neue Wege aufzuzeigen, wie mit dem unvermeidlichen ethischen Grundkonflikt der Forschung auf diskursive Weise konstruktiv umgegangen werden kann.

---

[22] Deutscher Ethikrat 2017.

[23] Ausführlich Hansen et al. 2018.

[24] Van der Scheer et al. 2017.

[25] Habermas 1984, S. 571 ff.

[26] Hansen et al. 2018.

[27] Schicktanz et al (2012).

3   Ethische Analyse der klinischen Stammzellforschung

3.1   Aufklärung und Einwilligung der Spender

Im Mittelpunkt öffentlichen Interesses an der hiPS-Zell-Forschung standen bisher vornehmlich autologe Therapieverfahren. Dabei werden hiPS-Zellprodukte aus den Zellen einer erkrankten Person hergestellt, um für deren Behandlung wieder implantiert zu werden. Es ist allerdings davon auszugehen, dass die Verfahren für die Herstellung körpereigener Zellprodukte auf hiPS-Zell-Basis langwierig und teuer sein werden.[28] Deshalb setzen die Forschenden vermehrt auf allogene Transplantationen.[29] Betreiber von Haplobanken und spezifischen Zellbanken bauen bereits jetzt die Infrastruktur für entsprechende Forschungs- und Therapiezwecken auf.[30] Zumeist werden derzeit noch Zelllinien von Patienten eingelagert. Diese Zellen werden für die Entwicklung von Krankheitsmodellen im Labor genutzt (disease modelling).[31] Langfristig wird ein Schwerpunkt der Banken aber auch auf der Rekrutierung gesunder Spender liegen, um hiPS-Zellen für die klinische Anwendung herzustellen.[32] Besonders interessant für Bankbetreiber sind dabei jene Spender, deren HLA-Merkmale mit dem Großteil einer Population kompatibel sind.[33]

Auf den ersten Blick scheint diese Spende weniger problematisch als die Gewinnung von Material betroffener Patienten, insbesondere da die Gewinnung von hiPS-Zellen sogar aus Urinzellen oder Haarfollikel möglich ist. Anders als bei Patienten kann bei Gesunden ausgeschlossen werden, dass sie mit der Spende von Körpermaterialien fälschlicherweise therapeutische Hoffnungen verknüpfen. Zudem ist die Spende von Zellen für die Stammzellforschung an sich risikoarm und wenig invasiv. Jedoch wirft auch die Spende von Körpermaterial gesunder Personen ethische Fragen auf. Denn in der Vergangenheit wurden Biobanken nicht selten ohne informierte Einwilligung der Betroffenen eingerichtet und geführt.[34] Dass Spender grundsätzlich über die Verwendung ihres Materials aufgeklärt werden sollten und dass es ihrer Einwilligung bedarf, ist zwar mittlerweile unstrittig [35] und gilt entsprechend auch bei hiPS-Zellen. Fraglich ist allerdings, wie dieses Recht auf Selbstbestimmung über die weitere Verwendung des eigenen Körpermaterials in der Praxis

---

[28] Harder 2020.

[29] Ntai et al. 2017.

[30] In Deutschland sind die Banken in einem zentralen Register verzeichnet: http://www.biobanken. de/home.aspx. Zugegriffen: 9. Januar 2019. Ein Beispiel für eine global agierende Bank ist das HipSci-Projekt: http://www.hipsci.org. Zugegriffen: 9. Januar 2019. Ein aktueller Überblick findet sich z. B. bei Brandl 2017.

[31] Spitalieri et al. 2016.

[32] Kilpinen et al. 2017.

[33] Für die Versorgung von 80 Prozent der japanischen Bevölkerung bräuchte es beispielsweise 75 Spender; in Großbritannien wären ca. 150 Spender notwendig, um einen Großteil der Bevölkerung zu versorgen; s. Brandl 2017.

[34] Beier 2010.

[35] S. als Überblick die Debatte in Lenk et al. 2011.

umgesetzt werden soll. Im Kontext der hiPS-Zell-Forschung ergeben sich dabei einige Besonderheiten, auf die im Folgenden näher eingegangen werden soll.

Insbesondere muss der bereits genannten Grundkonflikt zwischen dem individuellen Interesse des Spenders an der Verwendung seiner Körpermaterialien sowie seiner informationellen Selbstbestimmung auf der einen sowie dem kollektiven Nutzen der Forschungsvorhaben und der Forschungsfreiheit auf der anderen Seite gelöst werden. In der ethischen Forschung zu Biobanken wird nahezu übereinstimmend konstatiert, dass ein individueller *informed consent* in jede spezifische Verwendung der gespendeten Materialien praktisch unmöglich ist und – sollte er erforderlich sein – die Biobankforschung als Ganze in Frage stellen würde. Üblicherweise werden Modelle diskutiert, die individualethische und solidarische Anteile kombinieren, indem etwa ein Teil der Entscheidungen im Interesse der Allgemeinheit vom Spender an Dritte delegiert wird.[36] Über das Ausmaß dieser delegierbaren Entscheidungen besteht Uneinigkeit.

Die Einrichtung von Biobanken für die hiPS-Zell-Forschung kann man als solidarische Praxis verstehen, vergleichbar anderen Formen solidarischen Engagements, die zum Beispiel das deutsche Gesundheitssystem kennzeichnen. Typisch für solidarische Verhaltensweisen ist eine Kombination von Eigeninteresse und Engagement für Dritte, weshalb solche Ansätze unter bestimmten Voraussetzungen als mit individualethischen Prinzipien vereinbar angesehen werden. Darin unterscheiden sie sich von Lösungsvorschlägen, die altruistische Verhaltensweisen einfordern. Das betonen Prainsack und Buyx in ihrer Analyse der Bedeutung des Konzepts der Solidarität für die Biobankforschung: „the difference between solidarity- and altruism-based models is that the first assume research participants to be other-directed, whereas our solidarity-based model combines other- and self-directedness as motivations for participation".[37] Motiv für die Unterstützung von Forschung kann zum einen Hilfsbereitschaft gegenüber Menschen mit einer bestimmten Krankheit oder ein solidarisches Engagement für den gesamtgesellschaftlichen gesundheitlichen Nutzen sein, zum anderen aber auch die Vorstellung, der Spender selbst könne von den Ergebnissen dieser Forschung in Zukunft profitieren.[38]

Auch in einem solidarischen Modell muss das Verfahren für die Einwilligung eines Spenders von Körpermaterialien für die hiPS-Zell-Forschung im Einzelnen geregelt werden. Hier stellt sich das Problem, dass zukünftige, gegebenenfalls kontroverse Forschungsvorhaben zum Zeitpunkt der Einwilligung nur unzureichend eingeschätzt werden können. Auch können die damit verbundenen Folgen für den Spender, etwa mit Blick auf die individuellen genetischen Informationen, die erhoben werden, nur in Grenzen eingeschätzt werden. Es fragt sich also, wie eine angemessene Einwilligung erreicht werden kann. Im Kontext von Biobanken werden dazu verschiedene Modelle unter ethischen Gesichtspunkten diskutiert.[39]

---

[36] Beier 2011.

[37] Prainsack und Buyx 2013, S. 78.

[38] Das Motiv der Solidarität kann allerdings durch Stakeholder, die ausschließlich kommerzielle Zwecke verfolgen, in Frage gestellt werden (s. Abschn. 3.3).

[39] Lowenthal et al. 2012.

Bei einem *specific consent* bedarf jedes Forschungsvorhaben einer gesonderten informierten Einwilligung, für die der Spender gegebenenfalls jeweils neu kontaktiert werden muss. Im Fall von Biobankforschung ist dies jedoch – wie schon oben angedeutet – kaum umzusetzen, da viele Kontaktversuche wegen Umzugs und gar Tod des Spenders oder einfach nur mangelnden Interesses von Spendern scheitern werden und sich deshalb der Aufwand, den eine Biobank bei der Gewinnung und Aufbewahrung der Biomaterialien betreiben muss, nicht lohnt. Eine spezifische informierte Einwilligung mag für andere Forschungskontexte sinnvoll sein, ist für Stammzellbanken jedoch nicht praktikabel.

Ein häufig diskutiertes alternatives Modell der Einwilligung für die Biobankforschung ist der *broad consent*, dem zufolge der Spender in die Nutzung seiner Biomaterialien pauschal für eine große Zahl von möglichen Forschungs- und Therapievorhaben einwilligt. Dabei reichen die Konzepte von vielen Optionen, die auf nur wenige Forschungsszenarien begrenzt sind,[40] bis zu wenigen Optionen, die nur geringe Einschränkungen aufweisen.[41] Aus diesen kann der Spender jeweils auswählen. Noch weiter geht der *blanket consent*, bei dem der Spender seine pauschale Einwilligung in eine Verwendung seiner Biomaterialien für alle sich erst zukünftig ergebenden Forschungs- und Therapievorhaben erteilt.

Broad und *blanket consent* wurden mit der Begründung kritisiert, dass eine Einwilligung nur dann erteilt werden kann, wenn die Konsequenzen dieser Entscheidung hinreichend bekannt sind.[42] Wenn den potenziellen Spendern lediglich vage Forschungsziele mitgeteilt werden, riskiert man, dass sie auf möglicherweise kontroverse Verwendungsarten, die sich erst in der Zukunft ergeben, nicht ausreichend vorbereitet sind. Befürworter dieser Vorgehensweise halten dagegen, dass eine Einwilligung auch dann noch als selbstbestimmt und insofern ethisch gerechtfertigt gelten kann, wenn der Einwilligende nicht alle Folgen abschätzen kann, aber über diese Unsicherheit ausreichend informiert worden war. In einem opt-out-Modell des *broad consent* könnten zudem Ausnahmen der freien Verwendung, zum Beispiel das Klonen von Menschen aus dem gespendeten Zellmaterial, spezifiziert werden. Aber je detaillierter die Ausnahmen sind, desto schwieriger ist wiederum die Umsetzung.

Empirische Untersuchungen legen nahe, dass die Bereitschaft der Deutschen, Informationen und Biomaterialien für Biobanken bereitzustellen, im Vergleich zu anderen europäischen Ländern eher gering ist.[43] Die Befragten zeigten sich zurückhaltend gegenüber kommerziellen Verwendungsweisen und skeptisch, dass ihre Daten ausreichend geschützt sind. Es zeigt sich jedoch auch, dass der Wert von medizinischer Forschung und Biobanken für die Gesellschaft im Allgemeinen als hoch eingeschätzt wird.[44] Personen, die noch vor einer Zustimmung zur Spende befragt wurden, verstanden ihre Spende nicht als rein altruistische Handlung, sondern ent-

---

[40] Hofmann 2009.

[41] Grady et al. 2015.

[42] Caulfield et al. 2003.

[43] Starkbaum et al. 2014; Gaskell et al. 2010.

[44] Starkbaum et al. 2014.

weder als solidarische Praxis oder als Chance für einen persönlichen Nutzen, etwa durch ein engmaschiges Monitoring oder genetisches Screening. Unter denjenigen, die sich bereits für die Spende entschieden und dazu einen *broad consent* erteilt hatten, überwogen altruistische wie auch solidarische Motive.[45]

Studienteilnehmer, die ein altruistisches Modell des Biobanking vertreten, betonen oft ihre generelle Bereitschaft zum *broad consent*.[46] Andere befürchten, ihre Daten könnten missbräuchlich verwendet werden und halten es für problematisch, dass wenig absehbar ist, für welche Forschungsprojekte ihre Spende in der Zukunft genutzt werden wird. Sie befürworten deshalb weniger breit konzipierte *consent* Modelle: „narrow consent was mainly preferred due to fear of data frauds and the unpredictability of long-term research".[47] Generell scheint eine zu große Verfügungsmacht der Biobankbetreiber Misstrauen im Hinblick auf einen effektiven Datenschutz zu erregen: „Talking about these examples, people typically concluded that data protection and its regulation in cohort studies may always be subject to uncertainty. Germans therefore seem sensitive to surveillance and violations of informational privacy, and we can observe an absence of trust in the ability and intention of stakeholders to protect and guarantee informational privacy".[48] Dieses Misstrauen verringert jedoch nicht zwangsläufig die generelle Bereitschaft zur Spende von Biomaterialien.[49]

Diese Erkenntnis ist relevant, da sie nahelegt, zwischen der allgemeinen Bereitschaft zur Spende und dem Vertrauen in Biobanken zu unterscheiden. Sie lässt sich so interpretieren, dass Betreiber, die einen *broad* oder *blanket consent* bevorzugen, eine besondere Verantwortung dafür tragen, die persönlichen Daten der Betroffenen zu schützen und die Spender transparent, umfassend und wiederholt über die mit den gespendeten Materialien initiierten Vorhaben zu informieren. Ansonsten riskieren sie einen Vertrauensverlust und tragen unter Umständen dazu bei, die solidarischen Motive der Öffentlichkeit bei der Unterstützung von Biobanken zu entwerten.[50] Gestärkt wird das öffentliche Vertrauen in solche Einrichtungen hingegen, wenn diese die Ziele von Forschungsvorhaben offenlegen und insbesondere die Ergebnisse von Forschung an die Teilnehmenden kommunizieren. Dann, so legen die empirischen Daten nahe, empfinden die Teilnehmenden ihren Beitrag tatsächlich als Teil einer solidarischen Forschungspraxis.

Das Interesse der Spender an einer konkreten und spezifischen Einflussnahme auf die Verwendung ihrer Zellen kann allerdings je nach der beabsichtigten klinischen Behandlung, der zu behandelnden Krankheit, der genetischen Manipulation

---

[45] Richter et al. 2018.

[46] Starkbaum et al. 2014.

[47] Starkbaum et al. 2014, S. 126.

[48] Starkbaum et al. 2014.

[49] Ähnliches legen aktuelle Daten aus der Diskussion um Organtransplantation nahe: auch hier ist Misstrauen ins Transplantationssystem nicht der ausschlaggebende Grund, weshalb Personen gegenüber der Organspende skeptisch oder unentschieden sind. Vgl. Schicktanz et al. 2017; Pfaller et al. 2018.

[50] Spencer et al. 2016; Lowenthal et al. 2012; Richter 2012; Bialobrzeski 2012.

der Zelllinie und der möglichen kommerziellen Nutzung erheblich variieren. Insbesondere können zukünftige Entwicklungen der Forschung als so kontrovers angesehen werden, dass sie nicht mehr als mit der ursprünglich erteilten Einwilligung abgedeckt gelten können. Dies trifft etwa auf die mittlerweile als realistisch eingeschätzte Option zu, Keimzellen aus hiPS-Zellen herzustellen. Es scheint sinnvoll, ein auch auf solche kontroversen, aber wenig vorhersehbaren Entwicklungen abgestimmtes Einwilligungsverfahren zu entwickeln.

Schon früh in der Debatte um das hiPS-Zell-Biobanking wurde als Alternative zum *broad consent* vorgeschlagen, zunächst nur eine Einwilligung in fünf sogenannte Kernverwendungen einzuholen. Diese fünf Kernverwendungen seien: „genetic modification of cells; injection of iPS cells or derivates into nonhuman animals, including injection into the brain; large-scale genome sequencing; sharing cell lines with other researchers, with appropriate confidentiality protections; developing commercial tests and therapies, with no sharing of royalties with donors".[51] Dabei solle gegenüber den Spendern betont werden, dass diese Verwendungsweisen notwendig für das Verständnis der Ursachen und Behandlungsmöglichkeiten von Krankheiten seien und dass es sich dabei um auch in anderen Forschungsrichtungen übliche Verfahren handele: „During the consent process, researchers need to help donors understand that these techniques are essential to achieve the goals of understanding diseases and developing new therapies and that they are widely used in other types of research, such as cancer research".[52] Nur Spender, die prinzipiell zustimmen, sollten die Möglichkeit haben, weitere Fragen zu stellen – eine Praxis, die aus ethischer Sicht keine *informierte Zustimmung* erlaubt und potenziellen Spendern nur zwei wenig attraktive Optionen eröffnet. Wer nicht pauschal in die sogenannten Kernverwendungen einwilligt, wird von der Möglichkeit der Spende, das heißt einer solidarischen Unterstützung der Forschung ausgeschlossen. Zum Zeitpunkt der Veröffentlichung dieses Vorschlags für ein Einwilligungsmodell war es zudem noch üblich, Biomaterialien von kranken Spendern zu sammeln. Es ist anzunehmen, dass Patienten Therapie und Forschung nicht leicht auseinanderhalten können und der falschen Vorstellung erliegen könnten, ihr Zellmaterial trage zur Entwicklung von Therapien bei, von denen sie selbst profitieren könnten.[53]

Der strategische Zuschnitt dieses Modells ist also höchst problematisch. Als positiv ist jedoch hervorzuheben, dass eine – gegebenenfalls mit der lokalen Ethikkommission abgestimmte – Rekontaktierung der Spender vorgeschlagen wird: „We further recommend obtaining permission to recontact donors in the future, subject to IRB approval. The ability to recontact donors offers the opportunity to discuss future research that is so innovative that it cannot be anticipated today (…), and that IRBs or SCRO committees might consider outside the scope of the original con-

---

[51] Aalto-Setälä et al. 2009, S. 205.

[52] Ibid., S. 206.

[53] Ein Beispiel dafür findet sich in Kimmelman 2007; allgemeiner auch King 2014.

sent".[54] Wird eine solche Möglichkeit der Rekontaktierung im Einwilligungsverfahren gegeben, spricht man von einem *dynamic consent*.[55]

Ein *dynamic consent* würde die wechselseitige Kommunikation zwischen Forschern und Forschungsteilnehmern und damit auch einen individuell abgestimmten Einwilligungsprozess ermöglichen. Das könnte durch digitale Informations- und Kommunikationsplattformen erleichtert werden. Eine solche Form der Aufklärung und Einwilligung ist bisher nur in Modellprojekten erprobt worden.[56] Die bisher zumeist übliche einseitige Information der Patienten/Probanden *durch* die Forscher/ Kliniker wird damit in eine Kommunikation *zwischen* den Beteiligten überführt. Forschende können etwa eine App nutzen, um über neue Forschungsaktivitäten, die in der ursprünglichen Einwilligung nicht vorgesehen waren, zu informieren, darüber erneut aufzuklären und eine Einwilligung der Spender für geänderte Forschungsziele einzuholen. Sie können Spender auch dazu einladen, während der Dauer eines Forschungsprojekts bzw. einer klinischen Studie weitere, für das Projekt gegebenenfalls interessante Gesundheitsdaten bereitzustellen. Die Spender können die Plattform nutzen, um ihre Präferenzen bezüglich des Zugriffs auf ihre Gesundheitsdaten durch Dritte zu modifizieren oder festzulegen, wie oft sie von den Forschern kontaktiert werden möchten. Auch Informations- und Aufklärungsmaterialien, wie sie bspw. *Euro Stem Cells* bereitstellt, könnten mit diesem *dynamic consent* digital verknüpft werden.[57]

Von besonderem Interesse für die Biobankforschung ist der *dynamic consent* in Kombination mit dem *meta consent*.[58] Der *meta consent* ermöglicht es Spendern, zu Beginn aus verschiedenen Einwilligungsarten auszuwählen, bestimmte Verwendungsarten pauschal auszuschließen oder sich für eine dynamische Rekontaktierung zu entscheiden. Dieses Modell berücksichtigt, dass Menschen die Legitimität von Forschungszwecken und die Konsequenzen für das Gemeinwohl unterschiedlich einschätzen können. Sie können deshalb auch unterschiedliche Präferenzen für eine Verwendung ihrer Biomaterialien oder den Schutz ihrer persönlichen Daten einschließlich ihrer Gesundheitsdaten haben. Mittels *meta consent* könnten die Spender entsprechend das Verfahren der Einwilligung für verschiedene zukünftige Verwendungsarten festlegen. In der Praxis bedeutet dies jedoch, dass Spender sich schon vor der Spende mit vielerlei Szenarien und unterschiedlichen Handlungsoptionen vertraut machen müssen, um eine wohlüberlegte Entscheidung zu treffen. Manchen mit der Materie gut vertrauten Personen wird dies vielleicht nicht schwerfallen, den allermeisten medizinisch wenig bis durchschnittlich gebildeten Laien allerdings schon. Deshalb sollte in der Regel zumindest die Option für einen

---

[54] Aalto-Setälä et al. 2009, S. 207.

[55] Kaye et al. 2015.

[56] Budin-Ljøsne et al. 2017.

[57] S. https://www.eurostemcell.org/theme/ips-cells. Zugegriffen: 9. Januar 2019. Die Materialien von Euro Stem Cell liegen in sechs verschiedenen Sprachen vor und umfassen eine laiengerechte, visuelle Darstellung von Stammzellforschung, die auch ethische Fragen hinreichend berücksichtigt.

[58] Deutscher Ethikrat und Ploug und Holm 2017, S. 122 f.

dynamic consent vorgesehen sein, zumal dieses Verfahren die aktive Involvierung von Spendern oder Spendergruppen in Forschungsentscheidungen fördert. Ein solches interaktives Vorgehen, das die Möglichkeit zu wiederholter Kommunikation bietet, ist auch angesichts der rapiden Entwicklung der Stammzellforschung empfehlenswert. Eine Rekontaktierung kann etwa für den Fall vereinbart werden, dass Forschungsziele den ursprünglich avisierten Rahmen überschreiten oder Materialien bzw. Daten an weitere Institutionen weitergegeben werden sollen. Wird zusätzlich vor der Entnahme der Zellen auch die Variante einer nur einmaligen Einwilligung angeboten, sollte zumindest die Möglichkeit einer Beschränkung der Einwilligung für spezifische Verwendungsweisen vorgesehen sein.

Des Weiteren stellt sich im Kontext von Zellbanken die Frage, wie mit Nebenbefunden umzugehen ist.[59] Um die Qualität dieser Zelllinien zu gewährleisten, werden sie üblicherweise auch genetisch sequenziert.[60] Dabei erhält man sowohl Informationen über die Folgen der Aufbereitung zu pluripotenten Stammzellen als auch über die genetische Ausstattung des Spenders. Insbesondere für die Veröffentlichung des Gesamtgenoms eines Spenders ist hierbei eine ausdrückliche Einwilligung einzuholen. Spender, Bankbetreiber und gegebenenfalls auch Forscher sollten sich frühzeitig über den Umgang mit Nebenbefunden verständigen. Mit Rücksicht auf die Prinzipien der Autonomie, des Wohltuns und Nichtschadens ist es erforderlich, Spender auf die Möglichkeit von Nebenbefunden hinzuweisen und vorab ihr Votum einzuholen, ob sie darüber informiert werden möchten. Die Möglichkeit zu wiederholtem Kontakt im Rahmen des *dynamic consent* erlaubt in solchen Fällen eine Kommunikation mit dem jeweiligen Spender auch über gegebenenfalls neu erhobene Befunde, die es dem Spender möglich macht, seine Entscheidung über die Mitteilung von Nebenbefunden im Wissen um sich möglicherweise ergebende neue medizinische Möglichkeiten zu bekräftigen oder zu revidieren. Werden Nebenbefunde aufgedeckt, die sich auf eine behandelbare Krankheit beziehen, sollten diese in jedem Fall mitgeteilt werden, sofern der Spender sich nicht ausdrücklich dagegen ausgesprochen hat. Bei Nebenbefunden in Bezug auf Krankheiten, für die keine Therapie zur Verfügung steht, kann der *dynamic consent* eine Möglichkeit bieten, im Kommunikationsprozess fallbasiert eine Entscheidung zu treffen und gegebenenfalls das Recht auf Nichtwissen zu wahren.[61] Dies gilt auch für Daten aus genomweiten Assoziationsstudien, die auf eine erhöhte Wahrscheinlichkeit für – gegebenenfalls vererbbare – genetisch bedingte Krankheiten hinweisen oder die auf eine Weitergabe bestimmter Merkmale an Nachkommen abzielen. Gerade in solchen Fällen kann in einem dynamischen Modell fallbasiert entschieden werden.

Der *dynamic consent* bietet auch eine Lösung für Probleme, die sich erst im Zuge der rasanten Entwicklung des Forschungsfeldes herausstellen, aber besondere ethische Fragen aufwerfen und deshalb durch eine pauschale Einwilligung nicht abgedeckt wären, wie etwa die Erzeugung von Gameten aus hiPS-Zellen[62] oder die Er-

---

[59] Lanzerath et al. 2014.

[60] Hoppe 2012.

[61] Beier und Lenk 2015.

[62] Lomax et al. 2013.

zeugung von Mensch-Tier-Chimären.[63] Wie schon die Diskussion über hES-Zellen zeigte, wird Forschung mit Stammzellen, aus denen Embryonen entstehen können, von vielen als ethisch besonders problematisch angesehen.[64] Ähnliches gilt für hiPS-Zellen, sofern aus ihnen Gameten hergestellt werden können, die für reproduktive Zwecke genutzt werden können. Hier muss insbesondere die reproduktive Autonomie des Zellspenders berücksichtigt werden.

Die Entscheidung für das Einwilligungsmodell hat auch Einfluss auf den Umgang mit den personenbezogenen Daten des Spenders. Dafür gibt es nur wenige Optionen. Eine ist die vollständige Anonymisierung, die allerdings in Anbetracht der Möglichkeiten der Genomik von vielen als praktisch nicht realisierbar bewertet wird. Anonymität kann ohnehin nur im Rahmen eines *blanket* oder *broad consent* in Betracht gezogen werden, da bei diesen Modellen die Spender darauf verzichten, ihre Einwilligung widerrufen zu können oder weiter informiert bzw. kontaktiert werden zu können. Wenn hingegen die erneute Kontaktaufnahme mit einem Spender möglich bleiben soll, müssen die personenbezogenen Daten gespeichert werden. Solche Daten werden dann separat und unter der Aufsicht einer besonders befugten Stelle aufbewahrt und können bei Bedarf nach vorab erteilter Einwilligung des Spenders abgerufen werden.

Unstrittig ist jedoch, dass die gesammelten Materialien und Daten nur zu jenen Bedingungen weitergegeben werden dürfen (z. B. an Nutzer von Banken), für die der Spender ursprünglich seine Einwilligung gegeben hat. Kann nicht gewährleistet werden, dass diese Bedingungen in Zukunft eingehalten werden, etwa bei einem Verkauf der Biobank an einen ausländischen Betreiber, sollten die Spender darauf aufmerksam gemacht werden, damit sie von ihrem Recht auf Widerspruch Gebrauch machen können. Ein Zugang von Versicherern oder Arbeitgebern zu Nebenbefunden oder anderen gesundheitsbezogenen Daten ohne Einwilligung des Spenders muss angesichts möglicher Nachteile für den Spender in jedem Fall ausgeschlossen sein.

Unabhängig von dem im Einzelnen gewählten Einwilligungsverfahren gilt, dass potenzielle Spender vor der Zellspende aufgeklärt werden sollten über alle bekannten aktuellen und künftigen Forschungsziele, insbesondere ob diese der Grundlagenforschung, der diagnostischen oder therapeutischen Forschung zuzuordnen sind, über Art und Umfang des entnommenen Gewebes und seine Aufbereitung, die Risiken der Entnahme, die verantwortliche Person bzw. Institution, Rekontaktierungsmöglichkeiten, Datenschutzaspekte, insbesondere die Pseudonymisierung der Daten, das Widerrufsrecht, den Umgang mit Daten und Materialien nach dem Tod des Spenders, die Weitergabe von Materialien und personenbezogenen Daten an Dritte sowie alle Eigentumsfragen einschließlich einer möglichen Kommerzialisierung von hiPS-Zell-basierten Produkten. Die Spender sollten insbesondere darüber aufgeklärt werden, dass sie – wie es derzeit gängige Praxis ist – am Gewinn aus

---

[63] Badura-Lotter und Düwell 2011.
[64] Solter et al. 2003, S. 157 ff.; für die hiPS-Zell-Forschung in Japan s. Shineha et al. 2010.

einer Kommerzialisierung nicht beteiligt werden und dass sich für sie aus der Spende kein darüber hinaus gehender individueller Nutzen ergibt.[65]

Die Analyse solcher Fragen einer angemessenen und über lange Zeiträume zutreffenden und gültigen Einwilligung in die Spende von Biomaterialien für die Stammzellforschung zeigt, wie komplex die Fragen sind, die sich im Umgang mit Spendern ergeben. Ethische Aspekte von Biobanken für die Forschung am Menschen wurden zwar schon oft in der Literatur diskutiert. Die Rechte von Spendern gegenüber hiPS-Zellbanken spielten dabei allerdings keine große Rolle, weil die allogene hiPS-Zell-Therapie erst seit kurzem tatsächlich als eine realistische Option erscheint. Die ethischen Probleme der Spende von Körpermaterialien für diesen Forschungszweig mit seinem großen Spektrum an Forschungs- und Anwendungsszenarien stellen deshalb nicht nur im öffentlichen Diskurs, sondern auch in der fachwissenschaftlichen Analyse eine Leerstelle dar. Auch über die Interessen der Spender gibt es bislang nur wenig empirische Daten. Es ist zum Beispiel nicht bekannt, wie (potenzielle) Spender in Deutschland verschiedene Verwendungsarten von Stammzellen beurteilen würden, insbesondere in einem System, in dem altruistische und kommerzielle Nutzung koexistieren. Für eine erste Analyse hat Dasgupta verschiedene Szenarien entwickelt, die auch den Stammzellspender als einen Betroffenen der Stammzelldebatte in den Blick nehmen.[66] Das allein reicht aber nicht aus. Für eine faire und ausgewogene Debatte müssen die (potenziellen) Spender selbst als *Stakeholder* im ethischen Diskurs über hiPS-Zell-Forschung beteiligt werden. Dabei ist gerade jenen Spendern, die sich auf Grund ihrer HLA-Merkmale besonders gut eignen und mit ihrer Spende zur Versorgung großer Teile der Bevölkerung mit hiPS-Zell-basierten Produkten beitragen würden, besondere Aufmerksamkeit zu widmen.

Länder- und kulturbezogene empirische Untersuchungen könnten helfen zu verstehen, was Spender motiviert, was Vertrauen in die Stammzellforschung schaffen könnte bzw. welche Faktoren Misstrauen begünstigen und welchen Bedingungen eine gute öffentliche Kommunikation in diesem hoch umstrittenen Bereich genügen muss (s. Abschn. 3.3). Die (potenziellen) Spender sollten zudem als anspruchsberechtigte Stakeholder an der Auswahl und Ausgestaltung von geeigneten Einwilligungsverfahren für Stammzellbanken beteiligt werden. Dies bringt nicht nur jenen Personen, die diese Forschung erst ermöglichen, Respekt entgegen, es verbessert auch die Kommunikation zwischen Laien, Forschern und Anwendern und fördert eine gesellschaftlich verträgliche Entwicklung der Stammzellforschung. Um auf die Bedürfnisse von potenziellen Spendern besser eingehen zu können, könnten Betreiber etwa im Rahmen von Vorstudien deren Wünsche und Präferenzen erkunden oder die Lesefreundlichkeit von Informationsmaterialien testen.[67] Um (potenzielle) Spender angemessen und auch langfristig in Entscheidungsprozesse einbeziehen zu können, sollten Betreiber auch digitale Informations- und Kommunikationsangebote testen

---

[65] Die Möglichkeit einer Aufwandsentschädigung, wenn die Spende mit besonderem Aufwand verbunden ist, bleibt hiervon unberührt.

[66] Dasgupta et al. 2014.

[67] Bossert et al. 2017.

und etablieren, die einen *dynamic consent* deutlich erleichtern würden. Solche Maßnahmen der Partizipation von Spendern sind nicht nur dazu da, die Flexibilität der Stammzellforschung zu ermöglichen, sondern auch, Vertrauen in einen Forschungszweig zu erhalten, der leicht durch übermäßig hohe Erwartungen auf der einen und Forschungsmissbrauch auf der anderen Seite in Misskredit geraten kann.

3.2 Klinische Forschungsvorhaben

3.2.1 Studienplanung

Ein zentrales Problem der Planung klinischer Studien ist die Sicherheit der involvierten Patienten. Bei Studien mit hohem Risiko wie der translationalen Forschung mit pluripotenten Stammzellen ist das Problem umso dringlicher, da deren langfristigen Risiken derzeit kaum abgeschätzt werden können. Zum einen können Daten aus Tierversuchen und präklinischen Versuchen allenfalls näherungsweise auf den menschlichen Organismus übertragen werden. Zum anderen sind zellbasierte Produkte darauf angelegt, sich langfristig in den Körper zu integrieren und zu einem Teil des Organismus zu werden. Damit verbunden sind die Risiken der Tumorbildung durch fehlerhaft reprogrammierte bzw. differenzierte Zellen, der dysfunktionalen Integration in den Körper, der Abstoßungsreaktion und weiterer schädlicher Konsequenzen in Folge der supprimierten Immunabwehr. All dies kann die Gesundheit des Patienten in erheblichem Maße schädigen. Viele können erst Jahre später manifest werden. Die Eigenheit der hiPS-Zell-Forschung liegt also nicht nur in der Schwere des Risikos, sondern auch in dessen zeitlicher Unbestimmtheit. Sollten beispielsweise fehlerhaft differenzierte Zellen in das Transplantat gelangen, ist es möglich, dass sich aus nur einer fehlerhaften Zelle ein Tumor entwickelt.[68] Dabei gibt es Tumore, die schnell wachsen und stark metastasieren, und solche, die sich sehr langsam entwickeln. Beide Fälle müssen bereits in der Planung der Studie durch ein geeignetes Risikomanagement berücksichtigt werden. Darin müssen Bedingungen für den Umgang im Fall schwerer unerwünschter Nebenwirkungen enthalten sein. Gleichzeitig bedarf es konkreter Regeln über den organisatorischen und zeitlichen Ablauf des Meldeverfahrens sowie über Bedingungen über die Fortführung bzw. den Abbruch der Studie.

Zum Schutz des Patienten bzw. Probanden in der klinischen Forschung wurden Mechanismen geschaffen, die zum einen die sicherheitsrelevante Qualität gewährleisten und zum anderen Patienten als potenzielle Studienteilnehmer von der Bürde der individuellen Risikobewertung entlasten sollen. Um den Schutz von Patienten zu verbessern, sind Studien in wesentlichen Aspekten standardisierten Vorgehensweisen unterworfen. Dies hilft nicht nur, den Forschungsnutzen zu erhöhen, sondern ist zugleich ein Instrument, um Fehlern vorzubeugen. Zu solchen standardisierten Verfahren zählen etwa die Regeln der Guten klinischen Praxis (Good Clinical

---

[68] Näheres zu den naturwissenschaftlichen Grundlagen s. Neubauer et al. 2020.

Practice).[69] Ein weiteres Verfahren, das wesentlich zum Patientenschutz beiträgt, ist die Zweiteilung des Bewertungsprozesses zur Abwägung von Risiken und Chancen in einen individuellen und einen allgemeinen Teil. Noch bevor der Patient darüber entscheidet, ob die Chancen, Risiken, Belastungen im Rahmen der Studienteilnahme für ihn akzeptabel sind, werden diese von verschiedenen an der Studie beteiligten Personen und Institutionen bewertet. Bevor eine klinische Studie durchgeführt werden kann, bedarf es zum Beispiel des positiven Votums einer Forschungsethikkommission. Diese entscheidet, ob das Forschungsvorhaben den rechtlichen Bedingungen entspricht. Zudem obliegt ihr die ethische Bewertung darüber, ob der zu erwartende Nutzen und die entstehenden Risiken in einem angemessenen Verhältnis zueinander stehen. Die allgemeine Bewertung ist ein wichtiger Schritt zur Entlastung des individuellen Patienten von der Risikobewertung. Diese Mechanismen dienen im Sinne des Nichtschadensgebots dem Schutz des Patienten sowohl vor einer überoptimistischen Einschätzung des therapeutischen Nutzens als auch vor einer Geringschätzung der mit der Studie einhergehenden Risiken. In diesem Sinne leisten Aufsichtsbehörden und unabhängige Kontrollgremien einen wichtigen Beitrag zur Minimierung des Schadens.

Ferner erfordern besondere Risiken auch besondere Bedingungen an das Monitoring der Patienten. So ist es erforderlich, eine langfristige Nachbeobachtung in den Studienplan zu integrieren. Zudem muss Vorsorge dafür getroffen werden, wie später auftretende Schäden dem Forschungsvorhaben zugeordnet werden können. Freilich ist es schwierig, noch nach Jahren die Ursache eines Tumors zu bestimmen und kausale Zusammenhänge zur Studie herzustellen. Biologische Vorgänge sind dafür meist zu komplex. Sollte aber ein Tumor aus einem allogenen Stammzelltransplantat entstehen, ließe sich das auf der Zellebene gut nachvollziehen, auch wenn dieser erst Jahre später entdeckt wird. Verstirbt der Patient, kann eine Obduktion wertvolle Hinweise liefern. Die langfristige Nachsorge sowie die Aufbewahrung der Studieninformationen über einen langen Zeitraum müssen gewährleistet sein. Nur so können Spätfolgen richtig eingeordnet und die gewonnen Erkenntnisse tatsächlich dem allgemeinen Nutzen dienen. Auch die Veröffentlichung der anonymisierten Studienrohdaten (*individual patient data*) dient diesem Ziel. Ferner müssen hier ebenso patentrechtliche Interessen berücksichtigt werden. Eine solche externe Auswertung der Primärdaten würde nicht nur eine bessere Kontrolle über die Schlussfolgerungen aus der Studie erlauben, es würde auch die Zweitverwertung der Primärdaten den Forschungsoutput verbessern und somit zu einem größeren sozialen Benefit der Studie beitragen.

Jedoch können diese Kontrollmechanismen die Forschungsfreiheit einschränken.[70] Das Recht auf Freiheit der Forschung ist ein im Grundgesetz verankertes Abwehrrecht. Es garantiert den Schutz der individuellen Forschungsfreiheit vor staatlichen Einschränkungen, worunter auch die regulierenden Eingriffe durch Aufsichtsbehörden oder Ethikkommissionen fallen. Das Grundrecht darf nur unter en-

---

[69] ICH harmonised tripartite guideline 1996.
[70] Pöschl 2010.

gen Voraussetzungen eingeschränkt werden; es braucht also gute Gründe für dessen Einschränkung.[71]

Der Schutz des Probanden/Patienten vor Schaden ist ein solcher allgemein anerkannter Rechtfertigungsgrund. Dies zeigt sich allein daran, wie stark Regelungen auf Patientensicherheit fokussiert sind. Eines der grundlegenden ethischen Prinzipien der ISSCR-Guidelines ist *Primacy of Patient Welfare*: „Physicians and physician-researchers owe their primary duty to the patient and/or research subject. They must never unduly place vulnerable patients at risk".[72] Allerdings demonstriert dieser Passus zur Umsetzung des Nichtschadensgebots auch die dem Patienten zugedachte passive Rolle, die an anderer Stelle ebenfalls deutlich wird: „Patients can enroll in clinical research trusting that studies are well justified and the risks and burdens reasonable in relation to potenzial benefits".[73] Die dem Patienten zugesprochene passive Rolle steht in Wechselwirkung mit dem in den Richtlinien des ISSCR betonten Fokus auf Patientensicherheit. Würden Patienten eine aktivere Rolle im Forschungsprozess erhalten, würde ihrem Schutz durch Dritte weniger Gewicht zukommen müssen.

In diesem Sinn lässt sich auch der Zusammenhang zur Forschungsfreiheit erkennen. Forschungsfreiheit muss nämlich nicht zwangsläufig proportional zum Grad der Schutzbedürftigkeit der Patienten eingeschränkt werden. Zwar mag diese Lesart auf den ersten Blick recht plausibel erscheinen; nicht zuletzt deshalb ist sie auch weit verbreitet. Allerdings wird dabei ignoriert, dass Forschung ein gemeinsames Bestreben von Forschern und Patienten ist.[74] Betrachtet man den Forschungsprozess in seiner Gesamtheit und erkennt dessen Ziel, einen Beitrag zur Verbesserung der Gesundheit zu leisten, an, kommt man gar nicht umhin, den Probanden/Patienten als integralen Akteur der Forschung und nicht mehr nur als deren Objekt zu betrachten. Individuelle und kollektive Gesundheitsbedürfnisse sind die entscheidende Triebkraft für die Forschung überhaupt, und den dabei zugrunde liegenden Vorstellungen von Krankheit und Gesundheit ist immer auch eine wertende Komponente inhärent.[75] Dementsprechend kann es aus einer übergeordneten Perspektive nur gelingen, den Bedürfnissen der Patienten als Probanden wie auch als zukünftigen Nutznießern von Forschung gerecht zu werden, wenn diese aktiv in die Forschungsentwicklung – insbesondere bei der Bestimmung der Forschungsziele – einbezogen werden.

Hiermit ergibt sich eine andere Perspektive auf die Freiheitsfrage: Nur eine frühzeitige Einbindung aller Betroffenen erlaubt überhaupt von einer realen Freiheitsmöglichkeit zu sprechen, indem durch gemeinsame Deliberation versucht wird, in-

---

[71] Gerke und Taupitz 2018, S. 217, 222.

[72] ISSCR 2016, S. 4. Zwar ist es bereits aus logischen Gründen eher schwierig, für einen absoluten Vorrang des Wohlergehens der Patienten bzw. Probanden zu argumentieren. Wer dies tut, verunmöglicht die Abwägung von individuellem Risiko und allgemeinem Nutzen, macht also klinische Forschung am Menschen unmöglich.

[73] ISSCR 2016, S. 4.

[74] Die ISSCR spricht von collective effort.

[75] Doust et al. 2017.

dividuellen wie kollektiven Bedürfnissen in der Forschung gerecht zu werden und dadurch Möglichkeiten geschaffen werden, gemeinsame Forschungsziele zu formulieren.

Dennoch muss der einzelne Studienteilnehmer auch darauf vertrauen können, dass die Studie mit allen ihren Vor- und Nachteilen sorgfältig geprüft worden ist. Dafür ist es unerlässlich, Risiken und Chancen aus wissenschaftlicher Perspektive zu evaluieren. Um die Qualität der Evaluation zu garantieren, ist es sinnvoll, diese Prüfung von unabhängigen Experten durchführen zu lassen, die nicht an der Studie beteiligt sind. Dabei müssen die Interessen der Forscher am Ideen- und Patentschutz berücksichtigt werden. Eine vollständige Transparenz des Bewertungsprozesses von Studien ist kontraproduktiv, wenn angesichts der marktwirtschaftlichen und patentrechtlichen Konsequenzen kein Anreiz mehr besteht, Forschung durchzuführen, und letztlich niemandem geholfen wäre.

Die Gewinninteressen von Unternehmen zu missachten und ihnen keinen Wert beizumessen wäre also unter den gegebenen ökonomischen Bedingungen auch ethisch problematisch. Das bedeutet jedoch nicht, dass Gesundheit vollständig unter kommerziellen Gesichtspunkten betrachtet werden darf. Gesundheit kommt ein besonderer Wert zu. Das begründet sich vor allem in ihrem konditionalen Charakter. Ähnlich wie Frieden, Freiheit und Sicherheit ist Gesundheit eine wichtige – wenngleich nicht notwendige – Voraussetzung für ein gutes Leben.[76] Dieser Umstand muss auch hinsichtlich klinischer Forschung berücksichtigt werden. Hier gilt es die richtige Balance von marktwirtschaftlichen Interessen und dem ethischen Wert der Gesundheit zu finden.

3.2.2 Probandenauswahl

Die Auswahl der für eine ATMP-Studie vorgesehenen Probandengruppe hat einen großen Einfluss auf die mit der Studie verbunden ethischen Probleme. Die Einschätzung von Risiken, Belastungen und Chancen kann abhängig von der Ausgangssituation der avisierten Personengruppe sehr unterschiedlich ausfallen. Gelegentlich orientieren sich klinische Forscher bei der Auswahl der für eine innovative Behandlungsmethode geeigneten Erkrankung allein an technisch-praktischen Kriterien, zum Beispiel der guten Zugänglichkeit des erkrankten Organs für operative Eingriffe oder der einfachen Rekrutierung der Probanden. Solche rein funktionalen Kriterien sind aber in ethischer Hinsicht nicht ausreichend, denn mit der Wahl einer bestimmten Patientenpopulation sind immer auch normative Wertungen über die Angemessenheit und Vertretbarkeit bestimmter Risiko-, Belastungs- oder Nutzenerwartungen verbunden. Diese sollten im Studienprotokoll offen gelegt werden.

Wegen der voraussichtlich hohen Risiken sind reine Phase-I-Studien an Probanden als problematisch anzusehen. Erste klinische Erprobungen müssen zwar darauf abzielen, Sicherheit und Verträglichkeit des untersuchten ATMP zu erfassen, sollten aber darüber hinaus auch einen Nutzen für die involvierte Probandengruppe in Aus-

---

[76] Kersting 2002, S. 144.

sicht stellen. Dieser wird allerdings in frühen Phase-I/II-Studien in aller Regel nur mit einer geringen Wahrscheinlichkeit eintreten, da sich die Auswirkungen der Anwendung eines ATMP am Menschen selbst bei optimalen Ergebnissen in voran gegangenen Tierversuchen nur begrenzt voraussagen lassen. Die Erfahrung zeigt, dass positive Erwartungen in ersten klinischen Studien oft nicht bestätigt werden[77] und positive Ergebnisse aus Phase I/II wiederum selten in Phase III reproduziert werden können.[78] Zugleich ist die Wahrscheinlichkeit für kurz- und langfristige höhere Risiken sowie für höhere Belastungen für die Probanden groß. Als Risiken in Betracht gezogen werden müssen etwa sowohl eine Verschlechterung der Ausgangskrankheit als auch ein langfristig erhöhtes Tumorrisiko. Belastungen entstehen – abhängig vom individuellen Studienprotokoll – etwa durch eine engmaschige Überwachung mit vielen anstrengenden Untersuchungen oder das sich gegebenenfalls über Jahre erstreckende Monitoring, um Langzeitfolgen zu erfassen. Die studienbedingten Belastungen fallen besonders in Gewicht, wenn es sich um sehr kranke Patienten handelt, deren Kräfte begrenzt sind. Die Auswahl der Probandenpopulation(en) muss sich an diesem spezifischen Profil von Risiko und Belastung versus Chancen der Forschung ausrichten. Es muss darüber hinaus berücksichtigt werden, welche spezifischen Risiken, Belastungen und Chancen sich voraussichtlich für die avisierte Population ergeben und wie diese gegeneinander abgewogen werden können. Es sollten also immer Risiken, Belastungen und Chancen *relativ* zu den spezifischen Bedingungen der avisierten Probanden in die Abwägung einfließen.

So kann zum Beispiel auch die nur geringe Wahrscheinlichkeit für einen Nutzen eine große Bedeutung erhalten, wenn es sich um eine schwere Erkrankung mit einer gravierenden Beeinträchtigung des alltäglichen Lebens handelt und keine Behandlungsalternativen zur Verfügung stehen. Eine hohe Wahrscheinlichkeit für kurzfristige Risiken kann eher in Kauf genommen werden, wenn die ausgewählte Population nicht typischerweise multimorbid ist und risikobedingte Folgebehandlungen leichter verkraften kann. Eine hohe Wahrscheinlichkeit für langfristige Risiken kann leichter in Kauf genommen werden, wenn die behandelte Population älter ist und die Risiken voraussichtlich nicht mehr erleben wird. Studienbedingte Belastungen, etwa durch zeitlich aufwändige, häufige Krankenhausaufenthalte oder körperlich und psychisch anstrengende Untersuchungen, können dagegen für Populationen besonders problematisch sein, die ihren Alltag krankheitsbedingt ohnehin nur mit großen Anstrengungen und Hilfe von Dritten bewältigen können.

Aus ethischer Perspektive müssen also die relativen Risiken, Belastungen und Chancen betrachtet werden, um die Auswahl der Probandenpopulation zu rechtfertigen. Zu den dafür einschlägigen Kriterien zählen u. a. Unheilbarkeit der Erkrankung, Schwere der Erkrankung, Schwere der Begleiterkrankungen sowie Alter und Ausmaß der Gebrechlichkeit der Probanden. Abhängig davon, welche spezifische Gewichtung von Vor- und Nachteilen man vornimmt, können unterschiedliche Probandenpopulationen als geeignet in Betracht gezogen werden. Essentiell für diese Bewertung ist sowohl die Einschätzung durch klinische Experten als auch durch die

---

[77] Kaplan und Irvin 2015.

[78] Zia et al. 2005.

potenziellen Probanden selbst. Die subjektive Perspektive aus Sicht der potenziellen Probanden muss in die Abwägung der relativen Risiken, Belastungen und Chancen einfließen und angemessen gewürdigt werden. Dabei muss auch erörtert werden, ob die Bilanz für eine andere Probandenpopulation womöglich günstiger ausfallen könnte.

Neben diesen allgemeinen Überlegungen müssen aber auch spezifische Kriterien für die Vulnerabilität von Probanden und Probandengruppen eigens berücksichtigt werden. Der Deklaration von Helsinki des Weltärztebundes zufolge sind in der medizinischen Forschung „einige Gruppen und Einzelpersonen (…) besonders vulnerabel und können mit größerer Wahrscheinlichkeit ungerecht behandelt oder zusätzlich geschädigt werden" (Art. 19).[79] Üblicherweise werden dazu alle Personen gezählt, die nicht fähig sind, selbst in die Studienteilnahme einzuwilligen und auf Stellvertreter zur Wahrung ihrer Interessen angewiesen sind. Außerdem gelten Personen als vulnerabel, die vom Studienleiter abhängig oder anderweitig unfrei sind, wie etwa Mitarbeiter, Medizinstudierende oder Heiminsassen.[80] Die Einbeziehung solcher vulnerabler Personen in Forschungsvorhaben muss besonders gerechtfertigt werden. Mittlerweile ist man dazu übergegangen, den Kreis der vulnerablen Personen noch weiter zu fassen und alle einzuschließen, die ein verhältnismäßig hohes Risiko tragen, dass ihre Interessen nicht ausreichend berücksichtigt werden: „This implies that vulnerability involves judgments about both the probability and degree of physical, psychological, or social harm, as well as a greater susceptibility to deception or having confidentiality breached. It is important to recognize that vulnerability involves not only the ability to provide initial consent to participate in research, but also aspects of the ongoing participation in research studies".[81] Vulnerabilität – so die CIOMS Guidelines – könne entstehen, wenn Probanden durch Faktoren wie mangelnde Selbstbestimmungsfähigkeit, Bildung oder Unterstützung nicht in der Lage sind, ihre Interessen selbst zu verteidigen oder wenn die Gefahr besteht, dass Dritte wenig sensibel sind für die spezifischen Bedürfnisse von marginalisierten oder stigmatisierten gesellschaftlichen Gruppen. Nicht selten treffen mehrere Merkmale für Vulnerabilität gleichzeitig auf eine Probandengruppe zu.

Spezifische Vulnerabilität ist kein Ausschlusskriterium für die Teilnahme an klinischer Forschung, sondern muss besondere Maßnahmen sowohl des Schutzes als auch des Empowerments nach sich ziehen. Schutzmaßnahmen zielen darauf ab, vulnerable Personen gegebenenfalls von Forschung auszuschließen oder nur unter besonderen Auflagen in Forschung einzuschließen, etwa indem die rechtlichen Anforderungen an eine wirksame stellvertretende Einwilligung erhöht werden. Empo-

---

[79] WMA 2013.

[80] Früher zählte man dazu wegen des zusätzlichen Risikos für das Kind auch schwangere und stillende Frauen. Diese Einstufung wurde in letzter Zeit häufig kritisiert, u. a. weil damit Frauen in dieser spezifischen Situation pauschal die Fähigkeit abgesprochen wird, für ihre eigenen Interessen und die des Kindes zu sorgen und weil der Ausschluss dieser Gruppe von Personen aus klinischer Forschung zu signifikant weniger evidenzbasierten Wissen in der Behandlung von Krankheiten während Schwangerschaft und Stillzeit geführt hat (s. Wild 2012).

[81] CIOMS Guidelines 2016, Guideline 15.

werment bezweckt dagegen, die Personen selbst in den Entscheidungsprozess einzubeziehen, indem sie dazu zu befähigt werden, sich zu artikulieren, und indem ihren Wünschen Gehör verschafft wird. Bei Personengruppen, die kognitiv eingeschränkt sind, sollten zum Beispiel Schutzmaßnahmen darauf abzielen, neben den Risiken die Belastungen der Studie besonders kritisch zu prüfen und gegebenenfalls zu reduzieren, weil es für diese Gruppe problematisch sein kann, wenn sie etwa für eine Studie aus der vertrauten Wohnumgebung gerissen werden oder Untersuchungen besonders viel Angst einflößen. Ein Einschluss solcher Personengruppen kann auch gerechtfertigt werden, wenn gezielte Möglichkeiten der Partizipation geschaffen werden. So könnte zum Beispiel dargelegt werden, wie die spezifischen Interessen der Gruppe erfasst wurden und welche Maßnahmen getroffen werden, um den Probanden im Verlauf der Studiendurchführung Möglichkeiten der Mitsprache einzuräumen.

Ein solches Empowerment kann sich auf die Gruppe der Probanden oder auch nur auf den einzelnen Probanden beziehen. In der Phase der Studienplanung ist empfehlenswert, durch gezielte Informationsgespräche zwischen Patientengruppen und Forschern die Kenntnis der Rahmenbedingungen des Einschlusses einer spezifischen Probandengruppe auf beiden Seiten zu verbessern und damit sowohl den klinischen Forschern als auch den potenziellen Probanden eine bessere Informationsbasis für ihre Entscheidungen zu verschaffen. Immer dann, wenn solche Gespräche Risiken für erhöhte Vulnerabilität zu Tage fördern, sollten darüber hinaus spezifische, mit den potenziell Betroffenen bzw. ihren Vertretern abgesprochene Gegenmaßnahmen in das Studienprotokoll aufgenommen werden.

Auch die Auswahl der Vergleichsgruppe in randomisiert-kontrollierten Studien bedarf einer eigenen Rechtfertigung. Prinzipiell ist die Durchführung von RCT gerade im frühen Stadium der klinischen Erprobung von stammzellbasierten ATMPs vorzuziehen, um die Aussagefähigkeit der jeweiligen Studie zu erhöhen und zukünftigen Studienteilnehmern unnötige Risiken zu ersparen. Eine gesunde Vergleichsgruppe wird im Bereich der risikoträchtigen Stammzellforschung allerdings nur in seltenen Ausnahmen gerechtfertigt sein. In jedem Fall muss die Auswahl gesunder Probanden durch eine Abwägung von Risiken und Belastungen gesondert begründet werden. In der Regel wird jedoch eine Vergleichsgruppe erkrankter Personen gewählt werden müssen, denen entweder die in diesem Fall übliche Standardbehandlung gewährt wird oder eine Behandlung mit Plazebo. Für die Wahl einer solchen mehrarmigen Studie muss die Bedingung der klinischen Equipoise gelten, also eines mangelnden Konsenses klinischer Experten hinsichtlich der Überlegenheit eines der Studienarme.[82] Auch das ist im Einzelnen zu begründen.

Eine besondere Form der Vulnerabilität kann durch die Honorierung der Versuchsteilnahme entstehen. Einerseits kann es angesichts der für erste Phase I/II-Studien verhältnismäßig geringen Nutzenwahrscheinlichkeit angezeigt sein, den Versuchsteilnehmern eine Aufwandsentschädigung zu zahlen. Damit würde man auch einer *therapeutic misconception* und *misestimation* der Probanden entgegen-

---

[82] Hey et al. 2017; Hoffmann 2014.

wirken.[83] Andererseits kann eine solche Aufwandsentschädigung bei sozial schlechter gestellten Personen ab einer gewissen Höhe wie ein Anreiz zur Forschungsteilnahme wirken und dazu führen, dass Risiken bewusst missachtet werden. Dies muss bei der Studienplanung berücksichtigt werden.

3.2.3 Risiko/Belastung-Chancen-Bewertung

Ein wesentliches ethisches Problem der medizinischen Forschung ist der Umgang mit ihren Risiken und Chancen. Weil Risiken nicht prinzipiell vermieden werden können, dient der erwartete Nutzen als zentrales Kriterium der ethischen Rechtfertigung. Bereits im Nürnberger Kodex ist festgelegt, dass klinische Versuche so angelegt sein müssen, dass „fruchtbare Ergebnisse zum Wohle der Gesellschaft zu erwarten sind, welche nicht durch andere Forschungsmittel oder Methoden zu erlangen sind".[84]

Erste klinische Versuche werden in der Regel mit gesunden Probanden durchgeführt. Diese sind aufgrund ihres robusteren körperlichen Zustands weniger anfällig für mögliche Wechselwirkungen. Dieses Vorgehen vermeidet eine Doppelbelastung von Patienten und zugleich eine mögliche Verfälschung der Studienergebnisse durch deren Erkrankung. Wirksamkeitstests mit kranken Probanden werden erst in der zweiten Phase durchgeführt. Hierbei findet eine Überprüfung des Therapiekonzepts (Proof of Concept) sowie die Ermittlung der für einen therapeutischen Effekt nötigen Dosis statt. Während in Phase II bereits erste Therapiewirkungen beobachtet werden können, haben die Probanden der Phase I keinerlei Nutzen von der Studie. Aus forschungsethischer Sicht wird im letzteren Fall das individuelle Risiko ausschließlich durch den sozialen Nutzen in Form des Erkenntnisgewinns aufgewogen.

Bei der hiPS-Zell-Forschung ist diese Differenzierung zwischen Phase I und II nicht praktikabel. Zum einen sind die Eingriffe in aller Regel riskant. Schwerwiegende Nebenwirkungen aufgrund unkontrollierter Integration des Zellimplantats in das umliegende Gewebe sind denkbar. Zusätzlich besteht die Gefahr der Tumorbildung durch undifferenzierte Stammzellen im Endprodukt oder durch genetische Mutationen während der Reprogrammierung. Zum anderen wäre ein Versuch mit gesunden Probanden auch wenig sinnvoll. Die Testreihen zur Sicherheitsüberprüfung würden sehr lange dauern, da der Nachbeobachtungszeitraum sich über mehrere Jahre erstrecken müsste. Zudem würden Mikrodosierungen gar nicht die gewünschten Effekte und damit auch nicht die möglichen Nebenwirkungen mit sich bringen. Wenngleich es aus ethischer Perspektive problematisch ist, erste klinische Versuche mit kranken Menschen durchzuführen, ist bei zukünftigen hiPS-Studien davon auszugehen, dass die klassische Phaseneinteilung der Arzneimittelforschung aufgegeben werden muss. Die Unterscheidung zwischen Sicherheits- und Wirksam-

---

[83] Kimmelman 2007.
[84] IPPNW 1997.

keitsstudien (Phase I und II) lässt sich allein aus medizinischer Sicht nicht aufrecht-erhalten.

Das bietet wiederum den Vorteil, dass das vom Patienten getragene Risiko nicht mehr ausschließlich durch den möglichen allgemeinen Nutzen, sondern auch durch einen möglichen individuellen therapeutischen Nutzen aufgewogen sein kann. Das ist zweifelsohne zu begrüßen, wenngleich fraglich bleibt, wie groß der Nutzen für den Patienten bei ersten Versuchen sein kann. Kann es im Rahmen von Hochrisiko-forschung wie der Stammzellforschung gerechtfertigt sein, den Patienten einem hohen Risiko auszusetzen, wenn dem nur ein geringer bzw. gar kein individueller Nutzen entgegensteht?

In vielen Kodizes wird neben der informierten Einwilligung des Probanden die Angemessenheit von Risiko und Chance in den Mittelpunkt der ethischen Rechtfer-tigung für klinische Studien gerückt. Auch in den Guidelines der ISSCR heißt es: „Risks should be identified and minimized, unknown risks acknowledged, and po-tential benefits to subjects and society estimated. Studies must anticipate a favorable balance of risks and benefits".[85] Die Richtlinien sagen allerdings nichts darüber aus, wie Risiken und potenzieller Nutzen gegeneinander abgewogen werden können. Tatsächlich gibt es keinen allgemeinen Algorithmus zur Errechnung einer Schaden-Nutzen-Bilanz. Bereits im 1979 erschienenen Belmont Report, der als grundlegen-des ethisches Regelwerke für die Bewertung von Humanexperimenten durch For-schungsethikkommissionen gilt, ist zu Recht vom metaphorischen Charakter die Rede, wenn es heißt, Risiken und Nutzen müssten ausgeglichen sein oder in einem angemessenen Verhältnis zueinanderstehen.[86]

Die geforderte Abwägung ist ein Anspruch, dem man allenfalls näherungsweise genügen kann. Allein die schiere Neuheit der Stammzellforschung macht es un-möglich, die Wahrscheinlichkeit bestimmter Schäden und Belastungen zu berech-nen. Hierin liegt eine zentrale Schwierigkeit der Abwägung. Bereits die Wortwahl in den Richtlinien des ISSCR – dass Risiken unbekannt sind, der Nutzen geschätzt und die Ausgewogenheit antizipiert werden soll – impliziert, dass es nicht mehr um objektivierbare Faktoren geht, sondern dass diese zentralen Begriffe der medizini-schen Forschung auf evaluativen Konzepten beruhen. Betrachtet man die begriffli-chen Konzepte von Risiko/Schaden und Chance/Nutzen näher, wird das sehr wohl deutlich.[87]

Unter Risiko wird in der Regel die Wahrscheinlichkeit einer vorübergehenden oder dauerhaften gesundheitlichen Schädigung verstanden.[88] Hierbei ist davon aus-zugehen, dass das größte Schadenspotenzial bei der Durchführung klinischer Stu-dien im Bereich der Stammzellforschung von der Integration des Implantats in das

---

[85] S. ISSCR 3.3.2.2.

[86] National Commission (Belmont Report), S. 16.

[87] Ein wesentliches Element der Nutzenbewertung im Rahmen klinischer Forschung besteht in der Unvorhersagbarkeit der Ereignisse. Ähnlich wie beim Risikokonzept kann nur von einem mögli-chen oder wahrscheinlichen Nutzen gesprochen werden, weshalb der Begriff der Chance das pas-sendere Äquivalent zu Risiko ist.

[88] Niemansburg et al. 2015; Hansson 2010.

umliegende Gewebe ausgeht. Aber auch durch im Rahmen der Studie erforderliche Maßnahmen können teils gravierende Risiken ausgehen (z. B. Narkose- oder Operationsrisiken). Ferner sind Studien oft mit Belastungen (*burden*) für den Patienten verbunden, welche ebenso berücksichtigt werden müssen. Diese können sowohl physischer (z. B. lokale Schmerzen) als auch psychischer (z. B. Angst vor Eingriffen) oder zeitlicher Art (langwierige und häufige Kontrolluntersuchungen) sein. Eine Besonderheit gegenüber vielen anderen klinischen Studien stellt hierbei die Dauer der Behandlung bzw. der Nachsorge dar. Wenn ein Patient mehrere Jahre lang für studienbedingte Untersuchungen ein bestimmtes Krankenhaus aufsuchen muss, kann das als außerordentlich belastend empfunden werden. Angesichts ihrer Schwere und Dauer sollten nicht nur der Studie eigenen Risiken, sondern auch die damit verbundenen physischen, psychischen und zeitlichen Belastungen in die Bewertung eingehen. Dabei müssen auch die Angehörigen berücksichtigt werden, die gerade für die Betreuung schwer kranker Patienten unentbehrlich sind und damit oft auch den Belastungen der Studie ausgesetzt sind.

Nutzen bezeichnet im Allgemeinen die positiven Konsequenzen einer Handlung. Dabei wird meist zwischen Eigen-, Fremd- und Gruppennutzen unterschieden. Während der Begriff „Eigennutzen" eindeutig das Wohlbefinden des Patienten adressiert,[89] ist wesentlicher weniger klar, auf welche Adressaten sich Fremd- und Gruppennutzen beziehen und wie sie sich voneinander unterscheiden. Einem Gruppennutzen wird oft eine höhere ethische Wertigkeit zugestanden als einem reinen Fremdnutzen. Allerdings setzt dies voraus, dass der Proband als Mitglied der betroffenen Gruppe tatsächlich zukünftig von den Ergebnissen der Forschung profitieren könnte. Dies ist in Anbetracht der langen Zeiträume bei der Entwicklung neuer Therapien nicht besonders wahrscheinlich. Zudem wird in der Regel nicht spezifiziert, welches Kriterium warum als ausschlaggebend für die Gruppenzugehörigkeit angesehen wird. Ist es die Krankheit (z. B. Demenz) oder ihre Unterformen (z. B. Alzheimer Demenz), die Altersgruppe (z. B. Kinder) oder das Geschlecht (z. B. schwangere Frauen)? Ob ein Nutzen unter diesen Bedingungen als Gruppennutzen empfunden wird, hängt stark von der subjektiven Einschätzung des Forschers und des Probanden ab.

Diese Differenzierung verdeutlicht, wie sehr die Einschätzung von Risiko und Chance von zugrunde liegende Wertvorstellungen abhängt, die subjektiv und kontextgebunden sind. Noch deutlicher wird das beim Versuch, ein angemessenes Verhältnis von Risiko und Chance zu bestimmen. Je schwerer und fortgeschrittener eine Krankheit ist, desto risikoaffiner kann die Bewertung des Patienten ausfallen. Es ist denkbar, dass Patienten bei Vorliegen einer infausten Prognose eher in die Teilnahme an einer Studie einwilligen werden. Die Aussicht auf positive Behandlungseffekte oder gar Heilung in einer Situation der Aussichtslosigkeit kann die

---

[89] Hierbei ist kritisch anzumerken, dass es im Rahmen von klinischen Studien eher um einen objektiven Nutzen, d. h. einen medizinisch messbaren Nutzen im Sinne normierter Gesundheitsvorstellungen als um den subjektiv empfundenen Nutzen geht. Im Fall der RIKEN-Studie wird die Erhöhung der Sehfähigkeit als positiver Effekt bewertet, der subjektive Vorteil oder die Lebensqualität des Patienten aber nicht erwähnt.

Bewertung gravierend beeinflussen. Es scheint nur menschlich zu sein, nach dem letzten Strohhalm zu greifen, auch wenn das Risiko sehr groß ist. Allerdings muss man bei dieser Einschätzung vorsichtig sein. Es ist ebenso denkbar, dass ein chronisch schwer kranker Mensch eine gerade noch ausreichende Lebensqualität einem hohen Forschungsrisiko und einer hohen Studienbelastung vorzieht. Gesunden Menschen – wie es zum Beispiel Forscher sind – fällt es erfahrungsgemäß oft nicht leicht, die spezifischen Bedürfnisse von schwer kranken Personen zu erfassen, selbst wenn es sich bei den Forschern um Kliniker handelt, die tagtäglich mit den Patienten umgehen.

Das große Gewicht solcher Wertentscheidungen wird derzeit im Rahmen von Forschungsrichtlinien nicht genügend berücksichtigt. Es ist zum Beispiel fraglich, inwiefern diese im Bewertungsprozess einer Forschungsethikkommission angemessen erfasst werden können. Obwohl laut der letzten EU-Verordnung für klinische Studien die Perspektive von Patienten in Forschungsethikkommissionen stärker berücksichtigt werden soll,[90] gibt es große Hürden, dies in die Praxis umzusetzen.[91]

Die Einbindung der Patienten in Ethikkommissionen wird von einem grundsätzlichen Problem begleitet. Klarerweise können Patienteninteressen in dieser Form nur in Vertretung vorgetragen werden, was wiederum die Frage aufwirft, wodurch ein Vertreter legitimiert ist, für alle anderen zu sprechen. Auch wenn Patientenorganisationen in Deutschland teils sehr professionell agieren und deren Vertreter über profundes medizinisches Wissen verfügen, entbindet das nicht von einer Diskussion über die Aufgaben und Legitimation von Patientenvertretern als Voraussetzung für eine faire und angemessene Vertretung von Patienteninteressen. Überdies ist auch ein legitimer Vertreter einer Patientengruppe nicht automatisch legitimiert, für andere Patientengruppen zu sprechen, wie das bei der Vielzahl unterschiedlichen Studien, die zur Beratung in Ethikkommissionen anstehen, oft notwendig sein wird. Gerade der Gruppe der schwer kranken Patienten stellen sich ohnehin kaum zu überwindende praktische Hindernisse für ein Engagement in einer Kommission, weshalb man vermutlich für diese anstrengende und zeitraubende Arbeit eher auf wenig durch ihre Krankheit belastete chronisch kranke Patienten zurückgreifen wird. Zwar können schwer kranke Patienten von Angehörigen vertreten werden, doch die sind oft nicht minder belastet und wollen gegebenenfalls eine durchaus eigene Sicht in die Beratung einbringen.[92] Auch setzt die hoch professionalisierte Tätigkeit einer Ethikkommission zumindest Grundkenntnisse wissenschaftlichen Arbeitens voraus, die bei einer Vielzahl von Patientenvertretern nicht erwartet werden können. Durch die Einbindung der Patientenperspektive in den Prozess der Be-

---

[90] Art. 2 Abs. 11 Verordnung (EG) Nr. 536/2014 des Europäischen Parlaments und des Rates vom 16. April 2014 über klinische Prüfungen mit Humanarzneimitteln und zur Aufhebung der Richtlinie 2001/20/EG (Zum Zeitpunkt des Redaktionsschlusses stand das Inkrafttreten der Verordnung noch aus).

[91] Eine Schwierigkeit besteht darin, die maximale Bearbeitungsfrist von 45 Tagen ab Antragsannahme einzuhalten. Gerade ehrenamtlich arbeitende Kommissionen, die nur ein- bis zweimal monatlich zusammenkommen, stehen dadurch unter hohem Zeitdruck. Dieser verstärkt sich noch, indem nicht fristgerecht bearbeitete Forschungsanträge automatisch als bewilligt gelten.

[92] Gerhards et al. 2017.

wertung durch eine klinische Ethikkommission ist also nur in sehr eng gesteckten
Grenzen dafür gesorgt, dass Patienten ihrer passiven Rolle im Planungs- und Entscheidungsprozess im Rahmen klinischer Studien entkommen können.

Im Vorfeld der Studienplanung begegnen sich bereits Forscher, Arzneimittelher-
steller und Aufsichts- bzw. Regulierungsbehörden, tauschen ihre Perspektiven aus
und loten vertretbare Vorgehensweisen aus. Dieses rein expertokratische Vorgehen
im Rahmen der Studienplanung kann aber nur schwerlich dazu beitragen, die unterschiedlichen Interessenslagen der Patienten widerzuspiegeln. Bisherige Richtlinien
für die Durchführung klinischer Studien sind in der Regel für diese Ausgangsitua-
tion konzipiert. Ihre mangelnde Konkretheit hinsichtlich der Durchführung der Ri-
siko/Belastung-Chancen-Abwägung ist der fehlenden Aufmerksamkeit für die Wertentscheidungen in der Planungsphase geschuldet. Diese können erst offengelegt
werden, wenn eine systematische Beteiligung aller Stakeholder, einschließlich der
Patientenvertreter, in einem moderierten Diskurs angestrebt wird.

Deshalb ist es über die von der neuen EU-Verordnung vorgesehenen Regelungen
hinaus notwendig, die Partizipation von Patienten im Forschungsprozess spezifischer, zeitlich flexibler und kommunikativ auf die Bedürfnisse der entsprechenden
Patientengruppe zugeschnitten zu gestalten. Dies kann gelingen, wenn Patienteninteressen schon wesentlich früher und im Hinblick auf ein konkretes Forschungsprojekt in den Forschungsprozess eingebracht werden. Dafür gibt es eine Reihe von
kommunikativen und diskursiven Verfahren, die in anderen Feldern der Stakeholder-
Beteiligung erfolgreich erprobt wurden.[93]

Das Erfordernis der Einbindung von Patienten und Probanden zur Evaluation
von Chancen, Risiken und Belastungen lässt forschungsethische Richtlinien aber
nicht überflüssig werden. Es gibt eine Reihe formaler Prinzipien, die normativ begründet werden können, ohne auf evaluative Konzepte zurückgreifen zu müssen. So
lassen sich etwa allgemeine Verfahrensregeln für den Umgang mit Risiken, Belastungen und Chancen bestimmen. Dazu gehören unter anderem die Grundsätze der
Risikominimierung und der besonderen Vorsicht bei Beteiligung vulnerabler Probanden sowie bei besonders hohen Risiken.

Eine Besonderheit der Therapien mit induzierten pluripotenten Stammzellen
sind neben Schwere und Tiefe des Eingriffs in den Körper auch deren langfristige
Auswirkungen. Durch die dauerhafte Integration des Stammzellprodukts in den Organismus müssen sowohl die Risiken als auch die Chancen hinsichtlich ihrer zeitlichen Bedingungen eruiert werden. Freilich ist es nicht möglich, Studien über Jahrzehnte anzulegen oder Folgeprojekte erst nach Auswertung von Langzeitergebnissen
zu beginnen. Wenngleich das dem Risikominimierungsgrundsatz entspräche, müssten dem zumindest die Opportunitätskosten, das heißt der Ausfall bzw. die Verzöge-
rung eines möglichen Gesundheitsnutzens durch die langsamere Entwicklung eines
pharmazeutischen Produkts, entgegengehalten werden. Vielmehr muss überlegt
werden, welche Anforderungen langfristige Auswirkungen an das Studiendesign
stellen. Eine wichtige Voraussetzung dafür ist, dass Auswirkungen der Studie, die
sich erst nach Jahren manifestieren, dieser zugeordnet werden können. Dazu bedarf

---

[93] Esmail et al. 2015.

es einer geeigneten Langzeitbeobachtung und -datenerfassung. Eine lediglich kurzzeitige Beobachtung wäre den langfristigen Risiken, die hiPS-Implantate mit sich bringen können, nicht angemessen. Zudem würde damit auch die temporale Dimension der Risiko-Chance-Bewertung missachtet.

Gerade bei ersten klinischen Studien muss dieser Umstand besonders berücksichtigt werden. Die große Ungewissheit darüber, wie sich Stammzellderivate im Körper verhalten, stellt eine besondere Anforderung an den Ablauf klinischer Studien dar. Im Unterschied zu *First-in-class*- oder *First–in-human*-Studien, bei denen bereits bekannte Wirkstoffe in gleicher oder ähnlicher Weise im Körper eingesetzt werden, handelt es sich bei Studien mit pluripotenten Stammzellen um sogenannte *First-in-kind*-Versuche, bei denen völlig neuartige Wirkstoffe zum ersten Mal im menschlichen Organismus eingesetzt werden.[94] In Arzneimittelstudien wird diesem Umstand Rechnung getragen, indem der Studie gelegentlich eine Phase 0 vorgeschaltet wird, in der nur Mikrodosierungsversuche vorgenommen werden. Dies ist allerdings in der klinischen Stammzellforschung kaum möglich. Allerdings gibt es zumindest Organe oder Gewebe, die aufgrund ihrer physiologischen Besonderheit besser als andere für eine systematische Beobachtung der Folgen des Eingriffs eignen. Das Auge ist zum Beispiel ein Körperteil, der sowohl für die Operation und Beobachtung leicht zugänglich ist, als auch mit einem Immunprivileg ausgestattet ist, weshalb implantierte allogene Zellen länger überleben können.[95] Eine andere Möglichkeit, dem Problem der schlechten Abschätzbarkeit der Risiken zu begegnen, ist die Fokussierung auf schwere, schlecht behandelbare Krankheiten mit kurzer Lebenserwartung, deren erfolgreiche Therapie mit einer beträchtlichen Zunahme an Lebenszeit und -qualität einhergehen könnte. Zwar wäre das Risiko dadurch nicht kleiner, aber der therapeutische Nutzen gegebenenfalls größer. Allerdings kann auch hier die Abwägung von Risiko und Chance nicht verallgemeinert werden, da die Risikoaffinität und Bewertung der Lebensqualität stark von individuellen Wertpräferenzen abhängig ist.

Eine weitere Verfahrensregel ist der Grundsatz der Nutzenmaximierung. Im Allgemeinen wird der Nutzen am individuellen Erfolg gemessen, doch können Studien auch außerhalb einer evaluativen Wertebasis allgemein nützlich sein. Beispielsweise enthalten erfolglose oder ergebnisneutrale Studien wichtige Informationen für die zukünftige Forschung. Wenngleich ein individuelles Risiko nicht gegen einen kollektiven Nutzen aufgerechnet werden darf, ist die Kenntnis einer wider Erwarten erfolglos verlaufenden Studie doch wichtig für zukünftige Risiko-Chancen-Abwägungen. Daher ist eine präzise Dokumentation aller Studienergebnisse geboten. Valide negative Ergebnisse nicht zu veröffentlichen, könnte zukünftige Therapieoptionen beeinflussen. Insbesondere bei seltenen Krankheiten könnte ein verzerrtes Bild der positiven Effekte möglicher Therapien entstehen, wenn negative Effekte nicht bekannt gemacht werden. Zudem ist es nicht zu rechtfertigen, eine erfolglose Studie im gleichen Setting zu wiederholen – das würde eine doppelte Belastung, aber keinen dop-

---

[94] Magnus 2010, S. 266.
[95] Erstmals: Medawar 1948; s. zu den naturwissenschaftlichen Grundlagen auch Neubauer et al. 2020.

pelten Nutzen bedeuten. Angesichts der aktuellen Situation in der medizinischen Wissenschaft besteht die größte Schwierigkeit darin, geeignete Orte für die Publikation von Daten aus erfolglosen Studien zu finden, da sich Zeitschriften oft weigern, solche Studien zu publizieren. Eine Lösung dieses Problems könnte darin bestehen, eine Publikationspflicht für Studien mit neutralen oder negativen Ergebnissen zu etablieren und wissenschaftliche Zeitschriften dazu anzuhalten, solche Publikationen zu akzeptieren. Dies könnte nicht nur zu einer Verbesserung des sozialen Nutzens von Studien beitragen, sondern zugleich helfen, Risiken für zukünftige Studienteilnehmer zu senken. Inwiefern dafür auch separate Journals[96] etabliert werden können oder eine zentralisierte Veröffentlichung innerhalb des Studienregisters erfolgen soll, muss Teil zukünftiger Diskussionen sein.

3.2.4 Aufklärung und Einwilligung der Studienteilnehmer

Die wirksame Einwilligung in eine klinische Studie zur Erforschung eines stammzellbasierten ATMP setzt eine Aufklärung des Probanden voraus, die über den üblichen Standard bei klinischer Forschung hinausgeht. Dies liegt zum einen an der Komplexität der biomedizinischen Techniken, die zur Herstellung von Stammzellprodukten nötig sind. Studienteilnehmer müssen zum einen über die Verfahren zur Gewinnung und Aufbereitung von Stammzellen informiert werden, weil die damit verbundenen Fragen (Herkunft des Spendermaterials, Risiken durch die Zellprozessierung etc.) von eminenter praktischer und ethischer Bedeutung sind. Besondere Anforderungen an die Aufklärung entstehen zum anderen durch die nicht unbeträchtlichen, sich gegebenenfalls erst spät manifestierenden Risiken der Verpflanzung solcher Zellprodukte. Klinische Studien mit Stammzellpräparaten setzen deshalb die Kooperation der Probanden über einen langen, die übliche Dauer von klinischen Studien überschreitenden Zeitraum voraus, um das langfristige Überleben und Verhalten der transplantierten Zellen im menschlichen Organismus möglichst genau zu erfassen. Entscheidungen müssen gegebenenfalls sogar für die Zeit nach dem Ableben des Probanden getroffen werden, denn erst die Autopsie kann unter Umständen klären, ob die transplantierten Stammzellen die ihnen zugedachten morphologischen und funktionellen Aufgaben tatsächlich übernommen haben.

Zwar erhalten Aufklärung und Einwilligung des Probanden bereits jetzt große Aufmerksamkeit, doch stellen sich dabei nach wie vor größere Probleme. Das komplexe Gefüge einer klinischen Studie muss dem potenziellen Studienteilnehmer in nur sehr kurzer Zeit verständlich gemacht werden. Innerhalb dieses üblicherweise nur sehr kurzen Zeitraums muss er Fragen beantworten, die für ihn unter Umständen lebensentscheidend sind. Zugleich muss er in den Stand versetzt werden, die für ihn angemessenen Wertentscheidungen hinsichtlich der Risiko/Belastung-Chance-Abwägung zu treffen. Aufklärungsmaterialien für klinische Studien umfassen mittlerweile zwanzig oder mehr Seiten voller komplizierter medizinischer und technisch-praktischer Informationen, die noch dazu mit haftungsrechtlichen Klauseln

---

[96] Z. B. Journal of Negative Results in BioMedicine.

gespickt sind. Schon jetzt kann man deshalb kaum noch von *informierter* Einwilligung sprechen.[97] Denn einige der rechtlichen und ethischen Auflagen für klinische Studien, die ursprünglich zur besseren Information und damit zum Schutz des Probanden eingeführten wurden, haben einen paradoxen Nebeneffekt: Indem die Ansprüche an eine rechtlich gültige Einwilligung steigen, werden die erforderlichen Dokumente der Patientenaufklärung komplexer, anspruchsvoller und damit unter Umständen auch unverständlicher. So konnte eine Studie schon vor einiger Zeit zeigen, dass Templates für die Probandeninformation, die von amerikanischen medizinischen Hochschulen für die Durchführung von Studien zur Verfügung gestellt werden, dem durchschnittlich gebildeten nicht-medizinischen Leser kaum noch verständlich sind.[98] Es ist sehr wahrscheinlich, dass dies auch für deutsche Aufklärungsformulare zutrifft. Ohnehin werden viele Studienunterlagen zunächst in englischer Sprache erstellt und dann auf Deutsch übersetzt.

Zudem ist aus empirischen Studien bekannt, dass die Mehrheit der Teilnehmer an klinischen Versuchen trotz Aufklärung Wahrscheinlichkeit und Höhe des Risikos und ganz allgemein das Wesen klinischer Versuche nicht ausreichend verstehen.[99] Es ist auch nach wie vor üblich, dass Studienteilnehmer den individuellen Nutzen von klinischen Studien dramatisch überschätzen (sog. *therapeutic misconception* bzw. *misestimation*).[100] Dies kann gerade in Phase I/II Studien mit hiPS-Zellen große Bedeutung erlangen. So werden zum Beispiel nicht selten die Operationseingriffe, die bei diesen Studien für die Transplantation oft notwendig sind, als Therapie und nicht als Forschung wahrgenommen.[101] Eine wichtige Konsequenz dieser Überlegungen ist es, dem gesamten Prozess der Aufklärung und Einwilligung mehr Aufmerksamkeit zu widmen. Die aus der Perspektive des Studienteilnehmers angemessene Aufklärung muss einen guten Kompromiss zwischen rechtlich erforderlicher Vollständigkeit und individuell notwendiger Verständlichkeit anstreben. Dies kann etwa angestrebt werden, indem dem detailliert gehaltenen Informationsblatt zusätzlich eine Kurzfassung der wesentlichen Aspekte in einfachen, auf Verständlichkeit getesteten Aussagen beigefügt wird. Auch eine weniger technische Sprache kann dazu beitragen.[102] Mehr Zeit für Gespräche mit einer dafür pädagogisch geschulten Person scheint ebenfalls das Verständnis zu verbessern.[103]

Jedoch liegt das Hauptproblem darin, dass die Situation der Aufklärung und Einwilligung aus ethischer Perspektive überfrachtet ist. Innerhalb einer verhältnismäßig kurzen Zeit müssen potenzielle Studienteilnehmer eine Studie verstehen und sich eine Meinung zu den damit verbundenen Fragen und Problemen bilden. Ihnen wird nur eine Entscheidung zwischen Teilnehmen oder nicht Teilnehmen zugestanden; darüber hinaus haben sie keinen Einfluss auf die Ausgestaltung der Studie, weil

---

[97] SAMW und AGEK 2012; Bossert und Strech 2017.

[98] Paasche-Orlow et al. 2003.

[99] Joffe et al. 2001.

[100] Kimmelman 2007.

[101] King 2014.

[102] Somers et al. 2017.

[103] Flory und Emanuel 2004.

deren Durchführungsbedingungen schon längst zuvor von anderen festgelegt wurden und nun nicht mehr veränderbar sind. Eine Zweitmeinung einzuholen ist kaum möglich, weil die Eigenheiten der Studie bis dahin üblicherweise geheim gehalten wurden. Das verdeutlicht, warum die moralisch so aufgeladene Idee der Selbstbestimmung des Probanden bzw. Patienten in klinischen Studien an Glaubwürdigkeit eingebüßt hat. Selbstbestimmung läuft Gefahr zu einem sinnentleerten Ritual zu werden.[104] Um ihr Recht auf Selbstbestimmung in einem umfassenderen Sinn ausüben zu können, müssten die potenziellen Studienteilnehmer im Sinne eines Empowerments in die Lage versetzt werden, ihre Interessen so gut wie möglich in den gesamten Forschungsprozess einzubringen und an mehreren Stellen eine auf eigenen Wertmaßstäben beruhende Entscheidung zu treffen.

Je intensiver Patienten und Patientengruppen in den Forschungsprozess eingebunden werden, desto eher können ihre Interessen und Rechte berücksichtigt werden. Gerade die komplexe klinische Translation der Stammzellforschung bedarf der *Forschungsmündigkeit* der potenziellen Probanden. Forschungsmündigkeit bedeutet, dass den Patienten, denen eine Teilnahme an einer klinischen Studie angeboten wird, die Bedingungen klinischer Forschung in den wesentlichen Zügen bekannt sind, dass sie ihre Rolle im Forschungsprozess richtig einzuschätzen wissen, dass sie sich das konkrete Projekt erschließen können und in der Lage sind, im Laufe des Forschungsvorhabens ihre Bedürfnisse und Interessen einzubringen. Derart mündige Probanden sind nicht nur besser darauf vorbereitet, ihre Rechte zu wahren, sondern tragen auch wesentlich zur Verbesserung der Qualität einer Studie bei, weil sie voraussichtlich besser kooperieren werden und somit sowohl die Abbruchquote als auch die Rate nicht auswertbarer Studiendaten geringer ausfallen werden.[105] Das Konzept der Forschungsmündigkeit setzt auf den Patienten als aktiven Forschungsteilnehmer. Diese Rolle wird am besten durch den Begriff des Stakeholders erfasst. Ziel des Stakeholder-Involvements ist es, den Patienten als Probanden zu befähigen, als mündiger Partner am Entscheidungsprozess teilzunehmen.

Dazu ist es notwendig, die Rolle des Patienten als Probanden im Forschungsprozess deutlich aufzuwerten. Die Aufklärung über ein neues Studienkonzept müsste etwa in mehreren Stufen von der Planung eines Forschungsvorhabens bis zur Rekrutierung von Probanden stattfinden und immer wieder zum Thema gemacht werden. Patienten würde damit auch die Möglichkeit eröffnet, wesentliche Aspekte der Studie aus ihrer Sicht mit zu gestalten. Damit kann zum einen der Prozess der Aufklärung entzerrt und einiges von der Last einer verständlichen Aufklärung auf andere Schultern verlagert werden. Zum anderen können verschiedene Patientengruppen so vorab zu Studienkonzepten konsultiert werden, und es kann ihre Perspektive bei allen wichtigen normativen Entscheidungen im Forschungsdesign, etwa über die Risiko/Belastung-Chance-Abwägung, die sehr stark von subjektiven Erwägungen geprägt ist, erfasst und einbezogen werden. Ist das Studiendesign einmal festgelegt, können die Aufklärungsmaterialien in Zusammenarbeit mit Patientengruppen ent-

---

[104] Auch dies wurde schon oft von Ethikern moniert, vgl. Manson und O'Neill 2007.

[105] S. etwa die Aktivitäten des Patient-Centered Outcomes Research Institute: https://www.pcori.org.

wickelt und auf Verständlichkeit getestet werden.[106] Auch die Rekrutierung für Studien kann über Patientengruppen erfolgen. Dies alles würde es potenziellen Studienteilnehmern leichter machen, eine zweite oder auch dritte Meinung zu einer Studie zu erhalten, Probleme der Studiendurchführung mit Personen zu diskutieren, die mit den Problemen des Alltags einer bestimmten Erkrankung vertraut sind, und letztlich eine mündigere Entscheidung zu fällen.

Ein solches Empowerment ist auch für Personengruppen angezeigt, die nicht im vollem Umfang selbstbestimmungsfähig sind, wie zum Beispiel Kinder unterhalb des Alters der Selbstbestimmungsfähigkeit oder Patienten mit fortgeschrittenen neurodegenerativen Erkrankungen. Zwar bedürfen Personen, die nicht selbst in Forschungsvorhaben einwilligen können, eines rechtlichen Stellvertreters für die wirksame Einwilligung, aber sie müssen auch selbst die Möglichkeit erhalten, ihre Interessen im Forschungsprozess zu äußern und gegebenenfalls ein Veto gegen die Teilnahme einlegen zu können. Für diese spezifischen Probandengruppen ist es besonders wichtig, die mit der Studie verbundenen Belastungen zu erkunden, die aus der subjektiven Perspektive der Probanden oft einen größeren Stellenwert haben als körperliche Risiken. Dies gelingt am ehesten, wenn schon zum Zeitpunkt der Studienplanung Personen, die mit der Lebenssituation der Probanden vertraut sind, konsultiert werden. Darüber hinaus sollte in Verlauf der Studie regelmäßig die Sicht der Probanden auf besonders belastende Untersuchungen erfasst werden und der Modus ihrer Durchführung an die Bedürfnisse der Probanden angepasst werden.

3.3 Gesellschaftliche Aspekte

Klinische Stammzellforschung stellt aus mehreren Gründen auch eine gesellschaftliche Herausforderung dar.[107] Erstens basiert sie auf der Kooperation einer größeren Zahl von Forschungseinrichtungen, die teils durch die öffentliche Hand, teils durch kommerzielle Unternehmen finanziert werden und somit von unterschiedlichen Interessen geprägt sind, die es gegebenenfalls auszugleichen gilt. Zweitens beruht die Etablierung einer ausreichend großen Zahl von Zelllinien für die klinische Forschung in der Regel auf einem unentgeltlichen Beitrag von Zellspendern für teils altruistische, teils kommerzielle arbeitende Zell- und Biobanken; auch diese unterschiedlichen Interessen müssen in ein ethisch vertretbares Gleichgewicht gebracht werden. Drittens wird Forschung in diesem Bereich gezielt durch Forschungsförderer der öffentlichen Hand angestoßen und finanziert, weshalb der Gesellschaft auch Verantwortung für deren ethisch vertretbare Durchführung zufällt. Viertens ist derzeit nicht ganz unwahrscheinlich, dass die in Zukunft womöglich etablierten Therapien verhältnismäßig aufwändig und – zumindest in der Anfangsphase – teuer sein werden, woraus sich gegebenenfalls eine Belastung des solidarischen Versicherungssystems ergeben kann. Und schließlich sollte auch nicht verschwiegen wer-

---

[106] Bossert et al. 2017.

[107] Hermerén 2011.

den, dass neue Forschungsansätze oft von hohen Erwartungen begleitet werden, die leicht missbraucht werden können. Dubiose Anbieter nutzen das mangelnde Wissen von Patienten und die in der Öffentlichkeit geschürten Hoffnungen gezielt aus, um mit teils hochriskanten ungeprüften und aller Wahrscheinlichkeit nach wirkungslosen sogenannten Stammzelltherapien Millionenumsätze zu erzielen.[108] Dabei handelt es sich oft um Pseudo-Studien. Der Studiencharakter wird aber einerseits durch therapeutische Versprechen und andererseits durch hohe Kosten, die jene Versprechen vermeintlich unterstreichen, verschleiert. Alle diese Probleme bedürfen einer Reflektion der Rolle der Öffentlichkeit bei der Regulierung von Stammzellforschung.

Die angemessene Berücksichtigung der Interessen aller *Stakeholder* – primärer wie sekundärer – im Forschungsprozess zu gewährleisten ist eine gesellschaftliche Aufgabe. Dies kann etwa geschehen, indem Forschungsförderer und insbesondere die öffentliche Hand Fördermittel an geeignete Maßnahmen zum *Stakeholder-Involvement* knüpft. Die Rolle von Patienten- und Selbsthilfeorganisationen muss in diesem Zusammenhang deutlich aufgewertet werden, weil sie eine wichtige Rolle bei der Förderung der Forschungsmündigkeit von Probanden spielen. Förderer könnten etwa bei Ausschreibungen und Mittelvergaben gezielt solche Initiativen ins Auge fassen. Auch ist es denkbar, Patientenorganisationen in die Evaluation von Anträgen zur Förderung klinischer Forschung einzubinden, weil davon auszugehen ist, dass ihre Maßstäbe bei der Beurteilung von Forschungsvorhaben wichtig sind und weil so die klinischen Forscher angehalten werden, frühzeitig und systematisch die Interessen ihrer Patienten zu erheben. Die Wahrnehmung von Krankheit durch klinische Forscher wird in der Regel eher durch akute Probleme und technische Lösungen geprägt sein. Im Vordergrund chronisch kranker Patienten steht aber oft die selbstständige, nicht-technische Bewältigung des Alltags bei eher subklinischer Symptomatik. Fasst man Patienten als *Stakeholder* auf, gibt man ihnen eine Chance, ihre Interessen an vielen Punkten des Forschungsprozesses systematisch einzubringen und erhöht damit zugleich die Mündigkeit dieser zentral in Forschung involvierten Gruppe.

Wenn Forschung als ein Prozess der Ermittlung und des Ausgleichs der Interessen verschiedener *Stakeholder* begriffen wird, wird auch deutlich, dass für die Durchführung einer klinischen Studie mehr gefordert ist als die Berücksichtigung und Einhaltung der rechtlichen Auflagen. So kann etwa auch die Öffentlichkeit als ein *Stakeholder* im Forschungsprozess verstanden werden. Sie ist oft subjektiv von Forschung betroffen, wenn sie etwa durch Forschungsvorhaben beunruhigt wird, die große Risiken implizieren oder das Menschenbild der Gesellschaft in Frage zu stellen scheinen, wie dies bei der Forschung mit embryonalen Stammzellen der Fall war.[109]

Immer dann, wenn medizinische Forschung derart weitreichende Folgen hat, ist die Öffentlichkeit, die über Steuern einen großen Teil dieser Forschung finanziert hat, aufgerufen, sich an der Deliberation zu beteiligen, um letztlich in der Lage zu

---

[108] Kuriyan 2017; Fung 2017; King 2014.

[109] Solter et al. 2003.

sein, Forschungsrichtungen auf gesellschaftlich verträgliche Art zu steuern.[110] Dies kann auch der Fall sein, wenn sich abzeichnet, dass die neu entwickelten Stammzelltherapien das solidarische Gesundheitswesen durch besonders hohe Kosten belasten werden.

Die Beteiligung der Öffentlichkeit als Stakeholder setzt ein gewisses Informationsniveau voraus, das durch öffentlich zugängliche Forschungsregister und gezielte laienverständliche Forschungsinformationen gewährleistet werden muss. Solche weiterführenden Informationen sollten von einer unabhängigen Einrichtung bereitgestellt werden. So könnten etwa öffentliche Stellen, die über Organ- und Gewebespende informieren, auch die Spende von Gewebe für die hiPS-Zell-Forschung in ihren Informationsmaterialien berücksichtigen. Studienergebnisse in einer auch laienverständlichen Sprache zu veröffentlichen kann ebenfalls dazu beitragen, Wissen über Stammzellforschung in der Öffentlichkeit zu verbreiten. Ein hohes Informationsniveau in der Öffentlichkeit würde etwa dazu beitragen, potenzielle Probanden in den Stand zu versetzen, über rein kommerzielle, wissenschaftlich nicht abgesicherte „Stammzelltherapien" sachlich fundierte Entscheidungen zu treffen. In besonders kontroversen Fällen, wie etwa der Erzeugung und Erprobung von Keimzellen aus hips-Zellen, ist auch die Konsultation von Öffentlichkeit angezeigt.

Ein Interessensausgleich muss gegebenenfalls angestrebt werden, wenn Forschung gleichermaßen solidarisches Engagement und Befriedigung kommerziellen Interesses voraussetzt. Dies wird in der Stammzellforschung häufig der Fall sein, weil zum Beispiel Biobanken auf solidarische Spenden angewiesen, selbst aber aus Effektivitätsgründen oft kommerziell organisiert sind. Auch der Beitrag der von der öffentlichen Hand finanzierten Forschungseinrichtungen ist für die Entwicklung von marktreifen Produkten in Deutschland in der Regel unverzichtbar. Während universitäre Einrichtungen für diesen Fall oft schon Ausgleichsmaßnahmen etabliert haben, indem sie etwa an Patentgewinnen beteiligt werden, mangelt es an solchen Kompensationsformen für die unentgeltlichen, solidarischen Leistungen von Stammzellspendern und Probanden. Dabei gibt es gute ethische Gründe, auf eine umfassende Kommerzialisierung, etwa indem Stammzellspender oder Probanden direkt finanziell honoriert werden oder an den Gewinnen der Unternehmen persönlich beteiligt werden, zu verzichten. Abgesehen von den Problemen der praktischen Umsetzung einer solchen Gewinnbeteiligung und den ethischen Problemen unangemessener finanzieller Anreize wird oft auf die Bedeutung solidarischen Engagements für das Funktionieren des Gesundheitswesens hingewiesen.[111]

Dies setzt allerdings Transparenz hinsichtlich der unterschiedlichen Motive der beteiligten Stakeholder und Ausgleichmaßnahmen für divergierende Interessen voraus. Transparenz kann geschaffen werden, indem etwa Spender oder Probanden über kommerziellen Interessen der beteiligten Stakeholder angemessen aufgeklärt

---

[110] Entsprechend konstatiert z. B. die BEINGS Working Group: "Scientists may also fail to consider that much of their work is supported by public taxes, and the citizenry therefore has a legitimate interest in the process of setting the general goals and directions of the science their money supports" (s. Wolpe 2017).

[111] Prainsack und Buyx 2017.

werden.[112] Im Rahmen von gesellschaftlichen Diskurse kann nach passenden materiellen oder immateriellen Ausgleichsmaßnahmen als Gegenleistung für persönliches, solidarisches Engagement gesucht werden. Eine solche Gegenleistung kann zum Beispiel darin bestehen, einen Fond zu finanzieren, der Entschädigungen leistet, wenn Spender substanzielle Nachteile durch ihre Spende erleiden, die durch Versicherungen nicht abgedeckt sind. Reziprozität in auf Solidarität aufbauenden Systemen verpflichtet nicht zu direkter Kompensation, sondern zu einem Beitrag zum guten Funktionieren des Gesamtsystems, von dem letztlich alle direkt oder indirekt profitieren. In diesem Sinne sind die Nutznießer der Kommerzialisierung ethisch verpflichtet, einen Teil der Gewinne in die Aufrechterhaltung des solidarisch organisierten Systems, das ihnen für die Erzielung ihres Gewinns zur Verfügung gestellt wurde, zu reinvestieren. Steuern auf Unternehmensgewinne sind für die hier erforderliche Kompensation nicht ausreichend, weil sie dem Gesamtsystem allenfalls indirekt zugutekommen und damit nicht dazu beitragen, den solidarisch erbrachten Anteil einiger Stakeholder angemessen zu würdigen. Die Reinvestierung von Gewinn zum Nutzen des solidarischen Systems ist im Übrigen nicht auf den finanziellen Gewinn beschränkt. Auch die öffentliche Zurverfügungstellung von Erkenntnissen aus kommerzieller Forschung kann damit gemeint sein. Das würde wesentlich dazu beitragen, das Vertrauen aller Beteiligten in eine angemessene Berücksichtigung des Gemeinwohls zu erhalten.

4 Fazit und Ausblick

Der vorliegende Beitrag untersucht die klinische Forschung mit hiPS-Zellen aus ethischer Sicht. Ausgangspunkt ist die Prämisse, dass diese Zellen nicht – wie es gelegentlich in der Literatur dargestellt wird – „moralisch neutral" sind. Zwar sind hiPS-Zellen nicht totipotent und werfen deshalb im Unterschied zu der umstrittenen Forschung mit hES-Zellen in der Regel keine ethischen Fragen zum moralischen Status des Embryos auf, jedoch ist die klinische Translation der hiPS-Zell-Forschung nicht ohne substanzielle eigene ethische Herausforderungen. Um diese eingehender zu untersuchen, wurden die einzelnen Schritte des Ablaufs humanexperimenteller Stammzellforschung – von der Spende der Körpermaterialien über die Studienplanung und die Rekrutierung von Probanden bis hin zu den gesellschaftlichen Auswirkungen – einer strukturierten ethischen Analyse unterzogen. Dabei wurden sowohl klassische forschungsethische Probleme als auch bisher wenig untersuchte Spezifika der hiPS-Zell-Forschung – etwa die Spende von Körpermaterialien für Stammzellbiobanken oder die Langzeitrisiken einer hiPS-Zell-Transplantation – in den Blick genommen. Methodisch orientierten wir uns einerseits an einer kohärentistischen Abwägung klassischer forschungsethischer Prinzipien und andererseits an einem diskursethischen Ansatz zur Einbeziehung von Stakeholdern, die aufgrund ihrer Betroffenheit einen moralischen Anspruch auf Beteiligung erheben können.

---

[112] Allgemein: Richter und Buyx 2016.

Ziel war es, aus ethischer Perspektive eine normativ-praktische Orientierung für die klinische Translation zu geben und begründete Empfehlungen zu entwickeln. Diese Empfehlungen finden sich in Teil VII des vorliegenden Sammelbandes.[113]

Einige ethische Fragen der Forschung müssen derzeit unbeantwortet bleiben, weil abzuwarten ist, welche Richtung die klinische Stammzellforschung nehmen wird und welche Forschungsansätze sich als erfolgversprechend erweisen werden. So wurde etwa angedacht, Stammzellen für die Forschung aus Nabelschnurblut oder von postmortalen Spendern zu gewinnen; dies würde allerdings Fragen hinsichtlich eines wirksamen *informed consent* aufwerfen. Gerechtigkeitsprobleme stellen sich womöglich in Zukunft dann, wenn Stammzellbanken nur einen Teil der Bevölkerung mit passendem Zellmaterial versorgen können. Weitere ethische Fragen werden sich ergeben, wenn die hiPS-Zell-Forschung und Techniken der Genom-Editierung kombiniert oder aus hiPS-Zellen Keimzellen erzeugt werden können. In methodischer Hinsicht ist im Blick zu behalten, welche Ziele das ohne Zweifel ressourcenintensive Stakeholder-Involvement verfolgt, welche Mittel bzw. konkreten Verfahren dafür eingesetzt werden müssen und wie dies im Kontext konkreter Projekte unter Gesichtspunkten der Verhältnismäßigkeit und Angemessenheit evaluiert werden kann. Jenseits dieser eher praktischen Aspekte stellt sich überdies die normative Frage, wie verschiedene, gegebenenfalls konfligierende „stakes" zu gewichten sind, wie ein Interessensausgleich hergestellt werden kann und wann gegebenenfalls Entscheidungen an höhere politische und gesellschaftliche Entscheidungsträger delegiert werden sollten.

Danksagung Die Autoren bedanken sich beim Bundesministerium für Bildung und Forschung für die Förderung des Verbundprojekts „ClinhiPS: Eine naturwissenschaftliche, ethische und rechtsvergleichende Analyse der klinischen Anwendung von humanen induzierten pluripotenten Stammzellen in Deutschland und Österreich" (FKZ 01GP1602C; Bewilligungszeitraum: 01.04.2016 bis 31.06.2018). Dieser Beitrag gibt dabei ausschließlich die Auffassung der Autoren wieder.

Literatur

Aalto-Setälä K, Conklin BR, Lo B (2009) Obtaining consent for future research with induced pluripotent cells: opportunities and challenges. PLoS Biol 7:e1000041. https://doi.org/10.1371/journal.pbio.1000042

Badura-Lotter G, Düwell M (2011) Chimeras and hybrids – how to approach multifaceted research? In: Hug K, Hermerén G (Hrsg) Translational stem cell research. Issues beyond the debate on the moral status of the human embryo. Springer, Totowa, S 193–210

Barker RA, Carpenter MK, Forbes S, Goldman SA, Jamieson C, Murry CE, Takahashi J, Weir G (2018) The challenges of first-in-human stem cell clinical trials: what does this mean for ethics and institutional review boards? Stem Cell Reports 10:1429–1143

Beauchamp TL, Childress JF (2013) Principles of biomedical ethics, 7. Aufl. Oxford University Press, New York

---

[113] Gerke et al. 2020.

Beier K (2010) Das Prinzip der informierten Zustimmung in der Biobankforschung. (K)ein Konsens in Sicht? Berliner Debatte Initial 21:51–63

Beier K (2011) Beyond the dichotomy of individualism and solidarity: participation in Biobank research in Sweden and Norway. In: Lenk C, Hoppe N, Beier K, Wiesemann C (Hrsg) Human tissue research – a discussion of the ethical and legal challenges from a European perspective. Oxford University Press, Oxford, S 65–75

Beier K, Lenk C (2015) Biobankung strategies and regulative approaches in the EU: recent perspectives. J Biorep Sci Appl Med 3:69–81

Bialobrzeski A (2012) On the value of privacy in individualized medicine. In: Dabrock P, Braun M, Ried J (Hrsg) Individualized medicine between hype and hope. Exploring ethical and societal challenges for healthcare. Lit, Münster, S 135–148

Biller-Andorno N (2014) Gerechtigkeit, gleicher Zugang, Diskriminierung. In: Lenk C, Duttge G, Fangerau H (Hrsg) Handbuch Ethik und Recht der Forschung am Menschen. Springer, Heidelberg

Böhme G, LaFleur WR, Shimazono S (2008) Fragwürdige Medizin. Unmoralische Forschung in Deutschland, Japan und den USA im 20. Jahrhundert. Campus, Frankfurt am Main

Bossert S, Strech D (2017) An integrated conceptual framework for evaluating and improving ‚understanding‘ in informed consent. Trials 18:482

Bossert S, Kahrass H, Heinemeyer U, Prokein J, Strech D (2017) Participatory improvement of a template for informed consent documents in Biobank research – study results and methodological reflections. BMC Med Ethics 18:78. https://doi.org/10.1186/s12910-017-0232-7

Brandl C (2017) Zelltherapie am Augenhintergrund – gestern, heute, morgen. Med Gen 29:208–216. https://doi.org/10.1007/s11825-017-0140-8

Budin-Ljøsne I, Teare HJA, Kaye J, Beck S, Bentzen HB, Caenazzo L, Collett O, D'Abramo F, Felzmann H, Finlay T, Javaid MK, Jones E, Katić V, Simpson A, Mascalzoni D (2017) Dynamic Consent: a potential solution to some of the challenges of modern biomedical research. BMC Med Ethics 18:4. https://doi.org/10.1186/s12910-016-0162-9

Caulfield T, Upshur REG, Daar A (2003) DNA databanks and consent: a suggested policy option involving an authorization model. BMC Med Ethics 4:234

Concannon TW, Meissner P, Grunbaum JA, McElwee N, Guise J, Santa J, Conway PH, Daudelin D, Morrato EH, Leslie LK (2012) A new taxonomy for stakeholder engagement in patient-centered outcomes research. J Gen Intern Med 27:985–991

Council for International Organizations of Medical Sciences (CIOMS) in collaboration with the World Health Organization (WHO) (2016) International ethical guidelines for health-related research involving humans. https://cioms.ch/wp-content/uploads/2017/01/WEB-CIOMS-EthicalGuidelines.pdf. Zugegriffen am 09.01.2019

Dasgupta I, Bollinger J, Mathews DJH, Neumann NM, Rattani A, Sugarman J (2014) Patients' attitudes toward the donation of biological materials for the derivation of induced pluripotent stem cells. Cell Stem Cell 14:9–12. https://doi.org/10.1016/j.stem.2013.12.006

Deutscher Ethikrat (2017) Big Data und Gesundheit – Datensouveränität als informationelle Freiheitsgestaltung. Berlin

Doust J, Jean Walker M, Rogers WA (2017) Current Dilemmas in Defining the Boundaries of Disease. J Med Philos 42:350–366. https://doi.org/10.1093/jmp/jhx009

Emanuel JE, Wendler D, Grady C (2000) What makes clinical research ethical? JAMA 283:2701–2711

Esmail L, Moore E, Rein A (2015) Evaluating patient and stakeholder engagement in research: moving from theory to practice. J Comp Eff Res 4:133–145

Flory J, Emanuel JE (2004) Interventions to improve research participants' understanding in informed consent for research. JAMA 292:1593–1601

Fung M, Yuan Y, Atkins H, Shi Q, Bubela T (2017) Responsible translation of stem cell research: an assessment of clinical trial registration and publications. Stem Cell Reports 8:1190–1201

Gaskell G, Stares S, Allansdottir A, Allum N, Castro P, Esmer Y, Fischler C, Jackson J, Kronberger N, Hampel J, Mejlgaard N, Quintanilha A, Rammer A, Revuelta G, Stoneman P, Torgersen H, Wagner W (2010) Europeans and biotechnology in 2010: winds of change? Report to the European Commission's Directorate-General for Research. Publications Office of the European Union, Luxembourg

Gerhards H, Jongsma K, Schicktanz S (2017) The relevance of different trust models for representation in patient organizations: conceptual considerations. BMC Health Serv Res 17:474

Gerke S, Taupitz J (2018) Rechtliche Aspekte der Stammzellforschung in Deutschland: Grenzen und Möglichkeiten der Forschung mit humanen embryonalen Stammzellen (hES-Zellen) und mit humanen induzierten pluripotenten Stammzellen (hiPS-Zellen). In: Zenke M, Marx-Stölting L, Schickl H (Hrsg) Stammzellforschung. Aktuelle wissenschaftliche und gesellschaftliche Entwicklungen. Nomos, Baden-Baden, S 209–235

Gerke S, Hansen SL, Blum VC, Bur S, Heyder C, Kopetzki C, Meiser I, Neubauer JC, Noe D, Steinböck C, Wiesemann C, Zimmermann H, Taupitz J (2020) Naturwissenschaftliche, ethische und rechtliche Empfehlungen zur klinischen Translation der Forschung mit humanen induzierten pluripotenten Stammzellen und davon abgeleiteten Produkten. In: Gerke S, Taupitz J, Wiesemann C, Kopetzki C, Zimmermann H (Hrsg) Die klinische Anwendung von humanen induzierten pluripotenten Stammzellen – Ein Stakeholder-Sammelband. Springer, Berlin

Grady C, Eckstein L, Berkman B, Brock D, Cook-Deegan R, Fullerton SM et al (2015) Broad consent for research with biological samples: workshop conclusions. Am J Bioeth 15:34–42

Habermas J (1984) Erläuterungen zum Begriff des kommunikativen Handelns. In: Habermas J (Hrsg) Vorstudien und Ergänzungen zur Theorie des kommunikativen Handelns. Suhrkamp, Frankfurt am Main, S 571–606

Hansen SL, Holetzek T, Heyder C, Wiesemann C (2018) Stakeholder-Beteiligung in der klinischen Forschung: eine ethische Analyse. Eth Med 30:289–305

Hansson SO (2010) Risk: objective or subjective, facts or values. J Risk Res 13:231–238

Harder M (2020) Herausforderungen innovativer Gewebemedizin aus unternehmerischer Sicht. In: Gerke S, Taupitz J, Wiesemann C, Kopetzki C, Zimmermann H (Hrsg) Die klinische Anwendung von humanen induzierten pluripotenten Stammzellen – Ein Stakeholder-Sammelband. Springer, Berlin

Hermerén G (2011) Looking at the future of translational stem cell research and stem cell-based therapeutic applications: priority setting and social justice. In: Hug K, Hermerén G (Hrsg) Translational stem cell research. Issues beyond the debate on the moral status of the human embryo. Springer, Totowa, S 431–448

Hey S, London AJ, Weijer C (2017) Is the concept of clinical equipoise still relevant to research? BMJ 359. https://doi.org/10.1136/bmj.j5787

Hoffmann M (2014) Equipoise. Klinisches Gleichgewicht. In: Lenk C, Duttge G, Fangerau H (Hrsg) Handbuch Ethik und Recht der Forschung am Menschen. Springer, Heidelberg, S 135–139

Hofmann B (2009) Broadening consent – and diluting ethics? J Med Ethics 35:125–129. https://doi.org/10.1136/jme.2008.024851

Hoppe N (2012) Körper-(Bio-)materialien, genetische Untersuchung/Analyse. In: Raspe H, Hüppe A, Strech D, Taupitz J (Hrsg) Empfehlungen zur Begutachtung klinischer Studien durch Ethikkommissionen. Deutscher Ärzte, Köln, S 147–155

Hyun I (2013) Bioethics and the future of stem cell research. Cambridge University Press, Cambridge. https://doi.org/10.1017/CBO9780511816031

International conference on harmonisation of technical requirments for registration of pharmaceuticals for human use (ICH) (1996) Guideline for good clinical practice E6(R1). https://www.ich.org/fileadmin/Public_Web_Site/ICH_Products/Guidelines/Efficacy/E6/E6_R1_Guideline.pdf. Zugegriffen am 09.01.2019

Internationale Ärzte für die Verhütung des Atomkrieges – Ärzte in sozialer Verantwortung (IPPNW) (1997) Nürnberger Kodex 1947. http://www.ippnw-nuernberg.de/aktivitaet2_3.html. Zugegriffen am 09.01.2018

ISSCR (2016) Guidelines for Stem Cell Research and Clinical Translation. Abrufbar unter: https://www.isscr.org/membership/policy/2016-guidelines/guidelinesfor-stem-cell-research-and-clinical-translation. Zugegriffen am 22.10.2019

Joffe S, Cook EF, Cleary PD, Clark JW, Weeks JC (2001) Quality of informed consent in cancer clinical trials: a cross-sectional survey. Lancet 358:1772–1777

Kaplan RM, Irvin VL (2015) Likelihood of null effects of large NHLBI clinical trials has increased over time. PLoS One 10:e0132382. https://doi.org/10.1371/journal.pone.0132382

Kaye J, Whitley EA, Lund D, Morrison M, Teare H, Melham K (2015) Dynamic consent: a patient interface for twenty-first century research networks. Eur J Hum Gene 23:141–146. https://doi.org/10.1038/ejhg.2014.71

Kersting W (2002) Kritik der Gleichheit. Über die Grenzen der Gerechtigkeit und der Moral. Velbrück Wissenschaft, Weilerswist

Kilpinen H, Concalves A, Leha A, Afzal V, Alasoo K, Ashford S, Bala S, Bensaddek D, Casale FP, Culley OJ, Danecek P, Faulconbridge A, Harrison PW, Kathuria A, McCarthy D, McCarthy SA, Meleckyte R, Memari Y, Moens N, Soares F, Mann A, Streeter I, Agu CA, Alderton A, Nelson R, Harper S Patel M, White A R Patel SR, Clarke L, Halai R, Kirton CM, Kolb-Kokocinski A, Beales P, Birney E, Danovi D, Lamond AI, Ouwehand WH, Vallier L, Watt FM Durbin R, Stegle O, DJ (2017) Common genetic variation drives molecular heterogeneity in human iPSCs. Nature 546:370–375. doi:https://doi.org/10.1038/nature22403

Kim Y, Rim YA, Yi H, Park N, Park S-H, Ju JH (2016) The generation of human induced pluripotent stem cells from blood cells: an efficient protocol using serial plating of reprogrammed cells by centrifugation. Stem Cells Int. https://www.hindawi.com/journals/sci/2016/1329459. Zugegriffen am 09.01.2019

Kimmelman J (2007) The therapeutic misconception at 25: treatment, research and confusion. Hastings Cent Rep 37:36–42

King NMP (2014) Early-stage research: issues in design and ethics. In: Hogle LF (Hrsg) Regenerative medicine ethics: governing research and knowledge practices. Springer, New York, S 187–204

Kuriyan, AE, Albini, TA, Townsend, JH, Rodriguez, M, Pandya, HK, Leonard, RE, Parrott, MB, Rosenfeld, PJ, Flynn, HW, Goldberg, JL (2017) Vision loss after intravitreal injection of autologous "stem cells" for AMD. N Engl J Med 376:1047–1053

Lander J, Hainz T, Hirschberg I, Strech D (2014) Current practice of public involvement activities in biomedical research and innovation: a systematic qualitative review. PLoS One 9(12):e113274. https://doi.org/10.1371/journal.pone.0113274

Lanzerath D, Baldwin T, Rietschel M, Heinrichs B, Schmäl C (2014) Incidental findings: scientific, legal and ethical issues. Deutsche Ärzte, Köln

Lederer SE (1995) Subjected to science: human experimentation in America before the Second World War. Johns Hopkins University Press, Baltimore

Lenk C, Hoppe N, Beier K, Wiesemann C (2011) Human tissue research. A European perspective on the ethical and legal challenges. Oxford University Press, Oxford

Lomax GP, Chandros Hull S, Lowenthal J, Rao M, Isasi R (2013) The DISCUSS project: induced pluripotent stem cell lines from previously collected research biospecimens and informed consent: points to consider. Stem Cells Transl Med 2:727–730. https://doi.org/10.5966/sctm.2013-0099

Lowenthal J, Lipnick S, Rao M, Hull SC (2012) Specimen collection for induced pluripotent stem cell research: harmonizing the approach to informed consent. Stem Cells Transl Med 1:409–421. https://doi.org/10.5966/sctm.2012-0029

Lysaght T (2017) Oversight and evidence in stem cell innovation: an examination of international guidelines. In: Pham PV, Rosemann A (Hrsg) Safety, ethics and regulations. Springer International Publishing, Cham, S 217–236

Magnus D (2010) Translating stem cell research: challenges at the research Frontier. J Law Med Ethics 38:267–276

Manson NC, O'Neill O (2007) Rethinking informed consent. Cambridge University Press, Cambridge

Medawar PB (1948) Immunity to homologous grafted skin; the fate of skin homografts transplanted to the brain, to subcutaneous tissue, and to the anterior chamber of the eye. Br J Exp Pathol 29:58–69

Morain SR, Whicher DM, Kass NE, Faden RR (2017) Deliberative engagement methods for patient-centered outcomes research. Patient 10:545–552

National Commission for the Protection of Human Subjects of Biomedical and Behavioral Research (1979) The Belmont report. United States Government Printing Office, Washington, DC

Neubauer JC*, Bur S*, Meiser I*, Kurtz A, Zimmermann H (2020) Naturwissenschaftliche Grundlagen im Kontext einer klinischen Anwendung von humanen induzierten pluripotenten Stammzellen. In: Gerke S, Taupitz J, Wiesemann C, Kopetzki C, Zimmermann H (Hrsg) Die klinische Anwendung von humanen induzierten pluripotenten Stammzellen – Ein Stakeholder-Sammelband. Springer, Berlin * geteilte Erstautorenschaft

Niemansburg SL, Habets MG, Dhert WJA, van Delden JJM, Bredennord AL (2015) Participant selection for preventive Regenerative. Medicine trials: ethical challenges of selecting individuals at risk. Med Ethics 41:914–916

Ntai A, Baronchelli S, La Spada A, Moles A, Guffanti A, De Blasio P, Biunno I (2017) A review of research-grade human induced pluripotent stem cells qualification and Biobanking processes. Biopreserv Biobank 15:384–392. https://doi.org/10.1089/bio.2016.0097

Nuffield Council on Bioethics (2012) Emerging biotechnologies: technology, choice, and the public good. Nuffield Council on Bioethics, London

Paasche-Orlow MK, Taylor HA, Brancati FL (2003) Readability standards for informed-consent forms as compared with actual readability. N Engl J Med 348:721–726. https://doi.org/10.1056/NEJMsa021212

Pappworth M (1967) Human Guinea Pigs: experimentation on man. Routledge & Kegan Paul, London

Pfaller L, Hansen SL, Adloff F, Schicktanz S (2018) ‚Saying no to organ donation‘: an empirical typology of reluctance and rejection. Sociol Health Illn 40(8):1327–1346

Ploug T, Holm S (2016) Meta consent – a flexible solution to the problem of secondary use of health data. Bioethics 30:721–732

Pöschl M (2010) Von der Forschungsethik zum Forschungsrecht: Wie viel Regulierung verträgt die Forschungsfreiheit? In: Körtner HJ, Kopetzki C, Druml C (Hrsg) Ethik und Recht der Humanforschung. Schriftenreihe Ethik und Recht in der Medizin Bd 5. Springer, Wien, S 90–135

Prainsack B, Buyx A (2013) A solidarity-based approach to the governance of Biobanks. Med Law Rev 21:71–91

Prainsack B, Buyx A (2017) Solidarity in biomedicine and beyond. Cambridge University Press, Cambridge

Rauprich O (2016) Kohärentistische Prinzipienethik – Ein Praxistest. In: Rauprich O, Jox R, Marckmann G (Hrsg) Vom Konflikt zur Lösung: Ethische Entscheidungen in der Biomedizin. Mentis, Münster, S 117–137

Richter C (2012) Biobanking. Trust as basis for responsibility. In: Dabrock P, Taupitz J, Ried J (Hrsg) Trust in Biobanking. Dealing with ethical, legal and social issues in an emerging field of biotechnology. Springer, Heidelberg, S 43–66

Richter G, Buyx A (2016) Breite Einwilligung (broad consent) zur Biobank-Forschung – die ethische Debatte. Eth Med 28:311–325

Richter G, Krawczak M, Lieb W, Wolff L, Schreiber S, Buyx A (2018) Broad consent for health care-embedded biobanking: understanding and reasons to donate in a large patient sample. Genet Med. 20(1):76–82.

Rolfes V, Bittner U, Fangerau H (2018) Die bioethische Debatte um die Stammzellforschung: induzierte pluripotente Stammzellen zwischen Lösung und Problem. In: Zenke M, Marx-Stölting L, Schickl H (Hrsg) Stammzellforschung. Aktuelle wissenschaftliche und gesellschaftliche Entwicklungen. Nomos, Baden-Baden, S 153–178

Rothman DJ (1991) Strangers at the bedside. A history of how law and bioethics transformed medical decision making. AldineTransaction, New Brunswick

Schicktanz S, Schweda M, Wynne B (2012) The ethics of ‚public understanding of ethics' – why and how bioethics expertise should include public and patients' voices. Med Health Care Philos 15:129–139

Schicktanz S, Pfaller L, Hansen SL, Boos M (2017) Attitudes towards brain death and conceptions of the body in relation to willingness or reluctance to donate: results of a student survey before and after the German transplantation scandals and legal changes. J Public Health 25:249–256. https://doi.org/10.1007/s10389-017-0786-3

Schweizerische Akademie der Medizinischen Wissenschaften (SAMW), Arbeitsgemeinschaft der Ethikkommissionen (AGEK) (2012) Positionspapier: Schriftliche Aufklärung im Zusammenhang mit Forschungsprojekten. Schweizerische Ärztezeitung 93:1299–1301

Shineha R, Kawakami M, Kawakami K, Nagata M, Tada T, Kato K (2010) Familiarity and Prudence of the Japanese public with research into induced pluripotent stem cells, and their desire for its proper regulation. Stem Cell Rev 6:1–7

Solter D, Beyleveld D, Friele MB, Hołówka J, Lilie H, Lovell-Badge R, Mandla C (2003) Embryo research in pluralistic Europe. Springer, Heidelberg

Somers R, Van Staden C, Steffens F (2017) Views of clinical trial participants on the readability and their understanding of informed consent documents. AJOB Empir Bioeth 8:277–284. https://doi.org/10.1080/23294515.2017.1401563

Spencer K, Sanders C, Whitley EA, Lund D, Kaye J, Dixon WG (2016) Patient perspectives on sharing anonymized personal health data using a digital system for dynamic consent and research feedback: a qualitative study. J Med Internet Res 18:e66. https://doi.org/10.2196/jmir.5011

Spitalieri P, Talarico VR, Murdocca M, Novelli G, Sangiuolo F (2016) Human induced pluripotent stem cells for monogenic disease modelling and therapy. World J Stem Cells 8:118–135. https://doi.org/10.4252/wjsc.v8.i4.118

Starkbaum J, Gottweis H, Gottweis U, Kleiser C, Linseisen J, Meisinger C, Kamtsiuris P, Moebus S, Jöckel KH, Börm S, Wichmann HE (2014) Public perceptions of cohort studies and Biobanks in Germany. Biopreserv Biobank 12:121–130

Toellner R (1990) Problemgeschichte: Entstehung der Ethik-Kommissionen. In: Toellner R, Deutsch E (Hrsg) Die Ethik-Kommission in der Medizin. Problemgeschichte, Aufgabenstellung, Arbeitsweise, Rechtsstellung und Organisationsformen medizinischer Ethik-Kommissionen. Fischer, Stuttgart, S 3–18

Van der Scheer L, Garcia E, Van der Laan AL, van der Burg S, Boenink M (2017) The benefits of patient involvement for translational research. Health Care Anal 25:225–241

Weindling P (2004) Nazi medicine and the nuremberg trials: from medical war crimes to informed consent. Palgrave Macmillan, Basingstoke

Weltärztebund (WMA) (2013) Deklaration von Helsinki – Ethische Grundsätze für die medizinische Forschung am Menschen. http://www.bundesaerztekammer.de/fileadmin/user_upload/ Deklaration_von_Helsinki_2013_DE.pdf. Zugegriffen am 09.01.2019

Wild V (2012) How are pregnant women vulnerable research participants? Int J Fem Approaches Bioeth 5:82–104

Wolpe, PR, Rommelfanger, KS & the Drafting and Reviewing Delegates of the BEINGS Working Groups (2017) Ethical principles for the use of human cellular biotechnologies. Nat Biotechnol 35:1050–1058. https://doi.org/10.1038/nbt.4007

Zia MI, Siu LL, Pond GR, Chen EX (2005) Comparison of outcomes of phase II studies and subsequent randomized control studies using identical chemotherapeutic regimens. J Clin Oncol 25:6982–6991. https://doi.org/10.1200/JCO.2005.06.679

Dr. phil. Solveig Lena Hansen ist wissenschaftliche Mitarbeiterin am Institut für Ethik und Geschichte der Medizin in Göttingen. 2017 erhielt sie den Nachwuchspreis der Akademie für Ethik in der Medizin. Promoviert wurde sie 2016 als erste Doktorandin im Fach „Bioethik" an der Philosophischen Fakultät der Universität Göttingen mit einer Arbeit zum reproduktiven Klonen. Andere Forschungsschwerpunkte sind ethische Aspekte von Gesundheitskommunikation, Narrative Ethik, Organtransplantation und Methodenfragen der Bioethik.

Clemens Heyder   M.A. M.mel. studierte Philosophie und Geschichte an den Universitäten Leipzig, Basel und Halle, an der er den Masterstudiengang Medizin-Ethik-Recht absolvierte. Zur Zeit promoviert er über die ethischen Aspekte der Eizellspende und ist als Dozent in der Erwachsenenbildung tätig. Während seiner Tätigkeit am Translationszentrum für regenerative Medizin Leipzig sowie am Institut für Ethik und Geschichte der Medizin Göttingen entwickelte er ein Interesse für die Forschungsethik. Weitere Forschungsinteressen: Ethik der Reproduktionsmedizin, Autonomie, normative Ethik.

Prof. Dr. Claudia Wiesemann   ist Direktorin des Instituts für Ethik und Geschichte der Medizin an der Universitätsmedizin Göttingen und stellvertretende Vorsitzende des Deutschen Ethikrats. Von 2002–2012 war sie Mitglied der Zentralen Ethik-Kommission für Stammzellenforschung am Robert-Koch-Institut. Sie leitete das europäische Forschungsprojekt Tiss.Eu (zus. mit C. Lenk) zu Ethik und Recht von Forschung mit menschlichem Gewebe. Weitere Schwerpunkte sind die Ethik der Fortpflanzungsmedizin und Kinderrechte in der Medizin.

Teil VI
Recht

Die klinische Translation von hiPS-Zellen in Deutschland

Sara Gerke

Zusammenfassung Dieser Artikel analysiert die klinische Translation von humanen induzierten pluripotenten Stammzellen (hiPS-Zellen) in Deutschland, um zu mehr Transparenz und Rechtssicherheit beizutragen. Zu diesem Zweck werden das Arzneimittel-, Transplantations-, Gentechnik-, Stammzellen- und Embryonenschutzrecht eingehend analysiert. HiPS-Zell-basierte Therapeutika sind Arzneimittel für neuartige Therapien (ATMPs). Hingegen sind künstliche funktional äquivalente hiPS-Zell-basierte Keimzellen zu Fortpflanzungszwecken keine Arzneimittel i. S. d. Arzneimittelgesetzes (AMG); sie sind allerdings Gewebe i. S. d. Transplantationsgesetzes (TPG). Da als Ausgangsmaterial für hiPS-Zell-Therapien menschliche Zellen oder Gewebe verwendet werden, ist das TPG in der Regel ebenfalls anwendbar. In bestimmten Fällen – abhängig von der Herstellungsmethode – können hiPS-Zellen zudem als gentechnisch veränderte Organismen einzustufen sein und den Vorschriften des Gentechnikgesetzes (GenTG) unterliegen. Das Stammzellgesetz (StZG) findet auf hiPS-Zellen keine Anwendung. Das Embryonenschutzgesetz (ESchG) weist erhebliche Lücken auf, die vom Gesetzgeber behoben werden sollten. So dürfen grundsätzlich hiPS-Zell-basierte Keimzellen hergestellt und zur Befruchtung verwendet werden, und das selbst dann, wenn sie von einer Person stammen.

S. Gerke (✉)
The Petrie-Flom Center for Health Law Policy, Biotechnology, and Bioethics at Harvard Law School, Harvard University, Cambridge, USA
E-Mail: sgerke@law.harvard.edu

© Springer-Verlag GmbH Deutschland, ein Teil von Springer Nature 2020
S. Gerke et al. (Hrsg.), *Die klinische Anwendung von humanen induzierten pluripotenten Stammzellen*, Veröffentlichungen des Instituts für Deutsches, Europäisches und Internationales Medizinrecht, Gesundheitsrecht und Bioethik der Universitäten Heidelberg und Mannheim 48,
https://doi.org/10.1007/978-3-662-59052-2_8

1 Einleitung

Seit der ersten Herstellung von humanen induzierten pluripotenten Stammzellen (hiPS-Zellen) aus menschlichen Körperzellen im Jahr 2007 hat sich die hiPS-Zell-Forschung weltweit rasant entwickelt.[1] Sie befindet sich in der klinischen Translation, das heißt der Übertragung von Ergebnissen der (Grundlagen-)Forschung in die klinische Praxis. In Japan wurden beispielsweise bereits die ersten Patienten in klinischen Studien mit aus hiPS-Zellen abgeleiteten Zellen behandelt.[2] Es ist somit nur eine Frage der Zeit, dass auch in Deutschland die ersten klinischen Prüfungen von hiPS-Zell-basierten Therapeutika am Menschen begonnen werden.

Um hiPS-Zell-basierte Produkte, das heißt Produkte, die auf der Grundlage von hiPS-Zellen und ihren Differenzierungsderivaten hergestellt werden, erfolgreich in die klinische Praxis in Deutschland überführen zu können, sind rechtliche Kenntnisse unerlässlich. Die deutsche Rechtslage zur klinischen Translation von hiPS-Zellen ist komplex und, insbesondere für den juristischen Laien, häufig nur schwer verständlich und (teilweise) unklar. Dies liegt insbesondere daran, dass es kein gesondertes hiPS-Zell-Gesetz gibt. Dieser Artikel soll zu mehr Transparenz und Rechtssicherheit in der klinischen Translation von hiPS-Zellen beitragen, indem wichtige Vorschriften des Arzneimittel-, Transplantations-, Gentechnik-, Stammzellen- und Embryonenschutzrechts systematisch und umfassend untersucht werden.[3] Es werden zunächst unter anderem somatische Zellen, hiPS-Zellen und/oder hiPS-Zell-basierte Produkte im Lichte des jeweiligen Gesetzes eingestuft und anschließend rechtliche Konsequenzen der Einstufung für die klinische Translation aufgezeigt und analysiert.

2 Arzneimittelrecht

2.1 *Zweck des Arzneimittelgesetzes*

Das Arzneimittelgesetz (AMG)[4] bezweckt nach § 1 AMG „im Interesse einer ordnungsgemäßen Arzneimittelversorgung von Mensch und Tier für die Sicherheit im Verkehr mit Arzneimitteln, insbesondere für die Qualität, Wirksamkeit und

---

[1] Park et al. 2008; Takahashi et al. 2007; Yu et al. 2007. Näheres zu den naturwissenschaftlichen Grundlagen im Kontext einer klinischen Anwendung von hiPS-Zellen s. Neubauer et al. 2020.

[2] S. z. B. http://www.umin.ac.jp/ctr, UMIN000011929 (RIKEN; Studie zur Transplantation von aus patienteneigenen [autologen] hiPS-Zellen abgeleiteten retinalen Pigmentepithelzellen [RPE-Zellen] bei Patienten mit exsudativer altersbedingter Makuladegeneration [AMD]). Zugegriffen: 12.01.2020. Die maskuline Form wird in diesem Beitrag aus Gründen der leichteren Lesbarkeit verwendet.

[3] Diese Betrachtung verkennt nicht, dass in Zukunft sehr wahrscheinlich auch krankenversicherungsrechtliche Aspekte (Stichwort: Kostenerstattung von hiPS-Zell-Therapien) in den Vordergrund rücken werden.

[4] Gesetz über den Verkehr mit Arzneimitteln (Arzneimittelgesetz – AMG) vom 24. August 1976, in der Fassung der Bekanntmachung vom 12. Dezember 2005. In: Bundesgesetzblatt I (2005):3394–3469. Zuletzt geändert durch Art. 18 des Gesetzes vom 20. November 2019. In: Bundesgesetzblatt I (2019):1626–1718.

Unbedenklichkeit der Arzneimittel (…) zu sorgen". Der Begriff „Verkehr mit Arzneimitteln" ist grundsätzlich weit auszulegen und umfasst den gesamten Umgang mit Arzneimitteln, beginnend bei der Entwicklung bis hin zur Anwendung.[5] Die Sorge für die Arzneimittelsicherheit bezieht sich vor allem auf die Vorbeugung von Gefahren und Risiken des Verkehrs mit Arzneimitteln sowie auf die Begrenzung von unausweichlichen, notwendigerweise einzugehenden Risiken.[6] In den Gesetzesmaterialien zum Gesetz zur Neuordnung des Arzneimittelrechts (AMNOG) vom 24. August 1976 wird explizit betont, dass das zentrale Ziel des Gesetzes in der Verwirklichung einer optimalen Arzneimittelsicherheit besteht.[7]

Im Fokus der Arzneimittelsicherheit stehen die produktbezogenen Kriterien der Qualität, Wirksamkeit und Unbedenklichkeit.[8] Alle drei Kriterien sind im Wesentlichen legaldefiniert.[9] Qualität ist nach § 4 Abs. 15 AMG „die Beschaffenheit eines Arzneimittels, die nach Identität, Gehalt, Reinheit, sonstigen chemischen, physikalischen, biologischen Eigenschaften oder durch das Herstellungsverfahren bestimmt wird". Die therapeutische Wirksamkeit eines Arzneimittels fehlt, wenn „nicht entsprechend dem jeweils gesicherten Stand der wissenschaftlichen Erkenntnisse" nachgewiesen werden kann, „dass sich mit dem Arzneimittel therapeutische Ergebnisse erzielen lassen" (§ 25 Abs. 2 S. 3 AMG).[10] Arzneimittel sind nach § 5 Abs. 2 AMG bedenklich, wenn „nach dem jeweiligen Stand der wissenschaftlichen Erkenntnisse der begründete Verdacht besteht, dass sie bei bestimmungsgemäßem Gebrauch schädliche Wirkungen haben, die über ein nach den Erkenntnissen der medizinischen Wissenschaft vertretbares Maß hinausgehen".[11]

Die Sicherheit im Arzneimittelverkehr liegt vornehmlich im Interesse einer ordnungsgemäßen Arzneimittelversorgung.[12] Das Bundesverfassungsgericht hat in seinem Apotheken-Urteil vom 11. Juni 1958 eine Versorgung als geordnet angesehen, „die sicherstellt, daß die normalerweise, aber auch für nicht allzu fernliegenden Ausnahmesituationen benötigten Heilmittel und Medikamente *in ausreichender Zahl* und *in einwandfreier Beschaffenheit* für die Bevölkerung bereitstehen, *zugleich* aber einem *Mißbrauch* von Arzneimitteln nach Möglichkeit *vorbeugt* [Hervorhebungen, S. G.]".[13]

---

[5] Müller 2016, § 1 Rn. 7. Vgl. auch BVerfG, Urteil vom 16. Februar 2000 – 1 BvR 420/97, BVerfGE 102, 26 (36 ff.).
[6] Müller 2016, § 1 Rn. 8.
[7] BT-Drucks. 7/3060, S. 43 f. Müller 2016, § 1 Rn. 8.
[8] BT-Drucks. 7/3060, S. 43 f. Müller 2016, § 1 Rn. 1, 8.
[9] Müller 2016, § 1 Rn. 8.
[10] Näheres zur therapeutischen Wirksamkeit s. BVerwG, Urteil vom 14. Oktober 1993 – 3 C 21/91, BVerwGE 94, 215.
[11] Näheres dazu s. z. B. BT-Drucks. 7/3060, S. 45; Hofmann 2016, § 5, insbesondere Rn. 27 ff.
[12] Müller 2016, § 1 Rn. 11.
[13] BVerfG, Urteil vom 11. Juni 1958 – 1 BvR 596/56, BVerfGE 7, 377 (414 f.).

2.2 Arzneimittelbegriff

2.2.1 Merkmale des Arzneimittelbegriffs

Der Begriff des Arzneimittels ist in § 2 Abs. 1 AMG definiert als „Stoffe oder Zubereitungen aus Stoffen,

1. die zur Anwendung im oder am menschlichen oder tierischen Körper bestimmt sind und als Mittel mit Eigenschaften zur Heilung oder Linderung oder zur Verhütung menschlicher oder tierischer Krankheiten oder krankhafter Beschwerden bestimmt sind oder
2. die im oder am menschlichen oder tierischen Körper angewendet oder einem Menschen oder einem Tier verabreicht werden können, um entweder

   a) die physiologischen Funktionen durch eine pharmakologische, immunologische oder metabolische Wirkung wiederherzustellen, zu korrigieren oder zu beeinflussen oder

   b) eine medizinische Diagnose zu erstellen".

Während § 2 Abs. 1 Nr. 1 AMG die sogenannten „Präsentationsarzneimittel" (Arzneimittel nach der Bezeichnung) erfasst, enthält § 2 Abs. 1 Nr. 2 AMG die Definition der sogenannten „Funktionsarzneimittel" (Arzneimittel nach der Funktion).[14]

Die derzeitige Fassung des § 2 Abs. 1 AMG beruht auf dem Gesetz zur Änderung arzneimittelrechtlicher und anderer Vorschriften vom 17. Juli 2009 (15. AMG-Novelle).[15] Mit der 15. AMG-Novelle wurden die Elemente der europäischen Arzneimitteldefinition in Art. 1 Nr. 2 Richtlinie (RL) 2001/83/EG[16] in der durch die RL 2004/27/EG[17] geänderten Fassung adäquat in das deutsche Arzneimittelrecht überführt.[18] Diese Änderungen hatten allerdings kaum Auswirkungen in der Anwendungspraxis, da die Kernelemente der europäischen und bisherigen deutschen Arzneimitteldefinition übereinstimmten.[19]

---

[14] BT-Drucks. 16/12256, S. 41. Näheres zum Präsentations- und Funktionsarzneimittel s. z. B. Heßhaus 2018, § 2 AMG Rn. 4 ff.; Müller 2016, § 2 Rn. 58 ff.

[15] In: Bundesgesetzblatt I (2009):1990–2020.

[16] Richtlinie 2001/83/EG des Europäischen Parlaments und des Rates vom 6. November 2001 zur Schaffung eines Gemeinschaftskodexes für Humanarzneimittel. In: Amtsblatt der Europäischen Gemeinschaften L 2001/311:67.

[17] Richtlinie 2004/27/EG des Europäischen Parlaments und des Rates vom 31. März 2004 zur Änderung der Richtlinie 2001/83/EG zur Schaffung eines Gemeinschaftskodexes für Humanarzneimittel. In: Amtsblatt der Europäischen Union L 2004/136:34.

[18] Vgl. BT-Drucks. 16/12256, S. 41. Näheres zur adäquaten Umsetzung s. Müller 2016, § 2 Rn. 39–44 m.w.N.

[19] Vgl. BT-Drucks. 16/12256, S. 41.

2.2.2 Arzneimittel für neuartige Therapien, § 4 Abs. 9 AMG

Nach § 4 Abs. 9 AMG sind Arzneimittel für neuartige Therapien (auch Advanced Therapy Medicinal Products, ATMPs) „Gentherapeutika, somatische Zelltherapeutika oder biotechnologisch bearbeitete Gewebeprodukte" gemäß Art. 2 Abs. 1 lit. a Verordnung (VO) (EG) 1394/2007 (ATMP-VO).[20] Die Vorschrift des § 4 Abs. 9 AMG hätte es nicht zwingend benötigt, da die ATMP-VO auch ohne nationalen Umsetzungsakt unmittelbar in Deutschland gilt.[21]

ATMPs sind Humanarzneimittel auf der Basis von Genen, Zellen oder Geweben.[22] Sie zählen zu den biologischen Arzneimitteln i. S. d Anhang I RL 2001/83/EG i. V. m. der Definition des Arzneimittels in Art. 1 Nr. 2 RL 2001/83/EG.[23] Produkte, die nicht der europäischen Arzneimitteldefinition entsprechen, können per definitionem keine ATMPs sein.[24] Art. 1 Nr. 2 RL 2001/83/EG lautet in seiner aktuellen Fassung:

„Arzneimittel:

a) Alle Stoffe oder Stoffzusammensetzungen, die als Mittel mit Eigenschaften zur Heilung oder zur Verhütung menschlicher Krankheiten bestimmt sind [sog. „Präsentationsarzneimittel"], oder
b) Alle Stoffe oder Stoffzusammensetzungen, die im oder am menschlichen Körper verwendet oder einem Menschen verabreicht werden können, um entweder die menschlichen physiologischen Funktionen durch eine pharmakologische, immunologische oder metabolische Wirkung wiederherzustellen, zu korrigieren oder zu beeinflussen oder eine medizinische Diagnose zu erstellen [sog. „Funktionsarzneimittel"]".[25]

Stoffe sind in Art. 1 Nr. 3 RL 2001/83/EG definiert als „alle Stoffe jeglicher Herkunft", namentlich menschlicher, tierischer, pflanzlicher und chemischer Herkunft. Ein Beispiel menschlicher Herkunft ist „menschliches Blut und daraus gewonnene Erzeugnisse" (Art. 1 Nr. 3 Spiegelstrich 1 RL 2001/83/EG).

Die Begriffe „Gentherapeutikum" und „somatisches Zelltherapeutikum" sind in Anhang I Teil IV RL 2001/83/EG definiert.[26] Unter einem *Gentherapeutikum* ist

---

[20] Verordnung (EG) 1394/2007 des Europäischen Parlaments und des Rates vom 13. November 2007 über Arzneimittel für neuartige Therapien und zur Änderung der Richtlinie 2001/83/EG und der Verordnung (EG) 726/2004. In: Amtsblatt der Europäischen Union L 2007/324:121.

[21] Vgl. Art. 288 Abs. 2 AEUV. Ebenso Krüger 2016, § 4 Rn. 63.

[22] Vgl. Art. 2 Abs. 1 lit. a, Art. 17 Abs. 1 ATMP-VO.

[23] Vgl. ErwG 2 S. 1 ATMP-VO. Zur Definition der biologischen Arzneimittel s. Anhang I Teil I Modul 3.2.1.1 lit. b UA 3 RL 2001/83/EG.

[24] Vgl. ErwG 3 S. 4 ATMP-VO und Art. 2 Abs. 1 ATMP-VO.

[25] Näheres zum europäischen Arzneimittelbegriff s. z. B. Fuhrmann 2014, § 2 Rn. 4 ff.; Müller 2016, § 2 Rn. 17 ff. m.w.N.

[26] Art. 2 Abs. 1 lit. a Spiegelstrich 1, Spiegelstrich 2 ATMP-VO.

hiernach „ein biologisches Arzneimittel zu verstehen, das folgende Merkmale aufweist:

a) Es enthält einen Wirkstoff, der eine rekombinante Nukleinsäure enthält oder daraus besteht, der im Menschen verwendet oder ihm verabreicht wird, um eine
Nukleinsäuresequenz zu regulieren, zu reparieren, zu ersetzen, hinzuzufügen
oder zu entfernen.
b) Seine therapeutische, prophylaktische oder diagnostische Wirkung steht in unmittelbarem Zusammenhang mit der rekombinanten Nukleinsäuresequenz, die
es enthält, oder mit dem Produkt, das aus der Expression dieser Sequenz resultiert.

Impfstoffe gegen Infektionskrankheiten sind keine Gentherapeutika".[27]

Unter einem *somatischen Zelltherapeutikum* ist hingegen „ein biologisches Arzneimittel zu verstehen, das folgende Merkmale aufweist:

a) Es besteht aus Zellen oder Geweben, die substanziell bearbeitet wurden, so dass
biologische Merkmale, physiologische Funktionen oder strukturelle Eigenschaften, die für die beabsichtigte klinische Verwendung relevant sind, verändert wurden, oder aus Zellen oder Geweben, die im Empfänger im Wesentlichen nicht
denselbe(n) [sic!] Funktion(en) dienen sollen wie im Spender, oder es enthält
derartige Zellen oder Gewebe [sog. „non-homologous use"].
b) Ihm werden Eigenschaften zur Behandlung, Vorbeugung oder Diagnose von
Krankheiten durch pharmakologische, immunologische oder metabolische Wirkungen der enthaltenen Zellen oder Gewebe zugeschrieben und es wird zu diesem Zweck im Menschen verwendet oder ihm verabreicht".[28]

In Anhang I der ATMP-VO sind Bearbeitungsverfahren aufgelistet, bei denen *keine*
substanzielle Bearbeitung i. S. v. lit. a der Definition des somatischen Zelltherapeutikums vorliegt.[29] Hierzu zählen neben dem Schneiden, Zerreiben und Formen auch
Bearbeitungsverfahren wie beispielsweise das Einlegen in antibiotische oder anti-
mikrobielle Lösungen sowie das Separieren, Konzentrieren oder Reinigen von Zellen.[30] Im Prinzip lässt sich sagen, dass alle Bearbeitungsverfahren als substanzielle
Bearbeitung gelten, sofern sie nicht in Anhang I der ATMP-VO aufgelistet sind.[31] Einige Beispiele für *substanzielle Bearbeitungsverfahren* sind die Expansion, Kultivierung, genetische Modifizierung oder Veränderungen des Gewebes.[32]

Biotechnologisch bearbeitete Gewebeprodukte sind in Art. 2 Abs. 1 lit. b ATMP-VO
definiert.[33] Nach dieser Definition ist ein *biotechnologisch bearbeitetes Gewebeprodukt* „ein Produkt,

---

[27] Abschn. 2.1 des Anhangs I Teil IV RL 2001/83/EG.
[28] Abschn. 2.2 UA 1 des Anhangs I Teil IV RL 2001/83/EG.
[29] Abschn. 2.2 UA 2 des Anhangs I Teil IV RL 2001/83/EG.
[30] Anhang I ATMP-VO.
[31] PEI 2012, S. 5.
[32] PEI 2012, S. 5.
[33] Art. 2 Abs. 1 lit. a Spiegelstrich 3 ATMP-VO.

– das biotechnologisch bearbeitete Zellen oder Gewebe enthält oder aus ihnen besteht und
– dem Eigenschaften zur Regeneration, Wiederherstellung oder zum Ersatz menschlichen Gewebes zugeschrieben werden oder das zu diesem Zweck verwendet oder Menschen verabreicht wird".[34]

So kann ein biotechnologisch bearbeitetes Gewebeprodukt lebensfähige oder nicht lebensfähige Zellen oder Gewebe tierischen oder menschlichen Ursprungs enthalten.[35] Darüber hinaus kann es weitere Stoffe enthalten wie beispielsweise Zellträger (z. B. Gerüst- oder Bindesubstanzen), chemische Stoffe oder Biomoleküle.[36] Ein Produkt fällt allerdings nicht unter die Begriffsbestimmung des biotechnologisch bearbeiteten Gewebeprodukts, wenn es *ausschließlich* nicht lebensfähige tierische oder menschliche Zellen und/oder Gewebe enthält oder aus ihnen besteht und es „nicht hauptsächlich pharmakologisch, immunologisch oder metabolisch" wirkt.[37] Art. 2 Abs. 2 ATMP-VO stellt zudem klar, dass bei einem Produkt, das lebensfähige Zellen oder Gewebe enthält, „die pharmakologische, immunologische und metabolische Wirkung dieser Zellen oder Gewebe als die Hauptwirkungsweise dieses Produkts" gilt.

Nach Art. 2 Abs. 1 lit. c ATMP-VO gelten Zellen oder Gewebe als „biotechnologisch bearbeitet" im Sinne von Spiegelstrich 1 der Definition des biotechnologisch bearbeiteten Gewebeprodukts, „wenn sie wenigstens eine der folgenden Bedingungen erfüllen:

– Die Zellen oder Gewebe wurden substanziell bearbeitet, so dass biologische Merkmale, physiologische Funktionen oder strukturelle Eigenschaften, die für die beabsichtigte Regeneration, Wiederherstellung oder den Ersatz relevant sind, erzielt werden. Nicht als substanzielle Bearbeitungsverfahren gelten insbesondere die in Anhang I aufgeführten Bearbeitungsverfahren.
– Die Zellen oder Gewebe sind nicht dazu bestimmt, im Empfänger im Wesentlichen dieselbe(n) Funktion(en) auszuüben wie im Spender [sog. „non-homologous use"]".

Nach Art. 2 Abs. 4 ATMP-VO gilt als *biotechnologisch bearbeitetes Gewebeprodukt* „ein Produkt, auf das die Definition für ‚biotechnologisch bearbeitetes Gewebeprodukt' und die Definition für somatische Zelltherapeutika zutreffen". Ein Produkt gilt nach Art. 2 Abs. 5 ATMP-VO hingegen als *Gentherapeutikum*, wenn es unter die Definition des biotechnologisch bearbeiteten Gewebeprodukts oder des somatischen Zelltherapeutikums und des Gentherapeutikums fallen kann.

Es gibt auch sogenannte *„kombinierte ATMPs"*. Nach Art. 2 Abs. 1 lit. d ATMP-VO ist hierunter ein ATMP zu verstehen, „das folgende Voraussetzungen erfüllt:

---

[34] Art. 2 Abs. 1 lit. b UA 1 ATMP-VO.
[35] Art. 2 Abs. 1 lit. b UA 2 S. 1, S. 2 ATMP-VO.
[36] Art. 2 Abs. 1 lit. b UA 2 S. 3 ATMP-VO.
[37] Art. 2 Abs. 1 lit. b UA 3 ATMP-VO.

- Es enthält als festen Bestandteil eines oder mehrere Medizinprodukte im Sinne des Artikels 1 Absatz 2 Buchstabe a der Richtlinie 93/42/EWG oder eines oder mehrere aktive implantierbare medizinische Geräte im Sinne des Artikels 1 Absatz 2 Buchstabe c der Richtlinie 90/385/EWG, und
- sein Zell- oder Gewebeanteil muss lebensfähige Zellen oder Gewebe enthalten, oder
- sein Zell- oder Gewebeanteil, der nicht lebensfähige Zellen oder Gewebe enthält, muss auf eine Weise auf den menschlichen Körper einwirken können, die im Vergleich zu den genannten Produkten und Geräten als Hauptwirkungsweise betrachtet werden kann".

Am 25. Mai 2017 ist die neue VO (EU) 2017/745 über Medizinprodukte (Medical Device Regulation – MDR)[38] in Kraft getreten. Die MDR wird – mit Ausnahmen – ab dem 26. Mai 2020 unmittelbar in Deutschland gelten und die RL 93/42/EWG und 90/385/ EWG aufheben.[39] Nach Art. 122 MDR gelten Bezugnahmen auf die aufgehobenen RL als Bezugnahmen auf die MDR und sind nach der Entsprechungstabelle in Anhang XVII MDR zu lesen. Somit sind ab Aufhebung der RL 93/42/EWG und 90/385/EWG die Definitionen des Art. 2 MDR für die Erfüllung der ersten Voraussetzung der Definition des kombinierten ATMP in Art. 2 Abs. 1 lit. d Spiegelstrich 1 ATMP-VO heranzuziehen.

2.2.3 Ausnahmen vom Arzneimittelbegriff

§ 2 Abs. 3 AMG enthält eine Aufzählung von Produktgruppen, die keine Arzneimittel sind, angefangen von Lebensmitteln (Nr. 1), kosmetischen Mitteln (Nr. 2), Tabakerzeugnissen und verwandten Erzeugnissen (Nr. 3) über Tierkosmetika (Nr. 4), Biozid-Produkte (Nr. 5) und Futtermittel (Nr. 6) bis hin zu Medizinprodukten und ihr Zubehör (Nr. 7) sowie Organe zur Übertragung auf menschliche Empfänger (Nr. 8). Im Kontext der klinischen Translation von hiPS-Zellen ist insbesondere die Abgrenzung der Arzneimittel von den letzten beiden Produktgruppen relevant. Im Folgenden werden deshalb die Produktgruppe „Medizinprodukte und ihr Zubehör" (Nr. 7) sowie die Produktgruppe „Organe zur Übertragung auf menschliche Empfänger" (Nr. 8) näher untersucht.

2.2.3.1 Medizinprodukte und ihr Zubehör

Nach § 2 Abs. 3 Nr. 7 AMG sind „Medizinprodukte und Zubehör für Medizinprodukte" i. S. d. § 3 des Medizinproduktegesetzes (MPG)[40] grundsätzlich keine Arzneimittel. *Medizinprodukte* sind in § 3 Nr. 1–3 MPG definiert. Nach § 3 Nr. 1 MPG

---

[38] Verordnung (EU) 2017/745 des Europäischen Parlaments und des Rates vom 5. April 2017 über Medizinprodukte, zur Änderung der Richtlinie 2001/83/EG, der Verordnung (EG) 178/2002 und der Verordnung (EG) 1223/2009 und zur Aufhebung der Richtlinien 90/385/EWG und 93/42/ EWG des Rates. In: Amtsblatt der Europäischen Union L 2017/117:1.

[39] Art. 122, Art. 123 Abs. 2, Abs. 3 MDR.

[40] Gesetz über Medizinprodukte (Medizinproduktegesetz – MPG) vom 2. August 1994, in der Fas-

sind sie „alle einzeln oder miteinander verbunden verwendeten Instrumente, Apparate, Vorrichtungen, Software, Stoffe und Zubereitungen aus Stoffen oder andere Gegenstände einschließlich der vom Hersteller speziell zur Anwendung für diagnostische oder therapeutische Zwecke bestimmten und für ein einwandfreies Funktionieren des Medizinproduktes eingesetzten Software, die vom Hersteller zur Anwendung für Menschen mittels ihrer Funktionen zum Zwecke

a) der Erkennung, Verhütung, Überwachung, Behandlung oder Linderung von Krankheiten,

b) der Erkennung, Überwachung, Behandlung, Linderung oder Kompensierung von Verletzungen oder Behinderungen,

c) der Untersuchung, der Ersetzung oder der Veränderung des anatomischen Aufbaus oder eines physiologischen Vorgangs oder

d) der Empfängnisregelung

zu dienen bestimmt sind und deren *bestimmungsgemäße Hauptwirkung* im oder am menschlichen Körper *weder durch pharmakologisch oder immunologisch wirkende Mittel noch durch Metabolismus erreicht wird*, deren Wirkungsweise aber durch solche Mittel unterstützt werden kann [Hervorhebungen, S. G.]".

In der Regel hat die Unterscheidung, ob ein Produkt als Medizinprodukt oder als Arzneimittel einzustufen ist, „insbesondere unter Berücksichtigung der hauptsächlichen Wirkungsweise des Produkts" zu erfolgen (§ 2 Abs. 5 Nr. 1 Hs. 2 MPG). Im Gegensatz zu Arzneimitteln zeichnen sich Medizinprodukte vorwiegend durch ihre physikalische Wirkungsweise aus.[41] Beispiele für Medizinprodukte sind Verbandsstoffe, Hör- und Sehhilfen, chirurgische Nahtmaterialien und Fertigspritzen.[42] Zu beachten ist außerdem, dass In-vivo-Diagnostika nach § 2 Abs. 1 Nr. 2 lit. b AMG dem Anwendungsbereich des AMG unterfallen, während In-vitro-Diagnostika nach § 3 Nr. 4–6 MPG dem Medizinprodukterecht unterliegen (vgl. § 2 Abs. 3 Nr. 7 AMG und § 2 Abs. 5 Nr. 1 Hs. 2 MPG).[43]

Unter *Zubehör für Medizinprodukte* sind gemäß § 3 Nr. 9 S. 1 MPG Stoffe, Gegenstände und Zubereitungen aus Stoffen zu verstehen, die selbst keine Medizinprodukte i. S. d. § 3 Nr. 1 MPG sind, „aber vom Hersteller dazu bestimmt sind, mit einem Medizinprodukt verwendet zu werden, damit dieses entsprechend der von ihm festgelegten Zweckbestimmung des Medizinproduktes angewendet werden kann". Hierunter fallen zum Beispiel Gesichtsmasken für Beatmungs- und Narkosegeräte, Gel für Ultraschallgeräte oder Elektroden für EKG-Geräte.[44] Nach § 2 Abs. 1 S. 2 MPG wird Zubehör „als eigenständiges Medizinprodukt behandelt".

---

sung der Bekanntmachung vom 7. August 2002. In: Bundesgesetzblatt I (2002):3146–3164. Zuletzt geändert durch Art. 83 des Gesetzes vom 20. November 2019. In: Bundesgesetzblatt I (2019):1626–1718.

[41] Näheres dazu s. Müller 2016, § 2 Rn. 216 m.w.N.

[42] Müller 2016, § 2 Rn. 210 m.w.N.

[43] S. dazu auch BT-Drucks. 13/11021, S. 8, 11 und BT-Drucks. 17/9341, S. 8, 47. Näheres dazu s. ebenfalls Müller 2016, § 2 Rn. 219 m.w.N. Näheres zu In-vitro-Diagnostika s. z. B. Lücker 2018, § 3 MPG Rn. 9 f.

[44] Müller 2016, § 2 Rn. 218 m.w.N.

Das MPG gilt unter anderem gemäß § 2 Abs. 5 Nr. 4 MPG nicht für „Transplantate oder Gewebe oder Zellen menschlichen Ursprungs und Produkte, die Gewebe oder Zellen menschlichen Ursprungs enthalten oder aus solchen Geweben oder Zellen gewonnen wurden".[45] Eine Gegenausnahme zu dieser Ausnahme liegt explizit vor, wenn es sich um In-vitro-Diagnostika nach § 3 Nr. 4 MPG handelt. Keine Gegenausnahme ist allerdings gegeben, wenn ein Produkt unter Verwendung von abgetötetem Gewebe menschlichen Ursprungs oder von abgetöteten Erzeugnissen hergestellt wird, die aus Gewebe menschlichen Ursprungs gewonnen wurden (vgl. § 2 Abs. 5 Nr. 5 MPG). Dies wird sich mit Geltung der MDR ab dem 26. Mai 2020[46] ändern. Art. 1 Abs. 6 lit. g MDR sieht zur Schließung einer Lücke im Unionsrecht vor, dass die MDR auch für Produkte gilt, „die aus Derivaten von Geweben oder Zellen menschlichen Ursprungs hergestellt sind, die nicht lebensfähig sind oder abgetötet wurden".[47]

An dieser Stelle sei ebenfalls angemerkt, dass am 25. Mai 2017 neben der MDR auch die VO (EU) 2017/746 über *In-vitro*-Diagnostika (In Vitro Diagnostic Medical Device Regulation – IVDR)[48] in Kraft getreten ist. Die neue VO der Europäischen Union (EU) wird im Grundsatz ab dem 26. Mai 2022 – also zwei Jahre später als die MDR – gelten und unter anderem die RL 98/79/EG aufheben.[49] Auch wenn EU-VO „in allen ihren Teilen verbindlich" sind und ohne nationalen Umsetzungsakt „unmittelbar in jedem Mitgliedstaat" gelten,[50] ist Anpassungsbedarf im nationalen Recht gegeben. Am 6. November 2019 hat das Bundeskabinett deshalb den Entwurf eines Medizinprodukte-EU-Anpassungsgesetzes (MPEUAnpG) beschlossen.[51] Der Gesetzesentwurf sieht insbesondere die Ablösung des bisherigen Medizinproduktegesetz (MPG) durch ein neues Medizinprodukterecht-Durchführungsgesetz (MPDG) vor.[52]

2.2.3.2   Organe zur Übertragung auf menschliche Empfänger

§ 2 Abs. 3 Nr. 8 AMG stellt klar, dass „Organe" i. S. d. § 1a Nr. 1 des Transplantationsgesetzes (TPG)[53] keine Arzneimittel sind, „wenn sie zur Übertragung auf menschliche Empfänger bestimmt sind". Dies ist dann der Fall, wenn die Organe

---

[45] Weitere Ausnahmen vom MPG sind in § 2 Abs. 5 Nr. 1–3, Nr. 5 MPG geregelt.

[46] Näheres dazu s. bereits unter Abschn. 2.2.2.

[47] Vgl. auch ErwG 11 MDR.

[48] Verordnung (EU) 2017/746 des Europäischen Parlaments und des Rates vom 5. April 2017 über *In-vitro*-Diagnostika und zur Aufhebung der Richtlinie 98/79/EG und des Beschlusses 2010/227/EU der Kommission. In: Amtsblatt der Europäischen Union L 2017/117:176.

[49] Art. 112, Art. 113 Abs. 2, Abs. 3 IVDR.

[50] Art. 288 Abs. 2 AEUV.

[51] Bundesministerium für Gesundheit 2020; Entwurf eines Gesetzes zur Anpassung des Medizinprodukterechts an die Verordnung (EU) 2017/745 und die Verordnung (EU) 2017/746 (Medizinprodukte-EU-Anpassungsgesetz – MPEUAnpG), BT-Drucks. 19/15620.

[52] BT-Drucks. 19/15620, S. 1.

[53] Gesetz über die Spende, Entnahme und Übertragung von Organen und Geweben (Transplantati-

zur Verwendung „in oder an einem menschlichen Empfänger" bzw. zur „Anwendung beim Menschen außerhalb des Körpers" bestimmt sind (vgl. die Definition „Übertragung" in § 1a Nr. 7 TPG). Menschliche Empfänger können sowohl die Spender eines Organs (autologe Transplantation) als auch Dritte (allogene Transplantation) sein.[54]

Nach § 1a Nr. 1 TPG „sind Organe, mit Ausnahme der Haut, alle aus verschiedenen Geweben bestehenden, differenzierten Teile des menschlichen Körpers, die in Bezug auf Struktur, Blutgefäßversorgung und Fähigkeit zum Vollzug physiologischer Funktionen eine funktionale Einheit bilden, einschließlich der Organteile und einzelnen Gewebe eines Organs, die unter Aufrechterhaltung der Anforderungen an Struktur und Blutgefäßversorgung zum gleichen Zweck wie das ganze Organ im menschlichen Körper verwendet werden können, mit Ausnahme solcher Gewebe, die zur Herstellung von Arzneimitteln für neuartige Therapien im Sinne des § 4 Absatz 9 des Arzneimittelgesetzes bestimmt sind".

Einige Beispiele für Organe i. S. d. § 1a Nr. 1 TPG sind das Herz, die Niere, Lunge, Leber, Bauchspeicheldrüse und der Darm (vgl. § 1a Nr. 2 TPG). Organteile und einzelne Gewebe eines Organs sind ebenfalls explizit von der Begriffsbestimmung erfasst, sofern die Anforderungen an Struktur und Blutgefäßversorgung wie beim vollständigen Organ – so beispielsweise bei der Splitleberspende – weiterhin bestehen.[55] Gewebe, die zur Herstellung von ATMPs i. S. d. § 4 Abs. 9 AMG bestimmt sind, fallen hingegen ausdrücklich *nicht* unter den Begriff der Organe. Ebenfalls kein Organ i. S. d. § 1a Nr. 1 TPG ist die menschliche Haut, obwohl sie *medizinisch* als Organ klassifiziert wird.[56]

2.2.4 Einstufung von hiPS-Zell-basierten Therapeutika

HiPS-Zellen sollen zukünftig nicht als solche für die klinische Anwendung verwendet werden, sondern vielmehr die aus den hiPS-Zellen gewonnenen Zellderivate wie Herzmuskelzellen,[57] retinale Pigmentepithelzellen[58] oder dopaminerge Vorläuferzellen.[59] Diese hiPS-Zell-basierten Therapeutika schüren die Hoffnung, dass sich mit ihnen eines Tages Krankheiten wie die Herzmuskelschwäche, al-

---

onsgesetz – TPG) vom 5. November 1997, in der Fassung der Bekanntmachung vom 4. September 2007. In: Bundesgesetzblatt I (2007):2206–2220. Zuletzt geändert durch Art. 24 des Gesetzes vom 20. November 2019. In: Bundesgesetzblatt I (2019):1626–1718.

[54] Vgl. BT-Drucks. 16/3146, S. 23. Müller 2016, § 2 Rn. 223.

[55] BT-Drucks. 17/7376, S. 17.

[56] BT-Drucks. 16/3146, S. 24.

[57] Näheres dazu s. z. B. Zimmermann 2020.

[58] S. dazu z. B. http://www.umin.ac.jp/ctr, UMIN000026003 (Abteilung für Ophthalmologie, Kobe City Medical Center General Hospital – neovaskuläre altersbedingte Makuladegeneration). Zugegriffen: 12.01.2020.

[59] S. dazu z. B. http://www.umin.ac.jp/ctr, UMIN000033564 (Kyoto University Hospital – dopaminerge Vorläuferzellen aus allogenen hiPS-Zellen zur Behandlung der Parkinson-Krankheit). Zugegriffen: 12.01.2020.

tersbedingte Makuladegeneration oder die Parkinson-Krankheit besser behandeln oder sogar besiegen lassen.

HiPS-Zell-basierte Therapeutika sind ATMPs i. S. d. § 4 Abs. 9 AMG bzw. Art. 2 Abs. 1 lit. a ATMP-VO. Sie sind sowohl Präsentations- als auch Funktionsarzneimittel i. S. d. Art. 1 Nr. 2 RL 2001/83/EG, da es sich um „Stoffe oder Stoffzusammensetzungen" handelt, die sowohl „als Mittel mit Eigenschaften zur Heilung (…) menschlicher Krankheiten bestimmt sind" (lit. a) als auch „einem Menschen verabreicht werden können, um (…) die menschlichen physiologischen Funktionen durch eine pharmakologische, immunologische oder metabolische Wirkung wiederherzustellen, zu korrigieren oder zu beeinflussen (…)" (lit. b).

Die aus den hiPS-Zellen gewonnenen, zur Transplantation bestimmten, Zellderivate sind „Stoffe" i. S. d. Art. 1 Nr. 3 RL 2001/83/EG. HiPS-Zell-basierte Therapeutika haben – wie der Name bereits impliziert – eine therapeutische Zweckbestimmung („zur Heilung (…) menschlicher Krankheiten bestimmt", Art. 1 Nr. 2 lit. a RL 2001/83/EG). Auch sollen die zur Transplantation bestimmten hiPS-Zell-Derivate Menschen verabreicht werden (vgl. Art. 1 Nr. 2 lit. b RL 2001/83/EG).[60] Nach Art. 1 Nr. 2 lit. b RL 2001/83/EG soll zudem die Wiederherstellung, Beeinflussung oder Korrektur der menschlichen physiologischen Funktionen durch Stoffe oder Stoffzusammensetzungen erfolgen, die „eine pharmakologische, immunologische oder metabolische Wirkung" haben. Da hiPS-Zell-basierte Therapeutika lebensfähige Zellen enthalten oder aus ihnen bestehen, ist ebenfalls davon auszugehen, dass sie bei der Wiederherstellung, Beeinflussung oder Korrektur der menschlichen physiologischen Funktionen hauptsächlich pharmakologisch, immunologisch und/oder metabolisch wirken.[61]

Die Einstufung von hiPS-Zell-basierten Therapeutika in die verschiedenen Gruppen von ATMPs ist wichtig, da sowohl die ATMP-VO als auch Anhang I Teil IV RL 2001/83/EG teilweise unterschiedliche Anforderungen an Gentherapeutika, somatische Zelltherapeutika, biotechnologisch bearbeitete Gewebeprodukte und kombinierte ATMPs stellt.[62] In der Regel sind hiPS-Zell-basierte Therapeutika als biotechnologisch bearbeitete Gewebeprodukte i. S. d. Art. 2 Abs. 1 lit. b ATMP-VO einzustufen, da sie zum einen „biotechnologisch bearbeitete Zellen oder Gewebe" enthalten oder aus ihnen bestehen (Spiegelstrich 1) und zum anderen ihnen gerade „Eigenschaften zur Regeneration, Wiederherstellung oder zum Ersatz menschlichen Gewebes zugeschrieben werden" oder sie „zu diesem Zweck (…) Menschen verabreicht" werden (Spiegelstrich 2).[63]

Bei hiPS-Zell-basierten Therapeutika werden immer substanziell bearbeitete Zellen oder Gewebe i. S. d. Art. 2 Abs. 1 lit. c Spiegelstrich 1 ATMP-VO vorliegen, das heißt die Zellen oder Gewebe werden stets dergestalt „substanziell bearbeitet" worden sein, „so dass biologische Merkmale, physiologische Funktionen oder

---

[60] Zur Abgrenzung des Tatbestandsmerkmals „im oder am menschlichen Körper verwendet" vgl. z. B. BT-Drucks. 16/12256, S. 41 und Müller 2016, § 2 AMG Rn. 67–70.

[61] Vgl. Art. 2 Abs. 2 ATMP-VO.

[62] So auch Faltus 2016c, S. 693.

[63] Ebenso Faltus 2016b, S. 868.

strukturelle Eigenschaften, die für die beabsichtigte Regeneration, Wiederherstellung oder den Ersatz relevant sind, erzielt werden". Die Reprogrammierung somatischer Zellen in hiPS-Zellen, die Expansion der hiPS-Zellen und die Differenzierung in den gewünschten Zelltyp gelten bereits allesamt als substanzielle Bearbeitungsverfahren (vgl. Anhang I ATMP-VO und Abschn. 2.2.2).[64]

In der Regel wird zudem eine heterologe Verwendung („non-homologous use") i. S. d. Art. 2 Abs. 1 lit. c Spiegelstrich 2 ATMP-VO vorliegen, da die Zellen oder Gewebe zumeist nicht dazu bestimmt sein werden, „im Empfänger im Wesentlichen dieselbe(n) Funktion(en) auszuüben wie im Spender". Etwas anderes gilt beispielsweise dann, wenn hiPS-Zellen aus Hautzellen des Spenders generiert und die hiPS-Zellen anschließend wieder in Hautzellen differenziert und zur Hauttransplantation beim Empfänger verwendet werden.[65] In diesem Fall liegt ausnahmsweise eine homologe Verwendung der Zellen vor und Art. 2 Abs. 1 lit. c Spiegelstrich 2 ATMP-VO ist nicht erfüllt. Da allerdings nur eine der beiden Bedingungen des Art. 2 Abs. 1 lit. c ATMP-VO erfüllt sein muss, damit die Zellen oder Gewebe als „biotechnologisch bearbeitet" gelten, und bei hiPS-Zell-basierten Therapeutika immer substanziell bearbeitete Zellen oder Gewebe i. S. d. Art. 2 Abs. 1 lit. c Spiegelstrich 1 ATMP-VO vorliegen, werden hiPS-Zell-basierte Therapeutika auch immer biotechnologisch bearbeitete Zellen oder Gewebe nach Art. 2 Abs. 1 lit. b Spiegelstrich 1 ATMP-VO enthalten oder aus ihnen bestehen.

HiPS-Zell-basierte Therapeutika sollen gerade i. S. d. Art. 2 Abs. 1 lit. b Spiegelstrich 2 ATMP-VO der Regeneration, Wiederherstellung oder dem Ersatz menschlichen Gewebes dienen bzw. Menschen zu diesem Zweck verabreicht werden. Darüber hinaus sollen sie ebenfalls „zur Behandlung (…) von Krankheiten durch pharmakologische, immunologische oder metabolische Wirkungen der enthaltenen Zellen oder Gewebe" i. S. v. lit. b der Definition des somatischen Zelltherapeutikums gemäß Anhang I Teil IV RL 2001/83/EG eingesetzt und zu diesem Zweck Menschen verabreicht werden. Doch auch bei Vorliegen eines Produkts, auf das sowohl die Definition für „somatisches Zelltherapeutikum" als auch die Definition für „biotechnologisch bearbeitetes Gewebeprodukt" zutrifft, gilt das Produkt stets als biotechnologisch bearbeitetes Gewebeprodukt (vgl. Art. 2 Abs. 4 ATMP-VO).

Wenngleich hiPS-Zell-basierte Therapeutika im Regelfall als biotechnologisch bearbeitete Gewebeprodukte einzustufen sind, gewinnt die Gruppe der Gentherapeutika – spätestens seit der Entdeckung der Genschere CRISPR/Cas 9 im Jahr 2012[66] – zunehmend an Bedeutung.[67] Ein hiPS-Zell-basiertes Therapeutikum ist immer dann als Gentherapeutikum i. S. d. Art. 2 Abs. 1 lit. a ATMP-VO i. V. m. Anhang I Teil IV RL 2001/83/EG einzustufen, wenn „es (…) einen Wirkstoff [ent-

---

[64] Bei der Reprogrammierung wird der Charakter einer lebenden Zelle radikal geändert; s. dazu Faltus 2016c, S. 696 f. Zur Expansion und Differenzierung als substanzielle Bearbeitungsverfahren vgl. auch EMA 2011, S. 5.

[65] Vgl. EMA 2015, S. 11 f.

[66] Jinek et al. 2012.

[67] Näheres zu den naturwissenschaftlichen Grundlagen im Kontext einer klinischen Anwendung von hiPS-Zellen und CRISPR/Cas 9 s. auch Neubauer et al. 2020.

hält], der eine rekombinante Nukleinsäure enthält oder daraus besteht, der (…) Menschen (…) verabreicht wird, um eine Nukleinsäuresequenz zu regulieren, zu reparieren, zu ersetzen, hinzuzufügen oder zu entfernen" und „seine therapeutische (…) Wirkung (…) in unmittelbarem Zusammenhang mit der rekombinanten Nukleinsäuresequenz [steht], die es enthält, oder mit dem Produkt, das aus der Expression dieser Sequenz resultiert".[68]

In diesem Zusammenhang ist zu beachten, dass eine gentechnisch veränderte hiPS-Zelle (wie z. B. im Falle der Reprogrammierung einer somatischen Zelle in eine hiPS-Zelle mittels retroviraler Transduktion, das heißt der(die) Transkriptionsfaktor(-en) wird(werden) mit Hilfe eines Retrovirus – einem integrierenden viralen Vektor – in die Zelle eingebracht)[69] bzw. das daraus gewonnene Zellderivat als solches noch nicht ausreicht, um ein hiPS-Zell-basiertes Therapeutikum als Gentherapeutikum i. S. d. Art. 2 Abs. 1 lit. a ATMP-VO i. V. m. Anhang I Teil IV RL 2001/83/EG einzustufen.[70] Denn die rekombinante Nukleinsäure, die für den Prozess der Redifferenzierung in die Zelle eingeschleust wird, steht in keinem unmittelbarem Zusammenhang mit der therapeutischen Wirkung.[71] Im Allgemeinen liegt ein Gentherapeutikum prinzipiell immer dann vor, wenn die übertragene(-n) Nukleinsäure(-n) *direkt* zum *therapeutischen Effekt* der gentechnisch veränderten Zelle beiträgt(beitragen).[72] Es genügt gerade nicht, dass die übertragene(-n) Nukleinsäure(-n) nur zu veränderten Zelleigenschaften – wie dies bei der Redifferenzierung der Zelle der Fall ist – führt(führen).[73] Ein hiPS-Zell-basiertes Therapeutikum fällt somit dann unter die Definition des Gentherapeutikums i. S. d. Art. 2 Abs. 1 lit. a ATMP-VO i. V. m. Anhang I Teil IV RL 2001/83/EG, wenn das Therapeutikum einem Menschen gerade deshalb verabreicht werden soll, „um eine Nukleinsequenz zu regulieren, zu reparieren, zu ersetzen, hinzuzufügen oder zu entfernen".[74] Dies ist beispielsweise dann der Fall, wenn zur Behandlung einer Erbkrankheit ein zusätzliches Gen in die Zelle eingeschleust wird, „um eine Nukleinsäuresequenz (…) hinzuzufügen", und die therapeutische Wirkung in unmittelbarem Zusammenhang mit dem Produkt steht, das aus der genetischen Expression dieser Sequenz resultiert.[75]

Es ist ebenfalls denkbar, dass in Zukunft kombinierte hiPS-Zell-basierte ATMPs i. S. d. Art. 2 Abs. 1 lit. d ATMP-VO entwickelt werden. So ist es beispielsweise durchaus möglich, dass ein hiPS-Zell-basiertes biotechnologisch bearbeitetes Gewebeprodukt als festen Bestandteil ein Medizinprodukt i. S. d. Art. 1 Abs. 2 lit. a RL 93/42/EWG (bzw. ab Geltung der MDR i. S. d. Art. 2 Nr. 1 MDR) enthält.[76]

---

[68] Abschn. 2.1 Anhang I Teil IV RL 2001/83/EG.

[69] Näheres dazu s. unter Abschn. 4.

[70] Ebenso Faltus 2016b, S. 868.

[71] Ebenso Reischl 2010, S. 19.

[72] Anliker et al. 2015, S. 1274.

[73] Anliker et al. 2015, S. 1274.

[74] Abschn. 2.1 Anhang I Teil IV RL 2001/83/EG.

[75] (Vgl.) Abschn. 2.1 Anhang I Teil IV RL 2001/83/EG. Letztlich ebenso Reischl 2010, S. 19.

[76] Näheres zur MDR s. bereits unter Abschn. 2.2.2.

Unternehmen, die ein hiPS-Zell-basiertes Therapeutikum entwickeln und unsicher sind, in welche Gruppe von ATMPs ihr Produkt einzustufen ist, können die Europäische Arzneimittel-Agentur (EMA) um eine wissenschaftliche Empfehlung zur Einstufung des Produkts ersuchen (vgl. Art. 17 Abs. 1 S. 1 ATMP-VO).[77] Die EMA wird diese Empfehlung nach Rücksprache mit der Europäischen Kommission innerhalb von 60 Tagen nach Antragseingang aussprechen (vgl. Art. 17 Abs. 1 S. 2 ATMP-VO). Zudem wird eine Zusammenfassung dieser Empfehlung nach Streichung aller vertraulichen Angaben kommerzieller Art auf der Internetseite der EMA veröffentlicht (vgl. Art. 17 Abs. 2 ATMP-VO).[78]

2.3 Fertigarzneimittel

Das AMG knüpft an die Eigenschaft eines Arzneimittels als Fertigarzneimittel Pflichten wie die Zulassungspflicht (§ 21 AMG) und besondere Kennzeichnungspflichten (§§ 10 ff. AMG). Fertigarzneimittel sind nach § 4 Abs. 1 S. 1 AMG definiert als „Arzneimittel, die im Voraus hergestellt und in einer zur Abgabe an den Verbraucher bestimmten Packung in den Verkehr gebracht werden oder andere zur Abgabe an Verbraucher bestimmte Arzneimittel, bei deren Zubereitung in sonstiger Weise ein industrielles Verfahren zur Anwendung kommt oder die, ausgenommen in Apotheken, gewerblich hergestellt werden".

Keine Fertigarzneimittel sind hingegen „Zwischenprodukte, die für eine weitere Verarbeitung durch einen Hersteller bestimmt sind" (§ 4 Abs. 1 S. 2 AMG).

§ 4 Abs. 1 S. 1 AMG umfasst einen ursprünglichen und erweiterten Fertigarzneimittelbegriff. Der erste Teil der Begriffsbestimmung wurde mit Art. 1 des Gesetzes zur Neuordnung des Arzneimittelrechts (AMNOG) vom 24. August 1976[79] eingeführt. Erst mit Art. 1 des Vierzehnten Gesetzes zur Änderung des Arzneimittelgesetzes vom 29. August 2005[80] wurde die Begriffsbestimmung auf industriell bzw. gewerblich hergestellte Arzneimittel erweitert sowie die Ausnahmeregelung für Zwischenprodukte in § 4 Abs. 1 S. 2 AMG eingefügt.

2.3.1 Ursprünglicher Fertigarzneimittelbegriff

Der ursprüngliche Fertigarzneimittelbegriff in § 4 Abs. 1 S. 1 AMG umfasst „Arzneimittel, die im Voraus hergestellt und in einer zur Abgabe an den Verbraucher bestimmten Packung in den Verkehr gebracht werden".

---

[77] Näheres dazu s. EMA 2020a.

[78] S. EMA 2020b.

[79] In: Bundesgesetzblatt I (1976):2445–2482. Bis zu diesem Zeitpunkt stellte das AMG in § 4 auf den Begriff „Arzneispezialität" ab.

[80] In: Bundesgesetzblatt I (2005):2570–2601.

Eine Herstellung „im Voraus" liegt vor, wenn Arzneimittel vor Kenntnis des Verbrauchers hergestellt werden.[81] Maßgebend ist, dass die Abgabe an eine *unbestimmt große Zahl von Verbrauchern* erfolgen soll.[82] Dies ergibt sich aus dem Zweck des präventiven Zulassungsverfahrens, das der Risikovorsorge sowie Abwehr von Gefährdungen der Gesundheit der Allgemeinheit dient.[83] Nach diesem Verständnis kann allerdings auch bereits eine *einzelne Arzneimittelpackung* im Voraus hergestellt werden und Fertigarzneimittel i. S. d. ursprünglichen Fertigarzneimittelbegriffs sein, sofern sie in Unkenntnis des Verbrauchers hergestellt wird.[84] Der Begriff des Verbrauchers in § 4 Abs. 1 S. 1 AMG ist weit auszulegen und umfasst neben dem Patienten auch den Anwender, das heißt denjenigen, der das Arzneimittel an anderen anwendet (z. B. Einrichtungen der Kranken- und Gesundheitsfürsorge).[85]

Für das Vorliegen von Fertigarzneimitteln i. S. d. ursprünglichen Fertigarzneimittelbegriffs müssen die Arzneimittel zusätzlich zur Herstellung im Voraus „in einer zur Abgabe an den Verbraucher [Patienten/Anwender] bestimmten Packung in den Verkehr gebracht werden". Der Begriff „Inverkehrbringen" ist in § 4 Abs. 17 AMG legaldefiniert als „das Vorrätighalten zum Verkauf oder zu sonstiger Abgabe, das Feilhalten, das Feilbieten und die Abgabe an andere". Arzneimittel werden insbesondere dann „in den Verkehr gebracht", wenn sie zum Verkauf vorrätig gehalten oder an andere abgegeben werden. Eine „Abgabe an andere" liegt bei einem Wechsel in der tatsächlichen Verfügungsgewalt über ein Arzneimittel vor.[86] Wenn zum Beispiel ein Arzneimittel durch einen Arzt an einem Patienten unmittelbar angewendet wird, liegt keine Abgabe an andere und daher auch kein Inverkehrbringen i. S. d. § 4 Abs. 17 AMG vor.[87]

2.3.2 Erweiterter Fertigarzneimittelbegriff

Nach § 4 Abs. 1 S. 1 AMG sind Fertigarzneimittel i. S. d. erweiterten Fertigarzneimittelbegriffs „andere zur Abgabe an Verbraucher bestimmte Arzneimittel, bei deren Zubereitung in sonstiger Weise ein industrielles Verfahren zur Anwendung kommt oder die, ausgenommen in Apotheken, gewerblich hergestellt werden".

Die Erweiterung des Begriffs des Fertigarzneimittels diente der Anpassung an die europäischen Vorgaben des Art. 2 Abs. 1 RL 2001/83/EG, in der durch Art. 1

---

[81] Ebenso Fleischfresser 2014, § 2 Rn. 171; Krüger 2016, § 4 Rn. 6 f.

[82] Fleischfresser 2014, § 2 Rn. 171; Krüger 2016, § 4 Rn. 7.

[83] LG Hamburg, Urt. vom 1. Dezember 2009 – 315 O 389/09, PharmR 2010, 542, 544 f. Ebenso Krüger 2016, § 4 Rn. 7.

[84] Krüger 2016, § 4 Rn. 7.

[85] BT-Drucks. III/654, S. 29.

[86] S. z. B. BGH, Urt. vom 3. Juli 2003 – 1 StR 453/02, NStZ 2004, 457, Rn. 9. In der Literatur ist unklar und umstritten, ob es allein auf die tatsächliche Verfügungsgewalt und/oder rechtliche Verfügungsbefugnis ankommt; Näheres dazu s. Bakhschai 2014, § 17 Rn. 10 f.

[87] Bakhschai 2014, § 17 Rn. 12. Näheres dazu s. z. B. auch Faltus 2016a, S. 222.

Nr. 2 RL 2004/27/EG geänderten Fassung, und Art. 2 Abs. 1 RL 2001/82/EG,[88] in der durch Art. 1 Nr. 2 RL 2004/28/EG[89] geänderten Fassung.[90] Bei der Interpretation der Tatbestandsmerkmale ist somit die unionsrechtskonforme Auslegung von maßgeblicher Bedeutung.

Der Begriff „industrielles Verfahren" ist weder im AMG noch in der RL 2001/83/EG oder RL 2001/82/EG definiert. Der deutsche Gesetzgeber geht in der Gesetzesbegründung in Übereinstimmung mit dem allgemeinen Sprachgebrauch davon aus, dass eine industrielle Herstellung „eine breite Herstellung nach einheitlichen Vorschriften" bedeutet.[91] Der Begriff der breiten Herstellung indiziert, dass bei einem industriellen Verfahren die Produktion einer großen Stückmenge möglich sein muss. Wie viele Arzneimittel am Ende tatsächlich hergestellt werden, ist hingegen nicht entscheidend.[92]

Das Hauptmerkmal eines industriellen Verfahrens ist, ob im Einzelfall ein *standardisiertes Herstellungsverfahren* im Sinne einer stets gleichen Wiederholbarkeit des Herstellungsprozesses vorliegt.[93] Hierfür spricht unter anderem die bisherige Praxis zur Zulassung von ATMPs, die darauf hindeutet, dass Art. 2 Abs. 1 RL 2001/83/EG nicht nur im Falle von Massenproduktionen, sondern auch mittels standardisierten Verfahren hergestellten autologen Einzelprodukten erfüllt ist.[94] Darüber hinaus ist für das Vorliegen eines industriellen Verfahrens ein zumindest geringer Grad an Maschinisierung bzw. Mechanisierung oder der Einsatz von technologisch hochwertigen Geräten in einzelnen Verfahrensschritten zu fordern.[95]

Bei der *Herstellung von ATMPs* kommt stets ein industrielles Verfahren zur Anwendung, da ATMPs in einem standardisierten und GMP-konformen Verfahren mit einem gewissen Grad an Maschinisierung/Mechanisierung bzw. unter Einsatz technologisch hochwertiger Geräte hergestellt werden.[96] Dies gilt sowohl für ATMPs, die vom Anwendungsbereich der ATMP-VO erfasst sind, als auch für ATMPs, die

---

[88] Richtlinie 2001/82/EG des Europäischen Parlaments und des Rates vom 6. November 2001 zur Schaffung eines Gemeinschaftskodexes für Tierarzneimittel. In: Amtsblatt der Europäischen Gemeinschaften L 2001/311:1.

[89] Richtlinie 2004/28/EG des Europäischen Parlaments und des Rates vom 31. März 2004 zur Änderung der Richtlinie 2001/82/EG zur Schaffung eines Gemeinschaftskodexes für Tierarzneimittel. In: Amtsblatt der Europäischen Union L 2004/136:58.

[90] S. BT-Drucks. 15/5316, S. 33.

[91] BT-Drucks. 15/5316, S. 33.

[92] Näheres dazu vgl. Kopetzki et al. 2020, Abschn. 2.2.2.

[93] Ebenso Bock 2012a, S. 124 ff.; Kopetzki et al. 2020, Abschn. 2.2.2.

[94] Näheres dazu s. Kopetzki et al. 2020, Abschn. 2.2.2 m.w.N. Ein Zulassungsbeispiel ist Holoclar®, das erste in der EU zugelassene stammzellbasierte ATMP zur autologen Behandlung von erwachsenen Patienten mit (mittel-)schwerer Limbusstammzelleninsuffizienz durch Verbrennungen bzw. Verätzungen des Auges; Näheres dazu s. EMA Website, http://www.ema.europa.eu/ema/index.jsp?curl=pages/medicines/human/medicines/002450/human_med_001844.jsp&mid=WC0b01ac058001d124. Zugegriffen am 12.01.2020.

[95] Bock 2012a, S. 124 ff.

[96] Näheres zur Herstellung von ATMPs s. unter Abschn. 2.7.6.1. Ebenso Kopetzki et al. 2020, Abschn. 2.2.2; Wernscheid 2012, S. 51. A. A. Bock 2012a, S. 127.

unter die sogenannte „Krankenhausausnahme" in Art. 3 Nr. 7 RL 2001/83/EG
(i. V. m. Art. 28 Nr. 2 ATMP-VO) fallen und daher vom Anwendungsbereich der
ATMP-VO und der RL 2001/83/EG ausgeschlossen sind.[97] Für ATMPs, die unter
die ATMP-VO fallen, ergibt sich ihre gewerbliche oder industrielle Herstellung
schon daraus, dass die ATMP-VO eine „lex specialis" zur RL 2001/83/EG ist.[98] So
erfasst die ATMP-VO nur solche ATMPs, die in den Anwendungsbereich (Titel II)
der RL 2001/83/EG fallen.[99] Deshalb erfüllen alle unter die ATMP-VO fallenden
ATMPs die Voraussetzungen des Art. 2 Abs. 1 RL 2001/83/EG, sodass ihre gewerb-
liche oder industrielle Herstellung zu bejahen ist.[100] Doch auch ATMPs, die unter
die Krankenhausausnahme fallen, erfüllen nach der hier vertretenen Ansicht die
Voraussetzungen der gewerblichen oder industriellen Herstellung des Art. 2 Abs. 1
RL 2001/83/EG. Denn Voraussetzung für die Prüfung der Ausnahmevorschrift des
Art. 3 Nr. 7 RL 2001/83/EG ist, dass die Voraussetzungen des Art. 2 Abs. 1
RL 2001/83/EG positiv festgestellt wurden.[101] Für das Vorliegen eines industriellen
Verfahrens kommt es zudem nicht darauf an, ob die Zellen oder Gewebe substanzi-
ell bearbeitet wurden. Eine substanzielle Bearbeitung ist zwar häufig für die Einstu-
fung als ATMP relevant, doch kann auch ein nicht substanziell bearbeitetes Pro-
dukt – unabhängig von seiner ATMP-Eigenschaft – mittels eines industriellen
Verfahrens hergestellt werden.[102]

Nach § 4 Abs. 1 S. 1 AMG sind Fertigarzneimittel i. S. d. erweiterten Fertigarzneimittelbegriffs sowohl industriell als auch gewerblich hergestellte Arzneimittel,
die zur Abgabe an Verbraucher bestimmt sind. Eine Ausnahme hiervon sieht § 4
Abs. 1 S. 1 AMG allerdings für die gewerbliche Herstellung in Apotheken vor.

Der Begriff „gewerblich" ist ebenfalls weder im AMG noch in der RL 2001/83/
EG oder RL 2001/82/EG definiert. Aus einem Vergleich der Sprachfassungen des
Art. 2 Abs. 1 RL 2001/83/EG und Art. 2 Abs. 1 RL 2001/82/EG ergibt sich allerdings, dass „gewerblich zubereitet" vielmehr als „industriell zubereitet" zu verstehen ist.[103] So sprechen beispielsweise die englischen Sprachfassungen von „prepared industrially" und die französischen Sprachfassungen von „préparés

---

[97] Näheres zur Krankenhausausnahme und ihre Umsetzung ins nationale Recht s. Abschn. 2.7.2.

[98] ErwG 6 ATMP-VO. Vgl. auch Art. 1 ATMP-VO. Zum Begriff „gewerblich" s. sogleich.

[99] Vgl. ErwG 6 ATMP-VO.

[100] Art. 2 Abs. 1 RL 2001/83/EG lautet: „Diese Richtlinie gilt für Humanarzneimittel, die in den
Mitgliedstaaten in den Verkehr gebracht werden sollen und die entweder gewerblich zubereitet
werden oder bei deren Zubereitung ein industrielles Verfahren zur Anwendung kommt". In der
RL 2001/83/EG werden die Begriffe „Herstellung" und „Zubereitung" synonym verwendet, vgl.
Art. 40 Abs. 2 RL 2001/83/EG; ebenso Bock 2012a, S. 108.

[101] Vgl. die Rechtsprechung des EuGH, Urt. vom 16. Juli 2015 – C-544/13 und C-545/13,
ECLI:EU:C:2015:481, Rn. 38 f. – Abcur; EuGH, Urt. vom 26. Oktober 2016 – C-276/15,
ECLI:EU:C:2016:801, Rn. 29 – Hecht-Pharma. Ebenso Kopetzki et al. 2020, Abschn. 2.2.2.

[102] S. Commission staff working document – Annex to the: proposal for a regulation on advanced
therapy medicinal products impact assessment vom 16. November 2005. SEC/2005/1444, Abschn. 8.2.3.2. http://eur-lex.europa.eu/legal-content/DE/TXT/?uri=CELEX:52005SC1444. Zugegriffen: 12.01.2020. Vgl. auch Art. 2 Abs. 1 lit. c Spiegelstrich 2 ATMP-VO.

[103] Ebenso Kopetzki et al. 2020, Abschn. 2.2.2.

industriellement". Auch in ErwG 6 ATMP-VO ist in der deutschen Sprachfassung von „industriell zubereitet" anstatt „gewerblich zubereitet" die Rede.[104] Daraus folgt, dass die beiden Alternativen („gewerblich zubereitet"/„industrielles Verfahren") in Art. 2 Abs. 1 RL 2001/83/EG bzw. Art. 2 Abs. 1 RL 2001/82/EG inhaltlich weitgehend deckungsgleich sind. Während in der ersten Alternative der vollständige Herstellungsprozess ein industrielles Verfahren darstellt, macht in der zweiten Alternative das industrielle Verfahren nur einen Teil des Herstellungsverfahrens aus.[105]

Geht man hingegen davon aus, dass dem Begriff „gewerblich" in Art. 2 Abs. 1 RL 2001/83/EG und Art. 2 Abs. 1 RL 2001/82/EG ein eigenständiger Bedeutungsgehalt zukommen muss, da die Alternative sonst überflüssig wäre, ist in Übereinstimmung mit dem gewöhnlichen Sprachgebrauch eine Gewinnerzielungsabsicht zu fordern.[106] Eine gewerbliche Herstellung läge demnach bei sämtlichen in Gewinnerzielungsabsicht erfolgenden (industriellen oder handwerklichen) Herstellungsverfahren vor.[107] Eine industrielle Herstellung wird aber für gewöhnlich in Gewinnerzielungsabsicht und somit gewerblich erfolgen.

2.3.3 Einstufung von hiPS-Zell-basierten ATMPs

Autologe (patienteneigene) *hiPS-Zell-basierte ATMPs* sind keine Fertigarzneimittel i. S. d. ursprünglichen Fertigarzneimittelbegriffs, da es an der Herstellung „im Voraus" fehlt. Der Patient (und Anwender) ist bei Herstellung des Arzneimittels bereits bekannt, sodass hiPS-Zell-basierte ATMPs nicht „im Voraus hergestellt" werden. Alle zur Abgabe an Verbraucher bestimmten autologen hiPS-Zell-basierten ATMPs erfüllen allerdings die Definition des Fertigarzneimittels i. S. d. erweiterten Fertigarzneimittelbegriffs, da sie mittels eines industriellen Verfahrens bzw. gewerblich hergestellt werden.[108]

Allogene (nicht vom Patienten selbst, sondern von einem Spender stammende) *hiPS-Zell-basierte ATMPs*, die eine zeitsparende und kostengünstigere Alternative zu autologen Therapien darstellen,[109] können hingegen Fertigarzneimittel i. S. d. ursprünglichen Fertigarzneimittelbegriffs sein. Werden die Arzneimittel „im Voraus hergestellt", das heißt vor Kenntnis des Verbrauchers (Patienten bzw. Anwenders), „und in einer zur Abgabe an den Verbraucher bestimmten Packung in den Verkehr gebracht", dann sind allogene hiPS-Zell-basierte ATMPs Fertigarzneimittel i. S. d. ursprünglichen Fertigarzneimittelbegriffs. Dies ist der Fall bei auf Vorrat hergestellten allogenen hiPS-Zell-basierten ATMPs („off-the-shelf-products").

---

[104] Ebenso Kopetzki et al. 2020, Abschn. 2.2.2 m.w.N. A. A. Bock 2012a, S. 106 ff., die von einem Redaktionsversehen in der Formulierung des ErwG 6 ATMP-VO ausgeht.

[105] Bock 2012a, S. 108.

[106] So Bock 2012a, S. 108 ff.

[107] Bock 2012a, S. 116.

[108] Näheres dazu s. auch bereits unter Abschn. 2.3.2.

[109] Näheres dazu s. z. B. Neubauer et al. 2020, Abschn. 2.1.3.1; Garber 2015; RIKEN 2017.

In der Regel wird es sich aber auch bei allogenen hiPS-Zell-basierten ATMPs um keine Fertigarzneimittel i. S. d. ursprünglichen Fertigarzneimittelbegriffs handeln, da sie nicht „im Voraus" hergestellt werden. Die zunehmende Errichtung von sogenannten „Haplobanken" zielt auf die Verringerung bzw. Vermeidung einer immunologischen Abstoßung von allogenen hiPS-Zell-Therapien.[110] Die Idee ist, dass für den individuellen Patienten mit Hilfe von HLA-Matching die passende in der Bank gelagerte hiPS-Zell-Linie bestimmt und anschließend das allogene Produkt hergestellt wird.[111] In diesem Fall ist somit der Patient (und Anwender) bereits bei der Herstellung des allogenen hiPS-Zell-basierten ATMPs bekannt, sodass eine Herstellung „im Voraus" ausscheidet.

Allogene zur Abgabe an Verbraucher bestimmte hiPS-Zell-basierte ATMPs, die nicht unter die Begriffsbestimmung des Fertigarzneimittels i. S. d. ursprünglichen Fertigarzneimittelbegriffs fallen, sind jedenfalls Fertigarzneimittel i. S. d. erweiterten Fertigarzneimittelbegriffs, da sie mittels eines industriellen Verfahrens bzw. gewerblich hergestellt werden.[112] Insgesamt lässt sich somit festhalten, dass hiPS-Zell-basierte ATMPs als Fertigarzneimittel i. S. d. § 4 Abs. 1 S. 1 AMG (zumeist i. S. d. erweiterten Fertigarzneimittelbegriffs) einzustufen sind.

2.4 Gewebezubereitungen

2.4.1 Begriffsbestimmung

Nach § 4 Abs. 30 S. 1 AMG sind Gewebezubereitungen „Arzneimittel, die Gewebe im Sinne von § 1a Nr. 4 des Transplantationsgesetzes sind oder aus solchen Geweben hergestellt worden sind". Daraus folgt, dass Gewebezubereitungen von vornherein nur solche Arzneimittel sein können, die Zellen und Gewebe menschlichen Ursprungs sind oder aus solchen menschlichen Zellen und Geweben hergestellt worden sind. Denn § 1a Nr. 4 TPG definiert Gewebe als „alle aus Zellen bestehenden Bestandteile des *menschlichen* Körpers, die keine Organe (…) sind, einschließlich *einzelner menschlicher Zellen* [Hervorhebungen, S. G.]".[113]

Keine Gewebezubereitungen i. S. d. § 4 Abs. 30 S. 1 AMG sind beispielsweise xenogene Arzneimittel i. S. d. § 4 Abs. 21 AMG, die lebende tierische Zellen oder Gewebe sind oder enthalten und zur Anwendung im oder am Menschen bestimmt sind.[114] Auch andere Arzneimittelzubereitungen aus Stoffen menschlicher Herkunft – wie Blutzubereitungen i. S. d. § 4 Abs. 2 AMG – sind keine Gewebezubereitungen.[115] § 4 Abs. 30 S. 2 AMG stellt zudem explizit klar, dass Keimzellen

---

[110] Näheres dazu s. z. B. Neubauer et al. 2020, Abschn. 2.1.3.1; Nakatsuji et al. 2008.

[111] Näheres zu Haplobanken s. z. B. Neubauer et al. 2020, Abschn. 2.1.3.1; GSCN 2018, S. 8, Barry et al. 2015; Nakatsuji et al. 2008.

[112] Näheres dazu s. auch bereits unter Abschn. 2.3.2.

[113] Ebenso BR-Drucks. 688/09, S. 13. Näheres zur Gewebedefinition s. unter Abschn. 3.1.1.1..

[114] Ebenso BR-Drucks. 688/09, S. 13 f.

[115] BR-Drucks. 688/09, S. 13 f. S. auch BT-Drucks. 16/3146, S. 37.

(menschliche Samen- und Eizellen) und imprägnierte Eizellen sowie Embryonen keine Gewebezubereitungen sind.

2.4.2 Einstufung von hiPS-Zell-basierten ATMPs

ATMPs i. S. d. § 4 Abs. 9 AMG (i. V. m. Art. 2 Abs. 1 lit. a ATMP-VO) sind Gewebezubereitungen, soweit sie menschlichen Ursprungs sind.[116] HiPS-Zell-basierte ATMPs sind somit Gewebezubereitungen i. S. d. § 4 Abs. 30 S. 1 AMG.

Bei ATMPs menschlichen Ursprungs handelt es sich um spezielle Gewebezubereitungen.[117] Sie sind von den sogenannten „klassischen" (auch genannt „einfachen" oder „bekannten") Gewebezubereitungen, wie Augenhornhäuten, Herzklappen oder Knochen, abzugrenzen.[118] So finden §§ 20c, 21a AMG beispielsweise von vornherein auf die klassischen Gewebezubereitungen – und nicht auf ATMPs menschlichen Ursprungs – Anwendung.[119] Doch selbst wenn man davon ausgehen würde, dass ATMPs dem Anwendungsbereich der §§ 20c, 21a AMG unterfallen,[120] wären die Voraussetzungen der §§ 20c, 21a AMG schon deshalb nicht erfüllt, da ATMPs mit industriellen Verfahren be- oder verarbeitet werden.[121]

2.5 Keimzellen

2.5.1 Begriffsbestimmung

Nach § 4 Abs. 30 S. 2 AMG sind Keimzellen (d. h. menschliche Samen- und Eizellen) weder Arzneimittel noch Gewebezubereitungen.[122] Keimzellen sind aber „Gewebe" i. S. d. § 1a Nr. 4 TPG.[123] Daher finden beispielsweise die Bestimmungen über die Erlaubnis nach § 20b AMG, die Erlaubnis nach § 20c AMG, die Durchführung der Überwachung nach § 64 AMG und die Einfuhr nach § 72b AMG auf Keimzellen Anwendung, nicht aber die Bestimmungen über die Zulassungsplicht nach § 21 AMG oder die Genehmigung nach § 21a AMG.[124]

---

[116] BR-Drucks. 688/09, S. 14.
[117] Vgl. BT-Drucks. 16/3146, S. 37. Ebenso Pannenbecker 2016, § 4 Rn. 237.
[118] S. BR-Drucks. 688/09, S. 13; BT-Drucks. 16/5443, S. 57. Ebenso Pannenbecker 2016, § 4 Rn. 237.
[119] S. BR-Drucks. 688/09, S. 13 ff., 22 ff.; BT-Drucks. 16/5443, S. 57 f. Ebenso Pannenbecker 2016, § 20c Rn. 4 und § 21a Rn. 1, 3. Näheres zu §§ 20c, 21a AMG s. auch Abschn. 2.7.4 und 2.7.5.
[120] So etwa Bock 2012a, S. 206–214.
[121] S. dazu bereits unter Abschn. 2.3.2.
[122] Dies gilt ausdrücklich ebenfalls für imprägnierte Eizellen und Embryonen.
[123] BT-Drucks. 16/5443, S. 56.
[124] BT-Drucks. 16/5443, S. 56.

2.5.2 Einstufung von hiPS-Zell-basierten Keimzellen

Jüngste Entwicklungen in der Stammzellforschung deuten darauf hin, dass zukünftig auch Keimzellen aus hiPS-Zellen in vitro hergestellt und zu Fortpflanzungszwecken verwendet werden könnten.[125] Fraglich ist deshalb, ob sich § 4 Abs. 30 S. 2 AMG auch auf in vitro hergestellte („künstliche") Keimzellen bezieht.

Das AMG enthält keine Aussage darüber, ob der Begriff „Keimzellen" bloß natürlich entstandene oder auch künstlich hergestellte Keimzellen erfasst. § 4 Abs. 30 S. 2 AMG stellt allerdings klar, dass die Samen- und Eizellen menschlichen Ursprungs sein müssen. Mangels gegenteiliger Anhaltspunkte im Gesetz bezieht sich § 4 Abs. 30 S. 2 AMG daher auch auf in vitro hergestellte menschliche Zellen, die funktional äquivalent zu natürlich entstandenen Keimzellen sind („künstliche funktional äquivalente Keimzellen"). Daher sind künstliche funktional äquivalente hiPS-Zell-basierte Keimzellen weder Arzneimittel noch Gewebezubereitungen i. S. d. AMG. Sie sind aber „Gewebe" i. S. d. § 1a Nr. 4 TPG.[126]

§ 4 Abs. 30 S. 2 AMG steht grundsätzlich auch im Einklang mit der ATMP-VO. Denn eine Einstufung von künstlichen funktional äquivalenten hiPS-Zell-basierten Keimzellen als ATMPs kommt von vornherein nur dann in Betracht, wenn sie Arzneimittel i. S. d. Art. 1 Nr. 2 RL 2001/83/EG sind.[127] Dies ist allerdings bei künstlichen funktional äquivalenten hiPS- Zell-basierten Keimzellen *zu Fortpflanzungszwecken* nicht der Fall.[128] Bei künstlichen funktional äquivalenten hiPS-Zell-basierten Keimzellen handelt es sich zwar um Stoffe i. S. d. Art. 1 Nr. 3 RL 2001/83/EG.[129] Allerdings sind künstliche funktional äquivalente hiPS-Zell-basierte Keimzellen, die zu Fortpflanzungszwecken verwendet werden sollen, weder subjektiv noch objektiv „zur Heilung oder zur Verhütung menschlicher Krankheiten bestimmt" (vgl. Art. 1 Nr. 2 lit. a RL 2001/83/EG). Die für den Verbraucher erkennbare Hauptzweckbestimmung durch den Hersteller besteht in der Geburt eines Kindes und gerade nicht in der Heilung oder Verhütung einer menschlichen Krankheit, wie zum Beispiel einer Unfruchtbarkeit oder einer wegen Unfruchtbarkeit bestehenden Depression.[130] Zwar haben künstliche funktional äquivalente hiPS-Zell-basierte Keimzellen durchaus pharmakologische, immunologische oder metabolische Wirkung, die auch als die Hauptwirkungsweise dieser Produkte gilt (vgl. Art. 2 Abs. 2 ATMP-VO). Doch bedarf es für das Vorliegen der Definition eines Funktionsarzneimittels i. S. d. Art. 1 Nr. 2 lit. b RL 2001/83/EG nach neuerer

---

[125] S. z. B. Hikabe et al. 2016; Hayashi 2012; Hayashi 2011. Näheres dazu s. auch Neubauer et al. 2020, Abschn. 2.3.3.2.

[126] Näheres zur Einstufung s. Abschn. 3.1.1.2.

[127] S. dazu auch bereits Abschn. 2.2.2.

[128] Ebenso Kopetzki et al. 2020, Abschn. 2.1.4.2. Unsicher zur Genom-Editierung von Spermatogonien und ihre Transplantation Nuffield Council on Bioethics 2018, S. 104 f. A. A. Faltus 2016c, S. 669.

[129] Näheres zum Stoffbegriff s. bereits unter Abschn. 2.2.2.

[130] Näheres zur Definition des Präsentationsarzneimittels s. z. B. Müller 2016, § 2 Rn. 19 ff.; Trstenjak 2007, S. 344 f.

Rechtsprechung des Europäischen Gerichtshofs (EuGH) objektiv eines therapeutischen Zwecks,[131] der bei künstlichen funktional äquivalenten hiPS-Zell-basierten Keimzellen zu Fortpflanzungszwecken gerade nicht gegeben ist. Denn, wie bereits ausgeführt wurde, liegt hier der Hauptzweck – auch objektiv gesehen – nicht in der Heilung menschlicher Krankheiten, sondern in der Geburt eines Kindes.[132] Folglich sind künstliche funktional äquivalente hiPS-Zell-basierte Keimzellen zu Fortpflanzungszwecken keine Arzneimittel i. S. d. Art. 1 Nr. 2 RL 2001/83/EG und damit auch keine ATMPs i. S. d. Art. 2 Abs. 1 lit. a ATMP-VO.

Etwas anderes gilt ausnahmsweise dann, wenn künstliche funktional äquivalente hiPS-Zell-basierte Keimzellen in Zukunft zu therapeutischen Zwecken – und nicht zu Fortpflanzungszwecken – eingesetzt werden sollten.[133] Dann wären sie als Arzneimittel i. S. d. Art. 1 Nr. 2 RL 2001/83/EG und aufgrund der substanziellen Bearbeitung der Zellen als ATMPs i. S. d. Art. 2 Abs. 1 lit. a ATMP-VO einzustufen.[134] In diesem Fall müsste § 4 Abs. 30 S. 2 AMG aufgrund des Vorrangs des Unionsrechts unangewendet bleiben.[135]

2.6 Ausnahmen vom Anwendungsbereich des AMG

Das AMG gilt grundsätzlich für den gesamten Verkehr mit Human- und Tierarzneimitteln.[136] § 4a S. 1 AMG enthält drei Ausnahmen vom Anwendungsbereich. Nach § 4a S. 1 AMG findet das AMG „keine Anwendung auf

1. Arzneimittel, die unter Verwendung von Krankheitserregern oder auf biotechnischem Wege hergestellt werden und zur Verhütung, Erkennung oder Heilung von Tierseuchen bestimmt sind,
2. die Gewinnung und das Inverkehrbringen von Keimzellen zur künstlichen Befruchtung bei Tieren,
3. Gewebe, die innerhalb eines Behandlungsvorgangs einer Person entnommen werden, um auf diese ohne Änderung ihrer stofflichen Beschaffenheit rückübertragen zu werden".[137]

---

[131] EuGH, Urt. vom 10. Juli 2014 – C-358/13 und C-181/14, ECLI:EU:C:2014:2060. In diese Richtung auch bereits EuGH, Urt. vom 15. November 2007 – C-319/05, Slg. 2007 I-9811, Rn. 64 – Knoblauchkapseln.

[132] Ebenso Kopetzki et al. 2020, Abschn. 2.1.4.2.

[133] Für Entwicklungen in diese Richtung s. z. B. Wolfangel 2018, S. 8 f.

[134] Näheres zur substanziellen Bearbeitung s. bereits unter Abschn. 2.2.2 und 2.2.4.

[135] Näheres zum Anwendungsvorrang des Unionsrechts s. z. B. Nettesheim 2019, Art. 288 AEUV Rn. 47 ff.

[136] Müller 2016, § 4a Rn. 2. Näheres zum Zweck des Gesetzes s. bereits unter Abschn. 2.1.

[137] § 4a S. 1 Nr. 1 AMG gilt allerdings nicht für § 55 AMG, das heißt die Regelungen des Arzneibuches finden Anwendung (vgl. § 4a S. 2 AMG).

Im Kontext von autologen hiPS-Zell-Therapien ist insbesondere die dritte Ausnahme vom Anwendungsbereich des AMG relevant und wird deshalb im Folgenden näher untersucht.[138]

2.6.1 Autologe Transplantation innerhalb eines Behandlungsvorgangs

§ 4a S. 1 Nr. 3 AMG gilt für „Gewebe, die innerhalb eines Behandlungsvorgangs einer Person entnommen werden, um *auf diese* (…) rückübertragen zu werden [Hervorhebungen, S. G.]". Die Ausnahme vom Anwendungsbereich des AMG erfasst somit nur autologe Transplantationen, das heißt bei Gewebespender und -empfänger handelt es sich um dieselbe Person. Der Begriff „Gewebe" kann in Anlehnung an den Gewebebegriff in § 1a Nr. 4 TPG definiert werden.[139]

Die Entnahme und Rückübertragung der Gewebe muss zudem „innerhalb eines Behandlungsvorgangs" erfolgen. § 4a S. 1 Nr. 3 AMG dient der Umsetzung des Art. 2 Abs. 2 lit. a RL 2004/23/EG (Gewebe-RL),[140] auch wenn der deutsche Gesetzgeber die Formulierung der Gewebe-RL („ein und desselben chirurgischen Eingriffs") nicht übernommen hat. § 4a S. 1 Nr. 3 AMG erfasst einen solchen chirurgischen Behandlungsvorgang, der länger andauert oder unterbrochen wird und an dem auch mehr als ein Arzt beteiligt sein kann.[141] Entscheidend für das Vorliegen eines Behandlungsvorgangs ist, dass Entnahme und Rückübertragung„ in engem fachlichem Zusammenhang stehen".[142] Ein Beispiel für das Vorliegen der Ausnahme ist die einem Patienten entnommene Schädelkalotte, die erst nach Abnahme des Hirndrucks auf diesen rückübertragen werden kann.[143]

§ 4a S. 1 Nr. 3 AMG verlangt zudem, dass die einer Person entnommenen Gewebe „auf diese ohne Änderung ihrer stofflichen Beschaffenheit rückübertragen" werden. Das Tatbestandsmerkmal „ohne Änderung ihrer stofflichen Beschaffenheit" wurde aus Gründen der Arzneimittelsicherheit mit der 15. AMG-Novelle eingefügt.[144] So findet das AMG nur dann keine Anwendung, wenn es sich um geringfügige Arbeitsschritte handelt, die für die Anwendungsfähigkeit des autologen Gewebes notwendig sein können, wie das Spülen und Säubern oder das Dehnen des Gewebes.[145] Eine Änderung der stofflichen Beschaffenheit liegt hingegen bereits bei der Züchtung von Zellen oder

---

[138] Näheres zu den anderen beiden Ausnahmen s. z. B. Müller 2016, § 4a Rn. 5–13.

[139] Müller 2016, § 4a Rn. 16. Näheres zum Gewebebegriff s. unter Abschn. 3.1.1.1.

[140] Richtlinie 2004/23/EG des Europäischen Parlaments und des Rates vom 31. März 2004 zur Festlegung von Qualitäts- und Sicherheitsstandards für die Spende, Beschaffung, Testung, Verarbeitung, Konservierung, Lagerung und Verteilung von menschlichen Geweben und Zellen. In: Amtsblatt der Europäischen Union L 2004/102:48.

[141] BT-Drucks. 16/5443, S. 56.

[142] BT-Drucks. 16/5443, S. 56.

[143] BT-Drucks. 16/5443, S. 56.

[144] Art. 1 des Gesetzes zur Änderung arzneimittelrechtlicher und anderer Vorschriften vom 17. Juli 2009. In: Bundesgesetzblatt I (2009):1990–2020.

[145] BT-Drucks. 16/12256, S. 43; BT-Drucks. 16/13428, S. 84.

Geweben vor.[146] Insbesondere werden die sogenannten „Bed-Side-Anwendungen" vom Anwendungsbereich des AMG erfasst, bei denen die entnommenen Gewebe wie Knochenmark oder Fettgewebe in einem Gerät erheblich be- oder verarbeitet (Zentrifugation) und anschließend auf dieselbe Person rückübertragen werden.[147]

2.6.2 Einstufung von autologen hiPS-Zell-Therapien

Die Ausnahme des § 4a S. 1 Nr. 3 AMG könnte dann einschlägig sein, wenn die einer Person entnommenen Gewebe (einschließlich einzelnen Zellen)[148] zur Herstellung eines autologen hiPS-Zell-basierten Transplantats verwendet werden. Der Prozess von der Entnahme der somatischen Zellen oder Gewebe über die Herstellung von hiPS-Zellen bis hin zur Herstellung des hiPS-Zell-basierten Transplantats nimmt viele Wochen bzw. sogar Monate in Anspruch.[149] Unabhängig davon, ob Entnahme und Rückübertragung hier überhaupt noch in „engem fachlichen Zusammenhang" stehen und damit „innerhalb eines Behandlungsvorgangs" erfolgen, liegt die Ausnahme des § 4a S. 1 Nr. 3 AMG schon deshalb nicht vor, da die Zellen oder Gewebe substanziell bearbeitet wurden und damit eine Änderung ihrer stofflichen Beschaffenheit verbunden ist.[150] Folglich trifft die Ausnahmeregelung des § 4a S. 1 Nr. 3 AMG auf autologe hiPS-Zell-basierte Transplantate nicht zu.

2.7 Rechtliche Konsequenzen der Einstufung für die klinische Translation

Im Folgenden werden die rechtlichen Konsequenzen der Einstufung von hiPS-Zell-basierten Produkten für die klinische Translation nach dem AMG untersucht.

2.7.1 Zentrale Zulassung

HiPS-Zell-basierte Therapeutika sind ATMPs.[151] Sie unterliegen deshalb grundsätzlich der zentralen Zulassung auf europäischer Ebene. HiPS-Zell-basierte ATMPs dürfen gemäß Art. 3 Abs. 1 und Anhang I Nr. 1a VO (EG) 726/2004[152] innerhalb der

---

[146] BT-Drucks. 16/13428, S. 84.

[147] BT-Drucks. 18/11488, S. 45.

[148] Vgl. § 1a Nr. 4 TPG.

[149] Vgl. z. B. RIKEN-AMD-Studie, die ca. 10 Monate benötigte, um das gewünschte Produkt herzustellen. http://www.riken-ibri.jp/AMD/english/research/index.html. Zugegriffen: 12.01.2020. Ebenso Kopetzki et al. 2020, Abschn. 3.3.1.2.

[150] Näheres zur substanziellen Bearbeitung s. bereits unter Abschn. 2.2.4.

[151] Zur Einstufung s. unter Abschn. 2.2.4.

[152] Verordnung (EG) 726/2004 des Europäischen Parlaments und des Rates vom 31. März 2004 zur

EU nur in Verkehr gebracht werden, wenn von der Europäischen Kommission eine Genehmigung für das Inverkehrbringen erteilt worden ist. Der Antrag für die Genehmigung für das Inverkehrbringen eines hiPS-Zell-basierten ATMP ist bei der EMA einzureichen.[153]

HiPS-Zell-basierte Keimzellen zu Fortpflanzungszwecken sind keine Arzneimittel und daher keine ATMPs.[154] Sie unterliegen somit keiner Zulassungspflicht.[155]

2.7.2 Nationale Ausnahme, § 4b AMG

HiPS-Zell-basierte ATMPs können ausnahmsweise unter die sogenannte Krankenhausausnahme nach § 4b AMG fallen. § 4b AMG stellt die nationale Umsetzung des Art. 3 Nr. 7 RL 2001/83/EG (vgl. auch Art. 28 Nr. 2 ATMP-VO) dar. Die Krankenhausausnahme nach § 4b AMG wurde mit der 15. AMG-Novelle[156] eingefügt und aufgrund der aktuellen wissenschaftlichen Entwicklungen und Erfahrungen des Paul-Ehrlich-Instituts (PEI) beim Vollzug der Vorschrift zuletzt durch Art. 1 des Gesetzes zur Fortschreibung der Vorschriften für Blut- und Gewebezubereitungen und zur Änderung anderer Vorschriften vom 18. Juli 2017[157] geändert.

Für hiPS-Zell-basierte ATMPs, die unter die Krankenhausausnahme nach § 4b AMG fallen, finden weder der Vierte Abschnitt (Zulassung der Arzneimittel)[158] noch der Siebte Abschnitt (Abgabe von Arzneimitteln) des AMG Anwendung.[159] Die übrigen Vorschriften des AMG sowie die Anforderungen an die Pharmakovigilanz gemäß Art. 14 Abs. 1 ATMP-VO und Rückverfolgbarkeit gemäß Art. 15 Abs. 1–6 ATMP-VO gelten aber entsprechend.[160]

Insbesondere bedürfen hiPS-Zell-basierte ATMPs, die unter die Ausnahme des Art. 3 Nr. 7 RL 2001/83/EG (vgl. auch Art. 28 Nr. 2 ATMP-VO) fallen, keiner zentralen Zulassung auf europäischer Ebene. Dies ergibt sich daraus, dass die ATMP-VO nur für solche ATMPs gilt, die in den Anwendungsbereich (Titel II; Art. 2–5) der RL 2001/83/EG fallen.[161] ATMPs, die die Voraussetzungen des Art. 3 Nr. 7 RL 2001/83/EG erfüllen, fallen damit nicht in den Anwendungsbereich der

---

Festlegung von Unionsverfahren für die Genehmigung und Überwachung von Human- und Tierarzneimitteln und zur Errichtung einer Europäischen Arzneimittel-Agentur. In: Amtsblatt der Europäischen Union L 2004/136:1. Vgl. auch Art. 27 ATMP-VO.

[153] Vgl. Art. 4 Abs. 1 VO (EG) 726/2004.

[154] Zur Einstufung s. unter Abschn. 2.5.2.

[155] Vgl. § 21 Abs. 1, Abs. 2 AMG und Art. 3 Abs. 1 und Anhang I Nr. 1a VO (EG) 726/2004.

[156] Art. 1 des Gesetzes zur Änderung arzneimittelrechtlicher und anderer Vorschriften vom 17. Juli 2009. In: Bundesgesetzblatt I (2009):1990–2020.

[157] In: Bundesgesetzblatt I (2017):2757–2770. S. auch BT-Drucks. 18/11488, S. 1.

[158] Mit Ausnahme des § 33 AMG (Gebühren und Auslagen).

[159] Vgl. § 4b Abs. 1 S. 1 AMG.

[160] Vgl. § 4b Abs. 1 S. 2 AMG.

[161] Vgl. ErwG 6 ATMP-VO. S. dazu auch bereits unter Abschn. 2.3.2.

ATMP-VO. Folglich gilt für diese ATMPs auch nicht das Erfordernis der zentralen Zulassung gemäß Art. 27 ATMP-VO i. V. m. Anhang I Nr. 1a VO (EG) 726/2004.[162] § 4b AMG ist als nationale Ausnahme vom Grundsatz der zentralen Zulassungspflicht für ATMPs ergangen. Dies ergibt sich auch aus der Gesetzesbegründung, die explizit klarstellt, dass die unter § 4b AMG fallenden ATMPs aus dem Anwendungsbereich der ATMP-VO herausfallen.[163] § 4b AMG ist richtlinienkonform auszulegen.[164]

2.7.2.1 ATMP i. S. d. § 4b Abs. 1 S. 1 AMG

Nach § 4b Abs. 1 S. 1 AMG sind solche ATMPs von der Krankenhausausnahme erfasst, die in Deutschland

„1. als individuelle Zubereitung für einen einzelnen Patienten ärztlich verschrieben,
2. nach spezifischen Qualitätsnormen nicht routinemäßig hergestellt und
3. in einer spezialisierten Einrichtung der Krankenversorgung unter der fachlichen Verantwortung eines Arztes angewendet werden".

Nicht routinemäßige Herstellung
Der Begriff „nicht routinemäßig hergestellt" in § 4b Abs. 1 S. 1 Nr. 2 AMG wird in § 4b Abs. 2 AMG definiert und erfasst „insbesondere Arzneimittel,

1. die in so geringem Umfang hergestellt und angewendet werden, dass nicht zu erwarten ist, dass hinreichend klinische Erfahrung gesammelt werden kann, um das Arzneimittel umfassend bewerten zu können, oder
2. die noch nicht in ausreichender Anzahl hergestellt und angewendet worden sind, so dass die notwendigen Erkenntnisse für ihre umfassende Bewertung noch nicht erlangt werden konnten".

Die Definition nennt zwei Beispiele, die allerdings nicht abschließend sind („insbesondere"). Eine nicht routinemäßige Herstellung kann deshalb auch dann vorliegen, wenn die in Nr. 1 und Nr. 2 des § 4b Abs. 2 AMG genannten Tatbestandsmerkmale nicht erfüllt sind.

Der Begriff „nicht routinemäßig hergestellt" in § 4b Abs. 2 AMG wurde mit Art. 1 des Gesetzes zur Fortschreibung der Vorschriften für Blut- und Gewebezubereitungen und zur Änderung anderer Vorschriften vom 18. Juli 2017[165] aufgrund der bisherigen Erfahrungen des PEI angepasst.[166] Mit der neuen Definition soll deutlicher werden, welche ATMPs unter die Krankenhausausnahme fallen.[167]

---

[162] Ebenso Pannenbecker 2016, § 4b AMG Rn. 5.
[163] BT-Drucks. 16/12256, S. 43.
[164] Näheres zur richtlinienkonformen Auslegung s. z. B. Ruffert 2016, Art. 288 AEUV Rn. 77 ff.
[165] In: Bundesgesetzblatt I (2017):2757–2770.
[166] BT-Drucks. 18/11488, S. 1, 39.
[167] BT-Drucks. 18/11488, S. 22.

§ 4b Abs. 2 Nr. 1 AMG soll den tatsächlichen Umständen gerecht werden: Bei manchen ATMPs ist nicht zu erwarten, dass sie irgendwann in einem Umfang hergestellt und angewendet werden, der es ermöglichen würde, ausreichend Daten für eine potenzielle Bewertung im Rahmen des zentralisierten Zulassungsverfahrens auf europäischer Ebene zu erheben.[168] Dies könnte zum Beispiel bei einem hiPS-Zell-basierten ATMP der Fall sein, das für die Behandlung einer extrem seltenen Krankheit bestimmt ist.[169] Hingegen erfasst § 4b Abs. 2 Nr. 2 AMG solche ATMPs, bei denen zwar für die Zukunft zu erwarten ist, dass sie „in ausreichender Anzahl hergestellt und angewendet" werden, um die für die zentrale Zulassung erforderlichen Daten zur Wirksamkeit und Unbedenklichkeit zu erheben.[170] Ihre Entwicklung schreitet allerdings derart langsam voran, dass es noch geraume Zeit dauern dürfte, bis diese ATMPs „in ausreichender Anzahl hergestellt und angewendet" werden, damit „die notwendigen Erkenntnisse für ihre umfassende Bewertung" vorliegen.[171] Der Gesetzgeber zielt mit § 4b Abs. 2 Nr. 2 AMG gleichzeitig darauf ab, eine Umgehung der zentralen Zulassung zu vermeiden.[172] Der Inhaber einer Genehmigung nach § 4b Abs. 3 S. 1 AMG kann sich nämlich nicht auf Dauer, sondern nur bis zu dem Zeitpunkt, zu dem das ATMP in ausreichender Anzahl hergestellt und angewendet wurde, auf das Vorliegen der Tatbestandsmerkmale des § 4b Abs. 2 Nr. 2 AMG berufen.[173]

Spezialisierte Einrichtung der Krankenversorgung

Nach § 4b Abs. 1 S. 1 Nr. 3 AMG müsste das ATMP „in einer spezialisierten Einrichtung der Krankenversorgung (...) angewendet" werden. § 14 Abs. 2 S. 4 des Transfusionsgesetzes (TFG)[174] definiert den Begriff „Einrichtung der Krankenversorgung". Erfasst werden sowohl staatliche und kommunale Krankenhäuser als auch andere ärztliche Einrichtungen, die Personen behandeln, wie private Kliniken und einzelne Arztpraxen.[175] Der Begriff der Einrichtung der Krankenversorgung schließt somit die stationäre und ambulante Anwendung ein.[176]

Da es sich bei ATMPs um technisch höchst anspruchsvolle Arzneimittel handelt, verlangt § 4b Abs. 1 S. 1 Nr. 3 AMG, dass die Einrichtung der Krankenversorgung

---

[168] BT-Drucks. 18/11488, S. 39.

[169] BT-Drucks. 18/11488, S. 39.

[170] BT-Drucks. 18/11488, S. 39 f.

[171] BT-Drucks. 18/11488, S. 39 f.

[172] BT-Drucks. 18/11488, S. 40. In der Literatur wird teilweise vertreten, dass § 4b Abs. 2 Nr. 2 AMG gerade eine Umgehung der zentralen Zulassung ermögliche und deshalb richtlinienwidrig sei; Näheres dazu s. Bock 2012a, S. 182 ff.; Bock 2012b, S. 793; a. A. Müller 2011, S. 700.

[173] BT-Drucks. 18/11488, S. 40. Näheres zur Genehmigung nach § 4b Abs. 3 S. 1 AMG s. unter Abschn. 2.7.2.2.

[174] Gesetz zur Regelung des Transfusionswesens (Transfusionsgesetz – TFG) vom 1. Juli 1998, in der Fassung der Bekanntmachung vom 28. August 2007. In: Bundesgesetzblatt I (2007):2169–2177. Zuletzt geändert durch Art. 20 des Gesetzes vom 20. November 2019. In: Bundesgesetzblatt I (2019):1626–1718.

[175] BT-Drucks. 16/12256, S. 43.

[176] BT-Drucks. 16/12256, S. 43.

„spezialisiert" ist.[177] Neben der erforderlichen Fachqualifikation (z. B. Facharzt) ist ein produktspezifisches Fachwissen auf Seiten des Anwenders notwendig, das zum Beispiel durch vom ATMP-Hersteller angebotenen Schulungen vermittelt werden kann.[178] Die Einrichtung der Krankenversorgung muss zudem sämtliche für die Anwendung des ATMP erforderlichen Ausstattungsmerkmale erfüllen.[179]

In der Literatur wird teilweise vertreten, dass § 4b AMG richtlinienwidrig ist, da die Krankenhausausnahme unter anderem auch die ambulante Anwendung von ATMPs in einzelnen Arztpraxen erfasst.[180] Die Richtlinienwidrigkeit des § 4b AMG wird insbesondere damit begründet, dass der Begriff „Krankenhaus" i. S. d. Art. 3 Nr. 7 RL 2001/83/EG nach dem gewöhnlichen Sprachgebrauch eine Einrichtung ist, in der Patienten stationär versorgt werden, und dass die ATMP-VO bei der Verwendung von ATMPs eindeutig zwischen den Begriffen „Krankenhaus", „Einrichtung" und „private Praxis" unterscheidet (vgl. Art. 15 Abs. 1–3 ATMP-VO).[181]

2.7.2.2 Genehmigung bei Abgabe an andere

ATMPs nach § 4b Abs. 1 S. 1 AMG dürfen gemäß § 4b Abs. 3 S. 1 AMG „nur an andere abgegeben werden, wenn sie durch die zuständige Bundesoberbehörde genehmigt worden sind". Wie bereits in Abschn. 2.3.1 erläutert, liegt eine „Abgabe an andere" i. S. d. § 4 Abs. 17 AMG bei einem Wechsel in der tatsächlichen Verfügungsgewalt über ein ATMP vor. Eine Abgabe an andere wird zum Beispiel regelmäßig dann vorliegen, wenn die Herstellung eines hiPS-Zell-basierten ATMP außerhalb der spezialisierten Einrichtung der Krankenversorgung, in der das ATMP angewendet wird, erfolgt.[182] Die zuständige Bundesoberbehörde für ATMPs ist das PEI (vgl. § 77 Abs. 2 AMG).

Mit Art. 1 des Gesetzes zur Fortschreibung der Vorschriften für Blut- und Gewebezubereitungen und zur Änderung anderer Vorschriften vom 18. Juli 2017[183] wurde das Genehmigungsverfahren für ATMPs, „die aus einem gentechnisch veränderten Organismus [GVO] oder einer Kombination von (...) [GVO] bestehen oder solche enthalten [GVO-haltige ATMPs]", vereinfacht.[184] Nach § 4b Abs. 4 S. 2 AMG umfasst die Genehmigung des PEI für die Abgabe eines GVO-haltigen ATMP an andere auch die Genehmigung für das Inverkehrbringen der GVO, aus denen das GVO-haltige ATMP besteht oder die es enthält. Eine zusätzliche Genehmigung

---

[177] BT-Drucks. 16/12256, S. 43.

[178] BT-Drucks. 16/12256, S. 43; PEI 2012, S. 13.

[179] PEI 2012, S. 13.

[180] So Bock 2012a, S. 187 f.; Bock 2012b, S. 794; s. auch Müller 2011, S. 700 ff, die eine unionsrechtskonforme Auslegung vornimmt. A. A. Pannenbecker 2016, § 4b Rn. 18.

[181] Näheres dazu s. z. B. Pannenbecker 2016, § 4b Rn. 18 m.w.N.

[182] Vgl. auch PEI 2012, S. 14.

[183] In: Bundesgesetzblatt I (2017):2757–2770.

[184] § 4b Abs. 4 S. 1 AMG; BT-Drucks. 18/11488, S. 1, 22, 40. Näheres zum GVO-Begriff s. Abschn. 4.5.1.

nach dem Gentechnikgesetz (GenTG)[185] ist somit nicht mehr einzuholen;[186] es bedarf nur noch der Stellung eines Antrags auf Genehmigung nach § 4b Abs. 3 AMG beim PEI.[187] Das PEI entscheidet dann „im Benehmen mit dem Bundesamt für Verbraucherschutz und Lebensmittelsicherheit [BVL] über den Antrag auf Genehmigung" (§ 4b Abs. 4 S. 1 AMG). § 4b Abs. 4 S. 2 AMG ist an die Vorschrift des § 9 Abs. 4 S. 3 Hs. 2 der GCP-Verordnung (GCP-V)[188] angelehnt, die festlegt, dass die Genehmigung einer klinischen Prüfung mit GVO-haltigen Prüfpräparaten durch die Bundesoberbehörde die Genehmigung der Freisetzung dieser GVO im Rahmen der klinischen Prüfung umfasst.[189]

2.7.3   Weitere Zulassungsausnahmen?

Eine weitere nationale Ausnahme von der zentralen Zulassungspflicht für hiPS-Zell-basierte ATMPs besteht in Härtefällen nach § 21 Abs. 2 Nr. 6 AMG (sog. „compassionate use"). Arzneimittel können nach § 21 Abs. 2 Nr. 6 Hs. 1 AMG „unter den in Artikel 83 der Verordnung (EG) Nr. 726/2004 genannten Voraussetzungen *kostenlos* für eine Anwendung bei Patienten zur Verfügung gestellt werden, die an einer zu einer schweren Behinderung führenden Erkrankung leiden oder deren Krankheit lebensbedrohlich ist, und die mit einem zugelassenen Arzneimittel nicht zufrieden stellend behandelt werden können [Hervorhebungen, S. G.]".

Art. 83 Abs. 1 VO (EG) 726/2004 verlangt für die Zurverfügungstellung eines „compassionate use" durch die Mitgliedsstaaten ein Humanarzneimittel, das zu den Kategorien i. S. d. Art. 3 Abs. 1 und Abs. 2 VO (EG) 726/2004 gehört. Dieses liegt bei einem hiPS-Zell-basierten ATMP vor.[190] Nach Art. 83 Abs. 2 VO (EG) 726/2004 bedeutet „compassionate use", dass ein diesen Kategorien „zugehöriges Arzneimittel aus humanen Erwägungen einer Gruppe von Patienten zur Verfügung gestellt wird, die an einer zu Invalidität führenden chronischen oder schweren Krankheit leiden oder deren Krankheit als lebensbedrohend gilt und die mit einem genehmigten Arzneimittel nicht zufrieden stellend behandelt werden können". Darüber hinaus muss das betreffende Arzneimittel „entweder Gegenstand eines Antrags auf Erteilung einer Genehmigung für das Inverkehrbringen nach Artikel 6 dieser

---

[185] Gesetz zur Regelung der Gentechnik (Gentechnikgesetz – GenTG) vom 20. Juni 1990, in der Fassung der Bekanntmachung vom 16. Dezember 1993. In: Bundesgesetzblatt I (1993):2066–2083. Zuletzt geändert durch Art. 21 des Gesetzes vom 20. November 2019. In: Bundesgesetzblatt I (2019):1626–1718.

[186] Zur Übergangsvorschrift s. § 142b Abs. 1 AMG.

[187] BT-Drucks. 18/11488, S. 1, 22, 40.

[188] Verordnung über die Anwendung der Guten Klinischen Praxis bei der Durchführung von klinischen Prüfungen mit Arzneimitteln zur Anwendung am Menschen (GCP-Verordnung – GCP-V) vom 9. August 2004. In: Bundesgesetzblatt I (2004):2081–2091. Zuletzt geändert durch Art. 8 des Gesetzes vom 19. Oktober 2012. In: Bundesgesetzblatt I (2012):2192–2227.

[189] Näheres dazu s. Abschn. 2.7.7.2.

[190] Vgl. Art. 3 Abs. 1 und Anhang I Nr. 1a VO (EG) 726/2004.

Verordnung [(EG) 726/2004] oder Gegenstand einer noch nicht abgeschlossenen klinischen Prüfung sein".

§ 21 Abs. 2 Nr. 6 Hs. 2 AMG stellt klar, dass ein „compassionate use" auch bei Arzneimitteln in Betracht kommt, die dem nationalen Zulassungsverfahren nach dem AMG unterliegen.[191] Die weiteren Einzelheiten über das Verfahren in Härtefällen nach § 21 Abs. 2 Nr. 6 AMG i. V. m. Art. 83 VO (EG) 726/2004 werden in der Arzneimittel-Härtefall-Verordnung (AMHV)[192] bestimmt.[193] Nach der AMHV ist ein Härtefallprogramm ein „compassionate use"-Programm gemäß der VO (EG) 726/2004, das die Zurverfügungstellung von Arzneimitteln ohne Genehmigung oder ohne Zulassung an eine *bestimmte Patientengruppe* regelt.[194] Ein Härtefallprogramm ist bei der zuständigen Bundesoberbehörde (im Falle von ATMPs beim PEI) grundsätzlich anzuzeigen.[195] Es ist zeitlich befristet (in der Regel für ein Jahr nach Zugang der bestätigten Anzeige) und endet stets, sobald das Arzneimittel tatsächlich auf dem Markt verfügbar ist.[196]

Die AMHV findet keine Anwendung auf eine *Einzelfallbehandlung*, in der ein nicht genehmigtes oder nicht zugelassenes Arzneimittel bei nur „einem Patienten unter der unmittelbaren Verantwortung" eines Arztes individuell eingesetzt wird.[197] Die AMHV regelt auch nicht den Einsatz eines *zugelassenen Arzneimittels*, das außerhalb der in der Zulassung oder Genehmigung festgelegten Angaben angewendet wird (sog. Off-Label-Anwendung).[198]

2.7.4 Erfordernis einer Genehmigung nach § 21a AMG?

§ 21a Abs. 1 S. 1 und S. 2 AMG statuieren ein vereinfachtes Genehmigungsverfahren gegenüber dem Zulassungsverfahren nach § 21 Abs. 1 AMG.[199] So dürfen Gewebezubereitungen gemäß § 21a Abs. 1 S. 1 AMG – abweichend von der Zulassungspflicht

---

[191] S. auch BT-Drucks. 16/12256, S. 47.

[192] Verordnung über das Inverkehrbringen von Arzneimitteln ohne Genehmigung oder ohne Zulassung in Härtefällen (Arzneimittel-Härtefall-Verordnung – AMHV) vom 14. Juli 2010. In: Bundesgesetzblatt I (2010):935–938.

[193] Vgl. § 21 Abs. 2 Nr. 6 Hs. 3 AMG i. V. m. § 80 S. 1 Nr. 3c AMG.

[194] § 2 Abs. 1 AMHV.

[195] § 3 Abs. 1 S. 1 AMHV. Für die Anzeige erforderlichen Angaben und Unterlagen s. § 3 Abs. 2–4 AMHV. Zum Beginn des Härtefallprogramms und Widerspruch s. § 4 AMHV. Zur Liste der Härtefallprogramme des PEI s.: https://www.pei.de/SharedDocs/Downloads/DE/regulation/klinische-pruefung/liste-haertefallprogramme.pdf?__blob=publicationFile&v=6. Zugegriffen: 12.01.2020. Zur Liste der Härtefallprogramme des Bundesinstituts für Arzneimittel und Medizinprodukte s.: https://www.bfarm.de/DE/Arzneimittel/Arzneimittelzulassung/Klinische-Pruefung/CompassionateUse/Tabelle/_node.html. Zugegriffen: 12.01.2020.

[196] § 5 AMHV. Zu den Besonderheiten bei GVO-haltigen Arzneimitteln s. § 4 Abs. 5 AMHV.

[197] Vgl. § 1 Abs. 2 AMHV.

[198] Vgl. § 1 Abs. 1 AMHV.

[199] Näheres zu § 21a AMG s. z. B. BR-Drucks. 688/09, S. 22 ff.

nach § 21 Abs. 1 AMG – mit Genehmigung des PEI in Deutschland in den Verkehr gebracht werden, wenn sie „nicht mit industriellen Verfahren be- oder verarbeitet werden und deren wesentliche Be- oder Verarbeitungsverfahren in der Europäischen Union hinreichend bekannt und deren Wirkungen und Nebenwirkungen aus dem wissenschaftlichen Erkenntnismaterial ersichtlich sind".[200] Dies gilt gemäß § 21a Abs. 1 S. 2 AMG ebenfalls für „Gewebezubereitungen, deren Be- oder Verarbeitungsverfahren neu, aber mit einem bekannten Verfahren vergleichbar sind". Entscheidend für die Beurteilung, ob die Voraussetzungen des § 21a Abs. 1 S. 1 und S. 2 AMG vorliegen, sind insbesondere die Tatbestandsmerkmale der Gewebezubereitung und des nicht industriellen Verfahrens sowie der Einsatz hinreichend bekannter oder vergleichbarer Be- oder Verarbeitungsverfahren.

2.7.4.1 HiPS-Zell-basierte ATMPs

HiPS-Zell-basierte ATMPs sind zwar Gewebezubereitungen i. S. d. § 4 Abs. 30 S. 1 AMG.[201] Dennoch findet § 21a AMG auf diese von vornherein keine Anwendung, da die Vorschrift nicht für ATMPs menschlichen Ursprungs gilt.[202] Selbst wenn man annimmt, dass jegliche Gewebezubereitungen – und damit auch ATMPs menschlichen Ursprungs – grundsätzlich vom Anwendungsbereich des § 21a AMG erfasst sind, liegen die Voraussetzungen schon deshalb nicht vor, da hiPS-Zell-basierte ATMPs mit industriellen Verfahren be- oder verarbeitet werden.[203] Dies gilt auch für hiPS-Zell-basierte ATMPs, die unter die Krankenhausausnahme nach § 4b AMG fallen.[204] Die Nichtanwendung des § 21a AMG ergibt sich für diese ATMPs zudem bereits daraus, dass der Vierte Abschnitt des AMG (und damit auch § 21a AMG) nach § 4b Abs. 1 S. 1 AMG keine Anwendung findet.

2.7.4.2 HiPS-Zell-basierte Keimzellen

Wie in Abschn. 2.5.2 festgestellt, sind künstliche funktional äquivalente hiPS-Zell-basierte Keimzellen zu Fortpflanzungszwecken weder Arzneimittel noch Gewebezubereitungen i. S. d. AMG (vgl. § 4 Abs. 30 S. 2 AMG). § 21a AMG ist somit nicht einschlägig.

Sollten künstliche funktional äquivalente hiPS-Zell-basierte Keimzellen in Zukunft zu therapeutischen Zwecken – und nicht zu Fortpflanzungszwecken – einge-

---

[200]Vgl. auch § 77 Abs. 2 AMG. § 21a Abs. 1 S. 1 AMG gilt entsprechend auch „für hämatopoetische Stammzellzubereitungen aus dem peripheren Blut oder aus dem Nabelschnurblut, die zur autologen oder gerichteten, für eine bestimmte Person vorgesehenen Anwendung bestimmt sind" (§ 21a Abs. 1 S. 3 AMG).

[201]S. dazu bereits unter Abschn. 2.4.2.

[202]S. dazu bereits unter Abschn. 2.4.2.

[203]S. dazu bereits unter Abschn. 2.4.2 und 2.3.2.

[204]S. dazu bereits unter Abschn. 2.4.2 und 2.3.2.

setzt werden, wären sie ATMPs i. S. d. Art. 2 Abs. 1 lit. a ATMP-VO.[205] In diesem Fall würde das in Abschn. 2.7.4.1 Gesagte gelten, sodass § 21a AMG ebenfalls von vornherein keine Anwendung findet.

2.7.5 Erfordernis einer Erlaubnis nach § 20c AMG?

Nach § 20c Abs. 1 S. 1 und S. 3 AMG bedarf „eine Einrichtung, die Gewebe oder Gewebezubereitungen, die nicht mit industriellen Verfahren be- oder verarbeitet werden und deren wesentliche Be- oder Verarbeitungsverfahren in der Europäischen Union hinreichend bekannt sind, be- oder verarbeiten, konservieren, prüfen, lagern oder in den Verkehr bringen will, (…) einer Erlaubnis der zuständigen Behörde (…) des Landes, in dem die Betriebsstätte liegt oder liegen soll, im Benehmen mit der zuständigen Bundesoberbehörde [dem PEI, vgl. § 77 Abs. 2 AMG]". Dies gilt gemäß § 20c Abs. 1 S. 2 AMG auch für „Gewebe oder Gewebezubereitungen, deren Be- oder Verarbeitungsverfahren neu, aber mit einem bekannten Verfahren vergleichbar sind".

Die Erlaubnis nach § 20c AMG ist von der Herstellungserlaubnis nach § 13 Abs. 1 AMG abzugrenzen; § 13 Abs. 1 AMG findet keine Anwendung auf Gewebe und Gewebezubereitungen, „für die es einer Erlaubnis nach § 20c AMG bedarf".[206] § 20c AMG unterscheidet sich bezüglich des Inverkehrbringens von Gewebezubereitungen von § 21a AMG insbesondere dadurch, dass sich § 20c AMG auf die Erlaubnispflicht für Personen (Einrichtungen) und § 21a AMG auf die Genehmigung von Gewebezubereitungen als solche bezieht.[207]

2.7.5.1 HiPS-Zell-basierte ATMPs

Für hiPS-Zell-basierte ATMPs gilt das zu § 21a AMG Gesagte entsprechend (Abschn. 2.7.4.1). Auch wenn hiPS-Zell-basierte ATMPs Gewebezubereitungen i. S. d. § 4 Abs. 30 S. 1 AMG sind, findet § 20c AMG auf diese von vornherein keine Anwendung, da die Vorschrift für die „klassischen" Gewebezubereitungen und nicht für ATMPs menschlichen Ursprungs gilt.[208] Selbst unter der Annahme, dass § 20c AMG auf jegliche Gewebezubereitungen Anwendung findet, sind die tatbestandlichen Voraussetzungen schon deshalb nicht erfüllt, da hiPS-Zell-basierte ATMPs mit industriellen Verfahren be- oder verarbeitet werden.[209]

---

[205] S. dazu bereits unter Abschn. 2.5.2.

[206] § 13 Abs. 1a Nr. 1 und Nr. 3 AMG.

[207] Pannenbecker 2016, § 20c Rn. 16.

[208] Näheres dazu s. auch Abschn. 2.4.2.

[209] Näheres dazu s. auch Abschn. 2.4.2 und 2.3.2.

2.7.5.2 HiPS-Zell-basierte Keimzellen

Wie in Abschn. 2.5.2 festgestellt, sind künstliche funktional äquivalente hiPS-Zell-basierte Keimzellen zu Fortpflanzungszwecken zwar keine Arzneimittel und auch keine Gewebezubereitungen i. S. d. AMG (vgl. § 4 Abs. 30 S. 2 AMG). Sie sind allerdings Gewebe i. S. d. § 1a Nr. 4 TPG,[210] sodass § 20c AMG grundsätzlich Anwendung findet.

Etwas anderes gilt nur dann, wenn künstliche funktional äquivalente hiPS-Zell-basierte Keimzellen in Zukunft zu therapeutischen Zwecken (und nicht zu Fortpflanzungszwecken) verwendet würden. Dann wären sie als ATMPs i. S. d. Art. 2 Abs. 1 lit. a ATMP-VO einzustufen,[211] sodass § 20c AMG auf diese von vornherein keine Anwendung finden würde (s. dazu Abschn. 2.7.5.1).

Nach § 20c Abs. 1 S. 1 AMG sind das Be- oder Verarbeiten, Konservieren, Prüfen, Lagern oder das in den Verkehr bringen von künstlichen funktional äquivalenten Keimzellen zu Fortpflanzungszwecken dann erlaubnispflichtig, wenn sie „nicht mit industriellen Verfahren be- oder verarbeitet werden und deren wesentliche Be- oder Verarbeitungsverfahren in der Europäischen Union hinreichend bekannt sind". Dies gilt nach § 20c Abs. 1 S. 2 AMG ebenfalls, wenn „deren Be- oder Verarbeitungsverfahren neu, aber mit einem bekannten Verfahren vergleichbar sind".

In der Gesetzesbegründung zu § 20c AMG wird explizit klargestellt, dass menschliche Keimzellen ebenfalls vom Anwendungsbereich erfasst sind, „die im Rahmen der medizinisch unterstützen [sic!] Befruchtung, unter anderem durch instrumentelle Samenübertragung oder intrazytoplasmatische Spermieninjektion (ICSI-Methode) Verwendung finden, nicht jedoch durch natürliche Samenübertragung (auch nicht nach vorheriger Hormonmedikation)".[212] Es wird auch darauf hingewiesen, dass sich § 20c AMG auf solche Gewebe und Gewebezubereitungen bezieht, „wie sie von der Richtlinie 2004/23/EG erfasst sind und *die nicht (...) industriell hergestellt*, aber nach allgemein bekannten Verfahren be- oder verarbeitet werden, wobei es auf die wesentlichen Verfahrensschritte ankommt [Hervorhebungen, S. G.]".[213] In der Gesetzesbegründung wird der Begriff „industrielle Herstellung" zudem dahingehend konkretisiert, dass eine industrielle Herstellung vorliegt, wenn „bei der Be- oder Verarbeitung von Gewebe anspruchsvolle technische oder aufwändige maschinelle Verfahren eingesetzt [werden]".[214]

Falls zukünftig auch künstliche funktional äquivalente Keimzellen zu Fortpflanzungszwecken aus hiPS-Zellen hergestellt werden können, dann würden diese Keimzellen durch ein standardisiertes, technisch aufwändiges und damit industrielles

---

[210] S. dazu Abschn. 2.5.2 und 3.1.1.2.

[211] Näheres dazu s. Abschn. 2.5.2.

[212] BT-Drucks. 16/5443, S. 57.

[213] BT-Drucks. 16/5443, S. 57. Die Gesetzesbegründung stellt auch klar, dass eine Erlaubnis nach § 20c AMG einzuholen ist, „wenn die Gewebezubereitung nicht mit industriellen Verfahren hergestellt wird, die wesentlichen Herstellungsschritte aber neu und mit bekannten Verfahren vergleichbar sind" (BT-Drucks. 16/5443, S. 57).

[214] BT-Drucks. 16/5443, S. 57.

Verfahren hergestellt.[215] Folglich wären die tatbestandlichen Voraussetzungen nicht erfüllt, sodass es keiner Erlaubnis nach § 20c AMG „für die Be- oder Verarbeitung, Konservierung, Prüfung, Lagerung oder das Inverkehrbringen von" künstlichen funktional äquivalenten hiPS-Zell-basierten Keimzellen zu Fortpflanzungszwecken bedürfte.

2.7.6 Erfordernis einer Herstellungserlaubnis, § 13 AMG?

Einer Erlaubnis nach § 13 Abs. 1 S. 1 AMG bedarf, „wer

1. Arzneimittel im Sinne des § 2 Absatz 1 oder Absatz 2 Nummer 1,
2. Testsera oder Testantigene,
3. Wirkstoffe, die menschlicher, tierischer oder mikrobieller Herkunft sind oder die auf gentechnischem Wege hergestellt werden, oder
4. andere zur Arzneimittelherstellung bestimmte Stoffe menschlicher Herkunftge- werbs- oder berufsmäßig herstellt".

§ 4 Abs. 14 Hs. 1 AMG definiert den Begriff „Herstellen" als „das Gewinnen, das Anfertigen, das Zubereiten, das Be- oder Verarbeiten, das Umfüllen einschließlich Abfüllen, das Abpacken, das Kennzeichnen und die Freigabe".[216]

2.7.6.1 HiPS-Zell-basierte ATMPs

Die Erlaubnispflicht nach § 13 Abs. 1 S. 1 Nr. 1 AMG erstreckt sich auf die berufs- oder gewerbsmäßige Herstellung von Arzneimitteln i. S. v. § 2 Abs. 1 und Abs. 2 Nr. 1 AMG und somit ebenfalls von ATMPs i. S. d. § 4 Abs. 9 AMG (i. V. m. Art. 2 Abs. 1 lit. a ATMP-VO).[217] Damit ist auch die gewerbs- oder berufsmäßige Herstellung von hiPS-Zell-basierten ATMPs nach § 13 Abs. 1 S. 1 Nr. 1 AMG erlaubnispflichtig.

Die Erlaubnispflicht nach § 13 Abs. 1 S. 1 Nr. 1 AMG erstreckt sich *entspre-chend* auch auf die gewerbs- oder berufsmäßige Herstellung von hiPS-Zell-basierten ATMPs, die unter die Krankenhausausnahme nach § 4b AMG fallen (vgl. § 4b Abs. 1 S. 2 AMG [„die übrigen Vorschriften des Gesetzes (…) gelten entsprechend"] i. V. m. § 4b Abs. 1 S. 1 AMG).[218] Auch Art. 3 Nr. 7 RL 2001/83/EG, der durch Art. 28 Nr. 2 ATMP-VO eingefügt und in § 4b AMG national umgesetzt wurde, sieht explizit das Erfordernis einer Herstellungserlaubnis vor.[219]

---

[215] Vgl. auch BR-Drucks. 688/09, S. 16; das PEI hat z. B. das Verfahren zur Herstellung einer la- mellär präparierten organkultivierten humanen Augenhornhaut mittels eines Mikrokeratoms als technisch aufwändig und damit als industriell eingestuft. Zum Begriff „industrielles Verfahren" s. auch bereits Abschn. 2.3.2.

[216] Näheres zu den Begriffen „gewerbs- oder berufsmäßig" s. z. B. Kügel 2016, § 13 Rn. 21.

[217] Ebenso Kügel 2016, § 13 Rn. 7.

[218] Letztlich ebenso Pannenbecker 2016, § 4b Rn. 20.

[219] Art. 3 Nr. 7 UA 2 S. 1 RL 2001/83/EG bestimmt: „Die Herstellung dieser Arzneimittel muss

Die Ausnahmen von der Erlaubnispflicht nach § 13 Abs. 1a AMG sind für die ge-
werbs- oder berufsmäßige Herstellung von ATMPs grundsätzlich nicht einschlägig.
Insbesondere handelt es sich bei hiPS-Zell-basierten ATMPs nicht um „Gewebezubereitungen, für die es einer Erlaubnis nach § 20c bedarf" (vgl. § 13 Abs. 1a Nr. 3
AMG; s. dazu Abschn. 2.7.5.1). Ferner gelten die Ausnahmen von der Erlaubnispflicht nach § 13 Abs. 2 AMG grundsätzlich nicht für die Herstellung von ATMPs
(vgl. § 13 Abs. 2a AMG). Auch die Ausnahme von der Erlaubnispflicht nach § 13
Abs. 2b S. 1 AMG für Ärzte oder sonst zur Ausübung der Heilkunde bei Menschen
befugte Personen, „soweit die Arzneimittel unter ihrer unmittelbaren fachlichen Verantwortung zum Zwecke der persönlichen Anwendung bei einem bestimmten Patienten hergestellt werden", findet auf ATMPs keine Anwendung (vgl. Rückausnahme in
§ 13 Abs. 2b S. 2 Nr. 1 AMG).

Die Entscheidung über die Erteilung der Herstellungserlaubnis bei hiPS-Zell-
basierten ATMPs „trifft die zuständige Behörde des Landes, in dem die Betriebsstätte liegt oder liegen soll", im Benehmen mit dem PEI (§§ 13 Abs. 4, 77 Abs. 2
AMG). Die Erlaubnis ist personengebunden, das heißt nur der Inhaber der Herstellungserlaubnis erlangt das subjektiv-öffentliche Recht, hiPS-Zell-basierte ATMPs
herzustellen.[220]

HiPS-Zell-basierte ATMPs sind GMP-konform herzustellen. „GMP" ist die Abkürzung für „Good Manufacturing Practice" oder in Deutsch für „Gute Herstellungspraxis".[221] Zur Auslegung der Grundsätze der Guten Herstellungspraxis verweist § 3 Abs. 2 S. 2 der Arzneimittel- und Wirkstoffherstellungs-VO (AMWHV)[222]
für ATMPs auf Teil IV des EU-GMP Leitfadens.[223]

2.7.6.2 HiPS-Zell-basierte Keimzellen

Künstliche funktional äquivalente hiPS-Zell-basierte Keimzellen zu Fortpflanzungszwecken sind keine Arzneimittel i. S. d. § 2 Abs. 1 oder Abs. 2 Nr. 1 AMG
(vgl. § 13 Abs. 1 S. 1 Nr. 1 AMG).[224] Sie sind auch keine Arzneimittel i. S. d. § 2
Abs. 2 Nr. 4 AMG, sodass eine Einstufung als Testsera i. S. d. § 4 Abs. 6 AMG oder

---

durch die zuständige Behörde des Mitgliedstaats genehmigt werden". Näheres zur Krankenhausausnahme s. auch Abschn. 2.7.2.

[220] Vgl. Kügel 2016, § 13 Rn. 26 f.

[221] Näheres zur Guten Herstellungspraxis s. z. B. Kügel 2016, § 13 Rn. 3 und Blattner 2016, § 54
Rn. 5 ff.

[222] Verordnung über die Anwendung der Guten Herstellungspraxis bei der Herstellung von Arznei-
mitteln und Wirkstoffen und über die Anwendung der Guten fachlichen Praxis bei der Herstellung
von Produkten menschlicher Herkunft (Arzneimittel- und Wirkstoffherstellungsverordnung – AM-
WHV) vom 3. November 2006. In: Bundesgesetzblatt I (2006):2523–2542. Zuletzt geändert durch
Art. 3a des Gesetzes vom 9. August 2019. In: Bundesgesetzblatt I (2019):1202–11220. Die AM-
WHV wurde auf der Basis des § 54 AMG erlassen. Zum Anwendungsbereich s. insbesondere § 1
Abs. 1 AMWHV.

[223] Zur Definition des EU-GMP Leitfadens s. § 2 Nr. 3 AMWHV.

[224] Näheres zur arzneimittelrechtlichen Einstufung s. Abschn. 2.5.2.

Testantigene i. S. d. § 4 Abs. 7 AMG ebenfalls von vornherein ausscheidet (vgl. § 13 Abs. 1 S. 1 Nr. 2 AMG).[225] Künstliche funktional äquivalente hiPS-Zell-basierte Keimzellen zu Fortpflanzungszwecken sind auch nicht als „Wirkstoffe, die menschlicher, tierischer oder mikrobieller Herkunft sind oder die auf gentechnischem Wege hergestellt werden" zu klassifizieren, da sie gerade nicht „dazu bestimmt sind, *bei der Herstellung von Arzneimitteln* als arzneilich wirksame Bestandteile *verwendet* zu werden oder *bei ihrer Verwendung in der Arzneimittelherstellung* zu arzneilich wirksamen Bestandteilen der Arzneimittel zu werden [Hervorhebungen, S. G.]" (vgl. §§ 4 Abs. 19, 13 Abs. 1 S. 1 Nr. 3 AMG).[226] Damit stellen sie auch keine „andere[n] *zur Arzneimittelherstellung* bestimmte[n] Stoffe menschlicher Herkunft [Hervorhebungen, S. G.]" dar (vgl. § 13 Abs. 1 S. 1 Nr. 4 AMG).[227] Es lässt sich somit feststellen, dass die berufs- oder gewerbsmäßige Herstellung von künstlichen funktional äquivalenten hiPS-Zell-basierte Keimzellen zu Fortpflanzungszwecken keiner Erlaubnispflicht nach § 13 Abs. 1 S. 1 AMG unterliegt.[228]

Etwas anderes gilt ausnahmsweise nur dann, wenn die künstlichen funktional äquivalenten Keimzellen in Zukunft zu therapeutischen Zwecken – und nicht zu Fortpflanzungszwecken – verwendet würden. Dann wären diese Keimzellen als ATMPs i. S. d. Art. 2 Abs. 1 lit. a ATMP-VO einzustufen, sodass ihre Herstellung nach § 13 Abs. 1 S. 1 Nr. 1 AMG erlaubnispflichtig wäre (s. dazu Abschn. 2.7.6.1).

Zusammenfassend lässt sich festhalten, dass die derzeitige Rechtslage im Hinblick auf die Gewährleistung hoher Qualitäts- und Sicherheitsstandards für künstliche funktional äquivalente hiPS-Zell-basierte Keimzellen zu Fortpflanzungszwecken lückenhaft ist. So gilt weder die Erlaubnispflicht nach § 13 Abs. 1 S. 1 AMG noch mangels Vorliegens eines „nicht industriellen Verfahrens" die Erlaubnispflicht nach § 20c AMG (s. dazu Abschn. 2.7.5.2).[229] Dem Gesetzgeber wird empfohlen, diese Lücke zu schließen und zur Gewährleistung eines hohen Schutzniveaus eine Erlaubnis nach § 13 Abs. 1 S. 1 AMG für die gewerbs- oder berufsmäßige Herstellung von künstlichen funktional äquivalenten hiPS-Zell-basierten Keimzellen zu Fortpflanzungszwecken zu verlangen.[230] Diese Empfehlung könnte beispielsweise durch die Einfügung einer Nr. 5 in § 13 Abs. 1 S. 1 AMG umgesetzt werden. Nur das Erfordernis einer Herstellungserlaubnis nach § 13 Abs. 1 S. 1 AMG gewährleis-

---

[225] Näheres zur arzneimittelrechtlichen Einstufung s. Abschn. 2.5.2.

[226] Näheres zur arzneimittelrechtlichen Einstufung s. Abschn. 2.5.2.

[227] Näheres zur arzneimittelrechtlichen Einstufung s. Abschn. 2.5.2.

[228] A. A. Faltus 2016b, S. 872 f. und Faltus 2016c, S. 669 f., der davon ausgeht, dass es sich bei künstlichen funktional äquivalenten hiPS-Zell-basierten Keimzellen *zu Fortpflanzungszwecken* an sich um ATMPs i. S. d. Art. 2 Abs. 1 lit. a ATMP-VO handelt. Dies ist allerdings, wie in Abschn. 2.5.2 festgestellt, nicht der Fall, da künstliche funktional äquivalente hiPS-Zell-basierte Keimzellen zu Fortpflanzungszwecken schon keine Arzneimittel i. S. d. Art. 1 Nr. 2 RL 2001/83/ EG sind.

[229] Das nationale Recht bleibt hier somit derzeit hinter den Mindeststandards der Gewebe-RL zurück (vgl. Art. 6 Gewebe-RL). § 20c AMG ist auch nicht richtlinienkonform auszulegen (eindeutiger Wortlaut „nicht mit industriellen Verfahren" und Gesetzesbegründung).

[230] Sofern der Gesetzgeber weiterhin beibehält, dass Keimzellen als „Gewebe" i. S. d. § 1a Nr. 4 TPG in den Anwendungsbereich des AMG fallen. Zu weiteren Regelungen s. auch Abschn. 6.

tet (im Gegensatz zu einer Erlaubnispflicht nach § 20c AMG), dass die industrielle Herstellung von künstlichen funktional äquivalenten hiPS-Zell-basierten Keimzellen zu Fortpflanzungszwecken nach dem GMP-Standard erfolgt.

2.7.7 Klinische Prüfung

Nach § 4 Abs. 23 S. 1 AMG ist „klinische Prüfung bei Menschen" definiert als „jede am Menschen durchgeführte Untersuchung, die dazu bestimmt ist, klinische oder pharmakologische Wirkungen von Arzneimitteln zu erforschen oder nachzuweisen oder Nebenwirkungen festzustellen oder die Resorption, die Verteilung, den Stoffwechsel oder die Ausscheidung zu untersuchen, mit dem Ziel, sich von der Unbedenklichkeit oder Wirksamkeit der Arzneimittel zu überzeugen". Dies gilt nach § 4 Abs. 23 S. 2 AMG „nicht für eine Untersuchung, die eine nichtinterventionelle Prüfung ist".[231]

Eine klinische Prüfung hat also zum Ziel, valide Daten zur Unbedenklichkeit und/oder Wirksamkeit eines Arzneimittels (und damit auch eines ATMP) zu erheben. Die erfolgreiche Durchführung der klinischen Prüfung eines hiPS-Zell-basierten ATMP ist Voraussetzung für die Erteilung der zentralen Zulassung durch die Europäische Kommission.[232] Bislang wurden in Deutschland allerdings noch keine klinischen Prüfungen mit hiPS-Zell-basierten ATMPs durchgeführt.[233] Dies könnte sich allerdings schon bald ändern.[234]

Eine positive klinische Prüfung ist keine Voraussetzung für die Erteilung einer Genehmigung nach § 4b Abs. 3 S. 1 AMG für die Abgabe eines hiPS-Zell-basierten ATMP nach § 4b Abs. 1 S. 1 AMG an andere.[235] Die Krankenhausausnahme nach § 4b AMG soll insbesondere dazu dienen, ATMPs weiterzuentwickeln und die zum Zeitpunkt der Genehmigung nach § 4b Abs. 3 S. 1 AMG noch fehlenden Erkenntnisse für eine umfassende Bewertung im Rahmen der zentralen Zulassung durch parallele klinische Prüfungen zu gewinnen.[236] Es besteht allerdings gegebenenfalls auch die Möglichkeit, im Anschluss an eine klinische Prüfung bis zur Beantragung der zentralen Zulassung eine Genehmigung nach § 4b Abs. 3 S. 1 AMG beim PEI zu beantragen.[237]

---

[231] Zur Definition der nichtinterventionellen Prüfung s. § 4 Abs. 23 S. 3 AMG.

[232] Vgl. Art. 6 Abs. 1 VO (EG) 726/2004 i. V. m. Art. 8 Abs. 3 lit. i Spiegelstrich 3 RL 2001/83/EG und Art. 12 Abs. 1, Abs. 2 VO (EG) 726/2004. Zur zentralen Zulassung s. bereits Abschn. 2.7.1.

[233] Stand: 12.01.2020.

[234] S. z. B. GSCN 2018, S. 16 f.

[235] Für die dem Antrag auf Genehmigung beizufügenden Angaben und Unterlagen s. § 4b Abs. 3 S. 2 AMG, der entsprechend auf § 21a Abs. 2 S. 1, Abs. 3 AMG verweist, und § 4b Abs. 3 S. 3, S. 4, Abs. 5 AMG.

[236] PEI 2012, S. 20.

[237] PEI 2012, S. 20.

Künstliche funktional äquivalente hiPS-Zell-basierte Keimzellen zu Fortpflanzungszwecken sind keine Arzneimittel.[238] Damit scheiden klinische Prüfungen von vornherein aus.

2.7.7.1 Voraussetzungen

Die rechtlichen Vorgaben der klinischen Prüfung sind im Sechsten Abschnitt des AMG (§§ 40 ff. AMG) und in der GCP-V geregelt. Alle Personen, die an der klinischen Prüfung beteiligt sind, haben bei der Durchführung der klinischen Prüfung eines hiPS-Zell-basierten ATMP bei Menschen, die GCP-Anforderungen nach Maßgabe des Art. 1 Abs. 3 RL 2001/20/EG[239] einzuhalten.[240]

Die klinische Prüfung eines hiPS-Zell-basierten ATMP bei Menschen darf vom Sponsor nur begonnen werden, wenn eine zustimmende Bewertung der nach Landesrecht für den Prüfer zuständigen Ethik-Kommission (vgl. §§ 40 Abs. 1 S. 2, 42 Abs. 1 AMG und §§ 7, 8 GCP-V) und eine Genehmigung des PEI (vgl. §§ 40 Abs. 1 S. 2, 42 Abs. 2 AMG und §§ 7, 9 GCP-V) vorliegt. Der Sponsor braucht somit aktuell zwei positive Entscheidungen für den Beginn der klinischen Prüfung eines hiPS-Zell-basierten ATMP bei Menschen.[241]

2.7.7.2 Sonderbestimmungen für (bestimmte) ATMPs

Bei klinischen Prüfungen von (bestimmten) ATMPs sind Sonderbestimmungen zu beachten. So darf nach § 40 Abs. 1 S. 3 Nr. 2a AMG eine klinische Prüfung eines Arzneimittels (einschließlich eines ATMP), das aus einem GVO oder einer Kombination von GVO besteht oder solche enthält (GVO-haltiges Arzneimittel bzw. GVO-haltiges ATMP), „bei Menschen nur durchgeführt werden, wenn und solange

---

[238] S. dazu Abschn. 2.5.2.

[239] Richtlinie 2001/20/EG des Europäischen Parlaments und des Rates vom 4. April 2001 zur Angleichung der Rechts- und Verwaltungsvorschriften der Mitgliedstaaten über die Anwendung der guten klinischen Praxis bei der Durchführung von klinischen Prüfungen mit Humanarzneimitteln. In: Amtsblatt der Europäischen Gemeinschaften L 2001/121:34.

[240] Vgl. § 40 Abs. 1 S. 1 AMG; vgl. auch ErwG 16 ATMP-VO. Die Europäische Kommission hat auf der Grundlage von Art. 4 Abs. 2 ATMP-VO Leitlinien zur guten klinischen Praxis von ATMPs veröffentlicht; s. Guidelines on Good Clinical Practice specific to Advanced Therapy Medicinal Products. https://ec.europa.eu/health/sites/health/files/files/eudralex/vol-10/atmp_guidelines_en. pdf. Zugegriffen: 12.01.2020.

[241] Es handelt sich sowohl bei der zustimmenden Bewertung der Ethik-Kommission als auch bei der Genehmigung des PEI um einen Verwaltungsakt i. S. d. § 35 S. 1 VwVfG. Näheres zur rechtlichen Einordnung s. z. B. Wachenhausen 2016, § 42 Rn. 3 f., 37, 56 und Listl 2018, § 42 AMG Rn. 4.

nach dem Stand der Wissenschaft im Verhältnis zum Zweck der klinischen Prüfung (…), unvertretbare schädliche Auswirkungen auf

a) die Gesundheit Dritter und
b) die Umwelt

nicht zu erwarten sind".

Sind die in § 40 Abs. 1 S. 3 Nr. 2a AMG geregelten Anforderungen nicht erfüllt, darf die Genehmigung der Bundesoberbehörde (im Falle von GVO-haltigen ATMPs des PEI, vgl. § 77 Abs. 2 AMG) versagt werden (§ 42 Abs. 2 S. 3 Nr. 3 AMG).

Nach § 42 Abs. 2 S. 7 Nr. 2 und Nr. 3 AMG darf die klinische Prüfung von ATMPs oder Arzneimitteln, die GVO enthalten, vom Sponsor nur mit schriftlicher Genehmigung der zuständigen Bundesoberbehörde begonnen werden. Eine Entscheidung über den Antrag auf Genehmigung von ATMPs oder GVO-haltigen Arzneimitteln hat die zuständige Bundesoberbehörde gemäß § 9 Abs. 4 S. 1 GCP-V innerhalb einer im Vergleich zur allgemeinen Frist[242] verlängerten Frist von höchstens 90 Tagen (bzw. 180 Tagen bei der Beiziehung von Sachverständigen oder der Anforderung von Gutachten) nach Eingang der vom Sponsor vorzulegenden Unterlagen zu treffen. Für ATMPs und Arzneimittel, die GVO enthalten, gilt zudem eine verlängerte Frist von 30 Tagen (anstatt 15 Tagen) für die Übermittlung der schriftlichen Genehmigung des Antrags oder dessen mit Gründen versehene Ablehnung nach Eingang einer Änderung (§ 9 Abs. 2 S. 5 GCP-V).

§ 9 Abs. 4 S. 3 Hs. 1 GCP-V regelt zudem, dass bei GVO-haltigen Prüfpräparaten, die zuständige Bundesoberbehörde (im Falle von GVO-haltigen ATMPs also das PEI, vgl. § 77 Abs. 2 AMG) im Benehmen mit dem BVL über den Antrag auf Genehmigung der klinischen Prüfung entscheidet.[243] § 9 Abs. 4 S. 3 Hs. 2 GCP-V legt ferner fest, dass die Genehmigung der klinischen Prüfung mit GVO-haltigen Prüfpräparaten durch die zuständige Bundesoberbehörde auch die Genehmigung der Freisetzung dieser GVO im Rahmen der klinischen Prüfung umfasst. Es bedarf somit keiner zusätzlichen Einholung einer Genehmigung nach dem GenTG. Diese Verfahrensvereinfachung wird auch im neuen § 40 Abs. 7 S. 4 AMG n.F.,[244] der zeitgleich mit Geltung der neuen VO (EU) 536/2014 über klinische Prüfungen mit Humanarzneimitteln[245] in Kraft tritt,[246] beibehalten.

---

[242] Grds. 30 Tage (§ 42 Abs. 2 S. 4 AMG) bzw. 60 Tage für Arzneimittel nach § 42 Abs. 2 S. 7 Nr. 2–4 AMG (vgl. § 42 Abs. 2 S. 8 Hs. 1 AMG).

[243] Prüfpräparate sind „Darreichungsformen von Wirkstoffen oder Placebos, die in einer klinischen Prüfung am Menschen getestet oder als Vergleichspräparate verwendet oder zum Erzeugen bestimmter Reaktionen am Menschen eingesetzt werden" – wie z. B. nicht zugelassene Arzneimittel (§ 3 Abs. 3 GCP-V).

[244] S. Art. 2 des Vierten Gesetzes zur Änderung arzneimittelrechtlicher und anderer Vorschriften vom 20. Dezember 2016. In: Bundesgesetzblatt I (2016):3048–3065.

[245] Verordnung (EG) 536/2014 des Europäischen Parlaments und des Rates vom 16. April 2014 über klinische Prüfungen mit Humanarzneimitteln und zur Aufhebung der Richtlinie 2001/20/EG. In: Amtsblatt der Europäischen Union L 2014/158:1, vgl. Art. 99. Näheres zur VO s. Abschn. 2.7.7.3.

[246] Vgl. Art. 13 Abs. 2 des Vierten Gesetzes zur Änderung arzneimittelrechtlicher und anderer Vor-

Im Rahmen des Verfahrens bei der Ethik-Kommission sind ebenfalls Sonderbestimmungen für bestimmte ATMPs zu beachten. Zum Beispiel kann nach § 42 Abs. 1 S. 5 AMG die Ethik-Kommission zur Bewertung der vom Sponsor vorgelegten Unterlagen Sachverständige beiziehen oder Gutachten anfordern. Handelt es sich allerdings um eine klinische Prüfung von Gentherapeutika, so hat (kein Ermessen) die Ethik-Kommission Sachverständige beizuziehen oder Gutachten anzufordern (§ 42 Abs. 1 S. 6 AMG).

Nach § 42 Abs. 1 S. 9 AMG i. V. m. § 8 Abs. 2 S. 1 GCP-V hat die Ethik-Kommission ihre mit Gründen versehene Bewertung grundsätzlich innerhalb einer „Frist von höchstens 60 Tagen nach Eingang des ordnungsgemäßen Antrags" an den Sponsor und der zuständigen Bundesoberbehörde zu übermitteln. Bei klinischen Prüfungen von Arzneimitteln, die GVO enthalten, und somatischen Zelltherapeutika verlängert sich diese Frist nach § 8 Abs. 4 S. 1 GCP-V allerdings auf 90 Tage (bzw. 180 Tage bei der Beiziehung von Sachverständigen oder der Anforderung von Gutachten). Bei klinischen Prüfungen von Gentransfer-Arzneimitteln beträgt die Frist zur Übermittlung der Bewertung höchstens 180 Tage (§ 8 Abs. 4 S. 2 GCP-V).

2.7.7.3 VO (EU) 536/2014

Die VO (EU) 536/2014 des Europäischen Parlaments und des Rates vom 16. April 2014 über klinische Prüfungen mit Humanarzneimitteln und zur Aufhebung der RL 2001/20/EG trat am 16. Juni 2014 in Kraft.[247] Sie wird voraussichtlich 2020 – präziser: sechs Monate nach der Veröffentlichung der Mitteilung der Europäischen Kommission nach Art. 82 Abs. 3 VO (EU) 536/2014 über die Funktionsfähigkeit des EU-Portals und der EU-Datenbank – unmittelbar in jedem EU-Mitgliedstaat gelten.[248] Die VO führt vor allem ein neues Verfahren zur Genehmigung einer in der EU durchgeführten klinischen Prüfung ein.[249]

Trotz der unmittelbaren Geltung der VO (EU) 536/2014 in allen EU-Mitgliedstaaten sind Änderungen auf nationaler Ebene notwendig. Der Deutsche Bundestag hat deshalb am 11. November 2016 das Vierte Gesetz zur Änderung arzneimittelrechtlicher und anderer Vorschriften beschlossen.[250] Dieses Gesetz zielt insbesondere auf Änderungen im AMG und auf die Aufhebung der GCP-V ab. Während ein

---

schriften vom 20. Dezember 2016. In: Bundesgesetzblatt I (2016):3048–3065.

[247] Vgl. Art. 99 UA 1 VO (EU) 536/2014.

[248] Vgl. Art. 99 UA 2 VO (EU) 536/2014. Für zeitliche Updates s. EMA Website, https://www.ema. europa.eu/en/human-regulatory/research-development/clinical-trials/clinical-trial-regulation. Zugegriffen am 12.01.2020.

[249] Vgl. insbesondere Kap. 2 VO (EU) 536/2014.

[250] Viertes Gesetzes zur Änderung arzneimittelrechtlicher und anderer Vorschriften vom 20. Dezember 2016. In: Bundesgesetzblatt I (2016):3048–3065. Bundesministerium für Gesundheit 2016.

Teil des Gesetzes bereits am 24. Dezember 2016 in Kraft getreten ist,[251] treten die wesentlichen Änderungen zum Genehmigungsverfahren für klinische Prüfungen von Arzneimitteln erst zeitgleich mit Geltung der VO (EU) 536/2014 (d. h. voraussichtlich 2020) in Kraft.[252] Erst zu diesem Zeitpunkt tritt auch die GCP-V außer Kraft.[253]

Eine wesentliche Änderung, die mit Geltung der VO (EU) 536/2014 in Kraft treten wird, ist, dass nach § 40 Abs. 1 AMG n.F.[254] eine klinische Prüfung von Arzneimitteln bei Menschen nur begonnen werden darf, wenn die zuständige Bundesoberbehörde (im Falle von hiPS-Zell-basierten ATMPs das PEI, vgl. § 77 Abs. 2 AMG) die klinische Prüfung nach Art. 8 VO (EU) 536/2014 genehmigt hat. Die Ethik-Kommissionen werden zwar weiterhin am Genehmigungsverfahren einer klinischen Prüfung teilnehmen, erlassen aber keinen Verwaltungsakt mehr.[255]

2.7.8 Gewinnung von Gewebe und Laboruntersuchungen

2.7.8.1 Erlaubnis nach § 20b Abs. 1 AMG

Nach § 20b Abs. 1 S. 1 AMG bedürfen Einrichtungen, „die zur Verwendung bei Menschen bestimmte Gewebe" i. S. v. § 1a Nr. 4 TPG gewinnen (sog. Entnahmeeinrichtungen) „oder die für die Gewinnung erforderlichen Laboruntersuchungen durchführen" wollen, grundsätzlich einer Erlaubnis der zuständigen Landesbehörde.[256] Dabei kann die zuständige Landesbehörde das PEI beteiligen (vgl. §§ 20b Abs. 1 S. 6, 77 Abs. 2 AMG). Gewebe i. S. v. § 1a Nr. 4 TPG sind „alle aus Zellen bestehenden Bestandteile des menschlichen Körpers, die keine Organe (…) sind,

---

[251] Vgl. Art. 13 Abs. 1 des Vierten Gesetzes zur Änderung arzneimittelrechtlicher und anderer Vorschriften vom 20. Dezember 2016. In: Bundesgesetzblatt I (2016):3048–3065.

[252] Vgl. Art. 13 Abs. 2 des Vierten Gesetzes zur Änderung arzneimittelrechtlicher und anderer Vorschriften vom 20. Dezember 2016. In: Bundesgesetzblatt I (2016):3048–3065.

[253] Vgl. Art. 13 Abs. 4 des Vierten Gesetzes zur Änderung arzneimittelrechtlicher und anderer Vorschriften vom 20. Dezember 2016. In: Bundesgesetzblatt I (2016):3048–3065.

[254] S. Art. 2 des Vierten Gesetzes zur Änderung arzneimittelrechtlicher und anderer Vorschriften vom 20. Dezember 2016. In: Bundesgesetzblatt I (2016):3048–3065.

[255] Vgl. insbesondere § 40 Abs. 3–6, Abs. 8, 41 AMG n.F. (s. Art. 2 des Vierten Gesetzes zur Änderung arzneimittelrechtlicher und anderer Vorschriften vom 20. Dezember 2016. In: Bundesgesetzblatt I (2016):3048–3065). Näheres dazu s. z. B. Beyerbach 2016, S. 348 ff.; Nickel et al. 2017, S. 807 ff.

[256] Zum Umfang der Erlaubnis s. auch § 20b Abs. 1 S. 5 AMG. Zum vereinfachten Erlaubnisverfahren s. § 20b Abs. 2 AMG; Einrichtungen bedürfen demzufolge keiner eigenen Erlaubnis nach § 20b Abs. 1 AMG, wenn sie mit einem Hersteller oder Be- oder Verarbeiter, der eine Erlaubnis nach § 13 AMG oder § 20c AMG für die Be- oder Verarbeitung von Gewebe oder Gewebezubereitungen besitzt, vertraglich kooperieren.

einschließlich einzelner menschlicher Zellen".[257] Der Begriff „Gewinnung" ist in § 20b Abs. 1 S. 2 AMG definiert als „die direkte oder extrakorporale Entnahme von Gewebe einschließlich aller Maßnahmen, die dazu bestimmt sind, das Gewebe in einem be- oder verarbeitungsfähigen Zustand zu erhalten, eindeutig zu identifizieren und zu transportieren".

Da für die Herstellung von hiPS-Zell-basierten ATMPs oder von künstlichen funktional äquivalenten hiPS-Zell-basierten Keimzellen zu Fortpflanzungszwecken häufig menschliche Gewebe i. S. v. § 1a Nr. 4 TPG als Ausgangsmaterial verwendet werden oder würden, ist die Gewinnung dieser Gewebe und sind die für die Gewinnung erforderlichen Laboruntersuchungen grundsätzlich nach § 20b Abs. 1 S. 1 AMG erlaubnispflichtig.[258] Nach § 20b Abs. 4 AMG gilt dies „entsprechend für die Gewinnung und die Laboruntersuchung von autologem Blut für die Herstellung von biotechnologisch bearbeiteten Gewebeprodukten". Dieser Absatz wurde mit der 15. AMG-Novelle[259] eingefügt, damit für die Entnahme einer geringen Menge Blut zur Vermehrung oder Aufbereitung von autologen Körperzellen für die Herstellung von biotechnologisch bearbeiteten Gewebeprodukten keine zusätzliche Erlaubnis nach § 13 AMG beantragt werden muss.[260]

2.7.8.2 Ausnahme von der Erlaubnispflicht

Nach § 20d S. 1 AMG bedarf „einer Erlaubnis nach § 20b Absatz 1 und § 20c Absatz 1 (…) nicht eine Person, die Arzt ist und die dort genannten Tätigkeiten mit Ausnahme des Inverkehrbringens ausübt, um das Gewebe oder die Gewebezubereitung persönlich bei ihren Patienten anzuwenden".

Die Gewinnung von Gewebe und die Spendertestung sind nur dann nach § 20b Abs. 1 AMG erlaubnispflichtig, sofern „das Gewebe zur Abgabe an andere bestimmt ist" (vgl. die Formulierung in § 20d S. 1 AMG „mit Ausnahme des Inverkehrbringens").[261] Wenn das Gewebe bei dem Arzt verbleibt, der es gewinnt, dann ist eine Erlaubnis hingegen nicht erforderlich.[262] Der Arzt muss allerdings die Anwendung des gewonnenen Gewebes oder die von ihm unter Verwendung des gewonnenen Gewebes hergestellte Gewebezubereitung persönlich bei seinem Pati-

---

[257] Näheres zur Gewebedefinition s. auch Abschn. 3.1.1.

[258] Zum vereinfachten Erlaubnisverfahren s. § 20b Abs. 2 AMG. Näheres zur Einstufung von somatischen Zellen (mit Ausnahme von kernhaltigen Blutzellen) zur Herstellung von hiPS-Zellen als Gewebe i. S. d. § 1a Nr. 4 TPG s. Abschn. 3.1.1.2.

[259] Art. 1 des Gesetzes zur Änderung arzneimittelrechtlicher und anderer Vorschriften vom 17. Juli 2009. In: Bundesgesetzblatt I (2009):1990–2020.

[260] BT-Drucks. 16/12256, S. 46 f.

[261] BT-Drucks. 16/12256, S. 47; Pannenbecker 2016, § 20d Rn. 4. Zum Begriff des Inverkehrbringens s. bereits unter Abschn. 2.3.1.

[262] BT-Drucks. 16/12256, S. 47. Zum Arztvorbehalt bei der Gewinnung von Gewebe von lebenden Spendern s. § 8 Abs. 1 Nr. 4 TPG.

enten durchführen.[263] In diesem Fall bedarf es auch keiner Erlaubnis nach § 20c Abs. 1 AMG für die Be- oder Verarbeitung, Konservierung, Prüfung und Lagerung.[264]

Die Ausnahme des § 20d S. 1 AMG gilt ausdrücklich nicht für zur klinischen Prüfung bestimmte Arzneimittel (§ 20d S. 2 AMG). Sie gilt im Hinblick auf § 20c Abs. 1 AMG von vornherein auch nicht für die Herstellung von hiPS-Zell-basierten ATMPs und von künstlichen funktional äquivalenten hiPS-Zell-basierten Keimzellen zu Fortpflanzungszwecken (s. auch Abschn. 2.7.5). § 20d S. 1 AMG trifft im Hinblick auf § 20b Abs. 1 AMG nur zu, wenn der Arzt alle in § 20b Abs. 1 AMG genannten Tätigkeiten und die Anwendung des hiPS-Zell-basierten ATMP oder der künstlichen funktional äquivalenten hiPS-Zell-basierten Keimzelle selbst durchführt, ohne dass im gesamten Zeitraum von der Gewinnung von Gewebe als Ausgangsmaterial bis hin zur Anwendung beim Patienten eine Abgabe an andere erfolgt.[265] In der Regel wird es aber im Rahmen der Herstellung eines hiPS-Zell-basierten ATMP oder einer künstlichen funktional äquivalenten hiPS-Zell-basierten Keimzelle zu Fortpflanzungszwecken zu einem Wechsel der tatsächlichen Verfügungsgewalt kommen, sodass die Ausnahme des § 20d S. 1 AMG nicht vorliegen wird.

2.7.9 Pharmakovigilanz

2.7.9.1 HiPS-Zell-basierte ATMPs

§ 63c Abs. 5 S. 1 AMG legt fest, dass für zentral zugelassene Arzneimittel – und damit grundsätzlich auch für hiPS-Zell-basierte ATMPs – die Dokumentations- und Meldepflichten des Inhabers der Zulassung nach § 63c Abs. 1–4 AMG keine Anwendung finden. Vielmehr gelten für diese Arzneimittel nach § 63c Abs. 5 S. 2 AMG die Verpflichtungen des Inhabers der Zulassung gemäß der VO (EG) 726/2004 in der jeweils geltenden Fassung.

Für hiPS-Zell-basierte ATMPs, die unter die Krankenhausausnahme fallen, verweist § 4b Abs. 1 S. 2 AMG für die Anforderungen an die Pharmakovigilanz entsprechend auf Art. 14 Abs. 1 ATMP-VO, der zusätzlich auf die Pharmakovigilanzvorschriften in den Art. 21–29 VO (EG) 726/2004 verweist.[266] § 4b Abs. 1 S. 2 AMG

---

[263] BT-Drucks. 16/12256, S. 47; Pannenbecker 2016, § 20d Rn. 4.

[264] BT-Drucks. 16/12256, S. 47; Pannenbecker 2016, § 20d Rn. 4.

[265] Dabei ist umstritten, ob der Arzt auch die Spendertestung selbst durchführen muss; so Scherer et al. 2013, S. A-873; a. A. Pannenbecker 2016, § 20d Rn. 5 m.w.N. Vgl. zu Keimzellen auch BÄK 2018, S. A3.

[266] S. ebenfalls den neuen Entwurf der EMA 2018 „Guideline on Safety and Efficacy Follow-Up and Risk Management of Advanced Therapy Medicinal Products". Teilweise wird die Ansicht vertreten, dass (daneben) die Dokumentations- und Meldepflichten des § 63c AMG gelten; s. BR-Drucks. 688/09, S. 30; Dwenger et al. 2010, S. 18. Die besseren Argumente sprechen allerdings gegen die Anwendung der nationalen Pharmakovigilanzvorschriften des § 63 Abs. 1–3 AMG. So

verweist zudem bezüglich der Anforderungen an die Rückverfolgbarkeit entsprechend auf Art. 15 Abs. 1–6 ATMP-VO. Die Vorschriften der ATMP-VO zur Pharmakovigilanz und zur Rückverfolgbarkeit gelten hiernach „entsprechend mit der Maßgabe, dass (...) an die Stelle (...) des Inhabers der Genehmigung für das Inverkehrbringen (...) der Inhaber der Genehmigung nach [§ 4b] Absatz 3 Satz 1 [AMG] tritt". Durch diesen Verweis des § 4b Abs. 1 S. 2 AMG auf die entsprechende Geltung der Pharmakovigilanz- und Rückverfolgbarkeitsanforderungen der ATMP-VO kommt der deutsche Gesetzgeber den Anforderungen des Unionsrechts aus Art. 3 Nr. 7 RL 2001/83/EG (i. V. m. Art. 28 Nr. 2 ATMP-VO) nach.

Mit Artikel 1 des Gesetzes für mehr Sicherheit in der Arzneimittelversorgung vom 9. August 2019[267] wird zum 15. August 2020 für die behandelnde Person, die nicht genehmigungs- oder zulassungspflichtige ATMPs individuell für ihren Patienten herstellt und anwendet (ohne Inverkehrbringen), eine Dokumentations- und Meldepflicht in § 63j AMG n.F. eingeführt.[268]

2.7.9.2 HiPS-Zell-basierte Keimzellen

Für künstliche funktional äquivalente hiPS-Zell-basierte Keimzellen, die zu Fortpflanzungszwecken verwendet werden, finden die Dokumentations- und Meldepflichten nach § 63c AMG keine Anwendung, da sie keine Arzneimittel sind.[269] Es gelten allerdings die Dokumentations- und Meldepflichten bei Gewebe nach § 63i Abs. 3 i. V. m. § 63i Abs. 6 und Abs. 7 AMG.[270]

Sollten künstliche funktional äquivalente hiPS-Zell-basierte Keimzellen in Zukunft zu therapeutischen Zwecken (und gerade nicht zu Fortpflanzungszwecken) verwendet werden, gilt das in Abschn. 2.7.9.1 Gesagte (Abb. 1).[271]

---

wird bereits in der Gesetzesbegründung klargestellt, dass für „die Blut- und Gewebearzneimittel *nach der Richtlinie 2001/83/EG* [Hervorhebungen, S. G]" die Dokumentations- und Meldepflichten des § 60b AMG (nunmehr: § 63c AMG) gelten (BT-Drucks. 16/5443, S. 58). Die RL 2001/83/EG gilt aber gerade nicht für ATMPs, die unter die Krankenhausausnahme fallen (vgl. Art. 3 Nr. 7 RL 2001/83/EG). Zu weiteren Argumenten s. auch Pannenbecker 2016, § 4b Rn. 21.

[267] In: Bundesgesetzblatt I (2019):1202–1220.

[268] BT-Drucks. 19/8753:35, 50, 52; Art. 22 des Gesetzes für mehr Sicherheit in der Arzneimittelversorgung vom 9. August 2019. In: Bundesgesetzblatt I (2019):1202–1220.

[269] S. dazu bereits Abschn. 2.7.1.

[270] Zur Einstufung als Gewebe s. bereits Abschn. 2.5.2 und zudem Abschn. 3.1.1.2.

[271] Näheres zur Einstufung s. Abschn. 2.5.2.

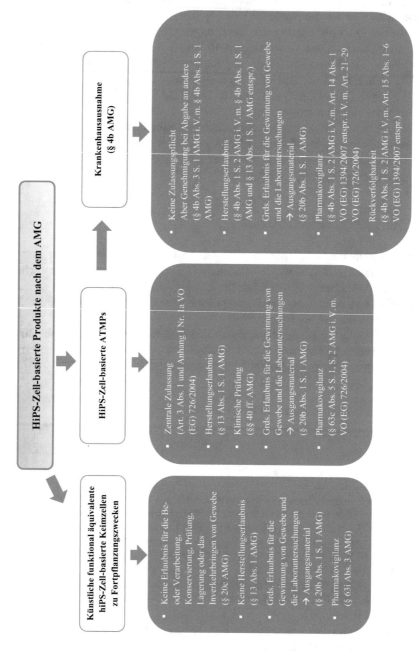

Abb. 1 HiPS-Zell-basierte Produkte nach dem AMG

3 Transplantationsrecht

In Deutschland wurden die unionsrechtlichen Vorgaben der Gewebe-RL durch das Gewebegesetz[272] umgesetzt, das insbesondere Änderungen und Ergänzungen des TPG, AMG und TFG herbeiführte. Das TPG bildet hier die Grundlage der folgenden Untersuchung.

3.1 Anwendungsbereich

Das TPG gilt gemäß § 1 Abs. 2 S. 1 TPG „für die Spende und die Entnahme von menschlichen Organen oder Geweben zum Zwecke der Übertragung sowie für die Übertragung der Organe oder der Gewebe einschließlich der Vorbereitung dieser Maßnahmen". Darüber hinaus gilt es gemäß § 1 Abs. 2 S. 2 TPG „für das Verbot des Handels mit menschlichen Organen oder Geweben". Im Folgenden wird auf die Voraussetzungen des § 1 Abs. 2 S. 1 TPG näher eingegangen und untersucht, ob somatische Zellen, hiPS-Zellen und hiPS-Zell-basierte Produkte unter die Begriffsbestimmungen fallen.

3.1.1 Menschliche Organe oder Gewebe

3.1.1.1 Begriffsbestimmungen

Gewebe sind in § 1a Nr. 4 TPG definiert als „alle aus Zellen bestehenden Bestandteile des menschlichen Körpers, die keine Organe nach Nummer 1 sind, einschließlich einzelner menschlicher Zellen". Organe sind nach § 1a Nr. 1 TPG „mit Ausnahme der Haut, alle aus verschiedenen Geweben bestehenden, differenzierten Teile des menschlichen Körpers, die in Bezug auf Struktur, Blutgefäßversorgung und Fähigkeit zum Vollzug physiologischer Funktionen eine funktionale Einheit bilden, einschließlich der Organteile und einzelnen Gewebe eines Organs, die unter Aufrechterhaltung der Anforderungen an Struktur und Blutgefäßversorgung zum gleichen Zweck wie das ganze Organ im menschlichen Körper verwendet werden können, mit Ausnahme solcher Gewebe, die zur Herstellung von Arzneimitteln für neuartige Therapien im Sinne des § 4 Absatz 9 des Arzneimittelgesetzes bestimmt sind".

Die Gewebe und Organe müssen „menschlichen" Ursprungs sein. Die Xenotransplantation wird deshalb vom Anwendungsbereich des TPG nicht erfasst.[273] Zwecks Vereinfachung im Sprachgebrauch entschied sich der deutsche Gesetzgeber in § 1a Nr. 4 TPG für einen weiten Gewebebegriff, der auch einzelne menschliche Zellen miterfasst.[274] Der Verzicht auf eine eigene Begriffsbestimmung für Zellen lag

---

[272] Vgl. Gesetz über Qualität und Sicherheit von menschlichen Geweben und Zellen (Gewebegesetz) vom 20. Juli 2007. In: Bundesgesetzblatt I (2007):1574–1594.

[273] Ebenso Krüger et al. 2009, S. 62 f.

[274] BT-Drucks. 16/3146, S. 24.

insbesondere darin begründet, dass die Gewebe-RL die gleichen Anforderungen an Zellen wie Gewebe stellt.[275] Daher fallen zum Beispiel auch Keimzellen unter den Gewebebegriff. Sie werden allerdings vom Anwendungsbereich des TPG nur insoweit erfasst, als Qualitäts- und Sicherheitsanforderungen in Umsetzung der Gewebe-RL getroffen werden und die Gewinnung und Verwendung der Keimzellen zu Fortpflanzungszwecken nach den Vorschriften des Embryonenschutzgesetzes (ESchG)[276] erlaubt ist.[277] Weitere Beispiele für Gewebe i. S. d. § 1a Nr. 4 TPG sind die Haut, die Hornhaut, ganze Knochen, Herzklappen und Sehnen sowie embryonale und fötale Gewebe.[278] Organe hingegen sind beispielsweise das Herz, die Lunge, Niere, Leber, Bauchspeicheldrüse und der Darm (vgl. § 1a Nr. 2 TPG).[279]

Der deutsche Gesetzgeber entschied sich – entgegen Art. 2 Abs. 2 lit. c Gewebe-RL – Gewebe und Organe in einem Gesetz zu kodifizieren. So wird in der Gesetzesbegründung ausgeführt, dass „der gemeinsame gesetzliche Regelungsrahmen für menschliche Organe und Gewebe im Transplantationsgesetz (…) angesichts des engen Sachzusammenhangs der zu regelnden Materien beibehalten und auf menschliche Zellen erweitert [wird]".[280] Allerdings stellt ErwG 9 Gewebe-RL zu Recht fest, dass „bei der Verwendung von Organen (…) sich zwar zum Teil die gleichen Fragen wie bei der Verwendung von Geweben und Zellen [stellen], [es] jedoch (…) gravierende Unterschiede [gibt], weshalb die beiden Themen nicht in einer Richtlinie behandelt werden sollten".

Ein eigenständiges Gewebesicherheitsgesetz – für das sich der österreichische Gesetzgeber bei der nationalen Umsetzung der Gewebe-RL entschied[281] – würde zweifellos zu mehr Transparenz und Rechtsklarheit im Hinblick auf den Umgang mit menschlichem Gewebe in Deutschland beitragen. Insbesondere würde ein solches Gesetz das derzeitige komplexe Zusammenspiel von AMG und TPG auflösen.

3.1.1.2 Einstufung von somatischen Zellen, hiPS-Zellen und hiPS-Zell-basierten Produkten

Somatische Zellen oder Gewebe, die einer Person als Ausgangsmaterial zur Herstellung von hiPS-Zell-basierten Produkten entnommen werden, sind Gewebe i. S. d. § 1a Nr. 4 TPG, mit Ausnahme von kernhaltigen Blutzellen (vgl. § 1 Abs. 3 Nr. 2

---

[275] BT-Drucks. 16/3146, S. 24.

[276] Gesetz zum Schutz von Embryonen (Embryonenschutzgesetz – ESchG) vom 13. Dezember 1990. In: Bundesgesetzblatt I (1990):2746–2748. Zuletzt geändert durch Art. 1 des Gesetzes vom 21. November 2011. In: Bundesgesetzblatt I (2011):2228–2229.

[277] BT-Drucks. 16/3146, S. 21, 23. Näheres zum Embryonenschutzgesetz s. Abschn. 6.

[278] BT-Drucks. 16/3146, S. 21.

[279] Näheres zum Organbegriff s. bereits unter Abschn. 2.2.3.2.

[280] BT-Drucks. 16/3146, S. 21.

[281] Bundesgesetz über die Festlegung von Qualitäts- und Sicherheitsstandards für die Gewinnung, Verarbeitung, Lagerung und Verteilung von menschlichen Zellen und Geweben zur Verwendung beim Menschen (Gewebesicherheitsgesetz – GSG). In: Bundesgesetzblatt I 2008/49 i.d.F. I 2018/37.

TPG).[282] Fraglich ist, ob auch hiPS-Zellen und hiPS-Zell-basierte Zellen (einschließlich Keimzellen) und Gewebe „Bestandteile des menschlichen Körpers" sind und damit unter den Gewebebegriff i. S. d. § 1a Nr. 4 TPG fallen.

Legt man das Tatbestandsmerkmal eng aus, so würden nur solche Bestandteile erfasst, die auf natürliche Weise im Körper eines Menschen vorhanden sind. Danach wären in vitro („künstlich") hergestellte hiPS-Zellen sowie aus diesen abgeleitete Zellen oder gezüchtete Gewebe keine Gewebe i. S. d. § 1a Nr. 4 TPG. Für diese enge Auslegung enthält der Wortlaut des § 1a Nr. 4 TPG allerdings keine Anhaltspunkte. So unterscheidet dieser nicht zwischen natürlich vorhandenen und künstlich hergestellten Bestandteilen. Darüber hinaus wurde in Abschn. 3.1.1.1 bereits festgestellt, dass sich der deutsche Gesetzgeber bewusst für einen weiten Gewebebegriff entschieden hat, sodass das Tatbestandsmerkmal „Bestandteile des menschlichen Körpers" hier weit auszulegen ist. Damit werden auch künstlich hergestellte Bestandteile erfasst, sofern sie menschlichen Ursprungs sind.

Für diese weite Auslegung spricht zudem das Ziel des Gewebegesetzes, „die Qualität und Sicherheit von Geweben, insbesondere zur Verhütung der Übertragung von Krankheiten, bei der medizinischen Versorgung der Bevölkerung mit Geweben zu gewährleisten".[283] So bestehen vor allem bei künstlich hergestellten Zellen und Geweben solche Risiken und Gefahren, denen es entgegenzuwirken gilt. Dieses Auslegungsergebnis wird auch durch die Systematik der Gewebe-RL bestätigt. So betont diese vielfach, dass sie „für zur Verwendung beim Menschen bestimmte *menschliche Gewebe und Zellen* [Hervorhebungen, S. G]" gilt.[284] Somit ist festzuhalten, dass auch künstlich hergestellte hiPS-Zellen und hiPS-Zell-basierte Zellen (einschließlich Keimzellen) und Gewebe grundsätzlich vom Begriff des Gewebes i. S. d. § 1a Nr. 4 TPG erfasst sind.[285]

Angenommen, aus hiPS-Zellen könnten eines Tages ganze Organe oder Organteile gezüchtet werden. So stellte sich die Frage, ob diese hiPS-Zell-basierten Organe und Organteile unter den Organbegriff des TPG fallen. HiPS-Zell-basierte Organe sind Organe i. S. d. § 1a Nr. 1 TPG, wenn sie „mit Ausnahme der Haut, (…) aus verschiedenen Geweben bestehende (…), differenzierte (…) Teile des menschlichen Körpers [sind], die in Bezug auf Struktur, Blutgefäßversorgung und Fähigkeit zum Vollzug physiologischer Funktionen eine funktionale Einheit bilden". Das Tatbestandsmerkmal „Teile des menschlichen Körpers" ist auch hier – entsprechend dem zuvor Gesagten – dahingehend auszulegen, dass auch künstlich hergestellte Teile menschlichen Ursprungs erfasst sind.[286] HiPS-Zell-basierte Organteile fallen hingegen unter den Organbegriff, wenn sie „unter Aufrechterhal-

---

tung der Anforderungen an Struktur und Blutgefäßversorgung zum gleichen Zweck wie das ganze Organ im menschlichen Körper verwendet werden können". Sind die oben genannten Voraussetzungen erfüllt, sind hiPS-Zell-basierte Organe oder Organteile als Organe i. S. d. § 1a Nr. 1 TPG einzustufen. Die hiPS-Zell-basierten Organe Herz, Niere, Leber, Lunge, Darm und Bauchspeicheldrüse wären zwar keine vermittlungspflichtigen Organe i. S. d. § 1a Nr. 2 TPG, da sie nicht nach § 3 TPG oder § 4 TPG einem toten Spender entnommen wurden.[287] Sie hätten aber – unabhängig davon, ob der Anwendungsbereich des TPG für die Übertragung von hiPS-Zell-basierten Organen oder Organteilen eröffnet ist[288] – praktische Auswirkungen auf die Transplantation von menschlichen Organen. Vor allem müsste die Allokation der derzeit vermittlungspflichtigen Organe neu geregelt werden.[289] Hierbei wären insbesondere wichtige ethische Fragestellungen zu klären, wie zum Beispiel: Wer erhält ein künstlich hergestelltes Organ? Wer erhält ein von einem toten Spender entnommenes Organ? Vielleicht können in Zukunft auch derart viele hiPS-Zell-basierte Organe oder Organteile i. S. d. Organbegriffs des TPG hergestellt werden, dass das Problem des Mangels an Organen dann nicht mehr besteht.

3.1.2 Spende und Entnahme

Der Anwendungsbereich des TPG erfasst unter anderem gemäß § 1 Abs. 2 S. 1 TPG „die Spende und die Entnahme von menschlichen Organen oder Geweben zum Zwecke der Übertragung". Der Begriff „*Spende*" ist im TPG nicht definiert. Nach dem üblichen Sprachgebrauch werden hiermit die mitmenschliche Solidarität und die Unentgeltlichkeit der Organ- oder Gewebegabe unterstrichen.[290]

„*Entnahme*" ist nach § 1a Nr. 6 TPG „die Gewinnung von Organen oder Geweben". Der Begriff ist weit zu verstehen. Nach der Gesetzesbegründung erfasst dieser neben der „unmittelbare[n] Gewinnung durch Eingriff im oder am menschlichen Körper (...) auch die mittelbare extrakorporale Gewinnung wie im Fall von Sektions- und Operationsresten".[291] Daraus folgt, dass die unmittelbare oder mittelbare Gewinnung von somatischen Zellen oder Geweben als Ausgangsmaterial zur Herstellung von hiPS-Zellen regelmäßig eine Entnahme i. S. d. § 1a Nr. 6 TPG ist. Keine Entnahme ist hingegen die Herstellung der hiPS-Zellen durch Reprogrammierung oder die Differenzierung der hiPS-Zellen in den gewünschten Zelltyp, da es hier an einer unmittelbaren oder mittelbaren Gewinnung von Geweben fehlt. Vielmehr werden hier die *entnommenen* somatischen Zellen oder Gewebe lediglich zu hiPS-Zellen bzw. hiPS-Zell-basierten Produkten – namentlich zu Zellen, Geweben oder Organen – weiterverarbeitet.

---

[287] Zum Begriff der Entnahme s. unter Abschn. 3.1.2.
[288] S. dazu sogleich unter Abschn. 3.1.3.2.
[289] Vgl. § 12 TPG.
[290] Tag 2017, § 1 TFG Rn. 10.
[291] BT-Drucks. 16/3146, S. 23.

3.1.3 Übertragungszweck, Übertragung und Vorbereitungsmaßnahmen

3.1.3.1 Begriffsbestimmungen

Das TPG gilt sowohl „für die Spende und die Entnahme von menschlichen Organen oder Geweben *zum Zwecke der Übertragung* [Hervorhebungen, S. G.]" als auch „für die *Übertragung* der Organe oder der Gewebe einschließlich der *Vorbereitung dieser Maßnahmen* [Hervorhebungen, S. G.]" (§ 1 Abs. 2 S. 1 TPG).

Der Begriff „Übertragung" ist in § 1a Nr. 7 TPG definiert als „die Verwendung von Organen oder Geweben in oder an einem menschlichen Empfänger sowie die Anwendung beim Menschen außerhalb des Körpers". Die Übertragung dient zumeist der Heilbehandlung.[292] Sie kann aber auch anderen Zwecken dienen, wie beispielsweise kosmetischen Zwecken.[293]

Die forschungsbedingte Nutzung menschlicher Organe und Gewebe wird vom Anwendungsbereich des TPG grundsätzlich nicht erfasst.[294] Eine Ausnahme gilt für den Einsatz in klinischen Versuchen am oder im menschlichen Körper.[295]

Das TPG findet auch auf die Vorbereitungsmaßnahmen für Eingriffe zur Organ- oder Gewebeentnahme und -übertragung Anwendung (§ 1 Abs. 2 S. 1 TPG).[296] Hierzu zählen zum Beispiel die notwendigen labortechnischen oder klinischen Untersuchungen zur Eignung des Spenders.[297]

3.1.3.2 Einstufung von somatischen Zellen, hiPS-Zellen und hiPS-Zell-basierten Produkten

Sollten hiPS-Zell-basierte Produkte für den klinischen Einsatz bestimmt sein, so gilt das TPG regelmäßig *für die Spende und die Entnahme* von somatischen Zellen oder Geweben als Ausgangsmaterial zur Herstellung dieser hiPS-Zell-basierten Produkte, wenn das Tatbestandsmerkmal „zum Zwecke der Übertragung" in § 1 Abs. 2 S. 1 TPG erfüllt ist.

Legt man das Tatbestandsmerkmal eng aus, dann müssten im Zeitpunkt der Entnahme die menschlichen Organe oder Gewebe, so wie sie entnommen werden, zur „Verwendung (…) in oder an einem menschlichen Empfänger" oder zur „Anwendung beim Menschen außerhalb des Körpers" bestimmt sein (vgl. § 1a Nr. 7 TPG). Hiernach würde das TPG nicht für die Spende und die Entnahme von somatischen Zellen oder Geweben als Ausgangsmaterial zur Herstellung von für den klinischen Einsatz bestimmten hiPS-Zell-basierten Produkten gelten, da nicht die zu entnehmenden somatischen Zellen oder Gewebe (sondern die hiPS-Zell-basierten Produkte) unmittelbar im oder am menschlichen Körper angewendet werden sollen.

---

[292] BT-Drucks. 13/4355, S. 16.

[293] BT-Drucks. 13/4355, S. 16.

[294] BT-Drucks. 16/3146, S. 23.

[295] BT-Drucks. 16/3146, S. 23.

[296] Vgl. BT-Drucks. 13/4355, S. 16.

[297] BT-Drucks. 13/4355, S. 16.

Legt man das Tatbestandsmerkmal „zum Zwecke der Übertragung" in § 1 Abs. 2 S. 1 TPG hingegen weit aus, so ist auch ein mittelbarer Übertragungszweck im Zeitpunkt der Entnahme erfasst.[298] Das heißt, dass auch solche im Zeitpunkt der Entnahme zur Weiterverarbeitung bestimmte menschliche Organe oder Gewebe dem Anwendungsbereich des TPG unterliegen, sofern sie (nach ihrer Weiterverarbeitung) zur „Verwendung (…) in oder an einem menschlichen Empfänger" oder zur „Anwendung beim Menschen außerhalb des Körpers" bestimmt sind. Dies ist für hiPS-Zell-basierte Produkte, die klinisch eingesetzt werden sollen, grundsätzlich der Fall. So sollen die somatischen Zellen oder Gewebe in der Regel entnommen werden, um sie zu hiPS-Zellen und danach zu hiPS-Zell-basierten Produkten zur Anwendung bei Menschen weiterzuverarbeiten.

Für die weite Auslegung des Tatbestandsmerkmals „zum Zwecke der Übertragung" in § 1 Abs. 2 S. 1 TPG spricht, dass bereits der Wortlaut keine Unmittelbarkeit verlangt. In der Tat ergibt sich zudem aus der Gesetzesbegründung, dass der Gesetzgeber auch „zur Weiterverarbeitung bestimmte Gewebe, die zunächst be- oder verarbeitet werden, bevor sie bei Menschen verwendet werden" vom Anwendungsbereich des TPG erfasst wissen wollte.[299] So enthielt bereits die Gesetzesbegründung bei Einführung des TPG den Hinweis, dass es „unerheblich ist (…), ob die Organe nach der Entnahme besonders aufbereitet werden, solange sie dadurch nicht ihre Transplantierbarkeit verlieren".[300] Darüber hinaus spricht auch das Ziel des Gewebegesetzes, die Qualität und Sicherheit von Geweben zu gewährleisten,[301] für eine weite Auslegung.

Somit ist festzuhalten, dass das TPG grundsätzlich für die Spende und die Entnahme von menschlichen Geweben (einschließlich einzelnen Zellen, mit Ausnahme von kernhaltigen Blutzellen)[302] als Ausgangsmaterial zur Herstellung von hiPS-Zell-basierten Produkten,[303] die für den klinischen Einsatz im oder am menschlichen Körper bestimmt sind, gilt. Das TPG gilt grundsätzlich auch, wenn die hiPS-Zell-basierten Produkte in klinischen Versuchen eingesetzt werden sollen. Das TPG findet hingegen keine Anwendung, wenn die somatischen Zellen, hiPS-Zellen oder hiPS-Zell-basierten Produkte zu Forschungszwecken im Labor verwendet werden sollen, da es hier im Zeitpunkt der Entnahme am Übertragungszweck fehlt.

Neben der „Spende und d[er] Entnahme von menschlichen Organen oder Geweben zum Zwecke der Übertragung" gilt das TPG nach § 1 Abs. 2 S. 1 TPG ebenfalls „*für die Übertragung der* [entnommenen] Organe oder *der* [entnommenen] Gewebe einschließlich der Vorbereitung dieser Maßnahmen [Hervorhebungen, S. G.]". Auch hier gilt das oben Gesagte entsprechend, sodass die Übertragungsvorschriften des TPG ebenfalls für die entnommenen menschlichen Organe oder Gewebe gelten, „die zunächst be- oder verarbeitet werden, bevor sie bei Menschen verwendet werden".[304] Damit gelten die

---

[298] So z. B. Wernscheid 2012, S. 68 ff. m.w.N. (zum vor der 12. AMG-Novelle geltenden TPG).

[299] BT-Drucks. 16/3146, S. 21.

[300] BT-Drucks. 13/4355, S. 16.

[301] BT-Drucks. 16/3146, S. 21.

[302] Zur Ausnahme s. Abschn. 3.2.2.

[303] Zur Ausnahme von Blut und Blutbestandteilen s. Abschn. 3.2.2.

[304] BT-Drucks. 16/3146, S. 21.

Vorschriften des TPG in der Regel auch für die Übertragung der hiPS-Zell-basierten Zellen oder Gewebe,[305] die aus den entnommenen somatischen Zellen (mit Ausnahme von kernhaltigen Blutzellen)[306] oder Geweben hergestellt wurden.

Eine Besonderheit gilt im Hinblick auf die in Zukunft allenfalls mögliche Übertragung von hiPS-Zell-basierten Organen oder Organteilen. Hier würden die Übertragungsvorschriften des TPG keine Anwendung finden, da die hiPS-Zell-basierten Organe oder Organteile nicht das Resultat einer Entnahme[307] eines menschlichen Organs i. S. d. § 1a Nr. 1 TPG wären (vgl. insoweit auch den eindeutigen Wortlaut des § 1 Abs. 2 S. 1 TPG: „Dieses Gesetz gilt für die Spende und die Entnahme von menschlichen Organen (…) zum Zwecke der Übertragung sowie für die Übertragung *der* [nicht „von"] Organe [Hervorhebungen, S. G.]"). Vielmehr würden hier in der Regel Gewebe i. S. d. § 1a Nr. 4 TPG [und nicht Organe i. S. d. § 1a Nr. 1 TPG] entnommen und diese im Rahmen eines aufwändigen Herstellungsprozesses zu hiPS-Zell-basierten Organen oder Organteilen weiterverarbeitet. Daher ist festzuhalten, dass die Vorschriften des TPG regelmäßig zwar für die Übertragung der aus den entnommenen somatischen Zellen (mit Ausnahme von kernhaltigen Blutzellen)[308] oder Geweben hergestellten hiPS-Zell-basierten Zellen oder Geweben gelten,[309] nicht aber für die Übertragung der aus den entnommenen somatischen Zellen oder Geweben hergestellten hiPS-Zell-basierten Organen oder Organteilen.

3.2 Ausnahmen vom Anwendungsbereich

Das TPG enthält in § 1 Abs. 3 zwei Ausnahmen vom Anwendungsbereich. Die erste Ausnahme gilt für autologe Transplantationen innerhalb ein und desselben chirurgischen Eingriffs (Nr. 1) und die zweite Ausnahme gilt für Blut und Blutbestandteile (Nr. 2).

3.2.1 Autologe Transplantation innerhalb ein und desselben chirurgischen Eingriffs

3.2.1.1 Begriffsbestimmungen

Nach § 1 Abs. 3 Nr. 1 TPG gilt das Gesetz „nicht für Gewebe, die innerhalb ein und desselben chirurgischen Eingriffs einer Person entnommen werden, um auf diese ohne Änderung ihrer stofflichen Beschaffenheit rückübertragen zu werden". Diese Ausnahme beruht – ebenso wie die Ausnahme des § 4a S. 1 Nr. 3 AMG – auf Art. 2

---

[305] Zur Ausnahme von Blut und Blutbestandteilen s. Abschn. 3.2.2.

[306] Näheres dazu s. Abschn. 3.2.2.

[307] Ebenso (für das österreichische Recht) Kopetzki et al. 2020, Abschn. 3.3.3.2.

[308] Näheres dazu s. Abschn. 3.2.2.

[309] Zur Ausnahme von Blut und Blutbestandteilen s. Abschn. 3.2.2.

Abs. 2 lit. a Gewebe-RL, sodass hier auf die Ausführungen in Abschn. 2.6.1 entsprechend verwiesen werden kann.[310] Im Gegensatz zur Formulierung in § 4a S. 1 Nr. 3 AMG, die von „innerhalb eines Behandlungsvorgangs" spricht, hat sich der Gesetzgeber hier allerdings stärker an den Wortlaut der Gewebe-RL orientiert und den Begriff „innerhalb ein und desselben chirurgischen Eingriffs" übernommen. Die Wörter „ohne Änderung ihrer stofflichen Beschaffenheit" wurden zudem in § 1 Abs. 3 Nr. 1 TPG erst durch Art. 2 Nr. 2 des Gesetzes zur Fortschreibung der Vorschriften für Blut- und Gewebezubereitungen und zur Änderung anderer Vorschriften vom 18. Juli 2017[311] eingefügt. Nach der Gesetzesbegründung sollte diese Änderung den Ausnahmecharakter der Vorschrift verdeutlichen und gewährleisten, dass zukünftig „für Gewebe, die innerhalb ein und desselben chirurgischen Eingriffs so be- oder verarbeitet werden, dass damit eine Änderung der stofflichen Beschaffenheit verbunden ist", die Vorschriften des TPG zu beachten sind.[312] Hierdurch sollte vor allem „dem zunehmenden Einsatz von (...) Bed-Side-Anwendungen (...) Rechnung getragen" werden.[313]

3.2.1.2 Einstufung von autologen hiPS-Zell-Therapien

Die Ausnahme des § 1 Abs. 3 Nr. 1 TPG ist für autologe hiPS-Zell-basierte Transplantate nicht einschlägig. Wie bereits in Abschn. 2.6.2 zur Ausnahme des § 4a S. 1 Nr. 3 AMG entsprechend festgestellt, ist hier, unabhängig davon, ob die Entnahme und Rückübertragung „innerhalb ein und desselben chirurgischen Eingriffs" erfolgen, das Tatbestandsmerkmal „ohne Änderung ihrer stofflichen Beschaffenheit" schon nicht erfüllt, da die Zellen oder Gewebe im Rahmen der Herstellung des autologen hiPS-Zell-basierten Transplantats substanziell bearbeitet wurden.[314]

3.2.2 Blut und Blutbestandteile

3.2.2.1 Begriffsbestimmungen

Nach § 1 Abs. 3 Nr. 2 TPG gilt das TPG nicht für „Blut und Blutbestandteile". Für den Bereich der Blutspende gilt das TFG;[315] handelt es sich bei Blut und Blutbestandteilen um Arzneimittel, finden zusätzlich die Vorschriften des AMG Anwendung.[316]

---

[310] Vgl. BT-Drucks. 16/3146, S. 23 f.; BT-Drucks. 16/5443, S. 56.

[311] In: Bundesgesetzblatt I (2017):2757–2770.

[312] BT-Drucks. 18/11488, S. 45.

[313] BT-Drucks. 18/11488, S. 45. Zum Begriff „Bed-Side-Anwendungen" s. bereits Abschn. 2.6.1.

[314] Näheres zur substanziellen Bearbeitung s. bereits unter Abschn. 2.2.4.

[315] Rixen 2013, § 1 Rn. 15.

[316] Erbs und Kohlhaas 2019, § 1 TPG Rn. 4.

Das TFG enthält umfassende Regelungen zur Gewinnung von Blut und Blutbestandteilen sowie zur Anwendung von Blutprodukten. Nach § 1 TFG ist es „Zweck dieses Gesetzes (...), nach Maßgabe der nachfolgenden Vorschriften zur Gewinnung von Blut und Blutbestandteilen von Menschen und zur Anwendung von Blutprodukten für eine sichere Gewinnung von Blut und Blutbestandteilen und für eine gesicherte und sichere Versorgung der Bevölkerung mit Blutprodukten zu sorgen und deshalb die Selbstversorgung mit Blut und Plasma auf der Basis der freiwilligen und unentgeltlichen Blutspende zu fördern".

Als „*Spende*" gilt nach § 2 Nr. 1 TFG „die bei Menschen entnommene Menge an Blut oder Blutbestandteilen, die Wirkstoff oder Arzneimittel ist oder zur Herstellung von Wirkstoffen oder Arzneimitteln und anderen Produkten zur Anwendung bei Menschen bestimmt ist".[317]

Unter „*Blutprodukte*" werden nach § 2 Nr. 3 TFG „Blutzubereitungen im Sinne von § 4 Abs. 2 des Arzneimittelgesetzes, Sera aus menschlichem Blut im Sinne des § 4 Abs. 3 des Arzneimittelgesetzes und Blutbestandteile, die zur Herstellung von Wirkstoffen oder Arzneimitteln bestimmt sind", verstanden.[318]

Für die Begriffe „Blut und Blutbestandteile" enthalten weder das TFG noch das TPG Legaldefinitionen. In Anbetracht der Relevanz dieser Begriffe als Ausnahme vom Anwendungsbereich des TPG (vgl. § 1 Abs. 3 Nr. 2 TPG), wäre es empfehlenswert, dass der Gesetzgeber „Blut und Blutbestandteile" – zum Beispiel in § 2 TFG – definiert.

Solange keine gesetzlichen Begriffsbestimmungen von Blut und Blutbestandteilen existieren, sind die beiden Begriffe aus naturwissenschaftlich-medizinischer Sicht auszulegen.[319] Blut ist danach ein Gewebe, das vielseitige Transport- und Regulationsfunktionen im Körper erfüllt. Es besteht aus dem Blutplasma und den Blutzellen, das heißt den Erythrozyten (roten Blutkörperchen), Leukozyten (weißen Blutkörperchen) und Thrombozyten (Blutplättchen).[320]

Zum Beispiel werden hämatopoetische Stammzellen aus Nabelschnurblut und aus peripherem Blut als Blutbestandteile eingestuft, sodass die Ausnahme des § 1 Abs. 3 Nr. 2 TPG vorliegt.[321] Im Gegensatz dazu werden hämatopoetische Stammzellen aus dem Knochenmark als Gewebe i. S. d. § 1a Nr. 4 TPG betrachtet, sodass der Anwendungsbereich des TPG grundsätzlich eröffnet ist.[322]

§ 28 TFG regelt die Ausnahmen vom Anwendungsbereich des TFG. So findet das TFG vor allem „keine Anwendung auf (...) autologes Blut zur Herstellung von biotechnologisch bearbeiteten Gewebeprodukten". Aus der Gesetzesbegründung ergibt sich, dass hiermit die Entnahme „eine[r] geringe[n] Menge Eigenblut des Patienten (...), die zur Herstellung eines autologen Gewebeproduktes benötigt

---

[317] Näheres zur Definition s. auch BT-Drucks. 15/3593, S. 9 f.

[318] Näheres zur Definition s. auch BT-Drucks. 15/3593, S. 10.

[319] Ebenso Faltus 2016c, S. 364.

[320] Blutspendedienst des Bayrischen Roten Kreuzes 2018.

[321] Vgl. § 9 TFG. Näheres dazu s. z. B. Czerner 2013, § 1a Rn. 35 ff; Ehninger 2014, S. A 1408; Tag 2017, § 1 TFG Rn. 8.

[322] Näheres dazu s. z. B. Czerner 2013, § 1a Rn. 35 ff; Ehninger 2014, S. A 1408; Tag 2017, § 1 TFG Rn. 8. Näheres zu hämatopoetischen Stammzellzubereitungen s. BÄK 2019, S. 1 ff.

wird", erfasst sein soll.[323] Entsprechend § 20b Abs. 4 AMG soll die Ausnahme des § 28 TFG wohl auch nur für solches Blut gelten, das zur Vermehrung oder Aufbereitung von (anderen) autologen Körperzellen für die Herstellung von Gewebeprodukten verwendet wird.[324] Eine ausdrückliche Klarstellung des Gesetzgebers hierzu in § 28 TFG wäre allerdings wünschenswert. Ungeklärt bleibt zudem, ob der Gesetzgeber neben den biotechnologisch bearbeiteten Gewebeprodukten auch Gentherapeutika und somatische Zelltherapeutika als „autologe Gewebeprodukte" erfasst wissen wollte. Falls dies so ist, sollte der Gesetzgeber dies ebenfalls in § 28 TFG ausdrücklich klarstellen.

§ 29 TFG regelt das Verhältnis zu anderen Rechtsbereichen. Nach S. 1 bleiben die Vorschriften des Arzneimittel-, Medizinprodukte- und des Seuchenrechts unberührt, soweit im TFG nicht etwas anderes vorgeschrieben ist. S. 2 stellt klar, dass das TPG keine Anwendung findet.

3.2.2.2 Einstufung von somatischen Zellen und hiPS-Zell-basierten Produkten

Für kernhaltige Blutzellen, die zur Herstellung von hiPS-Zellen verwendet werden, findet das TPG nach § 1 Abs. 3 Nr. 2 TPG keine Anwendung, da sie Blutbestandteile i. S. d. naturwissenschaftlich-medizinischen Definition sind. Für ihre Gewinnung könnte allerdings das TFG grundsätzlich Anwendung finden.

Dies ist dann der Fall, wenn „die bei Menschen entnommene Menge an Blut oder Blutbestandteilen" zur Herstellung von hiPS-Zell-basierten Produkten „zur Anwendung bei Menschen bestimmt ist" (vgl. § 2 Nr. 1 TFG).[325] Liegen die Voraussetzungen vor, ist für die Spendeentnahme und die Untersuchungen der Blutzellen vor allem die Vorschrift des § 6 TFG über die Aufklärung und Einwilligung der spendenden Person zu beachten.

Die Ausnahme vom Anwendungsbereich des § 28 TFG ist nicht einschlägig, da diese sich nur auf eine geringe Menge Eigenblut zur Vermehrung oder Aufbereitung von anderen autologen Körperzellen (und nicht auf die Entnahme von kernhaltigen Blutzellen zur Herstellung von hiPS-Zellen) für die Herstellung von biotechnologisch bearbeiteten Gewebeprodukten bezieht.[326]

Ist die bei Menschen entnommene Menge an kernhaltigen Blutzellen aber zur Herstellung von hiPS-Zellen bestimmt, die zu Forschungszwecken im Labor verwendet werden sollen, unterliegt ihre Gewinnung nicht den Vorschriften des TFG, da es an der Zweckbestimmung der Anwendung bei Menschen fehlt (vgl. § 2 Nr. 1 TFG). Insoweit sind die allgemeinen Pflichten zur Aufklärung und Einwilligung (*informed consent*) zu beachten.[327]

---

[323] Vgl. BT-Drucks. 16/12256, S. 63.

[324] Vgl. BT-Drucks. 16/3146, S. 19. Ebenso Faltus 2016c, Fn. 1319. Zu § 20b Abs. 4 AMG s. bereits unter Abschn. 2.7.8.1.

[325] Vgl. auch BT-Drucks. 15/3593, S. 9 f.

[326] Ebenso Faltus 2016c, S. 643.

[327] So auch Faltus 2016c, S. 513 f.

HiPS-Zellen, die aus kernhaltigen Blutzellen hergestellt werden, fallen nicht in den Anwendungsbereich des TFG, da sie keine Blutbestandteile mehr sind. Vielmehr handelt es sich bei diesen undifferenzierten Zellen um Gewebe i. S. d. § 1a Nr. 4 TPG.[328]

Bei hiPS-Zell-derivierten Blutprodukten sind zwei Fälle zu unterscheiden. Wird die bei Menschen entnommene Menge an kernhaltigen Blutzellen zur Herstellung von hiPS-Zell-derivierten Blutprodukten i. S. d. § 2 Nr. 3 TFG verwendet, ist der Anwendungsbereich des TFG eröffnet. Es gelten sowohl die Vorschriften des TFG zur Gewinnung der Blutzellen als auch zur Anwendung der Blutprodukte.[329] Werden allerdings die Blutprodukte aus hiPS-Zellen hergestellt, die aus anderen Körperzellen als Blutzellen generiert wurden, findet das TFG mangels Spende keine Anwendung (vgl. §§ 1, 2 Nr. 1 TFG).[330]

Insgesamt ist festzustellen, dass der Anwendungsbereich des TPG – insbesondere im Hinblick auf die Gewinnung von Blut und Blutbestandteilen zur Herstellung von hiPS-Zellen und ihren Derivaten sowie zur Anwendung von hiPS-Zell-derivierten Blutprodukten – unübersichtlich ist. Eine ausdrückliche Klarstellung des Gesetzgebers wäre wünschenswert.

3.3 Rechtliche Konsequenzen der Einstufung für die klinische Translation

3.3.1 Entnahme von Geweben

Die Vorschriften zur Entnahme von Geweben (und Organen) befinden sich insbesondere in den Abschn. 2 und 3 des TPG. Abschn. 2 (§§ 3–7 TPG) legt dabei die Voraussetzungen für die Entnahme von Geweben (und Organen) bei toten Spendern fest, während Abschn. 3 (§§ 8–8c TPG) die Anforderungen an die Entnahme von Geweben (und Organen) bei lebenden Spendern enthält.

Die Praxis zeigt, dass als Ausgangsmaterial für die Herstellung von hiPS-Zellen entweder einzelne somatische Zellen oder Gewebe bei lebenden Spendern entnommen werden. Die Entnahme von Zellen oder Geweben bei toten Spendern ist theoretisch zwar möglich, aber aufgrund der in der Regel relativ einfachen Gewinnung der Zellen oder Gewebe bei lebenden Spendern als Ausgangsmaterial für die Herstellung von hiPS-Zell-basierten Produkten zur Anwendung bei Menschen eher unwahrscheinlich. Sollten allerdings somatische Zellen (mit Ausnahme von kernhaltigen Blutzellen) oder Gewebe bei toten Spendern zur Herstellung von hiPS-Zell-basierten Produkten, die für den klinischen Einsatz im oder am menschlichen Körper bestimmt sind, entnommen werden, wären regelmäßig die

---

[328] Näheres dazu s. bereits unter Abschn. 3.1.1.2. S. ebenfalls Abschn. 3.1.2 und Abschn. 3.1.3.2.

[329] Letztlich ebenso Faltus 2016c, S. 641 f.

[330] Ebenso Faltus 2016c, S. 643 f.

Voraussetzungen für die Zulässigkeit der Entnahme in Abschn. 2, insbesondere § 3 TPG oder § 4 TPG, zu beachten.[331]

Für die Entnahme von somatischen Zellen (mit Ausnahme von kernhaltigen Blutzellen) oder Geweben bei lebenden Spendern zur Herstellung von hiPS-Zell-basierten Produkten, die für den klinischen Einsatz im oder am menschlichen Körper bestimmt sind, sind grundsätzlich drei verschiedene Fälle zu unterscheiden.

Werden somatische Zellen (mit Ausnahme von kernhaltigen Blutzellen) oder Gewebe zur Herstellung von allogenen hiPS-Zell-Therapien entnommen, sind generell die Zulässigkeitsvoraussetzungen der Gewebeentnahme des § 8 Abs. 1 TPG einzuhalten.[332] Der Eingriff ist dabei insbesondere durch einen Arzt vorzunehmen, und die volljährige und einwilligungsfähige Person muss nach § 8 Abs. 2 S. 1 und S. 2 TPG aufgeklärt worden sein und in die Entnahme eingewilligt haben.[333] Darüber hinaus muss zum Beispiel die Übertragung des hiPS-Zell-basierten „Gewebes auf den vorgesehenen Empfänger nach ärztlicher Beurteilung geeignet (...) [sein], das Leben dieses Menschen zu erhalten oder bei ihm eine schwerwiegende Krankheit zu heilen, ihre Verschlimmerung zu verhüten oder ihre Beschwerden zu lindern".[334] Nach § 8 Abs. 3 S. 1 TPG darf die Entnahme von Geweben zudem erst durchgeführt werden, „nachdem sich der Spender zur Teilnahme an einer ärztlich empfohlenen Nachbetreuung bereit erklärt hat".[335]

Dient die Entnahme von Geweben i. S. d. § 1a Nr. 4 TPG bei einem lebenden Spender hingegen dem Zweck, im Rahmen einer medizinischen Behandlung ein zur Rückübertragung bestimmtes (d. h. autologes) hiPS-Zell-basiertes Produkt herzustellen, richtet sich die Zulässigkeit der Gewebeentnahme regelmäßig nach § 8c Abs. 1 TPG.[336] So muss insbesondere auch hier „die Entnahme und die Rückübertragung durch einen Arzt vorgenommen werden" und die grundsätzlich einwilligungsfähige Person „entsprechend § 8 Absatz 2 Satz 1 und 2 [TPG] aufgeklärt worden (...) [sein] und in die Entnahme und die Rückübertragung des (...) Gewebes eingewilligt (...) [haben]".[337]

In besonderen Fällen richtet sich die Zulässigkeit der Übertragung der hiPS-Zell-basierten Zellen oder Gewebe nach § 8b Abs. 1 TPG.[338] Die Vorschrift

---

[331] Zur Ausnahme von Blut und Blutbestandteilen s. Abschn. 3.2.2. Näheres zu den Voraussetzungen der §§ 3, 4 TPG s. z. B. Scholz und Middel 2018, §§ 3, 4 TPG.

[332] Zur Ausnahme von Blut und Blutbestandteilen s. Abschn. 3.2.2. Zur Spezialregelung des § 8b TPG s. sogleich.

[333] Vgl. §§ 8 Abs. 1 S. 1 Nr. 1 lit. a, lit. b, Nr. 4 TPG. Zur Spendereignung vgl. auch § 8 Abs. 1 S. 1 Nr. 1 lit. c TPG.

[334] (Vgl.) § 8 Abs. 1 S. 1 Nr. 2 TPG.

[335] Näheres zu § 8 TPG und seine Voraussetzungen s. z. B. Scholz und Middel 2018, § 8 TPG.

[336] Zur Ausnahme von Blut und Blutbestandteilen s. Abschn. 3.2.2. Vgl. auch § 8c Abs. 2, Abs. 3 TPG.

[337] § 8c Abs. 1 Nr. 1, Nr. 3 TPG. Näheres zu den Voraussetzungen des § 8c TPG s. z. B. Schmidt-Recla 2013, § 8c.

[338] § 8b Abs. 2 TPG findet hier keine Anwendung, da es an der Entnahme von menschlichen Samenzellen fehlt (vgl. BT-Drucks. 16/3146, S. 30). Nach derzeitigem Forschungsstand werden hiPS-Zellen aus menschlichen Körperzellen (und nicht aus menschlichen Samenzellen) gewonnen.

stellt eine Spezialregelung zu § 8 TPG dar.[339] Ein solch besonderer Fall liegt in der Regel dann vor, wenn Gewebe i. S. d. § 1a Nr. 4 TPG „bei einer lebenden Person im Rahmen einer medizinischen Behandlung dieser Person entnommen" wurde und das entnommene Gewebe dann anschließend zu hiPS-Zell-basierten Zellen oder Gewebe für eine Übertragung auf einen anderen Menschen (allogene Transplantation) weiterverarbeitet wird.[340] Für die Zulässigkeit der Übertragung sind die Anforderungen an die Einwilligungsfähigkeit der Person des Spenders sowie ihre Aufklärung entsprechend § 8 Abs. 2 S. 1 und S. 2 TPG und ihre Einwilligung in diese Gewebeübertragung zu beachten.[341]

3.3.2 Anforderungen an die Gewebeeinrichtung

Das TPG enthält Anforderungen an Gewebeeinrichtungen. Eine Gewebeeinrichtung ist nach § 1a Nr. 8 TPG „eine Einrichtung, die Gewebe zum Zwecke der Übertragung entnimmt, untersucht, aufbereitet, be- oder verarbeitet, konserviert, kennzeichnet, verpackt, aufbewahrt oder an andere abgibt". Es handelt sich um eine sehr weite Begriffsbestimmung, die auch Entnahmeeinrichtungen mitumfasst.[342]

Besondere Pflichten der Gewebeeinrichtungen sind in § 8d TPG i. V. m. 2 ff. TPG-Gewebeverordnung (TPG-GewV)[343] geregelt. Nach § 8d Abs. 1 S. 1 TPG darf zum Beispiel unbeschadet der Vorschriften des AMG „eine Gewebeeinrichtung, die Gewebe entnimmt oder untersucht, (…) nur betrieben werden, wenn sie einen Arzt bestellt hat, der die erforderliche Sachkunde nach dem Stand der medizinischen Wissenschaft besitzt". So enthält § 8d Abs. 1 S. 2 TPG eine Vielzahl an Verpflichtungen der Gewebeeinrichtung. Zum Beispiel ist die Gewebeeinrichtung nach § 8d Abs. 1 S. 2 Nr. 3 TPG verpflichtet, „sicherzustellen, dass die für Gewebespender nach dem Stand der medizinischen Wissenschaft und Technik erforderlichen Laboruntersuchungen in einem Untersuchungslabor nach § 8e [TPG] durchgeführt werden". Näheres zu den Anforderungen an Laboruntersuchungen und Untersuchungsverfahren regelt § 4 TPG-GewV i. V. m. Anlage 3 TPG-GewV. Dokumentationspflichten aller Gewebeeinrichtungen (vgl. „eine Gewebeeinrichtung" bzw. „jede Gewebeeinrichtung") sind in § 8d Abs. 2 und Abs. 3 TPG geregelt.

---

[339] BT-Drucks. 16/5443, S. 54.

[340] (Vgl.) § 8b Abs. 1 S. 1 TPG; BT-Drucks. 16/3146, S. 29. Zur Ausnahme von Blut und Blutbestandteilen s. Abschn. 3.2.2.

[341] Vgl. § 8b Abs. 1 S. 1 TPG. Näheres zu den Voraussetzungen des § 8b TPG s. z. B. Schmidt-Recla 2013, § 8b.

[342] Ebenso Middel und Pannenbecker 2009, S. 91.

[343] Verordnung über die Anforderungen an Qualität und Sicherheit der Entnahme von Geweben und deren Übertragung nach dem Transplantationsgesetz (TPG-Gewebeverordnung – TPG-GewV) vom 26. März 2008. In: Bundesgesetzblatt I (2008):512–520. Zuletzt geändert durch Art. 2 der Verordnung vom 7. Juli 2017. In: Bundesgesetzblatt I (2017):2842–2845.

Der Verzicht auf eine Unterscheidung zwischen „Entnahmeeinrichtung" und „Gewebeeinrichtung" führt dazu, dass § 8d Abs. 1 S. 1 TPG die umständliche Formulierung „eine Gewebeeinrichtung, die Gewebe entnimmt oder untersucht" enthält, während § 8d Abs. 2 und Abs. 3 TPG von „eine Gewebeeinrichtung" und „jede Gewebeeinrichtung" sprechen.[344] Zur sprachlichen Vereinfachung sollte der Gesetzgeber eine Neuformulierung des Begriffs „Gewebeeinrichtung" in § 1a Nr. 8 TPG anstreben. Diese sollte insbesondere unter Berücksichtigung einer Vereinheitlichung der Definitionen in § 1 TPG-GewV, § 20b AMG und §§ 2 Nr. 10, Nr. 11 AMWHV erfolgen.

Weitere Anforderungen an alle Gewebeeinrichtungen hinsichtlich der Rückverfolgung bei Geweben sind in § 13c TPG geregelt. So muss zum Beispiel „jede Gewebeeinrichtung (...) ein Verfahren fest[legen], mit dem sie jedes Gewebe, das durch einen schwerwiegenden Zwischenfall im Sinne des § 63i Absatz 6 des Arzneimittelgesetzes oder eine schwerwiegende unerwünschte Reaktion im Sinne des § 63i Absatz 7 des Arzneimittelgesetzes beeinträchtigt sein könnte, unverzüglich aussondern (...) kann".[345] Das festzulegende Verfahren muss zudem ein solches Gewebe unverzüglich „von der Abgabe ausschließen und die belieferten Einrichtungen der medizinischen Versorgung unterrichten" können.[346]

3.3.3 Anforderungen an die Einrichtung der medizinischen Versorgung

Das TPG legt ebenfalls Anforderungen an die Einrichtungen der medizinischen Versorgung fest. Unter „Einrichtung der medizinischen Versorgung" ist gemäß § 1a Nr. 9 TPG „ein Krankenhaus oder eine andere Einrichtung mit unmittelbarer Patientenbetreuung, die fachlich-medizinisch unter ständiger ärztlicher Leitung steht und in der ärztliche medizinische Leistungen erbracht werden" zu verstehen. Der Begriff „andere Einrichtung" umfasst ambulante Einrichtungen wie Arztpraxen oder Gewebebanken.[347]

Einrichtungen der medizinischen Versorgung werden zur Dokumentation übertragener Gewebe (§ 13a TPG i. V. m. § 7 TPG-GewV) und zur Meldung schwerwiegender Zwischenfälle und schwerwiegender unerwünschter Reaktionen bei Geweben (§ 13b i. V. m. §§ 8, 9 TPG-GewV) verpflichtet. Darüber hinaus haben sie Pflichten im Hinblick auf die Rückverfolgung bei Geweben zu erfüllen (§ 13c Abs. 2 TPG) (Abb. 2).

---

[344] Ebenso Middel und Pannenbecker 2009, S. 91 f.

[345] § 13c Abs. 1 TPG.

[346] § 13c Abs. 1 TPG. Näheres zu den Einrichtungen der medizinischen Versorgung s. Abschn. 3.3.3.

[347] Krüger et al. 2009, S. 69. Vgl. ebenfalls BT-Drucks. 16/3146, S. 25.

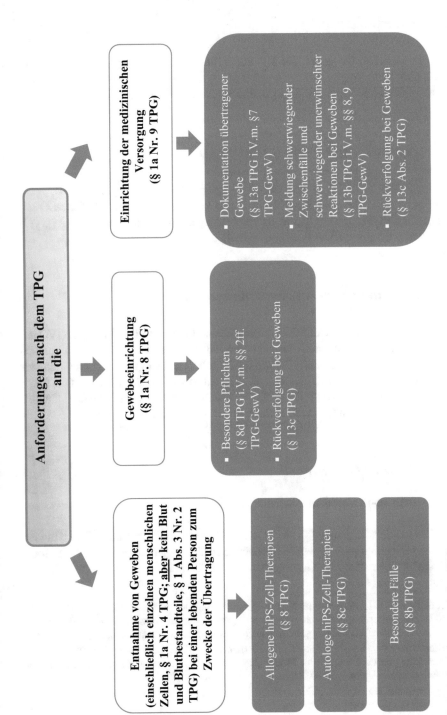

Abb. 2 Anforderungen nach dem TPG

4 Gentechnikrecht

Die europäischen Vorgaben der RL 2001/18/EG (Freisetzungs-RL)[348] sowie der RL 2009/41/EG (System-RL)[349] wurden durch das GenTG in nationales Recht umgesetzt,[350] das im Folgenden näher untersucht werden soll.

4.1 Anwendungsbereich

Nach § 2 Abs. 1 GenTG gilt das Gesetz für „gentechnische Anlagen" (Nr. 1), „gentechnische Arbeiten" (Nr. 2), „Freisetzungen von gentechnisch veränderten Organismen" (GVO) (Nr. 3) und „das Inverkehrbringen von Produkten, die (...) [GVO] enthalten oder aus solchen bestehen" (Nr. 4).

4.2 Ausnahme vom Anwendungsbereich

Nach § 2 Abs. 3 gilt das GenTG nicht für die unmittelbare Anwendung von GVO am Menschen. Die Humangenetik ist vom Anwendungsbereich des GenTG ausgenommen.[351] Daher fällt beispielsweise die somatische Gentherapie unter unmittelbarer Anwendung von GVO am Menschen nicht in den Anwendungsbereich des GenTG.[352] Das Gesetz erfasst allerdings die In-vitro-Teilschritte der Verfahren, die der unmittelbaren Anwendung von GVO am Menschen vor- oder nachgelagert sind.[353]

4.3 (Mikro-) Organismen

4.3.1 (Mikro-) Organismusbegriff

Ein Organismus ist gemäß § 3 Nr. 1 GenTG „jede biologische Einheit, die fähig ist, sich zu vermehren oder genetisches Material zu übertragen, einschließlich Mikroorganismen". Der deutsche Gesetzgeber hat die Definition in Art. 2 Nr. 1 Freiset-

---

[348] Richtlinie 2001/18/EG des Europäischen Parlaments und des Rates vom 12. März 2001 über die absichtliche Freisetzung genetisch veränderter Organismen in die Umwelt und zur Aufhebung der Richtlinie 90/220/EWG des Rates. In: Amtsblatt der Europäischen Gemeinschaften L 2001/106:1.

[349] Richtlinie 2009/41/EG des Europäischen Parlaments und des Rates vom 6. Mai 2009 über die Anwendung genetisch veränderter Mikroorganismen in geschlossenen Systemen. In: Amtsblatt der Europäischen Union L 2009/125:75.

[350] Näheres dazu s. z. B. BVL 2020.

[351] S. dazu Fenger 2018, § 2 GenTG Rn. 4.

[352] S. dazu Fenger 2018, § 2 GenTG Rn. 4.

[353] S. dazu Fenger 2018, § 2 GenTG Rn. 5.

zungs-RL übernommen und zusätzlich Mikroorganismen zu den Organismen gezählt („einschließlich Mikroorganismen"). Die drei zentralen Merkmale der biologischen Einheit, Vermehrungsfähigkeit („fähig ist, sich zu vermehren") und Übertragungsfähigkeit („fähig ist, (…) genetisches Material zu übertragen") sind weder in der Freisetzungs-RL noch im GenTG definiert.[354] Dies kann zu Problemen bei der Einstufung führen,[355] sodass es sinnvoll wäre, diese Begriffe auf europäischer Ebene zur Schaffung von Rechtklarheit zu definieren. Der deutsche Gesetzgeber könnte dann diese EU-rechtlichen Legaldefinitionen eins zu eins ins nationale Recht (z. B. in § 3 GenTG) umsetzen.

Mikroorganismen sind spezielle Organismen (vgl. § 3 Nr. 1 GenTG „einschließlich Mikroorganismen").[356] Sie sind gemäß § 3 Nr. 1a GenTG „Viren, Viroide, Bakterien, Pilze, mikroskopisch-kleine ein- oder mehrzellige Algen, Flechten, andere eukaryotische Einzeller oder mikroskopisch-kleine tierische Mehrzeller sowie tierische und pflanzliche Zellkulturen". Diese Auflistung ist abschließend.[357]

4.3.2 Einstufung von Viren

Viren sind Organismen i. S. d. § 3 Nr. 1 GenTG. Denn unabhängig davon, ob sie vermehrungsfähig sind oder nicht,[358] handelt es sich um biologische Einheiten, die fähig sind, genetisches Material zu übertragen.[359] Im Falle der Herstellung von hiPS-Zellen sind dies beispielsweise die Transkriptionsfaktoren Oct3/4, Sox2, Klf4 and c-Myc.[360] Zudem werden Viren in § 3 Nr. 1a GenTG explizit als Mikroorganismen aufgelistet, sodass sich bereits hieraus ihre Einstufung als Organismen ergibt (vgl. § 3 Nr. 1 GenTG „einschließlich Mikroorganismen").

---

[354] Näheres zur Erläuterung der Merkmale s. z. B. Koch und Ibelgaufts 1994, § 3 GenTG Rn. 15 ff.

[355] S. z. B. Abschn. 4.3.3.

[356] Ronellenfitsch 2017, § 3 GenTG Rn. 102, 96.

[357] Näheres dazu s. z. B. Ronellenfitsch 2017, § 3 GenTG Rn. 96.

[358] Zur Herstellung von hiPS-Zellen können auch *replikationsinkompetente Viren* verwendet werden; Näheres dazu s. z. B. González et al. 2011, S. 237. Der EuGH stellt auf eine konkret-individuelle Fortpflanzungsfähigkeit ab; EuGH, Urt. vom 6. September 2011 – C-442/09, Slg. I-07419, Rn. 60; a. A. Hirsch und Schmidt-Didczuhn 1991, § 3 GenTG Rn. 3; Ronellenfitsch 2017, § 3 GenTG Rn. 99, die auf die Fortpflanzungsfähigkeit der Spezies abstellen. In der Regel wird die Vermehrungsfähigkeit auch im konkreten Fall nicht auszuschließen sein, da replikationsinkompetente Viren durch Rekombinationsereignisse durchaus wieder vermehrungsfähig werden könnten; s. EMA 2008, S. 6 f. Die Begriffe „Vermehrung" und „Replikation" werden in diesem Beitrag als Synonyme verwendet. Näheres zur Unterscheidung der beiden Begriffe s. z. B. Koch und Ibelgaufts 1992, § 3 GenTG Rn. 67 ff. Zur Thematik ausführlich s. auch Kopetzki et al. 2020, Abschn. 4.3.2.

[359] Ebenso Ronellenfitsch 2017, § 3 GenTG Rn. 99.

[360] Vgl. Takahashi et al. 2007.

4.3.3 Einstufung von Plasmiden

Fraglich ist, ob Plasmide „Organismen" i. S. d. § 3 Nr. 1 GenTG sind. Dabei ist bereits umstritten, ob es sich bei einem Plasmid um eine *„biologische Einheit"* handelt, „die fähig ist, sich zu vermehren oder genetisches Material zu übertragen".[361] Als Argument gegen die Einstufung als Organismen i. S. d. § 3 Nr. 1 GenTG wird angeführt, dass es sich bei Plasmiden nur um, wenn auch komplex aufgebaute, Chemikalien handelt, die nicht vom Anwendungsbereich des GenTG erfasst sind.[362] Die Gegenansicht stimmt zwar insoweit zu, dass nicht jedes replizierbare Nukleinsäure-Molekül als biologische Einheit verstanden werden kann.[363] Allerdings müssten Plasmide im zellulären Wirkzusammenhang (in vivo) als Organismen i. S. d. § 3 Nr. 1 GenTG gelten, da sie als Vektoren genetisches Material übertragen könnten.[364]

Die letztgenannte Ansicht ist überzeugend. Plasmide sind grundsätzlich in Zellen replikationsfähig.[365] Selbst wenn sie im konkreten Fall nicht vermehrungsfähig sein sollten,[366] können sie dennoch als Vektor genetisches Material (z. B. die Transkriptionsfaktoren Oct3/4, Sox2, Klf4 and c-Myc zur Herstellung von hiPS-Zellen)[367] übertragen. Daher sind Plasmide – zumindest unter in-vivo-Bedingungen – als Organismen i. S. d. § 3 Nr. 1 GenTG einzustufen.

Es wäre zwar durchaus denkbar, die Übertragungsfähigkeit und damit den Organismusbegriff in § 3 Nr. 1 GenTG bereits bei Plasmiden in vitro mit der Begründung zu bejahen, dass sie fähig sind, genetisches Material zu übertragen.[368] Hiergegen spricht jedoch, dass erst die Einführung des Plasmids in den zellulären Kontext dieses zur Übertragung befähigt. Zudem werden erst mit der Einführung in die Zelle die schutzzweckrelevanten Gefahren (vgl. § 1 GenTG) begründet.[369]

---

[361] Verneinend Hirsch und Schmidt-Didczuhn 1991, § 3 GenTG Rn. 4. A. A. Koch und Ibelgaufts 1994, § 3 GenTG Rn. 27; Wildhaber 2009, S. 155 f.

[362] Näheres zum Streit s. Koch und Ibelgaufts 1992, § 3 GenTG Rn. 35 f., 38 ff.; Wildhaber 2009, S. 155 f. m.w.N.

[363] Koch und Ibelgaufts 1992, § 3 GenTG Rn. 35; Wildhaber 2009, S. 155.

[364] Koch und Ibelgaufts 1992, § 3 GenTG Rn. 39 ff.; Wildhaber 2009, S. 155 f.

[365] Koch und Ibelgaufts 1992, § 3 GenTG Rn. 36.

[366] Zur Herstellung von hiPS-Zellen könnten auch *nicht replizierende* Plasmide verwendet werden; Näheres dazu s. z. B. González et al. 2011, S. 239 sowie Kopetzki et al. 2020, Abschn. 4.3.3. Diese nicht replizierenden Plasmide könnten sich in einem Bakterium (und nicht in einer menschlichen Zelle) vermehren. Stellt man mit dem EuGH auf die konkret-individuelle Fortpflanzungsfähigkeit ab, kann die Vermehrungsfähigkeit von nicht replizierenden Plasmiden, die für die Herstellung von hiPS-Zellen verwendet werden, generell ausgeschlossen werden; vgl. EuGH, Urt. vom 6. September 2011 – C-442/09, Slg. I-07419, Rn. 60. Stellt man hingegen auf die generell-abstrakte Fortpflanzungsfähigkeit ab, ist das Merkmal der Vermehrungsfähigkeit i. S. d. § 3 Nr. 1 GenTG auch bei in einer menschlichen Zelle nicht vermehrungsfähigen Plasmiden erfüllt, sofern diese in einem Bakterium vermehrungsfähig sind; vgl. Hirsch und Schmidt-Didczuhn 1991, § 3 GenTG Rn. 3; Ronellenfitsch 2017, § 3 GenTG Rn. 99.

[367] Vgl. Takahashi et al. 2007.

[368] Koch und Ibelgaufts 1992, § 3 GenTG Rn. 41.

[369] Ebenso Koch und Ibelgaufts 1992, § 3 GenTG Rn. 41.

Zur Schaffung von Rechtsklarheit wäre es allerdings durchaus sinnvoll, wenn der Gesetzgeber im Rahmen einer Legaldefinition des Merkmals „fähig ist, (…) genetisches Material zu übertragen" in § 3 Nr. 1 GenTG festlegen würde, ob nur in-vitro- oder auch in-vivo-Bedingungen erfasst sein sollen.

Plasmide werden in § 3 Nr. 1a GenTG nicht genannt. Sie sind somit keine Mikroorganismen i. S. d. GenTG, da die Auflistung abschließend ist.[370] Im Gegensatz zur Gesetzesbegründung zu § 3 Nr. 1a GenTG[371] stellt die amtliche Begründung zu § 3 Nr. 1 Gentechnik-Sicherheitsverordnung (GenTSV)[372] explizit (allerdings ohne Begründung) klar, dass Plasmide keine Mikroorganismen sind.[373] Da Mikroorganismen spezielle Organismen sind, spricht vieles dafür, dass der Gesetzgeber das Plasmid deshalb von der Mikroorganismendefinition in § 3 Nr. 1a GenTG ausnahm, da er der Ansicht war, dass es keine „mikrobiologische Einheit, die zur Vermehrung oder zur Weitergabe von genetischem Material fähig ist" darstellt (vgl. Art. 2 lit. a Hs. 1 System-RL bzw. ehemals Art. 2 lit. a RL 90/219/EWG [374]). Da Plasmide allerdings – wie soeben erläutert wurde – als Vektoren genetisches Material übertragen können, wäre über eine Aufnahme von Plasmiden – jedenfalls in vivo – in die Liste der Mikroorganismen nachzudenken. Insgesamt wäre es sinnvoll, die Mikroorganismendefinition in § 3 Nr. 1a GenTG an den aktuellen Stand der Technik anzupassen.

4.3.4 Einstufung von mRNA

Die mRNA (englisch *messenger* RNA)[375] ist kein Organismus i. S. d. § 3 Nr. 1 GenTG. Sie stellt keine „biologische Einheit" mit der Fähigkeit dar, sich zu vermehren oder genetisches Material zu übertragen. Die mRNA ist weder vermehrungsfähig noch überträgt sie genetisches Material. Sie stellt vielmehr selbst das genetische Material dar, das in die menschliche Zelle eingebracht wird.[376]

---

[370] Ebenso Koch und Ibelgaufts 1992/1994, § 3 GenTG Rn. 16, 33, 48; Ronellenfitsch 2017, § 3 GenTG Rn. 100.

[371] Vgl. BT-Drs. 14/8230, S. 26. § 3 Nr. 1a GenTG wurde mit dem Zweiten Gesetz zur Änderung des Gentechnikgesetzes (2. GenTG-ÄndG) vom 16. August 2002 eingefügt. In: Bundesgesetzblatt I (2002):3220–3244.

[372] Verordnung über die Sicherheitsstufen und Sicherheitsmaßnahmen bei gentechnischen Arbeiten in gentechnischen Anlagen (Gentechnik-Sicherheitsverordnung – GenTSV) vom 24. Oktober 1990, in der Fassung der Bekanntmachung vom 14. März 1995. In: Bundesgesetzblatt I (1995):297–323. Zuletzt geändert durch Art. 57 der Verordnung vom 31. August 2015. In: Bundesgesetzblatt I (2015):1474–1564.

[373] BR-Drucks. 226/90, S. 116; Eberbach und Ferdinand 2003, § 3 GenTSV Rn. 1.

[374] Richtlinie 90/219/EWG des Rates vom 23. April 1990 über die Anwendung genetisch veränderter Mikroorganismen in geschlossenen Systemen. In: Amtsblatt der Europäischen Gemeinschaften L 1990/117:1.

[375] Näheres zur mRNA, Transkription und Translation oder Proteinbiosynthese s. z. B. Clancy und Brown 2008, S. 101.

[376] Vgl. Hirsch und Schmidt-Didczuhn 1991, § 3 GenTG Rn. 4 (zur „nackten DNA"); Koch und Ibelgaufts 1992, § 3 GenTG Rn. 46 (zu DNA-Fragmenten). Ebenso (für das österreichische Recht) Kopetzki et al. 2020, Abschn. 4.3.4.

Die mRNA ist auch kein Mikroorganismus i. S. d. § 3 Nr. 1a GenTG. Erstens wird die mRNA in der abschließenden Aufzählung in § 3 Nr. 1a GenTG nicht genannt und zweitens kommt die Erfüllung der Mikroorganismendefinition auch deshalb nicht in Betracht, da die mRNA keine mikrobiologische Einheit ist, die zur Vermehrung oder zur Übertragung genetischen Materials fähig ist.[377]

4.3.5   Einstufung von Proteinen

Proteine, die zur Herstellung von hiPS-Zellen verwendet werden,[378] sind keine „biologische[n] Einheiten, die fähig (...) [sind], sich zu vermehren oder genetisches Material zu übertragen". Sie sind daher keine Organismen i. S. d. § 3 Nr. 1 GenTG.

Proteine sind auch keine Mikroorganismen i. S. d. Gesetzes, da sie in § 3 Nr. 1a GenTG nicht aufgelistet sind. Sie sind keine mikrobiologischen Einheiten, die zur Vermehrung oder zur Übertragung genetischen Materials fähig sind.[379]

4.3.6   Einstufung von hiPS-Zellen

Fraglich ist, ob hiPS-Zellen vom Organismusbegriff i. S. d. § 3 Nr. 1 GenTG erfasst sind. Eine einzelne Zelle ist eine „biologische Einheit, die fähig ist, sich zu vermehren".[380] Daraus folgt, dass hiPS-Zellen Organismen i. S. d. § 3 Nr. 1 GenTG sind. Darüber hinaus ist auch das Merkmal der Übertragungsfähigkeit in § 3 Nr. 1 GenTG erfüllt. Der Begriff „fähig ist, (…) genetisches Material zu übertragen" ist weit zu verstehen und erfasst Zellen (d. h. auch hiPS-Zellen), die in vitro vermehrt werden können und dabei ihre im Genom festgelegten Eigenschaften an ihre Tochterzellen weitergeben.[381]

HiPS-Zellen werden zwar in § 3 Nr. 1a GenTG nicht ausdrücklich genannt. Dennoch sprechen überzeugende Argumente dafür, hiPS-Zellen zu den Mikroorganismen i. S. d. GenTG zu zählen. Denn unter den Begriff „tierische (…) Zellkulturen" können auch menschliche Zellkulturen fallen, da der Mensch nach biologischem Verständnis zur Gruppe der Säugetiere zählt.[382] Es sind auch keine teleologischen Gesichtspunkte für eine Unterscheidung zwischen menschlichen Zellkulturen und anderen tierischen und pflanzlichen Zellkulturen erkennbar.

---

[377] Näheres zur Mikroorganismendefinition s. bereits unter Abschn. 4.3.1.

[378] Näheres zur Herstellung s. z. B. Zhou et al. 2009, S. 381 ff.

[379] Näheres zur Mikroorganismendefinition s. bereits unter Abschn. 4.3.1.

[380] Koch und Ibelgaufts 1992/1994, § 3 GenTG Rn. 20, 47.

[381] Eberbach und Ferdinand 2003, § 3 GenTSV Rn. 55–60. Vgl. auch Hirsch und Schmidt-Didc-zuhn 1991, § 3 GenTG Rn. 2.

[382] Näheres dazu s. Kopetzki et al. 2020, Abschn. 4.4.6 m.w.N. und Wink 2015, S. 125.

4.4   Vektor

Der Begriff „Vektor" ist in § 3 Nr. 13 GenTG definiert als „ein biologischer Träger, der Nukleinsäure-Segmente in eine neue Zelle einführt". Die Definition wurde auf Anregung der Ausschüsse des Bundesrats in das Gesetz aufgenommen.[383] Die von den Ausschüssen vorgeschlagene Voraussetzung, dass der Vektor fähig sein müsse, sich in der Zelle unabhängig zu vermehren, wurde nicht übernommen.[384] Daher liegt ein Vektor i. S. d. § 3 Nr. 13 GenTG bereits dann vor, wenn er „nur" als Überträger funktioniert, ohne die Fähigkeit zu besitzen, sich eigenständig in der Zelle zu vermehren.[385] Als Vektoren i. S. d. § 3 Nr. 13 GenTG kommen vor allem Plasmide, Phagen, Cosmide, Phasmide, Viren und Bakterien in Betracht.[386]

Viren oder Plasmide, die zur Herstellung von hiPS-Zellen verwendet werden, sind biologische Träger, die Nukleinsäure-Segmente (d. h. die Transkriptionsfaktoren) in eine somatische Zelle zu Reprogrammierungszwecken einführen. Es handelt sich daher um Vektoren i. S. d. § 3 Nr. 13 GenTG.

Hingegen ist die mRNA kein Vektor i. S. d. § 3 Nr. 13 GenTG, da sie kein biologischer Träger ist. Sie ist vielmehr selbst das Nukleinsäure-Segment, das in die menschliche Zelle eingebracht wird. Auch Proteine, die zur Herstellung von hiPS-Zellen verwendet werden, sind keine biologischen Träger, die Nukleinsäure-Segmente in eine neue Zelle einführen. Sie sind daher ebenfalls keine Vektoren i. S. d. § 3 Nr. 13 GenTG.

4.5   Gentechnisch veränderter Organismus (GVO)

4.5.1   GVO-Begriff

Der Begriff „gentechnisch veränderter Organismus" (GVO) ist in § 3 Nr. 3 GenTG definiert als „ein Organismus, mit Ausnahme des Menschen, dessen genetisches Material in einer Weise verändert worden ist, wie sie unter natürlichen Bedingungen durch Kreuzen oder natürliche Rekombination nicht vorkommt; ein gentechnisch veränderter Organismus ist auch ein Organismus, der durch Kreuzung oder natürliche Rekombination zwischen gentechnisch veränderten Organismen oder mit einem oder mehreren gentechnisch veränderten Organismen oder durch andere Arten der Vermehrung eines gentechnisch veränderten Organismus entstanden ist, sofern das genetische Material des Organismus Eigenschaften aufweist, die auf gentechnische Arbeiten zurückzuführen sind".[387]

---

[383] BR-Drs. 387/1/89, Nr. 60. Vgl. auch BT-Drs. 11/6778, S. 38.

[384] Koch und Ibelgaufts 1994, § 3 GenTG Rn. 8.

[385] Koch und Ibelgaufts 1994, § 3 GenTG Rn. 8.

[386] Hirsch und Schmidt-Didczuhn 1991, § 3 GenTG Rn. 65.

[387] Näheres zum GVO-Begriff s. z. B. Ronellenfitsch 2017, § 3 GenTG Rn. 104 ff.

Die Vorschriften für GVO gelten auch für gentechnisch veränderte Mikroorganismen (GVM), da Mikroorganismen spezielle Organismen sind (vgl. § 3 Nr. 1 GenTG „einschließlich Mikroorganismen").[388]

§ 3 Nr. 3a GenTG zählt – ebenso wie Anhang I A Teil 1 Freisetzungs-RL und Anhang I Teil A System-RL – nur beispielhaft („insbesondere") Verfahren der Veränderung genetischen Materials auf.[389] Im Hinblick auf hiPS-Zellen und ihre Herstellung sind vor allem Verfahren i. S. d. § 3 Nr. 3a lit. a GenTG („Nukleinsäure-Rekombinationstechniken") relevant.

Des Weiteren enthalten § 3 Nr. 3b und Nr. 3c GenTG eine Auflistung von Verfahren, die *nicht* als Verfahren der Veränderung genetischen Materials gelten. Die Herstellung von hiPS-Zellen mit Hilfe von Viren, Plasmiden, mRNA oder Proteinen fällt allerdings nicht unter einer der ausdrücklich genannten Ausnahmen. Insbesondere handelt es sich bei der Übertragung genetischen Materials durch einen Vektor in die Zelle zur Herstellung von hiPS-Zellen nicht um eine „Transduktion" i. S. d. § 3 Nr. 3b S. 1 lit. b GenTG, da es sich hierbei um keinen „natürlichen Prozess" handelt (vgl. auch Anhang I A Teil 2 Nr. 2 Freisetzungs-RL und Anhang I Teil B Nr. 2 System-RL).[390] Es liegen hier auch keine Mutagenese-Verfahren i. S. d. § 3 Nr. 3b S. 2 lit. a GenTG vor. Der EuGH hat mittlerweile in seinem Urteil vom 25. Juli 2018 zudem explizit festgestellt, dass Art. 3 Abs. 1 Freisetzungs-RL i. V. m. Anhang I B Nr. 1 Freisetzungs-RL sowie im Licht des ErwG 17 Freisetzungs-RL dahingehend auszulegen ist, dass *nur* solche Organismen vom Anwendungsbereich der Freisetzungs-RL ausgeschlossen sind, „die mit Verfahren/Methoden der Mutagenese, die *herkömmlich* bei einer Reihe von Anwendungen angewandt wurden und *seit langem als sicher gelten* [Hervorhebungen, S. G.]", gewonnen wurden.[391] Die Freisetzungs-RL gilt daher für die „mit neuen Verfahren/Methoden der Mutagenese, die seit dem Erlass der Richtlinie entstanden sind oder sich hauptsächlich entwickelt haben, gewonnene Organismen".[392]

4.5.2 Nukleinsäure-Rekombinationstechnik

Verfahren der Veränderung genetischen Materials sind insbesondere nach § 3 Nr. 3a lit. a GenTG „Nukleinsäure-Rekombinationstechniken, bei denen durch die Einbringung von Nukleinsäuremolekülen, die außerhalb eines Organismus erzeugt wurden, in Viren, Viroide, bakterielle Plasmide oder andere Vektorsysteme neue Kombinationen von genetischem Material gebildet werden und diese in einen Wirtsorganismus eingebracht werden, in dem sie unter natürlichen Bedingungen nicht vorkommen".

---

[388] Näheres dazu s. unter Abschn. 4.3.1.

[389] Ronellenfitsch 2017, § 3 GenTG Rn. 116.

[390] Näheres zum Begriff „Transduktion" s. z. B. Ronellenfitsch 2017, § 3 GenTG Rn. 124, 126.

[391] EuGH, Urt. vom 25. Juli 2018 – C-528/16, ECLI:EU:C:2018:583, Rn. 54.

[392] EuGH, Urt. vom 25. Juli 2018 – C-528/16, ECLI:EU:C:2018:583, Rn. 51. Zur Kritik des EuGH-Urteils s. z. B. Nature Biotechnology Editorial 2018, S. 776.

Die deutschen Sprachfassungen des Anhangs I A Teil 1 Nr. 1 Freisetzungs-RL und des Anhangs I Teil A Nr. 1 System-RL sprechen von „DNS-Rekombinationstechniken" anstatt von „Nukleinsäure-Rekombinationstechniken". Der deutsche Gesetzgeber hat sich allerdings mit der Mehrheit der Sprachfassungen des Anhangs I A Teil 1 Nr. 1 Freisetzungs-RL und Anhangs I Teil A Nr. 1 System-RL[393] für den weiteren Begriff der Nukleinsäure-Rekombinationstechniken entschieden, der eindeutig neben DNS (dt. für Desoxyribonukleinsäure; engl. DNA für „desoxyribonucleic acid") auch RNA (engl. für „ribonucleic acid"; dt. RNS für Ribonukleinsäure) als Nukleinsäure erfasst.

Im Gegensatz zu Anhang I A Teil 1 Nr. 1 Freisetzungs-RL und Anhang I Teil A Nr. 1 System-RL verzichtet § 3 Nr. 3a lit. a GenTG zudem auf das Tatbestandsmerkmal, dass das neue genetische Material im Wirtsorganismus „vermehrungsfähig" sein muss.

4.5.3 Einstufung von Viren und Plasmiden

Viren und Plasmide, die zur Herstellung von hiPS-Zellen verwendet werden, sind GVO i. S. d. § 3 Nr. 3 GenTG. Denn das genetische Material des Organismus (d. h. des als Vektor verwendeten Virus oder Plasmids) wird durch das Einfügen des/r Transkriptionsfaktors/en[394] „in einer Weise verändert (…), wie sie unter natürlichen Bedingungen durch Kreuzen oder natürliche Rekombination nicht vorkommt" (Hs. 1).

Es ist für die Einstufung als GVO nicht erforderlich, dass der virale Vektor oder Plasmidvektor durch eines der in § 3 Nr. 3a GenTG genannten Verfahren erzeugt wird, da diese Auflistung nicht abschließend ist („insbesondere").[395] So liegt vor allem keine Nukleinsäure-Rekombinationstechnik i. S. d. § 3 Nr. 3a lit. a GenTG vor, da der virale Vektor oder Plasmidvektor nicht durch die Verwendung eines Vektorsystems erzeugt wird.

4.5.4 Einstufung von mRNA und mittels mRNA hergestellten hiPS-Zellen

Wie in Abschn. 4.3.4 festgestellt, ist die mRNA kein Organismus i. S. d. § 3 Nr. 1 GenTG. Daher ist sie auch kein GVO i. S. d. § 3 Nr. 3 GenTG, sodass die Vorschriften des GenTG auf die mRNA selbst keine Anwendung finden.

Fraglich ist, ob mRNA-hiPS-Zellen GVO i. S. d. GenTG sind. Zunächst könnte eine Nukleinsäure-Rekombinationstechnik i. S. d. § 3 Nr. 3a lit. a GenTG vorliegen. Die mRNA ist ein Nukleinsäuremolekül, das außerhalb eines Organismus (d. h. ei-

---

[393] Die englischen Sprachfassungen sprechen zum Beispiel von „recombinant nucleic acid techniques".

[394] Es können ein oder mehrere Transkriptionsfaktoren in einen Vektor eingefügt werden. S. z. B. Fujie et al. 2014; Okita et al. 2011, S. 410; Takahashi et al. 2007.

[395] S. dazu bereits unter Abschn. 4.5.1.

ner Zelle) erzeugt wurde. Allerdings wird die mRNA ohne Verwendung eines Vektorsystems in die Zelle eingeführt,[396] sodass bereits deshalb ein Verfahren der Veränderung genetischen Materials i. S. d. § 3 Nr. 3a lit. a GenTG nicht vorliegt. Es könnte jedoch ein Verfahren i. S. d. § 3 Nr. 3a lit. b GenTG gegeben sein. Erfasst sind solche „Verfahren, bei denen in einen Organismus direkt Erbgut eingebracht wird, welches außerhalb des Organismus hergestellt wurde und natürlicherweise nicht darin vorkommt, einschließlich Mikroinjektion, Makroinjektion und Mikroverkapselung".

Die mRNA wird außerhalb der Zelle hergestellt und zum Beispiel mittels Mikroinjektion in die Zelle eingeführt.[397] Unabhängig davon, wie hier das Merkmal „eingebracht" auszulegen ist, ist die mRNA aber schon kein „Erbgut". Nach dem allgemeinen Sprachgebrauch umfasst der Begriff „Erbgut" (auch „Genom" genannt) DNA oder RNA (z. B. im Falle von bestimmten Viren, wie dem Sendai Virus, bei denen RNA als Informationsträger dient).[398] Der Begriff umfasst hingegen nicht die mRNA; sie entsteht nur, wenn Gene exprimiert werden.

Für die Nichterfassung der mRNA unter den Begriff des Erbguts spricht auch, dass der deutsche Gesetzgeber in anderen Vorschriften (z. B. in § 3 Nr. 3a lit. a GenTG oder § 3 Nr. 3b GenTG) anstatt „Erbgut" den Begriff „Nukleinsäuremoleküle" verwendet, der neben DNA oder RNA auch die mRNA erfasst. Darüber hinaus sprechen beispielsweise die englischen Sprachfassungen des Anhangs I A Teil 1 Nr. 2 Freisetzungs-RL und des Anhangs I Teil A Nr. 2 System-RL von „heritable material". Die mRNA wird allerdings nicht vererbt. Mangels Erbguts liegt somit kein Verfahren der Veränderung genetischen Materials i. S. d. § 3 Nr. 3a lit. b GenTG vor.[399]

Selbst wenn hier kein in § 3 Nr. 3a GenTG genanntes Verfahren in Betracht kommt, könnte dennoch der allgemeine GVO-Begriff in § 3 Nr. 3 GenTG erfüllt sein. Dies ist dann der Fall, wenn das genetische Material eines Organismus „in einer Weise verändert worden ist, wie sie unter natürlichen Bedingungen durch Kreuzen oder natürliche Rekombination nicht vorkommt".

Fraglich ist, was unter dem Begriff „verändert" zu verstehen ist. Eine enge Auslegung des Begriffs setzt eine permanente Veränderung des genetischen Materials eines Organismus voraus, während eine weite Auslegung bereits eine vorübergehende Veränderung genügen lässt. Eine solche vorübergehende Veränderung des genetischen Materials ist bereits dann gegeben, wenn eine Expression von Genen vorliegt, die unter natürlichen Bedingungen in der ausdifferenzierten Zelle nicht exprimiert werden.[400]

Unabhängig davon, welcher Auslegung (enge oder weite) man folgt, liegt hier keine Veränderung genetischen Materials i. S. d. § 3 Nr. 3 GenTG vor. Im Falle der Herstellung von hiPS-Zellen mittels mRNA liegt keine permanente Veränderung des genetischen Materials vor, da die mRNA nicht in das Genom der Zelle integ-

---

[396] S. z. B. Augustyniak et al. 2014, S. 375 ff.

[397] S. z. B. Augustyniak et al. 2014, S. 375.

[398] S. z. B. Fusaki et al. 2009, S. 348.

[399] Ebenso (für das österreichische Recht) Kopetzki et al. 2020, Abschn. 4.6.6.

[400] S. zur Auslegung des Begriffs ausführlich Kopetzki et al. 2020, Abschn. 4.6.5.2.

riert.[401] Es ist auch keine temporäre Veränderung genetischen Materials gegeben. Denn die Verwendung von mRNA führt nicht zur Expression von bereits in der Zelle vorhandenen Gene. Die mRNA löst nur die Proteinsynthese aus. Daher sind hiPS-Zellen, die mittels mRNA hergestellt wurden, keine GVO i. S. d. § 3 Nr. 3 GenTG. Das GenTG findet auf die Herstellung von mRNA-hiPS-Zellen keine Anwendung.[402]

4.5.5 Einstufung von Proteinen und protein-induzierten pluripotenten Stammzellen (piPS-Zellen)

Wie in Abschn. 4.3.5 festgestellt, sind Proteine, die zur Herstellung von hiPS-Zellen verwendet werden, keine Organismen. Daher sind sie auch keine GVO i. S. d. § 3 Nr. 3 GenTG, sodass die Vorschriften des GenTG auf dieses Herstellungsverfahren keine Anwendung finden.

Protein-induzierte pluripotente Stammzellen (piPS-Zellen) sind – mangels Veränderung des genetischen Materials der Zelle i. S. d. § 3 Nr. 3 und Nr. 3a GenTG – ebenfalls keine GVO. Denn dies ist die Besonderheit des Verfahrens: die Proteine werden direkt in die Zelle eingeführt.[403] Es liegt keine Nukleinsäure-Rekombinationstechnik i. S. d. § 3 Nr. 3a lit. a GenTG vor, da keine „Nukleinsäuremoleküle" (sondern Proteine) verwendet werden. Bei den direkt in die Zelle eingeführten Proteinen handelt es sich auch nicht um „Erbgut", sodass auch kein Verfahren i. S. d. § 3 Nr. 3a lit. b GenTG vorliegt.

4.5.6 Einstufung von mittels Vektorsystem hergestellten hiPS-Zellen

Für die Einstufung von hiPS-Zellen, die mittels Vektorsystem hergestellt wurden, sind zwei Fälle zu unterscheiden: 1. die Herstellung von hiPS-Zellen mittels integrierenden/r Vektors/Vektoren und 2. die Herstellung von hiPS-Zellen mittels nicht integrierenden Vektors/Vektoren.

Fraglich ist zunächst, ob hiPS-Zellen, die *mittels integrierenden/r Vektors/Vektoren* hergestellt wurden, GVO i. S. d. GenTG sind. Hier kommt eine Nukleinsäure-Rekombinationstechnik i. S. d. § 3 Nr. 3a lit. a GenTG in Betracht. Nukleinsäure-Rekombinationstechniken liegen dann vor, wenn „durch die Einbringung von Nukleinsäuremolekülen, die außerhalb eines Organismus erzeugt wurden, in Viren, Viroide, bakterielle Plasmide oder andere Vektorsysteme neue Kombinationen von genetischem Material gebildet werden und diese in einen Wirtsorganismus eingebracht werden, in dem sie unter natürlichen Bedingungen nicht vorkommen". Durch die Einbringung von Nukleinsäuremolekülen (d. h. die Transkriptionsfaktoren), die außerhalb der somatischen Zelle hergestellt wurden, in einen oder mehrere Viren als

---

[401] S. z. B. Augustyniak et al. 2014, S. 375 f.

[402] Ebenso (für das österreichische Recht) Kopetzki et al. 2020, Abschn. 4.6.6.

[403] Zhou et al. 2009, S. 381. S. dazu ausführlich Kopetzki et al. 2020, Abschn. 4.6.4.

Vektoren[404] werden neue Kombinationen von genetischem Material gebildet und diese werden dann in die somatische Zelle als Wirtsorganismus eingebracht, in der sie unter natürlichen Bedingungen nicht vorkommen. Folglich liegt eine Nuklein-säure-Rekombinationstechnik i. S. d. § 3 Nr. 3a lit. a GenTG vor. HiPS-Zellen, die mittels integrierenden/r Vektors/Vektoren hergestellt wurden, sind daher GVO i. S. d. § 3 Nr. 3 GenTG.

Des Weiteren ist fraglich, ob auch hiPS-Zellen, die mittels *nicht integrierenden Vektors/Vektoren* hergestellt wurden, GVO i. S. d. GenTG sind. Auch hier kommt eine Nukleinsäure-Rekombinationstechnik i. S. d. § 3 Nr. 3a lit. a GenTG in Betracht. Problematisch ist hier das Tatbestandsmerkmal „in einen Wirtsorganismus eingebracht". Legt man das Tatbestandsmerkmal eng aus, so ist eine dauerhafte Integration des neuen genetischen Materials in das Genom der Zelle zu fordern.[405] Im Gegensatz zu integrierenden Vektoren integrieren der/die hier verwendete/n Vektor/en normalerweise gerade nicht in das Genom der Zelle.[406] Somit läge bei einer engen Auslegung für gewöhnlich keine Einbringung in den Wirtsorganismus vor. Bei einer weiten Auslegung des Begriffs „eingebracht" genügt für das Vorliegen des Tatbestandsmerkmals hingegen bereits, dass das neue genetische Material in die Zelle eingeführt wird und dort vorübergehend verbleibt. Für diese Auslegung spricht insbesondere der allgemeine Sprachgebrauch des Begriffs „eingebracht", der keinen permanenten Zustand voraussetzt.[407] Folgt man der weiten Auslegung des Begriffs, so ist das Tatbestandsmerkmal der Einbringung in den Wirtsorganismus erfüllt, sodass eine Nukleinsäure-Rekombinationstechnik i. S. d. § 3 Nr. 3a lit. a GenTG vorliegt. Nach dieser Auffassung wären daher hiPS-Zellen, die mittels nicht integrierenden Vektors/Vektoren hergestellt wurden, GVO i. S. d. § 3 Nr. 3 GenTG.

Folgt man der engen Auslegung des Begriffs „eingebracht" liegt in der Regel keine Nukleinsäure-Rekombinationstechnik i. S. d. § 3 Nr. 3a lit. a GenTG vor. Selbst wenn hier kein Verfahren i. S. d. § 3 Nr. 3a GenTG einschlägig ist, könnte dennoch der allgemeine GVO-Begriff in § 3 Nr. 3 GenTG erfüllt sein. Dies ist dann der Fall, wenn das genetische Material der Zelle „in einer Weise verändert worden ist, wie sie unter natürlichen Bedingungen durch Kreuzen oder natürliche Rekombination nicht vorkommt".

Wie bereits bei der Einstufung von mRNA-hiPS-Zellen ausführlich erläutert, kann der Begriff „verändert" eng und weit ausgelegt werden.[408] Folgt man der weiten Auslegung, sind hiPS-Zellen, die mittels nicht integrierenden Vektor/Vektoren hergestellt wurden, GVO i. S. d. § 3 Nr. 3 GenTG, da der/die Vektor/en die Expression von Genen (die für die Transkriptionsfaktoren kodieren) induziert/induzieren, die unter natürlichen Bedingungen in den ausdifferenzierten Zellen nicht exprimiert werden. Folgt

---

[404] S. z. B. Chang et al. 2009; Takahashi et al. 2007.

[405] Kopetzki et al. 2020, Abschn. 4.6.5.1.

[406] S. z. B. Fujie et al. 2014, ThermoFisher Scientific 2020. Es besteht allerdings die Möglichkeit, dass der/die verwendete/n Vektor/en ausnahmsweise doch in das Genom der Zelle integriert/integrieren; Näheres dazu s. Bernal 2013, S. 960.

[407] Ausführlich zum Begriff des „Einbringens" s. Kopetzki et al. 2020, Abschn. 4.6.5.1.

[408] S. Abschn. 4.5.4 m.w.N.

man hingegen der engen Auslegung, sind hiPS-Zellen, die mittels nicht integrierenden Vektor/Vektoren hergestellt wurden, in der Regel keine GVO i. S. d. GenTG. Denn es liegt für gewöhnlich keine permanente Veränderung des genetischen Materials vor, da der/die Vektor/en grundsätzlich gerade nicht in das Genom der Zelle integriert/integrieren.[409] Falls dies ausnahmsweise doch einmal geschehen sollte, ist/sind der/die Vektor/en als integrierende/r Vektor/en zu betrachten; die Tatsache, dass dies erst nachträglich ermittelt werden kann, ist hier unschädlich, da der/die verwendete/n Vektor/en bereits GVO ist/sind.[410] Solange der/die Vektor/en noch in der Zelle ist/sind, enthält die Zelle GVO, sodass hier bei der Herstellung von hiPS-Zellen die einschlägigen Vorschriften des GenTG zu beachten sind.[411]

4.6 Rechtliche Konsequenzen der Einstufung für die klinische Translation

4.6.1 Erzeugung von hiPS-Zellen und hiPS-Zell-basierten Produkten

Die Einstufung von mittels Vektorsystem hergestellten hiPS-Zellen als GVO bzw. als Organismen, die GVO enthalten, führt zur Anwendung der Vorschriften über gentechnische Arbeiten in gentechnischen Anlagen (§§ 7 ff. GenTG). § 3 Nr. 4 GenTG definiert „gentechnische Anlagen" als „Einrichtung, in der gentechnische Arbeiten (…) im geschlossenen System durchgeführt werden und bei der spezifische Einschließungsmaßnahmen angewendet werden, um den Kontakt der verwendeten Organismen mit Menschen und der Umwelt zu begrenzen und ein dem Gefährdungspotenzial angemessenes Sicherheitsniveau zu gewährleisten". Gentechnische Arbeiten, wie die Erzeugung von GVO, werden in vier Sicherheitsstufen – anhand des Risikopotenzials der gentechnischen Arbeit – eingeteilt (vgl. §§ 3 Nr. 2, 7 Abs. 1 GenTG).[412] Die Sicherheitsstufe entscheidet darüber, ob eine Genehmigung, Anmeldung bzw. Anzeige von gentechnischen Anlagen und erstmaligen und weiteren gentechnischen Arbeiten erforderlich ist.[413]

4.6.2 Freisetzung und Inverkehrbringen von hiPS-Zellen und hiPS-Zell-basierten Produkten

Rechtliche Konsequenz der Einstufung von hiPS-Zellen, die mittels Vektorsystem hergestellt werden, als GVO bzw. als Organismen, die GVO enthalten, ist zudem, dass die Vorschriften über Freisetzung und Inverkehrbringen (§§ 14 ff. GenTG) zu

---

[409] Ebenso Kopetzki et al. 2020, Abschn. 4.6.5.2.

[410] S. Abschn. 4.4. und 4.5.3.

[411] Vgl. dazu Kopetzki et al. 2020, Abschn. 4.6.5.1 und 4.6.5.2.

[412] Näheres zu den Sicherheitsstufen s. z. B. Fenger 2018, § 9 GenTG Rn. 2 ff.

[413] Näheres dazu s. §§ 8–12 GenTG.

beachten sind. Unter Freisetzung ist nach § 3 Nr. 5 GenTG „das gezielte Ausbringen von gentechnisch veränderten Organismen in die Umwelt, soweit noch keine Genehmigung für das Inverkehrbringen zum Zweck des späteren Ausbringens in die Umwelt erteilt wurde", zu verstehen. Inverkehrbringen ist gemäß § 3 Nr. 6 Hs. 1 GenTG „die Abgabe von Produkten an Dritte, einschließlich der Bereitstellung für Dritte, und das Verbringen in den Geltungsbereich des Gesetzes, soweit die Produkte nicht zu gentechnischen Arbeiten in gentechnischen Anlagen oder für genehmigte Freisetzungen bestimmt sind".[414]

Für die Freisetzung von GVO oder das Inverkehrbringen von Produkten, die GVO enthalten oder aus solchen bestehen, bedarf es einer Genehmigung der zuständigen Bundesoberbehörde (§ 14 Abs. 1 S. 1 Nr. 1, Nr. 2 GenTG).[415] Dies ist das Bundesamt für Verbraucherschutz und Lebensmittelsicherheit (§ 31 S. 2 GenTG) (Abb. 3 und 4).

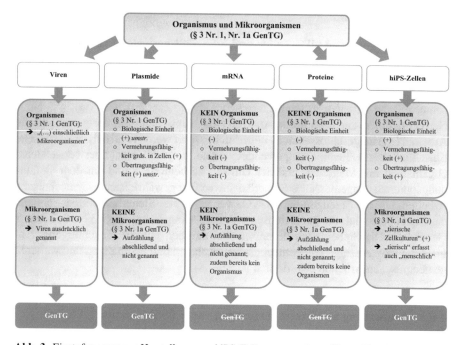

Abb. 3 Einstufung von zur Herstellung von hiPS-Zellen verwendeten Viren, Plasmiden, mRNA, Proteinen sowie von hiPS-Zellen nach der Organismus- u. Mikroorganismendefinition

---

[414] § 3 Nr. 6 Hs. 2 GenTG stellt klar, dass „unter zollamtlicher Überwachung durchgeführter Transitverkehr" und „die Bereitstellung für Dritte, die Abgabe sowie das Verbringen in den Geltungsbereich des Gesetzes zum Zweck einer genehmigten klinischen Prüfung" nicht als Inverkehrbringen gelten.

[415] Zu weiteren Genehmigungserfordernissen s. § 14 Abs. 1 S. 1 Nr. 3, Nr. 4 GenTG. Zur Ausnahme einer Genehmigung für ein Inverkehrbringen s. § 14 Abs. 1a GenTG. Näheres zur Freisetzung und Inverkehrbringen s. z. B. Fenger 2018, § 14 GenTG Rn. 1 ff.

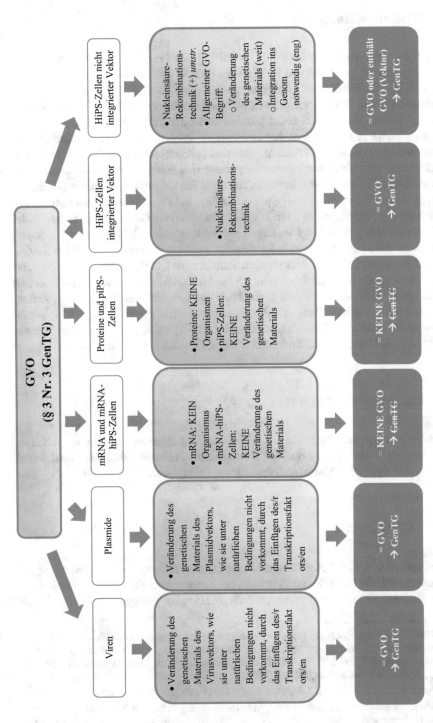

Abb. 4 Einstufung von zur Herstellung von hiPS-Zellen verwendeten Viren, Plasmiden, mRNA und Proteinen sowie von hiPS-Zellen anhand der GVO-Definition

5 Stammzellenrecht

Das Stammzellgesetz (StZG)[416] gilt gemäß § 2 des Gesetzes „für die Einfuhr von embryonalen Stammzellen und für die Verwendung von embryonalen Stammzellen, die sich im Inland befinden". Embryonale Stammzellen sind in § 3 Nr. 2 StZG definiert als „alle aus Embryonen, die extrakorporal erzeugt und nicht zur Herbeiführung einer Schwangerschaft verwendet worden sind oder einer Frau vor Abschluss ihrer Einnistung in der Gebärmutter entnommen wurden, gewonnenen pluripotenten Stammzellen". Pluripotente Stammzellen sind „alle menschlichen Zellen, die die Fähigkeit besitzen, in entsprechender Umgebung sich selbst durch Zellteilung zu vermehren, und die sich selbst oder deren Tochterzellen sich unter geeigneten Bedingungen zu Zellen unterschiedlicher Spezialisierung, jedoch nicht zu einem Individuum zu entwickeln vermögen" (§ 3 Nr. 1 StZG). Ein Embryo ist „bereits jede menschliche totipotente Zelle, die sich bei Vorliegen der dafür erforderlichen weiteren Voraussetzungen zu teilen und zu einem Individuum zu entwickeln vermag" (§ 3 Nr. 4 StZG).

HiPS-Zellen sind keine embryonalen Stammzellen i. S. d. § 3 Nr. 2 StZG. Sie sind zwar pluripotente Stammzellen i. S. d. § 3 Nr. 1 StZG. Allerdings werden hiPS-Zellen nicht *unmittelbar* aus Embryonen, das heißt aus menschlichen totipotenten Zellen, entnommen.[417] Vielmehr werden hiPS-Zellen durch Reprogrammierung aus nicht-pluripotenten somatischen Zellen hergestellt. Da hiPS-Zellen keine embryonalen Stammzellen i. S. d. Gesetzes sind, findet das StZG auf sie daher keine Anwendung.

6 Embryonenschutzrecht

Das deutsche ESchG[418] dient in erster Linie der Verhinderung von Missbräuchen im Bereich der Humangenetik und Reproduktionsmedizin und dabei insbesondere der Verhinderung einer Instrumentalisierung von Embryonen.[419]

6.1 HiPS-Zellen

Als Embryo i. S. d. § 8 Abs. 1 ESchG „gilt bereits die befruchtete, entwicklungsfähige menschliche Eizelle vom Zeitpunkt der Kernverschmelzung an, ferner jede einem Embryo entnommene totipotente Zelle, die sich bei Vorliegen der dafür erforder-

---

[416] Gesetz zur Sicherstellung des Embryonenschutzes im Zusammenhang mit Einfuhr und Verwendung menschlicher embryonaler Stammzellen (Stammzellgesetz – StZG) vom 28. Juni 2002. In: Bundesgesetzblatt I (2002):2277–2280. Zuletzt geändert durch Art. 50 des Gesetzes vom 29. März 2017. In: Bundesgesetzblatt I (2017):626–653.

[417] Deutscher Ethikrat 2014, S. 3. Näheres dazu s. Gerke und Taupitz 2018, S. 228.

[418] Gesetz zum Schutz von Embryonen (Embryonenschutzgesetz – ESchG) vom 13. Dezember 1990. In: Bundesgesetzblatt I (1990):2746–2748. Zuletzt geändert durch Art. 1 des Gesetzes vom 21. November 2011. In: Bundesgesetzblatt I (2011):2228–2229.

[419] Taupitz 2014, Kap. B. III. Rn. 22.

lichen weiteren Voraussetzungen zu teilen und zu einem Individuum zu entwickeln vermag". HiPS-Zellen sind keine Embryonen i. S. d. ESchG. Es handelt sich um pluripotente Stammzellen, die bereits unabhängig davon, ob das Tatbestandsmerkmal der Befruchtung erfüllt sein muss,[420] keine „entwicklungsfähige[n], menschliche[n] Eizelle[n]" sind (vgl. § 8 Abs. 1 Hs. 1 ESchG). HiPS-Zellen sind auch keine totipotenten Zellen, die einem Embryo entnommen wurden (vgl. § 8 Abs. 1 Hs. 2 ESchG).

6.2 HiPS-Zell-basierte Keimzellen

Fraglich ist, ob die Herstellung und Verwendung von hiPS-Zell-basierten Keimzellen zur Befruchtung nach dem ESchG verboten sind. In Betracht kommt hier das Verbot der künstlichen Veränderung menschlicher Keimbahnzellen nach § 5 ESchG.

Gemäß § 5 Abs. 1 ESchG wird mit Freiheitsstrafe bis zu fünf Jahren oder mit Geldstrafe bestraft, „wer die Erbinformation einer menschlichen Keimbahnzelle künstlich verändert". Keimbahnzellen sind „alle Zellen, die in einer Zell-Linie von der befruchteten Eizelle bis zu den Ei- und Samenzellen des aus ihr hervorgegangenen Menschen führen, ferner die Eizelle vom Einbringen oder Eindringen der Samenzelle an bis zu der mit der Kernverschmelzung abgeschlossenen Befruchtung" (§ 8 Abs. 3 ESchG). Der Versuch ist ebenfalls strafbar (§ 5 Abs. 3 ESchG). § 5 Abs. 1 ESchG findet gemäß Abs. 4 der Vorschrift allerdings „keine Anwendung auf

1. eine künstliche Veränderung der Erbinformation einer außerhalb des Körpers befindlichen Keimzelle, wenn ausgeschlossen ist, daß diese zur Befruchtung verwendet wird,
2. eine künstliche Veränderung der Erbinformation einer sonstigen körpereigenen Keimbahnzelle, die einer toten Leibesfrucht, einem Menschen oder einem Verstorbenen entnommen worden ist, wenn ausgeschlossen ist, daß

   a) diese auf einen Embryo, Foetus oder Menschen übertragen wird oder
   b) aus ihr eine Keimzelle entsteht,
      sowie

3. Impfungen, strahlen-, chemotherapeutische oder andere Behandlungen, mit denen eine Veränderung der Erbinformation von Keimbahnzellen nicht beabsichtigt ist".

Nach § 5 Abs. 2 ESchG wird ebenso „bestraft, wer eine menschliche Keimzelle mit künstlich veränderter Erbinformation zur Befruchtung verwendet". Der Versuch ist ebenfalls strafbar (§ 5 Abs. 3 ESchG).

Das ESchG schweigt dazu, ob der Begriff „Keimzelle" ausschließlich natürlich entstandene oder auch in vitro erzeugte („künstliche") Keimzellen erfasst.[421] § 5 ESchG bezieht sich allerdings eindeutig auf menschliche Keimzellen, das heißt Ei- und Samenzellen müssen exklusiv aus menschlichem Material entstanden oder her-

---

[420] Zum Streit über das Merkmal der Befruchtung s. z. B. Deutscher Ethikrat 2014, S. 4.
[421] Deutscher Ethikrat 2014, S. 5. A. A. Faltus 2016b, S. 872.

gestellt worden sein.[422] Mangels gegenteiliger Anhaltspunkte im Gesetz ist daher vom Begriff „Keimzelle" auch eine in vitro hergestellte menschliche Zelle, die funktional äquivalent zu einer natürlich entstandenen Keimzelle ist („künstliche funktional äquivalente Keimzelle"), erfasst.[423]

Falls künstliche funktional äquivalente hiPS-Zell-basierte Keimzellen zur Befruchtung hergestellt werden, kommt von vornherein ein Verstoß gegen § 5 Abs. 1 ESchG grundsätzlich nicht in Betracht, da es an einer künstlichen Veränderung der Erbinformation einer menschlichen Keimbahnzelle mangelt.[424] Eine Ausnahme liegt nur dann vor, wenn für die Herstellung der hiPS-Zelle eine Keimbahnzelle (anstatt einer somatischen Zelle) verwendet würde.[425]

Fraglich ist, ob der Tatbestand des § 5 Abs. 2 ESchG bei Verwendung einer künstlichen funktional äquivalenten hiPS-Zell-basierten Keimzelle zur Befruchtung erfüllt ist. Der Wortlaut der Vorschrift deutet darauf hin, dass es sich um eine bereits *vorhandene* menschliche Keimzelle handeln muss, deren Erbinformation künstlich verändert wurde.[426] Es genügt somit nicht, dass die hier zur Befruchtung verwendete Keimzelle aus einer hiPS-Zelle hergestellt wurde, die wiederum durch Reprogrammierung einer menschlichen Körperzelle entstanden ist.[427] Der Tatbestand des § 5 Abs. 2 ESchG ist daher nicht erfüllt. Eine Strafbarkeit scheidet selbst dann aus, wenn die hiPS-Zell-basierten Keimzellen von einer Person verwendet würden.[428]

Zu beachten ist allerdings das Verbot der Verwendung einer *fremden* Eizelle zu Fortpflanzungszwecken nach § 1 Abs. 1, Abs. 2 ESchG.[429] Eine künstlich hergestellte hiPS-Zell-basierte Eizelle, die funktional äquivalent zu einer natürlich entstandenen Eizelle ist, ist fremd in diesem Sinne, wenn sie aus einer hiPS-Zelle einer anderen Person generiert wurde als der Frau, bei der eine Schwangerschaft herbeigeführt werden soll.[430]

Die hier festgestellten Gesetzeslücken im ESchG werden spätestens dann relevant, wenn die Herstellung von künstlichen funktional äquivalenten hiPS-Zell-basierten Keimzellen technisch möglich wird. Da bereits vielversprechende Fortschritte im Tiermodell zu verzeichnen sind,[431] sollte der Gesetzgeber schon jetzt präventiv tätig werden und diese Lücken schließen. Dies könnte zum Beispiel durch den Erlass eines neuen Fortpflanzungsmedizingesetzes geschehen,[432] in dem insbesondere Regelungen zur Herstellung und Verwendung von künstlichen Keimzellen enthalten sein sollten (Abb. 5).

---

[422] Deutscher Ethikrat 2014, S. 5.

[423] Deutscher Ethikrat 2014, S. 5. A. A. Faltus 2016b, S. 872.

[424] Deutscher Ethikrat 2014, S. 5.

[425] Deutscher Ethikrat 2014, S. 5.

[426] Deutscher Ethikrat 2014, S. 5.

[427] Deutscher Ethikrat 2014, S. 5.

[428] Deutscher Ethikrat 2014, S. 5.

[429] Deutscher Ethikrat 2014, S. 5.

[430] Deutscher Ethikrat 2014, S. 5.

[431] S. z. B. Hikabe et al. 2016; Hayashi 2012; Hayashi 2011. S. auch Neubauer et al. 2020, Abschn. 2.3.3.2.

[432] Für ein neues Fortpflanzungsmedizingesetz spricht sich z. B. auch die Nationale Akademie der Wissenschaften Leopoldina und die Union der deutschen Akademien der Wissenschaften 2019 aus.

7 Fazit

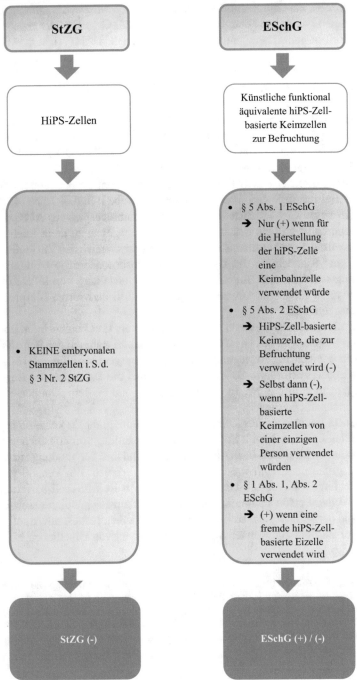

Abb. 5 Anwendbarkeit des StZG und ESchG auf hiPS-Zellen

Die vorstehende Analyse der klinischen Translation von hiPS-Zellen in Deutschland hat gezeigt, dass die Rechtslage komplex und teilweise sehr undurchsichtig ist. In bestimmten Fällen ist zudem Handlungsbedarf des Gesetzgebers gegeben. HiPS-Zell-basierte Therapeutika sind als ATMPs i. S. d. AMG (i. V. m. ATMP-VO) einzustufen. Im Gegensatz dazu sind künstliche funktional äquivalente Keimzellen, die zu Fortpflanzungszwecken verwendet werden sollen, keine Arzneimittel und auch keine Gewebezubereitungen i. S. d. AMG. Sie sind allerdings Gewebe i. S. d. § 1a Nr. 4 TPG. Der Gesetzgeber sollte insbesondere zur Qualitätssicherung (GMP-Standard) für die Herstellung von künstlichen funktional äquivalenten Keimzellen zu Fortpflanzungszwecken eine Erlaubnis nach § 13 Abs. 1 S. 1 AMG verlangen – zumindest sofern er die derzeitige Struktur beibehält und Keimzellen als Gewebe i. S. d. TPG in den Anwendungsbereich des AMG fallen.

Die Vorschriften des TPG finden in der Regel ebenfalls Anwendung, da Ausgangsmaterial für hiPS-Zell-Therapien häufig Gewebe i. S. d. § 1a Nr. 4 TPG sein werden. Insgesamt ist festzustellen, dass das Zusammenspiel aus AMG und TPG unübersichtlich ist und ein neues Gewebesicherheitsgesetz zu mehr Rechtsklarheit beitragen würde. Darüber hinaus ist der Anwendungsbereich des TFG teilweise unklar und eine Klarstellung des Gesetzgebers – insbesondere im Hinblick auf die Gewinnung von Blut und Blutbestandteilen zur Herstellung von hiPS-Zellen und ihren Derivaten sowie zur Anwendung von hiPS-Zell-derivierten Blutprodukten – wäre wünschenswert.

Je nach Herstellungsmethode sind hiPS-Zellen als GVO einzustufen und unterliegen den Regelungen des GenTG. Auch hier sind im Rahmen der Begriffsbestimmungen in § 3 GenTG Auslegungsschwierigkeiten gegeben, die ein Tätigwerden des Gesetzgebers erfordern. So sollte zum Beispiel die Definition des Begriffs der Mikroorganismen in § 3 Nr. 1a GenTG erneuert und an den aktuellen Stand der Technik angepasst werden.

Das StZG findet auf hiPS-Zellen keine Anwendung, da sie keine embryonalen Stammzellen i. S. d. § 3 Nr. 2 StZG sind. Die Herstellung von künstlichen funktional äquivalenten hiPS-Zell-basierten Keimzellen und ihre Verwendung zur Befruchtung sind grundsätzlich *nicht* nach dem ESchG verboten. Ein Verstoß gegen das ESchG liegt in der Regel selbst dann *nicht* vor, wenn die hiPS-Zell-basierten Keimzellen von einer Person stammen. Ein neues Fortpflanzungsmedizingesetz ist geboten, um die derzeitigen Lücken im ESchG zu schließen. Insbesondere sollte dieses Gesetz Vorschriften zur Herstellung und Verwendung von künstlichen Keimzellen enthalten.[433]

Danksagung Die Autorin bedankt sich beim Bundesministerium für Bildung und Forschung für die Förderung des Verbundprojekts „ClinhiPS: Eine naturwissenschaftliche, ethische und rechtsvergleichende Analyse der klinischen Anwendung von humanen induzierten pluripotenten Stammzellen in Deutschland und Österreich" (FKZ 01GP1602A; Bewilligungszeitraum: 01.04.2016 bis 31.03.2018). Dieser Beitrag gibt dabei ausschließlich die Auffassung der Autorin wieder.

---

[433] Der in diesem Artikel festgestellte Handlungsbedarf des Gesetzgebers hat zudem zur Erstellung von rechtlichen Empfehlungen des Verbunds ClinhiPS geführt, s. Gerke et al. 2020, Abschn. 3.

Literatur

Anliker B, Renner M, Schweizer M (2015) Genetisch modifizierte Zellen zur Therapie verschiedener Erkrankungen. Bundesgesundheitsbl 58:1274–1280

Augustyniak J, Zychowicz M, Podobinska M, Barta T, Buzanska L (2014) Reprogramming of Somatic Cells: Possible Methods to Derive Safe, Clinical-Grade Human Induced Pluripotent Stem Cells. Acta Neurobiol Exp 74:373–382

BÄK = Bundesärztekammer (2018) Richtlinie zur Entnahme und Übertragung von menschlichen Keimzellen im Rahmen der assistierten Reproduktion. Deutsches Ärzteblatt:A1–A22

BÄK = Bundesärztekammer (2019) Richtlinie zur Herstellung und Anwendung von hämatopoetischen Stammzellzubereitungen - Erste Fortschreibung. Deutsches Ärzteblatt:A1–A19

Bakhschai B (2014) In: Fuhrmann S, Klein B, Fleischfresser A (Hrsg) Arzneimittelrecht. Handbuch für die pharmazeutische Rechtspraxis. Nomos, Baden-Baden

Barry J, Hyllner J, Stacey G, Taylor CJ, Turner M (2015) Setting up a haplobank: issues and solutions. Curr Stem Cell Rep 1:110–117

Bernal JA (2013) RNA-based tools for nuclear reprogramming and lineage-conversion: towards clinical applications. J Cardiovasc Trans Res 6:956–968

Beyerbach H (2016) Die Rolle von Ethik-Kommissionen und Bundesoberbehörde bei klinischen Arzneimittelprüfungen unter der VO Nr. 536/2014. GesR 6:346–351

Blattner O (2016) In: Kügel JW, Müller RG, Hofmann HP (Hrsg) Arzneimittelgesetz. Kommentar. C. H. Beck, München

Blutspendedienst des Bayrischen Roten Kreuzes (2018) Blutbestandteile. https://www.blutspendedienst.com/blutspende/blut-blutgruppen/blutbestandteile. Zugegriffen am 12.01.2020

Bock KW (2012a) Der Rechtsrahmen für Arzneimittel für neuartige Therapien auf unionaler und nationaler Ebene mit Fokus auf Therapien mit autologen adulten Stammzellen. Nomos, Baden-Baden

Bock KW (2012b) § 4b AMG als bewusst richtlinienwidrig konzipierte Ausweitung der nationalen Genehmigungsmöglichkeiten für Arzneimittel für neuartige Therapien – Zugleich eine Antwort auf *Müller*, MedR 2011, 698. MedR 30:791–794

Bundesministerium für Gesundheit (2016) Deutscher Bundestag verabschiedet Viertes Gesetz zur Änderung arzneimittelrechtlicher und anderer Vorschriften. https://www.bundesgesundheitsministerium.de/ministerium/meldungen/2016/4-amg-novelle-verabschiedet.html. Zugegriffen am 12.01.2020

Bundesministerium für Gesundheit (2020) Mehr Sicherheit bei Medizinprodukten. https://www.bundesgesundheitsministerium.de/medizinprodukte-eu-anpassungsgesetz.html. Zugegriffen am 12.01.2020

BVL = Bundesamt für Verbraucherschutz und Lebensmittelsicherheit (2020) Regelungen der Europäischen Union. https://www.bvl.bund.de/DE/06_Gentechnik/02_Verbraucher/07_Rechtsvorschriften/02_Europa/rechtsgrundlagen_eu_node.html. Zugegriffen am 12.01.2020

Chang CW, Lai YS, Pawlik KM, Liu K, Sun CW, Li C, Schoeb TR, Townes TM (2009) Polycistronic lentiviral vector for "hit and run" reprogramming of adult skin fibroblasts to induced pluripotent stem cells. Stem Cells 27:1042–1049

Clancy S, Brown W (2008) Translation: DNA to mRNA to protein. Nat Educ 1:101

Czerner F (2013) In: Höfling W (Hrsg) Transplantationsgesetz. Kommentar. Schmidt, Berlin

Deutscher Ethikrat (2014) Stammzellforschung – Neue Herausforderungen für das Klonverbot und den Umgang mit artifiziell erzeugten Keimzellen? AD-Hoc-Empfehlung. https://www.ethikrat.org/fileadmin/Publikationen/Ad-hoc-Empfehlungen/deutsch/empfehlung-stammzellforschung.pdf. Zugegriffen am 12.01.2020

Dwenger A, Straßburger J, Schwerdtfeger W (2010) Verordnung (EG) Nr. 1394/2007 über Arzneimittel für neuartige Therapien. Umsetzung in innerstaatliches Recht. Bundesgesundheitsbl 53:14–19

Eberbach W, Ferdinand FJ (2003). In: Eberbach W, Lange P, Ronellenfitsch M (Hrsg) Recht der Gentechnik und Biomedizin (39. EL, Juni 2003). C. F. Müller, Heidelberg

Ehninger G (2014) Hämatopoetische Stammzelltransplantation. Die neue Richtlinie zur Herstellung und Anwendung von hämatopoetischen Stammzellzubereitungen beschreibt die rechtlichen Vorgaben. Deutsches Ärzteblatt 111:A1408–A1410

EMA = European Medicines Agency (2008) Guideline on scientific requirements for the environmental risk assessment of gene therapy medicinal products. Doc. Ref. EMEA/CHMP/GTWP/125491/2006. http://www.ema.europa.eu/docs/en_GB/document_library/Scientific_guideline/2009/09/WC500003964.pdf. Zugegriffen am 12.01.2020

EMA = Europäische Arzneimittel-Agentur (2011) Reflection paper on stem cell-based medicinal products. EMA/CAT/571134/2009. http://www.ema.europa.eu/docs/en_GB/document_library/Scientific_guideline/2011/02/WC500101692.pdf. Zugegriffen am 12.01.2020

EMA = Europäische Arzneimittel-Agentur (2015) Reflection paper on classification of advanced therapy medicinal products. EMA/CAT/600280/2010 rev.1. http://www.ema.europa.eu/docs/en_GB/document_library/Scientific_guideline/2015/06/WC500187744.pdf. Zugegriffen am 12.01.2020

EMA = Europäische Arzneimittel-Agentur (2018) Guideline on Safety and Efficacy Follow-Up and Risk Management of Advanced Therapy Medicinal Products. EMEA/149995/2008 rev.1. https://www.ema.europa.eu/en/documents/scientific-guideline/draft-guideline-safety-efficacy-follow-risk-management-advanced-therapy-medicinal-products-revision_en.pdf. Zugegriffen am 12.01.2020

EMA = Europäische Arzneimittel-Agentur (2020a) Advanced therapy classification. http://www.ema.europa.eu/ema/index.jsp?curl=pages/regulation/general/general_content_000296.jsp. Zugegriffen am 12.01.2020

EMA = Europäische Arzneimittel-Agentur (2020b) Summaries of scientific recommendations on classification of advanced therapy medicinal products. http://www.ema.europa.eu/ema/index.jsp?curl=pages/regulation/general/general_content_000301.jsp&mid=WC0b01ac05800862c0. Zugegriffen am 12.01.2020

Erbs G, Kohlhaas M (2019). In: Häberle P (Hrsg) Strafrechtliche Nebengesetze (226. EL, August 2019). C. H. Beck, München

Faltus T (2016a) Rechtsrahmen der Eigenfettnutzung bei Point-of-Care-Behandlungen in der plastischen und ästhetischen Chirurgie – Straf- und berufsrechtliche Risiken aufgrund des Arzneimittelrechts. Handchir Mikrochir Plast Chir 48:219–225

Faltus T (2016b) Reprogrammierte Stammzellen für die therapeutische Anwendung. Rechtliche Voraussetzungen der präklinischen und klinischen Studien sowie des Inverkehrbringens und der klinischen Anwendung von iPS-Therapeutika unter Berücksichtigung der Verfahren der Genomeditierung. MedR 34:866–874

Faltus T (2016c) Stammzellenreprogrammierung. Der rechtliche Status und die rechtliche Handhabung sowie die rechtssystematische Bedeutung reprogrammierter Stammzellen. Nomos, Baden-Baden

Fenger H (2018) In: Spickhoff A (Hrsg) Medizinrecht. C. H. Beck, München

Fleischfresser A (2014) In: Fuhrmann S, Klein B, Fleischfresser A (Hrsg) Arzneimittelrecht. Handbuch für die pharmazeutische Rechtspraxis. Nomos, Baden-Baden

Fuhrmann S (2014) In: Fuhrmann S, Klein B, Fleischfresser A (Hrsg) Arzneimittelrecht. Handbuch für die pharmazeutische Rechtspraxis. Nomos, Baden-Baden

Fujie Y, Fusaki N, Katayama T, Hamasaki M, Soejima Y, Soga M, Ban H, Hasegawa M, Yamashita S, Kimura S, Suzuki S, Matsuzawa T, Akari H, Era T (2014) New type of Sendai virus vector provides transgene-free iPS cells derived from chimpanzee blood. PLOS ONE 9:e113052

Fusaki N, Ban H, Nishiyama A, Saeki K, Hasegawa M (2009) Efficient induction of transgene-free human pluripotent stem cells using a vector based on Sendai virus, an RNA virus that does not integrate into the host genome. Proc Jpn Acad Ser B 85:348–362

Garber K (2015) RIKEN suspends first clinical trial involving induced pluripotent stem cells. Nat Biotechnol 33:890–891

Gerke S, Taupitz J (2018) Rechtliche Aspekte der Stammzellforschung in Deutschland: Grenzen und Möglichkeiten der Forschung mit humanen embryonalen Stammzellen (hES-Zellen) und mit humanen induzierten pluripotenten Stammzellen (hiPS-Zellen). In: Zenke M, Marx-Stölting L, Schickl H (Hrsg) Stammzellforschung. Aktuelle wissenschaftliche und gesellschaftliche Entwicklungen. Nomos, Baden-Baden, S 209–235

Gerke S, Hansen SL, Blum VC, Bur S, Heyder C, Kopetzki C, Meiser I, Neubauer JC, Noe D, Steinböck C, Wiesemann C, Zimmermann H, Taupitz J (2020) Naturwissenschaftliche, ethische und rechtliche Empfehlungen zur klinischen Translation der Forschung mit humanen induzierten pluripotenten Stammzellen und davon abgeleiteten Produkten. In: Gerke S, Taupitz J, Wiesemann C, Kopetzki C, Zimmermann H (Hrsg) Die klinische Anwendung von humanen induzierten pluripotenten Stammzellen – Ein Stakeholder-Sammelband. Springer, Berlin

González F, Boué S, Izpisúa Belmonte JC (2011) Methods for making induced pluripotent stem cells: reprogramming à la carte. Nat Rev 12:231–242

GSCN = German Stem Cell Network (2018) White paper. Translation – von der Stammzelle zur innovativen Therapie. http://gscn.org/Portals/0/Dokumente/White%20Paper/GSCN_White_Paper_Translation.pdf?ver=2018-11-19-142632-347. Zugegriffen am 12.01.2020

Hayashi K, Ohta H, Kurimoto K, Aramaki S, Saitou M (2011) Reconstitution of the mouse germ cell specification pathway in culture by pluripotent stem cells. Cell 146:519–532

Hayashi K, Ogushi S, Kurimoto K, Shimamoto S, Ohta H, Saitou M (2012) Offspring from oocytes derived from in vitro primordial germ cell-like cells in mice. Science 338:971–975

Heßhaus M (2018) In: Spickhoff A (Hrsg) Medizinrecht. C. H. Beck, München

Hikabe O, Hamazaki N, Nagamatsu G, Obata Y, Hirao Y, Hamada N, Shimamoto S, Imamura T, Nakashima K, Saitou M, Hayashi K (2016) Reconstitution in Vitro of the Entire Cycle of the Mouse Female Germ Line. Nature 539:299–303

Hirsch G, Schmidt-Didczuhn A (1991) Gentechnikgesetz (GenTG) mit Gentechnik-Verordnungen. Kommentar. C. H. Beck, München

Hofmann HP (2016) In: Kügel JW, Müller RG, Hofmann HP (Hrsg) Arzneimittelgesetz. Kommentar. C. H. Beck, München

Jinek M, Chylinski K, Fonfara I, Hauer M, Doudna JA, Charpentier E (2012) A programmable dual-RNA-guided DNA endonuclease in adaptive bacterial immunity. Science 337:816–821

Koch FA, Ibelgaufts H (Grundwerk, November 1992) Gentechnikgesetz. Kommentar mit Rechtsverordnungen und EG-Richtlinien (2. EL, Juni 1994). VCH, Weinheim

Kopetzki C, Blum VC, Noe D, Steinböck C (2020) Die klinische Translation von hiPS-Zellen in Österreich. In: Gerke S, Taupitz J, Wiesemann C, Kopetzki C, Zimmermann H (Hrsg) Die klinische Anwendung von humanen induzierten pluripotenten Stammzellen – Ein Stakeholder-Sammelband. Springer, Berlin

Krüger C (2016) In: Kügel JW, Müller RG, Hofmann HP (Hrsg) Arzneimittelgesetz. Kommentar. C. H. Beck, München

Krüger M, Lautenschläger D, Lilie H (2009) Allgemeine Vorschriften. In: Pühler W, Middel CD, Hübner M (Hrsg) Praxisleitfaden Gewebegesetz. Grundlagen, Anforderungen, Kommentierungen. Deutscher Ärzte-Verlag, Köln, S 62–73

Kügel JW (2016) In: Kügel JW, Müller RG, Hofmann HP (Hrsg) Arzneimittelgesetz. Kommentar. C. H. Beck, München

Listl S (2018) In: Spickhoff A (Hrsg) Medizinrecht. C. H. Beck, München

Lücker V (2018) In: Spickhoff A (Hrsg) Medizinrecht. C. H. Beck, München

Middel CD, Pannenbecker A (2009) Gewebeeinrichtungen, Untersuchungslabore, Register. In: Pühler W, Middel CD, Hübner M (Hrsg) Praxisleitfaden Gewebegesetz. Grundlagen, Anforderungen, Kommentierungen. Deutscher Ärzte-Verlag, Köln, S 91–93

Müller EM (2011) Die Sonderregelung des § 4b AMG für somatische Zell- und Gentherapeutika sowie Tissue-Engineering-Produkte – Auslegung im Lichte des Unionsrechts. MedR 29:698–703

Müller RG (2016) In: Kügel JW, Müller RG, Hofmann HP (Hrsg) Arzneimittelgesetz. Kommentar. C. H. Beck, München

Nakatsuji N, Nakajima F, Tokunaga K (2008) HLA-Haplotype Banking and iPS Cells. Nat Biotechnol 26:739–740

Nationale Akademie der Wissenschaften Leopoldina, Union der deutschen Akademien der Wissenschaften (2019) Fortpflanzungsmedizin in Deutschland – für eine zeitgemäße Gesetzgebung. Druckhaus Köthen, Köthen

Nature Biotechnology Editorial (2018) Gene-edited plants cross European event horizon. Nat Biotechnol 36:776

Nettesheim M (2019) In: Nettesheim M (Hrsg) Das Recht der Europäischen Union (68. EL, Oktober 2019). Band I EUV/AEUV. C. H. Beck, München

Neubauer JC*, Bur S*, Meiser I*, Kurtz A, Zimmermann H (2020) Naturwissenschaftliche Grundlagen im Kontext einer klinischen Anwendung von humanen induzierten pluripotenten Stammzellen. In: Gerke S, Taupitz J, Wiesemann C, Kopetzki C, Zimmermann H (Hrsg) Die klinische Anwendung von humanen induzierten pluripotenten Stammzellen – Ein Stakeholder-Sammelband. Springer, Berlin* geteilte Erstautorenschaft

Nickel L, Seibel Y, Frech M, Sudhop T (2017) Änderungen des Arzneimittelgesetzes durch die EU-Verordnung zu klinischen Prüfungen. Bundesgesundheitsbl 60:804–811

Nuffield Council on Bioethics (2018) Genome editing and human reproduction: social and ethical issues. http://nuffieldbioethics.org/wp-content/uploads/Genome-editing-and-human-reproduction-FINAL-website.pdf. Zugegriffen am 12.01.2020

Okita K, Matsumura Y, Sato Y, Okada A, Morizane A, Okamoto S, Hong H, Nakagawa M, Tanabe K, Tezuka K, Shibata T, Kunisada T, Takahashi M, Takahashi J, Saji H, Yamanaka S (2011) A more efficient method to generate integration-free human iPS cells. Nat Method 8:409–412

Pannenbecker A (2016) In: Kügel JW, Müller RG, Hofmann HP (Hrsg) Arzneimittelgesetz. Kommentar. C. H. Beck, München

Park IH, Zhao R, West JA, Yabuuchi A, Huo H, Ince TA, Lerou PH, Lensch MW, Daley GQ (2008) Reprogramming of human somatic cells to pluripotency with defined factors. Nature 451:141–146

PEI = Paul-Ehrlich-Institut (2012) Arzneimittel für neuartige Therapien. Regulatorische Anforderungen und praktische Hinweise. https://www.pei.de/SharedDocs/Downloads/DE/regulation/beratung/innovationsbuero/broschuere-atmp.pdf?__blob=publicationFile&v=4. Zugegriffen am 12.01.2020

Reischl IG (2010) Advanced Therapies Definition und Klassifizierung. https://www.basg.gv.at/uploads/cal_docs/100414_Definitionen.pdf. Zugegriffen am 12.01.2020

RIKEN (2017) First donor iPSC-derived RPE cell transplantation in AMD patient. http://www.cdb.riken.jp/en/news/2017/topics/0404_10343.html. Zugegriffen am 12.01.2020

Rixen S (2013) In: Höfling W (Hrsg) Transplantationsgesetz. Kommentar. Schmidt, Berlin

Ronellenfitsch M (98. EL, September 2017). In: Eberbach W, Lange P, Ronellenfitsch M (Hrsg) Recht der Gentechnik und Biomedizin. C. F. Müller, Heidelberg

Ruffert M (2016) In: Calliess C, Ruffert M (Hrsg) EUV/AEUV. Das Verfassungsrecht der Europäischen Union mit Europäischer Grundrechtecharta. Kommentar. C. H. Beck, München

Scherer J, Seitz R, Cichutek K (2013) Autologe Zellpräparate: Wenn Ärzte „Arzneimittel" im OP oder am Krankenbett herstellen. Deutsches Ärzteblatt 110:A872–A876

Schmidt-Recla A (2013) In: Höfling W (Hrsg) Transplantationsgesetz. Kommentar. Schmidt, Berlin

Scholz K, Middel CD (2018) In: Spickhoff A (Hrsg) Medizinrecht. C. H. Beck, München

Tag B (2017) In: Joecks W, Miebach K (Hrsg) Münchener Kommentar zum StGB. C. H. Beck, München

Takahashi K, Tanabe K, Ohnuki M, Narita M, Ichisaka T, Tomoda K, Yamanaka S (2007) Induction of pluripotent stem cells from adult human fibroblasts by defined factors. Cell 131:861–872

Taupitz (2014) In: Günther HL, Taupitz J, Kaiser P (Hrsg) Embryonenschutzgesetz. Juristischer Kommentar mit medizinisch-naturwissenschaftlichen Grundlagen. Kohlhammer, Stuttgart

ThermoFisher Scientific (2020) Cyto Tune-iPS Sendai Reprogramming. https://www.thermofisher.com/us/en/home/life-science/stem-cell-research/induced-pluripotent-stem-cells/sendai-virus-reprogramming.html. Zugegriffen am 12.01.2020

Trstenjak V (2007) Nationale Verwaltungspraxis, nach der ein Knoblauchpräparat in Kapseln als Arzneimittel eingestuft wird. Schlussanträge vom 21. Juni 2007 – C-319/05. PharmR:338–349

Wachenhausen H (2016) In: Kügel JW, Müller RG, Hofmann HP (Hrsg) Arzneimittelgesetz. Kommentar. C. H. Beck, München

Wernscheid V (2012) Tissue Engineering – Rechtliche Grenzen und Voraussetzungen. Universitätsverlag Göttingen, Göttingen

Wildhaber I (2009) Haftung für gentechnische Produkte. Zusammenspiel von GenTG, ProdHaftG, AMG und BGB. LIT Verlag, Berlin

Wink M (2015) Das Tempo der molekularen und kulturellen Evolution des Menschen. In: Hartung G (Hrsg) Mensch und Zeit. Springer VS, Wiesbaden, S 125–153

Wolfangel E (2018) Klein ist das neue Schwarz. In: Spektrum der Wissenschaft Kompakt (Hrsg) Robotik. Wem gehört die Zukunft? Spektrum der Wissenschaft. Verlagsgesellschaft mbH, Heidelberg, S 4–11

Yu J, Vodyanik MA, Smuga-Otto K, Antosiewicz-Bourget J, Frane JL, Tian S, Nie J, Jonsdottir GA, Ruotti V, Stewart R, Slukvin II, Thomson JA (2007) Induced pluripotent stem cell lines derived from human somatic cells. Science 318:1917–1920

Zhou H, Wu S, Joo JY, Zhu S, Han DW, Lin T, Trauger S, Bien G, Yao S, Zhu Y, Siuzdak G, Schöler HR, Duan L, Ding S (2009) Generation of induced pluripotent stem cells using recombinant proteins. Cell Stem Cell 4:381–384

Zimmermann WH (2020) Herzreparatur mit Herzmuskelpflaster aus Stammzellen – Umsetzung eines präklinischen Konzeptes in die klinische Prüfung. In: Gerke S, Taupitz J, Wiesemann C, Kopetzki C, Zimmermann H (Hrsg) Die klinische Anwendung von humanen induzierten pluripotenten Stammzellen – Ein Stakeholder-Sammelband. Springer, Berlin

Sara Gerke, Dipl.-Jur. Univ., M. A. Medical Ethics and Law, ist Research Fellow, Medicine, Artificial Intelligence, and Law, am Petrie-Flom Center for Health Law Policy, Biotechnology, and Bioethics at Harvard Law School in Cambridge, USA. Bis 31. März 2018 war Frau Gerke Geschäftsführerin des Instituts für Deutsches, Europäisches und Internationales Medizinrecht, Gesundheitsrecht und Bioethik der Universitäten Heidelberg und Mannheim sowie Gesamtkoordinatorin des Projekts ClinhiPS.

Die klinische Translation von hiPS-Zellen in Österreich

Christian Kopetzki, Verena Christine Blum, Danielle Noe
und Claudia Steinböck

Zusammenfassung HiPS-Zell-basierte Produkte sind Arzneimittel und unterliegen den speziell für Arzneimittel für neuartige Therapien geltenden Bestimmungen. Da Ausgangsmaterial für solche Therapeutika menschliche Gewebe oder Zellen sind, kommen grundsätzlich auch die Regelungen des Gewebesicherheitsrechts zur Anwendung. Abhängig von der Herstellungsmethode können hiPS-Zellen unter Umständen als gentechnisch veränderte Organismen einzustufen sein, für die die Vorschriften des Gentechnikrechts zu beachten sind. Für die klinische Anwendung von hiPS-Zellen können darüber hinaus die gentechnikrechtlichen Bestimmungen über somatische Gentherapien einschlägig sein. Dem Fortpflanzungsmedizinrecht unterliegen hiPS-Zell-basierte Produkte nur, wenn aus ihnen Keimzellen für eine medizinisch unterstützte Fortpflanzung hergestellt werden sollen. Allerdings dürfte einer solchen Verwendung von hiPS-Zell-basierten Keimzellen in Österreich das gesetzliche Verbot von Keimbahneingriffen entgegenstehen.

C. Kopetzki (✉)
Instituts für Staats- und Verwaltungsrecht, Universität Wien, Wien, Österreich
E-Mail: christian.kopetzki@univie.ac.at

V. C. Blum · D. Noe · C. Steinböck
Abteilung Medizinrecht des Instituts für Staats- und Verwaltungsrecht der Universität Wien, Wien, Österreich
E-Mail: verena.blum@univie.ac.at; danielle.monika.noe@univie.ac.at; claudia.steinboeck@univie.ac.at

© Springer-Verlag GmbH Deutschland, ein Teil von Springer Nature 2020
S. Gerke et al. (Hrsg.), *Die klinische Anwendung von humanen induzierten pluripotenten Stammzellen*, Veröffentlichungen des Instituts für Deutsches, Europäisches und Internationales Medizinrecht, Gesundheitsrecht und Bioethik der Universitäten Heidelberg und Mannheim 48,
https://doi.org/10.1007/978-3-662-59052-2_9

1 Einleitung

In Österreich existieren keine spezifischen Regelungen für hiPS-Zellen. Lediglich für die therapeutische Nutzung von Zellen besteht eine wachsende Zahl an Vorschriften, die deren Verwendung beim Menschen mittelbar insbesondere über das Arzneimittelrecht, das Gewebesicherheitsrecht und das Gentechnikrecht normativ erfassen. Abgesehen davon können sich rechtliche Schranken für den Umgang mit hiPS-Zellen indirekt aus Gesetzen ergeben, die primär andere Sachverhalte regeln, wegen ihrer systematischen Nahebeziehung aber Ausstrahlungswirkungen auf die hier zu beurteilenden Fragestellungen entfalten können. Dies gilt insbesondere für den Sonderfall der hiPS-Zell-basierten Keimzellen, für deren Verwendung Beschränkungen aus dem Fortpflanzungsmedizinrecht resultieren. Bleibt die Suche nach einschlägigen Verbotsnormen erfolglos, dann ist die fragliche Tätigkeit rechtlich erlaubt, ohne dass es hiefür einer expliziten gesetzlichen „Zulassung" bedürfte.[1]

Der Fokus des nachfolgenden Beitrags liegt auf der produktrechtlichen Einstufung von hiPS-Zellen und den sich daraus ergebenden Rechtsfolgen nach dem Arzneimittel-, Gewebesicherheits-, Gentechnik- und Fortpflanzungsmedizinrecht. Weitgehend ausgeklammert bleiben allgemeine rechtliche Rahmenbedingungen außerhalb dieser Rechtsgebiete (insbesondere Aufklärung und Einwilligung, Haftung, sozialversicherungsrechtliche Erstattung, Patentierbarkeit, Datenschutz, Krankenanstaltenrecht, ärztliches Berufsrecht), die gleichermaßen für alle (neuartigen) Therapien gelten und deren Darstellung den Rahmen dieser Untersuchung sprengen würde.

Vorauszuschicken ist, dass die Anwendung der einschlägigen rechtlichen Regelungen auf die spezifischen Sachverhalte im Zusammenhang mit hiPS-Zell-basierten Produkten erhebliche Auslegungsschwierigkeiten nach sich zieht, da der Gesetzgeber derartige Szenarien weitgehend (noch) nicht vor Augen hatte. Das führt im Ergebnis zu einem hohen – und aus rechtsstaatlicher Sicht unbefriedigenden – Maß an Rechtsunsicherheit, zumal es auf diesem Gebiet weder höchstgerichtliche Entscheidungen noch eine konsensfähige „herrschende Meinung" im Schrifttum gibt. Dazu kommt, dass künftig mitunter (etwa bei der klinischen Prüfung im Arzneimittelrecht) mit neuen Regelungsvorhaben gerechnet werden muss, deren konkrete Ausgestaltung im Detail noch nicht absehbar ist. Vor diesem Hintergrund ist es daher auch nicht möglich, das Entscheidungsverhalten allfällig damit befasster Stellen (zum Beispiel Gerichte oder Verwaltungsbehörden) seriös vorherzusehen. Mehr als die Entwicklung einer plausiblen und vertretbaren Rechtsauffassung kann im Rahmen dieses Landesberichts nicht geleistet werden. Es kann nicht ausgeschlossen werden, dass sich im Streitfall eine abweichende Rechtsmeinung durchsetzt. Der Umgang mit den verbleibenden rechtlichen Unsicherheiten und haftungsrechtlichen Risiken bleibt letztlich eine „unternehmenspolitische" Entscheidung.

---

[1] Vor dem Hintergrund der prinzipiellen Freiheitsvermutung der Bundesverfassung kann alles als erlaubt gelten, was rechtlich nicht verboten ist. Zu diesem „rechtsstaatlichen Verteilungsprinzip" m. w. N. Kopetzki 2003, S. 51.

2 Arzneimittelrecht

Die zentrale Rechtsgrundlage im Arzneimittelrecht ist das Arzneimittelgesetz (AMG),[2] mit dem unter anderem die Richtlinie (RL) 2001/83/EG[3] umgesetzt wurde (vgl. § 97 AMG). Daneben sind die unmittelbar anwendbaren Verordnungen (VO) der EU einschlägig. Für hiPS-Zell-basierte Produkte sind dies insbesondere die VO (EG) 1394/2007[4] (ATMP-VO) und die VO (EG) 726/2004.[5]

2.1 Arzneimittelbegriff

§ 1 Abs. 1 AMG definiert Arzneimittel als „Stoffe oder Zubereitungen aus Stoffen, die

1. zur Anwendung im oder am menschlichen oder tierischen Körper und als Mittel mit Eigenschaften zur Heilung oder zur Linderung oder zur Verhütung menschlicher oder tierischer Krankheiten oder krankhafter Beschwerden bestimmt sind, oder
2. im oder am menschlichen oder tierischen Körper angewendet oder einem Menschen oder einem Tier verabreicht werden können, um entweder

   a) die physiologischen Funktionen durch eine pharmakologische, immunologische oder metabolische Wirkung wiederherzustellen, zu korrigieren oder zu beeinflussen, oder
   b) als Grundlage für eine medizinische Diagnose zu dienen".

Die Begriffsbestimmung des § 1 Abs. 1 AMG, die im Wesentlichen den Anwendungsbereich des Gesetzes festlegt, wurde mit der AMG-Novelle 2013[6] terminolo-

---

[2] Bundesgesetz über die Herstellung und das Inverkehrbringen von Arzneimitteln (Arzneimittelgesetz – AMG). In: Bundesgesetzblatt 1983/185 i. d. F. I 2018/100. Für einen Überblick über die auf der Grundlage des AMG erlassenen Verordnungen und über sonstige für Arzneimittel einschlägige Gesetze siehe Zeinhofer 2017, S. 423 ff.

[3] Richtlinie 2001/83/EG des Europäischen Parlaments und des Rates vom 6. November 2001 zur Schaffung eines Gemeinschaftskodexes für Humanarzneimittel. In: Amtsblatt der Europäischen Union L 2001/311:67.

[4] Verordnung (EG) 1394/2007 des Europäischen Parlaments und des Rates vom 13. November 2007 über Arzneimittel für neuartige Therapien und zur Änderung der Richtlinie 2001/83/EG und der Verordnung (EG) 726/2004. In: Amtsblatt der Europäischen Union L 2007/324:121.

[5] Verordnung (EG) 726/2004 des Europäischen Parlaments und des Rates vom 31. März 2004 zur Festlegung von Gemeinschaftsverfahren für die Genehmigung und Überwachung von Human- und Tierarzneimitteln und zur Errichtung einer Europäischen Arzneimittel-Agentur. In: Amtsblatt der Europäischen Union L 2004/136:1.

[6] In: Bundesgesetzblatt I 2013/48. Dabei kam es zu keinen inhaltlichen Änderungen, sodass die Grundsätze der bisherigen Rechtsprechung zur Auslegung des Arzneimittelbegriffs weiterhin maßgeblich sind. Vgl. auch die Erläuterungen zur Regierungsvorlage (ErläutRV) 2010 der Beilagen zu den stenographischen Protokollen des Nationalrates (BlgNR) 24. Gesetzgebungsperiode (GP) 7.

gisch an die unionsrechtliche Vorgabe des Art. 1 Z. 2 RL 2001/83/EG angepasst. Demgemäß umfasst sie Präsentations- (§ 1 Abs. 1 Z. 1 AMG) und Funktionsarzneimittel (§ 1 Abs. 1 Z. 2 AMG). Ein Erzeugnis ist als Arzneimittel einzustufen, wenn es alternativ (so auch expressis verbis in § 1 Abs. 1 AMG) unter eine der beiden Definitionen fällt.[7]

2.1.1 Merkmale des Arzneimittelbegriffs

§ 1 Abs. 1 AMG setzt zunächst das Vorliegen eines „Stoffes" oder einer „Zubereitung aus Stoffen" voraus. § 1 Abs. 4 AMG enthält eine sehr weite Begriffsdefinition, die Stoffe jeglichen Ursprungs umfasst: chemische Elemente (Z. 1), Pflanzen(-teile und -bestandteile) (Z. 2), Tierkörper, Körperteile, -bestandteile und Stoffwechselprodukte von Mensch oder Tier in jeglicher Form (Z. 3) sowie Mikroorganismen und Viren (Z. 4).

Zusätzlich zu den in § 1 Abs. 1 Z. 2 AMG umschriebenen Zweckbestimmungen (Wiederherstellung, Korrektur oder Beeinflussung physiologischer Funktionen) bedarf es für das Vorliegen eines *Funktionsarzneimittels* einer pharmakologischen, immunologischen oder metabolischen Wirkung. Nach der Rechtsprechung kommt es darauf an, dass das Produkt nach der objektiven Erwartung der am Arzneimittelverkehr beteiligten Personen dazu dient, eine arzneiliche Wirkung zu erfüllen. Der VwGH verweist diesbezüglich auf den Stand der medizinischen und pharmazeutischen Wissenschaft.[8]

Bei der Beurteilung der subjektiven Zweckbestimmung, die das *Präsentationsarzneimittel* kennzeichnet, wird auf den Gesamteindruck des Produktes abgestellt, der sich bei flüchtiger Betrachtung für den Durchschnittskonsumenten bzw. einen nicht ganz unerheblichen Teil der angesprochenen Verkehrskreise ergibt.[9] Wesentliches Beurteilungskriterium ist die Aufmachung des Erzeugnisses: Erweckt diese den Eindruck eines Arzneimittels, so wird das Produkt (zum Schutz der Konsumenten) dem strengen arzneimittelrechtlichen Regime unterworfen, selbst wenn es keine arzneilichen Wirkungen hat.[10]

---

[7]Vgl. etwa Verwaltungsgerichtshof (VwGH), Urt. vom 17. Dezember 2014 – 2012/10/0189, RdM-LS 2015/17 (Zeinhofer); VwGH, Urt. vom 22. Oktober 2013 – 2013/10/0094; VwGH, Urt. vom 23. Januar 2012 – 2011/10/0027. Auf Unionsrechtsebene ständige Rechtsprechung seit der Entscheidung des Europäischen Gerichtshofes (EuGH), Urt. vom 21. März 1991 – C-369/88, Slg. I-1487, Rn. 15 – Delattre.

[8]VwGH, Urt. vom 24. Juni 1985 – 85/10/0044, VwSlg. 11.805 A; VwGH, Urt. vom 17. Mai 1993 – 92/10/0066, VwSlg. 13.837 A; VwGH, Urt. vom 5. Juli 1993 – 92/10/0144; VwGH, Urt. vom 27. Februar 1995 – 90/10/0082; VwGH, Urt. vom 23. Januar 2012 – 2011/10/0027; VwGH, Urt. vom 22. Oktober 2013 – 2013/10/0094.

[9]Vgl. zuletzt etwa Oberster Gerichtshof (OGH), Urt. vom 25. Oktober 2016 – 4 Ob 117/16h, ÖBl 2017, S. 139 (Graf), MR 2017, S. 44 (Frauenberger); siehe auch OGH, Urt. vom 24. November 1992 – 4 Ob 74/92; OGH, Urt. vom 14. März 2000 – 4 Ob 20/00w, ecolex 2000/267 (Schanda); OGH, Urt. vom 14. März 2000 – 4 Ob 5/00i; OGH, Urt. vom 10. Februar 2004 – 4 Ob 22/04w; OGH, Urt. vom 26. April 2005 – 4 Ob 275/04a; VwGH, Urt. vom 23. Oktober 1995 – 93/10/0235; VwGH, Urt. vom 27. August 2002 – 99/10/0176; VwGH, Urt. vom 27. August 2002, 99/10/0168.

[10]Näher dazu Zeinhofer 2007, S. 53 ff.; Zeinhofer 2017, S. 428 f.; Steinböck 2019, in Druck; Haas

Aufgrund der unionsrechtlichen Determinierung des Arzneimittelbegriffs spielt die unionsrechtskonforme Interpretation im Lichte der vom EuGH entwickelten Grundsätze eine maßgebliche Rolle in der nationalen Rechtsprechung.[11]

2.1.2 Arzneimittel für neuartige Therapien, § 1 Abs. 6a AMG

§ 1 Abs. 6a AMG enthält eine spezielle Begriffsdefinition der Arzneimittel für neuartige Therapien (ATMPs) als Unterfall biologischer Arzneimittel (§ 1 Abs. 11a AMG). Diese verweist auf die einschlägigen unionsrechtlichen Rechtsgrundlagen: ATMPs umfassen demnach Gentherapeutika und somatische Zelltherapeutika i. S. d. RL 2001/83/EG i. d. F. RL 2009/120/EG[12] sowie biotechnologisch bearbeitete Gewebeprodukte i. S. d. ATMP-VO.[13]

2.1.3 Ausnahmen vom Arzneimittelbegriff

§ 1 Abs. 3 AMG enthält einen Katalog von Produkten, die von der Definition des Arzneimittels (und damit vom Anwendungsbereich des AMG) ausgenommen sind. Darunter fallen unter anderem Lebensmittel, kosmetische Mittel, Tabakerzeugnisse, Futtermittel, Medizinprodukte und Organe. Im Folgenden werden nur die für die Einstufung von hiPS-Zell-basierten Produkten relevanten Ausnahmen dargestellt.

2.1.3.1 Medizinprodukte

Die Ausnahmebestimmung des § 1 Abs. 3 Z. 11 AMG umfasst „Medizinprodukte im Sinne des Medizinproduktegesetzes". Nach § 2 Abs. 1 Medizinproduktegesetz (MPG)[14] fallen darunter „alle einzeln oder miteinander verbunden verwendeten Instrumente, Apparate, Vorrichtungen, Software, Stoffe oder anderen Gegenstände, einschließlich der vom Hersteller speziell zur Anwendung für diagnostische oder therapeutische Zwecke bestimmten und für ein einwandfreies Funktionieren des

---

et al. 2015, S. 25 ff.; Aigner und Füszl 2017, S. 76 f.

[11] Zur Rechtsprechung des EuGH umfassend m. w. N. Steinböck 2019, in Druck.

[12] Richtlinie 2009/120/EG der Kommission vom 14. September 2009 zur Änderung der Richtlinie 2001/83/EG des Europäischen Parlaments und des Rates zur Schaffung eines Gemeinschaftskodexes für Humanarzneimittel im Hinblick auf Arzneimittel für neuartige Therapien. In: Amtsblatt der Europäischen Union L 2009/242:3.

[13] Mangels Abweichungen im österreichischen Recht wird hinsichtlich der Auslegung und näheren Begriffsbestimmung auf die Ausführungen zum deutschen Recht verwiesen: Gerke 2020, Abschn. 2.2.2.

[14] Bundesgesetz betreffend Medizinprodukte (Medizinproduktegesetz – MPG). In: Bundesgesetzblatt 1996/657 i. d. F. I 2018/100.

Medizinprodukts eingesetzten Software, die vom Hersteller zur Anwendung für Menschen für folgende Zwecke bestimmt sind:

1. Erkennung, Verhütung, Überwachung, Behandlung oder Linderung von Krankheiten,
2. Erkennung, Überwachung, Behandlung, Linderung oder Kompensierung von Verletzungen oder Behinderungen,
3. Untersuchung, Veränderung oder zum Ersatz des anatomischen Aufbaus oder physiologischer Vorgänge oder
4. Empfängnisregelung

und deren bestimmungsgemäße Hauptwirkung im oder am menschlichen Körper weder durch pharmakologische oder immunologische Mittel noch metabolisch erreicht wird, deren Wirkungsweise aber durch solche Mittel unterstützt werden kann. (…)".

Auch Zubehör für Medizinprodukte gilt gemäß § 2 Abs. 2 MPG als Medizinprodukt. Die spiegelbildliche Ausnahmebestimmung für Arzneimittel enthält § 4 Abs. 1 Z. 1 MPG.

Maßgebliches Abgrenzungskriterium zwischen Arzneimittel und Medizinprodukt i. S. d. § 2 Abs. 1 MPG ist die Hauptwirkungsweise des Produkts:[15] Bei Medizinprodukten ist diese negativ formuliert („weder durch pharmakologische oder immunologische Mittel noch metabolisch"). Medizinproduktespezifische Hauptwirkung, die auch der Gesetzgeber vor Augen hatte,[16] ist jedenfalls eine mechanische bzw. physikalische.

Im Hinblick auf Produkte aus *lebensfähigen* Geweben oder Zellen hat die ATMP-VO die – bis dahin umstrittene[17] – Hauptwirkung eindeutig klargestellt: Diese ist als pharmakologisch, immunologisch oder metabolisch einzustufen; sie sind daher stets Arzneimittel (vgl. ErwG 3 ATMP-VO).

Produkte, die *ausschließlich nicht lebensfähige* menschliche oder tierische Zellen und/oder Gewebe enthalten und nicht hauptsächlich pharmakologisch, immunologisch oder metabolisch wirken, sind jedoch nach Art. 2 Abs. 1 lit. b ATMP-VO von der Begriffsdefinition des biotechnologisch bearbeiteten Gewebeproduktes und damit vom Anwendungsbereich der ATMP-VO ausgenommen. Der Anwendbarkeit des MPG steht bei menschlichem Ausgangsmaterial jedoch § 4 Abs. 1 Z. 4 MPG entgegen: Dieser schließt „Organe, Gewebe oder Zellen menschlichen Ursprungs sowie Produkte, die Gewebe oder Zellen menschlichen Ursprungs enthalten oder aus solchen Geweben oder Zellen gewonnen wurden" mit wenigen, hier nicht einschlägigen Gegenausnahmen generell vom Anwendungsbereich des MPG aus.[18] Diese – bislang auch auf Unionsrechtsebene bestehende – Regelungslücke wird je-

---

[15] So auch explizit § 4 Abs. 1 Z. 1 MPG. Vgl. zuletzt OGH, Urt. vom 21. Dezember 2017 – 4 Ob 190/17w; EuGH, Urt. vom 3. Oktober 2013 – C-109/12, ECLI:EU:C:2013:626, Rn. 44 – Laboratoires Lyocentre.

[16] Vgl. ErläutRV 313 BlgNR 20. GP 51.

[17] M. w. N. Zeinhofer 2009a, S. 105 f. Zum europaweit uneinheitlichen Rechtsrahmen auch Wernscheid 2012, S. 30, 44.

[18] Die korrelierende Ausnahmebestimmung für Transplantate, Gewebe oder Zellen tierischen Ursprungs (§ 4 Abs. 1 Z. 5 MPG) sieht hingegen eine Gegenausnahme für die Verwendung von abgetötetem Material vor.

doch durch die VO (EU) 2017/745 (Medizinprodukte-VO)[19] geschlossen (Art. 1 Abs. 6 lit. g Medizinprodukte-VO).

Die Wirkung eines Medizinprodukts kann durch pharmakologische Wirkungen in untergeordneter Funktion unterstützt werden.[20] Eine spezifische Abgrenzungsregel für Kombinationsprodukte enthält § 5 MPG.[21] Besonderes gilt für kombinierte ATMPs: Diese sind – unabhängig vom Wirkungsbeitrag des Medizinprodukts – als ATMPs i. S. d. ATMP-VO einzustufen und unterliegen deren speziellen Vorschriften (vgl. Art. 6, 7 und 9 ATMP-VO).[22]

2.1.3.2 Organe sowie Organteile

Die Ausnahmebestimmung für „Organe und Organteile im Sinne des Organtransplantationsgesetzes" in § 1 Abs. 3 Z. 12 AMG wurde zugleich mit der Erlassung des Organtransplantationsgesetzes (OTPG)[23] eingefügt. § 3 Z. 6 OTPG definiert das Organ als „differenzierten Teil des menschlichen Körpers, der aus verschiedenen Geweben besteht und seine Struktur, Vaskularisierung und Fähigkeit zum Vollzug physiologischer Funktionen mit deutlicher Autonomie aufrechterhält. Als Organ gelten auch Teile von Organen, wenn ihre Funktion darin besteht, im menschlichen Körper unter Aufrechterhaltung der Anforderungen an Struktur und Vaskularisierung für den selben Zweck wie das gesamte Organ verwendet zu werden".[24] Unter die Ausnahmebestimmung des § 1 Abs. 3 Z. 12 AMG fallen daher nur „solide Organe im engeren Sinn",[25] nicht aber Gewebe und Zellen.[26] Diese bleiben vom Anwendungsbereich des AMG erfasst.

§ 1 Abs. 3 Z. 12 AMG verweist seinem Wortlaut nach auf „Organe und Organteile im Sinne des Organtransplantationsgesetzes". Die Ausnahmebestimmung darf deshalb nicht isoliert vom Anwendungsbereich des OTPG (im Sinne eines Verweises nur auf § 3 Z. 6 OTPG) gelesen werden; sie bezieht sich nur auf Organe bzw.

---

[19] Verordnung (EU) 2017/745 des Europäischen Parlaments und des Rates vom 5. April 2017 über Medizinprodukte, zur Änderung der Richtlinie 2001/83/EG, der Verordnung (EG) Nr. 178/2002 und der Verordnung (EG) Nr. 1223/2009 und zur Aufhebung der Richtlinien 90/385/EWG und 93/42/EWG des Rates. In: Amtsblatt der Europäischen Union L 2017/117:1. Siehe nur ErwG 11.

[20] Als Beispiele nennen die ErläutRV (313 BlgNR 20. GP 61) heparinbeschichtete Katheter oder ein Kortikoid-Depot an der Spitze einer Herzschrittmacherelektrode.

[21] Dazu näher Zeinhofer 2007, S. 265 f.; Semp 2014, S. 12 f.

[22] Dazu Zeinhofer 2009a, S. 109 f.

[23] Bundesgesetz über die Transplantation von menschlichen Organen (Organtransplantationsgesetz – OTPG). In: Bundesgesetzblatt I 2012/108 i. d. F. I 2018/37.

[24] Anders als das GSG schließt das OTPG die Haut nicht explizit vom Organbegriff aus. Siehe auch Abschn. 3.3.3.1. Zur Frage einer kumulativen Anwendung von GSG und OTPG auf die Haut (mit guten Gründen verneinend) Kräftner 2016, S. 107 f.

[25] Wagner und Ecker 2016, § 2 OTPG Rn. 1.

[26] Dazu und zur schwierigen Abgrenzung zwischen Organen und Geweben ausführlich Kopetzki 2014, S. 39 f.; Kräftner 2016, S. 106 ff.; siehe auch Wagner und Ecker 2016, § 2 OTPG Rn. 1. Damit unterscheidet sich der Organbegriff des OTPG von jenem der Vorgängerbestimmung des § 62a Bundesgesetz über Krankenanstalten und Kuranstalten (KAKuG). In: Bundesgesetzblatt 1957/1 i. d. F. vor Bundesgesetzblatt I 2012/108. Zu § 62a KAKuG siehe Kopetzki 1988, S. 137.

-teile *zum Zweck der Transplantation* (vgl. § 1 OTPG).[27] Sollte es in Zukunft gelingen, aus hiPS-Zellen solide Organe zu züchten, fallen diese mangels Transplantation i. S. d. OTPG[28] daher nicht unter § 1 Abs. 3 Z. 12 AMG. Sie sind aufgrund des weiten Stoffbegriffs[29] vielmehr als Arzneimittel einzustufen. Dies wird durch eine unionsrechtskonforme Auslegung bestätigt, zumal derart gezüchtete Organe als „biotechnologisch bearbeitete Gewebeprodukte" i. S. d. Art. 2 Abs. 1 lit. b ATMP-VO zu qualifizieren sind. Für dieses Ergebnis sprechen auch teleologische Gründe, da zum Organersatz gezüchtete Produkte ganz anderer Schutzmechanismen bedürfen als Transplantationsorgane.[30]

2.1.4   Einstufung von hiPS-Zell-basierten Produkten

2.1.4.1   HiPS-Zell-basierte Therapeutika

HiPS-Zell-basierte Therapeutika bestehen aus Stoffen i. S. d. § 1 Abs. 4 Z. 3 AMG (Körperbestandteile). Aufgrund ihrer (durch die ATMP-VO klargestellten) pharmakologischen Wirkung und ihres therapeutischen Zwecks sind sie jedenfalls Funktions-, bei entsprechender Aufmachung auch Präsentationsarzneimittel. Der Sonderfall für abgetötete Gewebe und Zellen ist bei hiPS-Zell-basierten Produkten nicht einschlägig, da derzeit dafür keine medizinisch sinnvollen Anwendungsmöglichkeiten denkbar sind. Insbesondere aufgrund ihrer substanziellen Bearbeitung erfüllen sie weiters die spezielle Begriffsdefinition der ATMPs i. S. d. § 1 Abs. 6a AMG. In diesem Zusammenhang ist zu beachten, dass trotz der Anwendung gentechnischer Verfahren im Zuge der Reprogrammierung nicht jedes hiPS-Zell-basierte Produkt als Gentherapeutikum i. S. d. RL 2001/83/EG einzustufen ist. Für das Vorliegen eines Gentherapeutikums bedarf es eines unmittelbaren Zusammenhangs zwischen therapeutischem Effekt und der übertragenen Nukleinsäure bzw. ihrer Folgeprodukte (vgl. Z. 2.1 Anhang I Teil IV RL 2001/83/EG). Dies ist aber bei hiPS-Zell-basierten Produkten nicht zwangsläufig der Fall.[31] Unter welche Unterkategorie (Gentherapeutikum, Zelltherapeutikum oder biotechnologisch bearbeitetes Gewebeprodukt) ein hiPS-Zell-basiertes Produkt fällt, ist im Einzelfall anhand der unionsrechtlichen Definitionen zu bestimmen.[32]

---

[27] In diese Richtung deuten auch die Materialien, die die Ausnahme auf Organe oder Organteile „im Sinne des Organtransplantationsgesetzes" beziehen: ErläutRV 1935 BlgNR 24. GP 9. Siehe auch Steinböck 2019, in Druck; i. d. S. auch Wagner und Ecker 2016, § 2 OTPG Rn. 1. Anderer Ansicht Kräftner 2016, S. 118.

[28] § 3 Z. 14 OTPG definiert die Transplantation als „Verfahren, durch das bestimmte Funktionen des menschlichen Körpers durch die Übertragung eines Organs von einer/einem Spenderin/Spender auf eine/einen Empfängerin/Empfänger wiederhergestellt werden sollen". Bei der Züchtung von Organen fehlt es aber an der dafür erforderlichen Übertragung von einem Spender. Siehe dazu auch Abschn. 3.3.3.2.

[29] Es handelt sich um Körperteile i. S. d. § 1 Abs. 4 Z. 3 AMG.

[30] Siehe dazu Abschn. 3.3.3.1.

[31] M. w. N. Faltus 2016a, S. 702 ff.; b, S. 868.

[32] Näheres dazu siehe Gerke 2020, Abschn. 2.2.4.

HiPS-Zellen in undifferenziertem Zustand und (einen Schritt davor) die zu reprogrammierenden somatischen Zellen sind im derzeitigen Regelfall der *Reprogrammierung und Redifferenzierung in vitro* als Wirkstoffe i. S. d. § 1 Abs. 4a AMG[33] einzustufen. Diese unterliegen nur den ausdrücklich auf Wirkstoffe bezogenen Regelungen des AMG (insbesondere den Herstellungsvorschriften). Im Falle der *Ausdifferenzierung* von hiPS-Zellen *in vivo* sind die verwendeten hiPS-Zellen allerdings selbst als ATMPs zu qualifizieren. Dies gilt jedoch nicht für eine allfällige direkte *Reprogrammierung in vivo*. Diesfalls wären nicht die (im Körper befindlichen) Zellen, sondern das eingebrachte Material, das die Reprogrammierung auslöst, als Arzneimittel einzustufen.

2.1.4.2 HiPS-Zell-basierte Keimzellen

Mangels expliziter Regelung im AMG ist die Frage, wie zu Fortpflanzungszwecken verwendete hiPS-Zell-basierte Keimzellen produktrechtlich einzuordnen sind, über den Arzneimittelbegriff des § 1 Abs. 1 AMG bzw. § 1 Abs. 6a AMG zu lösen. Vorweggeschickt sei, dass die arzneimittelrechtliche Einstufung bislang weder in der Rechtsprechung noch in der österreichischen Literatur thematisiert wurde.

Das Vorliegen eines Stoffes i. S. d. § 1 Abs. 4 Z. 3 AMG (Körperbestandteil) ist jedenfalls zu bejahen. Ausgehend vom Verständnis der ATMP-VO ist wohl auch bei Keimzellen (bei Einbringung in den Körper einer Frau) von einer pharmakologischen, immunologischen oder metabolischen Wirkung auszugehen. Auch wenn die Wirkungsweise zentrales Kriterium für die Einstufung als Funktionsarzneimittel ist, bedarf es nach der Rechtsprechung des EuGH einer Berücksichtigung aller Merkmale des Erzeugnisses im Einzelfall.[34] Bei der produktrechtlichen Beurteilung von Keimzellen rückt dabei insbesondere ihr spezifischer *Zweck* ins Zentrum der Betrachtung.

In diesem Zusammenhang ist zu beachten, dass die ATMP-Definitionen auf eine *therapeutische* Zweckbestimmung im weiteren Sinne[35] abstellen, die bei hiPS-Zell-derivierten Keimzellen nicht gegeben ist: Der Hauptzweck von Keimzel-

---

[33] „Stoffe oder Gemische von Stoffen, die dazu bestimmt sind, bei der Herstellung eines Arzneimittels verwendet zu werden und bei ihrer Verwendung in der Arzneimittelherstellung zu arzneilich wirksamen Bestandteilen des Arzneimittels zu werden."

[34] Im Rahmen dieser Gesamtschau sind insbesondere seine Zusammensetzung, seine pharmakologischen Eigenschaften – wie sie sich beim jeweiligen Stand der Wissenschaft feststellen lassen –, die Modalitäten seines Gebrauchs, der Umfang seiner Verbreitung, seine Bekanntheit bei den Verbrauchern und die Risiken, die seine Verwendung mit sich bringen kann, zu berücksichtigen: Siehe etwa EuGH, Urt. vom 9. Juni 2005 – C-211/03 u. a., ECLI:EU:C:2005:370, Rn. 51 – HLH Warenvertrieb und Orthica. Dass es nicht bloß auf das Vorliegen einer pharmakologischen Wirkung ankommen kann, machte der EuGH zuletzt am Beispiel synthetischer Cannabinoide deutlich: EuGH, Urt. vom 10. Juli 2014 – C-358/13 und C-181/14, ECLI:EU:C:2014:2060.

[35] Vgl. die unterschiedlichen Ausprägungen in Art. 2 Abs. 1 lit. a ATMP-VO i.V.m. Anhang 1 Teil IV Punkt 2.2 lit. b RL 2001/83/EG („Behandlung, Vorbeugung oder Diagnose von Krankheiten" beim somatischen Zelltherapeutikum) und Anhang 1 Teil IV Punkt 2.1 lit. b RL 2001/83/EG („therapeutische, prophylaktische oder diagnostische Wirkung" beim Gentherapeutikum) sowie Art. 2 Abs. 1 lit. b ATMP-VO („zur Regeneration, Wiederherstellung oder zum Ersatz menschlichen Gewebes" beim biotechnologisch bearbeiteten Gewebeprodukt).

len liegt nämlich nicht in der Heilung bzw. Überbrückung einer Unfruchtbarkeit, sondern in der *Zeugung und Geburt eines Kindes*.[36] Gerade dieser spezielle, nicht in Arzneimittelkategorien fassbare Zweck unterscheidet hiPS-Keimzellen maßgeblich von hiPS-Zell-basierten Arzneimitteln und rechtfertigt eine Sonderstellung. Aufgrund dieser primären Zielrichtung kann ein therapeutischer Zusammenhang auch nicht über den Umweg der Behandlung allfälliger wegen Unfruchtbarkeit bestehender Depressionen begründet werden. Die besseren Gründe sprechen daher gegen die Einstufung von hiPS-Keimzellen als ATMPs. Dagegen spricht auch nicht die substanzielle Bearbeitung der Zellen, da es sich um ein kumulatives Tatbestandselement (zum therapeutischen Zweck) handelt.[37] Selbst wenn man davon ausginge, dass hiPS-Keimzellen grundsätzlich von der ATMP-VO erfasst sind, stünde ihre (nationale) Ausklammerung nicht im Widerspruch zur ATMP-VO, zumal diese den Mitgliedstaaten den Umgang mit spezifischen Arten von Zellen freistellt.[38]

Aus den genannten Erwägungen erfüllen hiPS-Keimzellen auch nicht die allgemeine Arzneimitteldefinition des § 1 Abs. 1 AMG.[39] Die Korrektur bzw. Beeinflussung physiologischer Funktionen (vgl. § 1 Abs. 1 Z. 2 lit. a AMG) ist nämlich bloß Nebenfunktion des primären Zwecks der Zeugung und Geburt eines Kindes.[40] Dies gilt gleichermaßen für natürliche Keimzellen.[41]

Dieses Ergebnis steht im Einklang mit der höchstgerichtlichen Rechtsprechung zur Erstattungsfähigkeit der Kosten einer In-vitro-Fertilisation (IVF). Der OGH verneint dabei mit parallel gelagerten Argumenten die Eigenschaft der IVF als Krankenbehandlung, da diese nicht dem Ziel diene, Konzeptionshindernisse zu

---

[36] Ebenso Gerke 2020, Abschn. 2.5.2.

[37] Anderer Ansicht Faltus 2016a, S. 669.

[38] Vgl. Art. 4 Abs. 5 RL 2001/83/EG i.V.m. Art. 28 Z. 3 ATMP-VO. ErwG 7 ATMP-VO nennt als Beispiele embryonale Stammzellen und tierische Zellen. Keimzellen sind aber zweifelsohne als solche „spezifischen Zellen" zu betrachten: Siehe auch die Pressemeldung der Europäischen Kommission vom 16. November 2005. IP/05/1428. http://europa.eu/rapid/press-release_IP-05-1428_de.htm?locale=de. Zugegriffen: 30. Januar 2018.

[39] Dieser arzneimittelrechtliche Befund bezieht sich nur auf eine Verwendung von Keimzellen zu Fortpflanzungszwecken, nicht aber auf allenfalls in Zukunft medizinisch mögliche andere Einsatzgebiete. Im Falle einer therapeutischen Verwendung sind auch Keimzellen als Arzneimittel einzustufen.

[40] Der Arzneimittelbegriff umfasst zwar grundsätzlich auch Erzeugnisse, die die Körperfunktionen verändern, ohne dass eine Krankheit vorliegt, wie z. B. Verhütungsmittel (EuGH, Urt. vom 16. April 1991 – C-112/89, ECLI:EU:C:1991:147, Rn. 19 – Upjohn). Der EuGH tritt allerdings in seiner jüngeren Rechtsprechung (EuGH – C-358/13 u. a., FN 34) einer extensiven Auslegung entgegen, indem er eine schlichte Beeinflussung physiologischer Funktionen für die Bejahung der Arzneimitteleigenschaft nicht genügen lässt. Ein Arzneimittel müsse vielmehr eine „gesundheitsfördernde" Wirkung haben (vgl. bereits EuGH, Urt. vom 15. November 2007 – C-319/05, Slg. 2007 I-09811, Rn. 64 – Knoblauchkapseln). Dazu Zeinhofer 2014, S. 305; Stibernitz 2015, S. 180. Hintergrund der Entscheidung ist zwar die – mit Keimzellen nicht vergleichbare – Einstufung synthetischer Cannabinoide. Der Grundgedanke, dass der Arzneimittelbegriff nicht verzerrt werden sollte, trifft jedoch auch hier zu. Gegen dieses Ergebnis spricht auch nicht die Einstufung empfängnisverhütender und schwangerschaftsunterbrechender Erzeugnisse als Arzneimittel. Diese genießen nämlich nach Ansicht des EuGH eine Sonderstellung (Rn. 39 ff.).

[41] Diese erfüllen von Vornherein nicht die Definition des ATMP gemäß § 1 Abs. 6a AMG.

beeinflussen; Zweck sei vielmehr „die Geburt eines Kindes, die Erfüllung eines unerfüllten individuellen Wunsches".[42] Wenn auch diese Rechtsprechung in einem anderen (sozialversicherungsrechtlichen) Zusammenhang erging, stünde eine Bejahung der Arzneimitteleigenschaft von hiPS-Zell-basierten Keimzellen zumindest auf der Ebene der Kostenerstattung in einem Spannungsverhältnis dazu.

Allerdings unterliegen hiPS-Keimzellen als Zellen dem Anwendungsbereich des Gewebesicherheitsgesetzes (GSG)[43] und insbesondere den Beschränkungen des Fortpflanzungsmedizingesetzes (FMedG)[44] sowie des Gentechnikgesetzes (GTG).[45]

2.2 Arzneispezialitäten

Arzneispezialitäten sind gemäß § 1 Abs. 5 AMG „Arzneimittel, die im Voraus stets in gleicher Zusammensetzung hergestellt und unter der gleichen Bezeichnung in einer zur Abgabe an den Verbraucher oder Anwender bestimmten Form in Verkehr gebracht werden sowie Arzneimittel zur Abgabe an den Verbraucher oder Anwender, bei deren Herstellung sonst ein industrielles Verfahren zur Anwendung kommt oder die gewerbsmäßig hergestellt werden".[46] Es handelt sich somit um eine Teilmenge der Arzneimittel.

Der Begriff der Arzneispezialität ist historisch in zwei „Schichten" gewachsen: Der erste Teil der Definition entstammt der Stammfassung des AMG i. d. F. Bundesgesetzblatt 1983/185; die Erweiterung um gewerbsmäßig und industriell hergestellte Arzneimittel erfolgte erst im Zuge der AMG-Novelle 2009.[47] Da sowohl das AMG selbst (etwa in § 7 Abs. 6c) als auch andere Rechtsvorschriften (insbesondere § 1 Abs. 1 GSG) an das Vorliegen des „ursprünglichen" und des „erweiterten" Arzneispezialitätenbegriffs unterschiedliche Rechtsfolgen knüpfen, kommt der Differenzierung aber weiterhin zentrale Bedeutung zu.

---

[42] OGH, Urt. vom 24. November 1998 – 10 ObS 193/98z. Als Konsequenz des Urteils wurde ein eigener IVF-Fonds zur Erstattung der Kosten einer IVF-Behandlung geschaffen: Bundesgesetz, mit dem ein Fonds zur Finanzierung der In-vitro-Fertilisation eingerichtet wird (IVF-Fonds-Gesetz). In: Bundesgesetzblatt I 1999/180 i. d. F. I 2018/100.

[43] Bundesgesetz über die Festlegung von Qualitäts- und Sicherheitsstandards für die Gewinnung, Verarbeitung, Lagerung und Verteilung von menschlichen Zellen und Geweben zur Verwendung beim Menschen (Gewebesicherheitsgesetz – GSG). In: Bundesgesetzblatt I 2008/49 i. d. F. I 2018/37. Siehe dazu ausführlich Abschn. 3.

[44] Bundesgesetz, mit dem Regelungen über die medizinisch unterstützte Fortpflanzung getroffen (Fortpflanzungsmedizingesetz – FMedG). In: Bundesgesetzblatt 1992/275 i. d. F. I 2018/58. Siehe dazu Abschn. 5.

[45] Bundesgesetz, mit dem Arbeiten mit gentechnisch veränderten Organismen, das Freisetzen und Inverkehrbringen von gentechnisch veränderten Organismen und die Anwendung von Genanalyse und Gentherapie am Menschen geregelt werden (Gentechnikgesetz – GTG). In: Bundesgesetzblatt 1994/510 i. d. F. I 2018/59. Siehe dazu Abschn. 4.

[46] Siehe zum Folgenden auch Steinböck 2019, in Druck.

[47] Bundesgesetzblatt I 2009/63.

2.2.1 Ursprünglicher Arzneispezialitätenbegriff

Die ursprüngliche Definition des § 1 Abs. 5 AMG umfasst „Arzneimittel, die im Voraus stets in gleicher Zusammensetzung hergestellt und unter der gleichen Bezeichnung in einer zur Abgabe an den Verbraucher oder Anwender bestimmten Form in Verkehr gebracht werden".

Der Gesetzgeber hatte dabei im Wesentlichen im Voraus für den Verbrauch fertig abgepackte Produkte,[48] also standardisierte Massenware, vor Augen. Im Detail sind die Tatbestandsmerkmale jedoch in höchstem Maße unbestimmt und mangels Rechtsprechung in zentralen Punkten umstritten.

Bei Arzneimitteln biologischen Ursprungs ist aufgrund der naturgemäßen spender- oder umweltbedingten Schwankungen ihrer Zusammensetzung insbesondere das Tatbestandsmerkmal der Herstellung *„stets in gleicher Zusammensetzung"* problematisch. Strittig ist, ob es für die „gleiche Zusammensetzung" genügt, dass das gleiche Herstellungsverfahren angewendet wird,[49] oder ob es darüber hinaus der stofflichen Übereinstimmung bedarf.[50] Im Anlassfall der Einstufung von Quarantäneplasma (bei dem das Endprodukt aus dem Vollblut eines einzelnen Spenders gewonnen wird) deuten mehrere Novellierungen der Zulassungsausnahmen[51] darauf hin, dass der Gesetzgeber zumindest im Falle der Blutprodukte der zweiten Auffassung gefolgt sein dürfte, d. h. für das Vorliegen einer Arzneispezialität sowohl dasselbe Herstellungsverfahren als auch dieselbe stoffliche Zusammensetzung verlangt. Ob sich daraus allgemeine Rückschlüsse auf die Auslegung des § 1 Abs. 5 AMG in seiner Stammfassung ziehen lassen, ist jedoch fraglich.[52]

---

[48] ErläutRV 1060 BlgNR 15. GP 28 (zu § 1 Abs. 4 AMG i. d. F. Bundesgesetzblatt 1983/185).

[49] Mayer et al. 1987, § 1 AMG Rn. 50: Ein Unterschied in der Zusammensetzung durch eine unterschiedliche Beschaffenheit der verwendeten Stoffe schadet nach dieser Auffassung selbst dann nicht, wenn sich die Endprodukte deshalb in den Wirkungen unterscheiden. Als Beispiel nennen Mayer et al. witterungsbedingte Unterschiede bei Pflanzen verschiedener Ernten. Dem folgend Maurer 2000, S. 176 f.

[50] Krejci 1999, S. 141.

[51] Zunächst wurde mit Bundesgesetzblatt I 2002/33 die Zulassungsausnahme für „Vollblutkonserven und Suspensionen zellulärer oder korpuskulärer Blutbestandteile" (§ 11 Abs. 3 bzw. später Abs. 5 AMG) mit der Begründung gestrichen, es handle sich definitionsgemäß nicht um Arzneispezialitäten: 64/Ministerialentwurf (ME) 21. GP 19. Die Ausnahmebestimmung hatte nach Ansicht Krejcis auch Blutplasma erfasst: Krejci 1999, S. 142; anderer Ansicht Mayer et al. 1987, § 11 AMG Rn. 11; Maurer 2001, S. 63 ff. Die neuerliche Aufnahme einer Ausnahmebestimmung in § 7 Abs. 6e für „Blut und Blutbestandteile zur direkten Transfusion" (die ausdrücklich auch gefrorenes Frischplasma einschließt: ErläutRV 155 BlgNR 24. GP 5) dürfte im Zusammenhang mit der Erweiterung des Arzneispezialitätenbegriffs auf gewerblich oder industriell hergestellte Arzneimittel mit Bundesgesetzblatt I 2009/63 stehen bzw. der expliziten Umsetzung des Art. 3 Z. 6 RL 2001/83/EG geschuldet sein. Zum Ganzen im Detail Zeinhofer 2009a, S. 113 f.; Polster 2011, S. 79 ff.; Schmoll 2015, S. 73 f.

[52] I. d. S. ebenso Polster 2011, S. 81. Wie hier auch Schmoll 2015, S. 74.

2.2.2 Erweiterter Arzneispezialitätenbegriff

Die Erweiterung des § 1 Abs. 5 AMG durch die AMG-Novelle 2009 betraf „Arzneimittel zur Abgabe an den Verbraucher oder Anwender, bei deren Herstellung sonst ein industrielles Verfahren zur Anwendung kommt oder die gewerbsmäßig hergestellt werden".

Angesichts des erklärten Ziels einer Anpassung an das Unionsrecht[53] kommt bei der Auslegung der neuen Tatbestandselemente der unionsrechtskonformen Interpretation maßgebliche Bedeutung zu.

Art. 2 Abs. 1 RL 2001/83/EG verwendet nicht das Wort *„gewerbsmäßig"*, sondern „gewerblich". Aus dem autonomen unionsrechtlichen Begriffsgehalt ergibt sich, dass die Voraussetzung einer „gewerblichen" Herstellung – entgegen den Materialien[54] – nicht i. S. d. gewerberechtlichen (an der Selbstständigkeit, Regelmäßigkeit und Ertragserzielungsabsicht orientierten) Verständnisses (§ 1 Abs. 2 GewO[55]) zu lesen ist. Vielmehr ist auf eine kommerzielle bzw. maschinelle Massenfabrikation abzustellen.[56] Der Wortlaut des § 1 Abs. 5 ist daher unionsrechtskonform auszulegen.[57]

Auch zum Tatbestandsmerkmal des *„industriellen Verfahrens"* fehlen Legaldefinitionen sowohl im Unionsrecht als auch im nationalen Recht. Die beiden ersten ausdrücklich zum Anwendungsbereich der RL 2001/83/EG ergangenen EuGH-Entscheidungen[58] stehen prima vista im Spannungsfeld zur ATMP-VO, mit der –

---

[53] ErläutRV 155 BlgNR 24. GP 3 f.

[54] ErläutRV 155 BlgNR 24. GP 4.

[55] Gewerbeordnung 1994 (GewO 1994). In: Bundesgesetzblatt 1994/194 i. d. F. I 2018/112.

[56] Dies ergibt sich sowohl im Sprachenvergleich etwa mit der englischen bzw. französischen Sprachfassung der RL 2001/83/EG („prepared industrially", „préparés industriellement") als auch aus der Entstehungsgeschichte und einer systematischen Zusammenschau vor allem mit ErwG 6 ATMP-VO. Dazu m. w. N. Zeinhofer 2009a, S. 115 ff.; Zeinhofer 2009b, S. 206; Polster 2011, S. 82; umfassend auch Schmoll 2015, S. 86 ff. (zur Unionsrechtswidrigkeit dieses Teils der Umsetzung insbesondere 92 ff.). I. d. S. auch Heissenberger 2016, § 1 GSG Rn. 9. Zum Verhältnis zwischen gewerblicher Herstellung und Herstellung unter Anwendung eines industriellen Verfahrens m. w. N. Zeinhofer 2015, S. 194.

[57] In weiterer Folge werden daher im Zusammenhang mit dem Arzneispezialitätenbegriff die Termini „gewerblich" und „gewerbsmäßig" synonym verwendet.

[58] EuGH, Urt. vom 16. Juli 2015 – C-544/13 und C-545/13, ECLI:EU:C:2015:481, Rn. 50 und 51 – Abcur, RdM-LS 2015/64 (Zeinhofer), EuZW 2015, S. 707 (Schmidt), PharmR 2015, S. 436 (v Czettritz) und EuGH, Urt. vom 26. Oktober 2016 – C-276/15, ECLI:EU:C:2016:801, Rn. 32 ff. – Hecht-Pharma, PharmR 2017, S. 17 (Willhöft). Im ersten Fall sah der EuGH ein industrielles Verfahren „im Allgemeinen durch eine Abfolge von Operationen" gekennzeichnet, „die insbesondere mechanisch oder chemisch sein können, um ein standardisiertes Erzeugnis in einer bedeutenden Menge zu erhalten". Maßgeblich sei eine „standardisierte Herstellung bedeutender Mengen eines Arzneimittels auf Vorrat und für den Verkauf im Großhandel ebenso wie die extemporane Zubereitung von Chargen in großem Maßstab oder in Serienproduktion". In der Folgeentscheidung stellt der EuGH dem industriellen das handwerkliche Verfahren gegenüber, wobei der Unterschied in den eingesetzten Produktionsmitteln und folglich in den hergestellten Mengen liege. Die (deutsche) Obergrenze für offizinale Zubereitungen von 100 Packungen pro Tag schließe etwa einen bedeutenden Umfang i. S. eines „industriellen Verfahrens" aus. Ähnlich auch die Vorstellung des nationalen Gesetzgebers: ErläutRV 155 BlgNR 24. GP 4 („breite Herstellung nach einheitli-

unter ausdrücklicher Anlehnung an den Anwendungsbereich der RL 2001/83/
EG[59] – auch Einzelproduktionen von autologen Produkten (sogenannte Specifics)
erfasst werden sollten, die unter Einsatz eines standardisierten, industriellen Verfahrens hergestellt werden.[60]

Den beiden EuGH-Urteilen kann aber vor dem Hintergrund der ihnen zugrunde
liegenden Sachverhalte[61] keine abschließende, generalisierbare Aussage entnommen werden.[62] Im Falle neuartiger Therapien, die weitgehend durch patientenspezi-
fische Einzelanfertigungen gekennzeichnet sind, darf daher bei der Beurteilung des
„Industriellen" der Fokus nicht allein bei der (tatsächlich) gefertigten Zahl liegen.
Das spezifisch „Industrielle" ist bei diesen im *standardisierten, GMP-konformen
Verfahren* unter Einsatz entsprechend hochkomplexer Produktionseinrichtungen zu
sehen.[63] Dabei wird der Boden einer individuellen, handwerklichen Herstellung
verlassen und insofern auch bei geringer Stückzahl bei weitem über das etwa in einer Apotheke technisch Mögliche hinausgegangen. Das Erfordernis einer breiten
Herstellung spielt dabei insofern eine Rolle, als ein industrielles Verfahren auf die
(mögliche) Produktion einer großen Stückzahl ausgelegt ist, d. h. potenziell große

---

chen Vorschriften, in größerer Menge und unter Einsatz entsprechender Produktionseinrichtungen
und -anlagen"). Vgl. auch die Gesetzesbegründung zu § 4 dAMG („breite Herstellung nach einheitlichen Vorschriften"): BT-Drucks 15/5316, S. 33. I. d. S. auch Krüger 2016, § 4 dAMG Rn. 14,
der aber darauf hinweist, dass zur Beurteilung auf den jeweiligen Einzelfall abzustellen sei.

[59] ErwG 6 ATMP-VO.

[60] Siehe das „Commission staff working document – Annex to the: proposal for a regulation on
advanced therapy medicinal products impact assessment" vom 16. November 2005. SEC/2005/1444
Punkt 8.2.3.2. http://eur-lex.europa.eu/legal-content/DE/TXT/?uri=CELEX:52005SC1444. Zugegriffen: 30. Januar 2018. Auch ErwG 7 RL 2004/27/EG, die Art. 2 RL 2001/83/EG um das Tatbestandselement der Herstellung mit Hilfe eines „industriellen Verfahren" erweiterte, stößt in diese
Richtung, wenn als Grund für die Klärung des Anwendungsbereichs der wissenschaftliche und
technische Fortschritt genannt werden. Er erwähnt dabei auch das Entstehen neuer Therapien, dies
allerdings im Zusammenhang mit der Umformulierung der Arzneimitteldefinition. Auch aus den
Vorarbeiten zur RL 2004/27/EG ergibt sich, dass die Erweiterung des Anwendungsbereichs das
Ziel verfolgt, ursprünglich nicht erfasste Produkte einzubeziehen, wobei bereits an neue Therapien
und ihre besonderen Applikationsformen, insbesondere an die Zelltherapie, gedacht wurde: Vgl.
den Vorschlag für eine Verordnung des Europäischen Parlaments und des Rates zur Festlegung von
Gemeinschaftsverfahren für die Genehmigung, Überwachung und Pharmakovigilanz von Human-
und Tierarzneimitteln und zur Schaffung einer Europäischen Agentur für die Beurteilung von Arzneimitteln. KOM (2001) 0404 endgültig – COD 2001/0252, S. 88. In: Amtsblatt der Europäischen
Union C 2002/75:189. http://eur-lex.europa.eu/legal-content/DE/TXT/?uri=COM:2001:0404:-
FIN. Zugegriffen: 30. Januar 2018. Klare Aussagen lassen sich jedoch auch aus der Entstehungsgeschichte nicht ableiten: Zur Entwicklung des Anwendungsbereichs der Arzneimittelrichtlinien
umfassend Schmoll 2015, S. 79 ff.

[61] In beiden Fällen beschreibt der EuGH lediglich den „Paradefall" der industriellen Herstellung.
So lag im Abcur-Fall unstrittig „Massenware" vor, sodass sich der Gerichtshof mit über den Stan-
dardfall hinausgehenden Szenarien nicht beschäftigen musste. Die vom EuGH zu beurteilende
Obergrenze von 100 Packungen pro Tag im zweiten Fall betraf handwerklich im Rahmen des üblichen Apothekenbetriebs herstellbare Mengen für offizinale Zubereitungen.

[62] Zu weitreichend daher noch Zeinhofer 2015, S. 194.

[63] Diesen Aspekt rückte bereits Gassner 2003, S. 41, 43, in den Vordergrund. Auch Wernscheid
2012, S. 47, spricht davon, dass es Zweck der ATMP-VO sei, Produkte und *Verfahren* unter dem
Begriff neuartige Therapien zu regulieren.

Mengen hergestellt werden können. Auf die tatsächlich produzierte Stückmenge (wie etwa bei der Abgrenzung zu den offizinalen Arzneimitteln) kann es dagegen bei den ausschließlich auf Nachfrage hergestellten Arzneimitteln nicht ankommen. Dafür spricht auch die VO (EG) 141/2000,[64] die sich gerade durch eine geringe Nachfrage und insofern Mengen auszeichnet, die deutlich unter der vom EuGH geforderten Stückzahl liegen.

Dass zentrales Merkmal eines „industriellen" Verfahrens das spezifische standardisierte Herstellungsverfahren ist, bestätigen auch die ersten Zulassungen auf der Grundlage der ATMP-VO.[65] Die bisherige Praxis deutet daher darauf hin, dass der Anwendungsbereich der RL 2001/83/EG nicht nur „Massenware", sondern auch mithilfe eines standardisierten Verfahrens hergestellte autologe Einzelprodukte erfasst.[66] Dies steht auch im Einklang mit der „Krankenhausausnahme" in Art. 3 Z. 7 RL 2001/83/EG[67] unter Berücksichtigung der jüngsten Rechtsprechung des EuGH zum Verhältnis zwischen Art. 2 und Art. 3 der RL 2001/83/EG: Demnach sind die Ausnahmebestimmungen des Art. 3 RL erst dann zu prüfen, wenn in einem ersten Schritt der in Art. 2 der RL positiv definierte Anwendungsbereich erfüllt ist, also eine gewerbliche oder industrielle Herstellung zu bejahen ist.[68] Dies wäre jedoch bei anderem Verständnis bei nicht routinemäßig hergestellten Arzneimitteln nie der Fall, da diese gerade nicht im großen Stil und in einer i. S. d. Rechtsprechung des

---

[64] Verordnung (EG) 141/2000 über Arzneimittel für seltene Leiden. In: Amtsblatt der Europäischen Union L 2000/18:1.

[65] Bei diesen wird weitgehend patienteneigenes Material im Krankenhaus entnommen und sodann zum Hersteller/Pharmaunternehmen für die entsprechende Aufbereitung geschickt. Das so vermehrte und bearbeitete maßgeschneiderte Endprodukt wird dann wieder an das Krankenhaus zurückgeschickt und dort angewendet: Siehe z. B. „Holoclar" (Stammzellbehandlung zum Ersatz beschädigter Zellen auf der Hornhautoberfläche): EMA 2015. Ähnlich (mittlerweile nicht mehr zugelassen) „Provenge" zur Behandlung von Prostatakrebs: EMA 2013a. Auch „ChondroCelect" (inzwischen nicht mehr zugelassen), ein Tissue engineering Produkt zur Reparatur von Knorpeldefekten des Knies (EMA 2014) und „MACI", dessen Zulassung ausgesetzt wurde (EMA 2013b) funktionieren nach diesem Prinzip.

[66] Siehe auch Wernscheid 2012, S. 51 (ATMPs unterliegen i. d. R. einer industriellen Herstellungsweise); Schmoll 2015, S. 86, 94. In diese Richtung auch bereits Zeinhofer 2009a, S. 119; Zeinhofer 2009b, S. 206. Anderer Ansicht Müller 2011a, S. 66. Im Ergebnis ähnlich Kaufmann 2015, S. 476, wonach der EuGH letztlich jede standardisierte Herstellung im Wege einer vorab festgelegten Abfolge mechanischer oder chemischer Operationen in den Anwendungsbereich der RL 2001/83/EG einbeziehen wolle.

[67] Siehe Abschn. 2.3.2.

[68] EuGH, Urt. vom 16. Juli 2015 – C-544/13 und C-545/13, ECLI:EU:C:2015:481, Rn. 38 ff. und EuGH, Urt. vom 26. Oktober 2016 – C-276/15, ECLI:EU:C:2016:801, Rn. 29 ff. – Hecht-Pharma. I. d. S. kann auch ErwG 6 ATMP-VO verstanden werden. Im Unterschied dazu hatte Generalanwalt Szpunar noch vertreten, dass in Art. 3 auch diejenigen Arzneimittel beschrieben seien, die nicht so zubereitet seien wie in Art. 2 vorausgesetzt, also nicht gewerblich oder industriell: Schlussanträge vom 3. März 2015 – C-544/13 und C-545/13, ECLI:EU:C:2015:136, Rn. 28. Das vom EuGH postulierte Verhältnis zwischen Art. 2 und Art. 3 RL 2001/83/EG wirft jedoch verschiedentlich Unklarheiten auf, beispielsweise auch im Hinblick auf magistrale Zubereitungen (Art. 3 Z. 1 RL 2001/83/EG): Für Details siehe Steinböck 2019, in Druck. Dem folgend Gerke 2020, Abschn. 2.3.2.

EuGH bedeutenden Menge produziert werden. Soll die „Krankenhausausnahme"
eine über eine bloße Klarstellung hinausgehende Bedeutung haben,[69] muss sie sich
auf Arzneimittel beziehen, die gewerblich oder industriell hergestellt wurden.[70]
    Die hier vertretene weite Auslegung des „industriellen Verfahrens" i. S. d. § 1
Abs. 5 AMG deckt sich im Ergebnis weitgehend mit dem gesetzgeberischen Verständnis der „Gewerblichkeit" i. S. d. Gewerbsmäßigkeit: Bei Vorliegen entsprechend hochkomplexer Einrichtungen ist diese – unabhängig von der produzierten
Stückzahl – zu bejahen.[71]

2.2.3   Einstufung von hiPS-Zell-basierten ATMPs

Autologe hiPS-Zell-basierte ATMPs sind schon mangels Herstellung „im Voraus"
keine Arzneispezialitäten i. S. d. ursprünglichen Definition: Für eine Herstellung „im
Voraus" kommt es nach herrschender Lehre nicht auf einen zeitlichen Abstand zwischen Produktion und Auslieferung, sondern vielmehr auf die Herstellung für eine
unbestimmte Zahl von Verbrauchern an. Eine Herstellung auf Bestellung für den Einzelfall ist davon nicht erfasst.[72] Solche Produkte sind aber unter Zugrundelegung des
oben dargelegten, weiten Verständnisses als gewerblich bzw. industriell hergestellte
Arzneispezialitäten zu qualifizieren, zumal es nach derzeitigem Stand der Wissenschaft
dafür entsprechend komplexer Einrichtungen und Herstellungsverfahren bedarf.
    Bei *allogenen, auf Vorrat produzierten*[73] hiPS-Zell-basierten ATMPs ist zwar die
Herstellung im Voraus unproblematisch. Bei diesen hängt die Einstufung aber zentral von der Auslegung des unscharfen Tatbestandsmerkmals der „gleichen Zusammensetzung" ab. Für allogene hiPS-Zell-basierte Produkte treffen auf tatsächlicher
Ebene an sich dieselben Erwägungen zu wie bei Quarantäneplasma. Sie weisen
aufgrund der unterschiedlichen Spendereigenschaften niemals dieselbe Zusammensetzung auf; nicht einmal dann, wenn sämtliche Produkte aus der Zelllinie eines
einzigen Spenders gewonnen wurden. Zieht man aus der Gesetzgebung zu den
Blutprodukten zur direkten Transfusion den allgemeinen Schluss, dass es sowohl

---

[69] Aus der Entstehungsgeschichte der ATMP-VO wird deutlich, dass die Krankenhausausnahme
der unklaren Reichweite der „industriellen" Herstellung geschuldet war. Ob es sich dabei um eine
„echte" Ausnahme oder um eine bloße Klarstellung (einer nicht industriellen Herstellung) handelt,
geht daraus jedoch nicht hervor: In letzterem Sinn wohl ErwG 5 des (noch engeren) Kommissions-
vorschlags zur ATMP-VO: KOM (2005) 0567 endgültig: http://eur-lex.europa.eu/legal-content/
DE/TXT/?uri=COM:2005:0567:FIN. Zugegriffen: 30. Januar 2018. Siehe aber etwa SEC/
2005/1444 Punkt 8.2.3.2. und die weiteren Vorarbeiten. Zum unklaren Bedeutungsgehalt des „industriellen Verfahrens" umfassend Schmoll 2015, S. 79 ff. (83 f.).

[70] Anderer Ansicht Faltus 2016a, S. 715; Wernscheid 2012, S. 107.

[71] Für die Bejahung der Gewerbsmäßigkeit (bzw. genauer der dafür erforderlichen Regelmäßigkeit)
genügt nach § 1 Abs. 4 GewO nämlich, dass nach den Begleitumständen auf eine Wiederholungs-
absicht geschlossen werden kann.

[72] Siehe auch Polster 2011, S. 78 f., 85; Schmoll 2015, S. 69 f. Vgl. zum deutschen Begriff des
Fertigarzneimittels auch Kloesel und Cyran 2016, § 4 dAMG Rn. 3a; Fleischfresser 2014, Rn. 171.

[73] Werden allogene Produkte für einen spezifischen Patienten aufgrund konkreter Bestellung ange-
fertigt (wie dies etwa bei Gewebezüchtungen denkbar ist), fehlt es allerdings wieder an der Herstellung „im Voraus".

des gleichen Herstellungsverfahrens als auch derselben stofflichen Zusammensetzung des Endproduktes bedarf, sind allogene hiPS-Zell-basierte ATMPs nicht als „ursprüngliche", sondern (nur) als gewerblich bzw. industriell hergestellte Arzneispezialitäten i. S. d. zweiten Alternative des § 1 Abs. 5 AMG anzusehen. Im Falle von ATMPs spricht aber bei systematischer Zusammenschau mit den §§ 62 ff. AMG eine unionsrechtskonforme Interpretation gegen ein solches Verständnis: Ginge man bloß von Arzneispezialitäten i. S. d. erweiterten Begriffsdefinition aus, führte dies (unter Berücksichtigung des komplizierten Zusammenspiels zwischen GSG und AMG) hinsichtlich des Erfordernisses einer arzneimittelrechtlichen Betriebsbewilligung zu einem unionsrechtswidrigen Ergebnis, was dem Gesetzgeber im Zweifel nicht unterstellt werden sollte.[74] Für eine Bejahung der „ursprünglichen" Arzneispezialitäteneigenschaft kann bei ATMPs auch die substanzielle Bearbeitung ins Treffen geführt werden: Ist das Herstellungsverfahren derart produktbestimmend, rechtfertigt dies, den Fokus im Rahmen der Auslegung der „gleichen Zusammensetzung" darauf (und nicht auf die stoffliche Übereinstimmung des Endproduktes) zu legen. Auch wenn es bislang an klarstellender Rechtsprechung fehlt, lässt sich daher mit guten Gründen vertreten, allogene, auf Vorrat produzierte hiPS-Zell-basierte Produkte aufgrund des gleichen Herstellungsverfahrens nicht nur als „erweiterte", sondern auch als Arzneispezialitäten i. S. d. ursprünglichen Definition einzustufen.[75]

Für die Zulassung macht die Unterscheidung keinen Unterschied, da ATMPs i. S. d. ATMP-VO generell zentral zuzulassen sind. Die Einstufung (jedenfalls autologer) hiPS-Zell-basierter ATMPs als ausschließlich gewerblich bzw. industriell hergestellte Arzneispezialitäten hat aber – wie noch zu zeigen sein wird – maßgebliche Auswirkungen auf den Anwendungsbereich des GSG (volle Anwendbarkeit auch auf die weitere Verarbeitung mangels Einschlägigkeit der Teilausnahme gemäß § 1 Abs. 1 Satz 2 GSG[76]) und in weiterer Folge auch auf das Erfordernis einer Betriebsbewilligung gemäß § 63 AMG.

2.3 Rechtliche Konsequenzen der Einstufung für die klinische Translation

Das AMG knüpft an die Begriffe „Arzneimittel" und „Arzneispezialität" jeweils unterschiedliche Rechtsfolgen. Wesentliche Konsequenz der Unterscheidung ist, dass insbesondere nur Arzneispezialitäten der Zulassungs- bzw. Registrierungspflicht (§§ 7 ff. AMG) unterliegen.[77] Die allgemeinen Anforderungen (§§ 3 ff. AMG), die Bestimmungen über klinische Prüfungen (§§ 28 ff. AMG),

---

[74] Siehe dazu Abschn. 2.3.4.

[75] Vgl. Polster 2011, S. 81, 85 f.

[76] Siehe Abschn. 3.2.

[77] Auch die Vorschriften über Fach- und Gebrauchsinformation (§§ 15 ff. AMG), die Kennzeichnung (§ 17 f. AMG) sowie Chargenfreigabe (§ 26 AMG) gelten nur für (bestimmte) Arzneispezialitäten.

die Werbebeschränkungen (§§ 50 ff. AMG), die Vertriebs- (§§ 57 ff. AMG) und Betriebsvorschriften (§§ 62 ff. AMG) sowie die Überwachungs- und Schutzmaßnahmen (§§ 76 ff. AMG) sind hingegen für alle Arzneimittel einschlägig. Im Folgenden werden nur die speziell für hiPS-Zell-basierte Produkte geltenden Besonderheiten nach AMG dargestellt.

Verstöße gegen die Vorschriften des AMG sind nach den §§ 83 und 84 AMG nur verwaltungsstrafrechtlich sanktioniert.[78] Der Strafrahmen für die Geldstrafe beträgt bis zu 7500 € (im Wiederholungsfall 14.000 €) für Übertretungen nach § 83 AMG bzw. bis zu 25.000 € (im Wiederholungsfall bis zu 50.000 €) für Verstöße gemäß § 84 AMG.

Zuständige Behörde für die Vollziehung der hoheitlichen Aufgaben im Rahmen des AMG ist gemäß § 6a Abs. 1 Z. 1 Gesundheits- und Ernährungssicherheitsgesetz (GESG)[79] das Bundesamt für Sicherheit im Gesundheitswesen (BASG). Als Hilfsapparat beigegeben ist diesem die Österreichische Agentur für Gesundheit und Ernährungssicherheit GmbH (AGES).[80]

2.3.1 Zentrale Zulassung

Die Zulassungspflicht für Arzneispezialitäten knüpft an die Abgabe bzw. das Bereithalten zur Abgabe (§ 7 Abs. 1 AMG),[81] nach Unionsrecht an das Inverkehrbringen (vgl. Art. 6 RL 2001/83/EG). HiPS-Zell-basierte Produkte sind als ATMPs gemäß § 7 Abs. 1 Z. 1 AMG grundsätzlich zentral zuzulassen. § 7 Abs. 1 Z. 1 AMG, der als Ausnahme von der nationalen Zulassungspflicht formuliert ist, verweist diesbezüglich auf die VO (EG) 726/2004 i.V.m. der ATMP-VO. Nach Z. 1a des Anhangs zur VO (EG) 726/2004 unterliegen ATMPs zwingend der zentralen Zulassung.[82]

2.3.2 Nationale Ausnahme, § 7 Abs. 6a AMG

§ 7 Abs. 6a AMG normiert das innerstaatliche Pendant zur Ausnahme vom Anwendungsbereich des Art. 3 Z. 7 RL 2001/83/EG (i.V.m. Art. 28 Z. 2 ATMP-VO). Unter den Voraussetzungen des § 7 Abs. 6a AMG sind ATMPs nicht nur von der zentralen,

---

[78] Einzige Ausnahme ist die gerichtliche Strafbestimmung des § 82b AMG für Handlungen im Zusammenhang mit Arzneimittelfälschung.

[79] Bundesgesetz, mit dem die Österreichische Agentur für Gesundheit und Ernährungssicherheit GmbH errichtet und das Bundesamt für Ernährungssicherheit sowie das Bundesamt für Sicherheit im Gesundheitswesen eingerichtet werden (Gesundheits- und Ernährungssicherheitsgesetz – GESG). In: Bundesgesetzblatt I 2002/63 i. d. F. I 2018/37. Die konkreten Aufgaben ergeben sich aus den materiell-rechtlichen Bestimmungen des AMG.

[80] Zur AGES siehe §§ 7 ff. GESG. Zur Behördenstruktur im Arzneimittelrecht siehe Polster 2011, S. 306 ff.; Steinböck 2019, in Druck.

[81] Zur Abgrenzung zwischen Abgabe und (nicht zulassungspflichtiger) Anwendung siehe Kopetzki 2008a, S. 77, 81 ff.

[82] Siehe dazu Gerke 2020, Abschn. 2.7.1.

sondern auch von der nationalen Zulassungspflicht gemäß § 7 AMG befreit: Das ATMP muss „auf individuelle ärztliche Verschreibung eigens für einen bestimmten Patienten in Österreich nicht routinemäßig hergestellt werden, um in einer österreichischen Krankenanstalt unter der ausschließlichen fachlichen Verantwortung eines Arztes bei diesem angewendet zu werden".[83]

§ 7 Abs. 6a AMG knüpft die Ausnahmebestimmung strikt an die *Anwendung* in einer österreichischen *Krankenanstalt*.[84] Für das Verständnis des Krankenanstalten-begriffs ist auf die Definition in § 1 i.V.m. § 2 Krankenanstalten- und Kuranstalten-gesetz (KAKuG)[85] abzustellen, die etwa auch selbstständige Ambulatorien erfasst: Dabei handelt es sich um organisatorisch selbstständige Einrichtungen, die der Untersuchung oder Behandlung von Personen dienen, die einer stationären Aufnahme in Anstaltspflege nicht bedürfen (vgl. § 2 Abs. 1 Z. 5 KAKuG). Das Vorhandensein einer angemessenen Anzahl von Betten für eine kurzfristige Unterbringung zur Durchführung ambulanter diagnostischer oder therapeutischer Maßnahmen schadet nicht. Keine Krankenanstalten sind hingegen Ordinationsstätten niedergelassener Ärzte oder Gruppenpraxen;[86] für solche Einrichtungen kommt die Ausnahme des § 7 Abs. 6a AMG nicht in Betracht. Das Kriterium für die Abgrenzung zwischen Krankenanstalt (insbesondere selbstständigem Ambulatorium) und Ordinations-stätte bzw Gruppenpraxis niedergelassener Ärzte ist eine entsprechend „anstaltli-che" Organisation.[87]

Die *Herstellung* ist im Gegensatz zur Anwendung – anders als noch in den Vorarbeiten zur ATMP-VO[88] – nicht auf Krankenanstalten beschränkt. Es genügt, wenn diese in Österreich erfolgt.[89] Dies entspricht der schließlich in den Verordnungstext eingegangenen unionsrechtlichen Anforderung.

Sehr unbestimmt ist das Erfordernis der „*nicht-routinemäßigen*" Herstellung. Fest steht, dass es sich dabei unter Zugrundelegung des oben beschriebenen

---

[83] Siehe zum Folgenden auch Steinböck 2019, in Druck.

[84] Zum unionsrechtlichen Begriff „Krankenhaus" in Art. 3 Z. 7 RL 2001/83/EG i.V.m. Art. 28 Z. 2 ATMP-VO siehe Gerke 2020, Abschn. 2.7.2.1.

[85] Bundesgesetz über Krankenanstalten und Kuranstalten (KAKuG). In: Bundesgesetzblatt 1957/1 i. d. F. I 2019/13.

[86] Dabei handelt es sich um einen Zusammenschluss von Ärzten/Zahnärzten bzw. Ärzten und Zahn-ärzten/Dentisten oder Zahnärzten und Dentisten in Form einer Offenen Gesellschaft oder Gesellschaft mit beschränkter Haftung: Vgl. § 52a Bundesgesetz über die Ausübung des ärztlichen Berufes und die Standesvertretung der Ärzte (Ärztegesetz 1998 – ÄrzteG 1998). In: Bundesgesetzblatt I 1998/169 i. d. F. I 2019/28.

[87] Dazu Verfassungsgerichtshof (VfGH), Urt. vom 30. November 2000 – B 1229/99, VfSlg. 13.023/1992. Für Details siehe Kopetzki 2013, S. 400 ff.

[88] Die Vorgeschichte zur ATMP-VO zeigt deutlich das Ringen um die Reichweite der Ausnahme: So sah der erste ATMP-Verordnungsentwurf (KOM [2005] 0567 endgültig) noch vor, dass das ATMP im selben Krankenhaus „vollständig zubereitet und verwendet werden" muss. Einen Schritt weiter, aber noch enger als die in den Rechtstext eingegangene Fassung ErwG 6, der ebenso noch eine Herstellung in einer Krankenanstalt, wenn auch nicht in ein und derselben, vorsieht. Vgl. auch ErläutRV 155 BlgNR 24. GP 5. Daher rührt die auch jetzt noch gängige Bezeichnung „Kranken-hausausnahme". Zur Entstehungsgeschichte auch Schmoll 2015, S. 111 f.

[89] Zum Erfordernis einer Herstellungsbewilligung gemäß § 63 AMG siehe Abschn. 2.3.4.

Verständnisses bei hiPS-Zell-basierten ATMPs jedenfalls um ein industrielles Verfahren handelt. Im Gegensatz zum dAMG[90] enthält § 7 Abs. 6a AMG dazu keine nähere Legaldefinition bzw. beispielhafte Aufzählung. Auch im Unionsrecht fehlen Anhaltspunkte für eine Konkretisierung.[91] Nach allgemeinem Sprachgebrauch bedeutet Routinemäßigkeit Regelmäßigkeit,[92] sodass zunächst ein zeitliches Element (die Häufigkeit) im Vordergrund steht: Maßgeblich ist demnach die bloß gelegentliche Herstellung, die auch eine geringe Gesamtproduktion impliziert.[93] Somit spielt auch die geringe Stückzahl eine Rolle.[94] Das Tatbestandselement „nicht-routinemäßig" hängt insofern mit der Beschränkung auf Einzelfallanfertigungen zusammen, die auch in den weiteren Voraussetzungen des § 7 Abs. 6a AMG zum Ausdruck kommt („eigens für einen bestimmten Patienten"; individuelle ärztliche Verschreibung). Als Motiv für die Ausnahmebestimmung, das in § 4b Abs. 2 Nr. 2 dAMG zum Ausdruck kommt,[95] nennt Schmoll die Ermöglichung und Erleichterung von Innovationen.[96]

Kommt die „Krankenhausausnahme" zur Anwendung, verpflichtet § 7 Abs. 6b AMG den Anwender, Maßnahmen zu setzen, um die *Nachbeobachtung* der Wirksamkeit und von Nebenwirkungen zu gewährleisten. Adressat des § 7 Abs. 6b AMG ist, wer Arzneimittel gemäß § 7 Abs. 6a AMG anwendet.[97] Während der Gesetzgeber als primär Verpflichteten die Krankenanstalt vor Augen hatte,[98] scheint das BASG den Arzt hauptverantwortlich zu sehen.[99] § 75p AMG verweist diesbezüglich auf die Anforderungen an die Rückverfolgbarkeit und die Meldepflichten nach GSG.

---

[90] Gesetz über den Verkehr mit Arzneimitteln (Arzneimittelgesetz – dAMG). In: dBundesgesetzblatt I (2005):3394–3469 i. d. F. dBundesgesetzblatt I (2019):1202–1220. Zu Auslegung und Diskussionsstand zum deutschen Recht siehe Gerke 2020, Abschn. 2.7.2.1.

[91] Eine unionsrechtskonforme Auslegung ist angesichts des erklärten Ziels der Umsetzung der unionsrechtlichen Ausnahmebestimmung geboten: ErläutRV 155 BlgNR 24. GP 5.

[92] Bedeutung von „routinemäßig": „in derselben Art regelmäßig wiederkehrend". https://www.duden.de/rechtschreibung/routinemaeszig. Zugegriffen: 30. Januar 2018.

[93] In diese Richtung deuten etwa auch die französische und spanische Sprachfassung des Art. 3 Z. 7 RL 2001/83/EG: „préparés de façon ponctuelle" (französisch) bzw. „preparados ocasinalmente" (spanisch).

[94] Siehe auch Polster 2011, S. 87 (im kleinen Rahmen). Zum fraglichen mengenmäßigen Umfang der Ausnahme auch Schmoll 2015, S. 112 f. Das Vorhandensein sehr umfangreicher Produktionseinrichtungen (Maschinen, Material) ist zwar ein Indiz für die Routinemäßigkeit (s. Wernscheid 2012, S. 52), zentrales Kriterium ist jedoch die Regelmäßigkeit ihres Einsatzes.

[95] Demnach fallen unter die Ausnahmebestimmung auch Arzneimittel, die noch nicht in ausreichender Anzahl hergestellt worden sind, weshalb die notwendigen Erkenntnisse für eine umfassende Beurteilung noch fehlen.

[96] Schmoll 2015, S. 117.

[97] Schmoll 2015, S. 115, weist zutreffend darauf hin, dass das AMG hier dem Anwender jene Verpflichtung auferlegt, die sonst den Zulassungsinhaber trifft.

[98] ErläutRV 155 BlgNR 24. GP 5.

[99] BASG 2017, S. 4.

Für ATMPs, die unter die Krankenhausausnahme fallen, ist zusätzlich zu beachten, dass ihre Anwendung nach Maßgabe des § 8c Abs. 3 KAKuG einer Stellungnahme der Ethikkommission gemäß § 8c Abs. 1 Z. 2 KAKuG bzw. in Universitätskliniken gemäß § 30 Abs. 1 Universitätsgesetz 2002 (UG)[100] bedarf.[101]

2.3.3 Weitere Zulassungsausnahmen?

Für Arzneispezialitäten, die nicht unter den ursprünglichen, sondern den erweiterten Arzneispezialitätenbegriff fallen, sieht § 7 Abs. 6c AMG eine weitere Ausnahme von der (nationalen) Zulassungspflicht vor. Diese dürfen aufgrund einer Genehmigung gemäß § 23 GSG in Verkehr gebracht werden. Nach der hier vertretenen Auffassung kommt dies von Vornherein nur für autologe, in der Regel nicht aber für allogene hiPS-Zell-basierte ATMPs in Betracht. Für autologe ATMPs, die unter die Krankenhausausnahme fallen, ergibt sich dies bereits aus § 7 Abs. 6a AMG i.V.m. § 23 GSG.[102] Für (nicht unter die Krankenhausausnahme fallende) autologe hiPS-Zell-basierte ATMPs ist die nationale Ausnahmebestimmung des § 7 Abs. 6c AMG jedoch aufgrund der zwingenden zentralen Zulassung gemäß § 7 Abs. 1 Z. 1 AMG nicht anwendbar.

Unter den Voraussetzungen des § 8a AMG besteht unabhängig davon die Möglichkeit einer Ausnahme von der Zulassungspflicht im Rahmen eines „Compassionate Use Programmes" (vgl. § 2 Abs. 5a AMG, der ebenso wie § 8a AMG auf die Voraussetzungen des Art. 83 VO [EG] 726/2004 verweist). Zuständig für die Erteilung der Ausnahmegenehmigung ist das BASG.[103] Liegen die Voraussetzungen gemäß § 8a AMG (etwa mangels fortgeschrittener klinischer Prüfung oder mangels Zulassungsantrags) nicht vor, kommt auch die Ausnahmebestimmung gemäß § 8 Abs. 1 Z. 2 AMG in Betracht. Diese ist im Gegensatz zu § 8a AMG einzelfallbezogen.[104]

---

[100] Bundesgesetz über die Organisation der Universitäten und ihre Studien (Universitätsgesetz 2002 – UG). In: Bundesgesetzblatt I 2002/120 i. d. F. I 2019/3. Dazu näher Kopetzki 2016, § 30 UG.

[101] BASG 2017, S. 4.

[102] Zur geweberechtlichen Bewilligung siehe Abschn. 3.4.2.5.

[103] Dazu näher Schmoll 2015, S. 146 ff.; Steinböck 2019, in Druck. Zur Antragslegitimation siehe § 8a Abs. 2 AMG. Einen detaillierten Überblick über die behördliche Praxis gibt ein entsprechender Leitfaden des BASG zu „Compassionate Use Programmen in Österreich". http://www.basg. gv.at/fileadmin/user_upload/L_I216_Compassionate_use_AT_de.pdf. Zugegriffen: 30. Januar 2018.

[104] Voraussetzung ist eine ärztliche Bescheinigung, dass die Arzneispezialität zur Abwehr einer Lebensbedrohung oder schweren gesundheitlichen Schädigung dringend benötigt wird und dieser Erfolg mit einer zugelassenen Arzneispezialität voraussichtlich nicht erzielt werden kann. Dazu Schmoll 2015, S. 134 ff.; Steinböck 2019, in Druck. Zur Unterscheidung zwischen § 8 Abs. 1 Z. 2 AMG und § 8a AMG auch Kopetzki 2008a, S. 80 f.

2.3.4 Erfordernis einer Herstellungsbewilligung nach § 63 AMG?

Gemäß § 63 Abs. 1 AMG bedürfen Betriebe, die Arzneimittel (und Wirkstoffe) herstellen, in Verkehr bringen bzw. kontrollieren, einer Betriebsbewilligung des BASG
und unterliegen den näheren Betriebsvorschriften der Arzneimittelbetriebsordnung
2009 (AMBO 2009).[105] Davon ausgenommen sind die in § 62 Abs. 2 AMG taxativ
aufgezählten Betriebe. Unter diesen Katalog fallen gemäß Z. 6 auch „Gewebebanken, soweit deren Tätigkeit gemäß § 1 des Gewebesicherheitsgesetzes ausschließlich in dessen Anwendungsbereich fällt". Der Wortlaut der Z. 6 ist insofern missver-
ständlich, als Gewebe und Zellen (im Falle ihrer therapeutischen Verwendung)
immer auch als Arzneimittel i. S. d. § 1 AMG einzustufen sind und daher keine
Tätigkeiten vorstellbar sind, die ausschließlich in den Anwendungsbereich des
GSG, nicht aber auch (zumindest teilweise) in jenen des AMG fallen. Wie sich aus
ihrer Entstehungsgeschichte schließen lässt, lehnt sich die Ausnahmebestimmung
der Z. 6 an die Teilausnahmen des § 1 Abs. 1 Satz 2 GSG an:[106] Vom Betriebsbegriff
und damit vom Erfordernis einer Betriebsbewilligung nach AMG sollen nur Gewebebanken suspendiert sein, deren Tätigkeit voll in den Anwendungsbereich des
GSG fällt und die daher der Bewilligungspflicht gemäß § 22 GSG unterliegen. Das
„ausschließlich" ist daher als „uneingeschränkt" zu verstehen.[107] Uneingeschränkt
dem Anwendungsbereich des GSG unterliegen – wie noch zu zeigen sein wird – nur
industriell und gewerblich, nicht aber im Voraus, stets in gleicher Zusammensetzung hergestellte Gewebe und Zellen.[108] Dies trifft jedenfalls auf autologe hiPS-
Zell-basierte Produkte zu, insbesondere auch auf ATMPs, die unter die Krankenhausausnahme fallen. Die entsprechenden herstellenden Betriebe sind daher prima
facie von § 62 Abs. 2 Z. 6 AMG erfasst und damit in weiterer Folge vom Erfordernis
einer Betriebsbewilligung nach § 63 Abs. 1 AMG ausgenommen.

Da eine Bewilligung gemäß § 22 GSG nicht dasselbe Schutzniveau wie eine
arzneimittelrechtliche Betriebsbewilligung gemäß § 63 Abs. 1 AMG aufweist, steht
dieses Ergebnis im Widerspruch zu den Anforderungen des Unionsrechts: Für
ATMPs, die unter die Krankenhausausnahme fallen, schreibt Art. 3 Z. 7 RL 2001/83/
EG explizit das Erfordernis einer Herstellungsbewilligung vor. Da Art. 3 Z. 7 RL
2001/83/EG durch Art. 28 Z. 2 ATMP-VO eingefügt wurde, sprechen gute Gründe

---

[105] Verordnung des Bundesministers für Gesundheit über Betriebe, die Arzneimittel oder Wirkstoffe herstellen, kontrollieren oder in Verkehr bringen und über die Vermittlung von Arzneimitteln
(Arzneimittelbetriebsordnung 2009 – AMBO 2009). In: Bundesgesetzblatt II 2008/324 i. d. F. II
2019/41. Für Betriebe, die ausschließlich Wirkstoffe herstellen, siehe § 63a AMG.

[106] Dazu genauer Abschn. 3.2.

[107] I. d. S. auch Polster 2011, S. 73 und 74 (Relevanz der AMBO 2009 nur im Zusammenhang mit
den Teilausnahmen des § 1 Abs. 1 Satz 2 GSG). Siehe zum Ganzen auch Steinböck 2019, in Druck.

[108] Siehe Abschn. 3.2.1. Dem steht auch nicht der Hinweis in den ErläutRV (261 BlgNR 23. GP 12)
entgegen, dass Gewebebanken jedoch bei über den Anwendungsbereich des GSG hinausgehenden
Tätigkeiten, z. B. bei Herstellung und Inverkehrbringen von *Arzneispezialitäten* und Prüfpräparaten, den Herstellungsbestimmungen des AMG unterliegen. Dies bezieht sich nämlich auf den (ursprünglichen) Arzneispezialitätenbegriff vor der Erweiterung durch die AMG-Novelle 2009 und
vor der entsprechenden Anpassung der Teilausnahmen in § 1 Abs. 1 Satz 2 GSG.

dafür, dass dieser unmittelbar anwendbar ist.[109] Für ATMPs, die unter die Krankenhausausnahme fallen, hat daher die Ausnahme von der Betriebsbewilligung gemäß § 62 Abs. 2 Z. 6 AMG jedenfalls unangewendet zu bleiben. Auch der Gesetzgeber[110] und die Praxis[111] gehen diesfalls vom *Erfordernis einer Betriebsbewilligung* aus.

Für *autologe ATMPs, die nicht unter die Krankenhausausnahme fallen*[112] und vom Anwendungsbereich der RL 2001/83/EG erfasst sind, ergibt sich das Erfordernis einer arzneimittelrechtlichen Herstellungserlaubnis aus Art. 40 Abs. 1 RL 2001/83/EG. Auch in diesem Fall entspricht die Ausnahmebestimmung des § 62 Abs. 2 Z. 6 AMG daher nicht den unionsrechtlichen Anforderungen. Eine Korrektur mit Hilfe einer richtlinienkonformen Auslegung erscheint angesichts des missverständlichen Wortlauts denkbar. Sie ist auch mit einem Größenschluss zu untermauern.[113] Eine einschränkende Lesart des § 62 Abs. 2 Z. 6 AMG steht zwar im Spannungsverhältnis zur oben beschriebenen Entstehungsgeschichte und der systematischen Zusammenschau mit dem GSG. Der unionsrechtskonformen Interpretation kann aber hier Vorrang eingeräumt werden, insbesondere weil sie auch im (isoliert gelesenen) Wortlaut der Ausnahmebestimmung Deckung findet. Die richtlinienkonforme Interpretation dürfte sich daher innerhalb der zulässigen Auslegungsgrenzen bewegen.[114]

Geht man davon aus, dass Art. 40 RL 2001/83/EG aufgrund des Verweises in Art. 19 Abs. 1 VO (EG) 726/2004[115] Teil der VO und als solcher für zentral zugelassene Arzneimittel unmittelbar anwendbar ist, lässt sich dasselbe Ergebnis (Nichtanwendbarkeit des § 62 Abs. 2 Z. 6 AMG) auch mit dem unionsrechtlichen Anwendungsvorrang begründen.

Letztendlich ist daher auch bei allen autologen hiPS-Zell-basierten ATMPs vom *Erfordernis einer Betriebsbewilligung* auszugehen. Angesichts der wenig geglückten Formulierung des § 62 Abs. 2 Z. 6 wäre aber eine gesetzliche Klarstellung wünschenswert.

---

[109] Davon dürfte etwa auch Müller 2011b, S. 702 ausgehen.

[110] ErläutRV zu § 7 Abs. 6a (155 BlgNR 24. GP 5). Der Gesetzgeber dürfte diesen Fall nicht im Blick gehabt haben oder aber von der (ursprünglichen) Arzneispezialitäteneigenschaft sämtlicher (auch autologer) ATMPs ausgegangen sein.

[111] Siehe BASG 2017, S. 3.

[112] Verneint man bei allogenen, auf Vorrat produzierten ATMPs mangels gleicher stofflicher Zusammensetzung der Endprodukte die Eigenschaft als „ursprüngliche" Arzneispezialitäten (Abschn. 2.2.3), gelten die nachfolgenden Ausführungen auch für diese.

[113] Wenn schon ATMPs, die unter die Krankenhausausnahme fallen, einer Betriebsbewilligung unterliegen, dann erst recht solche, die infolge einer bereits routinemäßigen Herstellung nicht darunter fallen.

[114] Zu den Grenzen der richtlinienkonformen Auslegung Öhlinger und Potacs 2017, S. 102. Eine richtlinienkonforme Auslegung darf demnach nicht unter gänzlicher Ausblendung der sonstigen nationalen Interpretationsmethoden vorgenommen werden.

[115] Art. 19 Abs. 1 VO (EG) 726/2004 sieht eine Überprüfungsbefugnis der mitgliedstaatlichen Behörden im Hinblick darauf vor, ob der Zulassungsinhaber die Anforderungen unter anderem aus Titel IV der RL 2001/83/EG erfüllt. Der Verweis auf Titel IV umfasst auch Art. 40 RL 2001/83/EG. Dieser ist jedoch grundsätzlich an die Mitgliedstaaten adressiert.

Die Ausnahmebestimmung des § 62 Abs. 2 Z. 6 AMG wirft aber noch weitere Fragen auf, insbesondere in Bezug auf (darin nicht genannte) *Entnahmeeinrichtungen* i. S. d. GSG.[116] Das Erfordernis der Betriebsbewilligung gemäß § 63 Abs. 1 AMG knüpft an die „Herstellung" von Arzneimitteln und Wirkstoffen an. Gemäß der Legaldefinition des § 2 Abs. 10 AMG (und des § 2 Z. 10 AMBO 2009) erfasst diese bereits die Gewinnung. Entnahmeeinrichtungen bedürften daher in einem ersten Zwischenbefund einer Betriebsbewilligung.[117] Fraglich ist, ob sich aus einer einschränkenden Lesart des Gewinnungsbegriffs anderes ergibt. Dies ist jedoch zu verneinen: Die Materialien[118] und die herrschende Lehre[119] verstehen darunter sehr weit das „Entnehmen von Stoffen aus ihrem natürlichen Lebensbereich oder Vorkommen, (Blutegel, Canthariden, Pflanzen), (…)". Aus dem Unionsrecht gibt es keine Anhaltspunkte für ein engeres Begriffsverständnis, das erst an einer späteren Herstellungsstufe ansetzt.[120]

Da die Gewinnung i. S. d. AMG vom (noch weiteren) Gewinnungsbegriff des § 2 Z. 6 GSG[121] umfasst ist, stellt sich bei Produkten aus Geweben und Zellen allerdings die Frage nach dem Verhältnis zum später erlassenen GSG. Der Unionsgesetzgeber geht von einer Spezialität der geweberechtlichen Regelungen in Bezug auf die Gewinnung des Ausgangsmaterials aus.[122] Für die Annahme einer Verdrängung der

---

[116] Siehe dazu Abschn. 3.4.1.1.

[117] Vom Erfordernis einer Betriebsbewilligung geht etwa Heissenberger 2016, § 1 GSG Rn. 10 aus.

[118] ErläutRV 1060 BlgNR 15. GP 30 (zu § 2 Abs. 9 AMG i. d. F. Bundesgesetzblatt 1983/185).

[119] Mayer et al. 1987, § 63 AMG Rn. 2, § 2 AMG Rn. 43.

[120] Die Art. 40 ff. RL 2001/83/EG sprechen durchgehend nur von der „Herstellung", ohne diese näher zu determinieren. Über die Reichweite der Herstellungsschritte schweigt auch die auf Grundlage des Art. 47 Abs. 1 RL 2001/83/EG erlassene Richtlinie (EU) 2017/1572 der Kommission vom 15. September 2017 zur Ergänzung der Richtlinie 2001/83/EG des Europäischen Parlaments und des Rates hinsichtlich der Grundsätze und Leitlinien der Guten Herstellungspraxis für Humanarzneimittel. In: Amtsblatt der Europäischen Union L 2017/238:44. Definiert werden nur „Hersteller" als „alle Personen, die an Tätigkeiten beteiligt sind, für die eine Erlaubnis gemäß Artikel 40 Absätze 1 und 3 der Richtlinie 2001/83/EG erforderlich ist". Diesbezüglich ebenso offen ist Art. 2 Z. 1 Delegierte Verordnung (EU) 1252/2014 der Kommission vom 28. Mai 2014 zur Ergänzung der Richtlinie 2001/83/EG des Europäischen Parlaments und des Rates hinsichtlich der Grundsätze und Leitlinien der guten Herstellungspraxis für Wirkstoffe für Humanarzneimittel. In: Amtsblatt der Europäischen Union L 2014/337:1. Dazu auch Steinböck 2019, in Druck.

[121] Dieser schließt gemäß § 3 Z. 6 GSG (neben der Entnahme) auch die „Feststellung der gesundheitlichen Eignung eines Spenders sowie die mit diesen Vorgängen verbundenen Spenderschutz- und Qualitätssicherungsmaßnahmen" mit ein.

[122] Siehe nur ErwG 6 Richtlinie 2004/23/EG des Europäischen Parlaments und des Rates vom 31. März 2004 zur Festlegung von Qualitäts- und Sicherheitsstandards für die Spende, Beschaffung, Testung, Verarbeitung, Konservierung, Lagerung und Verteilung von menschlichen Geweben und Zellen. In: Amtsblatt der Europäischen Union L 2004/102:48: „Bei Geweben und Zellen, die für die Nutzung in industriell hergestellten Produkten, einschließlich Medizinprodukten, bestimmt sind, sollten nur die Spende, die Beschaffung und die Testung von dieser Richtlinie erfasst werden, falls die Verarbeitung, Konservierung, Lagerung und Verteilung durch andere Gemeinschaftsbestimmungen abgedeckt sind. Die weiteren Schritte der industriellen Herstellung unterliegen der Richtlinie 2001/83/EG des Europäischen Parlaments und des Rates vom 6. November 2001 zur Schaffung eines Gemeinschaftskodexes für Humanarzneimittel." Siehe auch König 2009, S. 4. Bestätigt

arzneimittelrechtlichen Herstellungsvorschriften gibt es jedoch im nationalen Recht keine Anhaltspunkte: So ist vor allem nach § 19 Abs. 3 Z. 1 GSG bei der Untersagung von Entnahmeeinrichtungen auch auf „nach anderen Rechtsvorschriften erforderliche Bewilligungen" abzustellen. Auch die Materialien zum GSG sprechen gegen eine Derogation.[123] Das Ergebnis einer kumulativen Anwendung von § 63 AMG und § 19 GSG auf Entnahmeeinrichtungen erscheint im Vergleich zu den Gewebebanken, bei denen wegen § 62 Abs. 2 Z. 6 AMG eine Bewilligung nach GSG reicht, unsachlich. Es wäre daher wünschenswert, eine explizite Ausnahmebestimmung auch in Bezug auf Entnahmerichtungen in den Katalog des § 62 Abs. 2 AMG aufzunehmen.[124]

In diesem Zusammenhang ist zu beachten, dass unter „Gewinnung" i. S. d. § 2 Abs. 10 AMG nur die Gewinnung der zu reprogrammierenden somatischen Zellen fällt, nicht aber die „Gewinnung" von hiPS-Zellen durch Reprogrammierung. Eine solche „Gewinnung" im Zuge der Produktion von ATMPs ist vielmehr bereits ein Herstellungsschritt, der grundsätzlich (unter Berücksichtigung der Problematik des § 62 Abs. 2 Z. 6 AMG) einer Herstellungserlaubnis gemäß § 63 AMG bedarf.

2.3.5 Klinische Prüfung

Sobald die erste klinische Anwendung von Arzneimitteln das Stadium patientenbezogener, individueller Heilversuche überschreitet und zur Anwendung der neuen Methode – i. S. d. Zielsetzungen des § 2a Abs. 1 AMG – eine systematische, forschungsorientierte Planung und Auswertung der Ergebnisse hinzutreten,[125] sind die Erfordernisse für klinische Prüfungen nach §§ 28 ff. AMG zu beachten.

2.3.5.1 Voraussetzungen

In verfahrensrechtlicher Hinsicht besteht für klinische Prüfungen grundsätzlich ein behördliches Meldeverfahren mit Untersagungsvorbehalt. Das BASG entscheidet dabei unter Zugrundelegung einer Stellungnahme der Ethikkommission (s. im Detail § 40 AMG).[126] Der Sponsor kann die Ethikkommission entweder vor der Antragstellung an das BASG oder gleichzeitig mit dieser befassen.

---

wird dies etwa durch EudraLex – Volume 4 – Good Manufacturing Practise (GMP) guidelines Annex 2 (Manufacture of Biological active substances and Medicinal Products for Human Use). https://ec.europa.eu/health/documents/eudralex/vol-4_en. Zugegriffen: 30. Januar 2018 und die speziellen GMP-Leitlinien für ATMPs: https://ec.europa.eu/health/sites/health/files/files/eudralex/vol-4/2017_11_22_guidelines_gmp_for_atmps.pdf (S. 39 ff.): Zugegriffen: 30. Mai 2018.

[123] ErläutRV 261 BlgNR 23. GP 4.

[124] So auch bereits Zeinhofer 2009a, S. 121 ff.; Polster 2011, S. 73 f.

[125] Dazu Taupitz et al. 2002, S. 412 ff.

[126] Zum Verfahrensablauf siehe etwa Haas et al. 2015, S. 351 ff.; Aigner und Füszl 2017, S. 102 ff.; Steinböck 2019, in Druck.

In materieller Hinsicht sind bei jeder klinischen Prüfung die allgemeinen Grundsätze des § 29 AMG einzuhalten. Danach sind die gesundheitlichen Risiken und Belastungen für die Prüfungsteilnehmer so gering wie möglich zu halten (Abs. 1). Die nicht auszuschließende Gefahr einer Gesundheitsbeeinträchtigung darf (bei gesunden Probanden) nicht erheblich sein[127] oder muss (bei Patienten) von dem zu erwartenden Vorteil für die Gesundheit überwogen werden (Abs. 2). Die Prüfungsteilnahme muss vom – jederzeit widerrufbaren – informed consent des Patienten getragen sein. Das AMG normiert für die Einwilligung und Aufklärung im Vergleich zu den allgemeinen Grundsätzen des Zivil- und Strafrechts[128] strenge Formalerfordernisse (§§ 38 und 39 AMG). Weitergehende Anforderungen sehen die §§ 42 ff. AMG für besonders schutzwürdige Probandengruppen (beispielsweise Minderjährige, Personen mit gesetzlichem Vertreter,[129] Notfallpatienten und Schwangere) vor.[130]

Weitere Voraussetzung für die Durchführung klinischer Prüfungen ist der Abschluss einer Personenschadenversicherung durch den Sponsor (§ 32 Abs. 1 Z. 11 AMG). Diese deckt verschuldensunabhängig grundsätzlich alle Schäden ab, die „an Leben und Gesundheit der Versuchsperson durch die an ihr durchgeführten Maßnahmen der klinischen Prüfung verursacht werden können und für die der Prüfer zu haften hätte, wenn ihn ein Verschulden (§ 1295 ABGB) träfe" (weitere Grundsätze legt § 32 Abs. 2 AMG fest).[131] Nicht erfasst sind jedoch ausdrücklich Schäden „auf Grund von Veränderungen des Erbmaterials in Zellen der Keimbahn". Dieser Ausschluss bezieht sich nach dem Willen des Gesetzgebers auf „Schäden, die in einer genetischen Veränderung begründet sind, die am Genotyp in der Keimbahn eingetreten ist".[132]

---

[127] Der grundsätzliche Vorrang von Studien an gesunden Probanden in der Phase 1 gilt daher bei klinischen Prüfungen mit hiPS-Zell-basierten Produkten nicht, wenn diese Erheblichkeitsschwelle überschritten wird (§ 29 Abs. 3 Z. 1 AMG).

[128] Im Gegensatz zum deutschen Recht enthält die österreichische Rechtsordnung keine den §§ 630a–h BGB vergleichbaren Regelungen über Aufklärung, Einwilligung und Behandlungsvertrag. Sie ergeben sich vielmehr aus dem allgemeinen Zivil- und Strafrecht. Zur österreichischen Rechtlage vgl. statt vieler Prutsch 2003; Juen 2005, S. 52 ff.

[129] Das frühere Modell der Sachwalterschaft wurde mit dem 2. Erwachsenenschutzgesetz (2. ErwSchG. In: Bundesgesetzblatt I 2017/59) grundlegend reformiert. Zum Inkrafttreten siehe § 1503 ABGB i. d. F. 2. ErwSchG. Zu den wesentlichen Änderungen statt vieler Barth 2017, S. 143 ff.; Brandstätter 2017a, S. 1048 ff.; Brandstätter 2017b, S. 1147 ff.; Gitschthaler und Schweighofer 2017; Parapatits und Perner 2017, S. 160 ff.; Schauer 2017, S. 148 ff.; zur RV etwa Hübelbauer 2017, S. 4 ff. Die entsprechenden Änderungen im AMG erfolgten mit Bundesgesetzblatt I 2018/59.

[130] Zum Ganzen z. B. Bernat 2003, S. 64 ff.; Steinböck 2019, in Druck.

[131] Zur Personenschadenversicherung näher Krejci 1995, S. 27 ff.; Windisch 1995, S. 44 ff.; Haas et al. 2015, S. 308 ff.; Steinböck 2019, in Druck. Allgemeine Versicherungsbedingungen betreffend Probandenversicherungen sind in Österreich nicht veröffentlicht.

[132] ErläutRV 151 BlgNR 20. GP 26. Die Materialien verweisen bezüglich des Keimbahnbegriffs auf die Definition des § 4 Z. 22 GTG. Der Haftungsausschluss wurde im Zuge der AMG-Novelle 1996 (Bundesgesetzblatt 1996/379) in der nunmehrigen Form präzisiert. Zuvor hatte § 32 Abs. 1 Z. 11 AMG noch generell genetische Schäden ausgeklammert. Mit der Einschränkung der Ausnahme durch die AMG-Novelle 1996 sollte das „tatsächlich unversicherbare Gefährdungspotenzial erfasst" werden.

Für laufende klinische Prüfungen normiert das AMG umfassende Berichts-(§ 41d AMG) und Meldepflichten (§ 41e AMG) und räumt dem BASG weitreichende behördliche Befugnisse zur Aussetzung und Untersagung ein (s. § 41c AMG).

2.3.5.2 Sonderbestimmungen für bestimmte ATMPs

Klinische Prüfungen mit „Arzneimitteln für Gentherapie und somatische Zelltherapie einschließlich der xenogenen Zelltherapie" unterliegen nicht dem allgemeinen Untersagungsverfahren, sondern bedürfen jedenfalls einer *Genehmigung des BASG* (§ 40 Abs. 6 AMG).[133] Für dieses Genehmigungsverfahren gelten gemäß § 40 Abs. 7 AMG im Vergleich zu den allgemeinen Fristen[134] verlängerte Entscheidungsfristen (allgemeine Entscheidungsfrist von 90 Tagen bzw. 180 Tagen bei Befassung eines beratenden Gremiums).

Sind zusätzlich die Voraussetzungen einer *somatischen Gentherapie* i. S. d. § 74 GTG erfüllt, gelten nach § 40 Abs. 8 AMG für klinische Prüfungen mit „Arzneimitteln für Gentherapie" kumulativ die *Anforderungen gemäß §§ 74–79 GTG* (vgl. auch § 76 GTG). Es bedarf somit sowohl einer Genehmigung des BASG gemäß § 40 Abs. 6 AMG als auch einer Bewilligung des Gesundheitsministers[135] nach § 75 Abs. 3 GTG. Die Antragstellung sollte dabei am besten gleichzeitig erfolgen.[136] Die „Entflechtung" zwischen AMG und GTG erfolgte im Zuge der AMG-Novelle 2009; zuvor hatte eine Genehmigung nach GTG jene nach AMG konsumiert.[137] Hintergrund war die Änderung der (bis dahin in beiden Materien beim Gesundheitsminister liegenden) Behördenzuständigkeiten im Zuge der Einrichtung des BASG.

---

[133] § 40 Abs. 5 AMG i. d. F. Bundesgesetzblatt I 2004/35 erfasste auch „alle Arzneimittel, die gentechnisch veränderte Organismen im Sinne des § 4 Z 3 des Gentechnikgesetzes, BGBl. Nr. 510/1994, enthalten". Diese wurden im Zuge der AMG-Novelle 2009 ohne weitere Begründung wieder gestrichen. Die Behördenpraxis dürfte indes weiterhin von einer Genehmigungspflicht ausgehen: BASG 2016, S. 6. Zumal Gewebe und Zellen, die gentechnisch veränderte Organismen enthalten, aufgrund der damit verbundenen substanziellen Bearbeitung jedenfalls ATMPs i. S. d. § 1 Abs. 6a AMG sind, ist diese Problematik jedoch im gegebenen Zusammenhang vernachlässigbar.

[134] Diese betragen grundsätzlich 35 Tage (§ 40 Abs. 2) bzw. 60 Tage im Falle der Untersagung mangels befürwortender Stellungnahme der Ethikkommission (§ 40 Abs. 4).

[135] Als „Gesundheitsminister" wird in diesem Beitrag jener Minister bezeichnet, dem nach den jeweils geltenden Bestimmungen des BMG (BG über die Zahl, den Wirkungsbereich und die Einrichtung der Bundesministerien – BMG. In: Bundesgesetzblatt 1986/76 i. d. F. 2017/164) – unabhängig von seiner jeweiligen Bezeichnung – die Angelegenheiten des Gesundheitswesens obliegen. Gemäß § 17 BMG gelten die Zuständigkeitsvorschriften in besonderen Bundesgesetzen als entsprechend geändert, wenn sich durch eine Änderung des BMG der Wirkungsbereich der Bundesministerien verändert.

[136] BASG 2016, S. 6. Vgl. auch das Ziel des Gesetzgebers, dass die „beiden Verfahren völlig parallel ablaufen": ErläutRV 155 BlgNR 8.

[137] Siehe § 40 Abs. 8 AMG i. d. F. Bundesgesetzblatt I 2004/35.

Dabei ist zu beachten, dass sich der arzneimittelrechtliche Terminus des Gentherapeutikums von jenem der „somatischen Gentherapie" gemäß § 4 Z. 24 GTG unterscheidet:[138] Anders als das arzneimittelrechtliche Verständnis verlangt die gentechnikrechtliche Definition keinen unmittelbaren Zusammenhang der eingebrachten
isolierten exprimierbaren Nukleinsäuren mit der therapeutischen Wirkung; sie ist
also wesentlich weiter.[139] Nicht jedes Arzneimittel für eine somatische Gentherapie
i. S. d. GTG ist daher auch Gentherapeutikum i. S. d. § 1 Abs. 6a AMG.

Vor diesem Hintergrund stellt sich aber – aufgrund der Formulierung des § 40
Abs. 6 AMG („Arzneimittel für Gentherapie") – die Frage, auf welchen der beiden
Begriffe die arzneimittelrechtliche Genehmigungspflicht der klinischen Prüfung abstellt. Unter Berücksichtigung seiner unionsrechtlichen Vorprägung ist davon auszugehen, dass § 40 Abs. 6 AMG das enge arzneimittelrechtliche Verständnis des
Gentherapeutikums zugrunde zu legen ist: Die Genehmigungspflicht wurde im
Zuge der AMG-Novelle 2004[140] eingeführt und diente der Umsetzung der RL
2001/20/EG[141,142]. Diese spricht in Art. 6 Abs. 7 sowie Art. 9 Abs. 4 und 6 auch
durchwegs von „Arzneimitteln für Gentherapie".[143] Ihre Nachfolgeregelung, die VO
536/2014,[144] verwendet dagegen nur mehr den Begriff des „Gentherapeutikums".
Für eine Interpretation des ursprünglichen i. S. d. aktuell verwendeten Begriffs auch
auf Unionsrechtsebene spricht, dass Bezugnahmen auf die Vorgänger-RL stets als
Bezugnahmen auf die neue VO gelten (Art. 96 Abs. 2 VO [EU] 536/2014). Dies
bestätigt auch Art. 4 der ATMP-VO, der im Zusammenhang mit der RL 2001/20/EG
von „Gentherapeutika" spricht.

Im Ergebnis ist für die Genehmigungspflicht nach § 40 Abs. 6 AMG der arzneimittelrechtliche Begriff des „Gentherapeutikums" maßgeblich.[145] Die „somatische

---

[138] Siehe BASG 2016, S. 6.

[139] Zur somatischen Gentherapie siehe Abschn. 4.7.2.2.

[140] Änderung des Arzneimittelgesetzes, des Bundesgesetzes über Krankenanstalten und Kuranstalten, des Arzneiwareneinfuhrgesetzes 2002 und des Bundesgesetzes über die Errichtung eines
Fonds „Österreichisches Bundesinstitut für Gesundheitswesen". In: Bundesgesetzblatt I 2004/35.

[141] Richtlinie 2001/20/EG des europäischen Parlaments und des Rates vom 4. April 2001 zur
Angleichung der Rechts- und Verwaltungsvorschriften der Mitgliedstaaten über die Anwendung
der guten klinischen Praxis bei der Durchführung von klinischen Prüfungen mit Humanarzneimitteln. In: Amtsblatt der Europäischen Union L 2001/121:34.

[142] ErläutRV 384 BlgNR 22. GP 13.

[143] Die Legaldefinition des „Gentherapeutikums" wurde erst mit der RL 2003/63/EG eingeführt:
Richtlinie 2003/63/EG der Kommission vom 25. Juni 2003 zur Änderung der Richtlinie 2001/83/
EG des Europäischen Parlaments und des Rates zur Schaffung eines Gemeinschaftskodexes für
Humanarzneimittel. In: Amtsblatt der Europäischen Union L 2003/159:46.

[144] Verordnung (EU) 536/2014 des Europäischen Parlaments und des Rates vom 16. April 2014
über klinische Prüfungen mit Humanarzneimitteln und zur Aufhebung der Richtlinie 2001/20/
EG. In: Amtsblatt der Europäischen Union L 2014/158:1.

[145] Eben dies gilt auch für die Auslegung des Begriffs „somatische Zelltherapeutika", der allerdings
ohnehin gleichlautend wie in § 1 Abs. 6a AMG verwendet wird. Auch hier ist demnach – unabhängig vom Begriffsverständnis in den Materialien (ErläutRV 384 BlgNR 22. GP 14) – die Definition
gemäß ATMP-VO maßgeblich.

Gentherapie" i. S. d. § 4 Z. 24 GTG spielt erst bei der Frage einer zusätzlichen Bewilligung nach GTG eine Rolle.

Problematisch ist, dass sich § 40 Abs. 6 AMG nur auf Gentherapeutika und somatische Zelltherapeutika bezieht, Art. 4 Abs. 1 ATMP-VO die dafür geltenden Besonderheiten aber auch auf *biotechnologisch bearbeitete Gewebeprodukte* erstreckt. Die nach nationalem Recht konsequenter Weise anzuwendenden § 40 Abs. 1–5 AMG müssen aber kraft Anwendungsvorrangs unangewendet bleiben. Klinische Prüfungen mit biotechnologisch bearbeiteten Gewebeprodukten unterliegen daher unmittelbar auf der Grundlage des Art. 4 Abs. 1 ATMP-VO (noch) i.V.m. Art. 9 Abs. 6 RL 2001/20/EG[146] einer Genehmigungspflicht.

2.3.5.3 Durchführung der VO (EU) 536/2014

Die eben dargestellten (insbesondere verfahrensrechtlichen) Grundsätze sind insofern mit einem greifbaren Ablaufdatum versehen, als sie noch auf der Unionsrechtslage vor der VO (EU) 526/2014 beruhen. Diese bringt großen Änderungsbedarf hinsichtlich des Verfahrensablaufes mit sich, insbesondere was das Zusammenspiel zwischen BASG und Ethikkommission betrifft.[147] Für die damit erforderliche Novelle zum AMG zur Anpassung der entgegenstehenden nationalen Bestimmungen[148] gibt es noch keinen veröffentlichten Entwurf. Derzeit läuft ein Pilotprojekt des BASG in Zusammenarbeit mit einer Arbeitsgruppe des Forums der österreichischen Ethikkommissionen mit dem Ziel der Testung des neuen Verfahrensablaufes.[149]

2.3.6 Pharmakovigilanz

Die arzneimittelrechtlichen Pharmakovigilanzvorschriften finden sich in den §§ 75 ff. AMG, mit denen die Vorgaben der RL 2001/83/EG umfassend umgesetzt wurden. Die Pharmakovigilanzbestimmungen sehen unter anderem Meldepflichten

---

[146] Dieser Verweis gilt mit Inkrafttreten der VO (EU) 536/2014 gemäß deren Art. 96 Abs. 2 als Verweis auf ihre Art. 4–14. Die Zuständigkeit des BASG ergibt sich in diesem Fall aufgrund der „Vollzugstauglichkeit" bzw. größten Sachnähe: Öhlinger und Potacs 2017, S. 150 ff.

[147] Zu den Vorgaben der VO (EU) 536/2014 und dem nationalen Änderungsbedarf m. w. N. Zeinhofer 2016, S. 8 ff.

[148] Als unmittelbar anwendbarer Rechtsakt (Art. 288 AEUV) bedarf die VO (EU) 536/2014 zwar grundsätzlich keiner nationalen Umsetzung, sofern die VO nicht selbst den Mitgliedstaaten Umsetzungsspielräume belässt. Die Mitgliedstaaten sind aber auch bei unmittelbar anwendbarem Unionsrecht zur Anpassung entgegenstehenden nationalen Rechts sowie zur Bereitstellung der für den Vollzug der VO erforderlichen Organisations- und Verfahrensvorschriften verpflichtet: Siehe nur Öhlinger und Potacs 2017, S. 96 f. und 147.

[149] Für Details siehe https://www.basg.gv.at/arzneimittel/vor-der-zulassung/klinische-pruefungen/pilotprojekt-fuer-klinische-pruefungen-nach-verordnung-eu-5362014/. Zugegriffen: 30. Januar 2018.

für die Zulassungsinhaber (§ 75j AMG) und die Angehörigen der Gesundheitsberufe (§ 75g AMG) vor.

In Anbetracht des Ausgangsmaterials von ATMPs ist zu prüfen, ob § 75o AMG zur Anwendung kommt. § 75o AMG regelt für Arzneimittel aus Geweben und Zellen das Verhältnis zwischen Pharmakovigilanz nach AMG und Gewebevigilanz nach GSG (für ATMPs, die unter die Krankenhausausnahme fallen, sieht § 75p AMG eine spezielle Regelung vor). § 75o AMG normiert eine Spezialität des GSG in dem Sinne, dass „von den Meldeverpflichtungen der §§ 75a bis § 75c" jene Fälle ausgenommen sind, in denen eine Meldepflicht nach §§ 17 oder 32 GSG besteht. Meldepflichtig nach GSG sind Gewebebanken (§ 17 i.V.m. § 2 Z. 15 GSG) und Anwender (§ 32 i.V.m. § 2 Z. 18 GSG). Eine Verdrängung der arzneimittelrechtlichen Meldepflichten kommt daher nur in Betracht, wenn das GSG zur Gänze anwendbar ist. Dies ist grundsätzlich bei gewerblich oder industriell hergestellten hiPS-Zellen der Fall, die die Merkmale des ursprünglichen Arzneispezialitätenbegriffs nicht erfüllen.

Problematisch ist, dass § 75o AMG noch auf die Meldepflichten der §§ 75a–75c AMG vor der AMG-Novelle 2012[150] verweist, im Zuge derer das gesamte Pharmakovigilanzrecht umgestaltet und gänzlich neu nummeriert wurde. Die Meldepflicht des früheren § 75a AMG (für Angehörige der Gesundheitsberufe) findet sich nun in § 75g AMG (und § 75q Abs. 2 AMG betreffend Qualitätsmängel); jene des früheren § 75b AMG (Pflichten des Zulassungsinhabers) in § 75j AMG (und § 75q Abs. 3 AMG hinsichtlich Qualitätsmängel). Dieser Fehlverweis stellt, da er für sich keinen Sinn macht[151] und offenkundig dem Willen des Gesetzgebers widerspricht, mit Bydlinski gesprochen einen „nachweislichen Erklärungsirrtum",[152] sohin ein Redaktionsversehen dar. Dieser ist nach der Rechtsprechung aber grundsätzlich einer „berichtigenden Auslegung" zugänglich.[153] Nach dem Willen des Gesetzgebers sollen die Meldepflichten des GSG die arzneimittelrechtlichen Meldepflichten der Gesundheitsberufe und des Zulassungsinhabers verdrängen. Was die Angehörigen der Gesundheitsberufe betrifft, ist der Verweis somit als Verweis auf den neuen § 75g AMG, in Bezug auf den Zulassungsinhaber auf § 75j AMG zu deuten.[154]

---

[150] Bundesgesetzblatt I 2012/110. Mit der AMG-Novelle 2012 erfolgte die Anpassung an die unionsrechtlichen Vorgaben (ErläutRV 1898 BlgNR 24. GP 1) der Richtlinie 2010/84/EU des Europäischen Parlaments und des Rates vom 15. Dezember 2010 zur Änderung der Richtlinie 2001/83/EG zur Schaffung eines Gemeinschaftskodexes für Humanarzneimittel hinsichtlich der Pharmakovigilanz. In: Amtsblatt der Europäischen Union L 2010/348:74.

[151] Die §§ 75a–75c AMG enthalten keine Meldeverpflichtungen mehr, sondern enthalten eine Verordnungsermächtigung bzw. beschreiben das vom BASG zu betreibende Pharmakovigilanzsystem.

[152] Bydlinski 1991, S. 393.

[153] Dazu m. w. N. Rogatsch 2012, S. 788 ff.

[154] Die Meldepflichten gemäß § 17 GSG verdrängen jene des Zulassungsinhabers nach AMG jedoch nur soweit, als dieser zugleich Gewebebank i. S. d. § 2 Z. 15 GSG ist, zumal das GSG keine eigenen Vorschriften für Zulassungsinhaber vorsieht. Zum Begriff der Gewebebank und den Meldepflichten siehe Abschn. 3.4.2.

Hinsichtlich der Meldepflichten des Zulassungsinhabers bezüglich (zentral zuzulassender) ATMPs, stellt sich aber die Frage, inwieweit § 75j AMG überhaupt einschlägig ist (und durch § 75o AMG verdrängt werden kann). Anders als das deutsche Recht (§ 63c Abs. 5 dAMG) sieht § 75j AMG keine explizite Ausnahme für zentral zugelassene Arzneispezialitäten mit entsprechendem Verweis auf die unmittelbar geltenden Meldepflichten der VO (EG) 726/2004 vor. Der Wortlaut des § 75j AMG differenziert nicht zwischen den verschiedenen Zulassungsarten. Ihm lässt sich daher keine Einschränkung auf nationale Meldepflichten[155] entnehmen. Insbesondere aus historischer Interpretation ergibt sich jedoch, dass mit den §§ 75 ff. AMG nur die Verpflichtungen aus der RL 2001/83/EG umgesetzt werden sollten. Bezüglich zentral zugelassener Arzneimittel weist der (historische) Gesetzgeber auf die unmittelbare Geltung der einschlägigen EU-Verordnungen hin: Diese gälten auch ohne Umsetzung im Rahmen des AMG.[156] Eine Transformation unmittelbar geltender Verordnungsbestimmungen wäre vielmehr sogar unzulässig.[157] Dies und die sonstige Unionsrechtswidrigkeit des § 75o AMG,[158] die dem Gesetzgeber im Zweifel nicht unterstellt werden darf, sprechen für die Annahme, dass sich § 75j AMG nur auf nationale Meldepflichten bezieht.[159] Für zentral zugelassene Arzneispezialitäten, daher grundsätzlich auch für ATMPs, ergeben sich die Meldepflichten des Zulassungsinhabers unmittelbar aus Art. 28 Abs. 1 VO (EG) 726/2004 i.V.m. Art. 107 RL 2001/83/EG (vgl. Art. 14 Abs. 1 ATMP-VO).[160] Da sich die Meldepflicht des Zulassungsinhabers bei zentral zugelassenen Arzneispezialitäten nicht auf § 75j AMG stützt, kommt auch eine Verdrängung durch § 75o AMG von Vornherein nicht in Betracht.

Anderes gilt für die Angehörigen der Gesundheitsberufe. Mangels unmittelbar anwendbarer Verpflichtungen[161] und mangels entsprechender Differenzierung im

---

[155] Dies in Bezug auf national, dezentral oder im Verfahren der gegenseitigen Anerkennung zugelassene Arzneispezialitäten.

[156] ErläutRV 151 BlgNR 20. GP 28, damals zur VO (EWG) 2309/93 und VO (EG) 540/95 bzw. den Vorgänger-RL der RL 2001/83/EG. Auch die AMG-Novelle 2012 diente ausweislich der Materialien nur der Umsetzung der RL 2001/83/EG i. d. F. RL 2010/84/EU: ErläutRV 1898 BlgNR 24. GP 1, 12 ff.

[157] M. w. N. Öhlinger und Potacs 2017, S. 70.

[158] Eine Verdrängung der arzneimittelrechtlichen durch die gewebrechtlichen Meldepflichten stünde im Widerspruch zu den unmittelbar anwendbaren Meldepflichten nach der VO (EG) 726/2004 (dazu gleich).

[159] Dagegen spricht auch nicht die Bezugnahme auf Art. 27 VO (EG) 726/2004 in § 75j Abs. 4 AMG: Die Befreiung von der Nebenwirkungsmeldung für Arzneispezialitäten mit auf der gemäß dieser Bestimmung geführten Liste der EMA bezieht sich nämlich auch auf andere als zentral zugelassene Arzneispezialitäten (siehe Art. 107 Abs. 3 UAbs. 3 RL 2001/83/EG).

[160] Da Art. 107 RL 2001/83/EG in § 75j AMG ins nationale Recht umgesetzt wurde, bestehen – abgesehen von den unterschiedlichen Rechtsgrundlagen – keine inhaltlichen Unterschiede. Insbesondere müssen auch nationale Nebenwirkungsmeldungen an die Eudravigilanz-Datenbank erfolgen (§ 75j Abs. 3 AMG).

[161] Die Art. 28 Abs. 1 VO (EG) 726/2004 i.V.m. Art. 107 und Art. 107a RL 2001/83/EG sind nur an die Zulassungsinhaber und die Mitgliedstaaten adressiert. Hinsichtlich der Angehörigen der Gesundheitsberufe verpflichtet Art. 102 lit. a RL 2001/83/EG die Mitgliedstaaten, Meldepflichten vorzusehen.

Wortlaut des § 75g AMG gilt die Meldepflicht der Angehörigen der Gesundheitsberufe gleichermaßen für alle Zulassungsarten. § 75o AMG ist deshalb auch für ATMPs, die nicht unter die Krankenhausausnahme fallen, grundsätzlich einschlägig. Da die Anforderungen aus der RL 2001/83/EG nur hinsichtlich ihres Ziels verbindlich sind, steht eine Verdrängung der arzneimittelrechtlichen Meldepflichten nicht im Widerspruch zum Unionsrecht.[162] Eine einheitliche (arzneimittelrechtliche) Meldepflicht wäre aber freilich sinnvoller.

In Anbetracht der Komplexität der Pharmakovigilanzregelungen (auch auf Unionsrechtsebene) wäre eine ausdrückliche Klarstellung in § 75j AMG bezüglich der Ausklammerung zentral zugelassener Arzneispezialitäten wünschenswert. Bei der vergleichbaren Problematik im Zulassungsrecht hat der Gesetzgeber beispielsweise eine entsprechende Ausnahmebestimmung geschaffen (§ 7 Abs. 1 Z. 1 AMG).

Spezielle Bestimmungen enthält § 75p AMG für *ATMPs, die unter die Krankenhausausnahme fallen:* Für diese gelten hinsichtlich der Anforderungen an die Rückverfolgbarkeit die Bestimmungen der §§ 5 Abs. 4 und 16 Abs. 5 GSG, hinsichtlich der Meldepflichten die §§ 17 und 32 GSG. § 75p AMG steht in engem Zusammenhang mit § 7 Abs. 6b AMG, der (mangels Zulassungsinhabers) die Verpflichtung zur Nachbeobachtung und Rückverfolgbarkeit den Anwendern (verantwortlichen Ärzten bzw. Krankenanstaltenträgern) auferlegt. § 75p AMG konkretisiert diese Verpflichtung bzw. stellt die zu ihrer Wahrnehmung erforderlichen Instrumentarien bereit.

§ 75p AMG normiert zum einen ausdrücklich die Spezialität des Gewebevigilanzsystems. Insbesondere geht bei ATMPs, die unter die Krankenhausausnahme fallen, die Meldepflicht für Anwender gemäß § 32 GSG jener des § 75g AMG vor. § 32 GSG richtet sich dabei dem Wortlaut nach im Gegensatz zu den Pharmakovigilanzvorschriften des AMG nicht nur an „Angehörige der Gesundheitsberufe", sondern generell an die „Anwender", zu denen gemäß § 2 Z. 18 GSG auch die Krankenanstaltenträger gehören.[163] Zum anderen erweitert § 75p AMG den Anwendungsbereich der geweberechtlichen Rückverfolgbarkeits- und Meldepflichten auch auf Arzneimittel, die (nach § 1 GSG grundsätzlich von dessen Anwendungsbereich ausgeschlossene) Gewebe und Zellen tierischen Ursprungs enthalten.

§ 75p AMG dient ausweislich der Materialien der Umsetzung der ATMP-VO, die eine sinngemäße Anwendung der Rückverfolgbarkeits- und Meldepflichten nach der RL 2004/23/EG (Gewebe-RL) verlange.[164] Dies ergibt sich zwar nicht explizit aus der ATMP-VO, da Art. 28 Z. 2 i.V.m. Art. 15 Abs. 3 ATMP-VO im Falle der Verwendung menschlicher Zellen und Gewebe nur ein System verlangt, das die geweberechtlichen Rückverfolgbarkeitsanforderungen „ergänzt" bzw. mit diesen „vereinbar" ist. Die nationale Umsetzung ist aber als unionsrechtskonform zu beurteilen.[165]

---

[162] Im deutschen Recht sind die Meldepflichten der Gesundheitsberufe etwa gar nicht im dAMG angesiedelt. Sie sind vielmehr in den Berufsrechten (der Ärzte und Apotheker) verankert.

[163] Diese sind gemäß der Definition des § 2 Z. 18 GSG sogar primär genannt („Anwender: Krankenanstalten und freiberuflich tätige Ärzte und Zahnärzte, die für die Verwendung von menschlichen Zellen oder Geweben beim Menschen verantwortlich sind").

[164] ErläutRV 155 BlgNR 24. GP 12 (zu § 75 f. i. d. F. Bundesgesetzblatt I 2009/63; seit Bundesgesetzblatt I 2012/110 § 75p).

[165] Zu den unionsrechtlichen Vorgaben und der Übereinstimmung der nationalen Umsetzung eingehend Schmoll 2015, FN 550.

3 Geweberecht

In Österreich wurden die unionsrechtlichen Vorgaben der Gewebe-RL und der daran anknüpfenden RL 2006/86/EG,[166] 2006/17/EG,[167] 2015/565/EU[168] und 2015/566/EU[169] im GSG umgesetzt. Dieses bildet zusammen mit der Gewebebankenverordnung (GBVO),[170] der Gewebevigilanzverordnung (GVVO)[171] und der Gewebeentnahmeeinrichtungsverordnung (GEEVO)[172] den österreichischen Normenbestand im Bereich des Geweberechts.[173]

3.1 Anwendungsbereich

Das GSG regelt gemäß § 1 Abs. 1 „die Gewinnung von menschlichen Zellen und Geweben zur Verwendung beim Menschen. Weiters regelt es die Verarbeitung, Lagerung und Verteilung von menschlichen Zellen und Geweben zur Verwendung beim Menschen, sofern diese nicht zur Herstellung von Arzneimitteln, die im Vor-

---

[166] Richtlinie 2006/86/EG der Kommission vom 24. Oktober 2006 zur Umsetzung der Richtlinie 2004/23/EG des Europäischen Parlaments und des Rates hinsichtlich der Anforderungen an die Rückverfolgbarkeit, der Meldung schwerwiegender Zwischenfälle und unerwünschter Reaktionen sowie bestimmter technischer Anforderungen an die Kodierung, Verarbeitung, Konservierung, Lagerung und Verteilung von menschlichen Geweben und Zellen. In: Amtsblatt der Europäischen Union L 2006/294:32.

[167] Richtlinie 2006/17/EG der Kommission vom 8. Februar 2006 zur Durchführung der Richtlinie 2004/23/EG des Europäischen Parlaments und des Rates hinsichtlich technischer Vorschriften für die Spende, Beschaffung und Testung von menschlichen Geweben und Zellen. In: Amtsblatt der Europäischen Union L 2006/38:40.

[168] Richtlinie 2015/565/EU der Kommission vom 8. April 2015 zur Änderung der Richtlinie 2006/86/EG hinsichtlich bestimmter technischer Vorschriften für die Kodierung menschlicher Gewebe und Zellen. In: Amtsblatt der Europäischen Union L 2015/93:43.

[169] Richtlinie 2015/566/EU der Kommission vom 8. April 2015 zur Durchführung der Richtlinie 2004/23/EG hinsichtlich der Verfahren zur Prüfung der Gleichwertigkeit von Qualitäts- und Sicherheitsstandards bei eingeführten Geweben und Zellen. In: Amtsblatt der Europäischen Union L 2015/93:56.

[170] Verordnung der Bundesministerin für Gesundheit, Familie und Jugend, mit der nähere Regelungen für den Betrieb von Gewebebanken getroffen werden (Gewebebankenverordnung – GBVO). In: Bundesgesetzblatt II 2008/192 i. d. F. II 2017/18.

[171] Verordnung der Bundesministerin für Gesundheit, Familie und Jugend betreffend Gewebevigilanzmeldungen (Gewebevigilanzverordnung – GVVO). In: Bundesgesetzblatt II 2008/190.

[172] Verordnung der Bundesministerin für Gesundheit, Familie und Jugend zur Festlegung von Standards für die Gewinnung von zur Verwendung beim Menschen bestimmter menschlicher Zellen und Gewebe (Gewebeentnahmeeinrichtungsverordnung – GEEVO). In: Bundesgesetzblatt II 2008/191 i. d. F. II 2016/24.

[173] Bei GBVO, GVVO und GEEVO handelt es sich um Durchführungsverordnungen zum GSG. Diese enthalten konkretisierende Regelungen in Bezug auf den Betrieb von Gewebebanken, Vigilanzmeldungen und die geltenden Standards bei der Entnahme von Zellen und Geweben.

aus stets in gleicher Zusammensetzung hergestellt und unter der gleichen Bezeichnung in einer zur Abgabe an den Verbraucher oder Anwender bestimmten Form in Verkehr gebracht werden, von Prüfpräparaten oder von Medizinprodukten verwendet werden".

3.1.1 Menschliche Zellen und Gewebe

3.1.1.1 Begriffsbestimmungen

Als Zellen gelten nach § 2 Z. 1 GSG „einzelne menschliche Zellen und Zellansammlungen, die durch keine Art von Bindegewebe zusammengehalten werden". Gewebe sind demgegenüber gemäß § 2 Z. 2 GSG „alle aus Zellen bestehenden Bestandteile des menschlichen Körpers". Die Begriffe sind in Anlehnung an die Gewebe-RL weit zu verstehen. Erfasst sind daher etwa auch Keimzellen sowie adulte und embryonale Stammzellen.[174] Dem GSG unterliegen aber nur menschliche, nicht jedoch tierische oder pflanzliche Zellen und Gewebe. Auf den klinischen Einsatz von tierischen iPS-Zellen am Menschen ist das GSG daher nicht anwendbar.

3.1.1.2 Einstufung von somatischen Zellen, hiPS-Zellen und hiPS-Zell-basierten Produkten

Somatische Zellen, die als Ausgangsstoffe für hiPS-Zell-basierte Produkte fungieren, sind als Zellen i. S. d. § 2 Z. 1 GSG einzustufen. Ebenso erfüllen einzelne hiPS-Zellen und daraus abgeleitete und ausdifferenzierte Zelltypen die Begriffsdefinition. Dies gilt selbst dann, wenn die Reprogrammierung mittels eines integrierenden Vektorsystems erfolgt und das genetische Material der Zelle dauerhaft verändert wird. Die Auswirkungen eines solchen Eingriffs in die Zelle sind nämlich nicht so gravierend, dass dadurch die physiologischen Eigenschaften geändert werden, die zur Qualifizierung als „menschliche" Zelle führen.

Werden einem Spender für die Herstellung von hiPS-Zellen Gewebebiopsate entnommen, handelt es sich bei den Biopsaten um Gewebe i. S. d. § 2 Z. 2 GSG. Fraglich ist jedoch, ob auch aus hiPS-Zellen gezüchtete Gewebe als „Bestandteil des menschlichen Körpers" i. S. d. Definition anzusehen sind. Artifiziell erzeugte Strukturen sind, wenn man von einem engen, auf das natürliche Vorhandensein einer Substanz im Körper eines Menschen abstellenden Begriffsverständnis ausgeht, gerade kein Teil des menschlichen Körpers.

Die besseren Gründe sprechen jedoch für eine abstraktere Auslegung des Wortlautes in dem Sinn, dass als „Bestandteile des Körpers" all jene Elemente gelten, aus denen sich der menschliche Körper zusammensetzt (etwa Haut, Herz, Niere, etc.), mitsamt künstlicher Ersatzmaterialien, die zur Erfüllung äquivalenter

---

[174] Zeinhofer 2009a, S. 136; Polster 2011, S. 94; Heissenberger 2016, § 2 GSG Rn. 1; vgl. auch ErwG 7 Gewebe-RL.

Funktionen vorgesehen sind:[175] Das GSG verfolgt das Ziel, den Gefahren entgegenzuwirken, die durch eine ungeregelte Gewinnung, Verarbeitung, Lagerung und Verteilung von Zellen und Geweben entstehen, wie beispielsweise einer Kontamination und der Übertragung von Krankheiten. Auch bei artifiziell erzeugten Geweben, die sich aus einzelnen menschlichen Zellen zusammensetzen, bestehen diese Risiken. Deswegen wäre es aus teleologischer Sicht verfehlt, diese vom Geltungsbereich des Gesetzes auszunehmen. Eine unerwünschte Ausuferung des Anwendungsbereiches des GSG über diesen Schutzgedanken hinaus ist auch bei Zugrundelegung eines weiten Begriffsverständnisses nicht zu befürchten, da aus tierischen Zellen bestehende und mechanische Körperersatzteile, wie Herzschrittmacher, bei denen die genannten Risiken gerade nicht bestehen, dennoch nicht unter die Gewebedefinition fallen. Diese fordert nämlich als zusätzliche Voraussetzung, dass die Bestandteile des Körpers aus (menschlichen)[176] Zellen bestehen.

Zum selben Ergebnis kommt man bei systematischer Betrachtung der Gewebe-RL sowie der diesbezüglichen Vorarbeiten, die wiederholt von „menschlichen Geweben" und Geweben „menschlichen Ursprungs" sprechen.[177] Das Abstellen auf die humanen Eigenschaften eines Gewebes lässt vermuten, dass der Unionsgesetzgeber auch gezüchtetes Gewebe, das als solches zwar natürlicherweise nicht im Körper vorkommt, sich aber aus menschlichen Zellen zusammensetzt, als von der RL umfasst wissen wollte.[178]

Da das GSG hinsichtlich seiner Rechtsfolgen nicht zwischen Geweben und einzelnen Zellen differenziert, macht es im Ergebnis selbst dann keinen Unterschied, wenn man auf einem engen Begriffsverständnis des Wortes „Bestandteil" beharrt. Unter die Zelldefinition des § 2 Z. 1 GSG fallen nämlich sämtliche menschliche Zellen und Zellansammlungen, die durch keine Art von Bindegewebe zusammengehalten werden. Verneint man die Gewebeeigenschaft von hiPS-Zell-deriviertem Gewebe, so handelt es sich auch bei der Substanz, die die einzelnen Zellen des gezüchteten Komplexes verbindet, um keine „Art von Bindegewebe" im Sinne dieses Gesetzes. Die einzelnen Zellen innerhalb der artifiziellen Struktur erfüllen folglich weiterhin die Zelldefinition des § 2 Z. 1 GSG. Daher müssen bei Verarbeitung, Lagerung oder Verteilung des artifiziellen Gewebekomplexes auch nach dieser Auslegungsvariante gegebenenfalls die Vorschriften des GSG beachtet werden.

---

[175] Dafür sprechen auch an natürliches Gewebe angelehnte Bezeichnungen der künstlichen Strukturen (z. B. Haut – „iPS-derivierte Haut").

[176] Vgl. § 2 Z. 1 GSG.

[177] Vgl. ErwG 10 und 13 Gewebe-RL; Stellungnahme des Europäischen Wirtschafts- und Sozialausschusses zu dem „Vorschlag für eine Richtlinie des Europäischen Parlaments und des Rates zur Festlegung von Qualitäts- und Sicherheitsstandards für die Spende, Beschaffung, Testung, Verarbeitung, Lagerung und Verteilung von menschlichen Geweben und Zellen". KOM (2002) 319 endgültig – COD 2002/0128. In: Amtsblatt der Europäischen Union C 2003/85:44. http://eur-lex.europa.eu/legal-content/DE/TXT/PDF/?uri=CELEX:52002AE1361&from=DE. Zugegriffen: 30. Januar 2018.

[178] Dem Ganzen (in Bezug auf das deutsche Recht) folgend Gerke 2020, Abschn. 3.1.1.2.

3.1.2 Verwendung beim Menschen

3.1.2.1 Begriffsbestimmung

Der Anwendungsbereich des GSG ist auf die „Verwendung beim Menschen" beschränkt. § 2 Z. 11 GSG versteht darunter „den medizinischen Einsatz von Zellen oder Geweben in oder an einem menschlichen Empfänger sowie extrakorporale Anwendungen". Dadurch sind sämtliche medizinische Zell- und Gewebeanwendungen erfasst, einschließlich solcher im Rahmen von medizinisch unterstützten Fortpflanzungen oder klinischen Versuchen.[179] Nicht in den Geltungsbereich des GSG fällt dagegen eine rein forschungsbedingte Nutzung von Humansubstanzen, die nicht mit einem An- oder Einbringen der Substanzen in den menschlichen Körper verbunden ist.[180] Damit bleiben Biobanken, in denen durch einen medizinischen Eingriff gewonnenes Humanmaterial für den Einsatz in der Forschung gelagert wird, von den Bestimmungen des GSG unberührt.[181]

3.1.2.2 Einstufung von somatischen Zellen, hiPS-Zellen und hiPS-Zell-basierten Produkten

Der klinische Einsatz von somatischen Zellen, hiPS-Zellen und hiPS-Zell-basierten Produkten erfüllt regelmäßig die Voraussetzungen einer „Verwendung beim Menschen" i. S. d. § 2 Z. 11 GSG, da es hier in der Regel zu einer Verbringung des Zell- oder Gewebematerials in oder an den menschlichen Körper kommt. Auch klinische Versuche mit hiPS-Zellen entsprechen unter dieser Prämisse dem Erfordernis einer „medizinischen Verwendung". Beim Einsatz im Rahmen von klinischen Versuchen gilt es jedoch zu beachten, dass das GSG aufgrund der Teilausnahme für Prüfpräparate in § 1 Abs. 1 Satz 2 GSG[182] nur in Bezug auf die Gewinnung zur Anwendung kommt.[183] Vom Geltungsbereich des GSG ausgeschlossen ist die Verwendung von somatischen Zellen und hiPS-Zellen zu ausschließlichen Forschungszwecken.

3.1.3 Gewinnung, Verarbeitung, Lagerung und Verteilung

Ziel des GSG ist es, Qualität und Sicherheit bei der medizinischen Verwendung von menschlichen Zellen und Geweben zu gewährleisten.[184] Zu diesem Zweck legt es für bestimmte damit im Zusammenhang stehende Tätigkeiten Qualitäts- und

---

[179] Polster 2011, S. 61 f.

[180] ErwG 11 Gewebe-RL nennt beispielhaft den Einsatz zum Zwecke der In-vitro-Forschung und der Forschung an Tiermodellen; Zeinhofer 2009a, S. 100; Polster 2011, S. 61.

[181] Vgl. Ausschussbericht (AB) 343 BlgNR 23. GP 2; ErläutRV 261 BlgNR 23. GP 4.

[182] Siehe dazu Abschn. 3.2.2.

[183] Zeinhofer 2009a, S. 101; Polster 2011, S. 62.

[184] ErläutRV 261 BlgNR 23. GP 1.

Sicherheitsstandards fest. Angeknüpft wird hier an die Begriffe der Gewinnung, Verarbeitung, Lagerung und Verteilung.

Als *„Gewinnung"* gelten gemäß § 2 Z. 6 GSG die Entnahme von Zellen oder Geweben, die Feststellung der gesundheitlichen Eignung eines Spenders[185] sowie die mit diesen Vorgängen jeweils verbundenen Spenderschutz- und Qualitätssicherungsmaßnahmen. Der Begriff der Entnahme ist dabei – im Sinne eines Beschaffungsprozesses bzw. eines Verfügbarmachens von Zellen und Gewebe – weit zu verstehen. Davon umfasst ist damit auch eine mittelbare, extrakorporale Gewinnung von Zellen und Geweben, die bereits im Vorfeld aus diagnostischen oder therapeutischen Gründen entnommen wurden. Labortestungen an bereits entnommenem Material zählen hingegen nicht zur Gewinnung.[186]

Die (unmittelbare oder mittelbare) Entnahme von somatischen Zellen für die hiPS-Zell-Herstellung stellt zweifelsfrei eine Gewinnung i. S. d. § 2 Z. 6 GSG dar. Anders verhält es sich bei der „Gewinnung" von hiPS-Zellen und daraus abgeleiteten ausdifferenzierten Zellen durch verschiedene technische Verfahren im Labor. Hier kommt es nicht zu einer Beschaffung bzw. einem Verfügbarmachen von neuen Zellen, sondern lediglich zu einer Veränderung der Eigenschaften (differenziert – undifferenziert) der bereits gewonnenen somatischen Zellen bzw. der hiPS-Zellen. Im Rahmen der Begrifflichkeiten des GSG handelt es sich hierbei somit um eine „Verarbeitung" von Zellen und Geweben. Die im GSG sowie in der GEEVO enthaltenen Regelungen über die Gewinnung gelten daher nur für die Entnahme von somatischen Zellen und Gewebebiopsaten, nicht aber für den Herstellungsprozess von hiPS-Zellen und hiPS-derivierten Zellen.

Als *„Verarbeitung"* gelten nach § 2 Z. 7 GSG sämtliche Tätigkeiten im Zusammenhang mit der Aufbereitung, Handhabung, Konservierung, Vermehrung und Verpackung von zur Verwendung beim Menschen bestimmten Zellen und Geweben. Aufgrund der Weite des Begriffs sind auch der Reprogrammierungsprozess sowie die Weiterverarbeitung der hiPS-Zellen zu Arzneimitteln davon erfasst.

Unter *„Lagerung"* wird die „Aufbewahrung des Produkts bis zur Verteilung" (§ 2 Z. 9 GSG) und unter *„Verteilung"* der „Transport und die Abgabe von zur Verwendung beim Menschen bestimmten Zellen oder Gewebe einschließlich der Ausfuhr in Drittstaaten" (§ 2 Z. 10 GSG) verstanden. Als *„Abgabe"* in diesem Sinn gilt die Abgabe von gebrauchsfertigen Zellen und Geweben für einen konkreten Patienten an den die Behandlung durchführenden Mediziner bzw. die durchführende Krankenanstalt, nicht aber die Anwendung des Therapeutikums am Patienten selbst.[187] Als Abnehmer gegenüber der Gewebebank tritt in der Praxis nämlich regelmäßig die Krankenanstalt bzw. der behandelnde Arzt auf, da die Einnahme bzw. Verabreichung von Zell-basierten Therapeutika oft nicht durch den Patienten selbst, sondern nur im Rahmen eines medizinischen Eingriffs oder unter sonstiger

---

[185] Darunter fallen laut Materialien Anamnese, körperliche Untersuchung und Testung des Spenders. Vgl. ErläutRV 261 BlgNR 23. GP 5.

[186] ErläutRV 261 BlgNR 23. GP 5; Leischner 2009, S. 178; Polster 2011, S. 63; Heissenberger 2017b, S. 31.

[187] Stöger 2009, S. 23 ff.; Polster 2011, S. 222.

Mitwirkung eines Arztes erfolgen kann (man denke hier etwa an die Transplantation eines tissue engineerten Gewebes).[188] Verfehlt wäre es, den therapeutischen Einsatz des Produktes am Patienten als „Abgabe" i. S. d. § 2 Z. 10 GSG zu qualifizieren, würde das doch dazu führen, dass jede Krankenanstalt und jeder Arzt, die ein Zell- oder Gewebeprodukt für einen konkreten Patienten beziehen, für den weiteren Umgang mit dem Material – sei es auch nur eine kurze Aufbewahrung – einer Bewilligung als Gewebebank bedürften.[189]

3.2 Teilausnahmen vom Anwendungsbereich

Erfüllen Zellen oder Gewebe die Begriffsdefinition des § 2 Z. 1 bzw. Z. 2 GSG und liegt eine medizinische Verwendung beim Menschen vor, gilt das GSG jedenfalls hinsichtlich der Gewinnung. Die Regelungen über die Verarbeitung, Lagerung und Verteilung kommen gemäß § 1 Abs. 1 Satz 2 GSG demgegenüber nur dann zur Anwendung, wenn die Zellen und Gewebe „nicht zur Herstellung von Arzneimitteln, die im Voraus stets in gleicher Zusammensetzung hergestellt und unter der gleichen Bezeichnung in einer zur Abgabe an den Verbraucher oder Anwender bestimmten Form in Verkehr gebracht werden, von Prüfpräparaten oder von Medizinprodukten verwendet werden".

Durch diese Teilausnahme steckt das GSG seine Grenzen und damit insbesondere sein Verhältnis zum AMG ab.[190] Zellen und Gewebe, die nicht zur Herstellung der in der Ausnahme genannten Produkte verwendet werden, unterliegen dem Vollanwendungsbereich des GSG. Es kommt hier gegebenenfalls zu einer kumulativen Anwendung der Vorschriften des GSG über Verarbeitung, Lagerung und Verteilung und der Vorschriften des AMG.[191] Ist hingegen die Ausnahmebestimmung des § 1 Abs. 1 Satz 2 GSG einschlägig, so ist dieses Gesetz nur für die Gewinnung anwendbar.[192]

3.2.1 Arzneispezialitäten i. S. d. ursprünglichen Definition des § 1 Abs. 5 AMG

Mit der Ausnahme in § 1 Abs. 1 Satz 2 GSG wird die Anwendbarkeit des GSG bei der Herstellung gewisser Arzneispezialitäten eingeschränkt. Von den Vorschriften betreffend Verarbeitung, Lagerung und Verteilung ausgenommen sind demnach

---

[188] Zur Bewilligungspflicht des Anwenders bei Zwischenlagerungen siehe Abschn. 3.4.3.

[189] Heissenberger 2016, § 2 GSG Rn. 6; vgl. auch Stöger 2009, S. 26; Polster 2011, S. 222; siehe dazu auch Abschn. 3.4.3. Zur Abgrenzung von Abgabe und Anwendung im Arzneimittelrecht siehe Kopetzki 2008a, S. 77, 81 ff.

[190] Zeinhofer 2009a, S. 103; Heissenberger 2016, § 1 GSG Rn. 3.

[191] Polster 2011, S. 72.

[192] Vgl. auch ErläutRV 261 BlgNR 23. GP 4; Polster 2011, S. 64.

Zellen und Gewebe, die „zur Herstellung von Arzneimitteln, die im Voraus stets in gleicher Zusammensetzung hergestellt und unter der gleichen Bezeichnung in einer zur Abgabe an den Verbraucher oder Anwender bestimmten Form in Verkehr gebracht werden, (...) verwendet werden".

Die Ausnahme erfasst nur eine Teilmenge der Arzneispezialitäten i. S. d. § 1 Abs. 5 AMG, nämlich jene i. S. d. ursprünglichen Arzneispezialitätenbegriffs.[193] Zellen und Gewebe zur Herstellung von Arzneimitteln, die industriell oder gewerblich, jedoch nicht auch im Voraus und stets in gleicher Zusammensetzung hergestellt wurden, und damit zwar den erweiterten, nicht aber den ursprünglichen Begriff des § 1 Abs. 5 AMG erfüllen, fallen deshalb unter den Vollanwendungsbereich des GSG.[194]

Die Frage, ob das GSG bei der Herstellung von hiPS-Zell-basierten Therapeutika nur hinsichtlich der Gewinnung oder zur Gänze zur Anwendung kommt, lässt sich nicht generell und abschließend beantworten. Bei hiPS-Zell-basierten Produkten handelt es sich regelmäßig um industriell oder gewerblich hergestellte Arzneimittel. Genügen sie daneben den Voraussetzungen einer Herstellung im Voraus und einer Herstellung stets in gleicher Zusammensetzung, erfüllen sie zusätzlich den ursprünglichen Arzneispezialitätenbegriff und sind von der Teilausnahme nach § 1 Abs. 1 Satz 2 GSG erfasst.[195] Das Ergebnis wird hier je nach Herkunft der Zellen (autolog – allogen), Herstellungsart, Patientenzielgruppe (unbestimmter Verbraucherkreis – Herstellung auf Bestellung für eine bestimmte Person) und – sofern man dem ursprünglichen Arzneispezialitätenbegriff das Erfordernis einer identen stofflichen Zusammensetzung unterstellt – Beschaffenheit des Endproduktes unterschiedlich ausfallen (Abb. 1).

3.2.2 Prüfpräparate

Werden hiPS-Zell-basierte Produkte im Zuge einer klinischen Prüfung eingesetzt, sind sie als Prüfpräparate i. S. d. § 2a Abs. 14 AMG einzustufen.[196] Liegt eine solche Verwendung im konkreten Fall vor, so gilt das GSG aufgrund der Teilausnahme des § 1 Abs. 1 Satz 2 GSG nur hinsichtlich der Gewinnung. Die weiteren Schritte unterfallen den Bestimmungen des AMG betreffend klinische Prüfungen.[197]

---

[193]Vgl. § 1 Abs. 5 AMG i. d. F. Bundesgesetzblatt 1983/185; siehe dazu Abschn. 2.2.

[194]Zeinhofer 2009a, FN 104; Polster 2011, S. 83; Heissenberger 2016, § 1 GSG Rn. 8 ff.

[195]Zur Qualifikation von hiPS-Zell-basierten Therapeutika als Arzneispezialitäten siehe Abschn. 2.2.3.

[196]Prüfpräparat i. S. d. Bestimmung „ist eine pharmazeutische Form eines Wirkstoffes oder Placebos, die in einer klinischen Prüfung getestet oder als Referenzsubstanz verwendet wird; ferner eine zugelassene Arzneispezialität, wenn sie in einer anderen als der zugelassenen Form verwendet oder bereitgestellt oder für ein nicht zugelassenes Anwendungsgebiet eingesetzt oder zum Erhalt zusätzlicher Informationen über die zugelassene Form verwendet wird".

[197]Zeinhofer 2009a, S. 131; Polster 2011, S. 88; Heissenberger 2016, § 1 GSG Rn. 13.

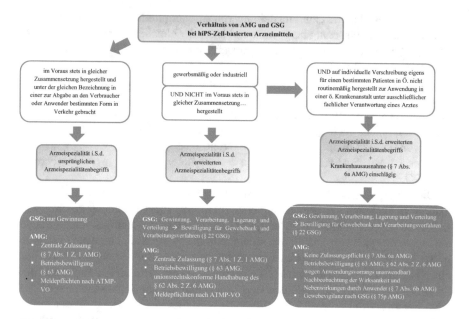

Abb. 1 Verhältnis von Arzneimittelgesetz und Gewebesicherheitsgesetz bei hiPS-Zell-basierten Arzneimitteln

3.2.3 Medizinprodukte

HiPS-Zell-basierte Produkte aus lebensfähigem Material sind stets Arzneimittel i. S. d. AMG.[198] Für sie kommt die Teilausnahme vom GSG für Medizinprodukte nicht in Betracht.

Im Hinblick auf § 4 Abs. 1 Z. 4 MPG fallen hiPS-Zell-basierte Produkte aus abgetötetem Material – ein in der Praxis wohl unbedeutender Fall – nicht in den Anwendungsbereich des MPG.[199] Sie erfüllen aber die Begriffsdefinition des Medizinprodukts gemäß § 2 Abs. 1 MPG. Ob die Teilausnahme des § 1 Abs. 1 Satz 2 GSG isoliert auf den Medizinproduktebegriff des § 2 Abs. 1 MPG abstellt oder auch der Anwendungsbereich des MPG berücksichtigt werden muss,[200] ist unklar.[201] Diese Frage wird sich mit Geltungsbeginn der Medizinprodukte-VO am 26. Mai 2020 allerdings erübrigen.[202] Nach der zukünftigen Rechtslage werden solche

---

[198] Siehe dazu Abschn. 2.1.3.1.

[199] Ausnahmen bestehen jedoch für In-vitro-Diagnostika und Medizinprodukte mit einem Derivat aus menschlichem Blut (vgl. § 4 Abs. 1 Z. 4 MPG).

[200] In diese Richtung Zeinhofer 2009a, S. 108; Polster 2011, S. 70.

[201] Den Materialien lässt sich dazu, im Gegensatz zur Teilausnahme für Arzneispezialitäten und Prüfpräparate, nichts entnehmen. Vgl. ErläutRV 261 BlgNR 23. GP 4.

[202] Siehe auch Abschn. 2.1.3.1.

hiPS-Zell-basierten Produkte von den medizinprodukterechtlichen Regelungen erfasst sein.[203]

3.3 Ausnahmen vom Anwendungsbereich

Neben den Teilausnahmen nach § 1 Abs. 1 Satz 2 GSG nennt das GSG in § 1 Abs. 3 noch drei Konstellationen, in denen Zellen und Gewebe trotz medizinischer Verwendung am Menschen zur Gänze von dessen Geltungsbereich ausgenommen sind. Von der Ausnahme erfasst sind autologe Transplantationen innerhalb ein und desselben medizinischen Eingriffs, Blut und Blutbestandteile sowie Organe und Teile von Organen.

3.3.1 Autologe Transplantation innerhalb ein und desselben medizinischen Eingriffs

3.3.1.1 Begriffsbestimmungen

Nach § 1 Abs. 3 Z. 1 GSG sind „Zellen und Gewebe, die innerhalb ein und desselben medizinischen Eingriffs als autologes Transplantat verwendet werden," vom Geltungsbereich des GSG ausgenommen. Eine Verwendung als autologes Transplant liegt dann vor, wenn es sich bei Materialspender und -empfänger um dieselbe Person handelt, d. h. eine Rückübertragung der entnommenen Zellen und Gewebe auf den Spender erfolgt.[204] Dies muss zusätzlich innerhalb ein und desselben medizinischen Eingriffs geschehen, wobei diesem Tatbestandselement ein enges Begriffsverständnis zugrunde zu legen ist. Der Gesetzgeber ging davon aus, dass Entnahme und Rückübertragung in der Regel durch dieselbe Person erfolgen. Das deutet auf das Erfordernis einer gewissen räumlichen und zeitlichen Nähe zwischen Entnahme und Implantation hin. Des Weiteren sprechen die Materialien davon, dass die Reimplantation ohne zwischenzeitliche Einbindung einer Gewebebank erfolgen muss, weswegen umfassendere Verarbeitungsschritte und Lagerung des entnommenen Materials die Grenzen „ein und desselben Eingriffs" sprengen.[205] Lediglich geringfügige Bearbeitungen der Zellen oder Gewebe, wie das Dehnen von entnommenen Sehnen vor ihrer Rückübertragung, stehen einer Verwendung innerhalb desselben Eingriffs nicht im Weg. Schließlich ergibt sich ein enges Verständnis auch in richtlinienkonformer Interpretation des Begriffs. Die Gewebe-RL spricht, anders als das GSG, nicht von demselben „medizinischen", sondern von demselben „chirurgi-

---

[203] Siehe Abschn. 2.1.3.1.

[204] Vgl. auch § 2 Z. 17 GSG.

[205] ErläutRV 261 BlgNR 23. GP 4.

schen Eingriff".[206] Dies lässt darauf schließen, dass längere Lagerungsvorgänge und eine Verarbeitung der Substanzen, die nicht von einem Chirurgen während der laufenden Operation durchgeführt werden kann, das Tatbestandsmerkmal „innerhalb ein und desselben medizinischen Eingriffs" ausschließen.[207]

3.3.1.2 Einstufung von autologen hiPS-Zell-Therapien

Die Ausnahme nach § 1 Abs. 3 Z. 1 GSG käme allenfalls für Fälle in Betracht, bei denen entnommenes Zellmaterial zur Herstellung von autologen hiPS-Zell-basierten Transplantaten verwendet wird, da es hier zu einer Rückübertragung des spendereigenen Materials – wenn auch in veränderter Form – kommt. Im Hinblick auf das enge Begriffsverständnis, das der Ausnahmebestimmung zugrunde liegt, ist diese jedoch aus mehreren Gründen nicht einschlägig:

Die Herstellung von hiPS-Zellen sowie deren allfällige Weiterverarbeitung zu funktionstüchtigen Zell- oder Gewebetransplantaten stellt (zumindest derzeit) noch einen relativ langwierigen Prozess dar, sodass eine Rückübertragung des Materials innerhalb desselben Eingriffs schon allein aufgrund der zeitlichen Komponente ausscheidet. Auch das in richtlinienkonformer Interpretation gebotene Verständnis des medizinischen Eingriffs im Sinne eines „chirurgischen Eingriffs" spricht gegen eine Ausnahme von autologen hiPS-Zell Transplantaten vom Geltungsbereich des GSG, da deren Herstellung nicht im Rahmen einer laufenden Operation erfolgen (können) wird. Weiters handelt es sich beim Reprogrammierungsvorgang um eine „Verarbeitung" i. S. d. § 2 Z. 7 GSG, die über eine einfache Bearbeitung der entnommenen Zellen hinausgeht. Als solche darf sie gemäß § 8 GSG grundsätzlich nur durch eine bewilligte Gewebebank vorgenommen werden.[208] Gerade Fälle, in denen es zur Einbindung einer Gewebebank zwischen Entnahme und Reimplantation kommt, sollen laut Materialien ausdrücklich nicht von der Ausnahmebestimmung des § 1 Abs. 3 Z. 1 GSG umfasst sein. Schlussendlich ließe es sich auch nicht mit dem Schutzzweck des GSG vereinbaren, die Herstellung von autologen hiPS-Zell-basierten Therapeutika zur Gänze vom Anwendungsbereich des Gesetzes auszunehmen. Die Ausnahme in § 1 Abs. 3 Z. 1 GSG soll nämlich Szenarien abdecken, in denen aufgrund der sofortigen Rückübertragung von spendereigenem Material niedrigere und völlig andere Qualitäts- und Sicherheitsstandards als im GSG vonnöten sind.[209] Auf den Einsatz autologer hiPS-Zell-basierter Transplantate trifft dies aber nicht zu.

---

[206] Vgl. Art. 2 Abs. 2 lit. a Gewebe-RL.

[207] Zum Ganzen auch Joklik und Zivny 2008, S. 18; Zeinhofer 2009a, S. 131 f.; Polster 2011, S. 89; Heissenberger 2016, § 1 GSG Rn. 14.

[208] Siehe dazu Abschn. 3.4.2.

[209] Vgl. dazu ErwG 8 Gewebe-RL; Zeinhofer 2009a, S. 132.

3.3.2 Blut und Blutbestandteile

3.3.2.1 Begriffsbestimmungen

Nach § 1 Abs. 3 Z. 2 GSG gilt das GSG nicht für „Blut und Blutbestandteile gemäß § 3 Blutsicherheitsgesetzes [sic.] 1999, BGBl. I Nr. 44/1999".[210] Bei „Blut" handelt es sich gemäß § 3 Abs. 1 BSG 1999 um die „einem Spender aus einem Blutgefäß entnommene Körperflüssigkeit, die sich aus Blutplasma und aus korpuskulären Anteilen zusammensetzt". Durch das Abstellen auf die Entnahme einer Flüssigkeit aus einem Blutgefäß wollte der Gesetzgeber klarstellen, dass jede andere Form der Gewinnung, wie beispielsweise die Gewinnung von Stammzellen aus dem Knochenmark, nicht unter die Regelungen des BSG 1999 fällt.[211] „Blutbestandteile" sind nach § 3 Abs. 2 BSG 1999 „das durch Auftrennung gewonnene Plasma sowie die durch Auftrennung gewonnenen korpuskulären Anteile".[212] Als „Auftrennung" im Sinne dieser Bestimmung gilt die unmittelbar am Spender erfolgende Aufteilung des Blutes in seine Bestandteile mittels Apherese.[213] Der Begriff der korpuskulären Anteile ist laut Materialien weit zu verstehen. Davon erfasst sind alle vom Plasma verschiedenen Blutbestandteile. Daneben sollen auch einzelne Bestandteile von Plasma und von korpuskulären Anteilen unter die Definition des § 3 Abs. 2 BSG 1999 fallen.[214] Nicht von den Begriffsdefinitionen des Abs. 1 und Abs. 2 erfasst sind allerdings hämatopoetische Stammzellen. Diese unterfallen daher den Regelungen des GSG.[215]

Das BSG 1999 regelt die Gewinnung und Testung von menschlichem Blut und Blutbestandteilen. Da es hier nicht auf eine Verwendung zu Transfusionszwecken ankommt, unterliegen auch Blut und Blutbestandteile für die Arzneimittelherstellung,[216] so auch für die Herstellung von hiPS-Zell-basierten Therapeutika, dessen Vorschriften. Eine Ausnahme besteht jedoch gemäß § 2 Abs. 3 BSG 1999 für die Gewinnung von Blut und Blutbestandteilen für eine klinische Prüfung. Das BSG 1999 findet hier keine Anwendung, wenn die zuständige Ethikkommission eine Abweichung von den Regelungen des Blutsicherheitsrechtes nach Vorlage der notwendigen Unterlagen „im Sinne des Schutzes der Spender und Prüfungsteilnehmer nach dem Stand der Wissenschaften für gerechtfertigt erachtet".

Als Ausgangsstoff bzw. als Inhalt eines Therapeutikums erfüllen Blut und Blutbestandteile daneben regelmäßig den Wirkstoffbegriff bzw. den Arzneimittelbegriff des AMG.[217] Die in zeitlicher und räumlicher Distanz vom Entnahme- und Auftren-

---

[210] Bundesgesetz über die Gewinnung von Blut und Blutbestandteilen in Blutspendeeinrichtungen (Blutsicherheitsgesetz 1999 – BSG 1999). In: Bundesgesetzblatt I 1999/44 i. d. F. I 2018/37.

[211] ErläutRV 1430 BlgNR 20. GP 35.

[212] Vgl. auch Pitzl und Huber 2016, §§ 3–5 BSG 1999 Rn. 2.

[213] ErläutRV 1430 BlgNR 20. GP 35; Heissenberger 2017a, S. 58.

[214] ErläutRV 1430 BlgNR 20. GP 35.

[215] Vgl. ErläutRV 261 BlgNR 23. GP 4; ErwG 7 und 8 Gewebe-RL; Zeinhofer 2009a, S. 133; Polster 2011, S. 90.

[216] Vgl. hierzu ErläutRV 1430 BlgNR 20. GP 34.

[217] Heissenberger 2016, § 1 GSG Rn. 16.

nungsvorgang losgelösten Verarbeitungs- und Lagerungstätigkeiten, für die das BSG 1999 keine eigenen Regelungen vorsieht, richten sich dann nach den arzneimittelrechtlichen Bestimmungen.[218]

3.3.2.2 Einstufung von somatischen Zellen und hiPS-Zell-basierten Produkten

Wird einem Spender für die Herstellung von hiPS-Zellen Blut abgenommen, so erfüllt es die Begriffsbestimmung des § 3 Abs. 1 BSG 1999. Bei den zur Herstellung von hiPS-Zellen verwendeten kernhaltigen Blutzellen[219] handelt es sich um korpuskuläre Anteile und somit um Blutbestandteile i. S. d. § 3 Abs. 2 BSG 1999, sofern deren Gewinnung durch Auftrennung erfolgt ist. Aufgrund der Ausnahmebestimmung des § 1 Abs. 3 Z. 2 GSG sind somit sowohl Blut als auch Blutbestandteile, die als Ausgangsmaterial für hiPS-Zell-basierte Therapeutika gewonnen werden, vom Anwendungsbereich des GSG (zunächst) ausgenommen.[220] Ihre Gewinnung und Testung folgt den Bestimmungen des BSG 1999.[221] Für die weitere Vorgangsweise sind die arzneimittelrechtlichen Regelungen heranzuziehen.

Im Hinblick auf die Anwendbarkeit des GSG muss allerdings bedacht werden, dass Blutzellen im Laufe einer Reprogrammierung ein Stadium erreichen, in dem sie ihre differenzierungs-spezifischen Eigenschaften und somit ihre Qualität als Blutzellen verlieren. Fraglich ist daher, ob die aus dem Prozess resultierenden undifferenzierten hiPS-Zellen noch die Definition eines „Blutbestandteiles" i. S. d. § 3 Abs. 2 BSG 1999 erfüllen, für die die Ausnahmebestimmung des § 1 Abs. 3 Z. 2 GSG greift. Ausgehend von der extensiven Auslegung des Begriffs in den Materialien liegt zunächst der Schluss nahe, dass eine aus Blutzellen abgeleitete hiPS-Zelle – sei sie auch kein korpuskulärer Anteil im naturwissenschaftlichen Sinn mehr – nach wie vor nichts anderes ist als eine durch Auftrennung gewonnene Blutzelle, die sich aufgrund eines Einschleusens von Genen, Proteinen oder mRNA dedifferenziert hat. Ein dermaßen weites Begriffsverständnis ist jedoch sowohl in systematischer Betrachtung des BSG 1999 als auch aus teleologischen Gründen abzulehnen. Zum einen zielt das BSG 1999 ausschließlich darauf ab, die Gewinnung und Testung von Blut und Blutbestandteilen zu regeln, die unmittelbar durch Entnahme oder Auftrennung erfolgt. Für den späteren Umgang und die allfällige Weiterverarbeitung sieht das Gesetz demgegenüber keine Regelungen mehr vor. Somit enthält das BSG 1999 keinerlei Vorschriften, die auch nur potenziell für Blut-derivierte hiPS-Zellen einschlägig sein könnten. Zum anderen

---

[218] ErläutRV 1430 BlgNR 20. GP 36; Zeinhofer 2009a, S. 133; Polster 2011, S. 91; Heissenberger 2016, § 1 GSG Rn. 16; Heissenberger 2017a, S. 57.

[219] Faltus 2016a, S. 481 m. w. N.

[220] Werden Blutzellen demgegenüber erst nachträglich aus entnommenem Vollblut gewonnen, so handelt es sich mangels Auftrennungsvorganges unmittelbar am Spender nicht um einen dem BSG 1999 unterliegenden Gewinnvorgang von einzelnen Blutzellen. Die Ausnahmebestimmung des GSG greift in diesem Fall nicht.

[221] Zu beachten ist jedoch die Möglichkeit einer Ausnahme von den Regelungen des BSG 1999 für die Gewinnung von Blut und Blutbestandteilen für klinische Prüfungen in § 2 Abs. 3 BSG 1999.

würde diese Auslegung zu einer widersinnigen Aushöhlung des Anwendungsbereiches des GSG führen. Jede Art von Zelle, egal ob Stammzelle, Nierenzelle oder Herzzelle, würde als Blutbestandteil i. S. d. § 3 Abs. 2 BSG 1999 zu qualifizieren sein, sofern sie aus einer Blut-derivierten hiPS-Zelle abgeleitet wurde. Sämtliche Bestimmungen und somit der gesamte Schutz des GSG könnten in weiterer Folge dadurch ausgehebelt werden, dass nur noch Blutzellen als Ausgangsstoffe für hiPS-Zellen herangezogen werden. Als Ergebnis ist daher festzuhalten, dass Blutzellen ab Eintritt in ein undifferenziertes Stadium wegen des Verlusts ihrer Eigenschaft als korpuskulärer Anteil i. S. d. Gesetzes nicht mehr unter die Definition des § 3 Abs. 2 BSG 1999 und damit auch nicht unter die Ausnahmebestimmung des § 1 Abs. 3 Z. 2 GSG fallen. Für die Verarbeitung, die Lagerung und die Verteilung sind daher ab diesem Zeitpunkt auch für Blut-derivierte hiPS-Zellen gegebenenfalls die Regelungen des GSG heranzuziehen.

Schließlich stellt sich noch die Frage, ob durch die spätere Redifferenzierung von hiPS-Zellen die Eigenschaft als Blutbestandteil i. S. d. BSG 1999 wiederhergestellt werden kann bzw. ob generell hiPS-derivierte Blutzellen unter § 3 Abs. 1 oder 2 BSG 1999 eingeordnet werden können. Dies ist im Hinblick auf die von den Legaldefinitionen geforderten Gewinnungsformen für Blut und Blutbestandteile (Gewinnung durch Entnahme aus einem Blutgefäß – Gewinnung durch Auftrennung) zu verneinen. Mangels Anwendbarkeit der Ausnahmebestimmung des § 1 Abs. 3 Z. 2 GSG unterliegen aus hiPS-Zellen abgeleitete Blutzellen daher stets dem GSG.

3.3.3 Organe und Teile von Organen

3.3.3.1 Begriffsbestimmungen

Durch § 1 Abs. 3 Z. 3 GSG sind Organe und Teile von Organen, wenn sie zum selben Zweck wie das Organ im menschlichen Körper verwendet werden sollen, vom Geltungsbereich des GSG ausgenommen. Grund für die Ausnahme ist, dass sich die Qualitäts- und Sicherheitserfordernisse bei Transplantationsorganen grundlegend von denen des GSG unterscheiden. Während nämlich das GSG gerade auch langfristige Lagerungs- und umfassende Verarbeitungsvorgänge von Humansubstanzen ins Auge fasst, wird im Zuge von Organtransplantationen in der Regel keine Verarbeitung vorgenommen und es treten lediglich kurze Transport- und Konservierungsphasen auf.[222] Den mit der Entnahme und Verwendung von Organen zu Transplantationszwecken einhergehenden Risiken und Gefahren wurde daher mit einem eigenen Gesetz, dem OTPG, Rechnung getragen.

Als „Organe" gelten gemäß § 2 Z. 5 GSG „(…) aus verschiedenen Geweben bestehende und lebende Teile des menschlichen Körpers, die in Bezug auf Struktur, Blutgefäßversorgung und Fähigkeit zum Vollzug physiologischer Funktionen eine funktionale Einheit bilden". Anders als im OTPG ist die Haut, obwohl

---

[222] Zeinhofer 2009a, S. 134 f.; Polster 2011, S. 91; Heissenberger 2016, § 2 GSG Rn. 17; vgl. auch ErwG 9 Gewebe-RL.

es sich dabei aus naturwissenschaftlicher Sicht um ein Organ handelt, explizit vom Organbegriff des GSG ausgenommen.[223] Teile von Organen sind von der Definition erfasst, sofern sie die von § 2 Z. 5 GSG geforderte funktionale Einheit bilden, wie es beispielsweise bei einzelnen Lungenflügeln oder Teilen der Leber der Fall ist.[224]

Als weiteres Tatbestandselement nennt § 1 Abs. 3 Z. 3 GSG die Verwendung „zum selben Zweck wie das Organ". Aus diesem Beisatz geht zunächst hervor, dass nur Transplantationsorgane, aus dem Geltungsbereich des GSG ausgenommen sind.[225] Wesentlich ist außerdem, dass die übertragenen Organe oder Organteile nach der Transplantation im menschlichen Körper dieselbe Funktion erfüllen wie vor ihrer Entnahme.[226] Dadurch ist sichergestellt, dass nur jene Organe vom Anwendungsbereich des GSG ausgenommen sind, für die das OTPG Regelungen bereitstellt.

3.3.3.2 Einstufung von hiPS-Zell-basierten Organen und Organteilen

Bei entsprechender Funktionalität und Komplexität ist es durchaus denkbar, dass hiPS-Zell-basierte Organe und Organteile in Zukunft die Begriffsdefinition des § 2 Z. 5 GSG erfüllen werden.[227] Problematisch erscheint jedoch das Erfordernis einer Verwendung zu Transplantationszwecken in § 1 Abs. 3 Z. 3 GSG. Das GSG enthält zwar keine eigene Legaldefinition für den Begriff der Organtransplantation, aus den Materialien geht jedoch hervor, dass darunter die Übertragung von Organen oder Organteilen von einem Spender auf einen Empfänger zu verstehen ist.[228] Dieses Verständnis deckt sich auch mit den Begrifflichkeiten des OTPG.[229]

Ein solcher Transplantationsvorgang zwischen Spender und Empfänger findet bei der Behandlung eines Patienten mit hiPS-Zell-basierten Organen und Organteilen nicht statt. Es mangelt an der Entnahme eines funktionstüchtigen und übertragungsfähigen Organs oder Organteiles aus dem Körper eines Spenders. Vielmehr findet in solchen Fällen lediglich eine Implantation eines durch einen Herstellungsprozess im Labor gezüchteten Organkomplexes statt. Auch die Voraussetzung, dass vor und nach der Entnahme dieselbe Funktion im menschlichen Körper erfüllt wird, kann bei hiPS-Zell-basierten Organen mangels ursprünglich bestehender Organfunktion nicht gegeben sein. Für aus hiPS-Zellen gezüchtete Organe und Organteile sind daher die Regelungen des GSG heranzuziehen.

---

[223] Siehe auch Abschn. 2.1.3.2; ausführlich zum Organbegriff des OTPG und des GSG Kräftner 2016, S. 106 ff.

[224] Zeinhofer 2009a, S. 133 f.

[225] Zeinhofer 2009a, S. 133; Polster 2011, S. 91; Heissenberger 2016, § 2 GSG Rn. 17.

[226] ErläutRV 261 BlgNR 23. GP 5; Heissenberger 2016, § 2 GSG Rn. 17.

[227] Für hiPS-Zell-basierte Hauttransplantate ist jedoch die Ausnahme in § 2 Z. 5 GSG zu beachten.

[228] ErläutRV 261 BlgNR 23. GP 5.

[229] Vgl. § 3 Z. 14 OTPG.

3.4 Rechtliche Konsequenzen der Einstufung für die klinische Translation

3.4.1 Gewinnung von Zellen und Geweben

Die Gewinnung von somatischen Zellen für die Herstellung von hiPS-Zell-basierten Therapeutika unterliegt grundsätzlich den Regelungen des GSG.[230] Was die rechtlichen Konsequenzen dieser Einstufung anbelangt, gilt nichts anderes als bei sonstigen Zell- und Gewebeentnahmen im Rahmen der Arzneimittelherstellung, da die Gewinnvorschriften des GSG keine Unterscheidung im Hinblick auf das jeweilige Endprodukt treffen und sich auch sonst keine produktspezifischen Besonderheiten ergeben.

3.4.1.1 Voraussetzungen und Durchführung von Zell- und Gewebeentnahmen

Die Gewinnung von Zellen und Geweben zur Verwendung beim Menschen darf nur in gemäß § 3 i.V.m. § 19 GSG gemeldeten Entnahmeeinrichtungen erfolgen. Darunter sind nach § 2 Z. 14 GSG sämtliche Einrichtungen, einschließlich mobiler Entnahmeteams, zu verstehen, in denen Tätigkeiten im Zusammenhang mit der Gewinnung von menschlichen Zellen und Geweben zur Anwendung beim Menschen ausgeführt werden. Die in einer Entnahmeeinrichtung tätigen Personen unterliegen einer Verschwiegenheitspflicht nach § 18 GSG.

Bei der Auswahl eines Lebendspenders für eine Zell- oder Gewebeentnahme hat eine dem Stand der medizinischen Wissenschaft entsprechende Feststellung dessen gesundheitlicher Eignung zu erfolgen. Der Spender muss sich gemäß § 4 Abs. 2 GSG den hierzu erforderlichen Untersuchungen unterziehen. Eine Entnahme muss unterbleiben, wenn sich ergibt, dass diese aufgrund physischer oder psychischer Risiken eine ernste Gefahr für Leben oder Gesundheit des Spenders bedeuten würde.

Für die *Aufklärung* und die *Einwilligung* des Spenders finden sich im GSG einige Sonderbestimmungen, wobei das Gesetz zwischen invasiven und extrakorporalen Gewinnungsmethoden differenziert. Bei der invasiven, geplanten Gewinnung erfolgt eine gezielte Entnahme von Körpermaterial durch einen chirurgischen Eingriff mit dem primären Ziel einer Zell- bzw. Gewebespende. Dem hat nach § 4 Abs. 3 GSG eine Aufklärung des Zustimmungsbefugten durch den Arzt voranzugehen. Das Gesetz zählt als Mindestinhalte des Aufklärungsgespräches die Aufklärung über geplante Entnahme, Folgen und Risiken, den therapeutischen Zweck der Entnahme, den potenziellen Nutzen für den Empfänger, bestehende Verschwiegenheitspflichten (vgl. § 18 GSG) sowie Maßnahmen zum Schutz des Spenders und seiner Daten auf. Werden die Zellen für eine allogene Verwendung entnommen, ist aufgrund des ausschließlichen Fremdnutzens des Eingriffs ein besonders strenger

---

[230] Zu beachten ist jedoch die Ausnahme für Blutzellen. Siehe dazu Abschn. 3.3.2.

Maßstab anzulegen: Der Spender ist diesfalls im Sinne einer „Totalaufklärung"[231] über sämtliche Vor- und Nachteile zu informieren, und eine Einschränkung des Aufklärungsumfanges oder ein Aufklärungsverzicht sind unzulässig.[232]

Die Einwilligung muss die Entnahme, die Testung und die weitere Verwendung umfassen, wobei hier auch nur eine Zustimmung zu bestimmten Nutzungszwecken oder für einen begrenzten Empfängerkreis möglich ist. Sie muss vom Zustimmungsberechtigten bereits vor den Untersuchungen der Spendereignung nach § 4 Abs. 2 GSG und § 3 GEEVO erteilt und schriftlich festgehalten werden.[233] Diesbezügliche Dokumentationspflichten finden sich in § 5 GSG. Ein Widerruf der Einwilligung ist nach dem Wortlaut des GSG zwar jederzeit möglich, dies kann im Falle einer allogenen Verwendung allerdings nur eingeschränkt gelten. Nach endgültiger Zweckumwidmung (die spätestens im Zeitpunkt der abschließenden medizinischen Verwendung der entnommenen Zellen oder Gewebe eintritt) ist ein Widerruf unzulässig. Obwohl nicht ausdrücklich im Gesetz erwähnt, ist der Spender auch über dieses Widerrufsrecht aufzuklären.[234]

Bei der extrakorporalen, mittelbaren Gewinnung wird auf im Rahmen eines therapeutischen Eingriffs bereits entnommenes Restmaterial zurückgegriffen.[235] Der Aufklärungs- und Einwilligungsumfang kann anders als bei der invasiven Gewinnung gemäß § 4 Abs. 4 GSG auf die weitere Verwendung der Zellen oder Gewebe beschränkt werden, sofern der Spender sich keinen weiteren Untersuchungen nach § 4 Abs. 2 GSG unterziehen muss. Sind allerdings zusätzliche körperliche Tests zur Feststellung der Spendereignung notwendig, muss auch über diese aufgeklärt und eine entsprechende Einwilligung erteilt werden. Hinsichtlich der Formerfordernisse, Dokumentation und des Widerrufs gilt Gleiches wie bei der geplanten Gewinnung.[236]

Bei der Zell- und Gewebeentnahme ist nach § 3 Abs. 2 GSG und § 2 GEEVO sicherzustellen, dass die durchführenden Personen ausreichend geschult und am neuesten Stand der Technik sind. Jedenfalls die invasive Entnahme hat darüber hinaus aufgrund berufsrechtlicher Regelungen durch einen Arzt zu erfolgen.[237]

§ 3 Abs. 9 GSG normiert ein *Werbeverbot*, welches Entnahmeeinrichtungen untersagt, Spenden durch das In-Aussicht-Stellen eines finanziellen Gewinns oder vergleichbaren Vorteils zu bewerben, um auf diese Weise das Spendenaufkommen zu steigern.[238] Weiters besteht nach § 4 Abs. 6 GSG das Verbot, Spendern oder Dritten einen finanziellen oder vergleichbaren Vorteil für eine Spende zu gewähren oder zu

---

[231] Polster 2011, S. 138.

[232] Polster 2011, S. 138 ff.; Heissenberger 2016, § 4 GSG Rn. 11.

[233] Leischner 2009, S. 208; Polster 2011, S. 146; Heissenberger 2016, § 4 GSG Rn. 12; Heissenberger 2017b, S. 34.

[234] Polster 2011, S. 152 f.

[235] Leischner 2009, S. 179; Polster 2011, S. 214; Heissenberger 2016, § 4 GSG Rn. 9, 16; Heissenberger 2017b, S. 34.

[236] Polster 2011, S. 148; Heissenberger 2016, § 4 GSG Rn. 16.

[237] Vgl. § 2 Abs. 2 ÄrzteG 1998.

[238] Joklik und Zivny 2008, S. 19; Heissenberger 2016, § 3 GSG Rn. 4.

versprechen. In diesem Sinne ist es Entnahmeeinrichtungen verboten, entgeltliche Gegenleistungen für die Durchführung von Zell- oder Gewebeentnahmen anzunehmen.[239]

3.4.1.2 Anforderungen an die Entnahmeeinrichtung

Die Anforderungen an Entnahmeeinrichtungen finden sich größtenteils in § 3 GSG.[240] Für den rechtmäßigen Betrieb einer Entnahmeeinrichtung muss diese insbesondere gemäß § 3 i.V.m. § 19 GSG vor erstmaliger Aufnahme ihrer Tätigkeit sowie bei wesentlichen Änderungen hinsichtlich des Betriebs eine *Meldung beim BASG* erstatten. Dieses kontrolliert in einem Zertifizierungsverfahren die Eignung der Einrichtung zur Gewinnung von Zellen und Geweben und die Einhaltung der Bestimmungen des GSG.[241] Bei Vorliegen der in § 19 Abs. 3 GSG genannten Untersagungsgründe hat das BASG die Aufnahme der Tätigkeit durch Bescheid zu untersagen. Gegebenenfalls kommt auch eine Vorschreibung von Auflagen und Bedingungen gemäß § 20 GSG in Betracht. Liegen hingegen alle erforderlichen Voraussetzungen für den Betrieb vor, ist das BASG verpflichtet, binnen sechs Monaten ab Einbringen der (vollständigen) Meldung ein Zertifikat über die Eignung der Entnahmeeinrichtung auszustellen.[242]

Lässt eine Entnahmeeinrichtung einzelne Tätigkeiten durch Dritte verrichten, ist gemäß § 6 Abs. 2 GSG der Abschluss eines schriftlichen Vertrages zwischen Entnahmeeinrichtung und Leistungserbringer zwingend vorgesehen, in dem insbesondere die Verantwortlichkeiten beider Seiten festzulegen sind. Eine solche Verpflichtung besteht gemäß § 6 Abs. 1 GSG auch für den Fall der Weitergabe von Zellen und Geweben an eine Gewebebank zur weiteren Verarbeitung, Lagerung und Verteilung.[243]

Entnahmeeinrichtungen kommt eine wichtige Stellung im Gewebevigilanzsystem des GSG zu. Nach § 17 Abs. 2 und 5 GSG bestehen *Melde- und Mitwirkungspflichten* beim Eintreten von schwerwiegenden Zwischenfällen und schwerwiegenden unerwünschten Reaktionen.[244]

---

[239] Heissenberger 2016, § 4 GSG Rn. 20 ff.; ausführlich zum Werbe- und Gewinnverbot Kopetzki 2009a, S. 153 ff.; Polster 2011, S. 258 ff.

[240] Vgl. auch Polster 2011, S. 193.

[241] Polster 2011, S. 192; Heissenberger 2017b, S. 32.

[242] Heissenberger 2016, §§ 19–21 GSG Rn. 1 ff.; vgl. auch Heissenberger 2017b, S. 32.

[243] Zum Tätigkeitsumfang einer Gewebebank siehe Abschn. 3.4.2.

[244] Zu beachten sind in diesem Zusammenhang insbesondere auch die Bestimmungen der GVVO.

3.4.2 Verarbeitung, Lagerung und Verteilung von Zellen und Geweben

Die Produktion und das Bereitstellen von hiPS-Zell-basierten Therapeutika für die klinische Anwendung gehen naturgemäß mit der Verarbeitung von somatischen Zellen und hiPS-Zellen sowie einer Lagerung und Verteilung der Ausgangsstoffe sowie der Zwischen- und Endprodukte einher. Sofern keine Teilausnahme gemäß § 1 Abs. 1 Satz 2 GSG zur Anwendung gelangt, dürfen all diese Tätigkeiten nur durch Gewebebanken i. S. d. § 2 Z. 15 GSG[245] vorgenommen werden, die zur Einhaltung der geweberechtlichen Bestimmungen verpflichtet sind. Für die in der Gewebebank tätigen Personen gilt die Verschwiegenheitspflicht des § 18 GSG.

3.4.2.1 Entgegennahme, Import und Export von Zellen und Geweben zur Weiterverarbeitung, Lagerung oder Verteilung

Die Entgegennahme und die Einfuhr oder Ausfuhr von Zellen und Geweben und daraus bestehender Produkte für eine weitere Verarbeitung, Lagerung oder Verteilung wird im GSG im Wesentlichen durch § 12 geregelt. Dieser unterscheidet zwischen dem Austausch innerhalb des EWR-Raumes und dem Austausch mit Drittstaaten. Innerhalb des EWR-Raumes dürfen Spenden menschlicher Zellen und Gewebe gemäß § 12 Abs. 3 GSG von einer Gewebebank nur dann entgegengenommen werden, wenn sie direkt von gemäß § 19 gemeldeten Entnahmeeinrichtungen, von gemäß § 22 bewilligten Gewebebanken oder von den Art. 5 und 6 der Gewebe-RL entsprechenden Einrichtungen eines anderen EWR-Mitgliedstaates übernommen werden.[246] Für Import- und Exporttätigkeiten aus bzw. in Drittstaaten bedürfen Gewebebanken einer Bewilligung und Zertifizierung[247] nach § 23 Abs. 4–6 GSG. Eine Einfuhr aus Drittstaaten ist darüber hinaus gemäß § 12 Abs. 2 GSG nur zulässig, wenn die Gewebebank die Einhaltung von dem GSG zumindest gleichwertigen Qualitäts- und Sicherheitsstandards durch den Drittstaatslieferanten sowie eine jederzeitige Rückverfolgbarkeit zum Spender sicherstellt. Nach Entgegennahme hat stets eine Eingangsprüfung der Zellen und Gewebe sowie die Zuteilung einer Spendenkennungssequenz zu erfolgen.[248]

---

[245] Zum Begriff der Gewebebank siehe Stelzer und Köchle 2009, S. 219 ff.; Stöger 2009, S. 25 f.; Polster 2011, S. 220 ff.; Heissenberger 2016, § 2 GSG Rn. 9.

[246] Art. 5 und Art. 6 Gewebe-RL regeln die Überwachung der Beschaffung menschlicher Gewebe und Zellen sowie die Zulassung, Benennung, Genehmigung oder Lizenzierung von Gewebeeinrichtungen und von Aufbereitungsverfahren für Gewebe und Zellen.

[247] Vgl. § 26 Abs. 1a GSG.

[248] Vgl. § 12 Abs. 4–7 GSG sowie §§ 9 und 13a GBVO; ausführlich dazu Stelzer und Köchle 2009, S. 230; Polster 2011, S. 246 ff.

3.4.2.2 Herstellung von hiPS-Zellen und hiPS-Zell-basierten Produkten

Im Rahmen der Produktion von hiPS-Zellen und hiPS-Zell-basierten Therapeutika kommt es mehrfach zu einer Verarbeitung von Zellen i. S. d. § 2 Z. 7 GSG.[249] Diese ist im Wesentlichen an zwei Voraussetzungen gebunden. Zum einen bedarf es gemäß § 13 Abs. 3 GSG i.V.m. § 10 Abs. 3 GBVO einer Genehmigung des Verarbeitungsverfahrens nach § 22 GSG.[250] Zum anderen sind von der Gewebebank gemäß § 13 Abs. 1 GSG für all jene Verarbeitungsschritte, die die Qualität und Sicherheit der Zellen und Gewebe berühren können, Herstellungsvorschriften in Standard Operating Procedures (SOPs) festzulegen und zu validieren.[251]

3.4.2.3 Lagerung

Die Lagerung von Zellen und Geweben sowie Zell-basierten Produkten muss gemäß § 14 Abs. 1 GSG dem Stand von Wissenschaften und Technik entsprechen. Sämtliche damit im Zusammenhang stehende Verfahren sind in SOPs festzuhalten.[252]

3.4.2.4 Freigabe und Verteilung von hiPS-Zell-basierten Produkten

Eine Verteilung von Zell- und Gewebeprodukten an Abnehmer darf nur nach deren vorheriger Freigabe stattfinden. Die Freigabe ist gemäß § 15 Abs. 1 i.V.m. § 11 Abs. 2 GSG schriftlich von der verantwortlichen Person[253] zu erteilen, wenn die Vorgaben des GSG und der GBVO eingehalten wurden und die Produkte den festgelegten Spezifikationen entsprechen.[254] Insbesondere hat die Gewebebank auch für die zur Verteilung erforderliche Kennzeichnung der Zellen und Gewebe zu sorgen.[255] Daneben ist gemäß § 11 Abs. 2 und 3 GBVO ein Inventarsystem einzurichten, durch das eine vorzeitige Freigabe von Zellen und Geweben verhindert werden kann.[256] Während des Verteilungsvorganges hat die Gewebebank gemäß § 15 Abs. 2

---

[249] Siehe dazu Abschn. 3.1.3.

[250] Siehe dazu auch Abschn. 3.4.2.5.

[251] Weiterführende Vorschriften zur Herstellung enthalten § 13 Abs. 2 GSG und § 10 GBVO; ausführlich dazu auch Stelzer und Köchle 2009, S. 231; Polster 2011, S. 248.

[252] Siehe dazu auch § 11 Abs. 1 und 6 GBVO; Polster 2011, S. 249; Heissenberger 2016, § 12–16 GSG Rn. 7; vgl. auch Stelzer und Köchle 2009, S. 232.

[253] Zur verantwortlichen Person siehe Abschn. 3.4.2.5.

[254] Vgl. § 11 Abs. 4 GBVO.

[255] Insbesondere Anbringung des Einheitlichen Europäischen Codes gemäß § 15a GSG; siehe auch § 13 GBVO.

[256] Dokumentationspflichten finden sich in § 11 Abs. 5 GBVO. Siehe auch Stelzer und Köchle 2009, S. 232; Polster 2011, S. 249 f.

GSG dafür Sorge zu tragen, dass die Qualität des Produktes nicht beeinträchtigt wird.[257]

3.4.2.5   Anforderungen an die Gewebebank

Gemäß § 8 GSG haben Gewebebanken über eine geeignete personelle, räumliche, betriebliche und technische Ausstattung sowie ausreichend geschultes und fortgebildetes Personal zu verfügen, sodass ein dem Stand der Wissenschaften und Technik entsprechender Organisationsablauf und die Einhaltung der Hygienestandards sichergestellt werden können. Daneben fordert § 10 GSG die Etablierung eines funktionstüchtigen Qualitätssystems. Wie auch bei Entnahmeeinrichtungen sind hier in regelmäßigen Abständen Selbstinspektionen vorzunehmen. Zusätzlich muss gemäß § 9 Abs. 1 GSG für jede Gewebebank ununterbrochen eine „verantwortliche Person" bestellt sein, die für die Einhaltung des GSG sowie dessen Durchführungsverordnungen bei Testung, Verarbeitung, Lagerung und Verteilung von Zellen und Geweben Sorge zu tragen und gewisse Aufgaben im Rahmen des Gewebevigilanzsystems zu wahren hat.[258]

Vor Aufnahme des Betriebs hat der Rechtsträger einer Gewebebank einen Antrag auf *Genehmigung durch das BASG* gemäß § 8 Abs. 1 i.V.m. § 22 GSG zu stellen.[259] Nicht nur die Einrichtung als solche, sondern auch die zur Anwendung gelangenden Verarbeitungsverfahren unterliegen dabei der Bewilligungspflicht. Die Verarbeitungsverfahren müssen dem Stand der Wissenschaften und Technik entsprechen.[260] Weiters bedürfen wesentliche Änderungen hinsichtlich des Betriebes, die Auswirkungen auf Qualität- und Sicherheit der Zellen und Gewebe haben können, sowie die Aufnahme und Änderung von Einfuhrtätigkeiten einer solchen Genehmigung. Die Erteilung der Bewilligung erfolgt mittels Bescheid durch das BASG, sofern die in § 23 GSG genannten Voraussetzungen erfüllt sind. § 23 GSG verlangt im Wesentlichen die Einhaltung der relevanten Bestimmungen des GSG sowie das Vorliegen der nach anderen Gesetzen notwendigen Bewilligungen. Für Tätigkeiten im Zusammenhang mit hiPS-Zell-basierten Therapeutika ist das vorherige Einholen einer Betriebsbewilligung gemäß § 63 AMG und gegebenenfalls einer Anmeldung oder Genehmigung für das Arbeiten mit GVM gemäß § 19 bzw. § 20 GTG erforderlich. Im Bewilligungsbescheid können gemäß § 24 GSG zusätzliche Auflagen und Bedingungen vorgeschrieben werden.[261]

Gewebebanken sind, wie auch Entnahmeeinrichtungen, gesetzlich dazu verpflichtet, schriftliche Verträge abzuschließen, wenn sie mit Entnahmeeinrichtungen

---

[257]Vgl. § 12 Abs. 1 und 2 GBVO.

[258]Heissenberger 2017b, S. 43.

[259]Polster 2011, S. 242; Heissenberger 2016, §§ 22–25 GSG Rn. 1.

[260]Stelzer und Köchle 2009, S. 226.

[261]Ausführlich dazu Polster 2011, S. 241 ff.; Heissenberger 2016, §§ 22–25 GSG Rn. 2; Heissenberger 2017b, S. 43; zur Betriebsbewilligung nach AMG siehe Abschn. 2.3.4.

oder sonstigen Institutionen in Beziehungen treten. Diesbezügliche Regelungen finden sich in § 11 und § 8 Abs. 4 GSG.[262]

Bei Auftreten eines schwerwiegenden Zwischenfalls oder schwerwiegender unerwünschter Reaktionen muss die Gewebebank gemäß § 15 Abs. 3 GSG i.V.m. § 14 GBVO ein geeignetes Verfahren bereitstellen, um einen raschen und gezielten *Rückruf* der bereits verteilten Produkte durchführen zu können. Für solche Fälle besteht zusätzlich eine *Meldepflicht* gemäß § 17 GSG an das BASG sowie an die Entnahmeeinrichtung bzw. die Gewebebank, von der die Zellen übernommen wurden.[263]

3.4.3   Anforderungen an den Anwender

Unter einem „Anwender" versteht man gemäß § 2 Z. 18 GSG „Krankenanstalten und freiberuflich tätige Ärzte und Zahnärzte, die für die Verwendung von menschlichen Zellen oder Geweben beim Menschen verantwortlich sind". Da es sich bei der medizinischen Anwendung nicht um eine „Verarbeitung, Lagerung oder Verteilung" von Zellen und Geweben handelt, sieht das GSG grundsätzlich keine Bewilligungspflichten für den Anwender vor. Im Einzelfall können sich jedoch für behandelnde Ärzte und Krankenanstalten Konstellationen ergeben, in denen die Abgrenzung zwischen bewilligungspflichtiger Tätigkeit und Anwendung auf den ersten Blick nicht ganz trennscharf ist. Bezieht eine Krankenanstalt oder ein freiberuflicher Arzt etwa hiPS-Zell-basierte Therapeutika für einen Patienten, schließt dies in der Regel eine gewisse Lagerungstätigkeit zwischen Entgegennahme des Produktes und dessen medizinischer Verwendung mit ein. Da als Lagerung i. S. d. GSG aber nur die Aufbewahrung bis zur Verteilung verstanden wird und diese mit Abgabe des gebrauchsfertigen Produktes an den Anwender für einen konkreten Patienten bereits abgeschlossen ist, unterliegen solche kurzzeitigen Zwischenlagerungen keiner Bewilligungspflicht nach § 22 GSG.[264] Erfolgt hingegen eine Lagerung der Produkte in größeren Mengen für einen unbestimmten Empfänger und für einen unbestimmten Zeitraum, so muss man, insbesondere auch im Hinblick auf den Schutzzweck des GSG, von einer Lagerungstätigkeit i. S. d. § 2 Z. 9 GSG ausgehen. Der Anwender ist diesfalls gleichzeitig als Gewebebank zu qualifizieren, welche einer entsprechenden Bewilligung bedarf.[265]

Auch der Anwender ist durch *Dokumentations- und Meldepflichten* in das Gewebevigilanzsystem des GSG eingebunden, um eine nahtlose Rückverfolgbarkeit von Zellen und Geweben zwischen Spender und Empfänger selbst nach Verabreichung an einen Patienten gewährleisten zu können. § 32 Abs. 1 GSG verpflichtet anwendende Ärzte und Krankenanstalten zu einer umfassenden Dokumentation jeder Verwendung von Zellen und Geweben und legt diesbezüglich bestimmte Mindest-

---

[262] Ausführlich dazu Polster 2011, S. 252 f.

[263] Ausführlich dazu Polster 2011, S. 254, 273 ff.; siehe auch § 3 Abs. 1 und § 5 Abs. 1 GVVO.

[264] Siehe dazu auch Abschn. 3.1.3.

[265] Zum Ganzen Polster 2011, S. 223.

dokumentationsinhalte[266] fest. Diese Verpflichtung tritt ergänzend neben die Doku-
mentationserfordernisse des Krankenanstaltenrechts bzw. der jeweiligen Berufsge-
setze. In § 32 Abs. 2 GSG findet sich darüber hinaus eine Meldepflicht des einzelnen
Arztes bzw. Zahnarztes bei Eintritt oder Verdacht des Auftretens von schwerwiegenden unerwünschten Reaktionen oder Qualitäts- und Sicherheitsmängeln aufgrund eines schwerwiegenden unerwünschten Zwischenfalles. Die Meldung hat
unverzüglich an die Einrichtung zu erfolgen, von der die verwendeten Zellen oder
Gewebe bezogen wurden.[267]

4 Gentechnikrecht

Mit dem GTG setzt der österreichische Gesetzgeber die Vorgaben der RL 2001/18/
EG[268] (Freisetzungs-RL) und der RL 2009/41/EG[269] (System-RL) bzw. deren
Vorgänger-RL[270] um.[271] Das GTG geht aber über die RL hinaus und regelt auch die
genetische Analyse und Gentherapie am Menschen.[272]

4.1 Anwendungsbereich

Gemäß § 2 Abs. 1 GTG gilt das Gesetz für gentechnische Anlagen (Z. 1), Arbeiten
mit gentechnisch[273] veränderten Organismen (GVO) (Z. 2), Freisetzungen von GVO
(Z. 3), das Inverkehrbringen von Erzeugnissen, die aus GVO bestehen oder solche

---

[266] Z. B. Kennung der Gewebebank, Kennung des Anwenders und Zell- oder Gewebeart.

[267] Weiterführende Vorschriften hierzu finden sich in § 2 Abs. 3 und 4 und § 5 Abs. 3 und 4
GVVO. Heissenberger 2016, § 32 GSG Rn. 1 f.; vgl. auch Heissenberger 2017b, S. 47 f.; ausführlich dazu Polster 2011, S. 270 f.

[268] Richtlinie 2001/18/EG des Europäischen Parlaments und des Rates vom 12. März 2001 über die
absichtliche Freisetzung genetisch veränderter Organismen in die Umwelt. In: Amtsblatt der Europäischen Union L 2001/106:1.

[269] Richtlinie 2009/41/EG des Europäischen Parlaments und des Rates vom 6. Mai 2009 über die
Anwendung genetisch veränderter Mikroorganismen in geschlossenen Systemen. In: Amtsblatt
der Europäischen Union L 2009/125:75.

[270] Richtlinie 90/219/EWG des Rates vom 23. April 1990 über die Anwendung genetisch veränderter
Mikroorganismen in geschlossenen Systemen. In: Amtsblatt der Europäischen Union L 1990/117:1;
Richtlinie 90/220/EWG des Rates vom 23. April 1990 über die absichtliche Freisetzung genetisch
veränderter Organismen in die Umwelt. In: Amtsblatt der Europäischen Union L 1990/117:15.

[271] Der Erlassung des GTG gingen mehrere Ministerialentwürfe (zum ersten Ministerialentwurf
vgl. Selb 1991, S. 749 ff.; zum zweiten Ministerialentwurf vgl. Stelzer 1993, S. 56 ff.) sowie eine
Regierungsvorlage (RV 1465 BlgNR 18. GP) voraus. Beschlossen wurde das Gesetz dann aufgrund eines Initiativantrags (IA 732/A 18. GP), der sich auf die RV und den Bericht des Gesund-
heitsausschusses (AB 1657 BlgNR 18. GP) stützte. Vgl. AB 1730 BlgNR 18. GP 1; Bernat 1995,
S. 34 f.; Stelzer und Schmiedecker 2013, S. 669.

[272] ErläutRV 1465 BlgNR 18. GP 39 f.; Stelzer und Schmiedecker 2013, S. 711 f.; Köchle 2017, S. 411.

[273] Im Gegensatz zum GTG ist in den RL nicht von „gentechnisch", sondern von „genetisch" die
Rede. Siehe Satzinger 2007, § 4 GTG Rn. 4.

enthalten (Z. 4), die Kennzeichnung von Erzeugnissen, „die aus gentechnisch veränderten Organismen oder deren Teilen bestehen, solche enthalten oder aus solchen
gewonnen wurden, ausgenommen solche Erzeugnisse, die aus gentechnisch veränderten Organismen, deren Teilen oder deren Kulturüberständen isoliert wurden"
(Z. 5) sowie für genetische Analysen und die Gentherapie am Menschen (Z. 6).

4.2 Ausnahmen vom Anwendungsbereich

§ 2 Abs. 2 und 3 GTG enthalten Ausnahmen vom Anwendungsbereich des
GTG. Die Herstellung von hiPS-Zellen mit Hilfe von Viren, Plasmiden, mRNA
und Proteinen zählt nicht zu den gemäß § 2 Abs. 2 GTG ausgenommenen Verfahren.[274] Zudem greifen die Ausnahmen nur, wenn keine GVO oder gentechnisch
veränderten Nukleinsäuren verwendet werden.

Hingegen enthält § 2 Abs. 3 GTG eine Ausnahme vom Anwendungsbereich des
GTG, die für die klinische Anwendung von hiPS-Zellen bzw. hiPS-Zell-basierten
Produkten wichtig ist: Das GTG gilt nicht für das Inverkehrbringen und Kennzeich-
nen von Arzneimitteln i. S. d. § 1 Abs. 1 und Abs. 2 Z. 1 AMG und deren nachfol-
gende Verwendung.[275] Zudem legt § 2 Abs. 4 GTG fest, dass die „Verwendung von
GVO im Rahmen einer gemäß § 75 zu genehmigenden klinischen Prüfung zum
Zweck der somatischen Gentherapie" keine Freisetzung i. S. d. GTG ist.[276]

Da die Regelungen über den Anwendungsbereich des GTG teilweise auf das Vorliegen eines GVO abstellen, ist in weiterer Folge zu untersuchen, ob hiPS-Zellen bzw. die
für deren Herstellung verwendeten Viren, Plasmide, mRNA und Proteine GVO i. S. d.
GTG sind. Um diese Frage zu klären, muss zunächst auf die einschlägigen Begriffsdefinitionen des GTG eingegangen werden. Zu beachten ist in diesem Zusammenhang,
dass es sich bei den relevanten Formulierungen um rechtliche Definitionen handelt, die
nicht immer mit dem naturwissenschaftlichen Verständnis übereinstimmen.

---

[274] Die mitunter als „Transduktion" bezeichnete Übertragung von genetischem Material durch einen Vektor in eine Zelle zur Erzeugung von hiPS-Zellen ist keine „Transduktion" i. S. d. § 2 Abs. 2
Z. 2 GTG. Darunter sind – wie sich aus den ErläutRV 1465 BlgNR 18. GP 47 ergibt – nur natürliche Gentransferprozesse zu verstehen. Auch im Anhang I A Teil 2 der Freisetzungs-RL heißt es
„natürliche Prozesse wie (…) Transduktion".

[275] § 2 Abs. 3 GTG verweist noch auf § 1 Abs. 1 und Abs. 2 Z. 1 AMG vor der Änderung durch
Bundesgesetzblatt I 2013/48. Seit dieser Novelle besteht § 1 Abs. 2 AMG nicht mehr aus zwei
Ziffern. Die frühere Z. 1 bildet nunmehr alleine den § 1 Abs. 2 AMG. Es handelt sich dabei wohl
um ein Redaktionsversehen. Der Verweis ist daher als Verweis auf § 1 Abs. 1 und 2 AMG zu deuten. Zum Redaktionsversehen siehe FN 153.

[276] Zur somatischen Gentherapie siehe Abschn. 4.7.2.2.

4.3   Organismen

4.3.1   Organismusbegriff

Organismen werden in § 4 Z. 1 GTG als „ein- oder mehrzellige Lebewesen oder nichtzelluläre vermehrungsfähige biologische Einheiten einschließlich Viren, Viroide und unter natürlichen Umständen infektiöse und vermehrungsfähige Plasmide" definiert.

4.3.2   Einstufung von Viren

Viren werden in der Definition explizit als nichtzelluläre vermehrungsfähige biologische Einheiten genannt.[277] Teilt sich ein Virus, der zur Reprogrammierung verwendet wird, in der Zelle noch, wie es beispielsweise beim Sendai Virus der Fall ist,[278] ist der Organismusbegriff jedenfalls erfüllt. Problematisch ist das Tatbestandselement der Vermehrungsfähigkeit hingegen, wenn zur Herstellung von hiPS-Zellen Viren verwendet werden, die sich nicht mehr vermehren können (*replikationsinkompetente Viren*).[279] Es stellt sich die Frage, ob die abstrakte Vermehrungsfähigkeit der Virusart ausreicht, auch wenn das Virus in der Zelle, die reprogrammiert werden soll, nicht mehr vermehrungsfähig ist. Selbst wenn ein Virus grundsätzlich nicht mehr vermehrungsfähig ist, ist allerdings nicht gänzlich ausgeschlossen, dass es durch Rekombinierungsvorgänge wieder vermehrungsfähig wird.[280] Dies spricht dafür, dass nicht die konkrete Vermehrungsfähigkeit des verwendeten Virus in der menschlichen Zelle, sondern die generell-abstrakte Reproduktionsfähigkeit des Virus ausschlaggebend ist.[281]

Der EuGH hat in der Entscheidung C-442/09 allerdings auf die konkret-individuelle Fortpflanzungsfähigkeit eines Stoffs abgestellt. Liegt eine solche nicht vor, muss nach Auffassung des EuGH in weiterer Folge geprüft werden, ob die in Rede stehende Entität fähig ist, in anderer Form genetisches Material zu übertragen.[282] Da das GTG die unionsrechtlichen Vorgaben umsetzen soll, ist die Begriffsbestimmung unionsrechtskonform auszulegen. Art. 2 Z. 1 Freisetzungs-RL definiert Organismus als „jede biologische Einheit, die fähig ist, sich zu vermehren oder genetisches Material zu übertragen".[283] Im erwähnten Fall hatte es der EuGH mit einem Stoff (Pollen in Imke-

---

[277] Vgl. auch ErläutRV 1465 BlgNR 18. GP 48 f.

[278] González et al. 2011, S. 237 ff.

[279] González et al. 2011, S. 237. Im vorliegenden Beitrag werden die Begriffe „Vermehrung", „Replikation", „Fortpflanzung", „Reproduktion" und die Fähigkeit dazu synonym verwendet.

[280] EMA 2007, S. 7.

[281] Auch in der deutschen Literatur wird nicht auf die individuelle Fortpflanzungsfähigkeit, sondern auf die Vermehrungsfähigkeit der Spezies abgestellt. Siehe Hirsch und Schmidt-Didczuhn 1991, § 3 GenTG Rn. 3; Ronellenfitsch 2016, § 3 GenTG Rn. 99.

[282] EuGH, Urt. vom 6. September 2011 – C-442/09, Slg. I-07419, Rn. 60 – Bablok u. a.

[283] Die wortgleiche Definition war in Art. 2 Z. 1 der Vorgänger-RL 90/220/EWG enthalten. Bereits in Bezug auf diese RL ist die Kommission davon ausgegangen, dass Viren Organismen i. S. d.

reiprodukten) zu tun, für den feststand, dass er „jede konkret-individuelle Fortpflanzungsfähigkeit verloren hat". Wie zuvor ausgeführt, können replikationsinkompetente Viren durch Rekombination wieder vermehrungsfähig werden, weshalb der endgültige Verlust der Replikationsfähigkeit kaum feststehen kann. Sollte die Fortpflanzungsfähigkeit im konkreten Fall dennoch ausgeschlossen sein, übertragen diese Viren bei der Herstellung von hiPS-Zellen genetisches Material[284] und sind aus unionsrechtlicher Sicht Organismen i. S. d. RL. Im Gegensatz zum Unionsrecht und zur nahezu gleichlautenden Regelung des deutschen Gentechnikgesetzes[285] (§ 3 Nr. 1 GenTG) hat der österreichische Gesetzgeber die Fähigkeit, genetisches Material zu übertragen, nicht in die Organismusdefinition aufgenommen. Eine unmittelbare Anwendung der RL scheidet aus, da dem Einzelnen durch die Begriffsbestimmung gemäß Art. 2 Z. 1. Freisetzungs-RL keine Rechte gegenüber dem Staat eingeräumt werden.[286] Um die Unionsrechtswidrigkeit des § 4 Z. 1 GTG wegen mangelhafter Umsetzung der RL zu vermeiden, bleibt als Lösung nur eine richtlinienkonforme Interpretation. Durch diese kann man zum Ergebnis gelangen, dass replikationsinkompetente, zur hiPS-Zellen-Herstellung verwendete Viren Organismen sind, weil sie genetisches Material übertragen. Diesem Lösungsweg kann allerdings der Wortlaut des § 4 Z. 1 GTG entgegengehalten werden, in dem die Fähigkeit, genetisches Material zu übertragen, nicht vorkommt.[287] Hält man an der richtlinienkonformen Interpretation fest, sind auch replikationsinkompetente Viren Organismen i. S. d. GTG.

Für dieses Ergebnis sprechen auch teleologische Überlegungen: § 1 Z. 1 GTG statuiert den Schutz der menschlichen Gesundheit und der Umwelt als Ziel des GTG. Um diese Schutzzwecke zu verwirklichen, ist es erforderlich, auch replikationsinkompetente Viren, die unter Umständen durch Rekombination wieder vermehrungsfähig werden, von den Regelungen des GTG zu erfassen. Für die weitere Darstellung wird davon ausgegangen, dass replikationsinkompetente Viren *Organismen* i. S. d. GTG sind.

Definition sind. Siehe Europäische Kommission 1992, S. 17, wo es heißt: „The definition of 'organism' covers: micro-organisms, including viruses and viroids; plants and animals; including ova, seeds, pollen, cell cultures and tissue cultures from plants and animals. This definition does not cover naked r DNA and naked r-plasmids".

[284] In die Viren werden nämlich jene menschlichen Gene eingebracht, die die Information für die Transkriptionsfaktoren (= Proteine) enthalten, die dann zur Reprogrammierung der Zelle in ein pluripotentes Stadium führen. Siehe Faltus 2016a, S. 163.

[285] Gesetz zur Regelung der Gentechnik (Gentechnikgesetz – GenTG). In: dBundesgesetzblatt I (1993):2066–2083 i. d. F. dBundesgesetzblatt I (2017):2421–2423.

[286] EuGH, Urt. vom 19. Januar 1982 – C-8/81 Slg. 00053, Rn. 25 – Becker. Zur unmittelbaren Anwendbarkeit von RL siehe auch Öhlinger und Potacs 2017, S. 71 ff.

[287] Zu den Grenzen der unionsrechtskonformen Interpretation siehe FN 114. Der VfGH hat allerdings in seiner Entscheidung vom 30. September 2010 – G 29/10 u. a., VfSlg. 19.184/2010 eine unionsrechtskonforme Interpretation entgegen dem Wortlaut einer nationalen Bestimmung vorgenommen.

4.3.3 Einstufung von Plasmiden

Plasmide müssen unter natürlichen Umständen infektiös und vermehrungsfähig sein, um als Organismen i. S. d. § 4 Z. 1 GTG eingestuft werden zu können. Grundsätzlich sind Plasmide infektiös[288] und fähig, sich zu vermehren.[289] Zur Herstellung von hiPS-Zellen können replizierende oder nicht *replizierende Plasmide* verwendet werden.[290] Kommen Plasmide zum Einsatz, die sich im Laufe des Zellzyklus teilen,[291] sind sie konkret-individuell vermehrungsfähig. *Nicht replizierende Plasmide* können sich zwar in der humanen Zelle, die reprogrammiert werden soll, nicht mehr vermehren, in einem Bakterium könnten sie es allerdings. Auch in diesem Fall kann daher das Tatbestandselement der Vermehrungsfähigkeit als gegeben angesehen werden. Dafür spricht auch die Formulierung „unter natürlichen Umständen" in § 4 Z. 1 GTG. Unter natürlichen Bedingungen kommen Plasmide in menschlichen Zellen nicht vor, in Bakterien hingegen schon.

Könnten sich im konkreten Fall die verwendeten Plasmide selbst in einem Bakterium nicht mehr vermehren, übertragen sie immer noch genetisches Material in Form der Gene, die für die Transkriptionsfaktoren kodieren. Es könnte daher aus Gründen der Vereinbarkeit mit dem Unionsrecht geboten sein, auch solche Plasmide als Organismen einzustufen.[292] Der Wortlaut des Art. 2 Z. 1 Freisetzungs-RL („jede biologische Einheit, die fähig ist, sich zu vermehren oder genetisches Material zu übertragen") lässt eine Subsumption von Plasmiden unter den Organismusbegriff zu. Aus einem von der Kommission herausgegebenen Handbuch zur Implementierung der Vorgänger-RL 90/220/EWG geht jedoch hervor, dass nackte r-Plasmide[293] nicht unter die Definition „Organismus" fallen. Die Aussagekraft dieser Erklärung ist allerdings begrenzt. Abgesehen davon, dass es sich dabei um keine verbindliche Auslegung der RL handelt, kann die Äußerung in unterschiedliche Richtungen gedeutet werden: Im Wege des Umkehrschlusses könnte daraus abgeleitet werden, dass alle anderen Plasmide, außer nackte r-Plasmide, Organismen i. S. d. Freisetzungs-RL sind. Man könnte die Aussage hingegen auch verallgemeinern und schlussfolgern, dass Plasmide generell nicht zu den Organismen i. S. d. RL zählen. Es ist allerdings auch möglich, dass die Kommission nur zu r-Plasmiden Stellung nehmen wollte und daraus keine Rückschlüsse auf andere Plasmide gezogen werden sollten. Aus einer teleologischen Perspektive erscheint es geboten, Plasmide als Organismen zu qualifizieren: Da es sich bei Plasmiden um DNA handelt, ist es theoretisch möglich, dass es zu einer Integration in das Genom der Zelle kommt.[294] Die damit verbundenen Risiken von vornherein einer gebührenden Kontrolle zu entziehen, indem man Plasmide nicht den Organismen

[288] Koecke et al. 2000, S. 120.
[289] Madigan et al. 2013, S. 227.
[290] González et al. 2011, S. 239.
[291] Bernal 2013, S. 959; Life Technologies 2012, Punkt 4.
[292] Siehe dazu bereits Abschn. 4.3.2.
[293] R-Plasmide sind Plasmide, die Resistenzgene gegen Antibiotika enthalten. http://www.spektrum.de/lexikon/biologie/r-plasmide/57704; https://www.pschyrembel.de/R-Plasmid/K0JUC/doc/. Zugegriffen: 30. Januar 2018.
[294] Bernal 2013, S. 960.

zuordnet, würde der Zielsetzung (Schutz der menschlichen Gesundheit und Umwelt) sowohl der Freisetzungs-RL (ErwG 5) als auch des GTG (§ 1 Z. 1) widersprechen.

4.3.4 Einstufung von mRNA

Bei mRNA[295] handelt es sich jedenfalls nicht um ein ein- oder mehrzelliges Lebewesen. Als Organismus kann sie nur dann qualifiziert werden, wenn man sie als nichtzelluläre vermehrungsfähige biologische Einheit i. S. d. § 4 Z. 1 GTG einstuft. MRNA kann wohl nicht als vermehrungsfähig angesehen werden, weil sie nur ein Teilelement des Prozesses der Genexpression und Proteinsynthese, nicht aber des Fortpflanzungsvorganges ist. Sie fällt daher nicht unter den Organismusbegriff gemäß § 4 Z. 1 GTG.

Obwohl der österreichische Gesetzgeber die Fähigkeit zur Übertragung genetischen Materials nicht aus der Freisetzungs-RL in das nationale Recht übernommen hat, dürfte das erzielte Auslegungsergebnis auch mit den unionsrechtlichen Vorgaben übereinstimmen. Die mRNA überträgt nämlich kein genetisches Material, sondern ist vielmehr selbst das genetische Material, das in die Zelle gebracht wird.[296] Wenn dies zutrifft, ist sie auch aus unionsrechtlicher Perspektive *kein Organismus*.

4.3.5 Einstufung von Proteinen

Die bei der Herstellung von protein-induzierten pluripotenten Stammzellen (piPS-Zellen) verwendeten Proteine sind weder ein- oder mehrzellige Lebewesen, noch lassen sie sich unter den Begriff der nichtzellulären vermehrungsfähigen biologischen Einheiten subsumieren, da sie sich nicht vermehren. Sie sind folglich *keine Organismen* i. S. d. GTG.

4.3.6 Einstufung von hiPS-Zellen

Ob Zellen und somit auch hiPS-Zellen vom Organismusbegriff des § 4 Z. 1 GTG erfasst sind, ist aufgrund des Wortlauts der Bestimmung nicht vollkommen eindeutig. Eine „nichtzelluläre Einheit" stellt eine Zelle keinesfalls da. Man kann Zellen allerdings unter „*Lebewesen*" subsumieren, da sie die kleinsten lebensfähigen Einheiten darstellen.[297] Aus den Gesetzesmaterialien geht klar hervor, dass Zellen Organismen i. S. d. GTG sein sollen.[298] Zu diesem Ergebnis gelangt man auch durch eine

---

[295] Die Abkürzung „mRNA" steht für „Messenger-RNA". http://www.spektrum.de/lexikon/biologie/messenger-rna/42380. Zugegriffen: 30. Januar 2018.

[296] Siehe die ähnliche Argumentation von Koch und Ibelgaufts 1992, § 3 GenTG Rn. 46 zu DNA-Fragmenten.

[297] http://www.spektrum.de/lexikon/biologie/zelle/71559. Zugegriffen: 30. Januar 2018.

[298] So heißt es in ErläutRV 1465 BlgNR 18. GP 48 f., dass „im Sinne dieses Gesetzes nicht nur zelluläre Einheiten, zB Zellen (…) unter den Organismusbegriff fallen".

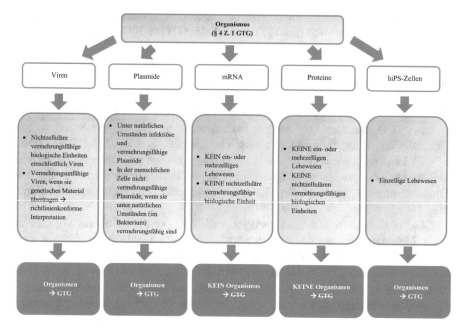

Abb. 2 Einstufung von zur Herstellung von hiPS-Zellen verwendeten Viren, Plasmiden, mRNA und Proteinen sowie von hiPS-Zellen anhand der Organismusdefinition

richtlinienkonforme Interpretation, denn eine hiPS-Zelle ist eine biologische Einheit, die fähig ist, sich zu vermehren bzw. genetisches Material zu übertragen, wie dies in der Definition gemäß Art. 2 Z. 1 Freisetzungs-RL vorgesehen ist (vgl. Abb. 2).

4.4 Mikroorganismen

4.4.1 Mikroorganismusbegriff

Gemäß § 4 Z. 2 GTG sind Mikroorganismen „mikrobielle Organismen und kultivierte tierische und pflanzliche Zellen". Das österreichische GTG enthält Bestimmungen, die an Mikroorganismen und gentechnisch veränderten Mikroorganismen (GVM)[299] anknüpfen.[300]

---

[299] Eine eigene Definition des GVM enthält das GTG nicht. Die Definition des GVO in § 4 Z. 3 GTG kann allerdings auch für Mikroorganismen fruchtbar gemacht werden. Auch auf unionrechtlicher Ebene entspricht die Definition des GVM (Art. 2 lit. b System-RL) weitgehend der des GVO der Freisetzungs-RL (Art. 2 Z. 2).

[300] Siehe Abschn. 4.4.3.

4.4.2 Einstufung von Viren

Viren sind laut den Gesetzesmaterialien unter den Mikroorganismusbegriff zu subsumieren.[301] Es handelt sich dabei um *mikrobielle Organismen* i. S. d. § 4 Z. 2 GTG. Viren werden in den Materialien zwar nicht ausdrücklich als mikrobielle Organismen bezeichnet. Aus der Systematik der Erläuterungen[302] ergibt sich allerdings, dass Bakterien, Viren und dergleichen für den Gesetzgeber die eine Kategorie (mikrobielle Organismen) und die kultivierten tierischen und pflanzlichen Zellen die andere Kategorie der Mikroorganismen i. S. d. GTG sind.

4.4.3 Einstufung von Plasmiden

Ob auch Plasmide Mikroorganismen i. S. d. GTG sind, ist fraglich. Sie sind jedenfalls keine kultivierten tierischen oder pflanzlichen Zellen. Wenn man sie den Mikroorganismen zuordnen kann, dann nur als mikrobielle Organismen. Das Wort mikrobiell bedeutet „Mikroben betreffend".[303] Mikrobe ist eine synonyme Bezeichnung für Mikroorganismus.[304] Die Vorsilbe „mikro" leitet sich vom griechischen Wort „mikrós" ab, das „klein" bedeutet[305, 306]. Der Wortteil „bielle" lässt sich auf das griechische Wort für Leben („bíos")[307] zurückführen. Es soll also um kleine lebende Organismen gehen. Dies entspricht dem allgemeinen Verständnis von Mikroorganismen als „mikroskopisch kleine Lebewesen".[308] Mikroskopisch klein sind Plasmide. Das Wort „Lebewesen" ist allerdings selbst auslegungsbedürftig und wird im allgemeinen Sprachgebrauch wiederum mit „Organismus" gleichgesetzt.[309] Der Gesetzgeber verwendet somit bei der Definition des Mikroogranismus als mikrobielle Organismen synonyme Worte. Aufgrund dieser Tautologie kann die Wortinterpretation keine Aufschlüsse darüber bieten, ob Plasmide Mikroorganismen i. S. d. GTG sind.

Die historische Auslegung spricht gegen eine Qualifikation von Plasmiden als Mikroorganismen, da sie in deren Aufzählung („Bakterien, Viren, bestimmte Algen sowie einige Eukaryonten [Protozoen, Pilze], (…) aber auch kultivierte tierische

---

[301] ErläutRV 1465 BlgNR 18. GP 49.

[302] ErläutRV 1465 BlgNR 18. GP 49: „Zu den Mikroorganismen zählen Bakterien, Viren, bestimmte Algen sowie einige Eukaryonten (Protozoen, Pilze), im Sinne dieses Bundesgesetzes aber auch kultivierte tierische und pflanzliche Zellen".

[303] https://www.duden.de/rechtschreibung/mikrobiell. Zugegriffen: 30. Januar 2018.

[304] https://www.pschyrembel.de/Mikroben/K0E8H/doc/;   http://www.spektrum.de/lexikon/biologie/mikroben/42927. Zugegriffen: 30. Januar 2018.

[305] https://de.langenscheidt.com/griechisch-deutsch/%CE%BC%CE%B9%CE%BA%CF%81%CF%8C%CF%82. Zugegriffen: 30. Januar 2018.

[306] http://www.duden.de/rechtschreibung/mikro_. Zugegriffen: 30. Januar 2018.

[307] https://de.langenscheidt.com/griechisch-deutsch/%CE%B2%CE%AF%CE%BF%CF%82; https://www.duden.de/rechtschreibung/bio_. Zugegriffen: 30. Januar 2018.

[308] Satzinger 2007, § 4 GTG Rn. 3; siehe auch https://www.pschyrembel.de/Mikroorganismen/ K0E8H/doc/. Zugegriffen: 30. Januar 2018.

[309] Vgl. https://www.duden.de/rechtschreibung/Lebewesen. Zugegriffen: 30. Januar 2018.

und pflanzliche Zellen")[310] in den Gesetzesmaterialien nicht genannt werden. Es kann dem Gesetzgeber kaum unterstellt werden, dass er Plasmide in diesem Kontext nicht vor Augen gehabt hat, da er im Satz davor,[311] im Zusammenhang mit der Definition des Organismus, ausdrücklich auf Plasmide Bezug nimmt.

Die Annahme, dass Plasmide keine Mikroorganismen i. S. d. GTG sind, würde auch erklären, weshalb sie im Gentechnikbuch (s. § 99 GTG),[312] das als objektiviertes Sachverständigengutachten zu qualifizieren ist,[313] im Zusammenhang mit der Risikobewertung von Mikroorganismen (3. Kapitel) nicht erwähnt werden. Dieses Auslegungsergebnis scheint sich daher mit der Interpretation der zuständigen Behörde zu decken.

Aus teleologischer Sicht ist es nicht zwingend notwendig, Plasmide den Mikroorganismen zuzuordnen, sofern die durch § 1 Z. 1 GTG festgelegten Schutzziele der menschlichen Gesundheit und der Umwelt auch ausreichend gewährleistet sind, wenn (vermehrungsfähige und infektiöse) gentechnisch veränderte Plasmide nur als GVO und nicht auch GVM qualifiziert werden. Das GTG enthält Regelungen, die speziell auf GVM Bezug nehmen (beispielsweise § 4 Z. 9, § 4 Z. 17, § 6 Abs. 3 und 4, § 11, § 19, § 20 GTG). Insbesondere was die Anmeldungs- bzw. Genehmigungserfordernisse gemäß §§ 19 und 20 GTG betrifft, ist nicht klar, ob gentechnisch veränderte Plasmide von diesen Regelungen erfasst wären, wenn sie nur als GVO und nicht auch als GVM qualifiziert werden. Zwar lauten die Überschriften der Bestimmungen „Anmeldung von Arbeiten mit GVO"[314] bzw. „Genehmigungsanträge für Arbeiten mit GVO".[315] Der Wortlaut der Bestimmungen bezieht sich hingegen nur auf GVM (§ 20 GTG) oder auf GVM und transgene Pflanzen und Tiere (§ 19 GTG), zu denen gentechnisch veränderte Plasmide nicht gehören würden, wenn man sie nicht als Mikroorganismus einstuft. Das Arbeiten mit gentechnisch veränderten Plasmiden wäre demnach weder melde- noch genehmigungspflichtig. Dieses Ergebnis steht mit der Zielsetzung des § 1 Z. 1 GTG (Schutz der Gesundheit des Menschen und der Umwelt) nicht im Einklang. Im GTG ist allerdings teilweise von „GVO" die Rede, obwohl sich die Regelungen, auf die verwiesen wird, nur auf GVM beziehen (beispielsweise § 20, § 22 Abs. 5 Z. 1, § 23 Abs. 2 GTG). Ob diese Formulierungen dem Umstand geschuldet sind, dass der Gesetzgeber die genaue Unterscheidung zwischen GVO und GVM für nebensächlich hält, da jeder GVM auch ein GVO ist, oder ob man ihm aufgrund dieser Ausdrucksweise unterstellen

---

[310] Vgl. ErläutRV 1465 BlgNR 18. GP 49.

[311] Vgl. ErläutRV 1465 BlgNR 18. GP 48 f.

[312] Das Gentechnikbuch wird vom Gesundheitsminister herausgegeben. Es dokumentiert „den Stand von Wissenschaft und Technik für Arbeiten mit GVO, für Freisetzungen von GVO und für das Inverkehrbringen von Erzeugnissen, sowie für genetische Analysen und somatische Gentherapie am Menschen" (§ 99 Abs. 1 GTG). Erstellt wird das Gentechnikbuch von der Gentechnikkommission und ihren Ausschüssen, denen neben dieser Aufgabe auch die Beratung des Gesundheitsministers in Bezug auf Fragen zum GTG obliegt (vgl. § 80 GTG). Die einzelnen Kapitel des Gentechnikbuches sind auf der Website des Gesundheitsministeriums abrufbar: https://www.bmgf. gv.at/home/Gesundheit/Gentechnik/Rechtsvorschriften_in_Oesterreich/Gentechnikbuch_gemaess_sect_99_GTG. Zugegriffen: 30. Januar 2018.

[313] Satzinger 2007, § 99 GTG Rn. 1.

[314] Hervorhebung nicht im Original.

[315] Hervorhebung nicht im Original.

kann, dass er generell alle GVO (also auch solche, die keine GVM sind) dem An-
melde- bzw. Genehmigungsverfahren unterwerfen wollte, ist wie so vieles im GTG
unklar. Auch die teleologische Interpretation bringt daher keine klare Antwort.

Da das Gentechnikrecht unionsrechtlich determiniert ist, kommt als weitere Ausle-
gungshilfe eine richtlinienkonforme Interpretation des Mikroorganismusbegriffs in
Betracht. Allerdings ist die System-RL in diesem Punkt selbst auslegungsbedürftig
und liefert kein eindeutiges Ergebnis. Art. 2 lit. a System-RL definiert Mikroorganismus
als „jede zelluläre oder nichtzelluläre mikrobiologische Einheit, die zur Vermehrung
oder zur Weitergabe von genetischem Material fähig ist; hierzu zählen Viren, Viroide
sowie tierische und pflanzliche Zellkulturen". Die in der Definition enthaltene Aufzählung umfasst Plasmide nicht. Es kann sich dabei allerdings nur um eine demonstrative Aufzählung handeln, da ansonsten beispielsweise Bakterien nicht zu den Mikroorganismen i. S. d. Bestimmung gehören würden, wovon allerdings sowohl der
österreichische als auch der deutsche Gesetzgeber ausgehen.[316] Der Vorschlag der
Kommission für die RL 98/81/EG,[317] mit der die ursprüngliche System-RL 90/219/
EWG geändert wurde, hatte vorgesehen, dass die Mikroorganismusdefinition gemäß
Art. 2 lit. a RL 90/219/EWG um den Passus „hierzu zählen Viren, Viroide, tierische
und pflanzliche Zellkulturen, *jedoch nicht nackte Nucleinsäuremoleküle*"[318] erweitert
werden sollte.[319] Das Europäische Parlament hat diese Änderung nicht gebilligt.[320] Die
Streichung der nackten Nukleinsäuremoleküle wurde von der Kommission akzep-
tiert.[321] Es fand schließlich nur der erste Teil der vorgeschlagenen Ergänzung Eingang
in die System-RL. Zumal Plasmide keine Proteinhülle haben und aus nackter DNA
bestehen,[322] hätte man sie unter „nackte Nucleinsäuremoleküle" subsumieren können.
Da der Passus aber nicht in die RL aufgenommen wurde, besteht weiterhin Unsicherheit, ob Plasmide Mikroorganismen i. S. d. System-RL sind. Der Wortlaut des Art. 2
lit. a System-RL lässt die Qualifikation von Plasmiden als Mikroorganismen zu, so-

---

[316] Vgl. ErläutRV 1465 BlgNR 18. GP 49 sowie § 3 Nr. 1a GenTG.

[317] Richtlinie 98/81/EG des Rates vom 26. Oktober 1998 zur Änderung der Richtlinie 90/219/EWG
über die Anwendung genetisch veränderter Mikroorganismen in geschlossenen Systemen. In:
Amtsblatt der Europäischen Union L 1998/330:13.

[318] Hervorhebung nicht im Original.

[319] Vorschlag für eine Richtlinie des Rates zur Änderung der Richtlinie 90/219/EWG über die Anwendung genetisch veränderter Mikroorganismen in geschlossenen Systemen. KOM (1995) 0640
endgültig – SYN 95/0340. In: Amtsblatt der Europäischen Union C 1997/356:14. http://eur-lex.
europa.eu/legal-content/DE/TXT/?uri=COM:1995:0640:FIN. Zugegriffen: 30. Januar 2018.

[320] Legislative Entschließung mit der Stellungnahme des Europäischen Parlaments zu dem Vorschlag für eine Richtlinie des Rates zur Änderung der Richtlinie 90/219/EWG über die Anwendung genetisch veränderter Mikroorganismen in geschlossenen Systemen. KOM (1995) 0640 –
C4-0271/96 – SYN 95/0340. In: Amtsblatt der Europäischen Union C 1997/115:59. http://eur-lex.
europa.eu/legal-content/DE/TXT/?uri=celex:51997AP0070. Zugegriffen: 30. Januar 2018.

[321] Geänderter Vorschlag für eine Richtlinie des Rates zur Änderung der Richtlinie 90/219/EWG
über die Anwendung genetisch veränderter Mikroorganismen in geschlossenen Systemen. KOM
(1997) 240 endgültig – SYN 05/0340. In: Amtsblatt der Europäischen Union C 1997/369:12.
http://eur-lex.europa.eu/legal-content/DE/TXT/PDF/?uri=CELEX:51997PC0240&from=DE. Zugegriffen: 30. Januar 2018.

[322] Christen et al. 2016, S. 142.

fern man sie als nichtzelluläre mikrobiologische Einheit[323] betrachtet und sie fähig sind, sich zu vermehren oder genetisches Material weiterzugeben, was auf die zur Herstellung von hiPS-Zellen verwendeten Plasmide zutrifft.[324] Der deutsche Gesetzgeber – der dieselben unionsrechtlichen Vorgaben umzusetzen hat wie der österreichische – geht allerdings davon aus, dass Plasmide keine Mikroorganismen i. S. d. Gentechnikrechts sind. In der abschließenden Aufzählung der Mikroorganismen in § 3 Nr. 1a GenTG sind sie nämlich nicht genannt.[325]

Zusammenfassend muss festgestellt werden, dass *kein eindeutiges Auslegungsergebnis* erzielt werden kann, ob Plasmide Mikroorganismen i. S. d. § 4 Z. 2 GTG sind. Nach dem Willen des österreichischen Gesetzgebers sowie in der behördlichen Praxis sind Plasmide keine Mikroorganismen. Dies entspricht auch der Auffassung des deutschen Gesetzgebers.

4.4.4 Einstufung von mRNA

Da mRNA nicht unter kultivierte tierische oder pflanzliche Zellen zu subsumieren ist und mangels Erfüllens des Organismusbegriffs[326] auch kein mikrobieller Organismus sein kann, ist sie *kein Mikroorganismus* i. S. d. § 4 Z. 2 GTG.

4.4.5 Einstufung von Proteinen

Proteine erfüllen keines der Tatbestandsmerkmale des § 4 Z. 2 GTG und sind daher *keine Mikroorganismen* i. S. d. GTG.

4.4.6 Einstufung von hiPS-Zellen

HiPS-Zellen sind keine mikrobiellen Organismen, da der Gesetzgeber darunter „Bakterien, Viren, bestimmte Algen sowie einige Eukaryonten (Protozoen, Pilze)"[327] versteht.[328] Allerdings fallen auch kultivierte tierische Zellen unter den Begriff der *Mikroorganismen* i. S. d. GTG. In diesem Zusammenhang gehören auch Menschen zu den Tieren.[329] Dieses – wenn auch in der Rechtswissenschaft unübliche – Verständnis

---

[323] Für den österreichischen Gesetzgeber sind Plasmide eine Einheit, da es in § 4 Z. 1 GTG heißt „biologische Einheiten einschließlich (…) Plasmide".

[324] Siehe Abschn. 4.3.3.

[325] Zum deutschen Recht ausführlich Gerke 2020, Abschn. 4.3.3.

[326] Siehe Abschn. 4.3.4.

[327] ErläutRV 1465 BlgNR 18. GP 49.

[328] Siehe Abschn. 4.4.2.

[329] Menschen gehören nach biologischer Systematik zur Gruppe der Säugetiere. Siehe Heinisch und Paullulat 2016, S. 976. Menschliche Zellen werden – in Abgrenzung zu den pflanzlichen Zellen, die sich hinsichtlich ihrer Zellorganellen (beispielsweise Zellwand, Chloroplasten, Vakuole) sowie Form und Größe von anderen eukaryotischen Zellen unterscheiden – zu den „tierischen

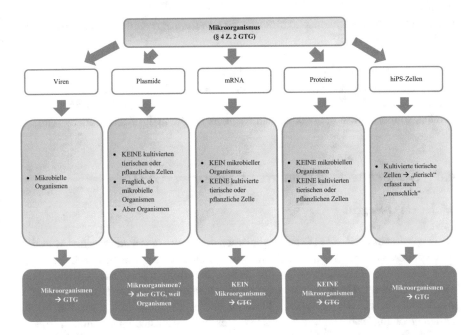

Abb. 3 Einstufung von zur Herstellung von hiPS-Zellen verwendeten Viren, Plasmiden, mRNA und Proteinen sowie von hiPS-Zellen anhand der Mikroorganismusdefinition

wird man auch dem Mikroorganismusbegriff des GTG zugrunde legen müssen. Es sprechen aus teleologischer Sicht zudem keine Gründe dafür, kultivierte menschliche Zellen im Gentechnikrecht anders zu behandeln als andere tierische oder pflanzliche Zellkulturen. Auch im Gentechnikbuch werden kultivierte menschliche Zellen zu den Mikroorganismen gezählt. Ansonsten gäbe es in der Liste risikobewerteter Mikroorganismen für Arbeiten mit GVO im geschlossenen System keine Maßstäbe für die Risikobewertung von primären Zellen des Menschen (vgl. Abb. 3).[330]

4.5 Vektor

§ 4 Z. 14 GTG definiert Vektoren als „Trägermoleküle und Trägermikroorganismen für das Einfügen von Nukleinsäuresequenzen in Zellen". Da *Viren* Mikroorganismen i. S. d. GTG sind[331] und bei der Herstellung von hiPS-Zellen dazu verwendet werden, um Nukleinsäuren in die Zelle einzufügen, erfüllen sie die Definition eines Vektors. Auch *Plasmide* zählen zu den *Vektoren*. Aus den Gesetzesmaterialien geht hervor, dass sie unter die Trägermoleküle zu subsumieren sind. Zudem werden sie

---

Zellen" gezählt. Vgl. https://praxistipps.focus.de/unterschied-von-pflanzlicher-und-tierischer-zelle-eine-erklaerung_100930. Zugegriffen: 30. Mai 2018.

[330] BMGFJ 2007, S. 2.

[331] Siehe Abschn. 4.4.2.

dazu verwendet, das genetische Material für den Reprogrammierungsprozess in die Zelle einzuschleusen.[332]

Werden hiPS-Zellen mittels Proteinen hergestellt, wird im Gegensatz zur Herstellung mit Viren und Plasmiden gerade kein genetisches Material in die Zelle transportiert.[333] Darum sind *Proteine keine Vektoren* i. S. d. GTG. Auch die *mRNA*, die zur Erzeugung von hiPS-Zellen verwendet wird, ist *kein Vektor*, da sie nicht das Transportvehikel, sondern selbst die Nukleinsäuresequenz ist, die in die Zelle gebracht wird.

4.6 Gentechnisch veränderte Organismen (GVO)

4.6.1 GVO-Begriff

GVO werden in § 4 Z. 3 GTG als Organismen definiert, „deren genetisches Material so verändert worden ist, wie dies unter natürlichen Bedingungen durch Kreuzen oder natürliche Rekombination oder andere herkömmliche Züchtungstechniken nicht vorkommt". Danach folgt eine *demonstrative Aufzählung* („insbesondere") von Verfahren, die das genetische Material in diesem Sinne verändern. Für hiPS-Zellen erscheint insbesondere lit. a „DNS-Rekombinationstechniken unter Verwendung von Vektorsystemen" einschlägig.[334]

4.6.2 DNS-Rekombinationstechnik

Eine Definition der DNS-Rekombinationstechnik enthält das GTG nicht. Man kann dafür aber auf den Anhang I A Teil 1 Z. 1 der Freisetzungs-RL bzw. den Anhang I Teil A Z. 1 der System-RL zurückgreifen. Demnach sind DNS-Rekombinationstechniken Verfahren, „bei denen durch die Insertion von Nukleinsäuremolekülen, die auf unterschiedliche Weise außerhalb eines Organismus erzeugt wurden, in Viren, bakterielle Plasmide oder andere Vektorsysteme neue Kombinationen von genetischem Material gebildet werden und diese in einen Wirtsorganismus eingebracht werden, in dem sie unter natürlichen Bedingungen nicht vorkommen, aber vermehrungsfähig sind".

4.6.3 Einstufung von Viren und Plasmiden

Die zur Herstellung von hiPS-Zellen verwendeten Viren und Plasmide erfüllen bereits den allgemeinen GVO-Begriff i. S. d. § 4 Z. 3 Satz 1 GTG: In die als Vektoren verwendeten Organismen (Viren und Plasmide) werden die menschlichen Gene ein-

---

[332] ErläutRV 1465 BlgNR 18. GP 49.

[333] Vgl. Zhou et al. 2009, S. 381 f.

[334] DNS steht für „Desoxyribonukleinsäure". DNA ist hingegen die englische Abkürzung für „desoxyribonucleic acid". Beide Begriffe und Abkürzungen bezeichnen dasselbe und werden im vorliegenden Text synonym verwendet.

gefügt, die für die Transkriptionsfaktoren kodieren.[335] Dadurch wird das genetische Material des Vektors in einer Art und Weise verändert, wie es unter natürlichen Bedingungen durch Kreuzen etc. nicht vorkommt. Die verwendeten Vektoren sind daher *GVO* i. S. d. GTG. Dass die Vektoren nicht durch eines der in § 4 Z. 3 lit. a–c GTG genannten Verfahren erzeugt werden, schadet der Qualifikation als GVO nicht, da es sich dabei (wie bereits erwähnt) lediglich um eine demonstrative Aufzählung handelt.

4.6.4 Einstufung von Proteinen und protein-induzierten pluripotenten Stammzellen (piPS-Zellen)

Die *Proteine*, die bei der Erzeugung von piPS-Zellen verwendet werden, sind *keine GVO*, weil sie schon keine Organismen sind.[336] Bei diesem Herstellungsverfahren kommen daher die Regelungen des GTG nicht zur Anwendung.

Auch die daraus resultierenden *piPS-Zellen* sind *keine GVO*, weil es – und das ist gerade der Vorteil dieses Verfahrens – zu keiner Veränderung des genetischen Materials der Zelle i. S. d. § 4 Z. 3 GTG kommt.[337] Vielmehr werden die Transkriptionsfaktoren, also jene Proteine, aufgrund derer sich die Zelle in einen unspezialisierten Zustand umwandelt, direkt in die Zelle eingebracht.[338] Es handelt sich dabei um keine DNS-Rekombinationstechnik (§ 4 Z. 3 lit. a GTG), weil bei dieser Methode gar keine Nukleinsäuremoleküle verwendet werden. Auch eine gentechnische Veränderung i. S. d. § 4 Z. 3 lit. b GTG scheidet aus, weil die – wenn auch direkt eingeführten – Proteine keine genetische Information darstellen.

4.6.5 Einstufung von mittels Vektorsystem hergestellten hiPS-Zellen

Im Gegensatz zur Herstellung von piPS-Zellen wird bei der Produktion von hiPS-Zellen durch Vektoren zunächst die genetische Information für die Transkriptionsfaktoren in die Zelle eingeschleust. Die Proteine werden dann erst in der Zelle im Wege der Proteinsynthese produziert.[339]

4.6.5.1 DNS-Rekombinationstechnik

In Bezug auf die Frage, ob hiPS-Zellen, die mittels Vektorsystem erzeugt werden, GVO i. S. d. GTG sind, ist zunächst zu klären, ob diese Herstellungsmethode eine DNS-Rekombinationstechnik unter Verwendung eines Vektorsystems i. S. d. § 4 Z. 3 lit. a GTG ist.

---

[335] Siehe FN 284.

[336] Zu beachten ist allerdings, dass die verwendeten Proteine unter Umständen mit Hilfe von GVO hergestellt werden und bei diesem vorgelagerten Herstellungsprozess die Regelungen für GVO einschlägig sein können.

[337] Siehe FN 333.

[338] Faltus 2016a, S. 161.

[339] Faltus 2016a, S. 189.

DNS-Rekombinationstechnik bei RNA-Vektor?

Schon die Bezeichnung als *DNS-Rekombinationstechniken* wirft das erste Problem auf: Während die Spezifikation „DNS" bei DNA-Vektoren erfüllt ist, ist fraglich, ob eine solche Technik bei *RNA-basierten Methoden* überhaupt vorliegen kann.[340] Zu diesen Methoden zählt beispielsweise die Verwendung des Sendai Virus. Es handelt sich dabei um ein RNA-Virus, bei dem die RNA nicht in DNA umgeschrieben wird und es zu keiner Integration in das Genom der Zelle kommt.[341] Da bei dieser Art der Reprogrammierung keine DNA zum Einsatz kommt (weder im Virus selbst, noch bei den Genen, die für die Transkriptionsfaktoren kodieren), handelt es sich rein sprachlich nicht um eine *DNS*-Rekombinationstechnik. Allerdings werden die Rekombinationstechniken in anderen Sprachfassungen der System- und Freisetzungs-RL mitunter nicht auf DNA beschränkt. Die überwiegende Anzahl der Sprachfassungen der System- und Freisetzungs-RL bezieht die Rekombinationstechniken generell auf „Nukleinsäure(n)",[342] worunter auch RNA[343] zu subsumieren ist. Die bulgarische[344] und ungarische[345] Fassung beziehen sich wie die deutsche auf DNA. Im französischen Text des Anhangs I A Teil 1 Z. 1 Freisetzungs-RL ist von „acid désoxyribonucléique", was übersetzt DNS bedeutet,[346] im Anhang I Teil A Z. 1 System-RL hingegen von Nukleinsäuren („acide nucléique"[347]) die Rede. Die RL sind in allen Amtssprachen[348] gleichermaßen ver-

---

[340] Im Gegensatz zum österreichischen Recht und zum Unionsrecht heißt es im deutschen GenTG „Nukleinsäure-Rekombinationstechniken" (§ 3 Abs. 3a lit. a GenTG).

[341] Bernal 2013, S. 957, 960.

[342] Vgl. den englischen („nucleic acid"), italienischen („acido nucleico"), spanischen („ácido nucleico"), tschechischen („nukleové kyseliny" bzw. „nukleových kyselin"), dänischen („nukleinsyre"), estnischen („nukleiinhappe"), griechischen („νουκλεϊκού οξέος"), kroatischen („nukleinske kiseline"), lettischen („nukleīnskābju" bzw. „Nukleīnskābes"), litauischen („nukleino rūgšties" bzw. „nukleinės rūgšties"), maltesischen („aċidu nuklei" bzw. „aċtu nuklejku"), niederländischen („nucleïnezuur"), polnischen („kwasów nukleinowych"), portugiesischen („ácidos nucleicos"), rumänischen („acidului nucleic"), slowakischen („nukleovej kyseliny"), slowenischen („nukleinske kisline"), finnischen („nukleiinihappo") und schwedischen („nukleinsyra") Text. Zur Übersetzung wurden folgende Online-Wörterbücher verwendet: https://de.langenscheidt.com/; https://dict.leo.org/; https://de.pons.com/; http://worterbuch-deutsch.com/; https://translate.google.at/. Zugegriffen: 30. Januar 2018.

[343] Vgl. https://www.pschyrembel.de/Nukleins%C3%A4uren/K0FH3/doc/. Zugegriffen: 30. Januar 2018.

[344] „ДНК" bedeutet „DNS"; https://bgde.dict.cc/?s=%D0%94%D0%9D%D0%9A. Zugegriffen: 30. Januar 2018.

[345] Dort ist von „DNS" die Rede. Die Abkürzung steht für „dezoxiribonukleinsav" und hat dieselbe Bedeutung wie die gleichlautende österreichische Abkürzung. Vgl. https://dictzone.com/ungarisch-deutsch-worterbuch/dns. Zugegriffen: 30. Januar 2018.

[346] Vgl. https://dict.leo.org/franz%C3%B6sisch-deutsch/acid%20d%C3%A9soxyribonucl%C3%A9ique. Zugegriffen: 30. Januar 2018.

[347] Vgl. https://de.pons.com/%C3%BCbersetzung?q=acide+nucl%C3%A9ique&l=defr&in=&lf=de. Zugegriffen: 30. Januar 2018.

[348] Zurzeit gibt es in der EU 24 Amtssprachen. Vgl. Art. 55 EUV. Eine authentische irische Fassung der RL gibt es nicht. Vgl. Verordnung (EU, Euratom) 2015/2264 des Rates vom 3. Dezember 2015 zur Verlängerung und schrittweisen Beendigung der durch die Verordnung (EG) Nr. 920/2005 ein-

bindlich.[349] Die unionsrechtlichen Regelungen müssen „einheitlich ausgelegt und angewandt werden".[350] Stimmen die einzelnen Sprachfassungen nicht überein, dann sind nach der Rechtsprechung des EuGH die Systematik und der Zweck der Bestimmung ausschlaggebend für die Interpretation.[351] Die Verfahren, die nach den RL zu einer genetischen Veränderung eines Organismus bzw. Mikroorganismus führen (Anhang I A Teil 1 Freisetzungs-RL, Anhang I Teil A System-RL) sind im Gegensatz zu den Verfahren, bei denen von keiner solchen Veränderung ausgegangen wird (Anhang I A Teil 2 Freisetzungs-RL, Anhang I Teil B System-RL), nur demonstrativ aufgezählt. Dies spricht für eine weite Auslegung der Verfahren, bei denen ein GVO entsteht. Die Schutzziele der RL[352] können dafür ebenfalls ins Treffen geführt werden, da die menschliche Gesundheit und Umwelt nur dann entsprechend vor den Gefahren geschützt werden, die von GVO bzw. GVM ausgehen, wenn diese Begriffe weit interpretiert werden. Es sprechen also gute Gründe dafür, dass die RL nicht nur DNS-Rekombinationstechniken, sondern generell *Rekombinationstechniken von Nukleinsäuren (inklusive RNA)* erfassen.

Erzeugung und Insertion von Nukleinsäuremolekülen

Bei der Herstellung von hiPS-Zellen mit Hilfe von viralen oder Plasmidvektoren werden Nukleinsäuremoleküle, die für die Transkriptionsfaktoren kodieren, in das Virus oder das Plasmid eingebaut. Diesen Vorgang bezeichnet man als Insertion.[353] Die eingefügten Nukleinsäuremoleküle werden auch außerhalb der Zelle erzeugt, in die sie später eingebracht werden, und erfüllen daher dieses Tatbestandsmerkmal.

Neue Kombination von genetischem Material

Die genetische Information für die Transkriptionsfaktoren ist in der Zelle grundsätzlich noch aus einem früheren embryonalen Entwicklungsstadium vorhanden, sie ist allerdings inaktiv.[354] Darum ist fraglich, ob überhaupt eine neue Kombination von genetischem Material vorliegt, wenn die gleiche genetische Information – allerdings in aktiver Form – in die Zelle eingebracht wird. Dies ist zu bejahen, da sich die neue Kombination von genetischem Material gemäß der Definition gerade durch

---

geführten befristeten Ausnahmeregelungen zu der Verordnung Nr. 1 vom 15. April 1958 zur Regelung der Sprachenfrage für die Europäische Wirtschaftsgemeinschaft und zu der Verordnung Nr. 1 vom 15. April 1958 zur Regelung der Sprachenfrage für die Europäische Atomgemeinschaft In: Amtsblatt der Europäischen Union L 2015/322:1.

[349] EuGH, Urt. vom 6. Oktober 1982 – C-283/81, Slg. I-03415, Rn. 18 – CILFIT; Streinz 2016, Rn. 283.

[350] EuGH, Urt. vom 29. April 2004 – C-371/02, Slg. I-05791, Rn. 16 m. w. N. – Björnekulla; Huber-Kowald 2012, Art. 55 EUV Rn. 5.

[351] EuGH, Urt. vom 7. Dezember 1995 – C-449/93, Slg. I-04291, Rn. 28 – Rockfon; EuGH, Urt. vom 22. März 2012 – C-190/10, ECLI:EU:C:2012:157, Rn. 42 – Génesis; Dörr 2017, Art. 55 EUV Rn. 10 m. w. N.

[352] Art. 1 Freisetzungs-RL und System-RL.

[353] http://www.spektrum.de/lexikon/biologie/insertion/34215. Zugegriffen: 30. Januar 2018; Kahl 2004, S. 530.

[354] Faltus 2016a, S. 161.

die Insertion der Nukleinsäuremoleküle in den Vektor ergeben muss. Genau das passiert beim Einfügen der menschlichen Gene in den Vektor.[355]

Einbringung in den Wirtsorganismus

Das nächste Tatbestandselement setzt voraus, dass die neue Kombination von genetischem Material in einen Wirtsorganismus – im hier behandelten Fall in eine ausdifferenzierte menschliche Zelle – eingebracht wird. Was es bedeutet, dass das genetische Material in den „Wirtsorganismus eingebracht" wird, ist nicht eindeutig. Setzt diese Formulierung die dauerhafte Integration des neuen genetischen Materials in das Genom der Zelle voraus? Oder reicht bereits das transiente Vorliegen des fremden genetischen Materials (Vektor und Gene, die für die Transkriptionsfaktoren kodieren) aus? Das Wort „einbringen" ist im allgemeinen Sprachgebrauch nicht mit einem permanenten Zustand verbunden. Demnach könnte es ausreichend sein, wenn das genetische Material in die Zelle „hineingeschafft" wird und dort zeitweise vorhanden ist.[356] In der englischen und französischen Fassung heißt es hingegen „incorporation".[357] Der Begriff wird unter anderem mit „Eingliederung", „Verbindung", „Vereinigung", „Vermengung" übersetzt.[358] Diese Ausdrucksweise deutet eher darauf hin, dass eine dauerhafte Verbindung des eingeschleusten genetischen Materials mit dem der Zelle notwendig ist. Werden hiPS-Zellen mittels integrierenden Vektors reprogrammiert, ist dieses Tatbestandsmerkmal jedenfalls erfüllt, da es zur Integration in das Genom der Zelle kommt. Erfolgt die Herstellung der hiPS-Zelle hingegen mit nicht integrierendem Vektor, wird die eingefügte genetische Information grundsätzlich nicht in die DNA der Zelle eingebaut. Das eingeschleuste genetische Material ist nur vorübergehend in der Zelle vorhanden. Bei nicht integrierenden DNA-Vektoren besteht allerdings das potenzielle Risiko, dass sie sich in das Genom der Zelle einbauen.[359] Sollte es zu so einer Integration kommen, sind sie für die weitere rechtliche Beurteilung wie integrierende Vektoren zu behandeln.[360]

Je nachdem, ob man von einer weiten oder *engen Auslegung* des Begriffs „einbringen" ausgeht, kommt man für nicht integrierende Vektoren zu unterschiedlichen Ergebnissen: Bei enger Auslegung ist mangels dauerhafter Integration in das Genom der Zelle keine DNS-Rekombinationstechnik gegeben. In weiterer Folge ist zu

---

[355] Dahingehend zur früheren Bestimmung des § 3 Nr. 3 GenTG Hirsch und Schmidt-Didczuhn 1991, § 3 GenTG Rn. 17.

[356] Dem folgend Gerke 2020, Abschn. 4.5.6.

[357] Die Formulierung lautet „incorporation into a host organism" in der englischen und „incorporation dans un organisme hôte" in der französischen Fassung des Anhangs I A Teil 1 Z. 1 Freisetzungs-RL bzw. des Anhangs I Teil A Z. 1 System-RL.

[358] https://dict.leo.org/englisch-deutsch/incorporation und https://dict.leo.org/franz%C3%B6sisch-deutsch/incorporation. Zugegriffen: 30. Januar 2018.

[359] Bernal 2013, S. 960.

[360] Dass in einem solchen Fall erst ex post festgestellt werden kann, ob aufgrund der Integration ins Genom der Zelle ein GVO vorliegt, auf dessen Herstellung die Regelungen über das Arbeiten mit GVO zur Anwendung kommen, ist unproblematisch. Bereits die verwendeten Vektoren sind nämlich GVO (siehe Abschn. 4.6.3), für die die Bestimmungen über Arbeiten mit GVO einzuhalten sind.

überlegen, ob dennoch ein GVO aufgrund der allgemeinen Definition über gentechnisch veränderte Organismen gemäß § 4 Z. 3 Satz 1 GTG vorliegt.[361] Nach der *weiten Auslegung* gilt hingegen auch das transiente Vorhandensein des fremden genetischen Materials in der Zelle als Einbringung in den Wirtsorganismus. In diesem Fall muss geprüft werden, ob auch die weiteren Voraussetzungen für DNS-Rekombinationstechniken vorliegen.

Kein Vorkommen unter natürlichen Bedingungen

Das in den Wirtsorganismus eingebrachte genetische Material darf in diesem Organismus unter natürlichen Bedingungen nicht vorkommen. Diese Voraussetzung erfüllen sowohl integrierende als auch nicht integrierende Vektoren, da sich die Kombination des verwendeten Vektors mit den menschlichen Genen in humanen Zellen gerade nicht findet.

Vermehrungsfähigkeit

Wie bereits zuvor beim Organismusbegriff begegnet man auch an dieser Stelle wieder dem Tatbestandsmerkmal der Vermehrungsfähigkeit, da das genetische Material in der Wirtszelle vermehrungsfähig sein muss. Wird ein integrierender Vektor für die Herstellung der hiPS-Zelle verwendet, wird die eingebrachte genetische Information permanent in die Zell-DNA eingebaut und vermehrt sich somit bei jeder Zellteilung, sodass dieses genetische Material auch in der neuen Zelle vorhanden ist. Bei hiPS-Zellen, für deren Reprogrammierung ein *integrierender Vektor* verwendet wird, liegt somit eine DNS-Rekombinationstechnik unter Verwendung von Vektorsystemen i. S. d. § 4 Z. 3 lit. a GTG vor. Es handelt sich bei solchen Zellen folglich um GVO.

Plasmidvektoren, die sich in der humanen Zelle nicht mehr replizieren, erfüllen die Voraussetzung der Vermehrungsfähigkeit im Wirtsorganismus nicht. Es liegt daher keine DNS-Rekombinationstechnik vor. Das Sendai Virus und replizierende Plasmidvektoren teilen sich hingegen im Laufe der Reprogrammierung noch und vermehren sich daher.[362] Nach der Reprogrammierung kann sich das eingeschleuste genetische Material bei Verwendung von nicht integrierenden Vektoren in der Zelle grundsätzlich nicht mehr vermehren. Es wird durch jede Zellteilung weniger, bis es schließlich verschwindet. Auch in Bezug auf die Eigenschaft der Vermehrungsfähigkeit stimmen die Sprachfassungen der RL nicht überein. Während die deutschen Texte allein das Wort „vermehrungsfähig" verwenden, deuten andere Sprachfassungen wiederum darauf hin, dass eine dauerhafte und nicht eine wie zuvor beschriebene bloß vorübergehende Vermehrungsfähigkeit notwendig ist.[363] Das Tatbestandselement der Vermehrungsfähigkeit ist bei *nicht*

---

[361] Siehe Abschn. 4.6.5.2.

[362] Siehe FN 279 und 291.

[363] Vgl. die englische („capable of continued propagation"), französische („capables de continuer à se reproduire" bzw. „elles peuvent se multiplier de façon continue") und italienische („sono in grado di moltiplicarsi in maniera continuative" bzw. „possono replicarsi in maniera continua") Sprachfassung des Anhangs I A Teil 1 Z. 1 Freisetzungs-RL bzw. des Anhangs I Teil A Z. 1 System-RL.

integrierenden Vektoren daher eher zu verneinen. Damit ist die Definition der DNS-Rekombinationstechniken unter Verwendung von Vektorsystemen gemäß Anhang I A Teil 1 Z. 1 Freisetzungs-RL bzw. Anhang I Teil A Z. 1 System-RL nicht erfüllt.

In einem nächsten Schritt ist daher zu analysieren, ob auf diese Weise erzeugte hiPS-Zellen den allgemeinen GVO-Begriff erfüllen.

4.6.5.2 Allgemeiner GVO-Begriff

§ 4 Z. 3 GTG enthält lediglich eine demonstrative Aufzählung von Verfahren der Veränderung des genetischen Materials. Selbst wenn man daher das Vorliegen einer DNS-Rekombinationstechnik verneint, muss geprüft werden, ob das genetische Material der Zelle so verändert worden ist, wie es „unter natürlichen Bedingungen durch Kreuzen oder natürliche Rekombination oder andere herkömmliche Züchtungstechniken" nicht vorkommt. Dann würde ein GVO vorliegen. Auch hier gibt es wieder eine enge und eine weite Auslegungsmöglichkeit. Die *enge Interpretation* verlangt, dass es zu einer permanenten Veränderung des genetischen Materials kommt wie durch die Integration des Vektors in das Genom der Zelle. Da dies bei nicht integrierenden Vektoren grundsätzlich nicht der Fall ist, müsste konsequenterweise die Qualifikation der auf diesem Wege produzierten hiPS-Zellen als GVO verneint werden.[364] Da die Zellen allerdings einen GVO enthalten, nämlich den Vektor,[365] sind die einschlägigen Regelungen für GVO dennoch zu beachten, solange der Vektor noch in der Zelle vorhanden ist.

Nach dem allgemeinen Sprachgebrauch setzt eine „Veränderung" allerdings kein permanentes Endergebnis voraus. Auch ein nur vorübergehend anderer Zustand im Vergleich zur Ausgangssituation wird als Veränderung betrachtet. Man könnte daher auch vertreten, dass die – wenn auch nur temporäre – Expression von Genen, die unter natürlichen Bedingungen in der ausdifferenzierten Zelle nicht mehr exprimiert werden, eine Veränderung des genetischen Materials i. S. d. § 4 Z. 3 GTG ist. Dafür sprechen systematische Überlegungen: An anderer Stelle, bei der Definition der somatischen Gentherapie (§ 4 Z. 24 GTG),[366] geht der Gesetzgeber davon aus, dass durch die „gezielte(...) Einbringung isolierter exprimierbarer Nukleinsäuren in somatische Zellen (...), die zur Expression der eingebrachten Nukleinsäuren führt", gentechnisch veränderte somatische Zellen entstehen. Bei der Verwendung von nicht integrierenden Vektoren werden zunächst die durch den Vektor eingebrachten Gene exprimiert, die für die Transkriptionsfaktoren kodieren (= Expression der eingebrachten exprimierbaren Nukleinsäuren). Dadurch wird die Expression der natürlich in der Zelle vorhandenen,

---

[364] Anderes gilt wiederum dann, wenn sich ausnahmsweise das bei nicht integrierenden DNA-Vektoren bestehende Risiko einer Integration in das Genom der Zelle verwirklicht. Siehe Abschn. 4.6.5.1 und FN 360.

[365] Zur Qualifikation der verwendeten Vektoren als GVO siehe Abschn. 4.6.3.

[366] Zur somatischen Gentherapie siehe Abschn. 4.7.2.2.

aber eigentlich inaktiven Gene, die für die Transkriptionsfaktoren kodieren, wieder ausgelöst. Durch einen Vorgang, den der Gesetzgeber als gentechnische Veränderung betrachtet, verhalten sich Gene (genetisches Material) anders (verändert), als sie es unter natürlichen Bedingungen tun würden. Die Expression der Gene, die unter natürlichen Bedingungen durch Kreuzen etc. nicht mehr aktiviert werden, kann daher als Veränderung des genetischen Materials der Zelle angesehen werden. Die mittels nicht integrierenden Vektors produzierte hiPS-Zelle ist nach dieser *weiten Auslegung* ein GVO, solange die Gene exprimiert werden, die für die Transkriptionsfaktoren kodieren.[367]

4.6.6   Einstufung von mRNA und mittels mRNA hergestellten hiPS-Zellen

Da *mRNA* keinen Organismus i. S. d. § 4 Z. 1 GTG darstellt,[368] kann sie auch *kein GVO* sein. Auf mRNA ist das GTG daher nicht anwendbar.[369]

Die mittels mRNA hergestellten hiPS-Zellen könnten jedoch als GVO zu qualifizieren sein. § 4 Abs. 3 lit. a GTG scheidet insbesondere mangels Verwendung eines Vektorsystems zum Transport der mRNA in die Zelle aus. Allerdings sieht § 4 Z. 3 lit. b GTG vor, dass auch „direktes Einführen von außerhalb des Organismus zubereiteten genetischen Informationen in einen Organismus einschließlich Makroinjektion, Mikroinjektion, Mikroverkapselung, Elektroporation oder Verwendung von Mikroprojektilen" zu einem GVO i. S. d. Gesetzes führt. Als genetische Information wird man die mRNA einstufen können, da sie die DNA, die für ein Protein kodiert, umschreibt (Transkription) und diese genetische Information für die Proteinsynthese zu den Ribosomen transportiert wird.[370] Die mRNA wird auch außerhalb des Organismus zubereitet und beispielsweise im Wege der Elektroporation direkt in die Zelle eingeführt.[371] Allerdings ist die österreichische Definition gemäß § 4 Z. 3 lit. b GTG, die auf das direkte Einführen von „*genetischen Informationen*" abstellt, weiter als die diesbezüglichen Vorschriften in der Freisetzungs- und System-RL. Anhang I A Teil 1 Z. 2 Freisetzungs-RL und Anhang I Teil A Z. 2 System-RL beziehen sich nämlich nur auf Verfahren, bei denen in einen (Mikro-)Organismus direkt „*Erbgut*" eingebracht wird. Der Begriff „Erbgut" wird im allgemeinen Sprachgebrauch mit „Genom" oder auch „Genen" gleichgesetzt.[372] Genom oder

---

[367] In Anlehnung daran Gerke 2020, Abschn. 4.5.4. Zur Auslegung des unionsrechtlichen GVO-Begriffs siehe die mittlerweile (nach Fertigstellung dieses Beitrags) ergangene Entscheidung EuGH, Urt. vom 25. Juli 2018 – C-528/16, ECLI:EU:C:2018:583 – Confédération paysanne u.a. (für Details siehe Noe 2019, S. 124 ff.). Inwieweit diesem Urteil Bedeutung für die gentechnikrechtliche Einstufung von hiPS-Zellen zukommt, kann an dieser Stelle nicht mehr behandelt werden.

[368] Siehe Abschn. 4.3.4.

[369] Zu beachten ist allerdings, dass – sofern zur Erzeugung der mRNA GVO verwendet werden – für diesen vorgelagerten Prozess die Regelungen des GTG für GVO einschlägig sein können.

[370] Heinisch und Paululat 2016, S. 438.

[371] González et al. 2011, S. 235, 238 ff.

[372] https://www.openthesaurus.de/synonyme/erbgut. Zugegriffen: 30. Januar 2018.

Gene liegen meist in Form von DNA (zum Beispiel bei eukaryotischen Zellen),[373] manchmal aber auch in Form von RNA (bei manchen Viren wie beispielsweise dem Sendai Virus),[374] nicht aber als mRNA vor. Die mRNA wird nicht vererbt. Sie entsteht, wenn Gene exprimiert werden. Für die Argumentation, dass mRNA nicht als Erbgut zu qualifizieren ist, spricht auch, dass in den RL ansonsten meist von „Nukleinsäuremolekülen" die Rede ist, unter die man auch mRNA subsumieren kann. Man wird dem Unionsgesetzgeber unterstellen müssen, dass er diesen weiteren Begriff verwendet hätte, wenn er nicht nur DNA und RNA als Material, aus dem das Genom bzw. die Gene von Organismen bestehen, hätte erfassen wollen. Eine richtlinienkonforme Interpretation des § 4 Z. 3 lit. b GTG ergibt daher, dass mittels mRNA hergestellte hiPS-Zellen nicht unter diese Bestimmung fallen.

Wie bei hiPS-Zellen, die mittels Vektorsystem hergestellt wurden, muss auch für solche hiPS-Zellen, die mit Hilfe von mRNA reprogrammiert wurden, geprüft werden, ob sie nicht dennoch den allgemeinen GVO-Begriff des § 4 Z. 3 Satz 1 GTG (Veränderung des genetischen Materials, wie sie unter natürlichen Bedingungen durch Kreuzen oder natürliche Rekombination oder andere herkömmliche Züchtungstechniken nicht vorkommt) erfüllen. Nach der zuvor beschriebenen engen Auslegung[375] sind mittels mRNA hergestellte hiPS-Zellen mangels Integration[376] in das Genom der Zelle keine GVO. Sie enthalten auch keinen GVO, weil mRNA kein Organismus und damit kein GVO ist. Selbst nach der weiten Interpretation des GVO-Begriffs[377] sind *mit Hilfe von mRNA hergestellte hiPS-Zellen keine GVO*. Bei der Verwendung von mRNA kommt es nicht zur Expression der in der Zelle bereits ursprünglich vorhandenen Gene. Die Transkriptionsfaktoren werden in der Zelle nämlich deshalb gebildet, weil die mRNA in die Zelle gebracht wird und die Proteinsynthese auslöst und nicht, weil die eigenen Gene der Zelle abgelesen werden.[378]

4.6.7 Zusammenfassung der Ergebnisse

- PiPS-Zellen sind keine GVO. Auf ihre Herstellung sind die Regelungen des GTG nicht anwendbar.
- HiPS-Zellen, die mittels integrierenden Vektors hergestellt werden, sind GVO. Bei ihrer Herstellung ist das GTG zu beachten.
- HiPS-Zellen, die mittels nicht integrierenden Vektors hergestellt werden, sind GVO, solange die Gene, die für die Transkriptionsfaktoren kodieren, exprimiert werden (weite Auslegung) oder sie sind selbst kein GVO, enthalten aber einen solchen, solange der Vektor noch in der Zelle vorhanden ist (enge Auslegung). Bei ihrer Herstellung ist das GTG zu beachten.

---

[373] Heinisch und Paululat 2016, S. 8.

[374] Bernal 2013, S. 960; Madigan et al. 2013, S. 341.

[375] Siehe Abschn. 4.6.5.2.

[376] González et al. 2011, S. 238.

[377] Siehe Abschn. 4.6.5.2.

[378] Zum deutschen Recht siehe Gerke 2020, Abschn. 4.5.4.

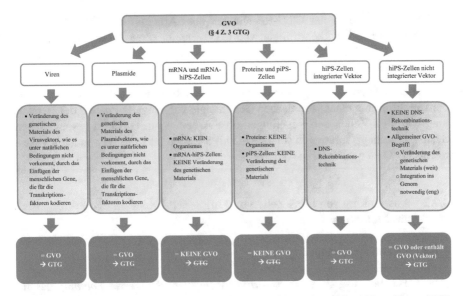

Abb. 4 Einstufung von zur Herstellung von hiPS-Zellen verwendeten Viren, Plasmiden, mRNA und Proteinen sowie von hiPS-Zellen anhand der GVO-Definition

- HiPS-Zellen, die mittels mRNA hergestellt werden, sind keine GVO und enthalten auch keinen solchen. Auf ihre Herstellung sind die Regelungen des GTG nicht anwendbar (vgl. Abb. 4).

4.7 Rechtliche Konsequenzen der Einstufung für die klinische Translation

4.7.1 Herstellung, Freisetzung und Inverkehrbringen von hiPS-Zellen und hiPS-Zell-basierten Produkten

Die Qualifikation von hiPS-Zellen, die mittels Vektorsystem hergestellt werden, als GVO bzw. als Organismen, die einen GVO enthalten, hat zur Folge, dass grundsätzlich die Regelungen über das Arbeiten mit GVO (§ 4 Z. 4 i.V.m. §§ 5 ff. GTG), die Freisetzung von GVO (§ 4 Z. 20 i.V.m. §§ 36 ff. GTG) und das Inverkehrbringen von GVO-Erzeugnissen (§ 4 Z. 21 i.V.m. §§ 54 ff. GTG) zu beachten sind. Von diesem Grundsatz ergeben sich allerdings Ausnahmen, die für die klinische Anwendung von hiPS-Zellen von wesentlicher Bedeutung sind:

1. Keine Anwendung des GTG auf das Inverkehrbringen und Kennzeichnen von Arzneimitteln i. S. d. § 1 Abs. 1 und Abs. 2 (Z. 1) AMG[379] und deren nachfolgende Verwendung (§ 2 Abs. 3 GTG).

---

[379] Siehe FN 275.

2. Keine Anwendung der GTG-Regelungen über Arbeiten mit GVO, Freisetzen von GVO und Inverkehrbringen von GVO-Erzeugnissen (Abschnitt II und III des GTG) bei Durchführung einer somatischen Gentherapie am Menschen (§ 78 Abs. 1 GTG).[380]

Zu beachten ist allerdings, dass der dem Inverkehrbringen als Arzneimittel bzw. der Durchführung einer somatischen Gentherapie vorgelagerte Prozess der Herstellung von hiPS-Zellen den Regelungen über Arbeiten mit GVO im geschlossenen System unterliegt, sofern und solange die hiPS-Zellen oder die verwendeten Vektoren als GVO zu qualifizieren sind.[381]

4.7.2 Anwendung von hiPS-Zellen und hiPS-Zell-basierten Produkten am Menschen

4.7.2.1 Keimbahntherapie

§ 64 GTG hält fest, dass für *Eingriffe* in die *menschliche Keimbahn*[382] das im FMedG[383] normierte *Verbot* gilt.[384]

4.7.2.2 Somatische Gentherapie

Das GTG enthält eigene Regelungen über die somatische Gentherapie. Es ist daher zu analysieren, ob diese Bestimmungen für die klinische Anwendung von hiPS-Zellen einschlägig sind. Zu beachten ist in diesem Zusammenhang, dass die Definition der somatischen Gentherapie nicht mit der unionsrechtlich determinierten Definition des Gentherapeutikums[385] übereinstimmt. So wird insbesondere bei der somatischen Gentherapie i. S. d. GTG nicht auf die therapeutische, prophylaktische oder diagnostische Wirkung der eingebrachten Nukleinsäure abgestellt.[386]

---

[380] § 2 Abs. 4 GTG legt zudem ausdrücklich fest, dass die „Verwendung von GVO im Rahmen einer gemäß § 75 zu genehmigenden klinischen Prüfung zum Zweck der somatischen Gentherapie" keine Freisetzung i. S. d. GTG ist.

[381] Satzinger 2007, § 78 GTG Rn. 1.

[382] § 4 Z. 22 GTG definiert die Keimbahn als „die Gesamtheit der Zellenfolge, aus der Keimzellen hervorgehen, und die Keimzellen selbst".

[383] Es wird auf § 9 Abs. 2 FMedG in dessen Stammfassung (Bundesgesetzblatt 1992/275) verwiesen. Seit einer Novelle des FMedG im Jahr 2015 (Bundesgesetzblatt I 2015/35) findet sich das Verbot des Keimbahneingriffs (im FMedG ist von Eingriffen in die „Keimzellbahn" die Rede) in § 9 Abs. 3 FMedG. Da es sich um eine statische Verweisung auf die Stammfassung des FMedG handelt, ist es unbeachtlich, dass das Verbot des Keimbahneingriffs nach geltendem Recht nicht mehr in § 9 Abs. 2 FMedG verankert ist. Vgl. Ossenbühl 1967, S. 402.

[384] Siehe dazu Abschn. 5.2.

[385] Vgl. Anhang I Teil IV Z. 2.1. RL 2001/83/EG; siehe dazu Abschn. 2.1.4.1.

[386] Siehe Abschn. 2.3.5.2.

§ 4 Z. 24 Satz 1 GTG enthält folgende Legaldefinition der somatischen Gentherapie am Menschen: „Anwendung der gezielten Einbringung isolierter exprimierbarer Nukleinsäuren in somatische Zellen im Menschen, die zur Expression der eingebrachten Nukleinsäuren führt, oder die Anwendung derart außerhalb des menschlichen Organismus gentechnisch veränderter somatischer Zellen oder Zellverbände am Menschen".

In § 4 Z. 24 Satz 2 GTG wird angeordnet, dass ein mit somatischer Gentherapie behandelter Mensch nicht als GVO zu qualifizieren ist.

Die klinische Anwendung von hiPS-Zellen erfüllt nicht die herkömmliche Zielsetzung einer Gentherapie i. S. d. Behandlung, um fehlende oder defekte durch funktionstüchtige Gene (lebenslang oder auch nur vorübergehend) zu ersetzen. Es geht vielmehr darum, aus humanen Zellen durch die Prozesse der Reprogrammierung und Differenzierung unterschiedliche Zelltypen zu produzieren, die dann therapeutisch eingesetzt werden sollen. Dennoch erfasst die Definition des § 4 Z. 24 GTG zumindest teilweise die klinische Anwendung von hiPS-Zellen.

Ob überhaupt eine somatische Gentherapie vorliegen kann, hängt zunächst davon ab, durch welches Verfahren die hiPS-Zellen gewonnen wurden:

Bei der Generierung von hiPS-Zellen durch Vektorsysteme werden gezielt (hier durch den Vektor) isolierte exprimierbare Nukleinsäuren, nämlich die Gene, die für die Transkriptionsfaktoren kodieren, in Zellen eingebracht, in denen sie dann (zumindest zeitweise) exprimiert werden.

In Bezug auf hiPS-Zellen, die mittels mRNA reprogrammiert werden, kommt es darauf an, ob man die mRNA als „exprimierbare Nukleinsäure" ansieht, zu deren Expression es kommt. Dagegen spricht, dass mRNA nur ein Teilelement im Prozess der Genexpression ist und eigentlich Gene exprimiert werden und nicht die mRNA an sich. Auch die zur Genehmigung einer somatischen Gentherapie berufene Behörde (Gesundheitsminister gemäß § 75 Abs. 1 i.V.m. Abs. 3 GTG) geht davon aus, dass es bei der somatischen Gentherapie zur Expression von Genen bzw. DNA kommt. Dies kann zumindest als Indiz dafür gewertet werden, dass die zuständige Behörde die Reprogrammierung mittels *mRNA* nicht als somatische Gentherapie bewerten würde.

Bei *piPS-Zellen* liegt mangels Einbringung von exprimierbaren Nukleinsäuren in die somatischen Zellen keine somatische Gentherapie i. S. d. GTG vor.

Sofern zur Herstellung einer hiPS-Zelle überhaupt exprimierbare Nukleinsäuren verwendet werden, zu deren Expression es kommt, ist darüber hinaus zu unterscheiden, ob die Reprogrammierung in vivo oder in vitro erfolgt:

Die *Reprogrammierung* von somatischen Zellen (d. h. Körperzellen, nicht Geschlechtszellen) zu hiPS-Zellen *in vivo*, ist eine somatische Gentherapie i. S. d. § 4 Z. 24 1. Fall GTG, da es zur Expression von eingebrachten exprimierbaren Nukleinsäuren im Körper des Patienten kommt.

Wenn die *Reprogrammierung* der somatischen Zellen hingegen *in vitro* erfolgt, die dabei entstandenen undifferenzierten hiPS-Zellen in weiterer Folge am Menschen angewendet werden und es erst im Körper des Patienten zur Differenzierung kommt, kann der 2. Fall des § 4 Z. 24 GTG erfüllt sein. Solange es zur Expression von eingebrachten exprimierbaren Nukleinsäuren kommt, sind die Voraussetzungen der somatischen Gentherapie erfüllt. Eine somatische Gentherapie liegt hingegen nicht mehr vor, wenn nur noch die ursprünglich in der Zelle vorhandenen, aber eigentlich inaktiven Gene, die für die Transkriptionsfaktoren kodieren, gewissermaßen wieder aktiviert und in weiterer Folge exprimiert werden. In diesem Fall findet keine Expression der *eingebrachten* Nukleinsäuren mehr statt.

Werden die hiPS-Zellen nach ihrer Reprogrammierung in vitro zu anderen Zellen ausdifferenziert und diese Zellen dann in weiterer Folge am Menschen angewandt, mangelt es an einer Expression der eingebrachten Nukleinsäuren, weil diese in der redifferenzierten Zelle nicht mehr abgelesen werden. Dieser Vorgang erfüllt daher nicht die Definition der somatischen Gentherapie.

Zulässigkeitsvoraussetzungen der somatischen Gentherapie

Somatische Gentherapien dürfen gemäß § 74 GTG nur nach dem Stand der Wissenschaft und Technik und nur in zwei Fällen durchgeführt werden:

1. zur Therapie oder Verhütung schwerwiegender Erkrankungen des Menschen oder
2. zur Etablierung dafür geeigneter Verfahren im Rahmen einer klinischen Prüfung

Zudem muss eine *Veränderung des Erbmaterials der Keimbahn* nach dem Stand der Wissenschaft und Technik grundsätzlich ausgeschlossen sein (§ 74 Satz 1 GTG). Kann sie nicht völlig ausgeschlossen werden, darf die somatische Gentherapie dennoch durchgeführt werden, wenn folgende Voraussetzungen kumulativ vorliegen (§ 74 Satz 2 GTG):

• Risiko-Nutzenabwägung zu Gunsten des Patienten: Der durch die somatische Gentherapie zu erwartende Vorteil für die Gesundheit des behandelten Menschen muss das Risiko der Veränderung des Erbmaterials der Keimbahn überwiegen und
• der Patient kann mit Sicherheit keine Nachkommen haben.

§ 74 Satz 3 GTG verbietet, dass die Keimzellen von Personen, die mittels somatischer Gentherapie behandelt wurden, zur in vitro Herstellung von Embryonen verwendet werden.

Behördliches Verfahren und Durchführung der somatischen Gentherapie

Die Durchführung einer somatischen Gentherapie erfordert eine *Genehmigung des Gesundheitsministers* (§ 75 Abs. 1 i.V.m. Abs. 3 GTG). Der ärztliche Leiter der Krankenanstalt, in der die somatische Gentherapie stattfinden soll, und der Prüfungsleiter müssen die Genehmigung gemeinsam beim Gesundheitsminister beantragen (§ 75 Abs. 2 GTG).

Vor Erteilung der Genehmigung sind der wissenschaftliche Ausschuss für genetische Analyse und Gentherapie am Menschen (§ 75 Abs. 3 i.V.m. § 88 Abs. 1 GTG) sowie unter Umständen der Arzneimittelbeirat anzuhören. Die Genehmigung ist zu erteilen, wenn:

• die Voraussetzungen gemäß § 74 GTG erfüllt sind,
• auf Grund der personellen und sachlichen Ausstattung eine dem Stand von Wissenschaft und Technik entsprechende Durchführung der somatischen Gentherapie am Menschen sichergestellt ist und

- der besondere Schutz allenfalls anfallender genanalytischer Daten gemäß § 71 GTG sichergestellt ist.

Werden im Rahmen einer klinischen Prüfung zum Zweck der somatischen Gentherapie am Menschen GVO verwendet – was bei der Anwendung von hiPS-Zellen unter Umständen der Fall sein kann – darf die Genehmigung nur erteilt werden, „wenn als Folge der durchgeführten Gentherapie nach dem Stand von Wissenschaft und Technik ein nachteilige Folgen für die Sicherheit (§ 1 Z 1) bewirkendes Ausbringen dieser GVO in die Umwelt nicht zu erwarten ist".

Falls erforderlich kann die Genehmigung Auflagen und Bedingungen enthalten. Die Genehmigung bzw. deren Versagung erfolgt mittels Bescheid.

§ 75 Abs. 4 GTG ermächtigt den Gesundheitsminister zum Widerruf der Genehmigung, wenn die Genehmigungsvoraussetzungen weggefallen sind bzw. zur Erteilung von Auflagen bei schweren Mängeln.

Klinische Prüfungen im Rahmen einer somatischen Gentherapie sind *gleichzeitig klinische Prüfungen i. S. d. AMG* (§ 78 Abs. 2 GTG), weshalb die §§ 40 ff. AMG zu beachten sind. Solche klinischen Prüfungen müssen zweifach genehmigt werden: 1. gemäß § 75 GTG durch den Gesundheitsminister und 2. gemäß § 40 Abs. 6 AMG durch das BASG.

Die somatische Gentherapie darf nur von einem Arzt in einer Krankenanstalt durchgeführt werden. Zu beachten ist in diesem Zusammenhang, dass nach österreichischem Krankenanstaltenrecht auch selbstständige Ambulatorien unter den Begriff „Krankenanstalten" zu subsumieren sind (§ 2 Abs. 1 Z. 5 KAKuG). Nicht darunter fallen Ordinationsstätten und Gruppenpraxen.

Das GTG normiert für die Durchführung einer somatischen Gentherapie einige *Sorgfalts-, Mitteilungs- und Meldepflichten*. So hat sich der verantwortliche Arzt von Anfang bis Ende der Gentherapie über alle Tatsachen und Umstände zu informieren, die im Zusammenhang mit der Gentherapie stehen und geeignet sind, die Gesundheit der behandelten Personen, des beteiligten Personals oder der Umwelt nach dem Stand der Wissenschaft und Technik zu gefährden (§ 77 Abs. 1 Satz 1 GTG). Dazu muss er sich einer Person bedienen, die mindestens zweijährige Erfahrung auf dem Gebiet der Maßnahmen zur Gewährleistung der Sicherheit hat, sofern er über derartige Erfahrung nicht selbst verfügt (§ 77 Abs. 1 Satz 2 GTG). Der verantwortliche Arzt hat die gefährdenden Tatsachen und Umstände unverzüglich dem Gesundheitsminister (schriftlich oder fernschriftlich) mitzuteilen (§ 77 Abs. 2 Satz 1 GTG). Der Minister hat daraufhin den wissenschaftlichen Ausschuss für genetische Analysen und Gentherapie am Menschen zu befassen und die erforderlichen Auflagen zur Hintanhaltung der Gefährdung zu erteilen oder die Durchführung der Gentherapie zu beschränken oder gar zu untersagen (§ 77 Abs. 2 Satz 2 GTG).

Beginn, Verlauf und Beendigung der somatischen Gentherapie sowie die Anzahl der behandelten Personen sind der Behörde, d. h. dem Gesundheitsminister, vom verantwortlichen Arzt mittels Formblatt, das sich in Anlage 3 und 4 findet, zu melden (§ 78a Abs. 1 GTG).

Im Hinblick auf die somatische Gentherapie wesentliche sachliche oder personelle Änderungen sind vom ärztlichen Leiter der Krankenanstalt unverzüglich an die Behörde (Gesundheitsminister) zu melden (§ 78a Abs. 2 GTG).

Gemäß § 79 Abs. 1 Z. 2 GTG hat der Gesundheitsminister ein *Gentherapieregister* einzurichten, in dem alle nach dem GTG zugelassenen somatischen Gentherapien am Menschen zu verzeichnen sind.

Sanktionsmechanismen
Die Einhaltung der Vorschriften über die somatische Gentherapie wird weitgehend durch § 109 Abs. 3 Z. 41 und 42 GTG verwaltungsstrafrechtlich abgesichert. Es droht eine Verwaltungsstrafe von bis zu 7.260 € .

5 Fortpflanzungsmedizinrecht

In Österreich gibt es weder ein dem deutschen Recht entsprechendes Embryonenschutzgesetz noch ein eigenes Stammzellgesetz.

5.1 Allgemeines

Unter jenen Gesetzen, die möglicherweise auf die Verwendung von hiPS-Zellen ausstrahlen, ist insbesondere das *Fortpflanzungsmedizingesetz (FMedG)* in den Blick zu nehmen: Es regelt die „medizinisch unterstützte Fortpflanzung", d. h. die „Anwendung medizinischer Methoden zur Herbeiführung einer Schwangerschaft auf andere Weise als durch Geschlechtsverkehr" (§ 1 Abs. 1 FMedG). In diesem Kontext finden sich etwa in § 9 Abs. 1 und 2 FMedG auch Bestimmungen für die Verwendung, Untersuchung und Behandlung von Samen, Eizellen und „entwicklungsfähigen Zellen": Danach dürfen entwicklungsfähige Zellen nicht für andere Zwecke als für medizinisch unterstützte Fortpflanzungen verwendet werden (§ 9 Abs. 1 FMedG). Sie dürfen nur insoweit untersucht und behandelt werden, als dies nach dem Stand der medizinischen Wissenschaft und Erfahrung zur Herbeiführung einer Schwangerschaft erforderlich ist (§ 9 Abs. 2 Satz 1 FMedG). Gleiches gilt für Samen und Eizellen, die für medizinisch unterstützte Fortpflanzungen verwendet werden sollen (§ 9 Abs. 2 Satz 2 FMedG). „Eingriffe in die Keimzellbahn" sind gemäß § 9 Abs. 3 FMedG unzulässig. Aus den strikt auf die Fortpflanzung eingeschränkten Verwendungszwecken des § 9 Abs. 1 und 2 FMedG wird überdies ein ausnahmsloses Verbot der Forschung mit menschlichen Embryonen abgeleitet, das vom Gesetzgeber auch beabsichtigt war[387] und anlässlich der Novelle im Jahr 2015 neuerlich bekräftigt worden ist.[388] Das umfassende Verwendungsverbot des § 9 Abs. 1 FMedG schließt daher auch die Gewinnung embryonaler Stammzellen aus In-vitro-Embryonen („entwicklungsfähigen Zellen") zu Forschungszwecken

---

[387] Vgl. ErläutRV 216 BlgNR 18. GP 20.
[388] ErläutRV 445 BlgNR 25. GP 9.

aus.[389] In weiterer Folge enthält das FMedG unter anderem detaillierte Vorgaben für die Verwendung von (eigenen oder fremden) Samen und Eizellen für eine medizinisch unterstützte Fortpflanzung.

Sieht man vorläufig vom Sonderfall hiPS-Zell-basierter Keimzellen ab, bei dem der Kontext zur Fortpflanzung evident (und die Anwendbarkeit des FMedG daher zu bejahen) ist,[390] erweist sich das FMedG für den vorliegenden Zusammenhang von hiPS-Zellen allerdings als nicht einschlägig. Das hängt mit der eigentümlichen Legaldefinition der *„entwicklungsfähigen Zellen"* zusammen, an der die Verbote des § 9 FMedG (wie auch die meisten sonstigen Regelungen des FMedG) anknüpfen und von dessen Reichweite die Anwendbarkeit des FMedG insgesamt abhängt: Gemäß § 1 Abs. 3 FMedG sind „entwicklungsfähige Zellen (…) befruchtete Eizellen und daraus entwickelte Zellen". Nach ganz herrschender Auslegung, die durch die Gesetzesmaterialien zur Novelle 2015 bekräftigt wurde, ist diese Definition restriktiv zu verstehen und erfasst lediglich „totipotente" Zellen.[391] Der Geltungsbereich des FMedG ist folglich nur für solche (befruchtete) Zellen eröffnet, die sich noch zu einem ganzen Menschen entwickeln können, nicht jedoch für andere (zum Beispiel pluripotente) Zellen, deren Entwicklungspotenzial auf die Fähigkeit zur Ausbildung unterschiedlicher Gewebstypen etc. beschränkt ist. Pluripotente embryonale Stammzellen sind demnach keine „entwicklungsfähigen" Zellen i. S. d. § 1 Abs. 3 FMedG. Für sie gelten daher auch die Verwendungsbeschränkungen dieses Gesetzes nicht.

Eine zweite – im vorliegenden Fall wesentliche – Einschränkung ergibt sich daraus, dass die Definition der „entwicklungsfähigen Zellen" gemäß § 1 Abs. 3 FMedG auf die *„Befruchtung"* abstellt. Zellen, die ihre „Entwicklungsfähigkeit" anderen Vorgängen als der Befruchtung verdanken (zum Beispiel der Methode des Kerntransfers), sind daher im Begriff der „entwicklungsfähigen Zelle" nicht enthalten. Das ist in der Literatur nahezu unbestritten;[392] die – soweit ersichtlich einzige – Gegenmeinung, die unter „befruchteten" Zellen jeden („totipotenten") Zellverband verstehen möchte, „der gewöhnlich das Potenzial hat, sich zum geborenen Menschen zu entwickeln",[393] hat sich nicht durchgesetzt. Dieser Auffassung steht schon der Wortlaut des § 1 Abs. 3 FMedG entgegen; auch eine analoge Anwendung scheidet im Hinblick auf das – durch Art. 7 Abs. 1 EMRK auch verfassungsrechtlich verbürgte – strafrechtliche Analogieverbot aus,[394] da die Verbote des FMedG verwaltungsstrafrechtlich sanktioniert sind. Dazu kommt, dass im

---

[389] Näher z. B. Kopetzki 2003, S. 52 ff.; 2008b, S. 273 ff.; Mayrhofer 2003, S. 97 ff. Die Verbote des FMedG sind nur verwaltungsstrafrechtlich sanktioniert. Ein justizstrafrechtlicher Schutz des extrakorporalen Embryos besteht nicht.

[390] Siehe dazu unten, Abschn. 5.2.

[391] ErläutRV 445 BlgNR 25. GP 4.

[392] Näher Kopetzki 2003, S. 59 f.; 2008b, S. 282 ff.; 2009b, S. 302 ff.; Mayrhofer 2003, S. 101 f.; 2016, § 1 FMedG Rn. 14; Weschka 2007, S. 167 f.

[393] So Bernat 2009a, S. 729 ff.; b, S. 33 ff.

[394] Nachweise bei Kopetzki 2008b, S. 282 ff.; 2009b, S. 302 ff.

Zuge einer Novellierung des FMedG im Jahre 2004 ein Ministerialentwurf diskutiert wurde, der die Legaldefinition der „entwicklungsfähigen Zellen" auch auf andere Methoden zur Herbeiführung einer „Entwicklungsfähigkeit" als durch „Befruchtung" ausdehnen wollte. Dieser Vorstoß ist, nicht zuletzt nach einer ablehnenden Stellungnahme der Bioethikkommission, aber nicht im Gesetz verwirklicht worden.[395]

Als Zwischenergebnis folgt daraus, dass Zellen, die zu anderen als zu Fortpflanzungszwecken verwendet werden, nicht den Verboten des FMedG unterliegen, solange sie nicht „befruchtet" sind. Ob diese Zellen durch andere Methoden als durch Befruchtung „entwicklungsfähig" geworden sind, ist irrelevant. Die „Totipotenz" stellt nach österreichischem Recht daher für sich genommen kein beachtliches Kriterium dar, solange keine „Entwicklungsfähigkeit" im spezifischen Sinn des FMedG (Befruchtung) vorliegt.

Wegen dieser Beschränkung des Begriffs der „entwicklungsfähigen Zelle" auf (totipotente) befruchtete Eizellen bzw. deren Folgezellen fallen auch alle anderen biotechnologischen Methoden zur „Reprogrammierung" somatischer Zellen in frühere Entwicklungsstadien aus dem Anwendungsbereich des FMedG heraus.[396] Das gilt auch für hiPS-Zellen. Ob die Anwendung solcher Techniken nur zu „pluripotenten" Stammzellen führt oder ob dabei möglicherweise sogar das Stadium der Totipotenz überschritten wird, macht rechtlich keinen Unterschied. Daher wären auch hiPS-Zellen keine „entwicklungsfähigen Zellen" i. S. d. FMedG, selbst wenn sie durch zusätzliche Manipulationen in diesen Zustand versetzt werden könnten. Unzulässig ist im Hinblick auf das (implizite) Verbot des reproduktiven Klonens[397] lediglich die Implantation und die Herbeiführung einer Schwangerschaft. Darüber hinaus ist dieser breite rechtliche Freiraum nur durch jene Rahmenbedingungen begrenzt, die für begleitende Eingriffe (zum Beispiel Zellgewinnung) bestehen. Sobald ein *therapeutischer* Verwendungszweck „beim Menschen" hinzutritt, gelten überdies die Regelungen des Gewebesicherheitsrechts und des Arzneimittelrechts;[398] diese sehen aber keine absoluten Verwendungsverbote vor.

Diese weitgehende *rechtliche Neutralität nicht-befruchteter Zellen* stellt in Österreich auch dann kein verfassungsrechtliches Problem dar, wenn solche Zellen als „totipotent" einzustufen wären: Nach überwiegender Verfassungsrechtslehre, vor allem auch nach der übereinstimmenden Judikatur der Höchstgerichte, beginnt der grundrechtliche Schutz des Grundrechts auf Leben (Art. 2 EMRK) erst mit der Geburt.[399] In diesem Punkt unterscheidet sich die Verfassungslage in Österreich erheb-

---

[395] Nachweise zur Vorgeschichte dieser Novelle bei Kopetzki 2008b, S. 288 f.

[396] Kopetzki 2008b, S. 291 f.; 2009b, S. 306.

[397] Zur Begründung Miklos 2000, S. 35 ff.

[398] Siehe dazu Abschn. 2 und 3.

[399] VfGH, Erk. vom 11. Oktober 1974 – G 8/74, VfSlg. 7400/1974; OGH, Urt. vom 25. Mai 1999 – 1 Ob 91/99k, SZ 72/91. Nachweise und Diskussion bei Kopetzki 2002a, S. 19 ff.; b, Rn. 14 ff.; Kneihs 2006, Rn. 8; 2014, Rn. 8. Die fehlende Anwendbarkeit des Art. 2 EMRK auf das ungeborene Leben hat auch der EGMR im Fall Evans (EGMR, Urt. vom 7. März. 2006 – Beschwerde

lich von jener in Deutschland. Die Verwendung von humanen Zellen liegt daher selbst dann außerhalb des personellen Anwendungsbereichs dieses Grundrechts, wenn diese Zellen „Totipotenz" aufweisen.

Auch der Grundsatz der Menschenwürde bildet diesbezüglich keine verfassungsrechtliche Schranke: Denn erstens enthält das österreichische Bundesverfassungsrecht gar keinen expliziten „Würdegrundsatz".[400] Und zweitens bestünde auch unter der Annahme einer – von manchen Autoren vertretenen – anderweitigen Begründung des Rechts auf Menschenwürde[401] kein plausibler Anhaltspunkt dafür, dass dieses Recht einen „vorgeburtlichen" Anwendungsbereich aufweist. Das gilt insbesondere auch für das Verbot unmenschlicher und erniedrigender Behandlung gemäß Art. 3 EMRK: Dieses Grundrecht enthält zwar mittelbar ein Schutzgut der „Menschenwürde", humane Zellen sind aber unabhängig von ihrer „Totipotenz" keine Grundrechtssubjekte i. S. d. Art. 3 EMRK.[402] Daran dürfte sich auch durch die Würdegarantie des Art. 1 der Europäischen Grundrechte-Charta (GRC) nichts ändern;[403] im Detail ist freilich vieles strittig, insbesondere auch die Frage, ob Art. 1 GRC (zumindest im Anwendungsbereich des Unionsrechts) zum Kreis der „verfassungsgesetzlich gewährleisteten Rechte" zu zählen ist und somit einen Prüfungsmaßstab vor dem VfGH bilden könnte.[404] Eine unmittelbare Drittwirkung kommt den Rechten der Charta aber jedenfalls nicht zu.[405]

5.2 HiPS-Zell-basierte Keimzellen

Nach dem bisher Gesagten könnte der Anwendungsbereich des FMedG nur in der speziellen Konstellation gegeben sein, dass *hiPS-Zell-basierte Keimzellen für eine medizinisch unterstützte Fortpflanzung verwendet* werden. Da das FMedG die Begriffe „Samen" und „Eizellen" in keiner Weise einschränkend definiert, muss davon ausgegangen werden, dass es dabei nicht auf die Art der Entstehung dieser Keimzellen an-

---

Nr. 6339/05, EuGRZ 2006, S. 389) bestätigt: Die Aussage, dass die Festlegung des Beginns des grundrechtlichen Lebensschutzes mangels eines europäischen Konsenses in den Beurteilungsspielraum der Nationalstaaten falle (Z. 45), läuft darauf hinaus, dass die pränatale Reichweite der Schutzgewährung nach Art. 2 EMRK den Vertragsstaaten anheimgestellt bleibt. Die EMRK entfaltet also insofern keine eigenständige Bindungswirkung.

[400] Zur Begründung Kopetzki 2002a, S. 39 ff.; 2003, S. 63 ff.; Kneihs 2014, Rn. 58.

[401] Zum überaus kontroversiellen Meinungsstand, insbesondere auch zu den Vertretern eines „ungeschriebenen Verfassungsgrundsatzes der Menschenwürde", vgl. hier nur Kneihs 2014, Rn. 57 ff. Der VfGH hat die Menschenwürde als „allgemeinen Wertungsgrundsatz unserer Rechtsordnung" anerkannt (VfGH, Erk. vom 10. Dezember – G 167/92, V 75/92 u. a., VfSlg. 13.635/1993), jedoch nicht behauptet, dass ein solcher Grundsatz auf Verfassungsebene besteht.

[402] M. w. N. Kopetzki 2003, S. 63 ff.; Kneihs 2013, Rn. 20.

[403] Dazu m. w. N. Kopetzki 2012, S. 323 f. Gegen eine Ausdehnung des persönlichen Schutzbereichs des Art. 1 GRC auf Zeiträume vor der Geburt z. B. Fuchs und Segalla 2019, Art. 1 GRC Rn. 31.

[404] Ablehnend Kopetzki 2012, S. 323; bejahend Kneihs 2014, Rn. 73.

[405] M. w. N. Holoubek et al. 2019, Art. 51 GRC Rn. 59.

kommt. Es gibt weder im Text des Gesetzes noch in den Erläuterungen einen Hinweis darauf, dass der Gesetzgeber lediglich „natürlich" entstandene Keimzellen erfassen wollte, wenngleich man zur Entstehungszeit des FMedG gewiss keine hiPS-Zell-basierten Keimzellen vor Augen hatte. Lege non distinguente ist daher anzunehmen, dass das FMedG jedenfalls auf eine medizinisch unterstützte Fortpflanzung unter Verwendung hiPS-Zell-basierten Keimzellen anwendbar wäre und die im FMedG vorgesehenen Voraussetzungen eingehalten werden müssten. Da das FMedG ein Subsidiaritätsprinzip vorsieht, wonach die Verwendung von Keimzellen Dritter grundsätzlich nur dann zulässig ist, wenn die (eigenen) Keimzellen der fortpflanzungswilligen Ehepartner oder Lebensgefährten nicht fortpflanzungsfähig sind (vgl. § 3 Abs. 2 und 3 FMedG), würde sich aus dem FMedG sogar ein rechtlicher Vorrang der Verwendung von hiPS-Keimzellen gegenüber gespendeten Keimzellen Dritter ergeben, weil und sofern die hiPS-Keimzellen aus eigenen Körperzellen gewonnen werden können.

Eine genauere Analyse der gesetzlichen Rahmenbedingungen des FMedG kann in diesem Zusammenhang allerdings unterbleiben: Denn die Verwendung von hiPS-Zell-basierten Keimzellen dürfte mit dem Verbot von „Eingriffen in die Keimzellbahn" (§ 9 Abs. 3 FMedG) bzw. von „Eingriffen in die menschliche Keimbahn" (§ 64 GTG)[406] nicht vereinbar sein: § 4 Z. 22 GTG definiert die „Keimbahn" als „Gesamtheit der Zellenfolge, aus der Keimzellen hervorgehen, und die Keimzellen selbst". Im Gegensatz zum deutschen ESchG stellt diese Legaldefinition nicht auf die Herkunft aus „befruchteten Eizellen" ab. Es sprechen daher gute Gründe dafür, dass der gesetzliche Begriff der „Keimbahn" alle Zellen (einschließlich somatischer Zellen) umfasst, die im Endergebnis zu menschlichen „Keimzellen" führen und die für Zwecke der Fortpflanzung verwendet werden. Dieses weite Verständnis wird auch durch die amtlichen Erläuterungen zum FMedG gestützt: Demnach sollten „Eingriffe in die menschliche Keimzellbahn ... unter allen Umständen unzulässig" sein. Begründet wurde dieses strikte Verbot mit der lapidaren Feststellung, dass „Manipulationen am menschlichen Erbgut ... nach heute überwiegender gesellschaftlicher Anschauung wegen der damit verbundenen weitreichenden, in ihren Auswirkungen nicht absehbaren Mißbrauchsmöglichkeiten abzulehnen" seien.[407]

Vor diesem Hintergrund liegt die Annahme nahe, dass die Absicht des Gesetzgebers, ein absolutes „genetisches Manipulationsverbot" zu schaffen, auch der Verwendung von hiPS-Zell-basierten Keimzellen für Zwecke der Fortpflanzung entgegensteht. Man kann zwar bezweifeln, dass diese „gesellschaftliche Anschauung" auch heute noch in dieser Allgemeinheit zutrifft. Das ändert aber nichts am Willen des historischen Gesetzgebers, den Begriff des verpönten „Keimbahneingriffs" möglichst weit zu fassen. Dieses Bestreben findet sich auch in der FMedG-Novelle 2015 wieder, wo für „genetische Untersuchungen" im Rahmen einer Präimplantationsdiagnostik eine ausdrückliche Ausnahme vom Verbot des Keimbahneingriffs eingefügt worden

---

[406] Der vom § 64 GTG verwendete Begriff der „Keimbahn" entspricht dem im FMedG verwendeten Terminus „Keimzellbahn": ErläutRV 1465 BlgNR 18. GP 62; Satzinger 2007, § 64 GTG Rn. 2; Mayrhofer 2016, § 9 FMedG Rn. 4.

[407] ErläutRV 216 BlgNR 18. GP 20.

ist.[408] Das lässt auf ein sehr breites Begriffsverständnis eines „Keimbahneingriffs" schließen, das nicht zwingend eine Veränderung der genetischen Information der Keimzellen voraussetzt. Einen etablierten literarischen Meinungsstand oder gar höchstgerichtliche Entscheidungen gibt es in diesem Punkt allerdings nicht (Abb. 5).

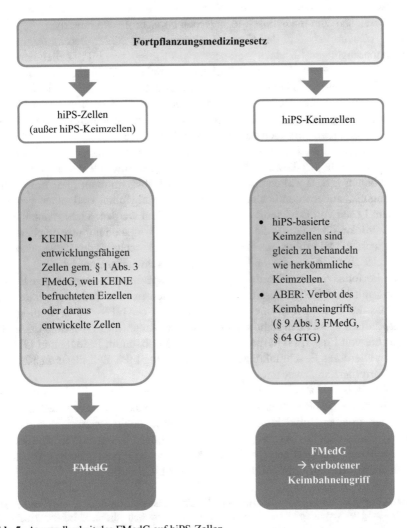

Abb. 5 Anwendbarkeit des FMedG auf hiPS-Zellen

---

[408] § 9 Abs. 3 FMedG i. d. F. Bundesgesetzblatt I 2015/35: „Eingriffe in die Keimzellbahn sind unzulässig. Dies gilt, außer in den in § 2a geregelten Fällen, auch für genetische Untersuchungen der entwicklungsfähigen Zellen vor deren Einbringen in den Körper der Frau".

6 Fazit

Die vorstehende Analyse der österreichischen Rechtsordnung ergibt derzeit ein inhomogenes Gesamtbild im Hinblick auf die stoffrechtliche Beurteilung von hiPS-Zellen und deren klinische Translation. Während sich in einzelnen Rechtsgebieten bereits spezifische Vorschriften für neuartige Therapien finden, hinkt der Gesetzgeber in anderen Bereichen dem medizinisch-technischen Fortschritt noch hinterher:

Das Arzneimittel- und das Gewebesicherheitsrecht stellen bereits umfassende Rahmenbedingungen für einen therapeutischen Einsatz von hiPS-Zellen bereit. So kommen insbesondere die unionsrechtlich determinierten Bestimmungen über Arzneimittel für neuartige Therapien zur Anwendung. In diesem Zusammenhang gibt es grundsätzlich keinen Bedarf an neuen Regelungen. Vereinzelt werfen allerdings selbst diese vergleichsweise fortschrittlichen Normen Auslegungsschwierigkeiten sowohl auf nationaler als auch auf unionsrechtlicher Ebene auf.

Im Gegensatz dazu ist der Handlungsbedarf im Gentechnikrecht erheblich größer. Bereits die Begriffsbestimmungen, von denen die Anwendbarkeit des GTG abhängt, können i. S. d. Erkenntnisses VfGH G 81/90[409] mitunter „nur mit subtiler Sachkenntnis, außerordentlichen methodischen Fähigkeiten und einer gewissen Lust zum Lösen von Denksport-Aufgaben" ausgelegt werden. Viele Probleme sind darauf zurückzuführen, dass die unionsrechtlichen Vorgaben nur unzureichend umgesetzt wurden. Allerdings bestehen selbst im Unionsrecht ob der Verwendung unbestimmter Begriffe grundlegende Interpretationsschwierigkeiten.[410]

Das Fortpflanzungsmedizinrecht stellt keine spezifischen Regelungen für den Umgang mit hiPS-Zellen bereit. Auslegungsfragen resultieren hier vor allem daraus, dass der Gesetzgeber eine allfällige Relevanz der hiPS-Zell-Technologie für die Reproduktionsmedizin sichtlich noch nicht vor Augen hatte. Aus dem umfassenden Verbot von Eingriffen in die menschliche Keimbahn im FMedG und GTG resultieren allerdings Beschränkungen für die Nutzung hiPS-Zell-basierter Keimzellen zu Fortpflanzungszwecken.

Im Ergebnis sind all diesen Regelungsgebieten verbleibende Rechtsunsicherheiten gemein, die den Rechtsanwender vor große Herausforderungen stellen. Angesichts der rasanten Entwicklung der hiPS-Zell-Technologie wäre i. S. d. Rechtsklarheit eine zeitnahe Bereinigung der bestehenden Auslegungsschwierigkeiten wünschenswert. Anregungen für einen entsprechenden Gesetzgebungsprozess enthalten die rechtlichen Empfehlungen des Verbunds ClinhiPS.[411]

Danksagung Die Autoren bedanken sich beim Bundesministerium für Bildung und Forschung für die Förderung des Verbundprojekts „ClinhiPS: Eine naturwissenschaftliche, ethische und rechtsvergleichende Analyse der klinischen Anwendung von humanen induzierten pluripotenten Stammzellen in Deutschland und Österreich" (FKZ 01GP1602A; Bewilligungszeitraum: 01.04.2016 bis 31.03.2018). Dieser Beitrag gibt dabei ausschließlich die Auffassung der Autoren wieder.

---

[409] VfGH, Urt. vom 29. Juni 1990 – G 81/90 u. a., VfSlg. 12.420.
[410] Siehe dazu die Empfehlungen des Verbunds ClinhiPS, Gerke et al. 2020, Abschn. 3.4.
[411] Siehe Gerke et al. 2020, Abschn. 3.

Literatur

Aigner G, Füszl S (2017) Arzneimittelrecht. In: Aigner G, Kleteçka A, Kleteçka-Pulker M, Memmer M (Hrsg) Handbuch Medizinrecht für die Praxis (25. EL, Oktober 2017). Manz, Wien, S 71–130

Barth P (2017) Das 2. Erwachsenenschutz-Gesetz. Eine Annäherung. iFamZ 11:143–147

BASG = Bundesamt für Sicherheit im Gesundheitswesen (2016) Leitfaden zur Einreichung und Durchführung von Klinischen Prüfungen von Arzneimitteln. https://www.basg.gv.at/fileadmin/user_upload/L_I206_Leitfaden_KP_Einreichung.pdf. Zugegriffen am 30.01.2018

BASG = Bundesamt für Sicherheit im Gesundheitswesen (2017) Leitfaden zur Anwendung von nicht zugelassenen ATMPs in Krankenanstalten (Hospital Exemption) in Österreich. https://www.basg.gv.at/index.php?eID=tx_nawsecuredl&u=0&g=0&t=0&hash=1bc32535ec8a11ea5e603e099904e73e73182279&file=fileadmin/user_upload/L_I201_Leitfaden_Hospital_Exemption_ATMP_deutsch.pdf. Zugegriffen am 30.01.2018

Bernal JA (2013) RNA-based tools for nuclear reprogramming and lineage-conversion: towards clinical applications. J Cardiovasc Trans Res 6:956–968. https://doi.org/10.1007/s12265-013-9494-8

Bernat E (1995) Recht und Humangenetik – ein österreichischer Diskussionsbeitrag. In: Deutsch E, Klingmüller E, Kullmann HJ (Hrsg) Festschrift für Erich Steffen zum 65. Geburtstag. de Gruyter, Berlin, S 33–S 56

Bernat E (2003) Das österreichische Recht der klinischen Arzneimittelprüfung – europakonform oder anpassungsbedürftig. In: Bernat E, Kröll W (Hrsg) Recht und Ethik der Arzneimittelforschung. Manz, Wien, S 60–82

Bernat E (2009a) Die rechtliche Regelung von Chimären und Hybridwesen – ein österreichischer Landesbericht. In: Taupitz J, Weschka M (Hrsg) Chimbrids – Chimeras and Hybrids in Comparative European and International Research. Springer, Berlin/Heidelberg, S 716–733

Bernat E (2009b) Sind geklonte Embryonen „entwicklungsfähige Zellen" i.S.v. § 1 Abs. 3 FMedG? – Anmerkungen zu R (on the Application of Quintavalle) v. Secretary of State for Health. In: Ahrens H-J, von Bar C, Fischer G, Spickhoff A, Taupitz J (Hrsg) Medizin und Haftung. Festschrift für Erwin Deutsch zum 80. Geburtstag. Springer, Berlin/Heidelberg, S 19–41

BMG = Bundesministerium für Gesundheit (2017) Somatische Gentherapie. Benötigte Antragsunterlagen für die Begutachtung. https://www.bmgf.gv.at/cms/home/attachments/9/6/3/CH1053/CMS1239095309324/antragsunterlagen_somatische_gentherapie_04.pdf. Zugegriffen am 30.01.2018

BMGFJ = Bundesministerium für Gesundheit, Familie und Jugend (2007) Gentechnikbuch. 3. Kapitel. Teil 2: Zelllinien. https://www.bmgf.gv.at/cms/home/attachments/3/0/5/CH1060/CMS1201093533126/gentechnikbuch__3__kapitel_-_teil_2.pdf. Zugegriffen am 30.01.2018

Brandstätter N (2017a) Das 2. Erwachsenenschutzgesetz – zentrale Neuerungen. ecolex 27:1048–1051

Brandstätter N (2017b) Medizinische Behandlung bei nicht entscheidungsfähigen Personen. ecolex 27:1147–1149

Bydlinski F (1991) Juristische Methodenlehre und Rechtsbegriff. Springer, Wien

Christen P, Jaussi R, Benoit R (2016) Biochemie und Molekularbiologie. Springer, Berlin/Heidelberg

Dörr O (2017) In: Grabitz E, Hilf M, Nettesheim M (Hrsg) Das Recht der Europäischen Union (61. EL, April 2017). C. H. Beck, München

EMA = European Medicines Agency (2007) Draft Guideline on scientific requirements for the environmental risk assessment of gene therapy medicinal products, S 1–15. http://www.ema.europa.eu/docs/en_GB/document_library/Scientific_guideline/2009/09/WC500003744.pdf. Zugegriffen am 30.01.2018

EMA = European Medicines Agency (2013a) Zusammenfassung des EPAR für die Öffentlichkeit – Provenge. http://www.ema.europa.eu/docs/de_DE/document_library/EPAR_-_Summary_for_the_public/human/002513/WC500151157.pdf. Zugegriffen am 30.01.2018

EMA = European Medicines Agency (2013b) Zusammenfassung des EPAR für die Öffentlich-keit – Maci. http://www.ema.europa.eu/docs/de_DE/document_library/EPAR_-_Summary_for_the_public/human/002522/WC500145889.pdf. Zugegriffen am 30.01.2018

EMA = European Medicines Agency (2014) Zusammenfassung des EPAR für die Öffentlichkeit – ChondroCelect. http://www.ema.europa.eu/docs/de_DE/document_library/EPAR_-_Summary_for_the_public/human/000878/WC500026033.pdf. Zugegriffen am 30.01.2018

EMA = European Medicines Agency (2015) Zusammenfassung des EPAR für die Öffentlichkeit – Holoclar. http://www.ema.europa.eu/docs/de_DE/document_library/EPAR_-_Summary_for_the_public/human/002450/WC500183406.pdf. Zugegriffen am 30.01.2018

Europäische Kommission (1992) Handbook for the implementation of directive 90/220/EEC on the deliberate release of genetically modified organisms to the environment. http://aei.pitt.edu/38831/1/A3827.pdf. Zugegriffen am 30.01.2018

Faltus T (2016a) Stammzellenreprogrammierung. Der rechtliche Status und die rechtliche Hand-habung sowie die rechtssystematische Bedeutung reprogrammierter Stammzellen. Nomos, Baden-Baden

Faltus T (2016b) Reprogrammierte Stammzellen für die therapeutische Anwendung. MedR 34:866–874

Fleischfresser A (2014) In: Fuhrmann S, Klein B, Fleischfresser A (Hrsg) Arzneimittelrecht. Handbuch für die pharmazeutische Rechtspraxis. Nomos, Baden-Baden

Fuchs C, Segalla P (2019) In: Holoubek M, Lienbacher G (Hrsg) Charta der Grundrechte der Eu-ropäischen Union. GRC-Kommentar. Manz, Wien

Gassner U (2003) Abschied vom Fertigarzneimittel. PharmR 25:40–44

Gerke S (2020) Die klinische Translation von hiPS-Zellen in Deutschland. In: Gerke S, Taupitz J, Wiesemann C, Kopetzki C, Zimmermann H (Hrsg) Die klinische Anwendung von humanen induzierten pluripotenten Stammzellen – Ein Stakeholder-Sammelband. Springer, Berlin/Hei-delberg/New York, S 208–279

Gerke S, Hansen SL, Blum VC, Bur S, Heyder C, Kopetzki C, Meiser I, Neubauer JC, Noe D, Steinböck C, Wiesemann C, Zimmermann H, Taupitz J (2020) Naturwissenschaftliche, ethi-sche und rechtliche Empfehlungen zur klinischen Translation der Forschung mit humanen in-duzierten pluripotenten Stammzellen und davon abgeleiteten Produkten. In: Gerke S, Taupitz J, Wiesemann C, Kopetzki C, Zimmermann H (Hrsg) Die klinische Anwendung von humanen induzierten pluripotenten Stammzellen – Ein Stakeholder-Sammelband. Springer, Berlin/Hei-delberg/New York, S 394–420

Gitschthaler E, Schweighofer M (2017) Erwachsenenschutzrecht. 2. Erwachsenenschutz-Gesetz. Manz, Wien

González F, Boué S, Izpisúa Belmonte JC (2011) Methods for making induced pluripotent stem cells: reprogramming à la carte. Nature Reviews 12:231–242

Haas M, Plank M-L, Unterkofler B (2015) Kommentar zum Arzneimittelgesetz. Verlag Österreich Gmbh, Wien

Heinisch JJ, Paululat A (Hrsg) (2016) Campbell Biologie. Pearson, Hallbergmoos

Heissenberger W (2016) In: Neumayr M, Resch R, Wallner F (Hrsg) Gmundner Kommentar zum Gesundheitsrecht. Manz, Wien

Heissenberger W (2017a) Blutsicherheit. In: Aigner G, Kletečka A, Kletečka-Pulker M, Memmer M (Hrsg) Handbuch Medizinrecht für die Praxis (25. EL, Oktober 2017). Manz, Wien, S 53–70

Heissenberger W (2017b) Gewebesicherheit. In: Aigner G, Kletečka A, Kletečka-Pulker M, Mem-mer M (Hrsg) Handbuch Medizinrecht für die Praxis (25. EL, Oktober 2017). Manz, Wien, S 27–51

Hirsch G, Schmidt-Didczuhn A (1991) Gentechnikgesetz (GenTG) mit Gentechnik-Verordnungen. Kommentar. C. H. Beck, München

Hübelbauer R (2017) Reform des Sachwalterschaftsrechtes/2. Erwachsenenschutzgesetz. ZfG 2:4–11

Huber-Kowald A (2012) In: Mayer H, Stöger K (Hrsg) Kommentar zu EUV/AEUV (Dezember 2012). Manz, Wien. http://www.rdb.at. Zugegriffen am 30.01.2018

Joklik A, Zivny T (2008) Gewebesicherheitsgesetz – das Wesentliche auf einen Blick. RdM 15:17–22

Juen T (2005) Arzthaftungsrecht. Die zivilrechtliche Haftung des Arztes für den Behandlungsfehler – der Arzthaftungsprozess in Österreich. Manz, Wien

Kahl G (2004) The dictionary of gene technology. Wiley-VCH, Weinheim

Kaufmann M (2015) Die arzneimittelrechtliche Zulassung als Zentralbegriff des Pharmarechts – zur Auslegung der Ausnahmen in Art 3 und 5 der Richtlinie 2001/83. PharmR 37:473–479

Kloesel A, Cyran W, bearbeitet von Feiden K, Pabel H (2016) Arzneimittelrecht Kommentar (132. EL, Oktober 2016). Deutscher Apotheker, Stuttgart

Kneihs B (2006) In: Kneihs B, Lienbacher G (Hrsg) Rill-Schäffer-Kommentar Bundesverfassungsrecht (4. EL, 2006). Verlag Österreich Gmbh, Wien

Kneihs B (2013) In: Kneihs B, Lienbacher G (Hrsg) Rill-Schäffer-Kommentar Bundesverfassungsrecht (11. EL, 2013). Verlag Österreich Gmbh, Wien

Kneihs B (2014) Schutz von Leib und Leben sowie Achtung der Menschenwürde. In: Merten D, Papier H-J, Kucsko-Stadlmayer G (Hrsg) Handbuch der Grundrechte in Deutschland und Europa, Bd VII/1: Grundrechte in Österreich. C. F. Müller/Manz, Heidelberg/Wien, S 321–361

Koch FA, Ibelgaufts H (Grundwerk, November 1992) Gentechnikgesetz. Kommentar mit Rechtsverordnungen und EG-Richtlinien. VCH, Weinheim

Köchle C (2017) Gentechnikrecht II: Rote Gentechnik. In: Kolonovits D, Muzak G, Piska C, Strejcek G, Perthold B (Hrsg) Besonderes Verwaltungsrecht, Bd 2. Facultas, Wien, S 409–421

Koecke HU, Emschermann P, Härle E (2000) Biologie. Lehrbuch der allgemeinen Biologie für Mediziner und Naturwissenschaftler. Schattauer, Stuttgart

König R (2009) GSG: Entstehung, Zielsetzung und Grundsätze. In: Kopetzki C (Hrsg) Gewebesicherheitsrecht. Manz, Wien, S 1–11

Kopetzki C (1988) Organgewinnung zu Zwecken der Transplantation. Springer, Wien

Kopetzki C (2002a) Grundrechtliche Aspekte der Biotechnologie am Beispiel des „therapeutischen Klonens". In: Kopetzki C, Mayer H (Hrsg) Biotechnologie und Recht. Manz, Wien, S 15–66

Kopetzki C (2002b) In: Korinek K, Holoubek M, Bezemek C, Fuchs C, Martin A, Zellenberg UE (Hrsg) Österreichisches Bundesverfassungsrecht (5. EL, 2002). Verlag Österreich Gmbh, Wien, Art 2 EMRK Rn 14–18

Kopetzki C (2003) Rechtliche Aspekte des Embryonenschutzes. In: Körtner U, Kopetzki C (Hrsg) Embryonenschutz – Hemmschuh für die Biomedizin? Manz, Wien, S 51–72

Kopetzki C (2008a) „Off-Label-Use" von Arzneimitteln. In: Ennöckl D, Raschauer N, Schulev-Steindl E, Wessely W (Hrsg) Über Struktur und Vielfalt im Öffentlichen Recht. Festgabe für Bernhard Raschauer. Springer, Wien/New York, S 73–103

Kopetzki C (2008b) Stammzellforschung in Österreich. In: Körtner U, Kopetzki C (Hrsg) Stammzellforschung. Ethische und rechtliche Aspekte. Springer, Wien/New York, S 269–296

Kopetzki C (2009a) Entnahmeeinrichtungen, Gewinnverbote und Gewinnung vom verstorbenen Spender. In: Kopetzki C (Hrsg) Gewebesicherheitsrecht. Manz, Wien, S 142–175

Kopetzki C (2009b) Zur Lage der embryonalen Stammzellen in Österreich. In: Ahrens H-J, von Bar C, Fischer G, Spickhoff A, Taupitz J (Hrsg) Medizin und Haftung. Festschrift für Erwin Deutsch zum 80. Geburtstag. Springer, Berlin/Heidelberg, S 297–315

Kopetzki C (2012) Altes und Neues zur Präimplantationsdiagnostik. J Rechtspolitik 20:317–337

Kopetzki C (2013) Krankenanstaltenrecht. In: Holoubek M, Potacs M (Hrsg) Öffentliches Wirtschaftsrecht Bd I. Verlag Österreich Gmbh, Wien, S 377–490

Kopetzki C (2014) Das Organtransplantationsgesetz (OTPG) 2012. In: Kröll W, Schaupp W (Hrsg) Hirntod und Organtransplantation. Medizinische, ethische und rechtliche Betrachtungen. Nomos, Baden-Baden, S 35–57

Kopetzki C (2016) In: Perthold B (Hrsg) Kommentar zum Universitätsgesetz (Oktober 2016). Manz, Wien, Art. 30 UG. https://www.rdb.at. Zugegriffen am 30.01.2018

Kräftner V (2016) Organtransplantationsrecht. Dissertation, Universität Wien

Krejci H (1995) Ethikkommission und Versicherungsfragen. RdM 2:27–32

Krejci H (1999) Ist Quarantäneplasma eine nach §§ 11 ff zulassungspflichtige Arzneispezialität? RdM 6:140–142

Krüger C (2016) In: Kügel W, Müller R-G, Hofmann H-P (Hrsg) Arzneimittelgesetz. C.H. Beck, München

Leischner A (2009) Gewinnung vom lebenden Spender. In: Kopetzki C (Hrsg) Gewebesicherheitsrecht. Manz, Wien, S 176–216

Life Technologies (2012) Episomal iPSC Reprogramming Vectors FAQs, Punkt 4. https://tools. thermofisher.com/content/sfs/manuals/FAQ_Episomal_iPSC_Reprogramming_Vectors.pdf. Zugegriffen am 30.01.2018

Madigan MT, Martinko JM, Stahl DA, Clark DP (2013) Brock Mikrobiologie. Pearson, Hallbergmoos

Maurer W (2000) „Quarantäneplasma" – eine zulassungspflichtige Arzneispezialität? RdM 7:176–178

Maurer W (2001) Unglaublich: Quarantäneplasma-Merkwürdigkeiten im Gesundheitsministerium. RdM 8:63–64

Mayer H, Michtner W, Schober W (1987) Kommentar zum Arzneimittelgesetz. Manz, Wien

Mayrhofer M (2003) Reproduktionsmedizinrecht. NWV, Wien/Graz

Mayrhofer M (2016) In: Neumayr M, Resch R, Wallner F (Hrsg) Gmundner Kommentar zum Gesundheitsrecht. Manz, Wien

Miklos A (2000) Das Verbot des Klonens von Menschen in der österreichischen Rechtsordnung. RdM 7:35–45

Müller E (2011a) Arzneimittel für neuartige Therapien (ATMP) im zentralisierten europäischen Zulassungsverfahren. StoffR 8:61–68

Müller E (2011b) Die Sonderregelung des § 4b AMG. MedR 2011, 698–703

Noe D (2019) Der medizinische Einsatz des Genome Editing im Lichte der Rsp des EuGH. Zugleich Besprechung von EuGH 25.7.2018, C-528/16. RdM 26:124–130

Öhlinger T, Potacs M (2017) Gemeinschaftsrecht und staatliches Recht. LexisNexis, Wien

Ossenbühl F (1967) Die verfassungsrechtliche Zulässigkeit der Verweisung als Mittel der Gesetzgebungstechnik. DVBl 82:401–408

Parapatits F, Perner S (2017) Die Neuregelung der Geschäftsfähigkeit im 2. Erwachsenenschutz-Gesetz. iFamZ 11:160–168

Pitzl E, Huber G (2016) In: Neumayr M, Resch R, Wallner F (Hrsg) Gmundner Kommentar zum Gesundheitsrecht. Manz, Wien

Polster K (2011) Gewebesicherheitsrecht. Sicherheit bei der medizinischen Verwendung menschlicher Gewebe und Zellen. Springer, Wien/New York

Prutsch K (2003) Die ärztliche Aufklärung. Handbuch für Ärzte, Juristen und Patienten. WUV Universitätsverlag, Wien

Rogatsch Y (2012) Redaktionsversehen im Verwaltungsrecht. ZfV 34:788–792

Ronellenfitsch M (2016) In: Eberbach W, Lange P, Ronellenfitsch M (Hrsg) Recht der Gentechnik und Biodmedizin (95. EL, Dezember 2016). C. F. Müller, Heidelberg

Satzinger G (2007) In: Kerschner F, Lang EC, Satzinger G, Wagner E (Hrsg) Kommentar zum Gentechnikgesetz. Wien, Manz

Schauer M (2017) Die vier Säulen des Erwachsenenschutzrechts. Vorsorgevollmacht, gewählte, gesetzliche und gerichtliche Erwachsenenvertretung. iFamZ 11:148–157

Schmoll J (2015) Zulassung im Arzneimittelrecht. Verlag Österreich Gmbh, Wien

Selb W (1991) Zum Entwurf eines Gentechnikgesetzes. JBl 113:749–755

Semp R (2014) Medizinprodukterecht. In: Aigner G, Kletečka A, Kletečka-Pulker M, Memmer M (Hrsg) Handbuch Medizinrecht für die Praxis (19. EL, Dezember 2014). Manz, Wien, S 1–25

Steinböck C (2019) Arzneimittelrecht. In: Holoubek M, Potacs M (Hrsg) Handbuch des öffentlichen Wirtschaftsrechts. Bd. II. Verlag Österreich Gmbh, Wien, in Druck

Stelzer M (1993) Sicherheit durch Recht oder Rechtssicherheit? FORUM:56–61

Stelzer M, Köchle C (2009) Betrieb und Kontrolle von Gewebebanken nach dem Gewebesicherheitsgesetz. In: Kopetzki C (Hrsg) Gewebesicherheitsrecht. Manz, Wien, S 218–246

Stelzer M, Schmiedecker K (2013) Gentechnikrecht. In: Holoubek M, Potacs M (Hrsg) Öffentliches Wirtschaftsrecht Bd II. Verlag Österreich Gmbh, Wien, S 665–722

Stibernitz B (2015) Europäische Arzneimitteldefinition: Legal Highs als Arzneimittel? RdM 22:180–184

Stöger K (2009) Europarechtliche und verfassungsrechtliche Kompetenzfragen der Gewebesicherheit. In: Kopetzki C (Hrsg) Gewebesicherheitsrecht. Manz, Wien, S 142–175

Streinz R (2016) Europarecht. C. F. Müller, Heidelberg

Taupitz J, Brewe M, Schelling H (2002) Landesbericht Deutschland. In: Taupitz J (Hrsg) Das Menschenrechtsübereinkommen zur Biomedizin des Europarates. Springer, Berlin/Heidelberg/New York, S 409–S 485

Wagner E, Ecker J (2016) In: Neumayr M, Resch R, Wallner F (Hrsg) Gmundner Kommentar zum Gesundheitsrecht. Manz, Wien

Wernscheid V (2012) Tissue Engineering – Rechtliche Grenzen und Voraussetzungen. Universitätsverlag Göttingen, Göttingen

Weschka M (2007) Die Herstellung von Chimären und Hybridwesen. Eine rechtsvergleichende Skizze einiger aktueller Fragestellungen. RdM 14:164–172

Windisch B (1995) Probandenversicherung. Verlag Orac, Wien

Zeinhofer C (2007) Der Begriff des Arzneimittels und seine Abgrenzung von anderen Produktkategorien. NWV, Wien/Graz

Zeinhofer C (2009a) Der Anwendungsbereich des Gewebesicherheitsgesetzes. In: Kopetzki C (Hrsg) Gewebesicherheitsrecht. Manz, Wien, S 98–141

Zeinhofer C (2009b) Neue Entwicklungen im Arzneimittelrecht – Die AMG-Novelle 2009. RdM 16:204–211

Zeinhofer C (2014) Müssen Arzneimittel therapeutisch wirksam sein? RdM 21:305

Zeinhofer C (2015) Anmerkung zu EuGH, Urt. vom 16. Juli 2015 – C-544/13 und C-545/13. RdM 22:194

Zeinhofer C (2016) Klinische Prüfung von Arzneimitteln im Umbruch. Überblick über wesentliche Änderungen durch die VO (EU) 536/2014. RdM 23:8–16

Zeinhofer C (2017) Arzneimittelrecht. In: Kolonovits D, Muzak G, Perthold B, Piska C, Strejcek G (Hrsg) Besonderes Verwaltungsrecht. Facultas, Wien, S 423–442

Zhou H, Wu S, Joo JY, Zhu S, Han DW, Lin T, Trauger S, Bien G, Yao S, Zhu Y, Siuzdak G, Schöler HR, Duan L, Ding S (2009) Generation of induced pluripotent stem cells using recombinant proteins. Cell Stem Cell 4:381–384. https://doi.org/10.1016/j.stem.2009.04.005

Univ.-Prof. DDr. Christian Kopetzki studierte Rechtswissenschaften (Dr. iur. 1979) und Medizin (Dr. med. 1984) an der Universität Wien. 1995 habilitierte er sich in den Fächern Medizinrecht, Verfassungsrecht und Verwaltungsrecht. Seit 2002 ist er Universitätsprofessor für Medizinrecht am Institut für Staats- und Verwaltungsrecht der Universität Wien. Er ist Autor zahlreicher Publikationen (u. a. zum Gentechnik-, Biotechnologie- und Fortpflanzungsmedizinrecht, zur Stammzellforschung sowie zu Grundrechten im Bereich der Biomedizin).

Mag. Dr. Verena Christine Blum studierte Rechtswissenschaften an der Universität Wien (Mag. iur 2012, Dr. iur. 2017). Sie war von 2013 bis 2018 (mit Unterbrechung) an der Abteilung Medizinrecht des Instituts für Staats- und Verwaltungsrecht der Universität Wien tätig; zuletzt als post doc Projektmitarbeiterin im Rahmen des Projekts ClinhiPS, das sie bereits zuvor betreut hat. In ihrer Forschung beschäftigt sie sich intensiv mit ärztlichem Berufsrecht und medizinrechtlichen Werbebeschränkungen.

Mag. Danielle Noe studiert seit 2013 Rechtswissenschaften an der Universität Wien (Mag. iur. 2017). Seit 2016 ist sie in der Abteilung Medizinrecht des Instituts für Staats- und Verwaltungsrecht der Universität Wien beschäftigt. Zunächst war sie als Projektmitarbeiterin im Rahmen des Projekts ClinhiPS, seit 2017 ist sie als wissenschaftliche Mitarbeiterin (prae doc) tätig. Der Schwerpunkt ihrer Forschung liegt im Biotechnologierecht, insbesondere im Bereich der medizinrechtlichen Regulierung neuartiger Therapiemethoden.

Mag. Dr. Claudia Steinböck (vormals Zeinhofer) studierte Rechtswissenschaften an der Universität Wien (Mag. iur 2003, Dr. iur 2007). Ihre Dissertation zum Arzneimittelbegriff wurde mit dem Wolf Theiss Award 2007 ausgezeichnet. Sie ist (mit Unterbrechung) seit 2003 als wissenschaftliche Mitarbeiterin an der Abteilung Medizinrecht des Instituts für Staats- und Verwaltungsrecht der Universität Wien tätig und am Projekt ClinhiPS beteiligt. Ihre Forschungs- und Publikationsschwerpunkte liegen im Arzneimittel- und Gewebesicherheitsrecht.

Eine rechtsvergleichende Analyse der klinischen Translation von hiPS-Zellen in Deutschland und Österreich

Sara Gerke, Christian Kopetzki, Verena Christine Blum, Danielle Noe und Claudia Steinböck

Zusammenfassung Die rechtsvergleichende Analyse der gesetzlichen Rahmenbedingungen für die klinische Translation von hiPS-Zellen in Deutschland und Österreich fällt je nach Rechtsgebiet unterschiedlich aus. Im Arzneimittel-, Transplantations- bzw. Gewebe- und Gentechnikrecht sind die beiden Rechtsordnungen aufgrund unionsrechtlicher Harmonisierungsmaßnahmen in den wesentlichen Punkten inhaltlich aneinander angeglichen. Abweichungen beschränken sich hier weitgehend auf technische Aspekte, die in der unterschiedlichen Implementierung der unionsrechtlichen Vorgaben begründet sind. Diskrepanzen zwischen deutscher und österreichischer Rechtslage bestehen vor allem in Bezug auf die Regelung ethisch umstrittener Fragestellungen, die das Unionsrecht den Mitgliedstaaten überlässt. Dies betrifft insbesondere den Umgang mit hiPS-Zell-basierten Keimzellen, der mit Blick auf das deutsche Embryonenschutzgesetz derzeit deutlich liberaler ausgestaltet ist als nach dem österreichischen Fortpflanzungsmedizingesetz.

S. Gerke (✉)
The Petrie-Flom Center for Health Law Policy, Biotechnology, and Bioethics at Harvard Law School, Harvard University, Cambridge, USA
E-Mail: sgerke@law.harvard.edu

C. Kopetzki
Instituts für Staats- und Verwaltungsrecht, Universität Wien, Wien, Österreich
E-Mail: christian.kopetzki@univie.ac.at

V. C. Blum · D. Noe · C. Steinböck
Abteilung Medizinrecht des Instituts für Staats- und Verwaltungsrecht der Universität Wien, Wien, Österreich
E-Mail: verena.blum@univie.ac.at; danielle.monika.noe@univie.ac.at; claudia.steinboeck@univie.ac.at

© Springer-Verlag GmbH Deutschland, ein Teil von Springer Nature 2020
S. Gerke et al. (Hrsg.), *Die klinische Anwendung von humanen induzierten pluripotenten Stammzellen*, Veröffentlichungen des Instituts für Deutsches, Europäisches und Internationales Medizinrecht, Gesundheitsrecht und Bioethik der Universitäten Heidelberg und Mannheim 48,
https://doi.org/10.1007/978-3-662-59052-2_10

1 Einleitung

Die Rechtslage zur klinischen Translation von humanen induzierten pluripotenten Stammzellen (hiPS-Zellen)[1] ist sowohl in Deutschland als auch in Österreich komplex und häufig unklar. Hinzu kommt, dass zwischen beiden Ländern rechtliche Unterschiede hinsichtlich des Translationsprozesses von hiPS-Zellen bestehen. Dies ist besonders vor dem Hintergrund spannend, dass Deutschland und Österreich Mitgliedstaaten der Europäischen Union (EU) sind und somit beide Länder dem EU-Rechtsrahmen unterliegen.

Der vorliegende Rechtsvergleich baut auf die beiden Länderberichte in diesem Sammelband[2] auf und verdeutlicht die wesentlichen Unterschiede zwischen deutschem und österreichischem Recht im Hinblick auf die klinische Translation von hiPS-Zellen. In die Betrachtung miteinbezogen werden das Arzneimittelrecht, Transplantations- und Geweberecht, Gentechnikrecht, Stammzellen-, Embryonenschutz- und Fortpflanzungsmedizinrecht. Vorweg sei angemerkt, dass bei der Entwicklung und Anwendung von hiPS-Zell-basierten Produkten, das heißt Produkten, die auf der Grundlage von hiPS-Zellen und ihren Differenzierungsderivaten hergestellt werden, eine frühzeitige Kontaktaufnahme mit den zuständigen Behörden empfohlen wird. Im Rahmen dessen können insbesondere Zweifel ausgeräumt werden, ob und gegebenenfalls welche behördlichen Schritte erforderlich sind, um Strafen und/oder Bußgelder zu vermeiden. So enthalten die hier untersuchten, potenziell einschlägigen deutschen Gesetze zur klinischen Translation von hiPS-Zellen Straf- und Bußgeldvorschriften. In Deutschland wird beispielsweise mit Freiheitsstrafe bis zu einem Jahr oder mit Geldstrafe bestraft, wer ohne Erlaubnis nach § 13 Abs. 1 S. 1 des deutschen Arzneimittelgesetzes (dAMG)[3] „ein Arzneimittel, einen Wirkstoff oder einen dort genannten Stoff herstellt" (§ 96 Nr. 4 dAMG) oder ohne Erlaubnis nach § 20b Abs. 1 S. 1 dAMG „Gewebe gewinnt oder Laboruntersuchungen durchführt" (§ 96 Nr. 4a dAMG). Ordnungswidrig handelt, wer zum Beispiel eine dieser Handlungen fahrlässig begeht (vgl. § 97 Abs. 1 Nr. 1 dAMG). Eine derartige Ordnungswidrigkeit kann mit einer Geldbuße in Höhe von bis zu 25.000,00 EUR geahndet werden (vgl. § 97 Abs. 3 dAMG).

In Österreich wird zwischen Verwaltungs- und Justizstrafrecht unterschieden. Während im Verwaltungsstrafrecht die Strafe durch eine Verwaltungsbehörde verhängt wird, erfolgt im Justizstrafrecht eine Sanktionierung durch ein ordentliches Gericht. Das österreichische Verwaltungsstrafrecht ist im Wesentlichen mit dem deutschen Ordnungswidrigkeitenrecht („dem kleinen Bruder des Strafrechts") ver-

---

[1] Näheres zu den naturwissenschaftlichen Grundlagen im Kontext einer klinischen Anwendung von hiPS-Zellen Neubauer et al. 2020.

[2] Zur deutschen Rechtslage s. Gerke 2020; zur österreichischen Rechtslage s. Kopetzki et al. 2020.

[3] Gesetz über den Verkehr mit Arzneimitteln (Arzneimittelgesetz – AMG) vom 24. August 1976, in der Fassung der Bekanntmachung vom 12. Dezember 2005. In: Bundesgesetzblatt I (2005):3394–3469. Zuletzt geändert durch Art. 18 des Gesetzes vom 20. November 2019. In: Bundesgesetzblatt I (2019):1626–1718.

gleichbar. Verstöße im Kontext der klinischen Translation von hiPS-Zellen werden grundsätzlich „nur" durch das Verwaltungsstrafrecht sanktioniert (z. B. §§ 83, 84 des österreichischen Arzneimittelgesetzes [öAMG][4]). Einzige Ausnahme sind Handlungen im Zusammenhang mit Arzneimittelfälschungen (§ 82b öAMG), bei denen eine Sanktionierung (Freiheitsstrafe bis zu drei Jahren) durch Justizstrafrecht erfolgt.

2 Arzneimittelrecht

Der arzneimittelrechtliche Rechtsrahmen in Bezug auf hiPS-Zellen ist stark unionsrechtlich determiniert. Als Arzneimittel für neuartige Therapien (auch Advanced Therapy Medicinal Products, ATMPs)[5] fallen hiPS-Zell-basierte Therapeutika grundsätzlich in den Anwendungsbereich der Verordnung (VO) (EG) 1394/2007 (ATMP-VO)[6] und der VO (EG) 726/2004[7]. Aufgrund der unmittelbaren Anwendbarkeit von EU-VO in allen EU-Mitgliedstaaten sind die wesentlichen Aspekte des Marktzugangs und der Marktkontrolle damit unionsrechtlich vereinheitlicht. Insbesondere unterliegen hiPS-Zell-basierte ATMPs grundsätzlich der zentralen Zulassung auf europäischer Ebene, sodass in diesem Bereich keine mitgliedstaatlichen Kompetenzen bestehen.

Neben den unmittelbar in jedem EU-Mitgliedstaat anwendbaren EU-VO ist das Arzneimittelrecht durch die Richtlinie (RL) 2001/83/EG weitgehend unionsrechtlich vorgeprägt. Sowohl das dAMG als auch das öAMG dienen ihrer Umsetzung.

Hinsichtlich der arzneimittelrechtlichen Rechtsfolgen (Zulassung, Herstellungserlaubnis, klinische Prüfung, Pharmakovigilanz) differieren das deutsche und österreichische Recht daher primär dort, wo die einschlägigen Unionsrechtsakte den EU-Mitgliedstaaten Umsetzungsspielräume belassen. Dies betrifft vor allem in kleinem Rahmen für individuelle Patienten[8] hergestellte und (im selben Mitgliedstaat) in einem Krankenhaus verwendete ATMPs. Solche ATMPs sind vom Anwendungsbereich der ATMP-VO und der RL 2001/83/EG ausgenommen. Im Hinblick auf diese sogenannte „Krankenhausausnahme" unterscheidet sich das deutsche

---

[4] Bundesgesetz über die Herstellung und das Inverkehrbringen von Arzneimitteln (Arzneimittelgesetz – AMG). In: Bundesgesetzblatt 1983/185 i.d.F. I 2019/104.

[5] Näheres zu ATMPs und zur Einstufung von hiPS-Zell-basierten Therapeutika s. Gerke 2020, Abschn. 2.2.2 und 2.2.4.

[6] Verordnung (EG) 1394/2007 des Europäischen Parlaments und des Rates vom 13. November 2007 über Arzneimittel für neuartige Therapien und zur Änderung der Richtlinie 2001/83/EG und der Verordnung (EG) 726/2004. In: Amtsblatt der Europäischen Union L 2007/324:121.

[7] Verordnung (EG) 726/2004 des Europäischen Parlaments und des Rates vom 31. März 2004 zur Festlegung von Unionsverfahren für die Genehmigung und Überwachung von Human- und Tierarzneimitteln und zur Errichtung einer Europäischen Arzneimittel-Agentur. In: Amtsblatt der Europäischen Union L 2004/136:1.

[8] Die maskuline Form wird in diesem Beitrag aus Gründen der leichteren Lesbarkeit verwendet.

Recht am deutlichsten vom österreichischen Recht. Während ATMPs, die unter die Krankenhausausnahme fallen, im deutschen Recht im Wesentlichen den arzneimittelrechtlichen Bestimmungen unterliegen, unterwirft sie der österreichische Gesetzgeber in weiten Bereichen dem geweberechtlichen Rechtsrahmen.[9] Dies zeigt sich beispielsweise in den jeweils gewählten Vigilanzbestimmungen (Pharmakovigilanz in Deutschland versus Gewebevigilanz in Österreich).[10]

Abgesehen von dieser Ausnahme decken sich das deutsche und das österreichische Arzneimittelrecht in Bezug auf hiPS-Zell-basierte Therapeutika zumindest im Ergebnis weitgehend. Ein wesentlicher Unterschied im Bereich der klinischen Prüfungen mit hiPS-Zell-basierten ATMPs besteht aber darin, dass der deutsche Gesetzgeber bereits auf die voraussichtlich ab 2020 in allen EU-Mitgliedstaaten unmittelbar geltende VO (EU) 536/2014 über klinische Prüfungen mit Humanarzneimitteln[11] reagiert und das Vierte Gesetz zur Änderung arzneimittelrechtlicher und anderer Vorschriften vom 20. Dezember 2016 erlassen hat.[12] Hingegen steht eine Anpassung des öAMG noch aus.

2.1 Arzneispezialitäten bzw. Fertigarzneimittel

Dem Begriff der Arzneispezialität (§ 1 Abs. 5 öAMG), der eine Teilmenge der Arzneimittel (§ 1 Abs. 1 öAMG) bildet, kommt im österreichischen Recht eine besondere Steuerungsfunktion zu. Er ist nicht nur Anknüpfungspunkt für wesentliche arzneimittelrechtliche Rechtsfolgen (wie insbesondere die Zulassungspflicht), sondern auch zentrale Schnittstelle zwischen öAMG und österreichischem Gewebesicherheitsgesetz (GSG).[13] Denn der Anwendungsbereich des GSG knüpft an den Arzneispezialitätenbegriff im öAMG an (vgl. § 1 Abs. 1 S. 2 GSG).

Die Definition der „Arzneispezialität" ist historisch in zwei Schichten gewachsen und umfasst einen ursprünglichen und einen erweiterten Arzneispezialitätenbegriff:[14] Arzneispezialitäten i. S. d. § 1 Abs. 5 öAMG sind „Arzneimittel, die im Voraus stets in gleicher Zusammensetzung hergestellt und unter der gleichen Bezeichnung in einer zur Abgabe an den Verbraucher oder Anwender bestimmten

---

[9] Näheres zur Krankenhausausnahme s. Abschn. 2.2. Zum geweberechtlichen Rechtsrahmen in Österreich s. auch Kopetzki et al. 2020, Abschn. 3.1–3.3.

[10] Näheres dazu s. unter Abschn. 2.5.

[11] Verordnung (EG) 536/2014 des Europäischen Parlaments und des Rates vom 16. April 2014 über klinische Prüfungen mit Humanarzneimitteln und zur Aufhebung der Richtlinie 2001/20/EG. In: Amtsblatt der Europäischen Union L 2014/158:1.

[12] In: Bundesgesetzblatt I (2016):3048–3065. Näheres dazu s. auch unter Gerke 2020, Abschn. 2.7.7.3.

[13] Bundesgesetz über die Festlegung von Qualitäts- und Sicherheitsstandards für die Gewinnung, Verarbeitung, Lagerung und Verteilung von menschlichen Zellen und Geweben zur Verwendung beim Menschen (Gewebesicherheitsgesetz – GSG). In: Bundesgesetzblatt I 2008/49 i.d.F. I 2018/37.

[14] Näheres dazu s. Kopetzki et al. 2020, Abschn. 2.2.

Form in Verkehr gebracht werden [ursprünglicher Arzneispezialitätenbegriff] sowie Arzneimittel zur Abgabe an den Verbraucher oder Anwender, bei deren Herstellung sonst ein industrielles Verfahren zur Anwendung kommt oder die gewerbsmäßig hergestellt werden [erweiterter Arzneispezialitätenbegriff]". Das GSG differenziert hinsichtlich seines Anwendungsbereichs zwischen diesen beiden Begriffen. Liegt eine Arzneispezialität i. S. d. ursprünglichen Definition vor, gilt das GSG nur hinsichtlich der „Gewinnung von menschlichen Zellen und Geweben zur Verwendung beim Menschen" (vgl. § 1 Abs. 1 S. 1, 2 GSG). Arzneispezialitäten i. S. d. erweiterten Arzneispezialitätenbegriffs hingegen unterliegen uneingeschränkt dem Anwendungsbereich des GSG, das neben der Gewinnung auch die Verarbeitung, Lagerung und Verteilung von menschlichen Zellen und Geweben regelt (vgl. § 1 Abs. 1 S. 1, 2 GSG).[15]

Nach der derzeitigen österreichischen Rechtslage sind nicht alle hiPS-Zell-basierten ATMPs als Arzneispezialitäten i. S. d. ursprünglichen Arzneispezialitätenbegriffs einzustufen. Dies trifft (mangels Herstellung im Voraus) vor allem auf autologe (patienteneigene) hiPS-Zell-basierte ATMPs zu.[16] Für diese gelten das öAMG und das GSG (zur Gänze) grundsätzlich kumulativ; das öAMG normiert allerdings zum Teil die Spezialität der geweberechtlichen Regelungen (vgl. z. B. § 62 Abs. 2 Z. 6 öAMG).

Im deutschen Arzneimittelrecht ist hingegen nicht von „Arzneispezialitäten", sondern von „Fertigarzneimitteln" die Rede. Der Begriff des Fertigarzneimittels wurde erstmalig mit Art. 1 des Gesetzes zur Neuordnung des Arzneimittelrechts (AMNOG) vom 24. August 1976[17] eingeführt und ersetzte den bisherigen Begriff der Arzneispezialität.[18] Fertigarzneimittel sind in der derzeitigen Fassung des § 4 Abs. 1 S. 1 dAMG definiert als „Arzneimittel, die im Voraus hergestellt und in einer zur Abgabe an den Verbraucher bestimmten Packung in den Verkehr gebracht werden [ursprünglicher Fertigarzneimittelbegriff] oder andere zur Abgabe an Verbraucher bestimmte Arzneimittel, bei deren Zubereitung in sonstiger Weise ein industrielles Verfahren zur Anwendung kommt oder die, ausgenommen in Apotheken, gewerblich hergestellt werden [erweiterter Fertigarzneimittelbegriff]".

§ 4 Abs. 1 S. 1 dAMG enthält ebenfalls einen ursprünglichen und erweiterten Fertigarzneimittelbegriff. Allerdings hat diese Unterscheidung eine geringere Relevanz im deutschen Recht als im österreichischen Recht, das den Anwendungsbereich des GSG von dieser Einstufung abhängig macht (vgl. § 1 Abs. 1 S. 1, 2 GSG).

Allogene (nicht vom Patienten selbst, sondern von einem Spender stammende) *hiPS-Zell-basierte ATMPs* sind Fertigarzneimittel i. S. d. ursprünglichen Begriffs, wenn sie „im Voraus hergestellt", das heißt vor Kenntnis des jeweiligen Verbrauchers (Anwenders bzw. Patienten) hergestellt wurden („off-the-shelf products"), und in einer zur Abgabe an den Verbraucher bestimmten Packung in den Verkehr

---

[15] Näheres dazu s. Kopetzki et al. 2020, Abschn. 3.1 und 3.2.

[16] Näheres dazu s. Kopetzki et al. 2020, Abschn. 2.2.3.

[17] In: Bundesgesetzblatt I (1976):2445–2482.

[18] Näheres dazu s. Gerke 2020, Abschn. 2.3.

gebracht werden.[19] Im Gegensatz zum österreichischen Recht kommt es im deutschen Recht nicht auf die Auslegung des unscharfen Tatbestandsmerkmals der Herstellung „stets in gleicher Zusammensetzung" an.[20] *Autologe hiPS-Zell-basierte ATMPs* hingegen sind zwar schon mangels Herstellung „im Voraus" keine Fertigarzneimittel i. S. d. ursprünglichen Fertigarzneimittelbegriffs; sie sind aber – ebenso wie im österreichischen Recht – Fertigarzneimittel i. S. d. erweiterten Definition (industrielles Verfahren bzw. gewerbliche Herstellung).[21]

2.2 Krankenhausausnahme

HiPS-Zell-basierte Therapeutika sind ATMPs. In der Regel sind sie als biotechnologisch bearbeitete Gewebeprodukte gemäß Art. 2 Abs. 1 lit. b ATMP-VO einzustufen.[22]

Im Grundsatz unterliegen ATMPs gemäß Art. 3 Abs. 1 und Anhang I Nr. 1a VO (EG) 726/2004 (vgl. auch § 21 Abs. 1 dAMG und § 7 Abs. 1 Z. 1 öAMG) zwingend der zentralen Zulassung. Deshalb dürfen sie innerhalb der EU grundsätzlich nur in den Verkehr gebracht werden, wenn von der Europäischen Kommission eine Genehmigung für das Inverkehrbringen erteilt worden ist.[23]

Eine Ausnahme von der zentralen Zulassung gilt für ATMPs, die unter die „Krankenhausausnahme" gemäß Art. 3 Nr. 7 RL 2001/83/EG (i. V. m. Art. 28 Nr. 2 ATMP-VO) fallen. Diese erfasst solche ATMPs, „die nicht routinemäßig nach spezifischen Qualitätsnormen hergestellt und in einem Krankenhaus in demselben Mitgliedstaat unter der ausschließlichen fachlichen Verantwortung eines Arztes auf individuelle ärztliche Verschreibung eines eigens für einen einzelnen Patienten angefertigten Arzneimittels verwendet werden".

Die Krankenhausausnahme in Art. 3 Nr. 7 RL 2001/83/EG wurde im deutschen Arzneimittelrecht in § 4b dAMG und im österreichischen Arzneimittelrecht in § 7 Abs. 6a öAMG umgesetzt.

Im deutschen Arzneimittelrecht fallen ATMPs nach § 4b Abs. 1 S. 1 dAMG unter die nationale Ausnahme, wenn sie „im Geltungsbereich dieses Gesetzes [in Deutschland]

1. als individuelle Zubereitung für einen einzelnen Patienten ärztlich verschrieben,
2. nach spezifischen Qualitätsnormen nicht routinemäßig hergestellt und
3. in einer spezialisierten Einrichtung der Krankenversorgung unter der fachlichen Verantwortung eines Arztes angewendet werden".

---

[19] Näheres dazu s. Gerke 2020, Abschn. 2.3.1–2.3.3.

[20] Näheres zur Auslegung des Tatbestandsmerkmals der Herstellung „stets in gleicher Zusammensetzung" in § 1 Abs. 5 öAMG s. Kopetzki et al. 2020, Abschn. 2.2.1 und 2.2.3.

[21] Näheres dazu s. Gerke 2020, Abschn. 2.3.1–2.3.3 und Kopetzki et al. 2020, Abschn. 2.2.3.

[22] Näheres zu ATMPs und zur Einstufung s. Gerke 2020, Abschn. 2.2.2 und 2.2.4.

[23] Vgl. Art. 3 Abs. 1 VO (EG) 726/2004.

Im österreichischen Arzneimittelrecht ist die nationale Ausnahme des § 7 Abs. 6a öAMG hingegen einschlägig für ATMPs, „die auf individuelle ärztliche Verschreibung eigens für einen bestimmten Patienten in Österreich nicht routinemäßig hergestellt werden, um in einer österreichischen Krankenanstalt unter der ausschließlichen fachlichen Verantwortung eines Arztes bei diesem Patienten angewendet zu werden".

2.2.1 Begriffsbestimmung „nicht routinemäßig hergestellt"

Was unter „nicht routinemäßig (…) hergestellt" i. S. d. Art. 3 Nr. 7 RL 2001/83/EG zu verstehen ist, ist auf europäischer Ebene nicht ausdrücklich festgelegt. Während § 4b Abs. 2 dAMG den Begriff „nicht routinemäßig hergestellt" i. S. v. § 4b Abs. 1 S. 1 Nr. 2 dAMG auf nationaler Ebene definiert, fehlt es im öAMG an einer entsprechenden Bestimmung.

„Nicht routinemäßig hergestellt" werden nach § 4b Abs. 2 dAMG „insbesondere Arzneimittel,

1. die in so geringem Umfang hergestellt und angewendet werden, dass nicht zu erwarten ist, dass hinreichend klinische Erfahrung gesammelt werden kann, um das Arzneimittel umfassend bewerten zu können, oder
2. die noch nicht in ausreichender Anzahl hergestellt und angewendet worden sind, so dass die notwendigen Erkenntnisse für ihre umfassende Bewertung noch nicht erlangt werden konnten".

§ 4b Abs. 2 dAMG enthält keine abschließende Aufzählung („insbesondere") von Fallbeispielen. Die Definition wurde mit Art. 1 des Gesetzes zur Fortschreibung der Vorschriften für Blut- und Gewebezubereitungen und zur Änderung anderer Vorschriften vom 18. Juli 2017[24] aufgrund bisheriger Erfahrungen des praktischen Vollzugs angepasst.[25] Die Anpassung soll zu mehr Klarheit beitragen, welche Produkte unter die Krankenhausausnahme nach § 4b dAMG fallen.[26]

Von § 4b Abs. 2 Nr. 1 dAMG sollen solche ATMPs erfasst werden, bei denen nicht zu erwarten ist, dass sie jemals in einer ausreichenden Anzahl hergestellt und angewendet werden (z. B. da sie zur Behandlung einer extrem seltenen Erkrankung bestimmt sind), um genügend Daten für eine umfassende Bewertung im Rahmen eines zentralen Zulassungsverfahrens erheben zu können.[27] § 4b Abs. 2 Nr. 2 dAMG hingegen zielt auf solche ATMPs ab, bei denen zwar in Zukunft eine hinreichende Anzahl von Anwendungen zu erwarten ist, dies allerdings noch geraume Zeit dauern wird. Zweck ist es, die für die Erteilung einer zentralen Zulassung notwendigen Daten zur Wirksamkeit und Unbedenklichkeit erheben zu können.[28] Sobald ein

---

[24] In: Bundesgesetzblatt I (2017):2757–2770.

[25] Näheres dazu s. Gerke 2020, Abschn. 2.7.2.1 m. w. N.

[26] Näheres dazu s. Gerke 2020, Abschn. 2.7.2.1 m. w. N.

[27] S. dazu Gerke 2020, Abschn. 2.7.2.1 m. w. N.

[28] S. dazu Gerke 2020, Abschn. 2.7.2.1 m. w. N.

ATMP aber in ausreichender Anzahl hergestellt und angewendet worden ist, kann sich der Inhaber einer Genehmigung nach § 4b Abs. 3 S. 1 dAMG nicht mehr auf § 4b Abs. 2 Nr. 2 dAMG berufen, da die notwendigen Erkenntnisse für eine umfassende Bewertung vorliegen; hierdurch soll eine Umgehung der zentralen Zulassung vermieden werden.[29]

In § 7 Abs. 6a öAMG ist der Begriff „nicht routinemäßig hergestellt" nicht definiert. Mangels Anhaltspunkte für eine Konkretisierung sowohl auf europäischer Ebene als auch im nationalen Recht ist bei der Auslegung vorwiegend auf den allgemeinen Sprachgebrauch abzustellen:[30] „Routinemäßigkeit" bedeutet demnach „Regelmäßigkeit", sodass zunächst ein zeitliches Element (die Häufigkeit) im Fokus steht. Von einer nicht routinemäßigen Herstellung i. S. v. § 7 Abs. 6a öAMG ist daher auszugehen, wenn ATMPs bloß gelegentlich hergestellt werden; entscheidend ist hierbei auch eine geringe Gesamtproduktion bzw. Stückzahl.[31] Angesichts der Unschärfe des Begriffs finden wohl auch die demonstrativen Fallkonstellationen des § 4b Abs. 2 dAMG im Wortlaut des § 7 Abs. 6a öAMG Deckung.

2.2.2 Spezialisierte Einrichtung der Krankenversorgung versus Krankenanstalt

Art. 3 Nr. 7 RL 2001/83/EG knüpft die Ausnahmebestimmung an die *Verwendung* von ATMPs „in einem Krankenhaus". Die *Herstellung* dieser ATMPs muss hingegen nur in demselben Mitgliedstaat, aber nicht notwendig in einem Krankenhaus erfolgen.[32]

Der deutsche Gesetzgeber hat den Begriff „Krankenhaus" nicht übernommen. Vielmehr spricht § 4b Abs. 1 S. 1 Nr. 3 dAMG von einer „spezialisierten Einrichtung der Krankenversorgung". Es handelt sich dabei um ein kommunales oder staatliches „Krankenhaus" oder eine „andere ärztliche Einrichtung, die Personen behandelt", wie einzelne Arztpraxen (§ 14 Abs. 2 S. 4 TFG).[33] Der Begriff umfasst sowohl die stationäre als auch die ambulante Anwendung.[34] Die erforderliche „Spezialisierung" liegt vor, wenn *auf Seiten des Anwenders* neben der notwendigen Fachqualifikation (z. B. Facharzt) ein produktspezifisches Know-how (z. B. vermittelt durch Fortbildungen des ATMP-Herstellers) vorliegt.[35] Darüber hinaus muss die Einrichtung der Krankversorgung *selbst* über alle für die Anwendung erforderlichen

---

[29] S. dazu Gerke 2020, Abschn. 2.7.2.1 m. w. N.

[30] S. dazu Kopetzki et al. 2020, Abschn. 2.3.2 m. w. N.

[31] S. dazu Kopetzki et al. 2020, Abschn. 2.3.2.

[32] Im Gegensatz zum Kommissionsvorschlag zur ATMP-VO, der noch von „in ein und demselben Krankenhaus vollständig zubereitet und verwendet werden" sprach; KOM(2005) 567 endgültig, S. 29.

[33] Näheres dazu s. Gerke 2020, Abschn. 2.7.2.1 m. w. N.

[34] S. dazu Gerke 2020, Abschn. 2.7.2.1 m. w. N.

[35] S. dazu Gerke 2020, Abschn. 2.7.2.1 m. w. N.

Ausstattungsmerkmale verfügen.[36] In der Literatur wird zum Teil angenommen, dass § 4b dAMG richtlinienwidrig ist, da die nationale Ausnahme unter anderem auch eine potenzielle Anwendung von ATMPs in einzelnen Arztpraxen ermöglicht.[37]

Das österreichische Arzneimittelrecht spricht in § 7 Abs. 6a öAMG nicht von „Krankenhaus", sondern von „Krankenanstalt". Der Begriff der Krankenanstalt ist in § 1 i. V. m. § 2 des österreichischen Krankenanstalten- und Kuranstaltengesetzes (KAKuG)[38] definiert und umfasst nicht nur stationäre Einrichtungen, sondern auch selbstständige Ambulatorien. Kennzeichnend für selbstständige Ambulatorien und maßgebliches Unterscheidungsmerkmal zu sonstigen ambulanten Leistungserbringern (Ordinationsstätten niedergelassener Ärzte und Gruppenpraxen) ist das Vorliegen einer „anstaltlichen" Organisation.[39] Anders als nach deutschem Recht kommt die Krankenhausausnahme für einzelne Arztpraxen somit schon dem Wortlaut nach nicht in Betracht.

2.2.3 Genehmigung bei Abgabe an andere

Im deutschen Arzneimittelrecht dürfen ATMPs nach § 4b Abs. 1 S. 1 dAMG „nur an andere abgegeben werden, wenn sie durch die zuständige Bundesoberbehörde [das Paul-Ehrlich-Institut] genehmigt worden sind" (§§ 4b Abs. 3 S. 1, 77 Abs. 2 dAMG). Bei ATMPs, „die aus einem gentechnisch veränderten Organismus [GVO] oder einer Kombination von (...) [GVO] bestehen oder solche enthalten" (GVO-haltige ATMPs), entscheidet über den Antrag auf Genehmigung das Paul-Ehrlich-Institut „im Benehmen mit dem Bundesamt für Verbraucherschutz und Lebensmittelsicherheit" (§§ 4b Abs. 4 S. 1, 77 Abs. 2 dAMG). Diese Genehmigung für die Abgabe von GVO-haltigen ATMPs an andere inkludiert ebenfalls die Genehmigung für das Inverkehrbringen der GVO, aus denen die ATMPs bestehen oder die sie enthalten (§ 4b Abs. 4 S. 2 dAMG). Die Bestimmungen zu GVO-haltigen ATMPs in § 4b dAMG wurden erst mit Art. 1 des Gesetzes zur Fortschreibung der Vorschriften für Blut- und Gewebezubereitungen und zur Änderung anderer Vorschriften vom 18. Juli 2017[40] eingefügt. Der deutsche Gesetzgeber zielte hier insbesondere auf eine Verfahrensvereinfachung ab.[41]

ATMPs, die unter die österreichische Krankenhausausnahme des § 7 Abs. 6a öAMG fallen, benötigen zwar keine arzneimittelrechtliche Zulassung, jedoch eine Genehmigung des Bundesamts für Sicherheit im Gesundheitswesen (BASG) gemäß § 23 GSG (Genehmigung des Verarbeitungsverfahrens). Allenfalls bedarf es

---

[36] S. dazu Gerke 2020, Abschn. 2.7.2.1 m. w. N.

[37] Näheres dazu s. Gerke 2020, Abschn. 2.7.2.1 m. w. N.

[38] Bundesgesetz über Krankenanstalten und Kuranstalten (KAKuG). In: Bundesgesetzblatt 1957/1 i.d.F. I 2019/14.

[39] S. dazu Kopetzki et al. 2020, Abschn. 2.3.2 m. w. N.

[40] In: Bundesgesetzblatt I (2017):2757–2770.

[41] Näheres dazu s. Gerke 2020, Abschn. 2.7.2.2 m. w. N.

zusätzlich einer Stellungnahme der zuständigen Ethik-Kommission (§§ 8c Abs. 1 Z. 2, Abs. 3 KAKuG bzw. § 30 Abs. 1 Universitätsgesetz 2000 [UG][42]).[43]

2.3 Herstellungserlaubnis bzw. Betriebsbewilligung

Nach deutschem Recht unterliegen *ATMPs, die nicht unter die Krankenhausausnahme fallen*, dem Erfordernis einer Herstellungserlaubnis gemäß § 13 Abs. 1 S. 1 Nr. 1 dAMG.[44] Das österreichische Pendant zur Herstellungserlaubnis ist die Betriebsbewilligung in § 63 öAMG. Im Hinblick auf ATMPs ist die Ausnahmebestimmung gemäß § 62 Abs. 2 Z. 6 öAMG problematisch: Die Bewilligungspflicht gilt demnach nicht für Gewebebanken, die zur Gänze dem Anwendungsbereich des GSG unterliegen.[45] In systematischer Interpretation mit dem GSG sind von dieser Ausnahme prima facie industriell oder gewerblich hergestellte ATMPs erfasst, die nicht unter den ursprünglichen Arzneispezialitätenbegriff gemäß § 1 Abs. 5 öAMG fallen (insbesondere autologe hiPS-Zell-basierte ATMPs).[46] Da eine Befreiung von der arzneimittelrechtlichen Betriebsbewilligungspflicht dem Unionsrecht (vgl. Art. 40 ff. RL 2001/83/EG) widerspricht, ist § 62 Abs. 2 Z. 6 öAMG richtlinienkonform (einschränkend) zu interpretieren. ATMPs, die nicht unter die Krankenhausausnahme fallen, benötigen daher im Ergebnis ebenso wie nach deutschem Recht eine Herstellungs- bzw. (in österreichischer Terminologie) Betriebsbewilligung. Während das Erfordernis einer Herstellungserlaubnis im deutschen Recht aus dem klaren Wortlaut des § 13 Abs. 1 S. 1 dAMG hervorgeht, ergibt sich die Bewilligungspflicht nach österreichischem Recht aus einer korrigierenden unionsrechtskonformen Auslegung des § 62 Abs. 2 Z. 6 öAMG.

Für *ATMPs, die unter die Krankenhausausnahme fallen*, bedarf es nach deutschem Recht ebenfalls einer Herstellungserlaubnis gemäß § 13 Abs. 1 S. 1 Nr. 1 dAMG entspr. (vgl. § 4b Abs. 1 S. 2 dAMG i. V. m. § 4b Abs. 1 S. 1 dAMG).[47] Auch im österreichischen Recht ist im Ergebnis vom Erfordernis einer Betriebsbewilligung auszugehen. ATMPs, die unter die Krankenhausausnahme in § 7 Abs. 6a öAMG fallen, unterliegen als Arzneispezialitäten i. S. d. erweiterten Arzneispezialitätenbegriffs gemäß § 1 Abs. 5 öAMG zwar zur Gänze dem Anwendungsbereich des GSG, sodass die Ausnahme von der Betriebsbewilligung nach § 62 Abs. 2 Z. 6 öAMG eigentlich greifen würde. Allerdings schreibt Art. 3 Nr. 7 RL 2001/83/EG, der durch die unmittelbar anwendbare ATMP-VO (Art. 28 Nr. 2 ATMP-VO) einge-

---

[42] Bundesgesetz über die Organisation der Universitäten und ihre Studien (Universitätsgesetz 2002 – UG). In: Bundesgesetzblatt I 2002/120 i.d.F. I 2019/3.

[43] Näheres dazu s. Kopetzki et al. 2020, Abschn. 2.3.2.

[44] Näheres dazu s. Gerke 2020, Abschn. 2.7.6.1.

[45] Näheres dazu s. Kopetzki et al. 2020, Abschn. 2.3.4.

[46] Näheres zum Arzneispezialitätenbegriff s. bereits unter Abschn. 2.1.

[47] Näheres dazu s. Gerke 2020, Abschn. 2.7.6.1. Zur Krankenhausausnahme s. auch bereits unter Abschn. 2.2.

fügt wurde, explizit das Erfordernis einer Herstellungsgenehmigung vor, sodass nach der hier vertretenen Ansicht § 62 Abs. 2 Z. 6 öAMG unangewendet zu bleiben hat.[48] Der österreichische Gesetzgeber und die Praxis gehen ebenfalls vom Erfordernis einer Betriebsbewilligung nach § 63 Abs. 1 öAMG aus.[49]

2.4 Klinische Prüfung

2.4.1 VO (EU) 536/2014

Während das dAMG mit dem Vierten Gesetz zur Änderung arzneimittelrechtlicher und anderer Vorschriften vom 20. Dezember 2016[50] bereits an die VO (EU) 536/2014 über klinische Prüfungen mit Humanarzneimitteln angepasst wurde,[51] steht eine entsprechende Adaptierung des öAMG derzeit noch aus. Eine Novellierung insbesondere des Verfahrensablaufes (und des Zusammenwirkens zwischen Behörde und Ethik-Kommission) ist aber in absehbarer Zeit zu erwarten.[52]

2.4.2 Beginn der klinischen Prüfung

In Deutschland bedarf es für klinische Prüfungen mit Arzneimitteln (also auch für solche mit ATMPs) sowohl einer zustimmenden Bewertung der zuständigen Ethik-Kommission (§ 40 Abs. 1 S. 2, § 42 Abs. 1 dAMG und §§ 7, 8 GCP-V)[53] als auch einer Genehmigung der zuständigen Bundesoberbehörde (§ 40 Abs. 1 S. 2, § 42 Abs. 2 dAMG und §§ 7, 9 GCP-V).[54] Im Falle von ATMPs ist dies das Paul-Ehrlich-Institut (§ 77 Abs. 2 dAMG). Das Verfahren zur Genehmigung einer klinischen Prüfung wird sich mit Geltung der VO (EU) 536/2014 (voraussichtlich ab 2020) ändern. Für den Beginn einer klinischen Prüfung von Arzneimitteln bei Menschen ist dann gemäß § 40 Abs. 1 dAMG n.F.[55] entscheidend, dass die zuständige Bundesoberbehörde die klinische Prüfung nach Art. 8 VO (EU) 536/2014 genehmigt hat. Die Ethik-Kommission wird zwar auch weiterhin am Verfahren zur Ge-

---

[48] Näheres dazu s. Kopetzki et al. 2020, Abschn. 2.3.4.

[49] Kopetzki et al. 2020, Abschn. 2.3.4. m. w. N.

[50] In: Bundesgesetzblatt I (2016):3048–3065.

[51] Näheres dazu s. Gerke 2020, Abschn. 2.7.7.3.

[52] S. Kopetzki et al. 2020, Abschn. 2.3.5.3.

[53] Verordnung über die Anwendung der Guten Klinischen Praxis bei der Durchführung von klinischen Prüfungen mit Arzneimitteln zur Anwendung am Menschen (GCP-Verordnung – GCP-V) vom 9. August 2004. In: Bundesgesetzblatt I (2004):2081–2091. Zuletzt geändert durch Art. 8 des Gesetzes vom 19. Oktober 2012. In: Bundesgesetzblatt I (2012):2192–2227.

[54] Näheres zur klinischen Prüfung in Deutschland s. Gerke 2020, Abschn. 2.7.7.

[55] S. Art. 2 des Vierten Gesetzes zur Änderung arzneimittelrechtlicher und anderer Vorschriften vom 20. Dezember 2016. In: Bundesgesetzblatt I (2016):3048–3065.

nehmigung einer klinischen Prüfung teilnehmen, aber keinen Verwaltungsakt mehr erlassen.[56]

Im österreichischen Recht besteht für klinische Prüfungen derzeit grundsätzlich eine Meldepflicht mit behördlichem Untersagungsvorbehalt.[57] Einer Genehmigungspflicht durch die zuständige Behörde, namentlich das BASG, unterliegen ausdrücklich nur „Arzneimittel für Gentherapie" und „somatische Zelltherapie" (§ 40 Abs. 6 öAMG). Das BASG entscheidet stets unter Zugrundelegung einer Stellungnahme der Ethik-Kommission, die vom Sponsor entweder vor oder gleichzeitig mit der Stellung des Antrags an das BASG eingeholt werden kann.

Für klinische Prüfungen mit biotechnologisch bearbeiteten Gewebeprodukten ist das Genehmigungserfordernis nicht explizit im öAMG verankert. Es ergibt sich vielmehr unmittelbar aus Art. 4 Abs. 1 ATMP-VO i. V. m. Art. 9 Abs. 6 RL 2001/20/EG.[58]

2.4.3 GVO-haltige ATMPs bzw. Arzneimittel für Gentherapie

Bei klinischen Prüfungen mit „Prüfpräparaten, die aus einem (...) [GVO] oder einer Kombination von (...) [GVO] bestehen oder solche enthalten, entscheidet [nach deutschem Recht] die zuständige Bundesoberbehörde [das Paul-Ehrlich-Institut für GVO-haltige ATMPs] im Benehmen mit dem Bundesamt für gesundheitlichen Verbraucherschutz und Lebensmittelsicherheit" (§ 9 Abs. 4 S. 3 Hs. 1 GCP-V). Zur Verfahrensvereinfachung schließt die Genehmigung der klinischen Prüfung auch die Genehmigung der Freisetzung dieser GVO im Rahmen der klinischen Prüfung ein (§ 9 Abs. 4 S. 3 Hs. 2 GCP-V). Klinische Prüfungen mit GVO-haltigen Prüfpräparaten bedürfen daher keiner separaten Genehmigung nach dem deutschen Gentechnikgesetz (GenTG).[59],[60] Dies wird sich auch nicht mit Geltung der neuen VO (EU) 536/2014 ändern (vgl. § 40 Abs. 7 S. 4 dAMG n.F.[61]).[62]

Im Gegensatz dazu besteht für klinische Prüfungen mit „Arzneimitteln für Gentherapie" im österreichischen Recht eine kumulative Genehmigungspflicht: Sie unterliegen gemäß § 40 Abs. 8 öAMG auch den Anforderungen der §§ 74–79 Gentechnikgesetz (GTG).[63] Klinische Prüfungen mit „Arzneimitteln für Gentherapie"

[56] Näheres zum neuen Genehmigungsverfahren s. Gerke 2020, Abschn. 2.7.7.3 m. w. N.

[57] Kopetzki et al. 2020, Abschn. 2.3.5.1.

[58] Näheres dazu s. Kopetzki et al. 2020, Abschn. 2.3.5.2.

[59] Gesetz zur Regelung der Gentechnik (Gentechnikgesetz – GenTG) vom 20. Juni 1990, in der Fassung der Bekanntmachung vom 16. Dezember 1993. In: Bundesgesetzblatt I (1993):2066–2083. Zuletzt geändert durch Art. 21 des Gesetzes vom 20. November 2019. In: Bundesgesetzblatt I (2019):1626–1718.

[60] Näheres dazu s. Gerke 2020, Abschn. 2.7.7.2.

[61] S. Art. 2 des Vierten Gesetzes zur Änderung arzneimittelrechtlicher und anderer Vorschriften vom 20. Dezember 2016. In: Bundesgesetzblatt I (2016):3048–3065.

[62] Näheres zum neuen Genehmigungsverfahren einer klinischen Prüfung s. Gerke 2020, Abschn. 2.7.7.3.

[63] Bundesgesetz, mit dem Arbeiten mit gentechnisch veränderten Organismen, das Freisetzen und Inverkehrbringen von gentechnisch veränderten Organismen und die Anwendung von Genanalyse

bedürfen daher zusätzlich zur Genehmigung des BASG (§ 40 Abs. 6 öAMG) insbesondere einer Bewilligung des Bundesministers für Gesundheit (§ 75 Abs. 3 GTG). In diesem Zusammenhang ist darauf hinzuweisen, dass sich der Begriff „Arzneimittel für Gentherapie" (der mit dem arzneimittelrechtlichen Terminus des „Gentherapeutikums" gleichzusetzen ist) und die Definition der „somatischen Gentherapie" in § 4 Z. 24 GTG unterscheiden.[64]

2.5 Pharmakovigilanz

2.5.1 ATMPs, die nicht unter die Krankenhausausnahme fallen

§ 63c Abs. 5 S. 1, 2 dAMG nimmt zentral zugelassene Arzneimittel vom Anwendungsbereich der Dokumentations- und Meldepflichten des § 63c Abs. 1–4 dAMG aus und verweist direkt auf die Verpflichtungen des Zulassungsinhabers nach der VO (EG) 726/2004.[65]

Die korrespondierende Meldepflicht des Zulassungsinhabers in § 75j öAMG enthält hingegen keine explizite Ausnahmeregelung für zentral zugelassene Arzneispezialitäten. § 75j öAMG differenziert auch seinem Wortlaut nach nicht zwischen den verschiedenen Zulassungsarten. Historische und unionsrechtskonforme Interpretation lassen aber den Schluss zu, dass sich § 75j öAMG (ebenso wie § 63c Abs. 1–4 dAMG) nur auf die nationalen Meldepflichten bezieht.[66] In Bezug auf zentral zugelassene Arzneispezialitäten ergeben sich die Meldepflichten des Zulassungsinhabers hingegen unmittelbar aus Art. 28 Abs. 1 VO (EG) 726/2004 i. V. m. Art. 107 RL 2001/83/EG.

Da § 75j öAMG unter Zugrundelegung dieser Ansicht somit nicht für zentral zugelassene Arzneispezialitäten gilt, kommt im Hinblick auf den Zulassungsinhaber auch eine Verdrängung der arzneimittelrechtlichen durch die geweberechtliche Meldepflicht gemäß § 75o öAMG nicht in Betracht.[67] Etwas anderes gilt für die Angehörigen der Gesundheitsberufe: Aufgrund des § 75o öAMG gehen die geweberechtlichen (§ 32 GSG) den arzneimittelrechtlichen Meldepflichten (§ 75g öAMG) zum Teil vor.[68]

Hinsichtlich der Meldepflichten von Angehörigen der Gesundheitsberufe unterscheiden sich das deutsche und das österreichische Recht grundlegend. Im deutschen Recht sind die Meldepflichten in Bezug auf Arzneimittelnebenwirkungen (untergesetzlich) in den Berufsrechten (der Ärzte und Apotheker) enthalten.

---

und Gentherapie am Menschen geregelt werden (Gentechnikgesetz – GTG). In: Bundesgesetzblatt 1994/510 i.d.F. I 2018/59.

[64] Näheres dazu s. Kopetzki et al. 2020, Abschn. 2.3.5.2 und 4.7.2.2.

[65] Näheres dazu s. Gerke 2020, Abschn. 2.7.9.1.

[66] Kopetzki et al. 2020, Abschn. 2.3.6.

[67] Näheres dazu s. Kopetzki et al. 2020, Abschn. 2.3.6.

[68] Näheres dazu s. Kopetzki et al. 2020, Abschn. 2.3.6.

2.5.2 ATMPs, die unter die Krankenhausausnahme fallen

Ein deutlicher Unterschied zwischen der deutschen und der österreichischen Rechtslage zeigt sich in den jeweils gewählten Vigilanzbestimmungen hinsichtlich ATMPs, die unter die Krankenhausausnahme fallen.

Nach deutschem Recht gelten gemäß § 4b Abs. 1 S. 2 dAMG i. V. m. Art. 14 Abs. 1 ATMP-VO entspr. i. V. m. Art. 21–29 VO (EG) 726/2004 für ATMPs, die unter die Krankenhausausnahme fallen, die arzneimittelrechtlichen Pharmakovigilanzvorschriften. Auch im Hinblick auf die Rückverfolgbarkeit verweist § 4b Abs. 1 S. 2 dAMG auf Art. 15 Abs. 1–6 ATMP-VO entspr. Durch den Verweis auf die ATMP-VO kommt der deutsche Gesetzgeber den unionsrechtlichen Anforderungen aus Art. 3 Nr. 7 RL 2001/83/EG (i. V. m. Art. 28 Nr. 2 ATMP-VO) zweifellos nach.[69] Am 15. August 2020 tritt zudem § 63j AMG n.F. in Kraft, der eine Dokumentations- und Meldepflicht der behandelnden Personen für nicht zulassungs- oder genehmigungspflichtige ATMPs einführt.[70]

Im österreichischen Recht sind ATMPs, die unter die Krankenhausausnahme fallen, hingegen den Vigilanz- und Rückverfolgbarkeitsvorschriften nach dem GSG unterworfen. Nach § 75p öAMG gelten hinsichtlich der Anforderungen an die Rückverfolgbarkeit die Bestimmungen des § 5 Abs. 4 und des § 16 Abs. 5 GSG, hinsichtlich der Meldepflichten die §§ 17 und 32 GSG. Der österreichische Gesetzgeber ging bei der Umsetzung der ATMP-VO vom Erfordernis einer sinngemäßen Geltung der geweberechtlichen Pharmakovigilanz- und Rückverfolgbarkeitsbestimmungen aus. Da Art. 3 Nr. 7 RL 2001/83/EG (i. V. m. Art. 28 Nr. 2 ATMP-VO) den Mitgliedstaaten einen gewissen Umsetzungsspielraum belässt und die geweberechtlichen Anforderungen wohl jenen der VO (EG) 726/2004 „entsprechen", ist aber trotz dieser Abweichung von der Unionsrechtskonformität des § 75p öAMG auszugehen.[71]

2.6 HiPS-Zell-basierte Keimzellen

Es ist denkbar, dass in Zukunft die technischen Hürden überwunden und hiPS-Zellen in menschliche Samen- und/oder Eizellen (hiPS-Zell-basierte Keimzellen) differenziert und zu Fortpflanzungszwecken verwendet werden können. Neben ethischen Problemen wirft diese Möglichkeit insbesondere auch rechtliche Fragen auf. Im Folgenden wird erläutert, wie hiPS-Zell-basierte Keimzellen zu Fortpflanzungszwecken in Deutschland und in Österreich arzneimittelrechtlich zu bewerten sind.

---

[69] Näheres dazu s. Gerke 2020, Abschn. 2.7.9.1.

[70] Art. 1, 22 des Gesetzes für mehr Sicherheit in der Arzneimittelversorgung vom 9. August 2019. In: Bundesgesetzblatt I (2019):1202–1220; Näheres dazu s. Gerke 2020, Abschn. 2.7.9.1.

[71] Näheres dazu s. m.w.N. Kopetzki et al. 2020, Abschn. 2.3.6.

2.6.1   Einstufung von hiPS-Zell-basierten Keimzellen

Das deutsche Arzneimittelrecht legt in § 4 Abs. 30 S. 2 dAMG ausdrücklich fest, dass „menschliche Samen- und Eizellen (Keimzellen) (...) weder Arzneimittel noch Gewebezubereitungen" sind. Keimzellen sind aber Gewebe i. S. d. § 1a Nr. 4 des deutschen Transplantationsgesetzes (TPG)[72].[73]

Das dAMG unterscheidet nicht zwischen natürlich entstandenen und in vitro hergestellten („künstlichen") Keimzellen. Mangels gegenteiliger Aussage sind deshalb auch in vitro hergestellte hiPS-Zell-basierte Keimzellen als „Keimzellen" i. S. d. dAMG einzustufen, sofern sie funktional äquivalent zu natürlichen sind („künstliche funktional äquivalente hiPS-Zell-basierte Keimzellen").[74]

Im österreichischen Arzneimittelrecht gibt es kein Pendant zu § 4 Abs. 30 S. 2 dAMG. Ob hiPS-Zell-basierte Keimzellen zu Fortpflanzungszwecken als Arzneimittel i. S. d. öAMG einzustufen sind, richtet sich deshalb nach dem Arzneimittelbegriff des § 1 Abs. 1 öAMG bzw. § 1 Abs. 6a öAMG. Die überzeugenderen Gründe sprechen dafür,[75] hiPS-Zell-basierte Keimzellen zu Fortpflanzungszwecken nicht als Arzneimittel i. S. d. öAMG einzustufen, da ihr Hauptzweck in der Zeugung und Geburt eines Kindes (und gerade nicht in der Heilung bzw. Überbrückung einer Unfruchtbarkeit) besteht. Das Abstellen auf den primären Zweck steht im Einklang mit der sozialversicherungsrechtlichen Rechtsprechung zur Erstattungsfähigkeit der Kosten von In-vitro-Fertilisations-Behandlungen.

Die Auslegung führt somit sowohl im deutschen als auch im österreichischen Recht zum Ergebnis, dass künstliche (funktional äquivalente) hiPS-Zell-basierte Keimzellen zu Fortpflanzungszwecken keine Arzneimittel i. S. d. dAMG und öAMG sind.

2.6.2   Rechtliche Konsequenzen der Einstufung

Für künstliche funktional äquivalente hiPS-Zell-basierte Keimzellen zu Fortpflanzungszwecken bedarf es keiner Erlaubnis nach § 20c dAMG „für die Be- oder Verarbeitung, Konservierung, Prüfung, Lagerung oder das Inverkehrbringen von Gewebe", da bei ihrer Herstellung ein industrielles Verfahren zur Anwendung kommt.[76] Ihre Einordnung als Gewebe (anstatt als Arzneimittel) hat zur Konsequenz, dass auch keine Herstellungserlaubnis nach § 13 Abs. 1 S. 1 dAMG erforderlich ist.[77]

---

[72] Gesetz über die Spende, Entnahme und Übertragung von Organen und Geweben (Transplantationsgesetz – TPG) vom 5. November 1997, in der Fassung der Bekanntmachung vom 4. September 2007. In: Bundesgesetzblatt I (2007):2206–2220. Zuletzt geändert durch Art. 24 des Gesetzes vom 20. November 2019. In: Bundesgesetzblatt I (2019):1626–1718.

[73] Näheres dazu s. Gerke 2020, Abschn. 2.5.1. Näheres zum Gewebebegriff s. unter Abschn. 3.1.1.

[74] Näheres dazu s. Gerke 2020, Abschn. 2.5.2.

[75] S. Kopetzki et al. 2020, Abschn. 2.1.4.2.

[76] Näheres dazu s. Gerke 2020, Abschn. 2.7.5.2.

[77] Näheres dazu s. Gerke 2020, Abschn. 2.7.6.2.

Mangels Arzneimitteleigenschaft unterliegen hiPS-Zell-basierte Keimzellen zu Fortpflanzungszwecken nicht dem öAMG. Allerdings gelten für sie die umfassenden Beschränkungen des Fortpflanzungsmedizingesetzes (FMedG),[78] des GSG und des GTG.[79]

3 Transplantations- und Geweberecht

Unionsrechtliche Grundlage des Geweberechts ist die RL 2004/23/EG[80] (Gewebe-RL), die Qualitäts- und Sicherheitsstandards für die Spende, Beschaffung, Testung, Verarbeitung, Konservierung, Lagerung und Verteilung von menschlichen Geweben und Zellen zur Verwendung beim Menschen festlegt. Bei der technischen Umsetzung dieser RL wählten der deutsche und der österreichische Gesetzgeber unterschiedliche Ansätze: Während in Deutschland die Anforderungen der Gewebe-RL insbesondere in das TPG, das dAMG und das Transfusionsgesetz (TFG)[81] integriert wurden,[82] schuf der österreichische Gesetzgeber ein eigenes Gewebesicherheitsgesetz (GSG), das die Bestimmungen des Arzneimittel- und Organtransplantationsrechts überlagert. Dennoch finden sich aufgrund der starken inhaltlichen Orientierung an den unionsrechtlichen Vorgaben – trotz systematischer und terminologischer Unterschiede – zahlreiche Gemeinsamkeiten zwischen deutschem und österreichischem Recht.

3.1 Begriffsbestimmungen

3.1.1 Gewebe (und Zellen)

Der österreichische Gesetzgeber hat die Legaldefinitionen der Begriffe „Zellen" und „Gewebe" des Art. 3 lit. a und b Gewebe-RL wortgleich in § 2 Z. 1 und 2 GSG übernommen. Als Zellen gelten demnach „einzelne menschliche Zellen oder Zellan-

---

[78] Bundesgesetz, mit dem Regelungen über die medizinisch unterstützte Fortpflanzung getroffen werden (Fortpflanzungsmedizingesetz – FMedG). In: Bundesgesetzblatt 1992/275 i.d.F. I 2018/58.

[79] Näheres zum FMedG s. Abschn. 5.

[80] Richtlinie 2004/23/EG des Europäischen Parlaments und des Rates vom 31. März 2004 zur Festlegung von Qualitäts- und Sicherheitsstandards für die Spende, Beschaffung, Testung, Verarbeitung, Konservierung, Lagerung und Verteilung von menschlichen Geweben und Zellen. In: Amtsblatt der Europäischen Union L 2004/102:48.

[81] Gesetz zur Regelung des Transfusionswesens (Transfusionsgesetz – TFG) vom 1. Juli 1998, in der Fassung der Bekanntmachung vom 28. August 2007. In: Bundesgesetzblatt I (2007):2169–2177. Zuletzt geändert durch Art. 20 des Gesetzes vom 20. November 2019. In: Bundesgesetzblatt I (2019):1626–1718.

[82] Vgl. Gesetz über Qualität und Sicherheit von menschlichen Geweben und Zellen (Gewebegesetz) vom 20. Juli 2007. In: Bundesgesetzblatt I (2007):1574–1594.

sammlungen, die durch keine Art von Bindegewebe zusammengehalten werden". Unter Gewebe sind „alle aus Zellen bestehenden Bestandteile des menschlichen Körpers" zu verstehen.

Im Gegensatz dazu verzichtete der deutsche Gesetzgeber auf eine Unterscheidung der beiden Begriffe, da die Gewebe-RL die gleichen Anforderungen an Zellen und Gewebe stellt.[83] Stattdessen wählte er in § 1a Nr. 4 TPG zugunsten einer Vereinfachung im Sprachgebrauch eine weite Gewebedefinition, die auch einzelne menschliche Zellen mitumfasst.[84] „Gewebe" im Sinne dieser Bestimmung sind „alle aus Zellen bestehenden Bestandteile des menschlichen Körpers, (…) einschließlich einzelner menschlicher Zellen", sofern sie keine Organe gemäß § 1a Nr. 1 TPG sind. Was innerhalb der Definition des § 1a Nr. 4 TPG als „einzelne menschliche Zellen" zu verstehen ist, ist im deutschen Recht allerdings nicht ausdrücklich geregelt. Im Hinblick auf die unionsrechtliche Vorgabe ist hier jedoch ohnehin eine Auslegung i. S. d. Art. 3 lit. a Gewebe-RL geboten, sodass im Ergebnis dem deutschen Begriff des Gewebes inhaltlich derselbe Gehalt zuzumessen ist wie dem Begriffspaar „Zellen und Gewebe" im österreichischen Recht.

Somatische Zellen, die zur hiPS-Zell-Herstellung verwendet werden, hiPS-Zellen sowie hiPS-Zell-basierte Zellen und Gewebe sind grundsätzlich vom Gewebebegriff des TPG und vom Gewebe- bzw. Zellbegriff des GSG gleichermaßen erfasst.[85]

3.1.2 Zum Zwecke der Übertragung versus zur Verwendung beim Menschen

Einheiten, die als Gewebe (oder Zelle) einzustufen sind, unterliegen sowohl nach TPG als auch nach GSG dem Geltungsbereich des jeweiligen Gesetzes nur, sofern ein bestimmter Verwendungszweck gegeben ist. Das TPG stellt in diesem Zusammenhang auf den Zweck einer „Übertragung" ab, worunter gemäß § 1a Nr. 7 TPG die „Verwendung (…) in oder an einem menschlichen Empfänger sowie die Anwendung beim Menschen außerhalb des Körpers" zu verstehen ist.

Der österreichische Gesetzgeber orientierte sich hingegen auch hier stärker an der Gewebe-RL und stellt auf den Zweck der „Verwendung beim Menschen" ab. § 2 Z. 11 GSG definiert diesen Begriff nahezu wortgleich wie die unionsrechtliche Legaldefinition des Art. 3 lit. l Gewebe-RL als „medizinischen Einsatz von Zellen oder Geweben in oder an einem menschlichen Empfänger sowie extrakorporale Anwendungen".

Das TPG gilt grundsätzlich für die Spende und Entnahme von menschlichen Geweben als Ausgangsmaterial zur Herstellung von hiPS-Zell-basierten Produkten, die für den klinischen Einsatz im oder am menschlichen Körper bestimmt sind.[86]

---

[83] Gerke 2020, Abschn. 3.1.1.1 m. w. N.

[84] Gerke 2020, Abschn. 3.1.1.1 m. w. N.

[85] Näheres dazu s. Gerke 2020, Abschn. 3.1.1.2; Kopetzki et al. 2020, Abschn. 3.1.1.2.

[86] Näheres dazu s. Gerke 2020, Abschn. 3.1.3.

Das GSG beschränkt sich auf den „medizinischen" Einsatz von somatischen Zellen, hiPS-Zellen sowie hiPS-Zell-basierten Produkten.[87] Auch gelten TPG und GSG grundsätzlich für den Einsatz von hiPS-Zell-basierten Produkten in klinischen Prüfungen am Menschen. Die In-vitro-Forschung oder die Forschung an Tiermodellen ist demgegenüber mangels „Übertragung" bzw. „Verwendung beim Menschen" weder vom TPG noch vom GSG erfasst.[88]

3.1.3 Entnahme versus Gewinnung

TPG und GSG knüpfen ihre Anwendbarkeit an bestimmte Tätigkeiten im Zusammenhang mit der Verwendung menschlicher Gewebe (und Zellen). Im Rahmen des anfänglichen Verfügbarmachens der Substanzen steht hier der Begriff der „Entnahme" des TPG dem Begriff der „Gewinnung" des GSG gegenüber. § 1a Nr. 6 TPG definiert die „Entnahme" als die „Gewinnung von Organen oder Geweben". Das GSG versteht als „Gewinnung" gemäß § 2 Z. 6 GSG „die Entnahme von Zellen oder Geweben einschließlich der Feststellung der gesundheitlichen Eignung eines Spenders sowie die mit diesen Vorgängen verbundenen Spenderschutz- und Qualitätssicherungsmaßnahmen".

Auffallend ist, dass der deutsche und der österreichische Gesetzgeber hier zwar grundsätzlich auf zwei verschiedene Begriffe (Entnahme – Gewinnung) abstellen, diese aber jeweils mithilfe des anderen Begriffs definieren (Entnahme ist „die Gewinnung" – Gewinnung ist „die Entnahme"). Der österreichische Terminus der Gewinnung geht aber über den deutschen Begriff der Entnahme insofern hinaus, als er neben dem Beschaffungsprozess der Zellen und Gewebe zusätzlich die Feststellung der gesundheitlichen Eignung des Spenders sowie die mit diesen Vorgängen jeweils verbundenen Spenderschutz- und Qualitätssicherungsmaßnahmen miteinschließt.

Ungeachtet dessen sind sowohl der Begriff der Entnahme in § 1a Nr. 6 TPG als auch der Begriff der Gewinnung in § 2 Z. 6 GSG weit zu verstehen: Beide Begriffsbestimmungen umfassen sowohl die unmittelbare Gewinnung durch Eingriff im oder am menschlichen Körper als auch die mittelbare extrakorporale Gewinnung (z. B. im Fall von Sektions- und Operationsmaterial).[89] Eine „Gewinnung" durch Herstellungsprozesse, im Fall von hiPS-Zellen durch Reprogrammierung der somatischen Zellen, fällt jedoch nicht darunter.[90]

---

[87] Näheres dazu s. Kopetzki et al. 2020, Abschn. 3.1.2. Die „Übertragung" i. S. d. § 1a Nr. 7 TPG dient meist der Heilbehandlung, kann aber auch anderen Zwecken (z. B. kosmetischen Zwecken) dienen; s. dazu Gerke 2020, Abschn. 3.1.3.1.

[88] Näheres dazu s. Gerke 2020, Abschn. 3.1.3; Kopetzki et al. 2020, Abschn. 3.1.2.

[89] BT-Drucks. 16/3146, S. 24; ErläutRV 261 BlgNr. 23. GP 5. Näheres dazu s. Gerke 2020, Abschn. 3.1.2; Kopetzki et al. 2020, Abschn. 3.1.3.

[90] Näheres dazu s. Gerke 2020, Abschn. 3.1.2; Kopetzki et al. 2020, Abschn. 3.1.3.

3.1.4 Gewebeeinrichtung versus Entnahmeeinrichtung und Gewebebank

Im österreichischen Recht wird nach dem jeweiligen Tätigkeitsbereich einer Einrichtung zwischen sogenannten „Entnahmeeinrichtungen" und „Gewebebanken" unterschieden. „Entnahmeeinrichtungen" sind gemäß § 2 Z. 14 GSG Einrichtungen (einschließlich mobiler Entnahmeteams), in denen Tätigkeiten im Zusammenhang mit der Gewinnung von Zellen oder Geweben zur Anwendung beim Menschen verrichtet werden. Sämtliche weiteren Arbeitsschritte im Anschluss an die Gewinnung – § 2 Z. 15 GSG spricht hier von Verarbeitung, Lagerung und Verteilung – erfolgen in sogenannten Gewebebanken. Nicht ausgeschlossen ist, dass eine Einrichtung zugleich Entnahmeeinrichtung und Gewebebank ist.[91]

Im Gegensatz dazu sieht das deutsche Recht mit dem weiten Begriff der „Gewebeeinrichtung" in § 1a Nr. 8 TPG eine einheitliche Bezeichnung vor. „Gewebeeinrichtung" ist hiernach jede „Einrichtung, die Gewebe zum Zwecke der Übertragung entnimmt, untersucht, aufbereitet, be- oder verarbeitet, konserviert, kennzeichnet, verpackt, aufbewahrt oder an andere abgibt". Der Verzicht auf eine Differenzierung zwischen Entnahmeeinrichtung und Gewebebank führt letztlich dazu, dass der deutsche Gesetzgeber im TPG hinsichtlich des Normadressaten umständlich zwischen „Gewebeeinrichtung, die Gewebe entnimmt oder untersucht" und „eine Gewebeeinrichtung" bzw. „jede Gewebeeinrichtung" (vgl. § 8d TPG) unterscheiden muss.[92]

3.1.5 Einrichtung der medizinischen Versorgung versus Anwender

Sowohl TPG als auch GSG binden nicht nur Gewebeeinrichtungen bzw. Entnahmeeinrichtungen und Gewebebanken in das Vigilanzsystem ein. Sie verpflichten durch Melde- und Dokumentationsvorgaben zusätzlich denjenigen zur Sicherung der Rückverfolgbarkeit, der Gewebe oder Zellen überträgt bzw. am Empfänger anwendet.

Der deutsche Gesetzgeber nennt in diesem Zusammenhang als Verpflichtete die „Einrichtungen der medizinischen Versorgung". Eine Einrichtung der medizinischen Versorgung kann gemäß § 1a Nr. 9 TPG entweder „ein Krankenhaus oder eine andere Einrichtung mit unmittelbarer Patientenbetreuung" sein, „die fachlich-medizinisch unter ständiger ärztlicher Leitung steht und in der ärztliche medizinische Leistungen erbracht werden". Als „andere Einrichtung" kommen in diesem Sinn ambulante Einrichtungen wie Arztpraxen sowie Gewebebanken in Betracht.[93]

Das österreichische Gesetz nimmt demgegenüber den „Anwender" in die Pflicht und erfasst damit nach § 2 Z. 18 GSG „Krankenanstalten und freiberuflich tätige

---

[91] Näheres zu den Anforderungen an die Entnahmeeinrichtung und Gewebebank s. Kopetzki et al. 2020, Abschn. 3.4.1.2 und 3.4.2.5.

[92] Näheres dazu s. Gerke 2020, Abschn. 3.3.2.

[93] Näheres zu den Anforderungen an die Einrichtung der medizinischen Versorgung s. Gerke 2020, Abschn. 3.3.3.

Ärzte und Zahnärzte, die für die Verwendung von menschlichen Zellen oder Geweben beim Menschen verantwortlich sind".[94] Entsprechend der deutschen Begriffsbestimmung der Einrichtung der medizinischen Versorgung sind davon auch selbstständige Ambulatorien erfasst, da diese dem österreichischen Krankenanstaltenbegriff unterfallen.[95]

3.2 Anwendungsbereich des TPG und GSG

3.2.1 Spende, Entnahme und Übertragung versus Gewinnung, Verarbeitung, Lagerung und Verteilung

Das deutsche TPG gilt nach § 1 Abs. 2 S. 1 „für die Spende und die Entnahme von menschlichen Organen oder Geweben zum Zwecke der Übertragung sowie für die Übertragung der Organe oder der Gewebe einschließlich der Vorbereitung dieser Maßnahmen".[96] Das österreichische GSG knüpft in § 1 Abs. 1 hingegen an die Begriffe der „Gewinnung" sowie „Verarbeitung, Lagerung und Verteilung" an und erfasst damit grundsätzlich sämtliche Schritte zwischen erstmaligem Verfügbarmachen von Zellen oder Geweben bis zur endgültigen Abgabe für die medizinische Verwendung. Zusätzlich trifft es eine Unterscheidung hinsichtlich der aus den Zellen oder Geweben gefertigten Endprodukte. Werden daraus Arzneispezialitäten i. S. d. ursprünglichen Arzneispezialitätenbegriffs, Medizinprodukte oder Prüfpräparate hergestellt, so gilt das GSG aufgrund der Teilausnahme des § 1 Abs. 1 S. 2 GSG nur hinsichtlich der Gewinnung. In allen anderen Fällen, also insbesondere bei der Herstellung von Arzneispezialitäten, die ausschließlich den erweiterten Arzneispezialitätenbegriff erfüllen, regelt das GSG zudem die Verarbeitung, Lagerung und Verteilung der Zellen oder Gewebe.[97]

Die Gewinnung von Geweben (und Zellen) unterliegt sowohl nach deutschem als auch nach österreichischem Recht einer Kontrolle durch die zuständige Behörde. § 20b dAMG sieht grundsätzlich das Einholen einer Erlaubnis der zuständigen Landesbehörde für die Gewinnung von zur Verwendung bei Menschen bestimmtem Gewebe i. S. d. § 1a Nr. 4 TPG und die für die Gewinnung erforderlichen Laboruntersuchungen vor. Die zuständige Landesbehörde kann dabei die zuständige Bundesoberbehörde, das Paul-Ehrlich-Institut, beteiligen (§§ 20b Abs. 1 S. 6, 77 Abs. 2 dAMG).[98] Im österreichischen Recht darf gemäß § 3 Abs. 1 GSG eine Gewinnung

---

[94] Näheres zu den Anforderungen an den Anwender s. Kopetzki et al. 2020, Abschn. 3.4.3.

[95] Näheres zum Krankenanstaltenbegriff und zum Begriff der „selbständigen Ambulatorien" s. Kopetzki et al. 2020, Abschn. 2.3.2.

[96] Näheres zum Anwendungsbereich des TPG s. Gerke 2020, Abschn. 3.1.

[97] Zum ursprünglichen und erweiterten Arzneispezialitätenbegriff s. bereits unter Abschn. 2.1. Näheres zu den Teilausnahmen vom Anwendungsbereich des GSG s. Kopetzki et al. 2020, Abschn. 3.2.

[98] Näheres zur Erlaubnis nach § 20b dAMG s. Gerke 2020, Abschn. 2.7.8.

von Zellen oder Gewebe nur in einer nach § 19 GSG dem BASG gemeldeten Entnahmeeinrichtung erfolgen. Im Unterschied zum Grundsatz des § 20b dAMG handelt es sich hierbei nicht um eine Erlaubnis-, sondern lediglich um eine Meldepflicht mit behördlichem Untersagungsvorbehalt.[99]

Auch der weitere Umgang mit den gewonnenen Geweben (und Zellen) ist an behördliche Schritte geknüpft. Für die Herstellung von hiPS-Zell-basierten ATMPs bedarf es einer Erlaubnis nach § 13 Abs. 1 S. 1 dAMG (entspr.) von der zuständigen Landesbehörde im Benehmen mit dem Paul-Ehrlich-Institut.[100] Handelt es sich um Gewebe oder „klassische" Gewebezubereitungen, ist „für die Be- oder Verarbeitung, Konservierung, Prüfung, Lagerung oder das Inverkehrbringen" grundsätzlich eine Erlaubnis der zuständigen Landesbehörde, im Benehmen mit dem Paul-Ehrlich-Institut, nach § 20c Abs. 1 dAMG erforderlich.[101] Nach österreichischem Recht darf „die Verarbeitung, Lagerung oder Verteilung von Zellen und Geweben" gemäß § 8 GSG nur in einer Gewebebank erfolgen, die vom BASG gemäß § 22 GSG bewilligt wurde.[102] Darüber hinaus bedarf diese bei Herstellung von hiPS-Zell-basierten ATMPs einer arzneimittelrechtlichen Betriebsbewilligung nach § 63 öAMG.[103]

Während sich im deutschen Recht die oben genannten Erlaubnispflichten somit aus dem dAMG ergeben, besteht im österreichischen Recht für die Herstellung von ATMPs aus menschlichen Zellen und Geweben ein Zusammenspiel zwischen gewebe- und arzneimittelrechtlichen Bestimmungen.

Sowohl das deutsche als auch das österreichische Recht nennen Fälle, in denen die geweberechtlichen Bestimmungen des TPG bzw. GSG keine Anwendung finden. Beide Gesetze normieren Ausnahmen für Blut und Blutbestandteile sowie für Gewebe (und Zellen), die innerhalb ein und desselben Eingriffs ohne zwischenzeitliche Verarbeitung als autologes Transplantat verwendet werden (vgl. § 1 Abs. 3 TPG bzw. § 1 Abs. 3 Z. 2, 1 GSG). Letztere ist jedoch im Hinblick auf autologe hiPS-Zell-basierte Transplantate nicht einschlägig.[104] Das GSG enthält daneben eine Ausnahmebestimmung für Organe und Teile von Organen (§ 1 Abs. 3 Z. 3 GSG). Eine korrespondierende Regelung findet sich im deutschen Recht nicht, da das TPG explizit auch die Spende, Entnahme und Übertragung von Organen erfasst.

---

[99] Näheres zur Meldepflicht nach § 3 Abs. 1 i. V. m. § 19 GSG s. Kopetzki et al. 2020, Abschn. 3.4.1.2.

[100] Vgl. auch § 13 Abs. 4 dAMG. Näheres zur Herstellungserlaubnis nach § 13 dAMG s. Gerke 2020, Abschn. 2.7.6.

[101] Zum Begriff „klassische" Gewebezubereitungen s. Gerke 2020, Abschn. 2.4.2 m.w.N. Näheres zur Erlaubnis nach § 20c dAMG und zum Verhältnis zur Herstellungserlaubnis nach § 13 Abs. 1 dAMG s. Gerke 2020, Abschn. 2.7.5 m.w.N.

[102] Näheres dazu s. Kopetzki et al. 2020, Abschn. 3.4.2.5.

[103] Näheres dazu s. Kopetzki et al. 2020, Abschn. 2.3.4.

[104] Näheres dazu s. Gerke 2020, Abschn. 3.2.1 und Kopetzki et al. 2020, Abschn. 3.3.1.

3.2.2   (Kein) Blut und (keine) Blutbestandteile

Sowohl das TPG als auch das GSG sehen eine Ausnahme von ihrem jeweiligen Geltungsbereich für Blut und Blutbestandteile vor.[105] Für diese finden sich Regelungen im deutschen TFG bzw. im österreichischen Blutsicherheitsgesetz 1999 (BSG 1999).[106] Ein wesentlicher Unterschied besteht darin, dass das BSG 1999 – im Gegensatz zum TFG[107] – Legaldefinitionen für die Begriffe „Blut" und „Blutbestandteile" enthält. Nach österreichischem Recht gelten demnach nur die „einem Spender aus einem Blutgefäß entnommene Körperflüssigkeit, die sich aus Blutplasma und aus korpuskulären Bestandteilen zusammensetzt" (§ 3 Abs. 1 BSG 1999) bzw. nur das „durch Auftrennung gewonnene Plasma" und die „durch Auftrennung gewonnenen korpuskulären Anteile" (§ 3 Abs. 2 BSG 1999) als Blut bzw. Blutbestandteile i. S. d. BSG 1999.[108]

Werden *kernhaltige Blutzellen als Ausgangsmaterial für die Herstellung von hiPS-Zellen* verwendet, unterliegen diese als Blutbestandteile gemäß § 1 Abs. 3 Nr. 2 TPG nicht den Bestimmungen des TPG. Stattdessen kommt eine Anwendung des TFG für ihre Gewinnung, vor allem § 6 TFG, in Betracht. Dies jedoch nur, sofern die bei Menschen entnommene Menge an kernhaltigen Blutzellen zur Herstellung von hiPS-Zell-basierten Produkten „zur Anwendung bei Menschen bestimmt ist" (vgl. § 2 Nr. 1 TFG). Sind die kernhaltigen Blutzellen hingegen für die Herstellung von hiPS-Zellen zu Forschungszwecken im Labor bestimmt, gilt das TFG nicht; in diesem Fall sind die allgemeinen ärztlichen Aufklärungs- und Einwilligungspflichten einschlägig.[109]

Das österreichische Recht sieht in § 1 Abs. 3 Z. 2 GSG ebenfalls eine Ausnahme für Blut und Blutbestandteile vor. In dieser wird jedoch im Gegensatz zu § 1 Abs. 3 Nr. 2 TPG konkret auf die Legaldefinitionen der Begriffe „Blut" und „Blutbestandteile" in § 3 BSG 1999 verwiesen. Kernhaltige Blutzellen, die zur hiPS-Zell-Herstellung verwendet werden sollen, sind daher nur dann vom Geltungsbereich des GSG ausgenommen und nach BSG 1999 zu behandeln, wenn sie durch „unmittelbare Auftrennung am Spender" gewonnen werden. Auf eine Verwendung zu Transfusionszwecken kommt es für die Anwendbarkeit des Blutsicherheitsrechts auch nach österreichischer Rechtslage nicht an. Somit unterliegen auch Blut und Blutbestandteile zur Arzneimittelherstellung (z. B. zur Herstellung von hiPS-Zell-basierten Therapeutika) den Regelungen des BSG 1999 über Gewinnung und Testung. Eine Ausnahme vom Anwendungsbereich des BSG 1999 besteht allerdings unter bestimmten Voraussetzungen für die Gewinnung von Blut oder Blutbestandteilen für eine klinische Prüfung (§ 2 Abs. 3 BSG 1999).[110]

---

[105] Vgl. § 1 Abs. 3 Nr. 2 TPG und § 1 Abs. 3 Z. 2 GSG.

[106] Bundesgesetz über die Gewinnung von Blut und Blutbestandteilen in Blutspendeeinrichtungen (Blutsicherheitsgesetz 1999 – BSG 1999). In: Bundesgesetzblatt I 1999/44 i.d.F. I 2019/92.

[107] Näheres dazu s. Gerke 2020, Abschn. 3.2.2.1.

[108] Näheres zu den Begriffsbestimmungen s. Kopetzki et al. 2020, Abschn. 3.3.2.1.

[109] Näheres zur Einstufung s. Gerke 2020, Abschn. 3.2.2.2.

[110] Näheres zum Anwendungsbereich des BSG 1999 und zur Einstufung s. Kopetzki et al. 2020, Abschn. 3.3.2.1 und 3.3.2.2.

Blut-derivierte hiPS-Zellen sind weder nach deutschem noch nach österreichischem Recht als Blut oder Blutbestandteile zu qualifizieren und unterliegen daher weder dem TFG noch dem BSG 1999. Vielmehr sind diese als Gewebe i. S. d. § 1a Nr. 4 TPG bzw. als Zellen i. S. d. § 2 Z. 1 GSG einzustufen.[111]

Bei der Qualifikation von *hiPS-Zell-derivierten Blutzellen* unterscheiden sich das deutsche und das österreichische Recht. Da hiPS-Zell-derivierte Blutzellen im Labor hergestellt werden, mangelt es für die Einstufung als Blutbestandteil i. S. d. österreichischen Legaldefinition am Erfordernis einer Gewinnung durch Auftrennung am Spender. Sie unterfallen daher gegebenenfalls den geweberechtlichen Bestimmungen.[112] Im Gegensatz dazu müssen im deutschen Recht zwei Fälle unterschieden werden: Werden Blutprodukte i. S. d. § 2 Nr. 3 TFG[113] von aus kernhaltigen Blutzellen hergestellten hiPS-Zellen generiert, so ist das TFG anwendbar, und das TPG gilt gemäß § 1 Abs. 3 Nr. 2 TPG nicht. Werden hingegen nur solche hiPS-Zell-derivierten Blutprodukte angewendet, bei denen die hiPS-Zellen aus anderen Körperzellen als Blutzellen generiert wurden, so ist das TFG nicht anwendbar (vgl. §§ 1, 2 Nr. 1 TFG).[114]

3.2.3 (Keine) Organe und Teile von Organen

Nach deutscher Rechtslage ist für (allenfalls zukünftig gezüchtete) hiPS-Zell-basierte Organe und Teile von Organen, die die Begriffsbestimmung des § 1a Nr. 1 TPG erfüllen und zur Übertragung auf menschliche Empfänger bestimmt sind, der Anwendungsbereich des TPG nicht eröffnet. Das TPG gilt gemäß § 1 Abs. 2 S. 1 TPG nämlich nur „für die Spende und die Entnahme von menschlichen Organen (…) zum Zwecke der Übertragung sowie für die Übertragung der [entnommenen] Organe (…) einschließlich der Vorbereitung dieser Maßnahmen". Hier fehlt es aber an der Entnahme von menschlichen Organen i. S. d. § 1a Nr. 1 TPG, da die hiPS-Zell-basierten Organe und Teile von Organen in der Regel im Rahmen eines aufwändigen Herstellungsprozesses aus entnommenen Geweben i. S. d. § 1a Nr. 4 TPG [und nicht aus Organen i. S. d. § 1a Nr. 1 TPG] gezüchtet würden.[115]

Der deutsche Gesetzgeber hat aus Gründen des Sachzusammenhangs und entgegen der klaren Zielsetzung der Gewebe-RL differenzierte Regelungen für Organe und für Gewebe *in einem Gesetz* getroffen.[116] In ErwG 9 der Gewebe-RL räumt der europäische Gesetzgeber zwar ein, dass sich „bei der Verwendung von Organen

---

[111] Näheres dazu s. Gerke 2020, Abschn. 3.2.2.2 und Kopetzki et al. 2020, Abschn. 3.3.2.2. Siehe dazu auch bereits Abschn. 3.1.1.

[112] S. Kopetzki et al. 2020, Abschn. 3.3.2.2.

[113] Hierzu zählen „Blutzubereitungen" i. S. v. § 4 Abs. 2 dAMG, „Sera aus menschlichem Blut" i. S. v. § 4 Abs. 3 dAMG und „Blutbestandteile, die zur Herstellung von Wirkstoffen oder Arzneimitteln bestimmt sind".

[114] Näheres dazu s. Gerke 2020, Abschn. 3.2.2.2.

[115] Näheres zu hiPS-Zell-basierten Organen und Organteilen und der Anwendbarkeit des TPG s. Gerke 2020, Abschn. 3.1.1.2 und Abschn. 3.1.3.2.

[116] Näheres dazu s. Gerke 2020, Abschn. 3.1.1.1.

(...) zum Teil die gleichen Fragen [stellen] wie bei der Verwendung von Geweben und Zellen", allerdings wurde aufgrund der „gravierende[n] Unterschiede" explizit von einer gemeinsamen Behandlung dieser Themen in der RL abgesehen.[117] Deshalb wurde in Art. 2 Abs. 2 lit. c Gewebe-RL eine Ausnahme für Organe und „Teile von Organen, wenn sie zum gleichen Zweck wie das ganze Organ im menschlichen Körper verwendet werden sollen", geschaffen. Fragestellungen im Zusammenhang mit der Organtransplantation wurden auf EU-Ebene durch die RL 2010/45/EU (Organ-RL)[118] einem eigenen Rechtsrahmen unterworfen.

Der österreichische Gesetzgeber hat sich bei der Umsetzung der Gewebe-RL deutlich stärker an den unionsrechtlichen Vorgaben orientiert und durch § 1 Abs. 3 Z. 3 GSG eine weitgehend der europäischen Terminologie folgende Ausnahme für Organe und Organteile geschaffen, „wenn sie zum selben Zweck wie das Organ im menschlichen Körper verwendet werden sollen". Eine Regelung des Organtransplantationswesens soll in Anlehnung an die unionsrechtliche Systematik der Gewebe-RL und Organ-RL ausdrücklich nicht im Rahmen des Gewebesicherheitsrechts, sondern in einem gesonderten Gesetz erfolgen, dem Organtransplantationsgesetz (OTPG).[119] Ausgenommen von den Vorschriften des GSG sind aufgrund der Formulierung des § 1 Abs. 3 Z. 3 GSG jedoch lediglich Transplantationsorgane, also solche Organe, die von einem Spender auf einen Empfänger übertragen werden. Ein solcher Übertragungsvorgang kommt aber bei der Implantation eines hiPS-Zell-basierten Organs – ebenso wie im deutschen Recht – mangels Entnahme eines übertragungsfähigen Organs von einem Spender nicht in Betracht, weswegen die Ausnahmebestimmung in solchen Fällen nicht greift. Im österreichischen Recht wären somit die geweberechtlichen Bestimmungen auf hiPS-Zell-basierte Organe und Teile von Organen anwendbar.[120]

4   Gentechnikrecht

Das deutsche GenTG und das österreichische GTG setzen die RL 2001/18/EG (Freisetzungs-RL)[121] und die RL 2009/41/EG (System-RL)[122] bzw. deren Vorgänger-RL[123] in das nationale Recht um. Beide Gesetze enthalten Regelungen über gentechnische Anla-

---

[117] S. dazu auch Gerke 2020, Abschn. 3.1.1.1.

[118] Richtlinie 2010/45/EU des Europäischen Parlaments und des Rates vom 7. Juli 2010 über Qualitäts- und Sicherheitsstandards für zur Transplantation bestimmte menschliche Organe. In: Amtsblatt der Europäischen Union L 2010/207:14.

[119] Bundesgesetz über die Transplantation von menschlichen Organen (Organtransplantationsgesetz – OTPG). In: Bundesgesetzblatt I 2012/108 i.d.F. I 2018/37.

[120] Näheres dazu s. Kopetzki et al. 2020, Abschn. 3.3.3.

[121] Richtlinie 2001/18/EG des Europäischen Parlaments und des Rates vom 12. März 2001 über die absichtliche Freisetzung genetisch veränderter Organismen in die Umwelt. In: Amtsblatt der Europäischen Gemeinschaften L 2001/106:1.

[122] Richtlinie 2009/41/EG des Europäischen Parlaments und des Rates vom 6. Mai 2009 über die Anwendung genetisch veränderter Mikroorganismen in geschlossenen Systemen. In: Amtsblatt der Europäischen Gemeinschaften L 2009/125:75.

[123] Richtlinie 90/219/EWG des Rates vom 23. April 1990 über die Anwendung genetisch veränderter Mikroorganismen in geschlossenen Systemen. In: Amtsblatt der Europäischen Gemeinschaften

gen, gentechnische Arbeiten/Arbeiten mit GVO, Freisetzung von GVO und Inverkehr-
bringen von Produkten/Erzeugnissen, die aus GVO bestehen oder GVO enthalten (§ 2
Abs. 1 GenTG, § 2 Abs. 1 GTG). Im Unterschied zum GenTG regelt das GTG auch die
Gentherapie am Menschen (vgl. § 2 Abs. 3 GenTG, § 2 Abs. 1 Z. 6 GTG).

Ob die Regelungen des deutschen und österreichischen Gentechnikrechts zur
Anwendung kommen, hängt in den meisten Fällen vom Vorliegen eines GVO ab.
Deshalb kommt den Begriffsbestimmungen des Organismus, Mikroorganismus und
GVO wesentliche Bedeutung zu.

4.1 Organismen und Mikroorganismen

4.1.1 Organismen

4.1.1.1 Organismusbegriff

§ 3 Nr. 1 des deutschen GenTG und § 4 Z. 1 des österreichischen GTG definieren
den Begriff „Organismus" bzw. „Organismen". Das GenTG übernimmt die Definition der Freisetzungs-RL (Art. 2 Nr. 1 Freisetzungs-RL) und zählt zudem Mikroorganismen zu den Organismen („einschließlich Mikroorganismen").[124] Im GTG hingegen werden Organismen als „ein- oder mehrzellige Lebewesen oder nichtzelluläre
vermehrungsfähige biologische Einheiten einschließlich Viren, Viroide und unter
natürlichen Umständen infektiöse und vermehrungsfähige Plasmide" beschrieben.[125] Anders als im deutschen Recht und im Unionsrecht wird in der österreichischen Bestimmung nicht auf die Fähigkeit, genetisches Material zu übertragen,
Bezug genommen. Das Fehlen dieses Tatbestandselements führt bei vermehrungsunfähigen Einheiten (replikationsinkompetenten Viren oder Plasmiden)
zu erheblichen Auslegungsschwierigkeiten.[126]

4.1.1.2 Einstufung von hiPS-Zellen und zu ihrer Herstellung verwendeter Stoffe

Obwohl sich die deutsche und die österreichische Definition unterscheiden, gelangt
man im Wesentlichen zur selben gentechnikrechtlichen Einstufung von hiPS-Zellen
bzw. der zur Herstellung von hiPS-Zellen verwendeten Stoffe (Viren, Plasmide,
mRNA und Proteine). HiPS-Zellen sind Organismen i. S. d. § 3 Nr. 1 GenTG bzw.
§ 4 Z. 1 GTG.[127] Proteine und mRNA hingegen nicht.[128]

L 1990/117:1; Richtlinie 90/220/EWG des Rates vom 23. April 1990 über die absichtliche Freisetzung genetisch veränderter Organismen in die Umwelt. In: Amtsblatt der Europäischen Gemeinschaften L 1990/117:15.

[124] Näheres dazu s. Gerke 2020, Abschn. 4.3.1

[125] Näheres dazu s. Kopetzki et al. 2020, Abschn. 4.3.1.

[126] Näheres dazu s. Kopetzki et al. 2020, Abschn. 4.3.2 und 4.3.3.

[127] Näheres zur Einstufung Gerke 2020, Abschn. 4.3.6; Kopetzki et al. 2020, Abschn. 4.3.6.

[128] Näheres zur Einstufung s. Gerke 2020, Abschn. 4.3.4 und 4.3.5; Kopetzki et al. 2020,
Abschn. 4.3.4 und 4.3.5.

Viren, die zur Herstellung von hiPS-Zellen verwendet werden, sind nach der deutschen Definition Organismen, unabhängig davon, ob sie vermehrungsfähig sind oder nicht. Selbst bei mangelnder Vermehrungsfähigkeit übertragen die Viren nämlich genetisches Material und erfüllen daher die Organismusdefinition gemäß § 3 Nr. 1 GenTG. Darüber hinaus sind Viren schon deshalb als Organismen i. S. d. § 3 Nr. 1 GenTG anzusehen, da sie in § 3 Nr. 1a GenTG explizit als Mikroorganismen aufgezählt sind.[129] Im österreichischen Gentechnikrecht sind jedenfalls vermehrungsfähige Viren als Organismen i. S. d. § 4 Z. 1 GTG einzustufen. Die Organismuseigenschaft von nicht vermehrungsfähigen Viren ist zweifelhaft, da der österreichische Gesetzgeber die Fähigkeit, genetisches Material zu übertragen, nicht in die Definition aufgenommen hat. Im Wege einer weiten, richtlinienkonformen Auslegung kann man jedoch zu dem Ergebnis gelangen, dass auch im konkreten Fall nicht vermehrungsfähige Viren Organismen i. S. d. § 4 Z. 1 GTG sind.[130]

Plasmide werden in der österreichischen Definition explizit angesprochen und sind jedenfalls dann als Organismen zu qualifizieren, wenn sie infektiös und vermehrungsfähig, wohl aber auch, wenn sie nicht vermehrungsfähig sind (richtlinienkonforme Interpretation).[131] Im deutschen Recht ist die Einstufung von Plasmiden als Organismen umstritten.[132] Die besseren Argumente sprechen allerdings dafür, dass Plasmide zumindest unter in-vivo Bedingungen als Organismen i. S. d. § 3 Nr. 1 GenTG einzustufen sind.[133]

4.1.2 Mikroorganismen

4.1.1.1 Mikroorganismusbegriff

Bei der Definition der Mikroorganismen haben der deutsche und der österreichische Gesetzgeber unterschiedliche Ansätze gewählt. § 3 Nr. 1a GenTG zählt abschließend jene Einheiten auf, die Mikroorganismen i. S. d. GenTG sind („Viren, Viroide, Bakterien, Pilze, mikroskopisch-kleine ein- oder mehrzellige Algen, Flechten, andere eukaryotische Einzeller oder mikroskopisch-kleine tierische Mehrzeller sowie tierische und pflanzliche Zellkulturen").[134] Im Gegensatz dazu enthält § 4 Z. 2 GTG eine abstraktere Definition der Mikroorganismen („mikrobielle Organismen und kultivierte tierische und pflanzliche Zellen").[135] Die österreichische Regelung ist sehr unklar. So wird der Begriff „Mikroorganismen" beispielsweise mit einer Tautologie („mikrobielle Organismen") definiert, was nicht dazu beiträgt, den Mikroorganismusbegriff zu klären.[136]

[129] Näheres zur Einstufung s. Gerke 2020, Abschn. 4.3.2.

[130] Näheres zur Einstufung s. Kopetzki et al. 2020, Abschn. 4.3.2.

[131] Näheres zur Einstufung s. Kopetzki et al. 2020, Abschn. 4.3.3.

[132] Näheres zur Einstufung s. Gerke 2020, Abschn. 4.3.3.

[133] Näheres zur Einstufung s. Gerke 2020, Abschn. 4.3.3.

[134] Näheres zum Mikroorganismenbegriff s. Gerke 2020, Abschn. 4.3.1.

[135] Näheres zum Mikroorganismenbegriff s. Kopetzki et al. 2020, Abschn. 4.4.1.

[136] Näheres dazu s. Kopetzki et al. 2020, Abschn. 4.4.3.

4.1.2.2   Einstufung von hiPS-Zellen und zu ihrer Herstellung verwendeter Stoffe

Was die Einstufung von hiPS-Zellen und der zu ihrer Herstellung verwendeten Stoffe als Mikroorganismen betrifft, decken sich die deutsche und österreichische Rechtslage weitgehend. Viren zählen gemäß § 3 Nr. 1a GenTG zu den Mikroorganismen.[137] Auch nach österreichischem Recht sind Viren Mikroorganismen. Dies ergibt sich eindeutig aus den Gesetzesmaterialien zu § 4 Z. 2 GTG, wonach „Bakterien, Viren, bestimmte Algen sowie einige Eukaryonten (Protozoen, Pilze)" Mikroorganismen i. S. d. Bestimmung sind.[138]

Für Plasmide, die in den Materialien nicht angesprochen werden, gelangt man hingegen zu keinem eindeutigen Auslegungsergebnis, ob sie Mikroorganismen i. S. d. GTG sind. Nach dem Willen des österreichischen Gesetzgebers sowie in der behördlichen Praxis sind Plasmide keine Mikroorganismen.[139] Dies entspricht der Auffassung des deutschen Gesetzgebers: Plasmide sind aufgrund der abschließenden Aufzählung in § 3 Nr. 1a GenTG keine Mikroorganismen nach deutschem Recht.[140]

Proteine und mRNA fallen sowohl nach dem deutschen GenTG als auch nach dem österreichischen GTG nicht unter den Mikroorganismenbegriff.[141]

HiPS-Zellen sind hingegen Mikroorganismen i. S. d. GenTG und GTG. Der Einstufung von hiPS-Zellen als Mikroorganismen liegt die Annahme zugrunde, dass die Formulierungen „tierische (…) Zellkulturen" in § 3 Nr. 1a GenTG und „kultivierte tierische (…) Zellen" in § 4 Z. 2 GTG i. S. d. naturwissenschaftlichen Verständnisses auch menschliche Zellen erfassen, da nach der biologischen Systematik Menschen zur Gruppe der Säugetiere gehören.[142]

4.2   Gentechnisch veränderte Organismen (GVO)

4.2.1   GVO-Begriff

In Bezug auf die Definition des gentechnisch veränderten Organismus in § 3 Nr. 3 GenTG bzw. der gentechnisch veränderten Organismen in § 4 Z. 3 GTG verfolgen das deutsche und österreichische Recht dieselbe Systematik, die auf die unionsrechtlichen Vorgaben zurückzuführen ist.

Zunächst erfolgt eine allgemeine Definition von GVO. Nach § 3 Nr. 3 GenTG ist ein GVO „ein Organismus, mit Ausnahme des Menschen, dessen genetisches Material in einer Weise verändert worden ist, wie sie unter natürlichen Bedingungen

---

[137] Näheres zur Einstufung s. Gerke 2020, Abschn. 4.3.2.

[138] Näheres zur Einstufung s. Kopetzki et al. 2020, Abschn. 4.4.2.

[139] Näheres zur Einstufung s. Kopetzki et al. 2020, Abschn. 4.4.3.

[140] Näheres zur Einstufung s. Gerke 2020, Abschn. 4.3.3.

[141] Näheres zur Einstufung s. Gerke 2020, Abschn. 4.3.4 und 4.3.5; Kopetzki et al. 2020, Abschn. 4.4.4 und 4.4.5.

[142] Näheres zur Einstufung s. Gerke 2020, Abschn. 4.3.6; Kopetzki et al. 2020, Abschn. 4.4.6.

durch Kreuzen oder natürliche Rekombination nicht vorkommt; ein gentechnisch veränderter Organismus ist auch ein Organismus, der durch Kreuzung oder natürliche Rekombination zwischen gentechnisch veränderten Organismen oder mit einem oder mehreren gentechnisch veränderten Organismen oder durch andere Arten der Vermehrung eines gentechnisch veränderten Organismus entstanden ist, sofern das genetische Material des Organismus Eigenschaften aufweist, die auf gentechnische Arbeiten zurückzuführen sind".[143]

Gemäß § 4 Z. 3 S. 1 GTG sind GVO „Organismen, deren genetisches Material so verändert worden ist, wie dies unter natürlichen Bedingungen durch Kreuzen oder natürliche Rekombination oder andere herkömmliche Züchtungstechniken nicht vorkommt".[144]

Anschließend werden in § 3 Nr. 3a GenTG und § 4 Z. 3 lit. a–c GTG Verfahren der Veränderung genetischen Materials beispielhaft („insbesondere") aufgezählt.[145]

Das österreichische GTG bezieht sich teilweise speziell auf gentechnisch veränderte Mikroorganismen (GVM) (vgl. § 4 Z. 9, § 4 Z. 17, § 6 Abs. 3 und 4, § 11, § 19, § 20 GTG). Mitunter ist nicht klar, ob sich eine Bestimmung nur auf GVM oder generell auf GVO bezieht (beispielsweise die Anmeldungs- bzw. Genehmigungserfordernisse gemäß §§ 19 und 20 GTG).[146] Im deutschen GenTG werden GVM hingegen nur vereinzelt erwähnt (vgl. § 2 Abs. 2 und § 16 Abs. 4 GenTG). Da im deutschen Recht Mikroorganismen ausdrücklich zu den Organismen zählen (vgl. § 3 Nr. 1 GenTG), gelten die Regelungen für GVO gleichermaßen auch für GVM.[147] Eine derartige Klarstellung fehlt im österreichischen Recht.

4.2.2 Einstufung von hiPS-Zellen und zu ihrer Herstellung verwendeter Stoffe

Von den Verfahren, die im GenTG und GTG explizit genannt werden und zu einer gentechnischen Veränderung i. S. d. Gesetze führen, sind in Bezug auf hiPS-Zellen und ihre Herstellung insbesondere § 3 Nr. 3a lit. a GenTG und § 4 Z. 3 lit. a GTG relevant. In den beiden Vorschriften geht es um Nukleinsäure- bzw. DNS-Rekombinationstechniken.

Im Gegensatz zum deutschen Recht („Nukleinsäure-Rekombinationstechniken, bei denen durch die Einbringung von Nukleinsäuremolekülen, die außerhalb eines Organismus erzeugt wurden, in Viren, Viroide, bakterielle Plasmide oder andere Vektorsysteme neue Kombinationen von genetischem Material gebildet werden und diese in einen Wirtsorganismus eingebracht werden, in dem sie unter natürlichen Bedingungen nicht vorkommen") enthält das österreichische Recht keine Definition des Begriffs „DNS-Rekombinationstechniken". Zur Auslegung des § 4 Z. 3 lit. a

---

[143] Näheres zum GVO-Begriff s. Gerke 2020, Abschn. 4.5.1.

[144] Näheres zum GVO-Begriff s. Kopetzki et al. 2020, Abschn. 4.6.1.

[145] Näheres dazu s. Gerke 2020, Abschn. 4.5.2; Kopetzki et al. 2020, Abschn. 4.6.2.

[146] Näheres dazu s. Kopetzki et al. 2020, Abschn. 4.4.3.

[147] Näheres dazu s. Gerke 2020, Abschn. 4.5.1.

GTG muss daher im Wege der richtlinienkonformen Interpretation auf die unionsrechtliche Definition in Anhang I A Teil 1 Nr. 1 der Freisetzungs-RL bzw. Anhang I Teil A Nr. 1 der System-RL zurückgegriffen werden („DNS-Rekombinationstechniken, bei denen durch die Insertion von Nukleinsäuremolekülen, die auf unterschiedliche Weise außerhalb eines Organismus erzeugt wurden, in Viren, bakterielle Plasmide oder andere Vektorsysteme neue Kombinationen von genetischem Material gebildet werden und diese in einen Wirtsorganismus eingebracht werden, in dem sie unter natürlichen Bedingungen nicht vorkommen, aber vermehrungsfähig sind").[148]

Das österreichische und deutsche Recht unterscheiden sich allerdings nicht nur dahingehend, dass im GTG eine Definition der Rekombinationstechniken fehlt. Anders als der österreichische Gesetzgeber, der den Begriff „DNS-Rekombinationstechnik" aus den unionsrechtlichen Vorgaben übernommen hat, hat der deutsche Gesetzgeber den weiteren Begriff „Nukleinsäure-Rekombinationstechniken" gewählt. Da RNA eine Nukleinsäure ist, kann – sofern auch die weiteren Tatbestandselemente des § 3 Nr. 3a lit. a GenTG erfüllt sind – eine Nukleinsäure-Rekombinationstechnik vorliegen.[149] Damit erübrigt sich im deutschen GenTG die Frage, ob RNA-basierte Methoden überhaupt unter diese Rekombinationstechniken fallen können. Nach österreichischem Recht steht einer Einstufung als Rekombinationstechnik der Wortlaut („*DNS*-Rekombinationstechnik") entgegen. Allerdings werden die Rekombinationstechniken in anderen Sprachfassungen der System- und Freisetzungs-RL mitunter nicht auf DNA beschränkt. Die überwiegende Anzahl der Sprachfassungen der System- und Freisetzungs-RL bezieht die Rekombinationstechniken generell auf „Nukleinsäure(n)", worunter auch RNA zu subsumieren ist. Es sprechen deshalb gute Gründe dafür, dass die System- und Freisetzungs-RL nicht nur DNS-Rekombinationstechniken, sondern generell Rekombinationstechniken von Nukleinsäuren (inklusive RNA) erfassen.[150]

Viren und Plasmide, die zur Herstellung von hiPS-Zellen verwendet werden, erfüllen sowohl nach deutschem als auch nach österreichischem Recht bereits die allgemeine Definition des GVO gemäß § 3 Nr. 3 GenTG bzw. § 4 Z. 3 S. 1 GTG. Dass die Vektoren nicht durch eines der in § 3 Nr. 3a GenTG bzw. § 4 Z. 3 lit. a–c GTG genannten Verfahren erzeugt werden, schadet der Einstufung als GVO nicht, da es sich hierbei lediglich um eine beispielhafte Aufzählung handelt.[151]

Proteine, die zur Herstellung von hiPS-Zellen verwendet werden, sind weder nach dem GenTG noch nach dem GTG als GVO i. S. d. § 3 Nr. 3 GenTG bzw. § 4 Z. 3 GTG einzustufen, da sie schon keine Organismen i. S. d. § 3 Nr. 1 GenTG bzw. § 4 Z. 1 GTG sind. Auch protein-induzierte pluripotente Stammzellen (piPS-Zellen) sind sowohl nach deutschem als auch nach österreichischem Recht keine GVO, weil es – und das ist gerade der Vorteil dieses Verfahrens – zu keiner Veränderung des

---

[148] Näheres zu § 3 Nr. 3a lit. a GenTG Gerke 2020, Abschn. 4.5.2; Näheres zu § 4 Z. 3 lit. a GTG s. Kopetzki et al. 2020, Abschn. 4.6.2.

[149] Näheres dazu s. Gerke 2020, Abschn. 4.5.2.

[150] Näheres dazu s. Kopetzki et al. 2020, Abschn. 4.6.5.1.

[151] Näheres dazu s. Gerke 2020, Abschn. 4.5.3; Kopetzki et al. 2020, Abschn. 4.6.3.

genetischen Materials der Zelle i. S. d. § 3 Nr. 3 und Nr. 3a GenTG bzw. § 4 Z. 3 GTG kommt.[152]

Im Hinblick auf die Einstufung von hiPS-Zellen, sind zwei Szenarien zu unterscheiden: Erstens hiPS-Zellen, die mittels integrierenden/r Vektors/Vektoren hergestellt wurden, und zweitens hiPS-Zellen, die mittels nicht integrierenden/r Vektors/Vektoren hergestellt wurden.

HiPS-Zellen, die mittels integrierenden/r Vektors/Vektoren hergestellt wurden, sind GVO gemäß § 3 Nr. 3 GenTG bzw. § 4 Z. 3 GTG, weil eine Nukleinsäure- bzw. DNS-Rekombinationstechnik i. S. d. § 3 Nr. 3a lit. a GenTG bzw. § 4 Z. 3 lit. a GTG vorliegt.[153]

Für die Einstufung von hiPS-Zellen, die mittels nicht integrierenden/r Vektors/Vektoren hergestellt wurden, gilt Folgendes: Nach deutschem Recht sind auch mittels nicht integrierenden/r Vektors/Vektoren hergestellte hiPS-Zellen als GVO i. S. d. § 3 Nr. 3 GenTG einzustufen, da sie bei einer weiten Auslegung des Begriffs der Einbringung in den Wirtsorganismus durch eine Nukleinsäure-Rekombinationstechnik i. S. d. § 3 Nr. 3a lit. a GenTG entstanden sind.[154] Im Gegensatz zu den unionsrechtlichen Definitionen in Anhang I A Teil 1 Nr. 1 Freisetzungs-RL und Anhang I Teil A Nr. 1 System-RL enthält das deutsche GenTG in § 3 Nr. 3a lit. a GenTG nicht das Tatbestandselement der Vermehrungsfähigkeit des neuen genetischen Materials im Wirtsorganismus.[155] Im österreichischen Gentechnikrecht ist das Tatbestandselement der Vermehrungsfähigkeit hingegen im Wege der richtlinienkonformen Interpretation für § 4 Z. 3 lit. a GTG heranzuziehen. Da aber die Vermehrungsfähigkeit bei nicht integrierenden Vektoren eher zu verneinen ist, liegt keine DNS-Rekombinationstechnik i. S. d. § 4 Z. 3 lit. a GTG vor.[156] Aufgrund der beispielhaften Aufzählung in § 4 Z. 3 lit a–c GTG kann ein GVO allerdings dennoch vorliegen, wenn die allgemeine GVO-Definition in § 4 Z. 3 S. 1 GTG erfüllt ist. Je nachdem, ob man als Veränderung des genetischen Materials nur eine permanente Veränderung (enge Auslegung) ansieht oder aber bereits die Expression von Genen, die unter natürlichen Bedingungen in der ausdifferenzierten Zelle nicht exprimiert werden, als Veränderung des genetischen Materials bewertet (weite Auslegung), gelangt man zu unterschiedlichen Ergebnissen. Bei weiter Auslegung sind hiPS-Zellen, die mittels nicht integrierenden/r Vektors/Vektoren hergestellt wurden, GVO. Nach der engen Auslegung sind solche hiPS-Zellen hingegen selbst keine GVO. Solange der/die Vektor/en noch in der Zelle ist/sind, enthält die Zelle allerdings GVO. In beiden Fällen sind daher bei der Herstellung von hiPS-Zellen die einschlägigen Regelungen des GTG zu beachten.[157]

---

[152] Näheres dazu s. Gerke 2020, Abschn. 4.5.5; Kopetzki et al. 2020, Abschn. 4.6.4.

[153] Näheres dazu s. Gerke 2020, Abschn. 4.5.6; Kopetzki et al. 2020, Abschn. 4.6.5.

[154] Näheres dazu und zu den Folgen, wenn man einer engen Auslegung des Begriffs „eingebracht" folgt, s. Gerke 2020, Abschn. 4.5.6. Vgl auch Kopetzki et al. 2020, Abschn. 4.6.5.1.

[155] Näheres dazu s. Gerke 2020, Abschn. 4.5.2.

[156] Näheres dazu s. Kopetzki et al. 2020, Abschn. 4.6.5.1.

[157] Näheres dazu s. Gerke 2020, Abschn. 4.5.6; Kopetzki et al. 2020, Abschn. 4.6.5.2.

Werden hiPS-Zellen mit Hilfe von mRNA erzeugt, stellt sich die Frage, ob die mRNA bzw. die mittels mRNA hergestellten hiPS-Zellen als GVO zu qualifizieren sind. Die mRNA selbst ist kein GVO i. S. d. § 3 Nr. 3 GenTG bzw. § 4 Z. 3 GTG, da sie schon kein Organismus i. S. d. § 3 Nr. 1 GenTG bzw. § 4 Z. 1 GTG ist.

Die mRNA-hiPS-Zellen sind mangels Verwendung eines Vektorsystems keine Nukleinsäure- bzw. DNS-Rekombinationstechnik gemäß § 3 Nr. 3a lit. a GenTG bzw. § 4 Z. 3 lit. a GTG. In Frage käme allerdings § 3 Nr. 3a lit. b GenTG („Verfahren, bei denen in einen Organismus direkt Erbgut eingebracht wird, welches außerhalb des Organismus hergestellt wurde und natürlicherweise nicht darin vorkommt, einschließlich Mikroinjektion, Makroinjektion und Mikroverkapselung") bzw. § 4 Z. 3 lit. b GTG („direktes Einführen von außerhalb des Organismus zubereiteten genetischen Informationen in einen Organismus einschließlich Makroinjektion, Mikroinjektion, Mikroverkapselung, Elektroporation oder Verwendung von Mikroprojektilen"). Der deutsche Gesetzgeber verwendet ebenso wie die unionsrechtliche Vorgabe in Anhang I A Teil 1 Nr. 2 Freisetzungs-RL und Anhang I Teil A Nr. 2 System-RL den Begriff „Erbgut". Als „Erbgut" wird man mRNA nicht einstufen können, weshalb auch das in § 3 Nr. 3a lit. b GenTG beschriebene Verfahren nicht vorliegt. Zwar hat der österreichische Gesetzgeber den weiteren Begriff der „genetischen Informationen" gewählt, allerdings gelangt man im Wege einer richtlinienkonformen Interpretation des § 4 Z. 3 lit. b GTG zum selben Ergebnis wie im deutschen Recht. Mittels mRNA erzeugte hiPS-Zellen erfüllen auch nicht den allgemeinen GVO-Begriff gemäß § 3 Nr. 3 GenTG bzw. § 4 Z. 3 S. 1 GTG, da keine derartige Veränderung des genetischen Materials vorliegt. Sie sind daher keine GVO i. S. d. GenTG und GTG.[158] Zusammenfassend ist festzuhalten, dass die deutsche und österreichische Rechtslage hinsichtlich der Einstufung als GVO im Wesentlichen zum selben Ergebnis führen.

4.3   Somatische Gentherapie

Gemäß § 2 Abs. 3 GenTG gilt dieses Gesetz nicht für die unmittelbare Anwendung von GVO am Menschen.[159] Im Unterschied dazu erstreckt das österreichische GTG seinen Geltungsbereich explizit auf die Gentherapie am Menschen (§ 2 Abs. 1 Z. 6 GTG). Die Definition der somatischen Gentherapie gemäß § 4 Z. 24 GTG („Anwendung der gezielten Einbringung isolierter exprimierbarer Nukleinsäuren in somatische Zellen im Menschen, die zur Expression der eingebrachten Nukleinsäuren führt, oder die Anwendung derart außerhalb des menschlichen Organismus gentechnisch veränderter somatischer Zellen oder Zellverbände am Menschen. Ein mit einer somatischen Gentherapie behandelter Mensch gilt nicht als GVO") stimmt nicht mit der unionsrechtlich determinierten Definition des Gentherapeutikums (Anhang I Teil IV RL 2001/83/EG) überein, da im GTG nicht auf die therapeuti-

---

[158] Näheres dazu s. Gerke 2020, Abschn. 4.5.4; Kopetzki et al. 2020, Abschn. 4.6.6.

[159] Näheres dazu s. Gerke 2020, Abschn. 4.2.

sche, prophylaktische oder diagnostische Wirkung der eingebrachten Nukleinsäure abgestellt wird. Unter den in §§ 74–79 GTG festgelegten Voraussetzungen ist eine somatische Gentherapie am Menschen erlaubt. Eine Keimbahntherapie ist aufgrund des in § 64 GTG normierten Verbotes des Eingriffes in die menschliche Keimbahn hingegen unzulässig.[160]

5 Stammzellen-, Embryonenschutz- und Fortpflanzungsmedizinrecht

Hinsichtlich des Umgangs mit Zellen in ihren frühesten Entwicklungsstadien gibt es – abgesehen von der Sonderproblematik des Patentrechts – keine unionsrechtlichen Harmonisierungsmaßnahmen, weshalb die gesetzlichen Rahmenbedingungen unionsweit uneinheitlich ausgestaltet sind. In Deutschland gibt es ein Stammzellgesetz (StZG)[161] und ein Embryonenschutzgesetz (ESchG),[162] die Vorschriften in Bezug auf die Einfuhr und Verwendung menschlicher embryonaler Stammzellen bzw. den Schutz von Embryonen enthalten. Österreich hat demgegenüber ein Fortpflanzungsmedizingesetz (FMedG), das schwerpunktmäßig der Regelung der medizinisch unterstützten Fortpflanzung dient. Obwohl die deutsche und die österreichische Rechtsordnung somit einen unterschiedlichen Zugang zur Problematik haben, finden sich zahlreiche inhaltliche Überschneidungen wie zum Beispiel das Verbot des Keimbahneingriffs sowie das Verbot einer Verwendung von Embryonen zu fortpflanzungsfremden Zwecken.

5.1 HiPS-Zellen

Neben dem dAMG, TPG und GenTG könnten für hiPS-Zellen auch das StZG und das ESchG einschlägig sein. Das StZG gilt „für die Einfuhr (...) und für die Verwendung von embryonalen Stammzellen, die sich im Inland befinden" (§ 2 StZG). Allerdings sind hiPS-Zellen keine embryonalen Stammzellen i. S. d. § 3 Nr. 2 StZG, da sie keine unmittelbar „aus Embryonen (…) gewonnenen pluripotenten Stammzellen" sind (vgl. auch § 3 Nr. 4 StZG). Das StZG findet daher auf hiPS-Zellen keine Anwendung.[163]

---

[160] Näheres dazu s. Kopetzki et al. 2020, Abschn. 4.7.2.

[161] Gesetz zur Sicherstellung des Embryonenschutzes im Zusammenhang mit Einfuhr und Verwendung menschlicher embryonaler Stammzellen (Stammzellgesetz – StZG) vom 28. Juni 2002. In: Bundesgesetzblatt I (2002):2277–2280. Zuletzt geändert durch Art. 50 des Gesetzes vom 29. März 2017. In: Bundesgesetzblatt I (2017):626–653.

[162] Gesetz zum Schutz von Embryonen (Embryonenschutzgesetz – ESchG) vom 13. Dezember 1990. In: Bundesgesetzblatt I (1990):2746–2748. Zuletzt geändert durch Art. 1 des Gesetzes vom 21. November 2011. In: Bundesgesetzblatt I (2011):2228–2229.

[163] Näheres dazu s. Gerke 2020, Abschn. 5.

HiPS-Zellen sind pluripotent; sie sind keine Embryonen i. S. d. § 8 Abs. 1 ESchG, da es sich weder um „befruchtete, entwicklungsfähige menschliche Eizelle[n]" noch um „einem Embryo entnommene[n] totipotente[n] Zelle[n]" handelt.[164]

In Österreich hingegen könnte für hiPS-Zellen das FMedG einschlägig sein. Dieses regelt gemäß § 1 Abs. 1 FMedG die „medizinisch unterstützte Fortpflanzung", und zwar „die Anwendung medizinischer Methoden zur Herbeiführung einer Schwangerschaft auf andere Weise als durch Geschlechtsverkehr". Abgesehen vom Sonderfall der hiPS-Zell-basierten Keimzellen (dazu sogleich unter Abschn. 5.2) findet das FMedG allerdings auf hiPS-Zellen keine Anwendung, da es sich um keine entwicklungsfähigen Zellen i. S. d. § 1 Abs. 3 FMedG – das heißt um keine befruchteten Eizellen oder daraus entwickelte Zellen – handelt.[165]

5.2   HiPS-Zell-basierte Keimzellen

Das deutsche und das österreichische Recht unterscheiden sich insbesondere hinsichtlich der Zulässigkeit der *Herstellung und Verwendung von hiPS-Zell-basierten Keimzellen zu Fortpflanzungszwecken*. Nach dem ESchG dürfen hiPS-Zell-basierte Keimzellen in der Regel generiert und zur Befruchtung verwendet werden, und das selbst dann, wenn diese von einer Person stammen.[166]

Es liegt nur dann eine künstliche Veränderung der Erbinformation einer menschlichen Keimbahnzelle i. S. d. § 5 Abs. 1 ESchG vor, wenn für die Herstellung der hiPS-Zelle eine Keimbahnzelle verwendet würde.[167] Werden die hiPS-Zellen allerdings aus somatischen Zellen wie Haut- oder Blutzellen generiert, liegt kein Verstoß gegen § 5 Abs. 1 ESchG vor.[168]

Ein Verstoß gegen das Verbot des § 5 Abs. 2 ESchG, das sich auf die Verwendung „eine[r] menschliche[n] Keimzelle mit künstlich veränderter Erbinformation zur Befruchtung" bezieht, liegt nicht vor. Denn auch wenn sich der Begriff „Keimzelle" – mangels gegenteiliger Anhaltspunkte im Gesetz – ebenfalls auf künstliche Keimzellen bezieht, die den natürlich entstandenen Keimzellen funktional äquivalent sind, so muss für das Vorliegen des § 5 Abs. 2 ESchG die Erbinformation einer bereits *vorhandenen* menschlichen Keimzelle verändert worden sein.[169]

Zu beachten ist allerdings das Verbot der Verwendung einer *fremden* Eizelle zu Fortpflanzungszwecken nach § 1 Abs. 1, Abs. 2 ESchG. In Bezug auf künstliche funktional äquivalente hiPS-Zell-basierte Keimzellen ist jede Eizelle fremd, die aus

---

[164] Näheres zum Embryonenbegriff und zur Einstufung von hiPS-Zellen s. Gerke 2020, Abschn. 6.1.

[165] Näheres dazu s. Kopetzki et al. 2020, Abschn. 5.1.

[166] Näheres dazu s. Gerke 2020, Abschn. 6.2 m.w.N.

[167] Näheres dazu s. Gerke 2020, Abschn. 6.2 m.w.N.

[168] Näheres dazu s. Gerke 2020, Abschn. 6.2 m.w.N.

[169] Näheres dazu s. Gerke 2020, Abschn. 6.2 m.w.N.

einer hiPS-Zelle einer anderen Person generiert wurde als der Frau, bei der eine Schwangerschaft herbeigeführt werden soll.[170]

In Österreich findet das FMedG auf hiPS-Zell-basierte Keimzellen Anwendung, da es nach dem FMedG nicht auf die Art der Entstehung (künstlich oder natürlich) dieser Keimzellen ankommt.[171] Die Herstellung von hiPS-Zell-basierten Keimzellen als solche verstößt zwar nicht gegen das FMedG. Allerdings steht das Verbot des Keimbahneingriffs nach § 9 Abs. 3 FMedG (und § 64 GTG) jedenfalls einer Verwendung von hiPS-Zell-basierten Keimzellen zu Fortpflanzungszwecken entgegen.[172]

6 Fazit

Die vergleichende Analyse der deutschen und österreichischen Rechtslage verdeutlicht den Einfluss des Unionsrechts auf die klinische Translation von hiPS-Zellen. In Abhängigkeit von der Harmonisierungsdichte bestehen je nach Rechtsmaterie mehr oder weniger große Unterschiede zwischen den beiden Rechtsordnungen.

Aufgrund der detaillierten Vorgaben der ATMP-VO sind insbesondere die arzneimittelrechtlichen Rahmenbedingungen weitgehend vereinheitlicht. In Bereichen, in denen Umsetzungsspielräume für die Mitgliedstaaten verbleiben, lassen sich zwischen Deutschland und Österreich hauptsächlich Abweichungen in der formalen bzw. legistischen Herangehensweise feststellen. Schwerwiegende inhaltliche Differenzen sind im Ergebnis kaum zu verzeichnen. Dies betrifft neben dem Transplantations- und Geweberecht sowie dem Gentechnikrecht letztlich auch das Arzneimittelrecht (Divergenzen gibt es vor allem bei der Krankenhausausnahme).

Gravierende Unterschiede zwischen Deutschland und Österreich bestehen nur dort, wo keine unionsrechtliche Determinierung besteht. Dies ist zum einen punktuell im Gentechnikrecht der Fall, wo der österreichische Gesetzgeber mit der Regelung der Gentherapie über die Vorgaben der einschlägigen EU-RL hinausgeht. Zum anderen weichen auch die Vorgaben des deutschen Stammzell- und Embryonenschutzgesetzes von jenen des österreichischen Fortpflanzungsmedizingesetzes ab. So ist vor allem eine allfällige Verwendung hiPS-Zell-basierter Keimzellen zu Fortpflanzungszwecken nach geltender deutscher Rechtslage grundsätzlich erlaubt, in Österreich hingegen unzulässig.

Danksagung Die Autoren bedanken sich beim Bundesministerium für Bildung und Forschung für die Förderung des Verbundprojekts „ClinhiPS: Eine naturwissenschaftliche, ethische und rechtsvergleichende Analyse der klinischen Anwendung von humanen induzierten pluripotenten Stammzellen in Deutschland und Österreich" (FKZ 01GP1602A; Bewilligungszeitraum: 01.04.2016 bis 31.03.2018). Dieser Beitrag gibt dabei ausschließlich die Auffassung der Autoren wieder.

---

[170] Näheres dazu s. Gerke 2020, Abschn. 6.2 m.w.N .

[171] Näheres dazu s. Kopetzki et al. 2020, Abschn. 5.2.

[172] Näheres dazu s. Kopetzki et al. 2020, Abschn. 5.2.

Literatur

Gerke S (2020) Die klinische Translation von hiPS-Zellen in Deutschland. In: Gerke S, Taupitz J, Wiesemann C, Kopetzki C, Zimmermann H (Hrsg) Die klinische Anwendung von humanen induzierten pluripotenten Stammzellen – Ein Stakeholder-Sammelband. Springer, Berlin, S 243

Kopetzki C, Blum VC, Noe D, Steinböck C (2020) Die klinische Translation von hiPS-Zellen in Österreich. In: Gerke S, Taupitz J, Wiesemann C, Kopetzki C, Zimmermann H (Hrsg) Die klinische Anwendung von humanen induzierten pluripotenten Stammzellen – Ein Stakeholder-Sammelband. Springer, Berlin, S 327

Neubauer JC*, Bur S*, Meiser I*, Kurtz A, Zimmermann H (2020) Naturwissenschaftliche Grundlagen im Kontext einer klinischen Anwendung von humanen induzierten pluripotenten Stammzellen. In: Gerke S, Taupitz J, Wiesemann C, Kopetzki C, Zimmermann H (Hrsg) Die klinische Anwendung von humanen induzierten pluripotenten Stammzellen – Ein Stakeholder-Sammelband. Springer, Berlin, S 19 * geteilte Erstautorenschaft

Sara Gerke, Dipl.-Jur. Univ., M. A. Medical Ethics and Law, ist Research Fellow, Medicine, Artificial Intelligence, and Law, am Petrie-Flom Center for Health Law Policy, Biotechnology, and Bioethics at Harvard Law School in Cambridge, USA. Bis 31. März 2018 war Frau Gerke Geschäftsführerin des Instituts für Deutsches, Europäisches und Internationales Medizinrecht, Gesundheitsrecht und Bioethik der Universitäten Heidelberg und Mannheim sowie Gesamtkoordinatorin des Projekts ClinhiPS.

Univ.-Prof. DDr. Christian Kopetzki studierte Rechtswissenschaften (Dr. iur. 1979) und Medizin (Dr. med. 1984) an der Universität Wien. 1995 habilitierte er sich in den Fächern Medizinrecht, Verfassungsrecht und Verwaltungsrecht. Seit 2002 ist er Universitätsprofessor für Medizinrecht am Institut für Staats- und Verwaltungsrecht der Universität Wien. Er ist Autor zahlreicher Bücher und Aufsätze (u. a. zum Gentechnik-, Biotechnologie- und Fortpflanzungsmedizinrecht, zur Stammzellforschung und zu Grundrechten im Bereich der Biomedizin).

Mag. Dr. Verena Christine Blum studierte Rechtswissenschaften an der Universität Wien. Sie war von 2013 bis 2018 (mit Unterbrechung) an der Abteilung Medizinrecht des Instituts für Staats- und Verwaltungsrecht der Universität Wien tätig; zuletzt als post doc Projektmitarbeiterin im Rahmen des Projekts ClinhiPS, das sie bereits zuvor betreut hat. In ihrer Forschung beschäftigt sie sich intensiv mit ärztlichem Berufsrecht und medizinrechtlichen Werbebeschränkungen.

Mag. Danielle Noe studiert seit 2013 Rechtswissenschaften an der Universität Wien (Mag. iur. 2017). Seit 2016 ist sie in der Abteilung Medizinrecht des Instituts für Staats- und Verwaltungsrecht der Universität Wien beschäftigt. Zunächst war sie als Projektmitarbeiterin im Rahmen des Projekts ClinhiPS, seit 2017 ist sie als wissenschaftliche Mitarbeiterin (prae doc) tätig. Der Schwerpunkt ihrer Forschung liegt im Biotechnologierecht, insbesondere im Bereich der medizinrechtlichen Regulierung neuartiger Therapiemethoden.

Mag. Dr. Claudia Steinböck (vormals Zeinhofer) studierte Rechtswissenschaften an der Universität Wien (Mag. iur 2003, Dr. iur 2007). Ihre Dissertation zum Arzneimittelbegriff wurde mit dem Wolf Theiss Award 2007 ausgezeichnet. Sie ist (mit Unterbrechung) seit 2003 als wissenschaftliche Mitarbeiterin an der Abteilung Medizinrecht des Instituts für Staats- und Verwaltungsrecht der Universität Wien tätig und am Projekt ClinhiPS beteiligt. Ihre Forschungs- und Publikationsschwerpunkte liegen im Arzneimittel- und Gewebesicherheitsrecht.

Teil VII
Empfehlungen des Verbunds ClinhiPS

Naturwissenschaftliche, ethische und rechtliche Empfehlungen zur klinischen Translation der Forschung mit humanen induzierten pluripotenten Stammzellen und davon abgeleiteten Produkten

Sara Gerke, Solveig Lena Hansen, Verena Christine Blum, Stephanie Bur, Clemens Heyder, Christian Kopetzki, Ina Meiser, Julia C. Neubauer, Danielle Noe, Claudia Steinböck, Claudia Wiesemann, Heiko Zimmermann und Jochen Taupitz

Zusammenfassung In der öffentlichen Debatte wurden humane induzierte pluripotente Stammzellen (hiPS-Zellen) im Vergleich zu humanen embryonalen Stammzellen (hES-Zellen) oft als moralisch unproblematische Alternative zur verbrauchenden Forschung mit Embryonen dargestellt. Doch bei genauerer Betrachtung wird klar, dass insbesondere die klinische Translation der Forschung mit hiPS-Zellen und davon abgeleiteten Produkten eigene ethische, aber auch naturwissenschaftliche und rechtliche Probleme aufwirft. Im Jahr 2016 hat die International Society for Stem Cell Research (ISSCR) Leitlinien für die klinische Translation der Stammzell-

---

Die Originalversion dieses Kapitels wurde korrigiert. Ein Erratum finden Sie unter https://doi.org/10.1007/978-3-662-59052-2_12

S. Gerke (✉)
The Petrie-Flom Center for Health Law Policy, Biotechnology, and Bioethics at Harvard Law School, Harvard University, Cambridge, USA
E-Mail: sgerke@law.harvard.edu

S. L. Hansen · C. Heyder · C. Wiesemann
Institut für Ethik und Geschichte der Medizin, Universitätsmedizin Göttingen, Göttingen, Deutschland
E-Mail: solveig-lena.hansen@medizin.uni-goettingen.de; clemens.heyder@medizin.uni-goettingen.de; cwiesem@gwdg.de

V. C. Blum · D. Noe · C. Steinböck
Abteilung Medizinrecht des Instituts für Staats- und Verwaltungsrecht der Universität Wien, Wien, Österreich
E-Mail: verena.blum@univie.ac.at; danielle.monika.noe@univie.ac.at; claudia.steinboeck@univie.ac.at

© Der/die Autor(en) 2020
S. Gerke et al. (Hrsg.), *Die klinische Anwendung von humanen induzierten pluripotenten Stammzellen*, Veröffentlichungen des Instituts für Deutsches, Europäisches und Internationales Medizinrecht, Gesundheitsrecht und Bioethik der Universitäten Heidelberg und Mannheim 48,
https://doi.org/10.1007/978-3-662-59052-2_11

forschung veröffentlicht. Diese Leitlinien beziehen sich allerdings nicht exklusiv auf hiPS-Zellen und berücksichtigen ferner nicht die Perspektiven aller beteiligten Stakeholder. Für die Ausgestaltung der klinischen Translation der hiPS-Zell-Forschung ist sowohl die Schaffung geeigneter naturwissenschaftlicher und rechtlicher Rahmenbedingungen als auch angemessener ethischer Vorgaben dringend erforderlich. Der durch das Bundesministerium für Bildung und Forschung geförderte deutsch-österreichische Forschungsverbund „ClinhiPS" entwickelte zu diesem Zweck die vorliegenden naturwissenschaftlichen, ethischen und rechtlichen Empfehlungen zur klinischen Translation der Forschung mit hiPS-Zellen und davon abgeleiteten Produkten.

Seit einigen Jahren ist es möglich, humane induzierte pluripotente Stammzellen (hiPS-Zellen) im Labor zu erzeugen. Für die Entdeckung, dass reife, spezialisierte Zellen zu pluripotenten Stammzellen reprogrammiert werden können, wurden Shinya Yamanaka und John B. Gurdon 2012 mit dem Nobelpreis ausgezeichnet. HiPS-Zellen können mit Hilfe spezifischer genetischer Faktoren aus nahezu jeder Zelle des Menschen erzeugt werden und erlangen dadurch wieder Fähigkeiten, die eigentlich nur Zellen eines frühen Embryos besitzen: Sie sind unbegrenzt teilungsfähig und können sich in alle Zellen des menschlichen Körpers entwickeln (differenzieren). Die Forschung auf diesem Gebiet hat in den letzten Jahren große Fortschritte gemacht, weshalb erste klinische Anwendungen in greifbare Nähe rücken. Es wird etwa diskutiert, hiPS-Zellen für zukünftige Zelltherapien zu nutzen, um nach zellzerstörenden Krankheiten oder Unfällen, beispielsweise nach Herzinfarkt oder Verbrennungen, Ersatz zu schaffen.

In der öffentlichen Debatte wurde dieser Zelltyp im Vergleich zu humanen embryonalen Stammzellen (hES-Zellen) oft als moralisch unproblematische Alternative zur verbrauchenden Forschung mit Embryonen dargestellt.[1] Doch bei genauerer Betrachtung wird klar, dass insbesondere die klinische Translation der Forschung mit hiPS-Zellen und davon abgeleiteten Produkten eigene ethische, aber auch eigene naturwissenschaftliche und rechtliche Probleme aufwirft. Sie werden durch

---

[1] www.ClinhiPS.de. ISSCR 2016.

C. Kopetzki
Institut für Staats- und Verwaltungsrecht, Universität Wien, Wien, Österreich
E-Mail: christian.kopetzki@univie.ac.at

S. Bur · I. Meiser
Fraunhofer-Institut für Biomedizinische Technik IBMT, Sulzbach, Deutschland
E-Mail: stephanie.bur@gmx.de; ina.meiser@ibmt.fraunhofer.de

J. C. Neubauer
Fraunhofer-Projektzentrum für Stammzellprozesstechnik, Würzburg, Deutschland
E-Mail: julia.neubauer@ibmt.fraunhofer.de

H. Zimmermann
Fraunhofer-Institut für Biomedizinische Technik, Sulzbach, Deutschland
E-Mail: Heiko.Zimmermann@ibmt.fraunhofer.de

J. Taupitz
IMGB, Universität Mannheim, Mannheim, Deutschland
E-Mail: taupitz@jura.uni-mannheim.de

die derzeitige Regelung der klinischen Forschung nur unzureichend erfasst. Im Jahr 2016 hat die International Society for Stem Cell Research (ISSCR) zwar Leitlinien für die klinische Translation der Stammzellforschung veröffentlicht.[2] Diese Leitlinien beziehen sich allerdings nicht exklusiv auf hiPS-Zellen und berücksichtigen zudem nicht die Perspektiven aller beteiligten Stakeholder. Für die Ausgestaltung der klinischen Translation der hiPS-Zell-Forschung ist deshalb sowohl die Schaffung geeigneter naturwissenschaftlicher und rechtlicher Rahmenbedingungen als auch angemessener ethischer Vorgaben dringend erforderlich.

Zu diesem Zweck wurde im Rahmen einer Förderung durch das deutsche Bundesministerium für Bildung und Forschung der Forschungsverbund „ClinhiPS" von deutschen und österreichischen Wissenschaftlerinnen und Wissenschaftlern[3] aus Naturwissenschaft, Medizinethik und Recht gegründet. Im Rahmen dieses Verbunds wurden in zweijähriger gemeinsamer Arbeit die spezifischen mit der klinischen Translation von hiPS-Zellen und davon abgeleiteten Produkten verbundenen Probleme erfasst und analysiert. Des Weiteren wurden die naturwissenschaftlichen Herausforderungen für Qualität und Sicherheit im Kontext der klinischen Anwendung am Menschen untersucht sowie aktuelle Lücken in der ethischen und rechtlichen Regulierung identifiziert.

Der Forschungsverbund „ClinhiPS" entwickelte darauf aufbauend die vorliegenden naturwissenschaftlichen, ethischen und rechtlichen Empfehlungen zur klinischen Translation der Forschung mit hiPS-Zellen und davon abgeleiteten Produkten (Abb. 1 und 2).

Einleitung

Diese Empfehlungen beziehen sich auf den Prozess der Entwicklung und Erprobung hiPS-Zell-basierter Produkte sowie deren klinische Anwendung am Menschen.[2]

HiPS-Zell-basierte Produkte sind Produkte, die auf der Grundlage von hiPS-Zellen und ihren Differenzierungsderivaten hergestellt werden. HiPS-Zellen werden aus menschlichen Körperzellen (z. B. Haut- oder Blutzellen) hergestellt. Sie besitzen das Potenzial, sich in alle Zelltypen des menschlichen Körpers (z. B. Herzmuskel-, Gehirn- oder Nierenzellen) zu entwickeln.[4]

HiPS-Zellen sind bereits heute ein wertvolles Tool für die Testung von Arzneimitteln und die Entwicklung von Krankheitsmodellen im Labor.[5] Sie sollen in Zukunft auch für die klinische Anwendung genutzt werden und so vor allem zur besseren Behandlung von Krankheiten beitragen.[6]

Die Empfehlungen richten sich an alle Stakeholder, die in die klinische Translation der hiPS-Zell-Forschung, also die Übertragung von Ergebnissen der (Grundlagen-)Forschung in die klinische Praxis, involviert sind. Als Stakeholder werden Individuen oder Gruppen verstanden, die an der Entwicklung und Anwendung hiPS-Zell-basierter Produkte beteiligt oder von ihr betroffen sind. Hierzu zählen ins-

---

[2] ISSCR 2016.

[3] Im Folgenden wird die maskuline Form aus Gründen der leichteren Lesbarkeit verwendet.

[4] www.ClinhiPS.de. Zugegriffen: 12.10.2019.

[5] www.ClinhiPS.de. Zugegriffen: 12.10.2019.

[6] www.ClinhiPS.de. Zugegriffen: 12.10.2019.

EINLEITUNG

	1. NATURWISSENSCHAFTLICHE ASPEKTE		
1.1	**Allgemeines**	**1.3**	**Expansion von hiPS-Zellen**
1.1.1:	Anwendung von Good Manufacturing Practice	1.3.1:	Auswahl des Expansionssystems
1.1.2:	GMP-konforme Herstellung von Medien und Reagenzien	1.3.2:	Automatisierung
		1.3.3:	Qualitätskontrollen
1.1.3:	Datenintegration		
1.1.4:	Identifikation von Langzeitrisiken	**1.4**	**Differenzierung von hiPS-Zellen**
1.1.5:	Standardisierte Qualitätskontrollen	1.4.1:	Differenzierungsfaktoren
1.1.6:	Implementierung zellbiologischer Sicherheitsmechanismen	1.4.2:	Automatisierung
		1.4.3:	Kontrolle und Sicherstellung der Reinheit
1.1.7:	Vergleichbarkeit der klinischen Translation von Zelltherapieprodukten	1.4.4:	Qualitätskontrollen
		1.4.5:	Weiterverarbeitung der Zellen
1.1.8:	Europaweites Register für hiPS-Zellen	1.4.6:	Differenzierung zu Keimzellen
1.2	**Generierung von hiPS-Zellen**	**1.5**	**Kryokokonservierung**
1.2.1:	Auswahlprozess für allogene Therapien	1.5.1:	Verfahren
1.2.2:	Auswahlprozess für autologe Therapien	1.5.2:	Einhaltung der Kühlkette
1.2.3:	Gewinnung der somatischen Ausgangszellen	1.5.3:	Automatisierung
		1.5.4:	Auftauen der Proben
1.2.4:	Charakterisierung für spätere Qualitätskontrollen		
1.2.5:	Reprogrammierungsmethoden		
1.2.6:	Rückstellproben bei Genmodifikationen		

	2. ETHISCHE ASPEKTE		
2.1	**Spende von Körpermaterialien**	**2.4**	**Risiko-/Belastung-Chancen-Bewertung**
2.1.1:	Einwilligung	2.4.1:	Verbesserung des individuellen Gesundheitszustandes
2.1.2:	Umfang der Aufklärung	2.4.2:	Evaluierung der Risiken und Belastungen
2.1.3:	Verfahren zum Erhalt der Einwilligung	2.4.3:	Bewertung der Angemessenheit von Risiken und Chancen
2.1.4:	Nutzung digitaler Technologien bei der dynamischen Einwilligung	2.4.4:	Nachsorge im Hinblick auf Langzeitrisiken
2.1.5:	Widerruf	2.4.5:	Obduktion
2.1.6:	Erzeugung von Keimzellen		
2.1.7:	Veröffentlichung des Gesamtgenoms		
2.1.8:	Aufwandsentschädigung		
2.2	**Klinische Forschung: Studienplanung**	**2.5**	**Aufklärung und Einwilligung der Studienteilnehmer**
2.2.1:	Einbindung aller Stakeholder	2.5.1:	Einwilligung
2.2.2:	Offenlegung von Interessenkonflikten	2.5.2:	Einwilligungsfähigkeit
2.2.3:	Ausschöpfung des Nutzenpotentials	2.5.3:	Umfang der Aufklärung
2.2.4:	Datenschutz	2.5.4:	Förderung der Forschungsmündigkeit von Studienteilnehmern
		2.5.5:	Rekrutierung
		2.5.6:	Nebenbefunde
		2.5.7:	Obduktion
2.3	**Probandenauswahl**	**2.6**	**Gesellschaftliche Aspekte**
2.3.1:	Rechtfertigung der Auswahlkriterien	2.6.1:	Fairer Interessenausgleich
2.3.2:	Vulnerabilität	2.6.2:	Information der Öffentlichkeit
2.3.3:	Aufwandsentschädigung	2.6.3:	Partizipation von Stakeholdern
		2.6.4:	Durchführungsort von Studien

Abb. 1 Übersicht der ClinhiPS-Empfehlungen – Naturwissenschaftliche und ethische Aspekte

3. RECHTLICHE ASPEKTE

3.1	**Allgemeines**
3.1.1:	*Frühzeitige Kontaktaufnahme mit den zuständigen Behörden*
3.2	**Arzneimittelrecht**
	Arzneispezialitäten
3.2.1:	*An den österreichischen Gesetzgeber*
	Behebung der Unklarheiten bei der Auslegung des ursprünglichen Arzneispezialitätenbegriffs bzw. Adaptierung des Anwendungsbereichs des Gewebesicherheitsgesetzes (GSG)
	Krankenhausausnahme
3.2.2:	*An den europäischen Gesetzgeber*
	Einheitliche Definitionen auf EU-Ebene
3.2.3:	*An den österreichischen Gesetzgeber*
	Klarstellung des Erfordernisses einer Betriebsbewilligung nach § 63 AMG für ATMPs, die unter die Krankenhausausnahme fallen
	Herstellungserlaubnis bzw. Betriebsbewilligung
3.2.4:	*An den österreichischen Gesetzgeber*
	Klarstellung des Erfordernisses einer Betriebsbewilligung nach § 63 AMG für ATMPs
3.2.5:	*An den österreichischen Gesetzgeber*
	Klarstellung, ob Entnahmeeinrichtungen eine Betriebsbewilligung i. S. d. § 63 AMG benötigen
	Klinische Prüfung
3.2.6:	*An den österreichischen Gesetzgeber*
	Erweiterung des § 40 Abs. 6 AMG auf biotechnologisch bearbeitete Gewebeprodukte
3.2.7:	*An den österreichischen Gesetzgeber*
	Ersetzung des Begriffs „Arzneimittel für Gentherapie" in § 40 Abs. 6 und Abs. 8 AMG durch den arzneimittelrechtlichen Begriff „Gentherapeutikum"
	Pharmakovigilanz
3.2.8:	*An den österreichischen Gesetzgeber*
	Klarstellung der Nichtanwendbarkeit des § 75j AMG auf zentral zugelassene Arzneimittel und Korrektur des Fehlverweises in § 75o AMG
	HiPS-Zell-basierte Keimzellen
3.2.9:	*An den deutschen Gesetzgeber*
	Ausdrückliche Klarstellung der fehlenden Arzneimitteleigenschaft für künstliche funktional äquivalente Keimzellen
3.2.10:	*An den deutschen Gesetzgeber*
	Erfordernis einer Herstellungserlaubnis nach § 13 Abs. 1 S. 1 AMG
3.2.11:	*An den österreichischen Gesetzgeber*
	Ausdrückliche Klarstellung der fehlenden Arzneimitteleigenschaft von Keimzellen zu Fortpflanzungszwecken
3.3	**Transplantations- und Geweberecht**
	Begriffsbestimmungen
3.3.1:	*An den deutschen Gesetzgeber*
	Neuformulierung der Definition der Gewebeeinrichtung in § 1a Nr. 8 TPG
	Anwendungsbereich des TPG und des GSG
3.3.2:	*An den deutschen Gesetzgeber*
	Schaffung eines deutschen Gewebesicherheitsgesetzes
3.3.3:	*An den deutschen Gesetzgeber*
	Klarstellung des Anwendungsbereichs des TFG für die Gewinnung von Blut und Blutbestandteilen zur Herstellung von hiPS-Zellen und ihren Differenzierungsderivaten sowie für die Anwendung von hiPS-Zell-derivierten Blutprodukten

3.4	**Gentechnikrecht**
	Organismen und Mikroorganismen
3.4.1:	*An den europäischen Gesetzgeber*
	Legaldefinitionen der biologischen Einheit, Vermehrungs- und Übertragungsfähigkeit im Zusammenhang mit dem Organismusbegriff in Art. 2 Nr. 1 RL 2001/18/EG
3.4.2:	*An den europäischen Gesetzgeber*
	Legaldefinitionen der mikrobiologischen Einheit, Vermehrungs- und Weitergabefähigkeit im Zusammenhang mit dem Mikroorganismusbegriff in Art. 2 lit. a RL 2009/41/EG
3.4.3:	*An den deutschen Gesetzgeber*
	Legaldefinitionen der biologischen Einheit, Vermehrungs- und Übertragungsfähigkeit im Zusammenhang mit dem Organismusbegriff in § 3 Nr. 1 des Gentechnikgesetzes (GenTG)
3.4.4:	*An den deutschen Gesetzgeber*
	Anpassung des Begriffs „Mikroorganismen" in § 3 Nr. 1a GenTG an den aktuellen Stand der Technik
3.4.5:	*An den österreichischen Gesetzgeber*
	Neuformulierung des Begriffs „Organismus" in § 4 Z. 1 GTG
3.4.6:	*An den österreichischen Gesetzgeber*
	Neuformulierung des Begriffs „Mikroorganismen" in § 4 Z. 2 GTG
	Gentechnisch veränderte Organismen (GVO)
3.4.7:	*An den europäischen Gesetzgeber*
	Vereinheitlichung der Sprachfassungen des Anhangs I A Teil I Nr. 1 RL 2001/18/EG und Anhangs I Teil A Nr. 1 RL 2009/41/EG hinsichtlich des Begriffs der Nukleinsäure- bzw. DNS-Rekombinationstechniken
	Somatische Gentherapie
3.4.8:	*An den österreichischen Gesetzgeber*
	Willensbildungsprozess in Bezug auf die Definition der somatischen Gentherapie in § 4 Z. 24 GTG
	Sonstiges
3.4.9:	*An den österreichischen Gesetzgeber*
	Korrektur des Verweises in § 2 Abs. 3 GTG
3.5	**Stammzellen-, Embryonenschutz- und Fortpflanzungsmedizinrecht**
	HiPS-Zell-basierte Keimzellen
3.5.1:	*An den deutschen Gesetzgeber*
	Schaffung eines deutschen Fortpflanzungsmedizingesetzes

Abb. 2 Übersicht der ClinhiPS-Empfehlungen – Rechtliche Aspekte

besondere Forscher, Kliniker, Unternehmer, Spender, Patienten, Ethikkommissionen und Regulierungsbehörden. Darüber hinaus richten sich die Empfehlungen an den deutschen, österreichischen und europäischen Gesetzgeber.

Generell gilt, dass alle notwendigen Arbeitsschritte in Übereinstimmung mit den anerkannten ethischen Prinzipien der Forschung und guten wissenschaftlichen Praxis sowie unter Beachtung der einschlägigen Gesetze und Vorschriften durchgeführt werden müssen.

Nicht Gegenstand der Empfehlungen sind haftungs- und sozialversicherungsrechtliche sowie patent- und lizenzrechtliche Aspekte. Zudem ist zu beachten, dass manche der hier gegebenen Empfehlungen sich im Laufe der Zeit ändern können, insbesondere mit Blick auf Sicherheitsaspekte.

1 Naturwissenschaftliche Aspekte: Technisch-praktischer Umgang mit hiPS-Zellen und hiPS-Zell-basierten Produkten im Kontext der klinischen Anwendung am Menschen

1.1 Allgemeines

Empfehlung 1.1.1: Anwendung von Good Manufacturing Practice
Alle notwendigen Arbeitsschritte, die im Folgenden aufgeführt werden, sind in Übereinstimmung mit Good Manufacturing Practice (GMP-konform) durchzuführen und sind über ein entsprechendes Qualitätsmanagementsystem zu kontrollieren und zu dokumentieren.

Empfehlung 1.1.2: GMP-konforme Herstellung von Medien und Reagenzien
Alle verwendeten Medien und Reagenzien sind GMP-konform herzustellen, wobei vorzugsweise chemisch definierte und xeno-freie Bestandteile verwendet werden sollen.

Empfehlung 1.1.3: Datenintegration
Alle anfallenden Informationen und Daten während des Prozesses von der somatischen Zelle bis hin zum Therapieprodukt sind lückenlos in ein Datenmanagementsystem zu integrieren. Im gesamten Prozess einschließlich der Lagerung sind Verwechselungen durch die Verwendung von eindeutigen Identifikationskennungen (z. B. über Barcodes) und durch deren Überprüfung bei allen Prozessschritten auszuschließen.

Empfehlung 1.1.4: Identifikation von Langzeitrisiken
Es ist für Langzeit-Untersuchungen (Follow-Ups) Vorsorge zu treffen, sodass auch Langzeiteffekte durch Vergleich mit einer Rückstellprobe untersucht werden können. Daher sollen Rückstellproben der somatischen Ausgangszellen, der generierten hiPS-Zellen sowie eines gegebenenfalls kryokonservierbaren Therapieprodukts für retrospektive Analysen hergestellt und ausreichend lange gelagert werden.

Empfehlung 1.1.5: Standardisierte Qualitätskontrollen
Es sind – jeweils angepasst an den wissenschaftlichen Erkenntnisstand – standardisierte Qualitätskontrollen durchzuführen, die unter anderem Aussagen zur Toxizität, Tumorigenität, genetischen Stabilität sowie zur Funktionalität erlauben.

Empfehlung 1.1.6: Implementierung zellbiologischer Sicherheitsmechanismen
Um potenziellen Gefahren durch Fehlfunktionen des hiPS-Zell-Produkts im Körper
(z. B. Tumorentwicklung, Fehlverteilung der Zellen) vorzubeugen, sollte überprüft
werden, ob für die geplante Anwendung ein zellbiologischer Sicherheitsmechanismus sinnvoll ist, beispielsweise durch eine Immobilisierung der Zellen (z. B. Verkapselung) oder durch den Einsatz eines Suizid-Gens (z. B. Herpes Simplex Virus
Thymidinkinase-Gen).

**Empfehlung 1.1.7: Vergleichbarkeit der klinischen Translation von
Zelltherapieprodukten**
Es soll bereits bei der Planung einer klinischen Translation eine möglichst große
Vergleichbarkeit mit Zelltherapieprodukten angestrebt werden, die in registrierten
Studien (z. B. International Clinical Trials Registry Platform) verwendet werden.
Dazu sollen – soweit wissenschaftlich sinnvoll – möglichst viele Prozesse entspre-
chend den veröffentlichten Studien standardisiert werden.

Empfehlung 1.1.8: Europaweites Register für hiPS-Zellen
Es sollte ein europaweites Register der Herstellung und Verwendung von GMP-
konformen hiPS-Zellen eingerichtet werden, um die Qualität und Sicherheit durch
Transparenz und Vergleichbarkeit zu verbessern. In diesem sollen Daten zu den
hiPS-Zellen (z. B. Herstellung, Kultivierung, Qualität), den daraus abgeleiteten noch
nicht zugelassenen Zelltherapieprodukten (z. B. Zelltyp, Differenzierung, Qualität)
sowie zu Studien zur klinischen Anwendung am Menschen registriert werden.

1.2   Generierung von hiPS-Zellen

Empfehlung 1.2.1: Auswahlprozess für allogene Therapien
Im Fall allogener Therapieansätze sollen Spender und/oder ihre somatischen Ausgangszellen anwendungsbezogen auf Basis des aktuellen wissenschaftlichen Erkenntnisstandes untersucht und ausgewählt werden (z. B. Ermittlung des infektiösen Status, genomische Charakterisierung, HLA-Typisierung, Geschlecht, Alter).

Empfehlung 1.2.2: Auswahlprozess für autologe Therapien
Im Fall autologer Therapieansätze sollen die Patienten und/oder ihre somatischen
Ausgangszellen anwendungsbezogen auf Basis des aktuellen wissenschaftlichen Erkenntnisstandes untersucht werden (z. B. Ermittlung des infektiösen Status, genomische Charakterisierung), um eine sachgerechte Therapieentscheidung zu treffen.

Empfehlung 1.2.3: Gewinnung der somatischen Ausgangszellen
Die Gewinnung der somatischen Ausgangszellen soll möglichst wenig invasiv sein.
Zum Beispiel ist die Entnahme einer geringen Menge Blutes einer Hautbiopsie vorzuziehen, sofern beide Verfahren im Hinblick auf Gewinnung und Verwendung medizinisch und naturwissenschaftlich gleichwertig sind.

Empfehlung 1.2.4: Charakterisierung für spätere Qualitätskontrollen
Für spätere vergleichende Qualitätskontrollen (z. B. Identitätsfeststellung von Zwi-
schen- und Endprodukten) ist eine ausreichende genomische Charakterisierung des
somatischen Ausgangsmaterials vorzunehmen.

Empfehlung 1.2.5: Reprogrammierungsmethoden
Die Reprogrammierungsmethode soll auf Basis des aktuellen wissenschaftlichen Erkenntnisstandes hinsichtlich der Sicherheit der generierten hiPS-Zellen für die Transplantation ausgewählt und durch entsprechende Qualitätskontrollen geprüft werden (z. B. Nachweis der Vektorfreiheit). Nach heutigem Stand sind DNA-freie, nicht-integrierende Reprogrammierungsmethoden (z. B. mRNA, Proteine) zu bevorzugen.

Empfehlung 1.2.6: Rückstellproben bei Genmodifikationen
Im Fall von Genmodifikationen (z. B. durch CRISPR/Cas9) sollen Rückstellproben auch der nicht genetisch veränderten Zellen angelegt werden.

1.3 Expansion von hiPS-Zellen

Empfehlung 1.3.1: Auswahl des Expansionssystems
Nach einer Bedarfsanalyse soll ein geeignetes Expansionssystem ausgewählt werden (z. B. Suspensionsbioreaktoren), um die benötigte Zellzahl bei minimaler genetischer Veränderung zu erreichen (z. B. durch Eliminierung von Selektionseffekten, möglichst kurze Zeit in Kultur).

Empfehlung 1.3.2: Automatisierung
Nach Möglichkeit sollen (teil-)automatisierte Systeme (z. B. Bioreaktoren, Zellkulturroboter) verwendet werden, um menschliche Einflüsse und Fehler zu reduzieren und die Effizienz zu erhöhen.

Empfehlung 1.3.3: Qualitätskontrollen
Für die Expansion sollen ausschließlich gemäß Abschn. 1.2 (Empfehlungen 1.2.1–1.2.6) generierte hiPS-Zellen verwendet werden. Die Sicherheit der Zellen für die Transplantation darf durch die Expansion nicht beeinträchtigt werden. Daher ist nach erfolgter Expansion auf Basis des aktuellen wissenschaftlichen Kenntnisstandes zu prüfen, ob die Kontaminationsfreiheit, Erhaltung der Pluripotenz, genetische und phänotypische Stabilität sowie Identität mit dem Ausgangsmaterial gegeben sind.

1.4 Differenzierung von hiPS-Zellen

Empfehlung 1.4.1: Differenzierungsfaktoren
Bei gleichwertiger biologischer Funktion sollen vorzugsweise Differenzierungsfaktoren mit großer Stabilität und geringer Variabilität verwendet werden (z. B. Verwendung sog. small molecules).

Empfehlung 1.4.2: Automatisierung
Nach Möglichkeit sollen (teil-)automatisierte Systeme (z. B. Pipettierroboter, Bioreaktoren) verwendet werden, um menschliche Einflüsse und Fehler zu reduzieren und die Effizienz zu erhöhen.

Empfehlung 1.4.3: Kontrolle und Sicherstellung der Reinheit
Nach erfolgreicher Differenzierung ist die Reinheit zu kontrollieren (z. B. mittels durchflusszytometrischer Analyse); gegebenenfalls ist eine Aufreinigung (z. B. durch Sortierung der gewünschten Zelltypen) durchzuführen.

Empfehlung 1.4.4: Qualitätskontrollen
Für die Differenzierung sollen ausschließlich gemäß Abschn. 1.3 (Empfehlungen 1.3.1–1.3.3) expandierte hiPS-Zellen verwendet werden. Die Funktionalität und Sicherheit des (späteren) Zelltherapieprodukts für die Transplantation ist auf Basis des aktuellen wissenschaftlichen Kenntnisstandes zu gewährleisten. Insbesondere sind neben Kontaminationsfreiheit, Funktionalität, Reinheit und Tumorigenität auch genetische, epigenetische und phänotypische Stabilität sowie die Identität zu prüfen.

Empfehlung 1.4.5: Weiterverarbeitung der Zellen
Soweit die differenzierten Zellen weiter prozessiert werden (z. B. zur Generierung von Gewebekonstrukten), müssen auf Basis des aktuellen wissenschaftlichen Kenntnisstandes angemessene Vorkehrungen zur Gewährleistung von Qualität und Sicherheit des Produkts getroffen werden.

Empfehlung 1.4.6: Differenzierung zu Keimzellen
Aufgrund des aktuellen wissenschaftlichen Kenntnisstandes aus dem murinen System sollte wegen der zu befürchtenden Defekte eine Differenzierung in menschliche Keimzellen (Ei- und Samenzellen) zu Fortpflanzungszwecken zurzeit nicht angestrebt werden, selbst wenn dies von Rechts wegen nicht untersagt ist.

1.5 Kryokonservierung

Empfehlung 1.5.1: Verfahren
Für das Banking von hiPS-Zellen und ihrer Derivate sollen ausreichende Zellmengen im Kristallisationsverfahren kryokonserviert werden, wobei zur exakten und dokumentierten Abkühlung vorzugsweise Einfrierautomaten zu verwenden sind. Für adhärente hiPS-Zell-Derivate sind kristallisationsfreie Vitrifikationsmethoden empfehlenswert.

Empfehlung 1.5.2: Einhaltung der Kühlkette
Um einen Funktionalitätsverlust der gefrorenen Proben zu vermeiden, ist vom Zeitpunkt der Kryokonservierung an die permanente Einhaltung der Kühlkette sicherzustellen (unterhalb der Glasübergangstemperatur der hiPS-Zellen und hiPS-Zell-Produkte in der Gasphase des Stickstoffs, z. B. $-140\,°C$).

Empfehlung 1.5.3: Automatisierung
Nach Möglichkeit sollen (teil-)automatisierte Systeme, zum Beispiel automatisierte Ein-/Auslagerungssysteme, verwendet werden, um menschliche Einflüsse und Fehler zu reduzieren und die Effizienz zu erhöhen.

Empfehlung 1.5.4: Auftauen der Proben
Der Auftauprozess soll so schonend wie möglich für die Proben durchgeführt werden (z. B. schnelles Auftauen und Erwärmen auf 37 °C ohne Überhitzen, unverzügliches Auswaschen der Kryomedien).

2   Ethische Aspekte

2.1   Spende von Körpermaterialien

Empfehlung 2.1.1: Einwilligung
Eine Aufbewahrung, Aufbereitung und Nutzung von Körpermaterialien zur Generierung von hiPS-Zellen sollte nur mit Einwilligung des betroffenen Spenders erfolgen.

Empfehlung 2.1.2: Umfang der Aufklärung
Potentielle Spender sollten aufgeklärt werden über alle bekannten aktuellen und – soweit möglich – auch künftigen Forschungsziele, insbesondere ob diese der Grundlagenforschung, der diagnostischen oder therapeutischen Forschung zuzuordnen sind, über Art und Umfang des entnommenen Gewebes und seine Aufbereitung, die Risiken der Entnahme, verantwortliche Person bzw. Institution, Rekontaktierungsmöglichkeiten, Datenschutzaspekte, insbesondere die Pseudonymisierung der Daten, die Möglichkeit von Nebenbefunden und den Umgang mit ihnen, das Widerrufsrecht, den Umgang mit Daten und Materialien nach dem Tod des Spenders, die Weitergabe von Materialien und personenbezogenen Daten an Dritte sowie alle Eigentumsfragen einschließlich einer möglichen Kommerzialisierung von hiPS-Zell-basierten Produkten. Die Spender sollten insbesondere darüber aufgeklärt werden, dass sie am Gewinn aus einer Kommerzialisierung nicht beteiligt werden und dass sich für sie aus der Spende kein individueller Nutzen ergibt.

Empfehlung 2.1.3: Verfahren zum Erhalt der Einwilligung
Der Spender sollte (auf der Basis der Aufklärung, s. Empfehlung 2.1.2) die Möglichkeit haben, sich zwischen einer einmaligen und einer dynamischen Einwilligung zu entscheiden. Bei der einmaligen Einwilligung erteilt der Spender seine informierte Einwilligung nur einmal anlässlich der Entnahme oder Übereignung der Zellen. Dabei sollten Möglichkeiten einer Beschränkung der Einwilligung für spezifische Verwendungsweisen (z. B. hinsichtlich einer Erzeugung von Keimzellen, s. unten Empfehlung 2.1.6) angeboten werden.

Beim dynamischen Einwilligungsverfahren ist von vornherein vorgesehen, dass der Spender wiederholt kontaktiert wird oder selbst (z. B. nach Information über eine Homepage) den Kontakt herstellt, um zu gegebenen Zeitpunkten der Verwendung seiner Zellen und Daten für spezifische neue Forschungsvorhaben zuzustimmen oder diese abzulehnen. Ein solches interaktives Vorgehen, das die Möglichkeit zu wiederholter Kommunikation bietet, ist angesichts der rapiden Entwicklung der

Stammzellforschung empfehlenswert. Eine Rekontaktierung kann etwa für den Fall vereinbart werden, dass Forschungsziele den ursprünglich avisierten Rahmen überschreiten oder Materialien bzw. Daten an weitere Institutionen weitergegeben werden sollen.

Empfehlung 2.1.4: Nutzung digitaler Technologien bei der dynamischen Einwilligung

Die Anforderungen an ein Rekontaktierungsverfahren sollten den Rahmen des Zumutbaren nicht überschreiten. Zwar liegt die Verantwortung für die angemessene Information der Spender bzw. für die angemessene Bereitstellung von Informationen zum Beispiel auf einer Homepage oder über eine App bei der verantwortlichen Institution; die Einleitung der darauf folgenden Schritte innerhalb einer angemessenen bzw. vereinbarten Zeitspanne (persönliche Kontaktaufnahme, Widerruf, Abruf der Information über Nebenbefunde etc.) kann dagegen beim Spender verbleiben. Es wird empfohlen, zur Kontaktherstellung digitale Technologien wie Apps zu nutzen bzw. zu entwickeln, die allen datenschutzrechtlichen Anforderungen entsprechen.

Empfehlung 2.1.5: Widerruf

Die Einwilligung zur Verwendung von gespendeten Biomaterialien kann vor der Herstellung von hiPS-Zellen jederzeit und ohne Angabe von Gründen widerrufen werden.

Für den Fall, dass bereits hiPS-Zellen aus den gespendeten Biomaterialien hergestellt wurden, kann die Möglichkeit des Spenders ausgeschlossen werden, die Vernichtung dieser hiPS-Zellen zu verlangen oder ihre (weitere) Verwendung für die medizinische Forschung zu untersagen. Der Spender ist über einen solchen Ausschluss aufzuklären. Die Möglichkeit des Widerrufs der Einwilligung in die Herstellung neuer hiPS-Zellen aus dem gespendeten Biomaterial (Ausgangsmaterial) bleibt davon unberührt.

Zum Nachweis der Zell-Linien-Identität und für Rückstellproben sollte Ausgangsmaterial erhalten werden. Die lagernde Biobank sollte die langfristige Aufbewahrung sicherstellen.

Empfehlung 2.1.6: Erzeugung von Keimzellen

Der Versuch der Erzeugung von Keimzellen aus dem gespendeten Material – soweit überhaupt rechtlich zulässig – bedarf einer ausdrücklichen Einwilligung des Spenders.

Empfehlung 2.1.7: Veröffentlichung des Gesamtgenoms

Die Veröffentlichung der Gesamtheit der Erbinformation (des Gesamtgenoms) des Spenders bedarf einer ausdrücklichen Einwilligung des Spenders.

Empfehlung 2.1.8: Aufwandsentschädigung

Sofern die Spende für den Spender mit einem besonderen Aufwand verbunden ist (z. B. gesonderte Anfahrt), sollte eine finanzielle Kompensation in Form einer Aufwandsentschädigung in Betracht gezogen werden. Diese darf keinen unangemessenen Anreiz für die Spende darstellen.

2.2 Klinische Forschung: Studienplanung

Empfehlung 2.2.1: Einbindung aller Stakeholder
Um eine faire Durchführung der Studie zu ermöglichen, sollten alle beteiligten Stakeholder, insbesondere Patienten(vertreter), möglichst frühzeitig in den konzeptionellen Planungsprozess einbezogen werden. Dabei sollte insbesondere eine Bewertung von Risiken, Belastungen und Nutzen auch durch potenzielle Studienteilnehmer erfolgen.

Empfehlung 2.2.2: Offenlegung von Interessenkonflikten
Interessenkonflikte, die zu einer verzerrten Bewertung der Chancen und Risiken des Forschungsvorhabens führen können, sind gegenüber den potenziellen Studienteilnehmern offenzulegen.

Empfehlung 2.2.3: Ausschöpfung des Nutzenpotenzials
Jeder Studie sollte ein Konzept zugrunde liegen, das den transparenten Umgang mit positiven wie negativen Ergebnissen der Forschungsmaßnahme einschließlich ihrer möglichen klinischen Anwendung umfasst.

Die Studienrohdaten sollten unter Wahrung der Anonymität und berechtigter Belange geistigen Eigentums für die wissenschaftliche Zweitauswertung zur Verfügung gestellt werden.

Empfehlung 2.2.4: Datenschutz
Jeder Studie sollte ein Konzept zum Datenschutz zugrunde liegen, da bei allen Forschungsmaßnahmen und gegenüber allen Nutzern der Schutz personenbezogener Daten gewährleistet sein muss.

2.3 Probandenauswahl

Empfehlung 2.3.1: Rechtfertigung der Auswahlkriterien
Die Auswahl der Probandenpopulation sollte auf der Basis einer Risiko-/Belastung-Chancen-Bewertung (s. unten Abschn. 2.4) im Studienprotokoll eigens gerechtfertigt werden. Sie sollte nicht allein nach technisch-praktischen Kriterien (z. B. einfache Rekrutierung) erfolgen.

Es sollte insbesondere auch dargelegt werden, welche spezifischen Risiken und Belastungen einerseits sowie Chancen andererseits sich für die ausgewählte Population im Vergleich zu anderen möglichen Probandenpopulationen ergeben und ob und inwiefern für die spezifische Probandengruppe alternative Behandlungsformen zur Verfügung stehen.

Empfehlung 2.3.2: Vulnerabilität
Es sollte dargelegt werden, ob und in welcher Hinsicht die ausgewählte Population vulnerabel ist (z. B. aufgrund mangelnder Einwilligungsfähigkeit, hohen Alters, Alternativlosigkeit bei unheilbarer Erkrankung, Komorbidität). Entsprechend ist dar-

zulegen, welche spezifischen Maßnahmen des Schutzes und Empowerments vorgesehen sind.

Empfehlung 2.3.3: Aufwandsentschädigung
In Phase I/II sollte eine finanzielle Kompensation in Form einer Aufwandsentschädigung der Studienteilnehmer in Betracht gezogen werden. Diese darf keinen unangemessenen Anreiz für eine Studienteilnahme darstellen.

2.4   Risiko-/Belastung-Chancen-Bewertung

Empfehlung 2.4.1: Verbesserung des individuellen Gesundheitszustandes
Studien sollen grundsätzlich so angelegt sein, dass sie zur Verbesserung des Gesundheitszustands der teilnehmenden Patienten beitragen können. Präklinische Studien müssen verlässliche Anhaltspunkte dafür ergeben haben, dass eine klinische Anwendung die Aussicht auf Heilung einer Krankheit oder spürbare Verbesserung von Krankheitssymptomen verspricht. Dabei müssen sich auch Anhaltspunkte für die Überlegenheit des neuen Therapieverfahrens gegenüber alternativen Verfahren ergeben haben.

Ist ein gesundheitlicher Nutzen für den Patienten nicht oder nur mit geringer Wahrscheinlichkeit zu erwarten, muss zumindest ein substanzieller wissenschaftlicher Nutzen wahrscheinlich sein.

Ein fehlender individueller Nutzen darf nicht durch unangemessene finanzielle Anreize kompensiert werden.

Empfehlung 2.4.2: Evaluierung der Risiken und Belastungen
Mit der Studie einhergehende Risiken und Belastungen sind zu identifizieren und zu bewerten. Dabei sollten kurzfristige und langfristige Risiken gesondert bewertet werden. Die Belastungen des Versuchs (Anzahl der Folgeuntersuchungen, Langzeit-Follow-up etc.) sollten eigens evaluiert werden.

Die Risiken und Belastungen für die Vergleichsgruppe sollten stets gesondert bewertet werden, auch und insbesondere dann, wenn es sich um gesunde Probanden handelt. Der Vergleich gegen Standardtherapie oder Placebo bzw. Scheininterventionen setzt klinische Equipoise (Gleichwertigkeit) voraus.

Empfehlung 2.4.3: Bewertung der Angemessenheit von Risiken und Chancen
Die mit einer Studie einhergehenden Risiken und Belastungen müssen in einem angemessenen Verhältnis zum erwarteten individuellen und gesellschaftlichen Nutzen stehen. Die Bewertung dessen, was als angemessenes Verhältnis zwischen Risiken und Chancen erachtet wird, hängt maßgeblich von unterschiedlichen Perspektiven und Interessen ab. Eine entsprechende Beteiligung der betreffenden Stakeholder, insbesondere von Vertretern der betroffenen Patienten/Probandenpopulation, ist daher unerlässlich. Die Bewertung des Risiko-Chancen-Verhältnisses soll unter Berücksichtigung einer maximalen Risiko- sowie einer minimalen Nutzenschwelle erfolgen.

Empfehlung 2.4.4: Nachsorge im Hinblick auf Langzeitrisiken
Es muss in die Risikobewertung einbezogen werden, inwieweit eine im Hinblick auf die jeweilige Studie zeitlich angemessene Nachsorge für mit der Studie in Zusammenhang stehenden Langzeitrisiken erforderlich ist. Die Langzeitrisiken einschließlich der Nachsorgemaßnahmen müssen vom Versicherungsschutz der Studie mit umfasst sein.

Empfehlung 2.4.5: Obduktion
Wenn Anlass zu der Vermutung besteht, dass der Tod eines Patienten auf die Studie zurückzuführen ist, wird die Obduktion des Patienten empfohlen, soweit diese nicht ohnehin – wie unter bestimmten Voraussetzungen in Österreich – von Rechts wegen gefordert ist. Das Ergebnis sollte Bestandteil der wissenschaftlichen Auswertung und Veröffentlichung der Studienergebnisse sein.

2.5 Aufklärung und Einwilligung der Studienteilnehmer

Empfehlung 2.5.1: Einwilligung
Die Studienteilnahme bedarf einer Einwilligung des Studienteilnehmers nach einer umfassenden Aufklärung über alle studienspezifischen Aspekte (s. unten Empfehlung 2.5.3).

Empfehlung 2.5.2: Einwilligungsfähigkeit
Es sollte im Studienprotokoll dargelegt werden, wie die Einwilligungsfähigkeit der Studienteilnehmer festgestellt wird. Studien an Nichteinwilligungsfähigen sollten nach Möglichkeit subsidiär erfolgen, das heißt erst wenn Studien an Einwilligungsfähigen eine hinreichende Wahrscheinlichkeit für ein angemessenes Risiko-/Belastung-Chance-Verhältnis ergeben haben.

Bei Studienteilnehmern, die nicht einwilligungsfähig sind, sollten insbesondere die Belastungen durch die Studie aus Sicht der Betroffenen sorgfältig erhoben werden. Studienteilnehmer, die zur Bildung einer eigenen Meinung in der Lage sind (z. B. kleinere Kinder), sollten Gelegenheit erhalten, ihre Bedürfnisse in die Ausgestaltung der studienbedingten Maßnahmen einzubringen.

Empfehlung 2.5.3: Umfang der Aufklärung
Studienteilnehmer sind umfassend aufzuklären, insbesondere darüber, welche kurz- und langfristigen Risiken mit der Studienteilnahme verbunden sind und wie sie gegen den erhofften Nutzen abgewogen werden. Es sollte auch darüber aufgeklärt werden, welche Belastungen sich durch die Studienteilnahme ergeben. Hierzu gehört auch eine ausführliche Darlegung der Belastungen durch das long-term follow-up.

Dabei sollte auch darauf verwiesen werden, mit welcher Wahrscheinlichkeit die Studienteilnehmer einen Nutzen von der Teilnahme an der Studie erwarten können. Hierbei sollten Maßnahmen ergriffen werden, die einer fehlerhaften Einschätzung einer rein wissenschaftlichen Forschung als therapeutischer Forschung („therapeutic misconception") oder einer Fehleinschätzung des individuellen therapeutischen Nutzens („therapeutic misestimation") gezielt entgegenwirken.

Empfehlung 2.5.4: Förderung der Forschungsmündigkeit von Studienteilnehmern
Die Fähigkeit von Studienteilnehmern, grundlegende Aspekte eines Forschungsvorhabens, insbesondere solche, die relevante Auswirkungen auf ihr eigenes Leben haben, beurteilen zu können (Forschungsmündigkeit), sollte gefördert werden. Aufklärungsmaterialien sollten in Zusammenarbeit mit Patientenvertretern bzw. Angehörigenvertretern erstellt werden, um die Bedürfnisse von Studienteilnehmer besser zu berücksichtigen. Es sollte eine Kurzfassung der wichtigsten Aspekte der Studie in laienverständlicher Sprache beigefügt werden. Dazu wird eine frühzeitige Einbindung von einschlägigen Patientengruppen empfohlen.

Empfehlung 2.5.5: Rekrutierung
Die Rekrutierung von Studienteilnehmern sollte möglichst in Zusammenarbeit mit Patienten- oder anderen Selbsthilfeorganisationen erfolgen. Der Rekrutierungsprozess sollte mindestens aus je einem Informationsgespräch mit einem geschulten Patienten- bzw. Angehörigenvertreter und einem Leiter der Studie bestehen.

Empfehlung 2.5.6: Nebenbefunde
Über die Möglichkeit und Konsequenzen von Nebenbefunden ist rechtzeitig zu informieren. Mit dem Studienteilnehmer ist zu vereinbaren, ob über Nebenbefunde aufgeklärt werden soll oder nicht.

Empfehlung 2.5.7: Obduktion
Wenn Anlass zu der Befürchtung besteht, dass die Therapie zum Tod eines Patienten führen könnte, sollte die Studienteilnahme möglichst an die Bereitschaft zu einer Obduktion im Todesfall gekoppelt werden, für die eine ausdrückliche Aufklärung und Einwilligung eingeholt werden sollte. Dies gilt nicht, wenn die Obduktion – wie unter bestimmten Voraussetzungen in Österreich – von Rechts wegen ohnehin zulässig ist.

2.6   Gesellschaftliche Aspekte

Empfehlung 2.6.1: Fairer Interessenausgleich
Stammzellforschung beruht in der Regel auf der Kooperation zwischen einer Vielzahl sehr unterschiedlicher Stakeholder, die unterschiedliche Interessen repräsentieren, insbesondere von kommerziellen und nicht kommerziellen Akteuren. Die Ziele der Forschung sollten die Interessen aller Stakeholder angemessen widerspiegeln; insbesondere sollte diese Art der klinischen Stammzellforschung einen direkten Nutzen für die gesundheitliche Versorgung der Bevölkerung versprechen. Forschungsvorhaben, die einen primär kommerziellen Nutzen anstreben, sollten eine Kompensation für öffentliche Institutionen vorsehen, um die solidarisch erbrachten Beiträge von Spendern und Patienten anzuerkennen.

Empfehlung 2.6.2: Information der Öffentlichkeit
Die Öffentlichkeit sollte ausreichend Zugang zu weiterführenden Informationen über die Stammzellforschung erhalten, die sie zu einem kompetenten Umgang mit den

verschiedenen Optionen der Forschung befähigen. Solche weiterführenden Informationen sollten von einer unabhängigen Einrichtung bereitgestellt werden. Sie sollten sowohl medizinisch-technische als auch ethische, rechtliche und soziale Aspekte angemessen berücksichtigen. Wir empfehlen beispielsweise, dass öffentliche Stellen, die über Organ- und Gewebespende informieren, die Spende von Zellen/Gewebe für die hiPS-Zell-Forschung in ihren Informationsmaterialien berücksichtigen.

Es wird empfohlen, Studienergebnisse auch in einer laienverständlichen Sprache zu veröffentlichen, um die Verbreitung von Wissen über Stammzellforschung in der Öffentlichkeit zu verbessern.

Empfehlung 2.6.3: Partizipation von Stakeholdern

Forschungsförderern wird empfohlen, Maßnahmen des Stakeholder Involvements gezielt zu fördern, um die Partizipation von Betroffenengruppen in unterschiedlichen Phasen der klinischen Translation zu ermöglichen.

Es wird angeregt, über besonders sensible Aspekte der Stammzellforschung, etwa die Erzeugung von menschlichen Keimzellen aus Stammzellen, eine breite gesellschaftliche Debatte zu initiieren, um den politischen Entscheidungsprozess besser zu fundieren.

Empfehlung 2.6.4: Durchführungsort von Studien

Risikobehaftete klinische Stammzellforschung sollte möglichst in jenen Ländern erfolgen, deren Patienten voraussichtlich von den derart entwickelten Therapien profitieren werden.

3   Rechtliche Aspekte

3.1   Allgemeines

Empfehlung 3.1.1: Frühzeitige Kontaktaufnahme mit den zuständigen Behörden

Es wird empfohlen, bei der Entwicklung und Anwendung von hiPS-Zell-basierten Produkten frühzeitig mit den zuständigen Behörden Kontakt aufzunehmen, insbesondere im Hinblick darauf, ob eine Zulassung, Genehmigung, Erlaubnis, Bewilligung und/oder Anmeldung erforderlich ist.

3.2   Arzneimittelrecht

Arzneispezialitäten

An den österreichischen Gesetzgeber
   Empfehlung 3.2.1: Behebung der Unklarheiten bei der Auslegung des ursprünglichen Arzneispezialitätenbegriffs bzw. Adaptierung des Anwendungsbereichs des Gewebesicherheitsgesetzes (GSG)

§ 1 Abs. 5 Arzneimittelgesetz (AMG) enthält einen Arzneispezialitätenbegriff, der historisch in zwei Schichten gewachsen ist (einen „ursprünglichen" und einen „erweiterten" Arzneispezialitätenbegriff). Das AMG und andere Rechtsvorschriften differenzieren hinsichtlich der Rechtsfolgen zwischen diesen beiden Begriffen. Insbesondere hängt davon die Reichweite des Anwendungsbereichs des GSG nach § 1 Abs. 1 GSG ab. Für Arzneispezialitäten i. S. d. ursprünglichen Definition sieht § 1 Abs. 1 S. 2 GSG eine Teilausnahme vom Anwendungsbereich vor. Ausschließlich industriell oder gewerblich hergestellte Arzneispezialitäten (erweiterter Arzneispezialitätenbegriff) unterliegen hingegen uneingeschränkt dem Anwendungsbereich des GSG. Nach derzeitiger Rechtslage sind nicht alle hiPS-Zell-basierten Produkte als Arzneispezialitäten i. S. d. ursprünglichen Arzneispezialitätenbegriffs einzustufen. Dies trifft (mangels Herstellung im Voraus) vor allem auf autologe Produkte zu. Für diese gelten das AMG und das GSG (zur Gänze) grundsätzlich kumulativ; das AMG normiert aber zum Teil die Spezialität der geweberechtlichen Regelungen. Dieser Vorrang der geweberechtlichen Bestimmungen steht hinsichtlich Arzneimittel für neuartige Therapien (ATMPs) bei der arzneimittelrechtlichen Betriebsbewilligung im Widerspruch zu den Anforderungen der Verordnung (VO) (EG) 1394/2007 (ATMP-VO).

Der Gesetzgeber sollte daher insbesondere die Reichweite des Anwendungsbereichs des GSG im Hinblick auf das Verhältnis zum AMG überdenken und allenfalls klarstellen. Falls nicht gewünscht ist, dass das GSG auf (ausschließlich) industriell oder gewerblich hergestellte ATMPs voll anwendbar ist, sollte die Teilausnahme des § 1 Abs. 1 S. 2 GSG entsprechend adaptiert werden. Dies stünde auch im Einklang mit den unionsrechtlichen Vorgaben, nach denen die geweberechtlichen Vorschriften nur für die Gewinnung, die arzneimittelrechtlichen Anforderungen der ATMP-VO für alle weiteren Aspekte gelten sollen (vgl. ErwG 14 ATMP-VO).

Krankenhausausnahme

Gemäß Art. 3 Nr. 7 Richtlinie (RL) 2001/83/EG (i. V. m. Art. 28 Nr. 2 ATMP-VO) sind ATMPs, „die nicht routinemäßig nach spezifischen Qualitätsnormen hergestellt und in einem Krankenhaus in demselben Mitgliedstaat unter der ausschließlichen fachlichen Verantwortung eines Arztes auf individuelle ärztliche Verschreibung eines eigens für einen einzelnen Patienten angefertigten Arzneimittels verwendet werden", vom Anwendungsbereich der ATMP-VO und der RL 2001/83/EG ausgenommen (sog. Krankenhausausnahme). Sie unterliegen daher insbesondere nicht der zentralen Zulassung durch die europäische Kommission.

An den europäischen Gesetzgeber
Empfehlung 3.2.2: Einheitliche Definitionen auf EU-Ebene
Dem europäischen Gesetzgeber wird empfohlen, den Begriff „nicht routinemäßig (…) hergestellt" in Art. 3 Nr. 7 RL 2001/83/EG (i. V. m. Art. 28 Nr. 2 ATMP-VO) zu definieren. Darüber hinaus sollte klargestellt werden, ob dem Begriff „Krankenhaus" in Art. 3 Nr. 7 RL 2001/83/EG (i. V. m. Art. 28 Nr. 2 ATMP-VO) ein enges Verständnis zu Grunde zu legen ist oder ob auch die ambulante Anwendung umfasst sein soll.

An den österreichischen Gesetzgeber
Empfehlung 3.2.3: Klarstellung des Erfordernisses einer Betriebsbewilligung
nach § 63 AMG für ATMPs, die unter die Krankenhausausnahme fallen
Art. 3 Nr. 7 RL 2001/83/EG (i. V. m. Art. 28 Nr. 2 ATMP-VO) verlangt für die
Herstellung von ATMPs, die unter die Krankenhausausnahme fallen, eine arzneimittelrechtliche Genehmigung. Problematisch ist, dass § 62 Abs. 2 Z. 6 AMG Gewebebanken, die dem vollen Anwendungsbereich des GSG unterliegen (s. Empfehlung 3.2.1), vom Erfordernis einer arzneimittelrechtlichen Betriebsbewilligung
gemäß § 63 AMG ausnimmt. Diese Ausnahme erfasst auch Gewebebanken, die
unter die Krankenhausausnahme fallende ATMPs herstellen. Eine Befreiung von
der Betriebsbewilligungspflicht steht im Widerspruch zu den unionsrechtlichen Anforderungen. Dem österreichischen Gesetzgeber wird daher empfohlen, die Ausnahme von der Betriebsbewilligung in § 62 Abs. 2 Z. 6 AMG an das Unionsrecht
anzupassen, beispielsweise in Form einer generellen Gegenausnahme. Bis dahin
sollte die Vollzugsbehörde, das Bundesamt für Sicherheit im Gesundheitswesen
(BASG), die volle Wirksamkeit des Unionsrechts gewährleisten und § 62 Abs. 2
Z. 6 AMG im Falle der Herstellung von unter die Krankenhausausnahme fallenden
ATMPs unangewendet lassen. Den Herstellern sämtlicher hiPS-Zell-basierter Produkte wird in jedem Fall die Einholung einer Betriebsbewilligung nach § 63 AMG
nahegelegt.

Herstellungserlaubnis bzw. Betriebsbewilligung

An den österreichischen Gesetzgeber
   Empfehlung 3.2.4: Klarstellung des Erfordernisses einer Betriebsbewilligung
nach § 63 AMG für ATMPs
Problematisch ist die Ausnahmebestimmung des § 62 Abs. 2 Z. 6 AMG auch im
Hinblick auf nicht unter die Krankenhausausnahme fallende, ausschließlich industriell oder gewerblich hergestellte ATMPs (das heißt ATMPs, die nicht unter den
ursprünglichen Arzneispezialitätenbegriff gemäß § 1 Abs. 5 AMG fallen). Für diese
ergibt sich das Erfordernis einer Herstellungserlaubnis aus Art. 19 Abs. 1 VO (EG)
726/2004 i. V. m. Art. 40 RL 2001/83/EG. Daher wird dem österreichischen Gesetzgeber empfohlen, die Ausnahme von der Betriebsbewilligung in § 62 Abs. 2 Z. 6
AMG an das Unionsrecht anzupassen, beispielsweise in Form einer generellen Gegenausnahme für solche ATMPs (s. dazu auch Empfehlung 3.2.3). Bis dahin sollte
die Vollzugsbehörde, das BASG, § 62 Abs. 2 Z. 6 AMG im Einklang mit den unionsrechtlichen Anforderungen handhaben und vom Erfordernis einer Betriebsbewilligung nach § 63 AMG ausgehen. Den Herstellern sämtlicher hiPS-Zell-basierter
Produkte wird in jedem Fall die Einholung einer Betriebsbewilligung nach § 63
AMG nahegelegt.

Empfehlung 3.2.5: Klarstellung, ob Entnahmeeinrichtungen eine Betriebsbe
willigung i. S. d. § 63 AMG benötigen
Die Ausnahmebestimmung des § 62 Abs. 2 Z. 6 AMG erfasst nur Gewebebanken, nicht aber Entnahmeeinrichtungen i. S. d. GSG. Diese unterliegen nach strenger Wortlautinterpretation der Betriebsbewilligungspflicht nach § 63 AMG. Die
besseren Gründe sprechen aber dafür, auch Entnahmeeinrichtungen von der arznei-

mittelrechtlichen Betriebsbewilligungspflicht auszunehmen. Dem österreichischen Gesetzgeber wird empfohlen, die Rechtslage hinsichtlich Entnahmeeinrichtungen zu klären und diese gegebenenfalls ausdrücklich vom Erfordernis einer arzneimittelrechtlichen Betriebsbewilligung nach § 63 AMG auszunehmen. Dies könnte durch eine Erweiterung des § 62 Abs. 2 AMG erfolgen.

Klinische Prüfung

An den österreichischen Gesetzgeber
   Empfehlung 3.2.6: Erweiterung des § 40 Abs. 6 AMG auf biotechnologisch bearbeitete Gewebeprodukte
   Nach § 40 Abs. 6 AMG bedürfen klinische Prüfungen „im Zusammenhang mit Arzneimitteln für Gentherapie und somatische Zelltherapie" einer Genehmigung des BASG. Im Hinblick auf die unionsrechtlichen Anforderungen wird dem österreichischen Gesetzgeber empfohlen, ein Genehmigungserfordernis auch für klinische Prüfungen mit biotechnologisch bearbeiteten Gewebeprodukten zu verankern. Dies könnte durch eine Erweiterung des § 40 Abs. 6 AMG im Zuge der ohnehin notwendigen Anpassung an die VO (EU) 536/2014 über klinische Prüfungen mit Humanarzneimitteln erfolgen. Bis dahin ergibt sich die Genehmigungspflicht unmittelbar aus Art. 4 Abs. 1 ATMP-VO i. V. m. Art. 9 Abs. 6 RL 2001/20/EG. Hersteller bzw. Anwender müssen daher stets eine Genehmigung für klinische Prüfungen mit biotechnologisch bearbeiteten Gewebeprodukten einholen.
   Empfehlung 3.2.7: Ersetzung des Begriffs „Arzneimittel für Gentherapie" in § 40 Abs. 6 und Abs. 8 AMG durch den arzneimittelrechtlichen Begriff „Gentherapeutikum"
   Klinische Prüfungen mit „Arzneimitteln für Gentherapie" unterliegen gemäß § 40 Abs. 8 AMG auch den Anforderungen der §§ 74–79 Gentechnikgesetz (GTG). Sie bedürfen insbesondere einer zusätzlichen Bewilligung des Bundesministers für Gesundheit. Vor dem Hintergrund des unterschiedlichen Verständnisses der „Gentherapie" nach Arzneimittelrecht und nach Gentechnikrecht (s. auch Empfehlung 3.4.8) wird dem österreichischen Gesetzgeber empfohlen, den Begriff „Arzneimittel für Gentherapie" in § 40 Abs. 6 und 8 AMG durch den arzneimittelrechtlichen Begriff „Gentherapeutikum" zu ersetzen.

Pharmakovigilanz

An den österreichischen Gesetzgeber
   Empfehlung 3.2.8: Klarstellung der Nichtanwendbarkeit des § 75j AMG auf zentral zugelassene Arzneimittel und Korrektur des Fehlverweises in § 75o AMG
   Im Rahmen der Pharmakovigilanz sieht das AMG Meldepflichten für Angehörige der Gesundheitsberufe (§ 75g AMG) und Zulassungsinhaber (§ 75j AMG) vor. § 75j AMG differenziert seinem Wortlaut nach nicht zwischen zentral und auf sonstige Weise zugelassenen Arzneispezialitäten; er enthält insbesondere keine explizite Ausnahmeregelung für zentral zugelassene Arzneispezialitäten. Historische und unionsrechtskonforme Interpretation lassen aber den Schluss zu, dass sich § 75j AMG nur auf nationale Meldepflichten bezieht. In Bezug auf zentral zugelassene Arzneispezialitäten ergeben sich (inhaltlich identische) Meldepflichten des Zulassungsinhabers unmittelbar aus Art. 28 Abs. 1 VO (EG) 726/2004 i. V. m. Art. 107

RL 2001/83/EG. Im Sinne der Rechtsklarheit sollte der Gesetzgeber die Nichtanwendbarkeit des § 75j AMG (und einen entsprechenden Verweis auf die VO [EG]
726/2004) für zentral zugelassene Arzneispezialitäten explizit verankern. Damit
wäre gleichzeitig klargestellt, dass eine Verdrängung der arzneimittel- durch die
geweberechtlichen Meldepflichten gemäß § 75o AMG nicht in Betracht kommt.

Bei dieser Gelegenheit sollte der Gesetzgeber auch den Fehlverweis (auf die
frühere Fassung der arzneimittelrechtlichen Meldepflichten gemäß §§ 75a bis 75c
AMG) in § 75o AMG berichtigen.

HiPS-Zell-basierte Keimzellen

An den deutschen Gesetzgeber

*Empfehlung 3.2.9: Ausdrückliche Klarstellung der fehlenden Arzneimittelei-
genschaft für künstliche funktional äquivalente Keimzellen*

§ 4 Abs. 30 S. 2 AMG legt fest, dass Keimzellen (d. h. menschliche Samen- und
Eizellen) keine Arzneimittel und auch keine Gewebezubereitungen i. S. d. AMG
sind. Keimzellen sind allerdings „Gewebe" i. S. d. § 1a Nr. 4 des Transplantationsgesetzes (TPG).

Dem deutschen Gesetzgeber wird empfohlen, ausdrücklich klarzustellen, dass
sich § 4 Abs. 30 S. 2 AMG auch auf in vitro hergestellte menschliche Zellen bezieht,
die funktional äquivalent zu natürlich entstandenen Keimzellen sind (nachfolgend:
„künstliche funktional äquivalente Keimzellen") und zu Fortpflanzungszwecken
bestimmt sind.

*Empfehlung 3.2.10: Erfordernis einer Herstellungserlaubnis nach § 13 Abs. 1
S. 1 AMG*

Falls der deutsche Gesetzgeber daran festhält, dass Keimzellen als „Gewebe"
i. S. d. § 1a Nr. 4 TPG in den Anwendungsbereich des AMG fallen, dann sollte er
zur Gewährleistung hoher Qualitäts- und Sicherheitsstandards für die Herstellung
von künstlichen funktional äquivalenten hiPS-Zell-basierten Keimzellen zu Fortpflanzungszwecken eine Herstellungserlaubnis nach § 13 Abs. 1 S. 1 AMG fordern.
Nur durch eine Erlaubnis nach § 13 Abs. 1 S. 1 AMG ist die gewerbs- oder berufsmäßige Herstellung von künstlichen funktional äquivalenten hiPS-Zell-basierten
Keimzellen zu Fortpflanzungszwecken nach dem GMP-Standard gesichert. Zu weiteren Regelungen s. Empfehlung 3.5.1.

An den österreichischen Gesetzgeber

*Empfehlung 3.2.11: Ausdrückliche Klarstellung der fehlenden Arzneimittelei-
genschaft von Keimzellen zu Fortpflanzungszwecken*

Dem österreichischen Gesetzgeber wird empfohlen, die fehlende Arzneimitteleigenschaft von Keimzellen zu Fortpflanzungszwecken im AMG ausdrücklich
klarzustellen, etwa durch Aufnahme in die Ausnahmebestimmung des § 1 Abs. 3
AMG. Keimzellen zu Fortpflanzungszwecken unterliegen den Beschränkungen des
Fortpflanzungsmedizingesetzes (FMedG), des GTG und des GSG, die einen im Vergleich zum AMG über weite Strecken sachgerechteren Rechtsrahmen bieten.

Einer Verwendung hiPS-Zell-basierter Keimzellen zu Fortpflanzungszwecken
steht im österreichischen Recht das Verbot des Keimbahneingriffs nach § 9 Abs. 3
FMedG und § 64 GTG entgegen.

3.3 Transplantations- und Geweberecht

Begriffsbestimmungen

An den deutschen Gesetzgeber
Empfehlung 3.3.1: Neuformulierung der Definition der Gewebeeinrichtung in § 1a Nr. 8 TPG

Dem deutschen Gesetzgeber wird empfohlen, die Definition der Gewebeeinrichtung in § 1a Nr. 8 TPG zur sprachlichen Vereinfachung neu zu formulieren. Von der derzeitigen, sehr weiten Begriffsbestimmung sind Entnahmeeinrichtungen mitumfasst. Dies führt dazu, dass der Gesetzgeber im TPG unterschiedliche Formulierungen für den Adressaten seiner auferlegten Rechtspflichten verwenden muss. So unterscheidet zum Beispiel § 8d TPG umständlich zwischen den Formulierungen „Gewebeeinrichtung, die Gewebe entnimmt oder untersucht" (nur Entnahmeeinrichtungen) und „eine Gewebeeinrichtung" bzw. „jede Gewebeeinrichtung" (alle Gewebeeinrichtungen). Eine Neuformulierung des Begriffs „Gewebeeinrichtung" in § 1a Nr. 8 TPG sollte zudem vor dem Hintergrund einer Vereinheitlichung der Begriffsbestimmungen in § 1 TPG-Gewebeverordnung (TPG-GewV), § 20b AMG und § 2 Nr. 10 und Nr. 11 Arzneimittel- und Wirkstoffherstellungsverordnung (AM-WHV) erfolgen und würde so zu mehr Rechtsklarheit beitragen.

Anwendungsbereich des TPG und des GSG

An den deutschen Gesetzgeber
Empfehlung 3.3.2: Schaffung eines deutschen Gewebesicherheitsgesetzes

Dem deutschen Gesetzgeber wird empfohlen, ein Gewebesicherheitsgesetz zu schaffen. Die RL 2004/23/EG (Gewebe-RL) wurde durch das Gesetz über Qualität und Sicherheit von menschlichen Geweben und Zellen (Gewebegesetz) vom 20. Juli 2007 in deutsches Recht umgesetzt. Das Gewebegesetz führte vor allem zu Änderungen im AMG, TPG und Transfusionsgesetz (TFG).

Das Zusammenspiel von AMG und TPG im Hinblick auf den Umgang mit menschlichem Gewebe ist komplex und undurchsichtig. Ein neues Gewebesicherheitsgesetz würde mehr Transparenz und Rechtsklarheit schaffen.

Mit einem deutschen Gewebesicherheitsgesetz würde zudem die Verwendung von menschlichen Geweben (einschließlich einzelner menschlicher Zellen) von der Verwendung von menschlichen Organen (für Organe würde weiterhin das TPG gelten) rechtlich getrennt geregelt. Bereits die Gewebe-RL stellt in ihrem ErwG 9 fest, dass es „gravierende Unterschiede" (namentlich unterschiedliche Qualitäts- und Sicherheitserfordernisse) bei der Verwendung von Organen und bei der Verwendung von Zellen und Geweben gibt, „weshalb diese beiden Themen nicht gemeinsam in einer Richtlinie behandelt werden sollten". Konsequenterweise schließt die Gewebe-RL deshalb nach Art. 2 Abs. 2 lit. c „Organe oder Teile von Organen, wenn sie zum gleichen Zweck wie das ganze Organ im menschlichen Körper verwendet werden sollen" von ihrem Anwendungsbereich aus.

Empfehlung 3.3.3: Klarstellung des Anwendungsbereichs des TFG für die Gewinnung von Blut und Blutbestandteilen zur Herstellung von hiPS-Zellen und ihren Differenzierungsderivaten sowie für die Anwendung von hiPS-Zell-derivierten Blutprodukten

Dem deutschen Gesetzgeber wird empfohlen, den Anwendungsbereich des TFG für die Gewinnung von Blut- und Blutbestandteilen zur Herstellung von hiPS-Zellen und ihren Differenzierungsderivaten sowie für die Anwendung von hiPS-Zell-derivierten Blutprodukten explizit klarzustellen. Es sollte insbesondere geklärt werden, ob das TFG für die Blutentnahme und die Untersuchungen der Blutzellen als Ausgangsmaterial für die Herstellung von hiPS-Zell-basierten Produkten zur Anwendung bei Menschen sowie für die Anwendung von hiPS-Zell-basierten Differenzierungsderivaten, und zwar Blutprodukten, gilt. Dem Gesetzgeber wird zudem nahegelegt, die für die Abgrenzung des Anwendungsbereichs des TPG (vgl. § 1 Abs. 3 Nr. 2 TPG) zentralen Begriffe „Blut" und „Blutbestandteile" in § 2 TFG zu definieren. Darüber hinaus sollte die Ausnahme vom Anwendungsbereich des TFG „autologes Blut zur Herstellung von biotechnologisch bearbeiteten Gewebeprodukten" in § 28 TFG klarer gefasst werden. Der Gesetzgeber sollte insbesondere klarstellen, ob sich die Ausnahme nur auf die Entnahme einer geringen Menge Blut zur Vermehrung oder Aufbereitung von autologen Körperzellen bezieht (entsprechend § 20b Abs. 4 AMG) und ob alle ATMPs (und nicht „nur" biotechnologisch bearbeitete Gewebeprodukte) von der Ausnahme erfasst sein sollen.

3.4   Gentechnikrecht

Die Anwendbarkeit der gentechnikrechtlichen Regelungen auf hiPS-Zellen sowie ihre Herstellung und Anwendung hängt davon ab, ob gewisse rechtlich festgelegte Definitionen (insbesondere von Organismen, Mikroorganismen und gentechnisch veränderten Organismen) erfüllt sind. Diese Definitionen sind allerdings teilweise sehr unklar. Es wird daher empfohlen, die Begriffsbestimmungen zu präzisieren, anzupassen bzw. teilweise neu zu formulieren, um die Rechtssicherheit im Bereich des Gentechnikrechts, insbesondere in Bezug auf neuartige Technologien wie hiPS-Zellen, zu erhöhen.

Organismen und Mikroorganismen

An den europäischen Gesetzgeber

Empfehlung 3.4.1: Legaldefinitionen der biologischen Einheit, Vermehrungs- und Übertragungsfähigkeit im Zusammenhang mit dem Organismusbegriff in Art. 2 Nr. 1 RL 2001/18/EG

Art. 2 Nr. 1 RL 2001/18/EG (Freisetzungs-RL) definiert den Begriff „Organismus" und bezieht sich dabei auf biologische Einheiten sowie die Fähigkeit, sich zu vermehren oder genetisches Material zu übertragen. Dem europäischen Gesetzgeber wird empfohlen, die unklaren Begriffe der biologischen Einheit, Vermehrungs- und Übertragungsfähigkeit zu definieren.

Insbesondere sollte der europäische Gesetzgeber ausdrücklich festlegen, was vom Begriff „biologische Einheit" im Einzelnen erfasst ist, und unter welchen Bedingungen eine biologische Einheit „fähig ist, sich zu vermehren". Zudem sollte klargestellt werden, was unter der Fähigkeit, „genetisches Material zu übertragen", zu verstehen ist, insbesondere im Hinblick auf Plasmide. Hierbei ist zu klären, ob der Begriff der Übertragungsfähigkeit nur in-vitro- oder auch in-vivo-Bedingungen erfasst.

Empfehlung 3.4.2: Legaldefinitionen der mikrobiologischen Einheit, Vermehrungs- und Weitergabefähigkeit im Zusammenhang mit dem Mikroorganismusbegriff in Art. 2 lit. a RL 2009/41/EG

Art. 2 lit. a RL 2009/41/EG (System-RL) enthält eine Definition des Begriffs „Mikroorganismus" und verwendet dabei unbestimmte Formulierungen wie „mikrobiologische Einheit" oder „zur Vermehrung oder zur Weitergabe von genetischem Material fähig". Dem europäischen Gesetzgeber wird daher empfohlen, die Begriffe der mikrobiologischen Einheit, Vermehrungs- und Weitergabefähigkeit zu definieren. Auf die Ausführungen in Empfehlung 3.4.1 wird entsprechend verwiesen.

An den deutschen Gesetzgeber

Empfehlung 3.4.3: Legaldefinitionen der biologischen Einheit, Vermehrungs- und Übertragungsfähigkeit im Zusammenhang mit dem Organismusbegriff in § 3 Nr. 1 des Gentechnikgesetzes (GenTG)

Dem deutschen Gesetzgeber wird empfohlen, die Begriffe der biologischen Einheit, Vermehrungs- und Übertragungsfähigkeit für den Begriff „Organismus" in § 3 Nr. 1 GenTG zu definieren. Sollte der europäische Gesetzgeber Empfehlung 3.4.1 folgen, wird dem deutschen Gesetzgeber die Eins-zu-eins-Umsetzung der neuen Begriffsbestimmungen in der Freisetzungs-RL in nationales Recht empfohlen.

Empfehlung 3.4.4: Anpassung des Begriffs „Mikroorganismen" in § 3 Nr. 1a GenTG an den aktuellen Stand der Technik

Dem deutschen Gesetzgeber wird empfohlen, den Begriff „Mikroorganismen" in § 3 Nr. 1a GenTG zu erneuern. Die abschließende Aufzählung von Mikroorganismen als speziellen Organismen in § 3 Nr. 1a GenTG sollte an den aktuellen Stand der Technik angepasst werden. Dem Gesetzgeber wird insbesondere nahegelegt, seinen Standpunkt zu überdenken, dass Plasmide generell keine Mikroorganismen i. S. d. GenTG seien. Darüber hinaus sollte der Gesetzgeber ausdrücklich klarstellen, ob der Begriff „tierische Zellkulturen" in § 3 Nr. 1a GenTG i. S. d. naturwissenschaftlichen Sprachgebrauchs zu verstehen ist und deshalb auch menschliche Zellen umfasst.

An den österreichischen Gesetzgeber

Empfehlung 3.4.5: Neuformulierung des Begriffs „Organismen" in § 4 Z. 1 GTG

§ 4 Z. 1 GTG definiert Organismen als „ein- oder mehrzellige Lebewesen oder nichtzelluläre vermehrungsfähige biologische Einheiten einschließlich Viren, Viroide und unter natürlichen Umständen infektiöse und vermehrungsfähige Plasmide". Diese Definition birgt erhebliche Auslegungsschwierigkeiten. Der österreichische Gesetzgeber sollte den Organismusbegriff daher neu formulieren. Insbesondere wird empfohlen, die unionsrechtlichen Vorgaben durch die explizite

Aufnahme des Passus „oder genetisches Material zu übertragen" in § 4 Z. 1 GTG umzusetzen.

Empfehlung 3.4.6: Neuformulierung des Begriffs „Mikroorganismen" in § 4 Z. 2 GTG

§ 4 Z. 2 GTG enthält eine Definition für Mikroorganismen („mikrobielle Organismen und kultivierte tierische und pflanzliche Zellen"), die sehr unklar ist. Es wird dem österreichischen Gesetzgeber daher geraten, den Mikroorganismusbegriff zu novellieren. Insbesondere die Tautologie „mikrobielle Organismen" sollte durch eine aussagekräftigere Formulierung ersetzt werden. Darüber hinaus sollte der Gesetzgeber klarstellen, ob der Begriff der „tierischen Zellen" in Anlehnung an ein naturwissenschaftliches Verständnis auch menschliche Zellen erfasst.

Gentechnisch veränderte Organismen (GVO)

An den europäischen Gesetzgeber
Empfehlung 3.4.7: Vereinheitlichung der Sprachfassungen des Anhangs I A Teil 1 Nr. 1 RL 2001/18/EG und Anhangs I Teil A Nr. 1 RL 2009/41/EG hinsichtlich des Begriffs der Nukleinsäure- bzw. DNS-Rekombinationstechniken

Im Anhang I A Teil 1 Freisetzungs-RL und Anhang I Teil A System-RL werden bestimmte Verfahren aufgezählt, die zu einem gentechnisch veränderten Organismus (GVO) führen. Eines dieser Verfahren betrifft Rekombinationstechniken, „bei denen durch die Insertion von Nukleinsäuremolekülen, die auf unterschiedliche Weise außerhalb eines Organismus erzeugt wurden, in Viren, bakterielle Plasmide oder andere Vektorsysteme neue Kombinationen von genetischem Material gebildet werden und diese in einen Wirtsorganismus eingebracht werden, in dem sie unter natürlichen Bedingungen nicht vorkommen, aber vermehrungsfähig sind". Die meisten Sprachfassungen beziehen sich generell auf Nukleinsäure-Rekombinationstechniken. Zum Beispiel sprechen die englischen Fassungen von „recombinant nucleic acid techniques". In anderen Sprachfassungen, wie auch in den deutschen Versionen, ist hingegen von „DNS-Rekombinationstechniken" die Rede. Dem europäischen Gesetzgeber wird empfohlen, den Begriff der Nukleinsäure- bzw. DNS-Rekombinationstechniken in den Sprachfassungen der Freisetzungs-RL und der System-RL zu vereinheitlichen.

In diesem Zusammenhang wird dem europäischen Gesetzgeber zudem eine Klarstellung empfohlen, ob für das Vorliegen der Voraussetzungen des Anhangs I A Teil 1 Nr. 1 Freisetzungs-RL und des Anhangs I Teil A Nr. 1 System-RL bereits ein vorübergehendes (versus permanentes) Vorhandensein des genetischen Materials im Wirtsorganismus ausreicht. Ferner sollte der Gesetzgeber klarstellen, ob der Begriff „vermehrungsfähig" in diesem Kontext eine dauerhafte Vermehrungsfähigkeit des eingebrachten genetischen Materials im Wirtsorganismus verlangt.

Somatische Gentherapie

An den österreichischen Gesetzgeber
Empfehlung 3.4.8: Willensbildungsprozess in Bezug auf die Definition der somatischen Gentherapie in § 4 Z. 24 GTG

Die Definition der somatischen Gentherapie in § 4 Z. 24 GTG und die arzneimittelrechtliche Definition des Gentherapeutikums in Anhang I Teil IV RL 2001/83/EG stimmen nicht überein. Der österreichische Gesetzgeber sollte überlegen, ob es bei einer somatischen Gentherapie i. S. d. Gentechnikrechts wie im Arzneimittelrecht auf einen unmittelbaren Zusammenhang zwischen therapeutischer, prophylaktischer oder diagnostischer Wirkung und eingebrachter Nukleinsäure ankommen soll und gegebenenfalls eine Änderung der Definition vornehmen.

Falls der österreichischen Gesetzgeber an der derzeitigen Definition der somatischen Gentherapie in § 4 Z. 24 GTG festhält, sollte er den Begriff „exprimierbare Nukleinsäure" definieren. In diesem Zusammenhang sollte auch geklärt werden, ob mRNA eine exprimierbare Nukleinsäure i. S. d. § 4 Z. 24 GTG sein kann.

Sonstiges

An den österreichischen Gesetzgeber
   Empfehlung 3.4.9: Korrektur des Verweises in § 2 Abs. 3 GTG
   § 2 Abs. 3 GTG bezieht sich hinsichtlich der Abgrenzung des Geltungsbereichs des GTG und des AMG auf Bestimmungen im Arzneimittelrecht. Um den Verweis an die geltende Fassung des AMG anzupassen, wird dem österreichischen Gesetzgeber empfohlen, die Wortfolge „Arzneimitteln im Sinne des § 1 Abs. 1 und Abs. 2 Z 1 Arzneimittelgesetz" in § 2 Abs. 3 GTG durch „Arzneimitteln im Sinne des § 1 Abs. 1 und Abs. 2 Arzneimittelgesetz" zu ersetzen.

3.5 Stammzellen-, Embryonenschutz- und Fortpflanzungsmedizinrecht

HiPS-Zell-basierte Keimzellen

An den deutschen Gesetzgeber
   Empfehlung 3.5.1: Schaffung eines deutschen Fortpflanzungsmedizingesetzes
   Dem deutschen Gesetzgeber wird empfohlen, ein umfassendes Fortpflanzungsmedizingesetz zu schaffen. In dieses Fortpflanzungsmedizingesetz sollten insbesondere auch Regelungen zur Herstellung und Verwendung von künstlichen Keimzellen aufgenommen werden. In dem Fortpflanzungsmedizingesetz sollte der Gesetzgeber zudem die Definition des Embryos an die Begriffsbestimmung des Stammzellgesetzes anpassen und gegebenenfalls den Begriff der Totipotenz präzisieren.

Danksagung Die Autoren bedanken sich beim Bundesministerium für Bildung und Forschung für die Förderung des Verbundprojekts „ClinhiPS: Eine naturwissenschaftliche, ethische und rechtsvergleichende Analyse der klinischen Anwendung von humanen induzierten pluripotenten Stammzellen in Deutschland und Österreich" (FKZ 01GP1602A, 01GP1602B und 01GP1602C). Diese Empfehlungen geben dabei ausschließlich die Auffassung der Autoren wieder.

Literatur

ISSCR = International Society for Stem Cell Research (2016) Guidelines for Stem Cell Research and Clinical Translation. https://www.isscr.org/docs/default-source/all-isscr-guidelines/guidelines-2016/isscrguidelines-for-stem-cell-research-and-clinical-translationd67119731dff6d-dbb37cff0000940c19.pdf?sfvrsn=4. Zugegriffen am 16.01.2020

Sara Gerke, Dipl.-Jur. Univ., M. A. Medical Ethics and Law, ist Research Fellow, Medicine, Artificial Intelligence, and Law, am Petrie-Flom Center for Health Law Policy, Biotechnology, and Bioethics at Harvard Law School in Cambridge, USA. Bis 31. März 2018 war Frau Gerke Geschäftsführerin des Instituts für Deutsches, Europäisches und Internationales Medizinrecht, Gesundheitsrecht und Bioethik der Universitäten Heidelberg und Mannheim sowie Gesamtkoordinatorin des Projekts ClinhiPS.

Dr. phil. Solveig Lena Hansen ist wissenschaftliche Mitarbeiterin am Institut für Ethik und Geschichte der Medizin in Göttingen. 2017 erhielt sie den Nachwuchspreis der Akademie für Ethik in der Medizin. Promoviert wurde sie 2016 als erste Doktorandin im Fach „Bioethik" an der Philosophischen Fakultät der Universität Göttingen mit einer Arbeit zum reproduktiven Klonen. Andere Forschungsschwerpunkte sind ethische Aspekte von Gesundheitskommunikation, Narrative Ethik, Organtransplantation und Methodenfragen der Bioethik.

Mag. Dr. Verena Christine Blum studierte Rechtswissenschaften an der Universität Wien. Sie war von 2013 bis 2018 (mit Unterbrechung) an der Abteilung Medizinrecht des Instituts für Staats- und Verwaltungsrecht der Universität Wien tätig; zuletzt als post doc Projektmitarbeiterin im Rahmen des Projekts ClinhiPS, das sie bereits zuvor betreut hat. In ihrer Forschung beschäftigt sie sich intensiv mit ärztlichem Berufsrecht und medizinrechtlichen Werbebeschränkungen.

Dr. Stephanie Bur studierte Human- und Molekularbiologie an der Universität des Saarlandes. Während ihrer Promotion untersuchte sie die Wirkung des extrazellulären Adhäsionsproteins von Staphylococcus aureus auf die Wundheilung und Internalisierung in Hautzellen. Von 2012 bis 2018 arbeitete sie am Fraunhofer IBMT als wissenschaftliche Mitarbeiterin im Bereich der Stammzellforschung, wobei ihr Fokus darauf lag, optimierte Expansions- und Differenzierungsmethoden in Suspensions-Bioreaktor-Systemen zu entwickeln.

Clemens Heyder, M.A. M.mel. studierte Philosophie und Geschichte an den Universitäten Leipzig, Basel und Halle, an der er den Masterstudiengang Medizin-Ethik-Recht absolvierte. Zur Zeit promoviert er über die ethischen Aspekte der Eizellspende und ist als Dozent in der Erwachsenenbildung tätig. Während seiner Tätigkeit am Translationszentrum für regenerative Medizin Leipzig sowie am Institut für Ethik und Geschichte der Medizin Göttingen entwickelte er ein Interesse für die Forschungsethik. Weitere Forschungsinteressen: Ethik der Reproduktionsmedizin, Autonomie, normative Ethik.

Univ.-Prof. DDr. Christian Kopetzki studierte Rechtswissenschaften (Dr. iur. 1979) und Medizin (Dr. med. 1984) an der Universität Wien. 1995 habilitierte er sich in den Fächern Medizinrecht, Verfassungsrecht und Verwaltungsrecht. Seit 2002 ist er Universitätsprofessor für Medizinrecht am Institut für Staats- und Verwaltungsrecht der Universität Wien. Er ist Autor zahlreicher Bücher und Aufsätze (u. a. zum Gentechnik-, Biotechnologie- und Fortpflanzungsmedizinrecht, zur Stammzellforschung und zu Grundrechten im Bereich der Biomedizin).

Dr. Ina Meiser studierte Bioinformatik (B.Sc.) und Biotechnologie (M.Sc.) an der Universität des Saarlandes und absolvierte 2014 ihre Dissertation zum Thema „Untersuchungen zur Präparation komplexer Zellsysteme im Kontext neuer Therapien" am Fraunhofer IBMT. Als wissenschaftliche Mitarbeiterin arbeitet sie am IBMT an Automatisierungsstrategien in der Zellkultur sowie an neuartigen Technologien zur anwendungsorientierten Kryokonservierung, insbesondere mit humanen Stammzellen, und leitet seit 2016 die Arbeitsgruppe Kryobiotechnologie.

Dr. Julia C. Neubauer Diplom in Biologie, Ludwig-Maximilians-Universität Würzburg. 2012 Dissertation, Universität des Saarlandes. Seit 2007 am Fraunhofer-Institut für Biomedizinische Technik (IBMT) im Saarland, seit 2012 dort Arbeitsgruppenleiterin, seit 2014 Abteilungsleiterin mit Schwerpunkt auf der Entwicklung von Automatisierungsstrategien für Stammzellanwendungen und Kryokonservierungstechnologien für therapeutisch relevante Zellen. Seit 2017 Geschäftsführerin des Fraunhofer-Projektzentrums für Stammzellprozesstechnik in Würzburg.

Mag. Danielle Noe studiert seit 2013 Rechtswissenschaften an der Universität Wien (Mag. iur. 2017). Seit 2016 ist sie in der Abteilung Medizinrecht des Instituts für Staats- und Verwaltungsrecht der Universität Wien beschäftigt. Zunächst war sie als Projektmitarbeiterin im Rahmen des Projekts ClinhiPS, seit 2017 ist sie als wissenschaftliche Mitarbeiterin (prae doc) tätig. Der Schwerpunkt ihrer Forschung liegt im Biotechnologierecht, insbesondere im Bereich der medizinrechtlichen Regulierung neuartiger Therapiemethoden.

Mag. Dr. Claudia Steinböck (vormals Zeinhofer) studierte Rechtswissenschaften an der Universität Wien (Mag. iur 2003, Dr. iur 2007). Ihre Dissertation zum Arzneimittelbegriff wurde mit dem Wolf Theiss Award 2007 ausgezeichnet. Sie ist (mit Unterbrechung) seit 2003 als wissenschaftliche Mitarbeiterin an der Abteilung Medizinrecht des Instituts für Staats- und Verwaltungsrecht der Universität Wien tätig und am Projekt ClinhiPS beteiligt. Ihre Forschungs- und Publikationsschwerpunkte liegen im Arzneimittel- und Gewebesicherheitsrecht.

Prof. Dr. Claudia Wiesemann ist Direktorin des Instituts für Ethik und Geschichte der Medizin an der Universitätsmedizin Göttingen und stellvertretende Vorsitzende des Deutschen Ethikrats. Von 2002-2012 war sie Mitglied der Zentralen Ethik-Kommission für Stammzellenforschung am Robert-Koch-Institut. Sie leitete das europäische Forschungsprojekt Tiss.Eu (zus. mit C. Lenk) zu Ethik und Recht von Forschung mit menschlichem Gewebe. Weitere Schwerpunkte sind die Ethik der Fortpflanzungsmedizin und Kinderrechte in der Medizin.

Prof. Dr. Heiko Zimmermann Studium der Physik an der Universität Würzburg und der Humboldt-Universität zu Berlin. 2001 Promotion in experimenteller Biophysik an der Humboldt-Universität zu Berlin. 2004 Juniorprofessur an der Universität des Saarlandes, 2008 W3-Professur „Molekulare & zelluläre Biotechnologie/Nanotechnologie" (Universität des Saarlandes). Parallel seit 2001 Leitungsfunktionen am Fraunhofer-Institut für Biomedizinische Technik IBMT. Seit 2012 Institutsleiter am IBMT.

Prof. Dr. Jochen Taupitz ist Inhaber des Lehrstuhls für Bürgerliches Recht, Zivilprozessrecht, internationales Privatrecht und Rechtsvergleichung an der Universität Mannheim und Geschäftsführender Direktor des Instituts für Deutsches, Europäisches und Internationales Medizinrecht, Gesundheitsrecht und Bioethik der Universitäten Heidelberg und Mannheim. Er ist u. a. Vorsitzender der Zentralen Ethikkommission bei der Bundesärztekammer sowie Mitglied der Nationalen Akademie der Wissenschaften Leopoldina und der Academia Europaea.

Erratum zu: Die klinische Anwendung von humanen induzierten pluripotenten Stammzellen

Sara Gerke, Jochen Taupitz, Claudia Wiesemann, Christian Kopetzki, und Heiko Zimmermann

---

Erratum zu:
S. Gerke et al. (Hrsg.), *Die klinische Anwendung von humanen induzierten pluripotenten Stammzellen*, **Veröffentlichungen des Instituts für Deutsches, Europäisches und Internationales Medizinrecht, Gesundheitsrecht und Bioethik der Universitäten Heidelberg und Mannheim 48,**
https://doi.org/10.1007/978-3-662-59052-2

Folgende Korrekturen wurden ausgeführt:

1. Das Kapitel „Herausforderungen innovativer Gewebemedizin aus unternehmerischer Sicht" von Michael Harder wurde ursprünglich als nicht Open Access-Kapitel veröffentlicht, wird hiermit aber in eine Open Access Publikation unter der CC BY 4.0-Lizenz geändert; die Angabe des Copyright Holders wurde dementsprechend in „©Der/die Autor(en)" angepasst.
2. Für das Kapitel „Naturwissenschaftliche, ethische und rechtliche Empfehlungen zur klinischen Translation der Forschung mit humanen induzierten pluripotenten Stammzellen und davon abgeleiteten Produkten" wurde die Angabe des Copyright Holders von „©The Author(s)" in „©Der/die Autor(en)" korrigiert.

Die aktualisierte Version des Kapitels finden Sie unter:
https://doi.org/10.1007/978-3-662-59052-2_5
https://doi.org/10.1007/978-3-662-59052-2_11

Printed in the United States
By Bookmasters